Autodesk Inventor 2020 实用教程

杨光辉　窦忠强 / 主编

清华大学出版社
北　京

内 容 简 介

本书以 Inventor（Autodesk Inventor Professional 2020）软件的应用为基础，包含三维设计的基本概念和 Inventor 软件简介、零件建模、部件装配、设计表达、工程图、渲染及动画等内容。本书配有二维码，包含书中所涉及的设计例题和部分练习题中所需要的素材。

本书还可以作为高等学校机械类学生或企业从事机械设计的工程技术人员的参考用书。

图书在版编目(CIP)数据

Autodesk Inventor 2020 实用教程/杨光辉，窦忠强主编. —北京：清华大学出版社，2021.8 (2023.1重印)
ISBN 978-7-302-58719-4

Ⅰ. ①A… Ⅱ. ①杨… ②窦… Ⅲ. ①机械设计－计算机辅助设计－应用软件－教材 Ⅳ. ①TH122

中国版本图书馆 CIP 数据核字(2021)第 142745 号

责任编辑：冯 昕 赵从棉
封面设计：傅瑞学
责任校对：赵丽敏
责任印制：朱雨萌

出版发行：清华大学出版社
网 址：http://www.tup.com.cn，http://www.wqbook.com
地 址：北京清华大学学研大厦 A 座 **邮 编：**100084
社 总 机：010-83470000 **邮 购：**010-62786544
投稿与读者服务：010-62776969，c-service@tup.tsinghua.edu.cn
质量反馈：010-62772015，zhiliang@tup.tsinghua.edu.cn
印 装 者：三河市君旺印务有限公司
经 销：全国新华书店
开 本：185mm×260mm **印 张：**20.75 **字 数：**530 千字
版 次：2021 年 10 月第 1 版 **印 次：**2023 年 1月第 3 次印刷
定 价：59.80 元

产品编号：089371-01

Inventor (Autodesk Inventor Professional)是美国 Autodesk 公司 1999 年推出的一款面向工业产品设计师的三维产品设计软件。它融合了当前 CAD 所采用的最新技术，具有强大的造型能力；其独特的自适应技术使得以装配为中心的“自上向下”的设计思想成为可能；该软件与 AutoCAD 有极好的兼容性，具有直观的用户界面、直观菜单、智能纠错等优秀功能。

本书以 Inventor 2020 为平台，介绍了从三维开始的工业产品设计思想和设计方法。全书共分 8 章：第 1 章介绍设计三维实体模型的基础知识和 Inventor 软件的基本功能；第 2 章通过一个简单零件的具体设计步骤，初步介绍三维参数化设计过程；第 3 章叙述了草图设计的具体方法；第 4 章详细叙述建立三维零件模型的各种特征方法；第 5 章讲述三维实体装配设计的基本方法和标准零部件的使用；第 6 章给出部件分解表达方法；第 7 章详细介绍二维工程图的生成；第 8 章介绍零部件的渲染技术以及动画方法。

本书注重对设计过程的理解和具体的操作方法的讲解，每章开始以图说的形式表达当前内容和其他设计环节的关联。各功能的操作过程具体、翔实，适时配备结合工程实际的应用实例，帮助读者学会综合应用基本工具解决工程建模问题。除第 1 章外，每章后附有思考题和练习题，其中第 4 章(三维零件的设计方法)的练习题中还附有启发读者构形设计的题目。

本书中尽量采用最新的国家标准，但是由于软件本身的原因，对于有些国家标准，软件未及时更新，为了读者操作使用方便，个别之处本书仍采用原先的国家标准，如以后软件更新了标准，教材的后续版本会及时持续更新。

本书只是学习软件的入门指导，读者在学习的时候，不应完全依赖本书。首先要理解教材内容，上机实践各章节涉及的各种命令，更要做较多的练习题或结合工作实践中的项目“真刀真枪”地进行设计，在练习中总结好的、灵活的方法和技巧，才能掌握和驾驭这个设计工具。学习 CAD 软件，用它来设计产品的三维模型是一个艰苦、细致而又有趣的过程，相信读者在实践中会有收获。

本书由北京科技大学杨光辉和窦忠强主编，具体分工为：窦忠强编写第 1～4 章，杨光辉编写第 5～7 章，杨恭领编写第 8 章。

本书配套模型以二维码的形式在书中呈现，需要先扫描书后的防盗码刮刮卡获取权限，再扫下方的二维码选择“推送到我的邮箱”即可获取。

配套模型

编　者

2021 年 6 月

CONTENTS

第1章　数字化三维设计和 Inventor 软件简介

本章学习目标

学习三维实体模型的基础知识。

本章学习内容

(1) 参数化和参数化设计的基本概念；

(2) 特征和特征设计的基本概念；

(3) 工业产品的三维实体的设计基本方法；

(4) 参数化特征造型软件 Inventor 的基本功能。

三维 CAD(计算机辅助设计)具有二维 CAD 所无法比拟的功能，特别是在复杂实体建模、曲面造型、三维有限元建模，以及复杂装配、干涉检查、动态仿真、CAM(计算机辅助制造)、反求设计及快速原型设计等方面。三维 CAD 的应用，不仅为产品的数控加工提供了几何模型，而且为应用 CAE(计算机辅助分析)技术提供了可能，还可在计算机上进行装配干涉检查、机构运动分析、有限元分析等。三维 CAD 为设计技术的不断深化发展开拓了更为广阔的空间。

1.1　数字化三维设计的基础知识

1.1.1　参数化设计

在产品开发设计初期，零件形状和尺寸有一定模糊性和不确定性，要经过装配验证、性能分析后才能最终确定，这就要求零件的形状具有易于修改的特性。

大多数二维 CAD 系统绘制的图形是一幅“死图”，这样的图形中各图素之间没有任何约束关系，即不能通过改变尺寸来改变图形。如图 1-1 中，尺寸是一个常数，图形和尺寸是分离的，没有关联关系，如要把图形的总高 60 改为 50，则要改变线段 A 的位置，使线段 A 向下移动 10，重新再标注尺寸 50，这样的图形称为非参数化的图形，非参数化的图形不能通过尺寸去“驱动”改变。这样的设计方法效率很低。

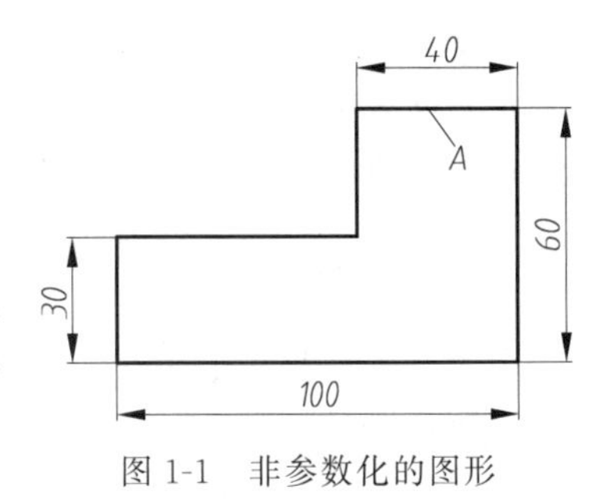

图 1-1　非参数化的图形

所谓参数化，是指为图形添加约束关系，约束包括“尺寸约束”和“几何约束”两种类型。被约束的图形称为参数化图形。

1. 尺寸约束

尺寸约束指通过标注一组可以改变的参数尺寸来确定图形的形状，如距离尺寸、角度尺寸、直径尺寸以及尺寸之间的约束关系。

CAD系统给每个尺寸自动赋予一个变量名字(也可以由用户自己命名),使之成为可以任意调整的参数。对于变量化的参数赋予不同数值,就可得到不同大小和形状的零件模型。

如图1-2中,尺寸就是一组参数化了的尺寸,它不再是一个定数,而是一个变量。

参数尺寸和图形是关联的,直接修改尺寸则图形自动改变。如图1-2(a)中,图形的尺寸由一组变量参数确定,当将尺寸参数 H 修改为50后,图形自动改变,并保持了原图形中的几何约束(平行、垂直)关系,如图1-2(b)所示。

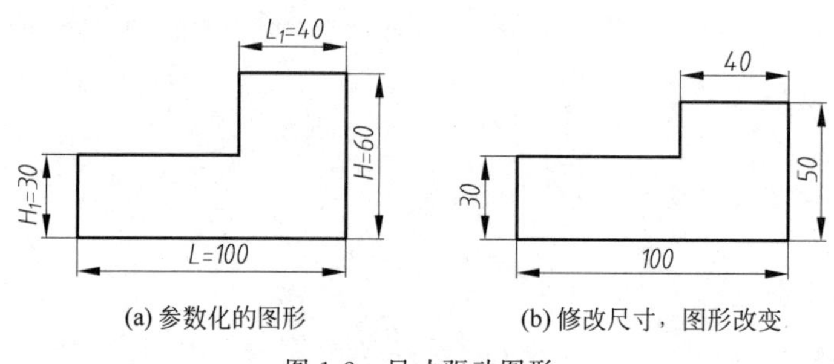

(a) 参数化的图形　　(b) 修改尺寸，图形改变

图1-2　尺寸驱动图形

可以认为图形的变化是被参数化的尺寸“驱动”的结果。

在参数化模型中建立各种约束关系,体现了设计人员的设计意图。

2. 几何约束

几何约束是指图形的几何元素之间的拓扑约束关系,如平行、垂直、相切、同心等,如图1-3所示。

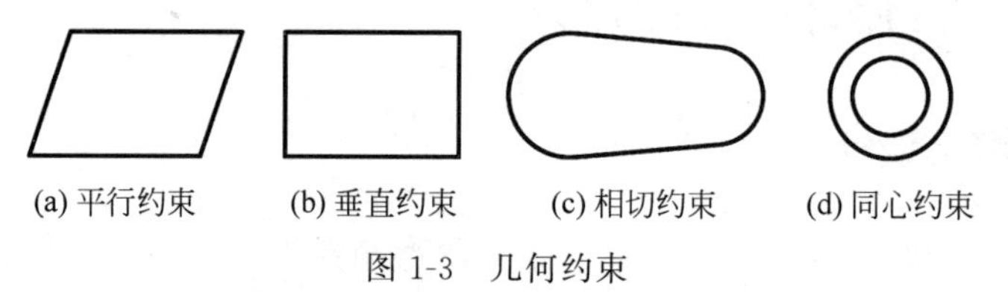

(a) 平行约束　(b) 垂直约束　(c) 相切约束　(d) 同心约束

图1-3　几何约束

在设计过程中有些约束关系不方便用尺寸来定义,例如,不能用标注两个圆的圆心距离为零来定义同心关系。这些约束关系可以由CAD系统自动定义或人工操作定义。

几何约束一般是隐含在图形中的,模型的尺寸约束变化时,图形的几何约束关系不变。

3. 参数形式

用约束来控制和定义几何模型,方便地修改实体的形状或进行形状相似的系列产品设计,叫作参数化设计。

不同的CAD系统,参数的类型和名称不尽相同,大致可以分为以下几种形式。

1) 直接参数

给尺寸变量赋一个显式的数值,该数值直接驱动图形的变化,如图1-2所示。

图1-4是直接参数在多面投影图中的应用,各投影视图之间的图形也保持着关联关系。将主视图的尺寸 L_1 由40改为20后,主视图和俯视图的相关投影都随之改变。

2) 表达式参数

这类参数常应用在工程设计中。在工程设计中,一个零件的各部分结构尺寸之间常常具

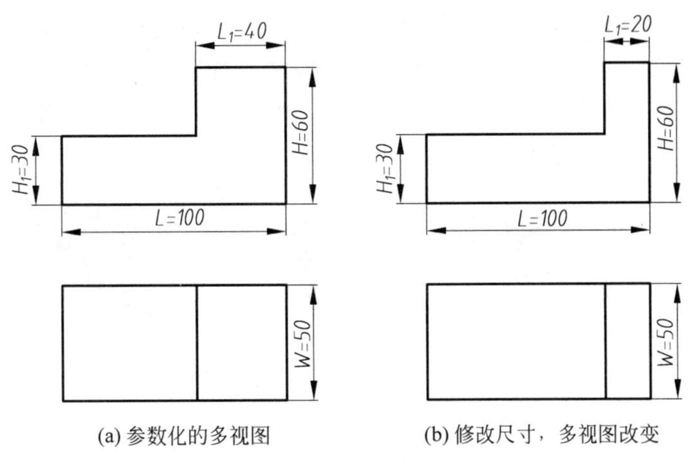

(a) 参数化的多视图　　(b) 修改尺寸，多视图改变

图 1-4　多视图参数化

有一定的比例和计算关系，如轴和轴肩、轴的直径和轴端倒角、轴的直径和轴段圆角的尺寸关系就属于这种情况。

图 1-5 所示为一个底板零件的视图，按设计要求，如果各部分尺寸之间的关系如图 1-5(a)所示，则尺寸变量 L_1、L_2 和 H_1 可以用表达式来表示，如图 1-5(b)所示。

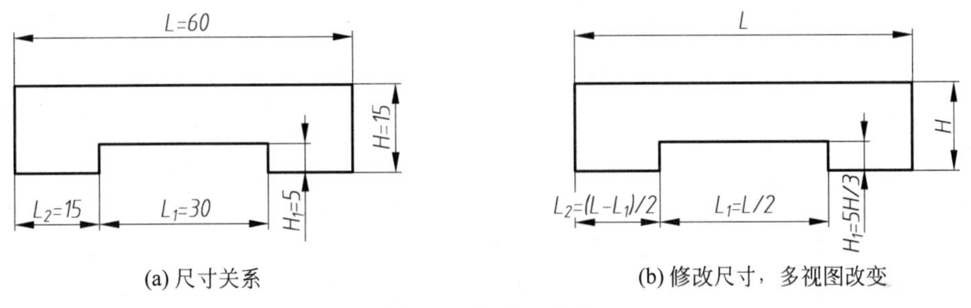

(a) 尺寸关系　　(b) 修改尺寸，多视图改变

图 1-5　表达式参数

又如在图 1-6 中，若改变尺寸 L 为 34，则圆孔的位置立即改变，以保证圆孔中心始终在居中的位置上。

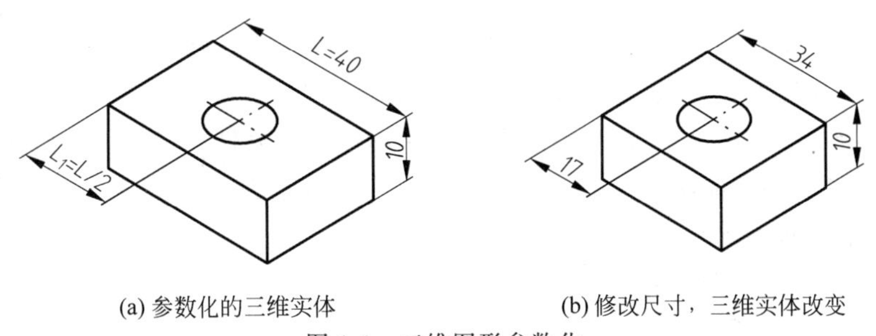

(a) 参数化的三维实体　　(b) 修改尺寸，三维实体改变

图 1-6　三维图形参数化

3）自适应参数

在具有“自适应”功能的 CAD 系统中，自适应参数是一种更智能化的参数类型，常用于控制零件与零件之间的约束关系。例如，在装配零件时，可以根据装配规则自动捕捉设计者的设计意图。参数的传递是隐式的，设计者感觉不到参数的传递过程。

图 1-7(a)示出两个待装配的零件,轴套是设计的基础零件,按设计规则,相配合的轴直径应和轴套的孔径相等,轴端长度应和轴套的宽度相等。施加这种装配约束非常简单,当选取轴、孔表面后,轴的直径自动“适应”轴套的孔径,如图 1-7(b)所示;当选取轴端面和轴套端面后,轴的长度自动“适应”轴套的宽度,如图 1-7(c)所示。

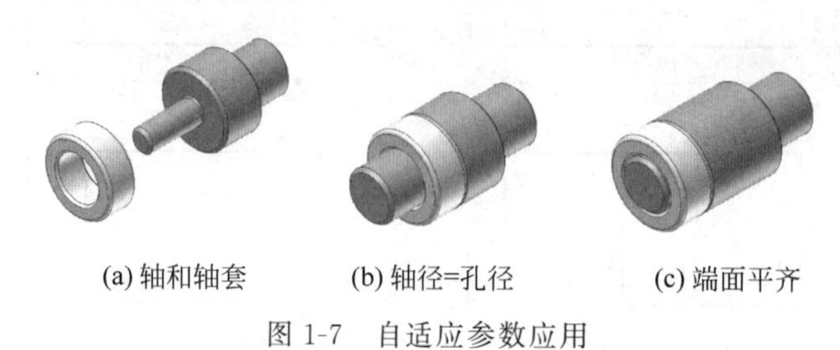

(a) 轴和轴套　　(b) 轴径=孔径　　(c) 端面平齐

图 1-7　自适应参数应用

利用参数化设计手段开发的专用产品设计系统,可使设计人员从大量繁重而琐碎的绘图工作中解脱出来,从而大大提高设计速度,并减少信息的存储量。因此,先进的三维 CAD 系统都采用了参数化的技术,支持参数化设计。

1.1.2　特征设计

利用 CAD 系统设计产品,不仅要构造出满足设计要求的结构、外形,还要考虑产品的制造过程。例如,制造过程要确定定位基准、公差、表面粗糙度、加工和装配精度等,因此就要充分考虑加工制造对设计的要求。因此,现代 CAD 系统引入了“特征”和特征设计的理论和方法。

在非特征的 CAD 中,实体是一种单一的几何描述,如直线、圆弧等。这样的实体模型不能被后续的 CAM 系统理解和接受。例如,对孔的设计,非特征的系统常采用圆柱体与某个实体进行逻辑运算来实现,计算机仅仅知道哪些部分没有材料,并不能“认识”那是一个孔。对基于特征的设计系统而言,孔是一个特征,具有直径、长度、位置、公差、表面粗糙度等属性,每一个特征基本上对应着一组加工制造方法。

1. 特征

在产品设计 CAD 领域,特征的定义被描述为:“特征是零件或部件上一组相关的具有特定形状和属性的几何实体,有着特定设计和制造的意义。”

特征是一个产品的信息集合,一般包括形状和功能两大属性。形状属性包括几何形状、拓扑关系、表示方法。而功能属性包括与加工过程有关的制造精度、材料和公差要求。

特征可以根据其性质分为几类。

(1) 形状特征:零件的几何形状。

(2) 技术特征:零件的性能参数、属性。

(3) 装配特征:零件之间的方向、作用面、配合关系。

本章只简述与产品的构型设计相关的形状特征,其他特征的功能在后面的章节结合具体软件讲述。

通常将形状特征定义为具有一定拓扑关系的一组几何元素构成的形状实体。它对应零件上的一个或多个功能,能够通过相应的加工方法加工成形。

例如，根据零件的轮廓特点及相应的总体加工特点，可以将零件分为回转、板块和箱体等几大类。每一大类还可以进一步划分。对板块类零件可以再定义孔、槽、腔、平面等特征；而孔类特征可以细分为光孔、盲孔、台阶孔、螺纹孔、组合分布孔等。将一种形状定义为一类特征，每一类特征都在零件中实现各自的功能；其尺寸标注、定位方式都遵循一定的原则，并对应各自的加工方法、加工设备、刀具、量具和辅具。

图 1-8 表示的是常见的形状特征分类。

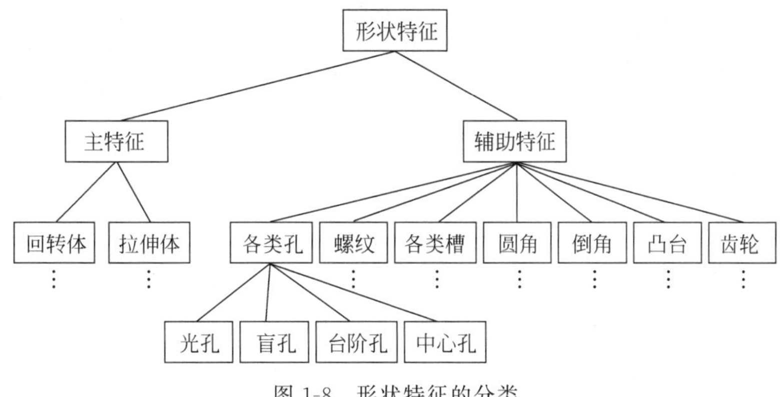

图 1-8　形状特征的分类

2. **特征设计简介**

所谓特征设计就是根据零件的功能需求从建立其主特征开始，逐个添加其他辅助特征的过程。在建立特征的同时依靠其尺寸约束特征的位置和大小，用平行、垂直等几何形状约束条件确定特征的形状。

图 1-9 所示零件轴架是由若干特征组合而成的实体模型。

图 1-10 表示了建立轴架实体模型的特征设计过程。

产品的几何模型实际上是由一个和多个特征构成的，是特征的集合。

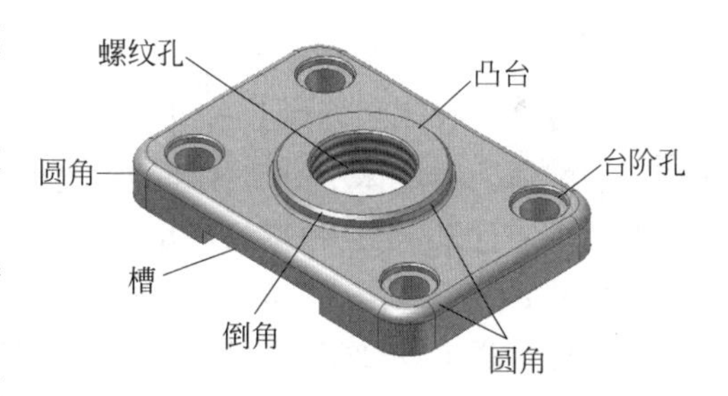

图 1-9　零件轴架的主特征和辅助特征

特征设计的过程也是由抽象到具体、由模糊到精确的变化过程，设计的每一步骤都可以修改或重新开始。控制变化过程的就是前面叙述的参数化技术。

设计过程中，设计师操作的对象不再是原始的点、线、面之类的单一几何要素，而是反映零件的几何形状信息和加工工艺信息、体现设计意图、代表产品功能的特征要素。

将参数化设计和特征设计方法相结合是三维设计系统的基础。基于特征的参数化三维实体设计不但可以使计算机完整地记录实体的几何信息，而且很容易计算实体的体积、质量、惯性矩等物理特性，使实体零件或部件的计算机辅助分析如有限元的网格划分、运动学和动力学的分析仿真得以顺利实现。更重要的是，它同时提供了实体的计算机辅助制造所需要的各类特征，可实现根据特征自动选择加工方法、自动生成数控刀具轨迹和自动生成加工代码的现代加工制造过程。因此，基于特征的参数化设计更适合 CAD/CAM/CAE 集成的需要。

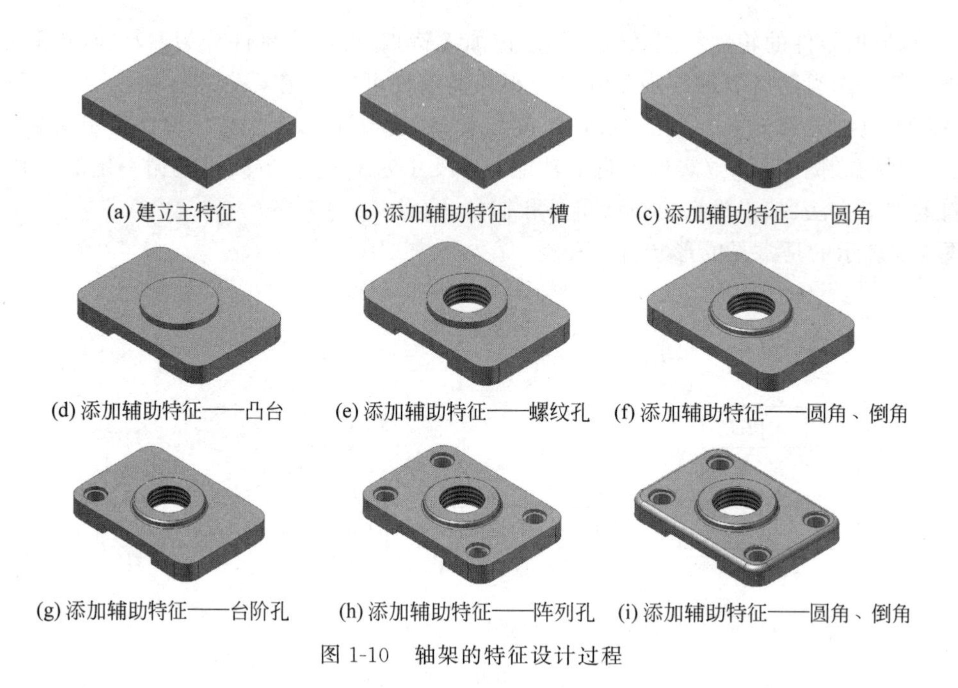

图 1-10　轴架的特征设计过程

1.1.3　工业产品三维实体设计的基本方法

在基于特征的参数化三维实体设计系统中，设计工业产品的方法一般可分为下面 3 种。

1. 自上向下的设计方法

大多数情况下工业产品应完成一个特定的功能或动作，如自行车要完成两轮转动的动作、虎钳要完成夹持物体的功能。所以一个工业产品常常是由许多零件顺序组合装配在一起，构成一个装配体。装配体中的零件和零件之间总是要有功能、大小或位置等方面的关联。常常要参照一个零件来定义、约束另一个零件。例如在图 1-11 所示的联轴器的二维装配图中，零件间的尺寸 d_1 和 d_2，d_3 和 d_4，d_6 和 d_7，h_1 和 h_2、h_3 在设计上都有一定的关系。所以必须在装配的环境下逐个设计零件。这里的装配环境就是“上”，每个零件就是“下”，这样在装配环境中“在位”设计零件的方法叫作“自上向下”的设计。

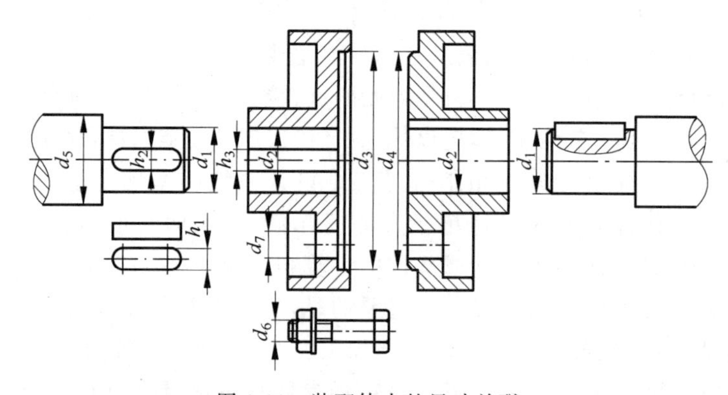

图 1-11　装配体中的尺寸关联

"自上向下"的设计方法的特点是，新零件的设计依赖已有零件特征的形状、位置等信息。这是一种以"装配"为中心的设计思想，是现代三维 CAD 的核心。

图 1-12 表示了自上向下的设计过程。较简单的产品装配体不一定有子装配体，而直接由零件组装成装配体。

自上向下的设计方法一般在开始设计新的产品情况下使用，设计者不但要熟悉三维设计系统，还要具备机械设计的知识。

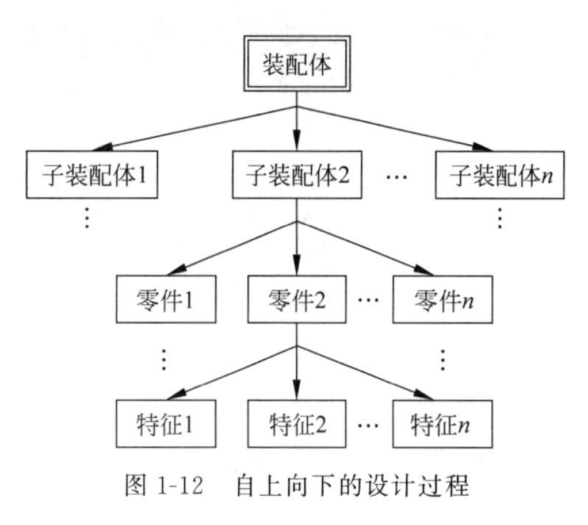

图 1-12　自上向下的设计过程

2. 自下向上的设计方法

在装配体中零件间的关联关系已经确定的情况下，可以先设计好每一个零件的模型，然后在三维设计环境下，按照装配约束关系逐个将零件有序装配起来。这种设计方法被称为"自下向上"的设计方法，在仿制或修改设计时常用这种方法。

3. 单体设计的方法

特殊情况下，一个产品可能只由一个零件组成，如烟灰缸、笔筒、水杯等，如图 1-13 所示。设计这类产品通常只考虑产品的功能和外观造型。这种设计方法叫作单体设计。

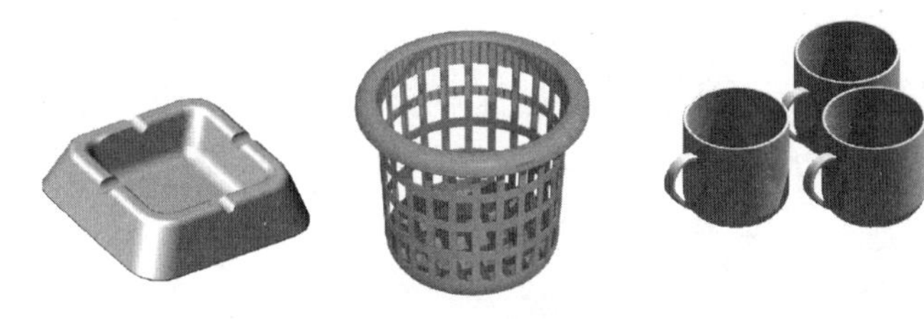

图 1-13　单体设计

1.2　Inventor 简介

本书基于美国 Autodesk 公司的 Autodesk Inventor Professional 2020 中文版本(以下简称 Inventor)，介绍从三维开始的工业产品的设计思想和设计方法。

1.2.1　Inventor 的技术特点

Inventor 是面向机械设计的三维设计软件。它融合了当前 CAD 所采用的最新的技术，具有强大的造型能力；其独特的自适应技术使得以装配为中心的"自上向下"的设计思想成为可能；具有在微机上处理大型装配的能力；设计师的设计规则、设计经验可以作为"设计元素"存储和再利用；与 AutoCAD 有极好的兼容性以及具有直观的用户界面、菜单以及智能纠错等优秀功能；提供了进一步开发 Inventor 的开放式的应用程序接口(API)。

1.2.2 Inventor 的主要功能

1. 零件造型设计

可以建立拉伸体、旋转体、扫掠体等各种特征，进行工程曲面设计、由电子表格驱动的变形设计等，如图 1-14 和图 1-15 所示。

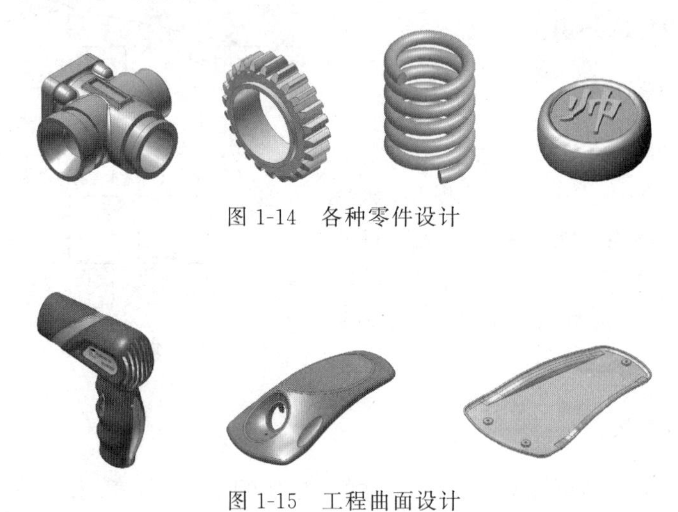

图 1-14 各种零件设计

图 1-15 工程曲面设计

2. 部件装配设计

支持以部件装配为中心的设计思想，在装配环境下“在位”设计新的零件。可以修改装配体中的零件，进行零部件间的干涉检查，动态演示机构运动和产品装配过程等，如图 1-16 所示。

图 1-16 大型装配设计

3. 装配体分解设计

用多种形式分解装配体，以表达装配体中各零件的装配顺序和零件间的装配构成关系，如图 1-17 和图 1-18 所示。

图 1-17　装配设计

图 1-18　装配分解设计

4. **焊接组件设计**

能够在组件上按焊接标准添加焊缝特征，如图 1-19 所示。

图 1-19　焊接组件设计

5. **钣金设计**

可以进行各种钣金件和冲压件的设计，如图 1-20 所示。

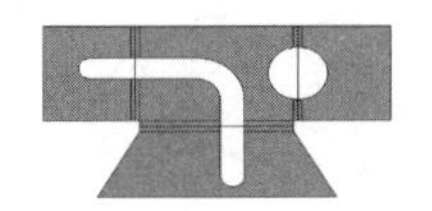

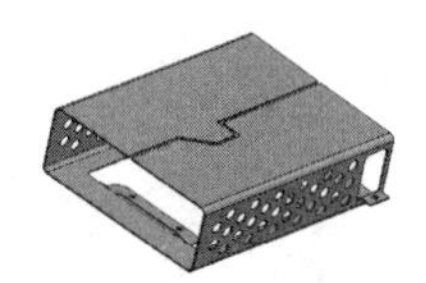

图 1-20　钣金零件设计

6. **管路设计**

可进行空间管路设计，选择各种标准的管子、接头等，如图 1-21 所示。

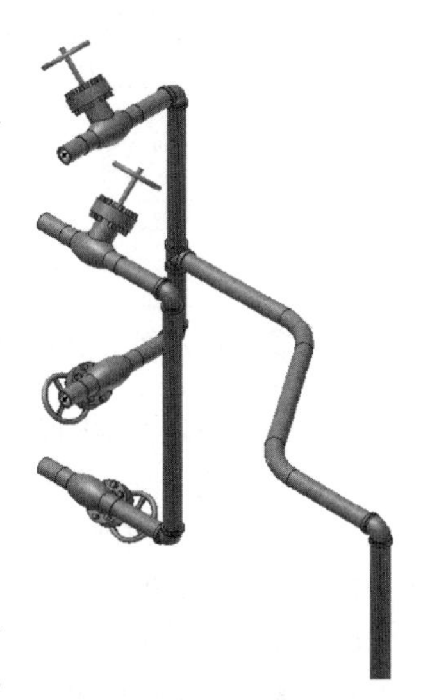

图 1-21　三维管路设计

7. **标准件库**

系统内包含了多个国家标准（如中国、美国、德国、日本等）的标准零件库。图 1-22 所示为库中各种标准零件。

8. **二维工程图设计**

由三维实体模型自动投影为符合标准的各种二维工程图，如图 1-23 所示。三维实体模型和二维工程图是双向关联的，当三维实体模型改变时，二维工程图的所有视图全部更新，反过来也是一样。

图 1-22　各种标准零件

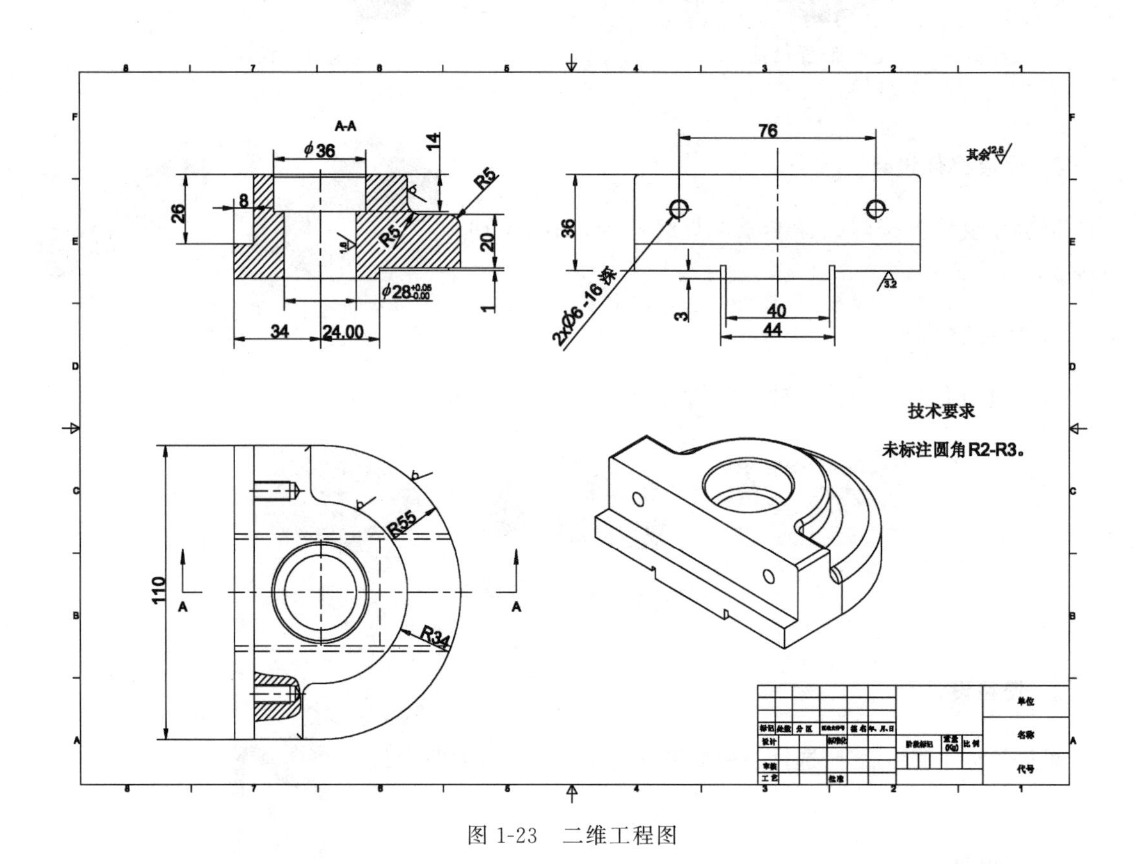

图 1-23　二维工程图

1.2.3　Inventor 的设计环境

启动 Inventor 后，出现的第一个界面如图 1-24 所示。

若开始新建立一个模型文件，单击图 1-24 所示界面中左上角的“新建”按钮，出现“新建文件”对话框，如图 1-25 所示。双击某一个图标可进入一种工作环境。

Inventor 有 7 种工作环境或称为工作模式：

(1) Sheet Metal. ipt，用于创建钣金零件。

(2) Standard. ipt，用于创建零件。

(3) Standard. iam，用于创建部件。

(4) Weldment. iam，用于对部件进行焊接设计。

图 1-24　Inventor 2020 启动界面

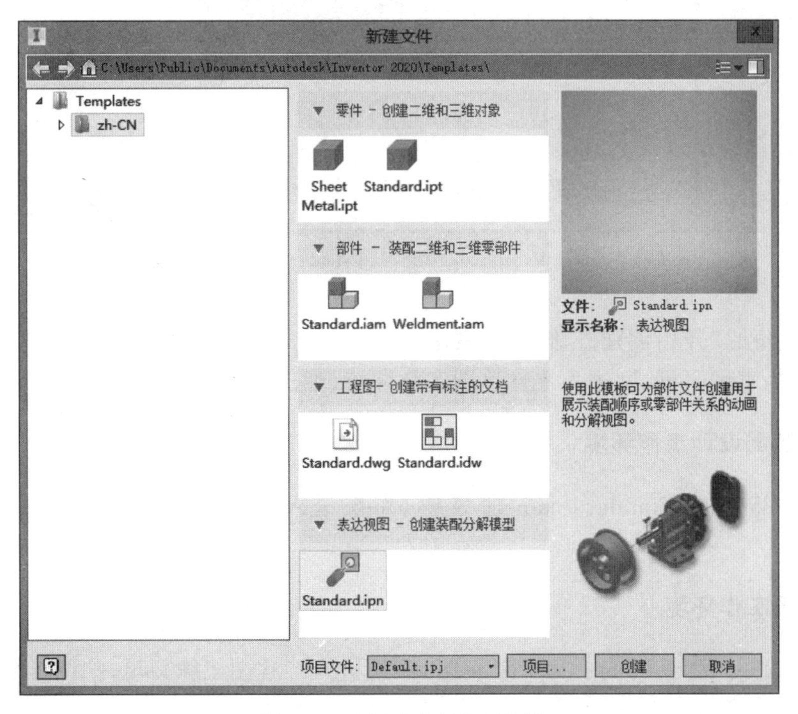

图 1-25　“新建文件”对话框

(5) Standard. dwg,用于创建 Autodesk Inventor 工程图(. dwg)。

(6) Standard. idw,用于创建 Autodesk Inventor 工程图(. idw)。

(7) Standard. ipn,用于创建部件表达视图,即部件分解。

本书只涉及最常用的 4 种,即工作环境(2)(3)(6)(7),具体工作环境如下所述。

1. 零件设计环境

单击 Standard. ipt 命令,系统进入零件设计环境,如图 1-26 所示。

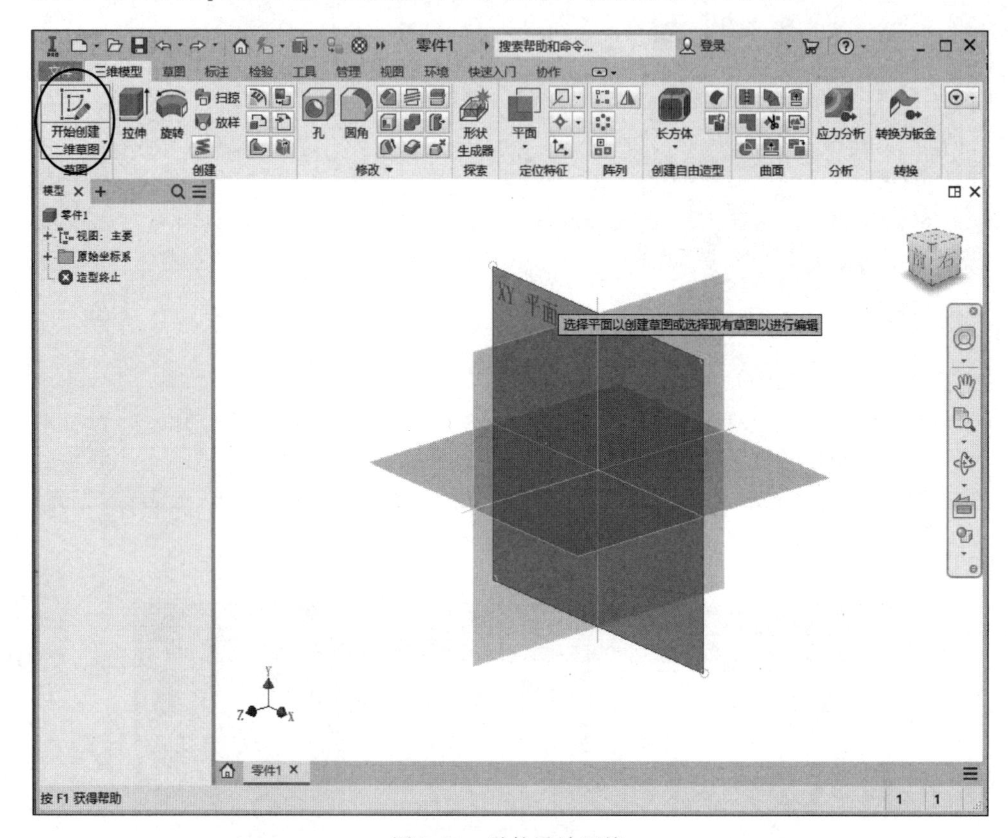

图 1-26 零件设计环境

单击左上角的"开始创建二维草图"按钮,在弹出的 3 个坐标平面中可任选一个,如单击"XY 平面"作为草图平面,则进入零件草图工作环境,如图 1-27 所示。

2. 部件装配设计工作环境

单击图 1-25 中的 Standard. iam 命令,系统进入部件装配设计工作环境,如图 1-28 所示。

3. 工程图工作环境

单击图 1-25 中的 Standard. idw 命令,系统进入工程图工作环境,如图 1-29 所示。

4. 部件分解工作环境

单击图 1-25 中的 Standard. ipn 命令,系统进入部件分解工作环境,如图 1-30 所示。

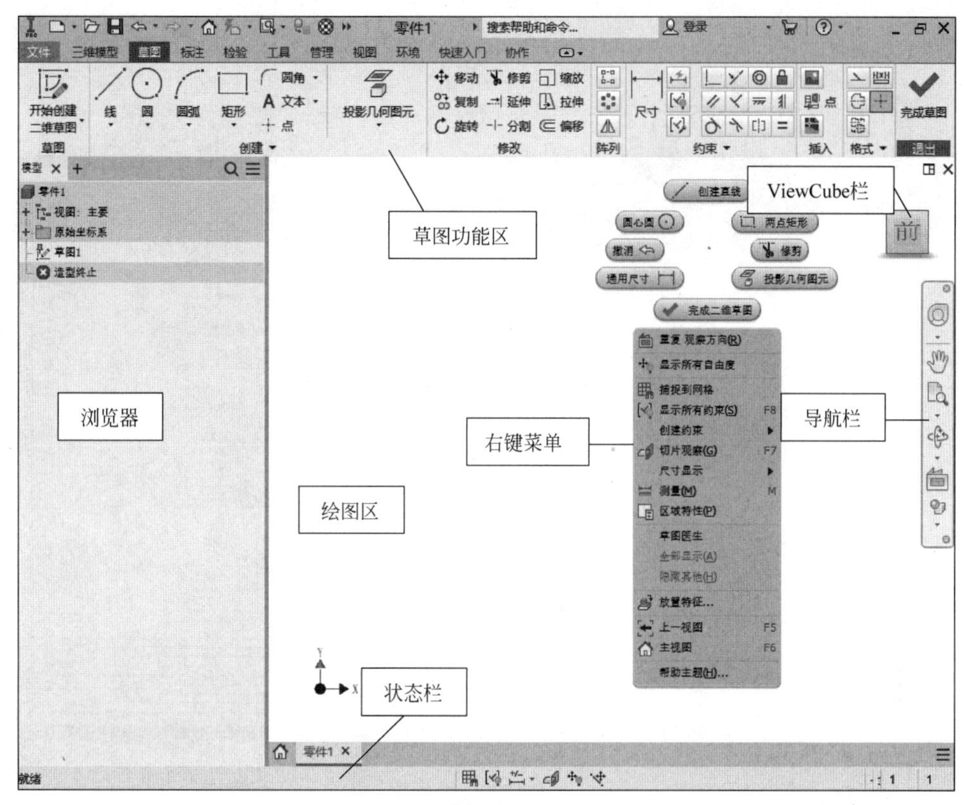

图 1-27 零件草图工作环境

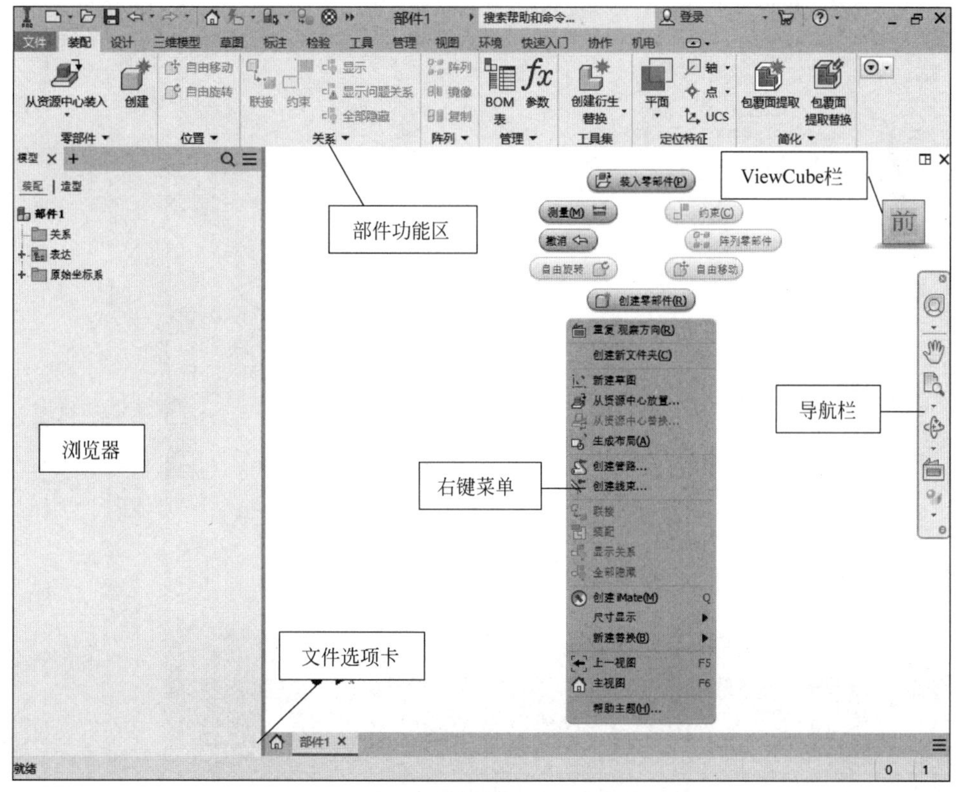

图 1-28 部件装配设计工作环境

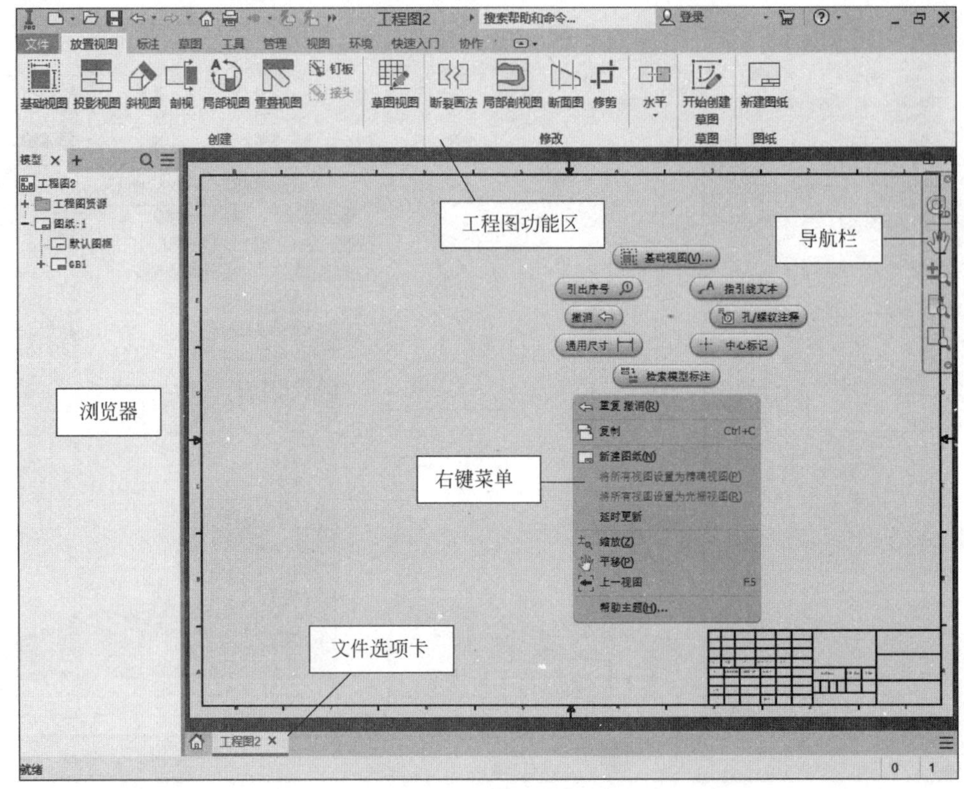

图 1-29　工程图工作环境

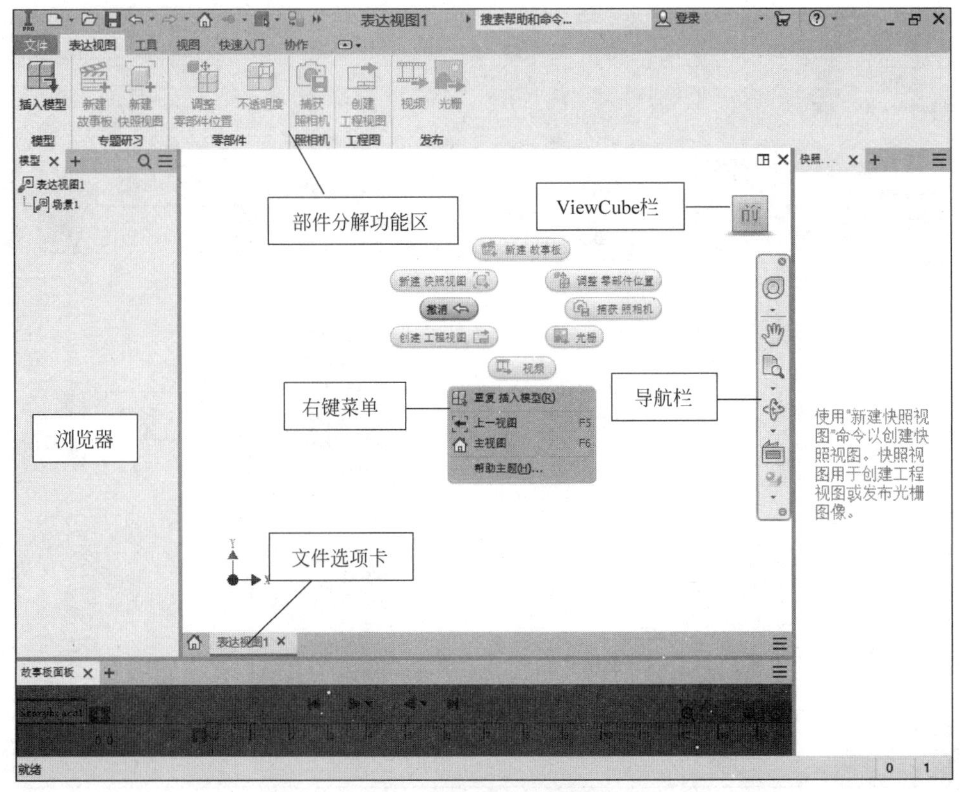

图 1-30　部件分解工作环境

第2章　简单零件的三维设计过程实例

本章学习目标

通过一个简单零件的具体设计步骤,初步认识三维参数化设计软件的基本功能。

本章学习内容

一个简单零件的三维设计过程实例。

本章以一个简单零件的三维设计为例,初步认识 Inventor 的一些基本功能和体验利用三维参数化设计系统进行零件设计的一般流程。

关于零件三维设计的更深入的内容将在后面章节中再展开叙述,本章中的零件设计过程不是很难理解,建议读者耐心读完这一章,自己动手"跟做"一遍。不要求全部理解和掌握具体的操作细节,希望通过操作过程,体会创建一个参数化零件模型的意义。

2.1　零件的三维设计流程

零件的三维设计过程可以分为 3 个步骤:

(1) 设计零件的草图;

(2) 在草图的基础上生成三维实体模型;

(3) 利用三维实体模型生成二维工程图。

2.2　简单零件的三维设计要求与形体构成分析

1. 板形零件的设计要求

(1) 设计板形零件的三维模型,如图 2-1 所示。

(2) 将三维模型转换成二维工程图,如图 2-2 所示。

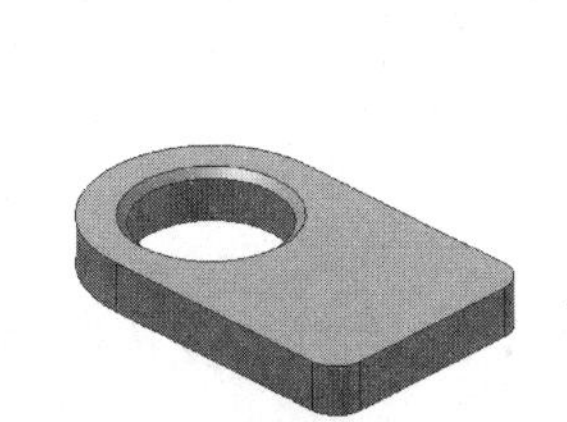

图 2-1　板形零件的三维模型

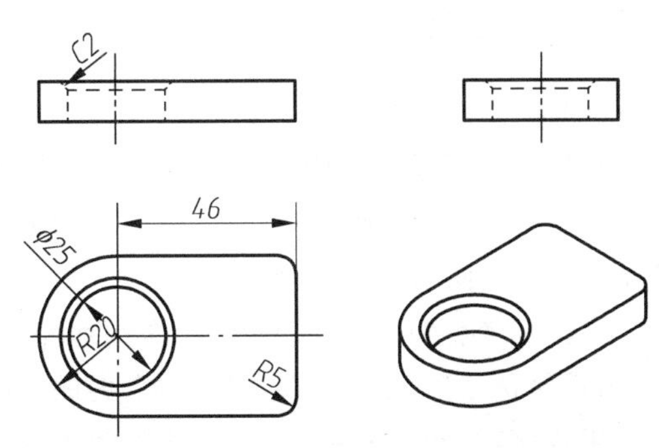

图 2-2　板形零件的二维工程图

2. 分析零件形体构成

由图 2-1 可以看出，板形零件的结构比较简单，其造型过程是：在一个长圆实体的基础上“挖切”掉一个直径为$\phi 25$的圆孔，在此基础上对零件两个棱边倒一个半径$R5$的圆角，再在圆孔的上边缘加工一个$C2$的倒角。

2.3 板形零件的设计过程与步骤

2.3.1 设计过程

板形零件的具体设计过程可以按图 2-3 所示的步骤进行。

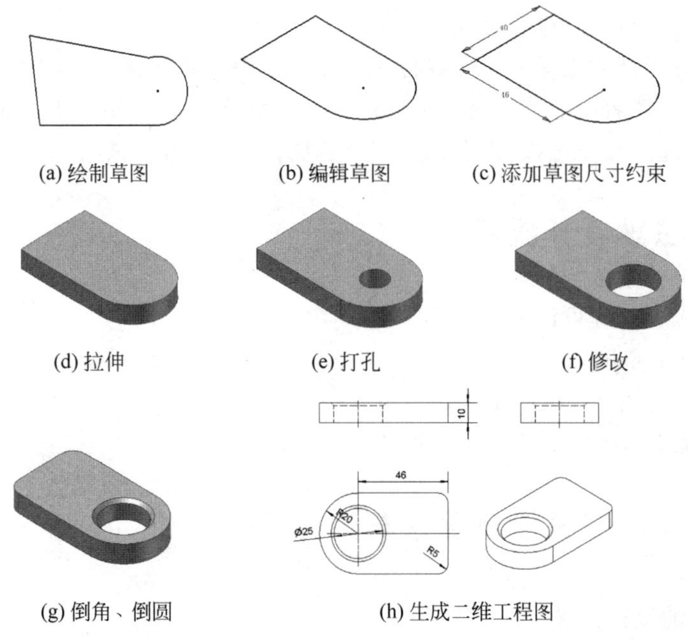

图 2-3 板形零件的设计过程

2.3.2 设计步骤

步骤一：选择生成零件模型的环境

(1) 单击图 1-24 所示界面中左上角的“新建”按钮，在出现的“新建文件”对话框(见图 2-4)中，双击 Standard. ipt 命令，系统进入零件设计环境，如图 2-5 所示。

(2) 将绘图区的网格暂时关闭。

单击“工具”标签栏“选项”面板中的“应用程序选项”，如图 2-5 所示。

在“应用程序选项”对话框“草图”选项卡内的“显示”栏中，不选中所有复选框，如图 2-6 所示，单击“应用程序”按钮，绘图区的网格线暂时不显示了。

注意：这一步骤并不是必需的，这里是为了使图形区内不显得凌乱。

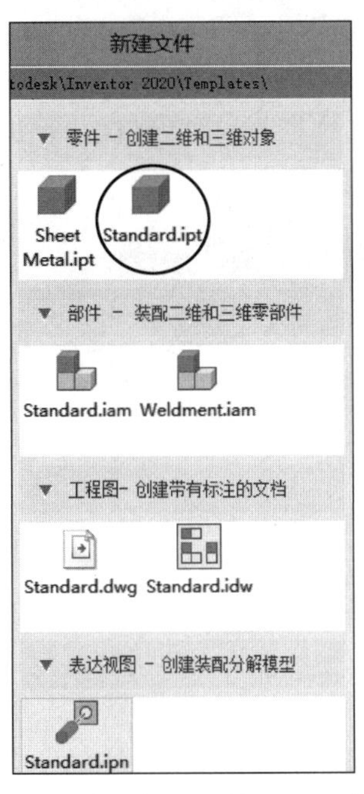

图 2-4　“新建文件”对话框——工作环境

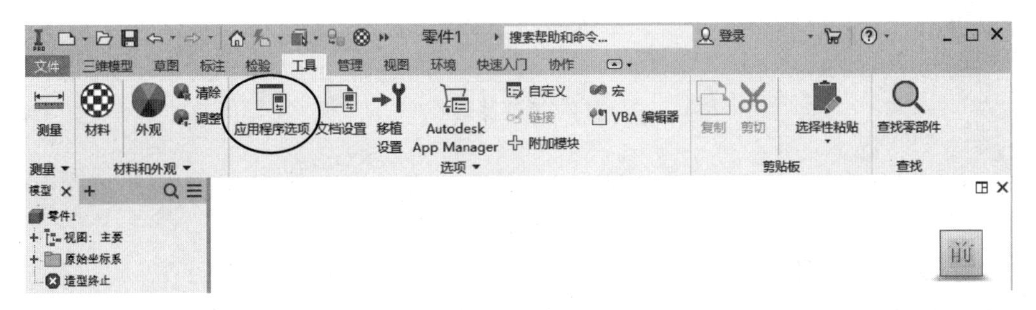

图 2-5　选择“应用程序选项”

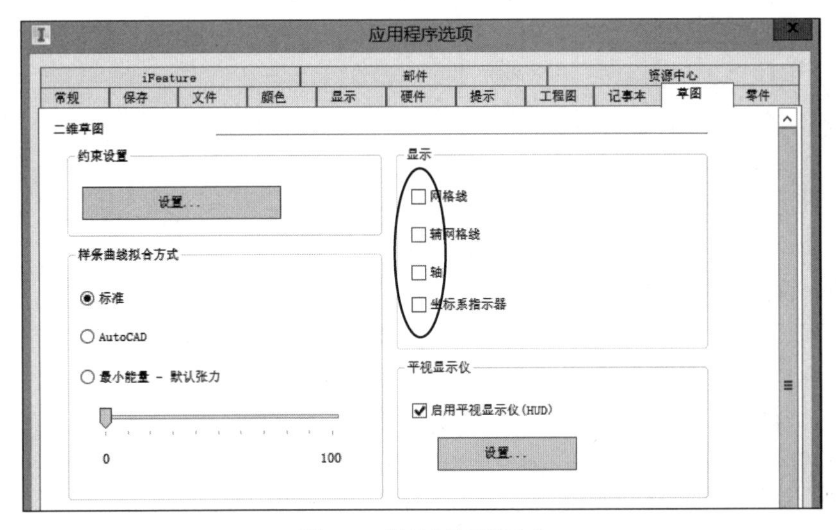

图 2-6　设置“显示”形式

步骤二：绘制草图

单击左上角的“开始创建二维草图”按钮，在弹出的3个坐标平面中选择“XY平面”，进入零件草图工作环境。单击“草图”标签栏“创建”面板中的“矩形”命令，在绘图区内单击1、2两点绘制出矩形，如图2-7所示。

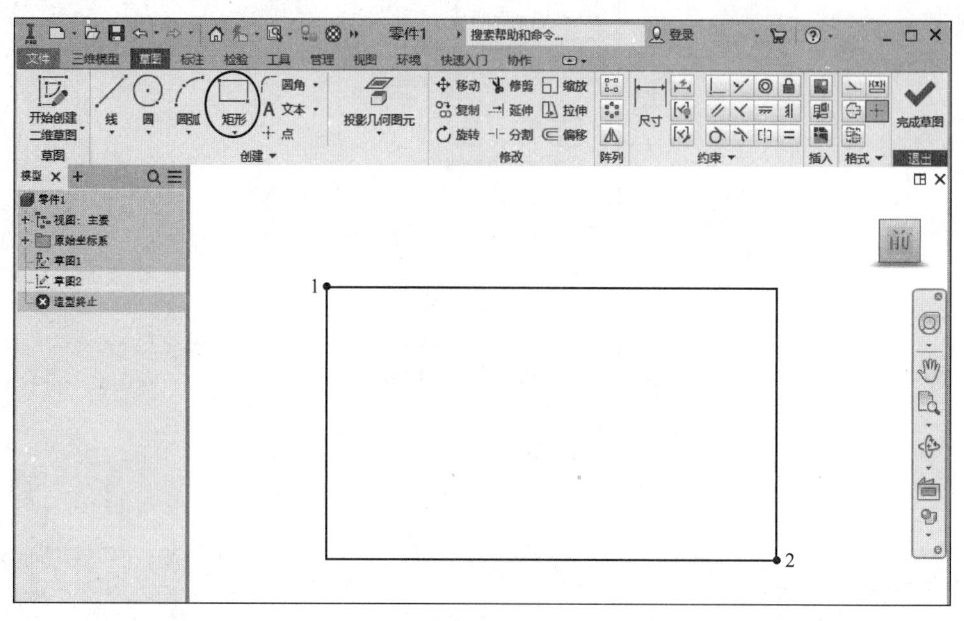

图2-7　绘制矩形

单击“圆”命令，移动鼠标指针到矩形左边线上，系统会自动捕捉到中间点3，在中间点3上单击，移动鼠标在适当的位置单击，可以绘制出圆形，如图2-8所示。

步骤三：添加草图的几何约束

单击“约束”面板中的“相切”命令，单击*A*、*B*线，使圆*A*与*B*线相切，*C*直线也就与圆*A*相切了，如图2-9所示。

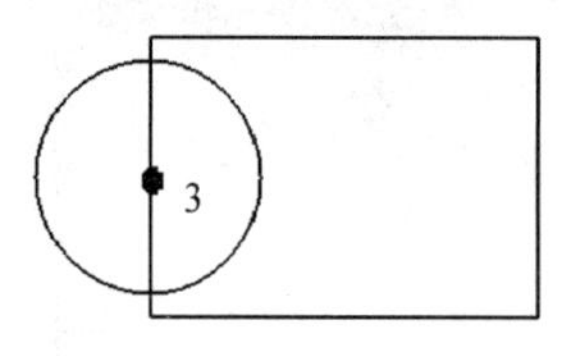

图2-8　绘制圆形

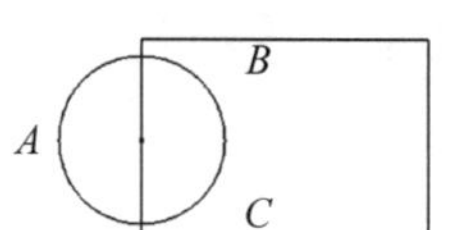

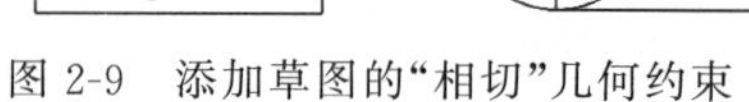

图2-9　添加草图的“相切”几何约束

步骤四：编辑草图、去掉多余线

单击“修改”面板中的“修剪”命令，移动鼠标指针到右半圆周上，当圆弧段出现虚线时单击，多余的圆弧段就被删除了。用同样的方法将矩形的左边线删除，如图2-10所示。

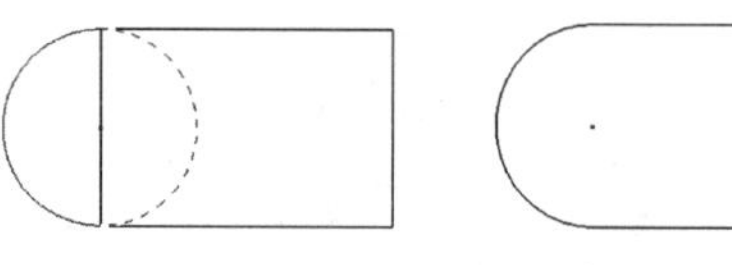

图2-10　去掉多余线

步骤五：添加草图的尺寸约束

(1) 单击“尺寸”命令。单击圆弧，移动鼠标，在尺寸线位置处单击。

在“编辑尺寸”对话框中输入半径为20。单击对话框右侧的对勾按钮。圆弧半径标注如

图 2-11 所示。

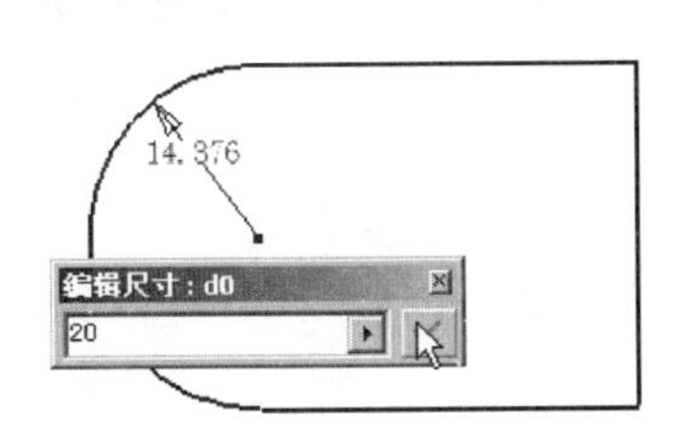

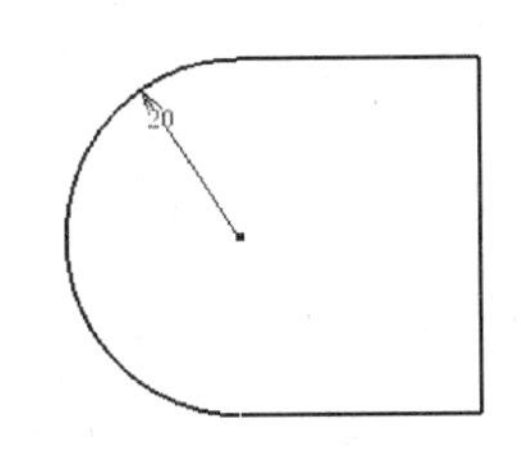

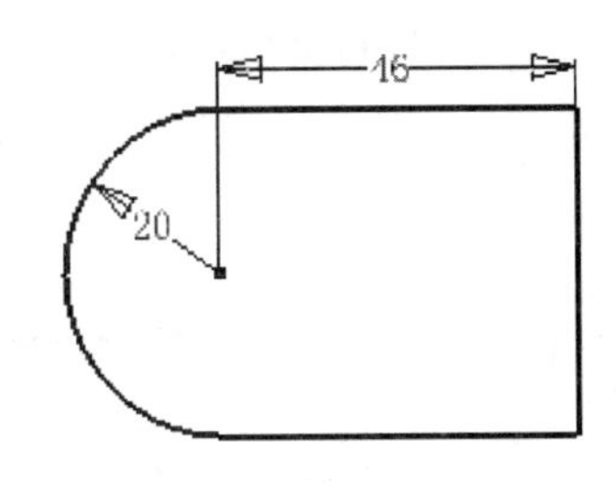

图 2-11　尺寸标注

(2) 单击“通用尺寸”命令▭。单击圆弧，单击右侧直线，移动鼠标，在尺寸线位置处单击。

在“编辑尺寸”对话框中输入 46。单击对话框右侧的对勾按钮。尺寸 46 标注见图 2-11。

在绘图区域右击，在右键菜单中选择“取消”选项，结束尺寸标注，如图 2-12 所示。如不进行其他操作，本步操作直接单击“完成二维草图”即可。

在绘图区域右击，在右键菜单中选择“完成二维草图”选项，结束绘制草图，如图 2-13 所示。此时界面上部的菜单区自动变为和三维模型有关的“模型功能区”。

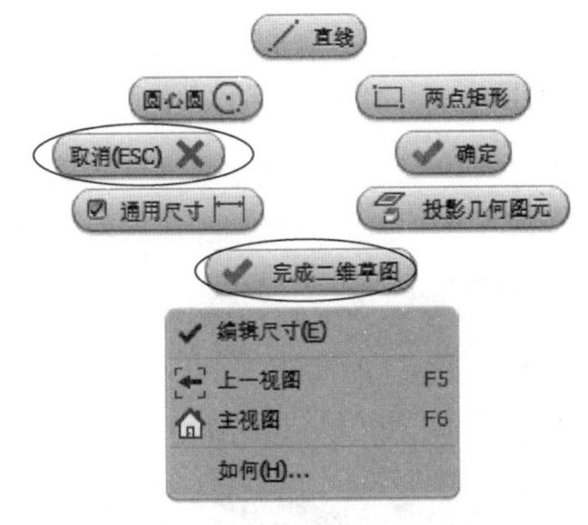

图 2-12　右键菜单“取消”

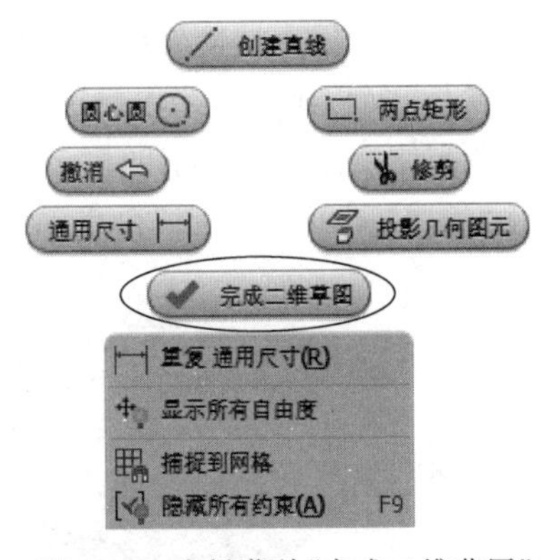

图 2-13　右键菜单“完成二维草图”

步骤六：改变草图的观察方向

在绘图区空白处右击，在右键菜单中选择“主视图”选项，如图 2-14(a)所示；此时已改变草图的观察方向(正等轴测图方向)，如图 2-14(b)所示。

注意“模型”浏览器中的变化，出现了“草图 1”，见图 2-14(c)。“草图 1”表明生成了第一个草图。浏览器记录了零件设计的全过程，目前只是绘制了一个“草图”。双击“草图 1”可以编辑草图。

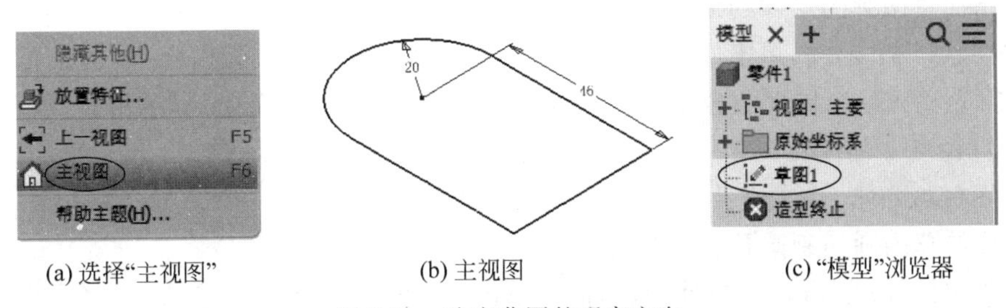

(a) 选择“主视图”　(b) 主视图　(c)“模型”浏览器

图 2-14　改变草图的观察方向

步骤七：将草图拉伸成三维实体

单击"三维模型"标签栏中"创建"面板中的"拉伸"命令，在"拉伸" 对话框中输入拉伸距离 10mm，单击"确定"按钮，拉伸的三维实体模型如图 2-15 所示。

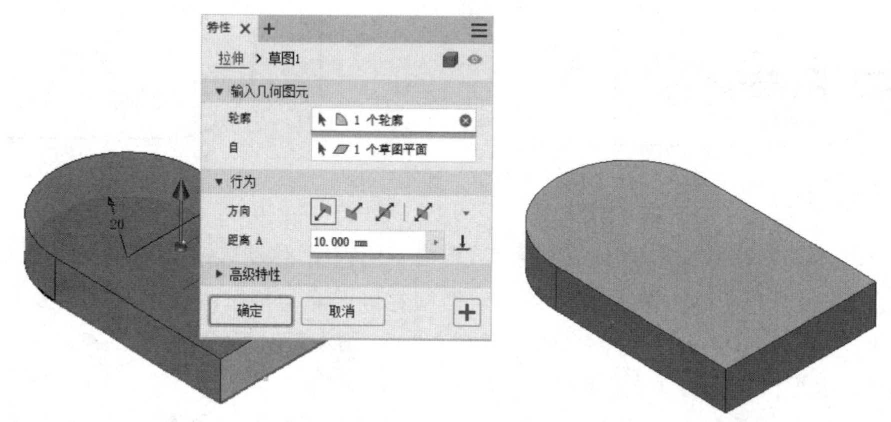

图 2-15　生成拉伸的三维实体模型

步骤八：在实体上打孔

(1) 将实体上顶面设置为草图平面。

单击实体顶面，在右键菜单中选择"新建草图"选项，如图 2-16(a)所示。

(2) 在实体顶面上绘制草图。

单击"绘图"面板中的"圆"命令，在顶面上绘制圆，如图 2-16(b)所示。

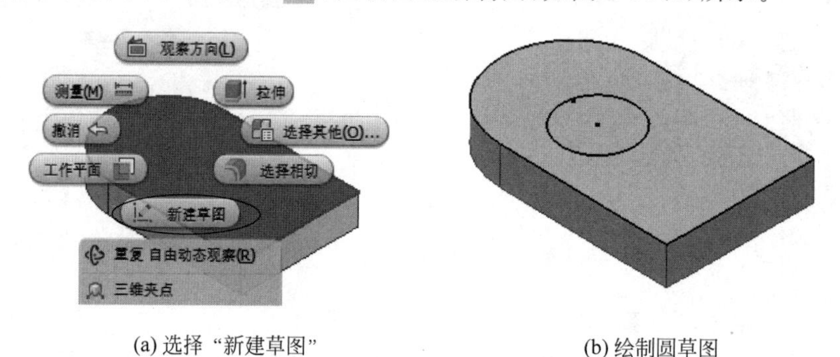

(a) 选择 "新建草图"　　(b) 绘制圆草图

图 2-16　在实体顶面绘制草图

(3) 添加草图圆的几何约束。

单击"约束"面板中的"同心"命令，选择草图圆，再选择实体上的圆柱边缘，草图的圆心就移动到圆柱圆心的位置，如图 2-17 所示。

(4) 添加草图圆的尺寸约束。

单击"尺寸"命令，单击圆弧，在尺寸线位置单击。暂时在"编辑尺寸"对话框中输入直径尺寸 15(先输入一个错误的数字，为了练习后面的"编辑尺寸"命令)。单击对话框右侧的对勾按钮。直径尺寸标注见图 2-18。

在绘图区域右击，在右键菜单中选择"完成草图"。

(5) 拉伸草图圆切割圆孔。

单击 "拉伸"命令，在"拉伸"对话框中单击"距离"右侧的黑色箭头，选择弹出列表中的"贯通"选项，单击对话框中的"切割"图标按钮。单击"确定"按钮，生成孔如图 2-19 所示。

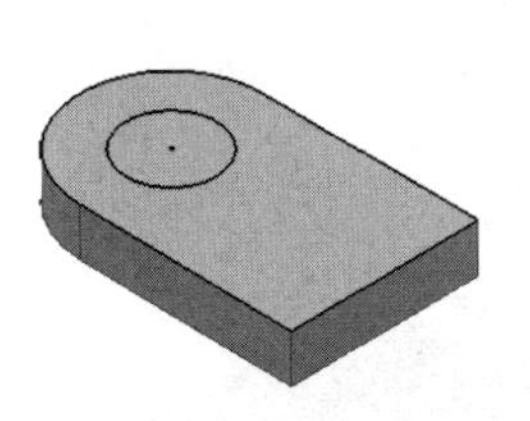

图 2-17　约束圆“同心”

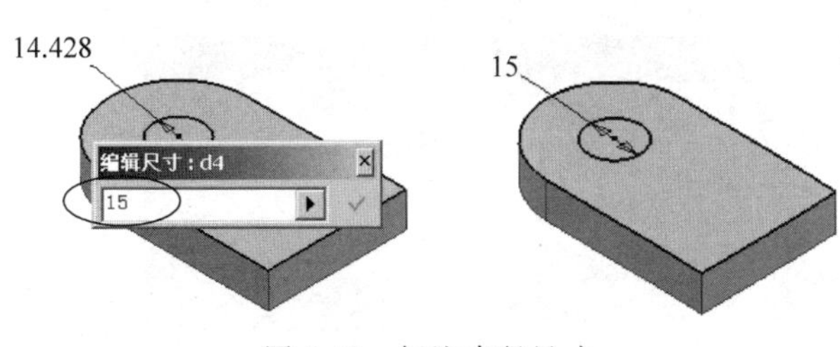

图 2-18　标注直径尺寸

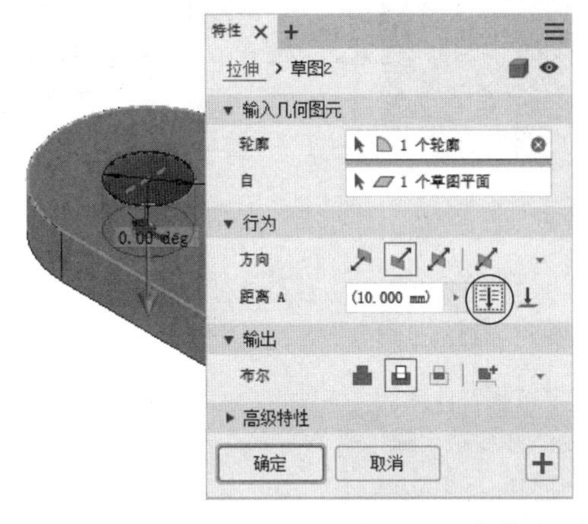

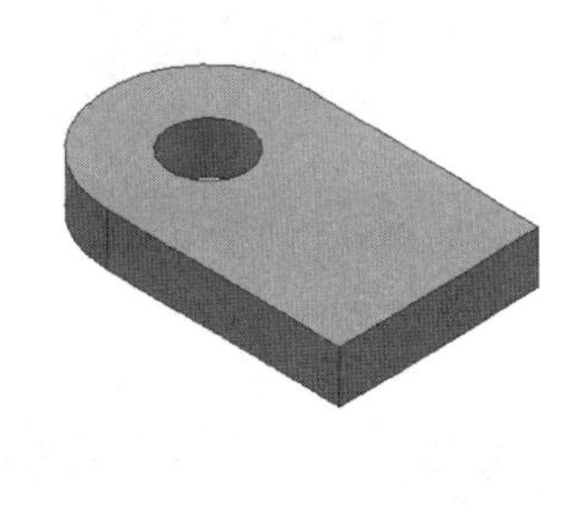

图 2-19　拉伸成“孔”

步骤九：编辑实体孔的大小

将实体上的孔的直径改为 25。

右击“模型”浏览器中“拉伸 2”项，在右键菜单中选择“编辑草图”选项。

单击圆的尺寸，将数值改为 25，如图 2-20 所示。

选择右键菜单中的“完成草图”选项，实体上的圆孔变化如图 2-20 所示。

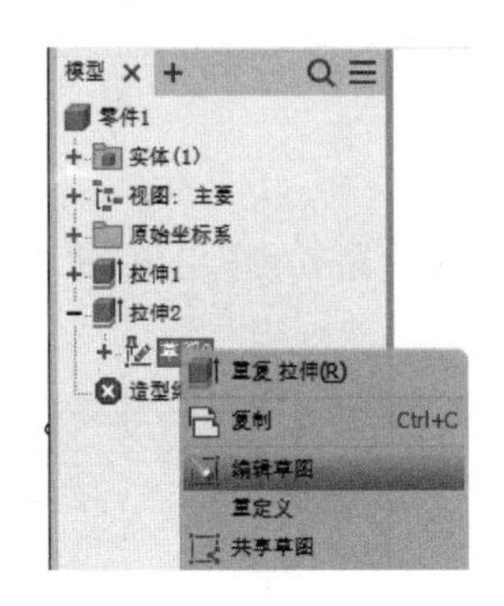

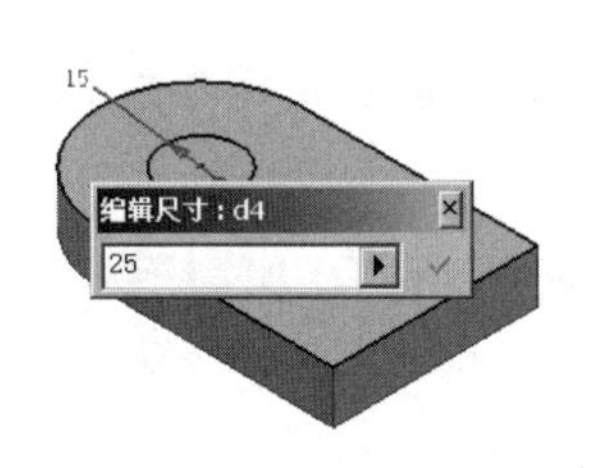

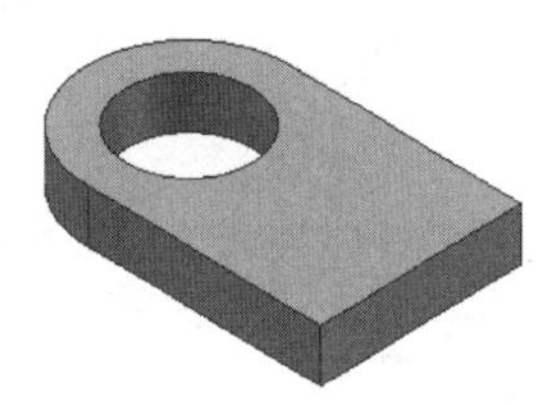

图 2-20　修改圆的直径

步骤十：对零件倒圆、倒角

单击“三维模型”标签栏中“修改”面板的“圆角”命令，在“圆角”对话框中单击“半径”，输入半径值 5。

选择实体的两个短竖棱线，单击“确定”按钮，生成圆角如图 2-21 所示。

单击 “倒角”命令，在“倒角”对话框中输入距离值 1.5，单击“边”按钮。选择实体上顶面的圆孔轮廓，单击“确定”按钮，生成倒角如图 2-22 所示。

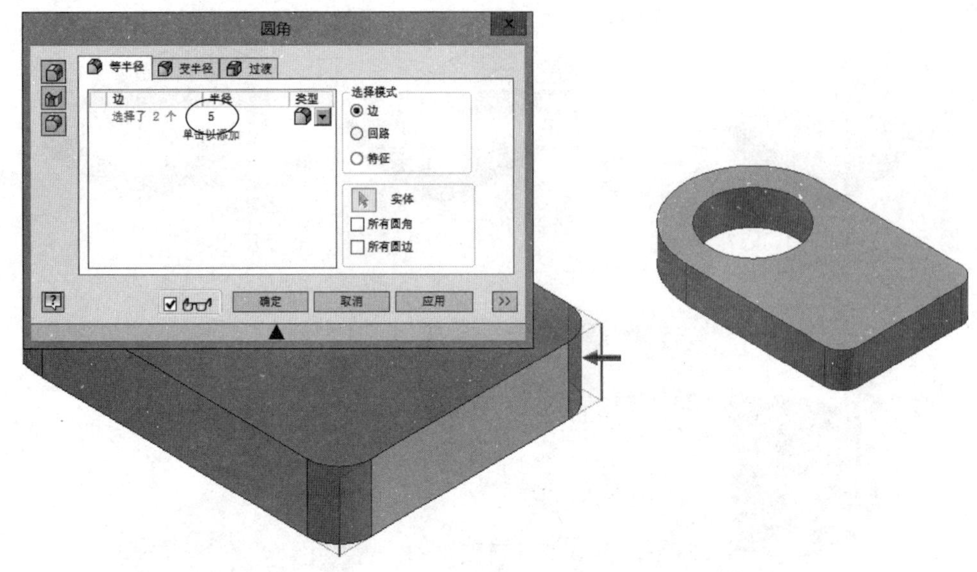

图 2-21　圆角生成

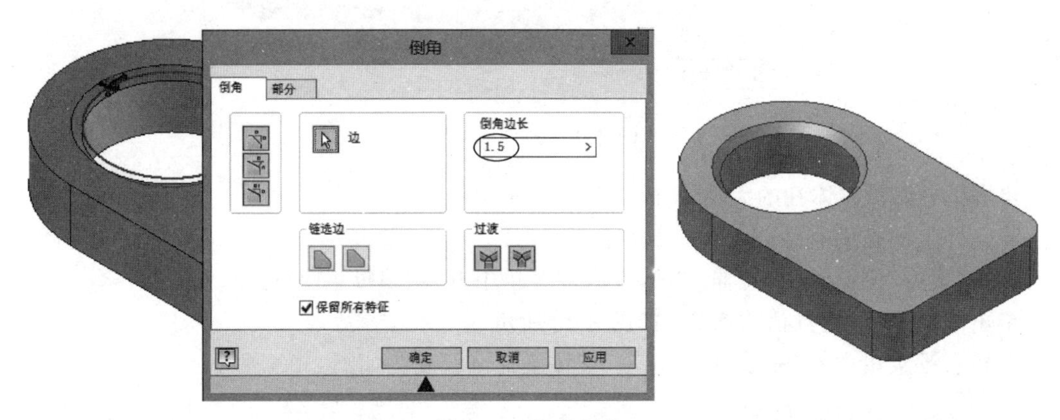

图 2-22　生成倒角

步骤十一：将零件模型存盘

打开“文件”标签栏，选择“另存为”选项，指定零件名称和存盘路径，将当前“板形零件”文件存盘，如图 2-23 所示。

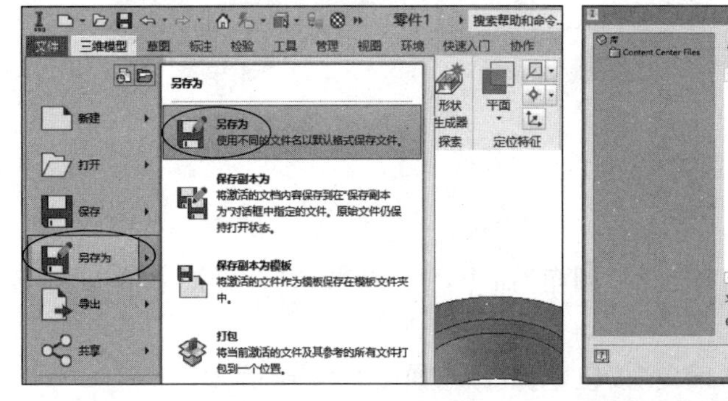

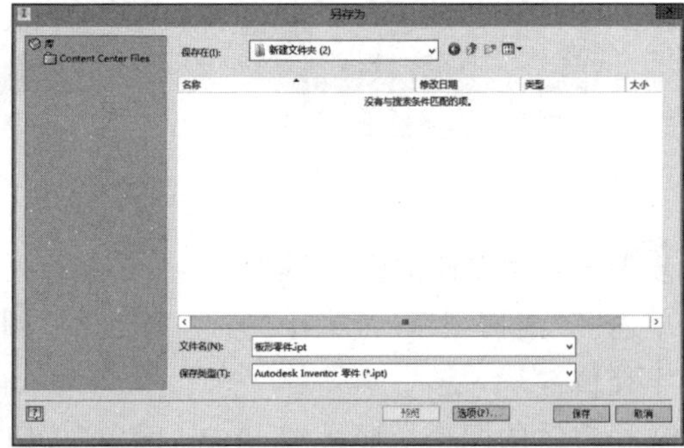

图 2-23　零件模型存盘

步骤十二：生成二维工程图

(1) 进入二维工程图环境。

打开“文件”标签栏，选择“新建”选项，单击“工程图”命令，见图 2-24(a)。工程图环境的界面如图 2-24(b)所示。

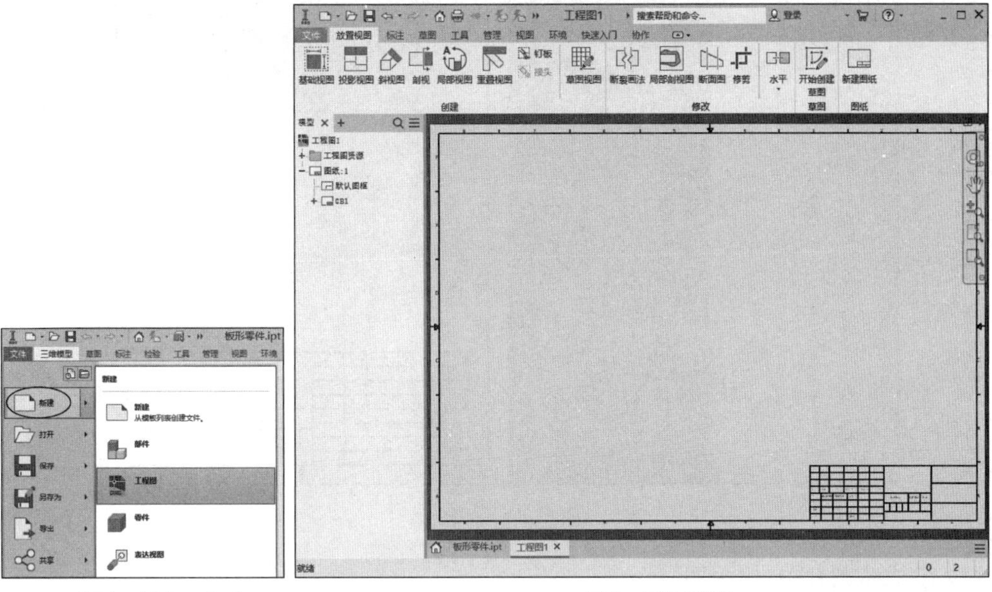

(a) 选择“新建”选项　　　　(b) 进入工程图环境

图 2-24　进入二维工程图环境

(2) 选择 A4 图框。

右击“模型”工具栏“图纸 1”选项，在右键菜单中选择“编辑图纸”选项。

在“编辑图纸”对话框中选择“A4”“纵向”，如图 2-25 所示，单击“确定”按钮。

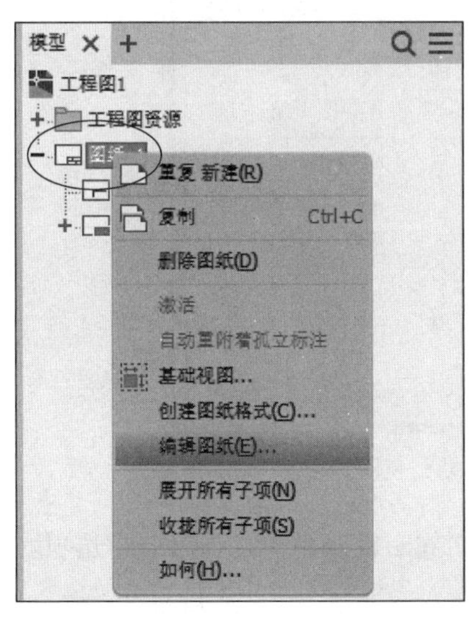

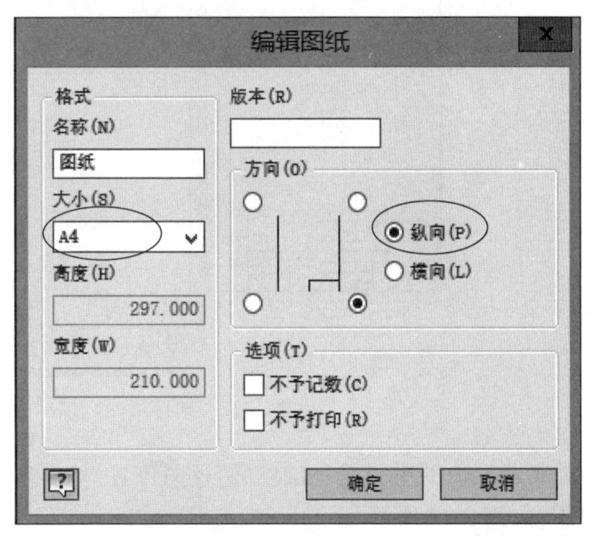

图 2-25　选择 A4 图框

A4 图框如图 2-26 所示。

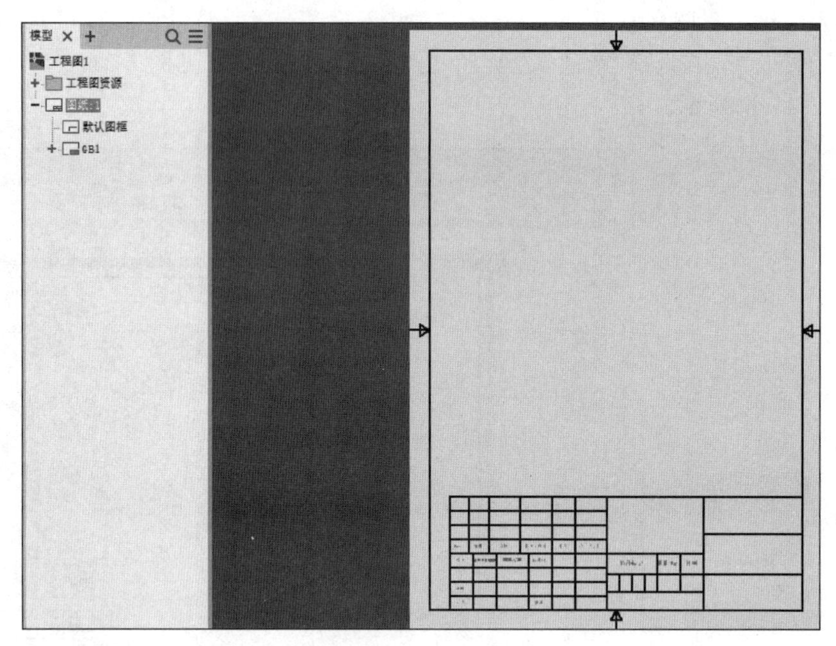

图 2-26 A4 图框

(3) 生成基础视图(俯视图)。

单击"放置视图"标签栏中"创建"面板的"基础视图"命令，出现"工程视图"对话框，如图 2-27 所示。对话框中的内容采用默认设置。

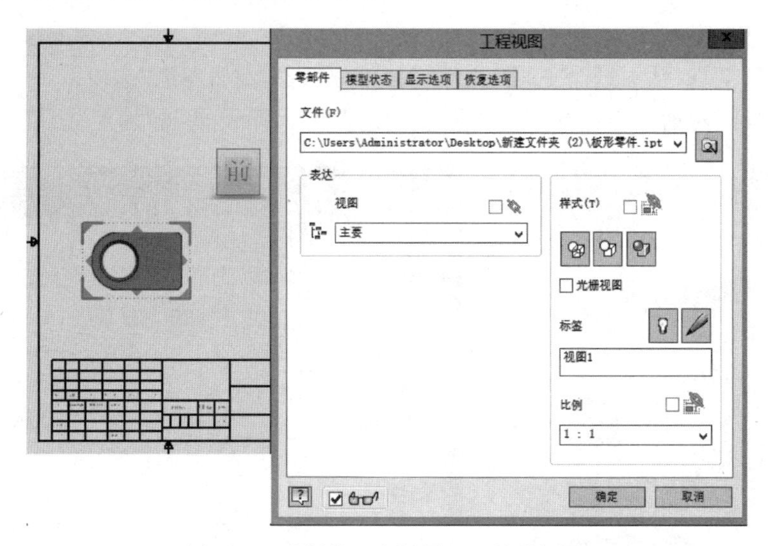

图 2-27 选择第一个视图——基础视图

在图形区内的中间偏左位置(俯视图位置)单击确认，在右键菜单中选择"创建"选项，生成俯视图，如图 2-28 所示。

(4) 生成投影视图(主视图)。

单击 "投影视图"命令，单击已生成的俯视图(作为投影基础)，向上移动鼠标到适当位置(主视图位置)，单击确认，在右键菜单中选择"创建"选项，生成"主视图"如图 2-29 所示。

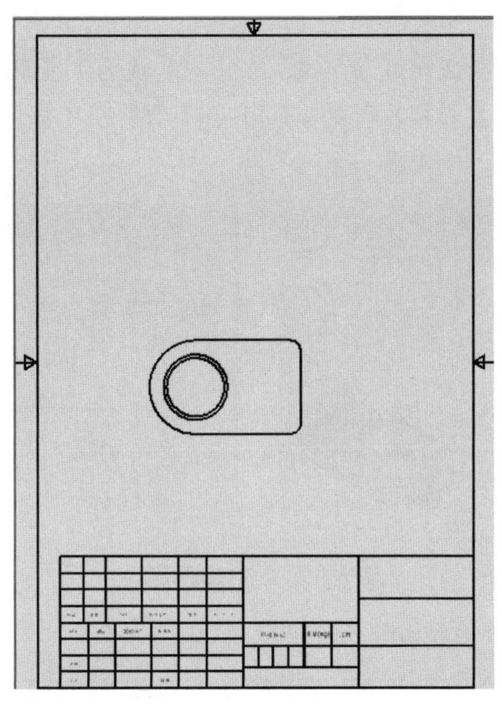

图 2-28　生成基础视图——俯视图

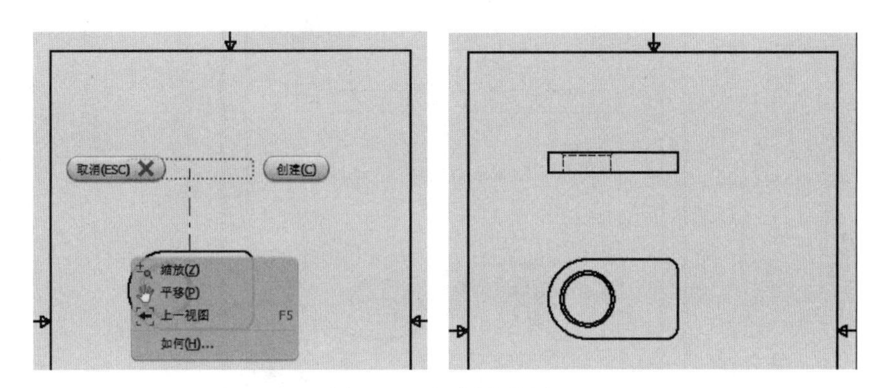

图 2-29　生成“主视图”

(5) 生成左视图。

单击“投影视图”命令，单击已生成的主视图(作为投影基础)，向右移动鼠标到适当位置(左视图位置)，单击确认。在原处右击，在右键菜单中选择“创建”选项，生成“左视图”如图 2-30 所示。

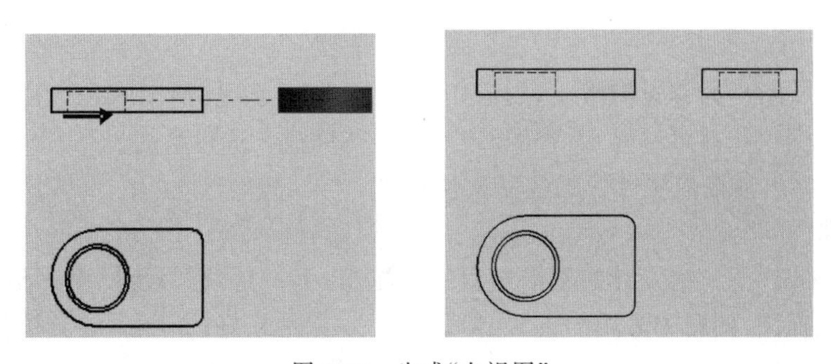

图 2-30　生成“左视图”

(6) 生成轴测图

单击"创建面板"中的"投影视图"命令，单击已生成的主视图，向右下方移动鼠标到适当位置(轴测视图位置)，单击确认。在原处右击，在右键菜单中选择"创建"选项，生成"轴测图"如图 2-31 所示。

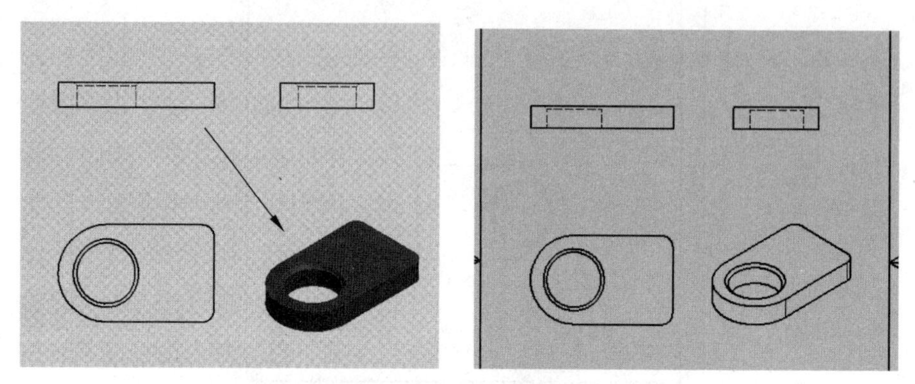

图 2-31 生成"轴测图"

板形零件工程图的全部内容如图 2-32 所示。

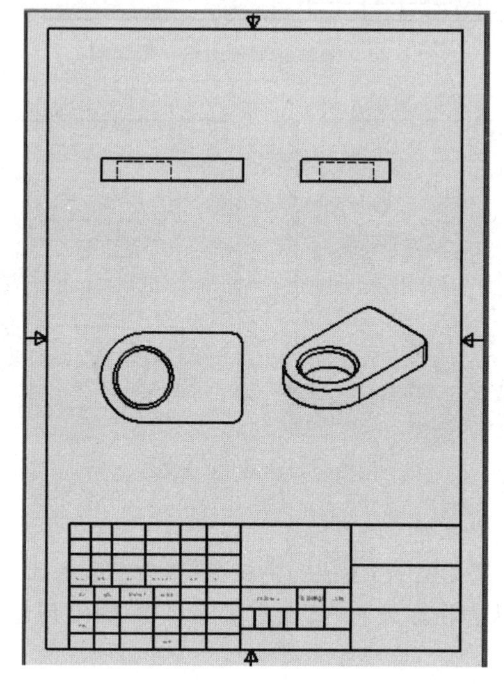

图 2-32 工程图的内容

工程图中还有不少内容没有做完，如标注尺寸、绘制中心线、剖视图表达、加工精度表达、标题栏的内容等。这些都可以在"工程图"环境下继续完成。这里略去。

步骤十三：将当前板形零件的工程图文件存盘

操作过程略。

以上是板形零件的三维设计的基本过程。应注意，无论是草图设计、草图编辑、生成特征还是生成二维工程图，例题中采用的方法、步骤都不一定是最好的、唯一的。初学者可以把此例题作为学习三维设计的“敲门砖”。

思考题

简述零件三维设计过程的 3 个步骤。

练习题

在本章例题中(见图 2-14)的第一个长圆形草图上，增加一个同心圆草图，圆的直径为 $\phi 25$，直接拉伸出带圆孔的实体。

第3章　三维零件的草图设计

本章学习目标

学习草图设计的具体方法。

本章学习内容

(1) 草图设计的基本概念；

(2) 草图设计的流程；

(3) 绘制草图的命令与操作；

(4) 编辑草图的方法。

3.1　草图设计的基本知识

1. 草图

草图设计是三维零件设计的基础。有了草图，就可以用各种方法生成不同的实体，如图3-1、图3-2和图3-3所示。草图大多数情况下是二维的几何图形，在设计空间管路等特殊结构时要用到三维草图。

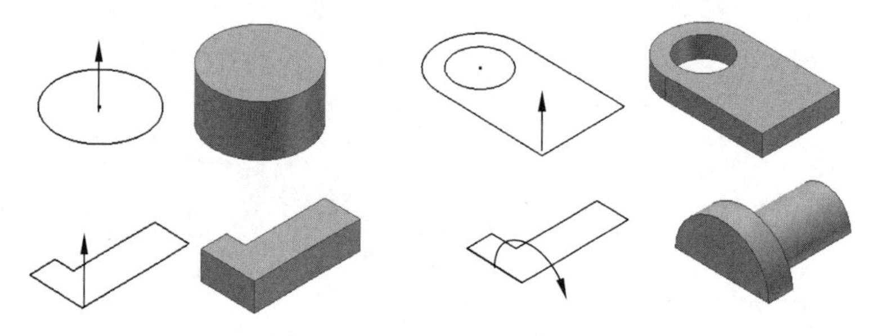

图3-1　二维草图与实体特征

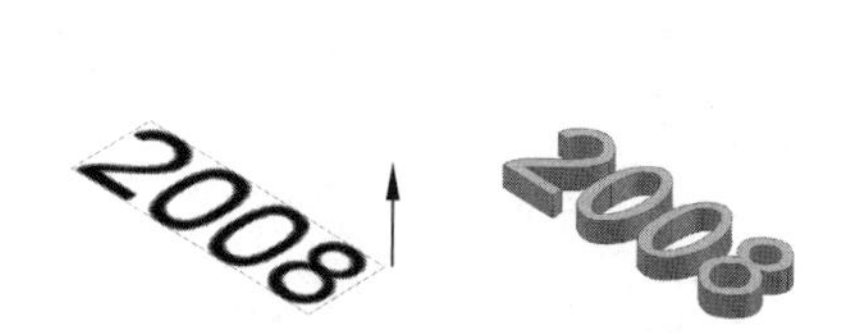

图3-2　文字草图与实体特征

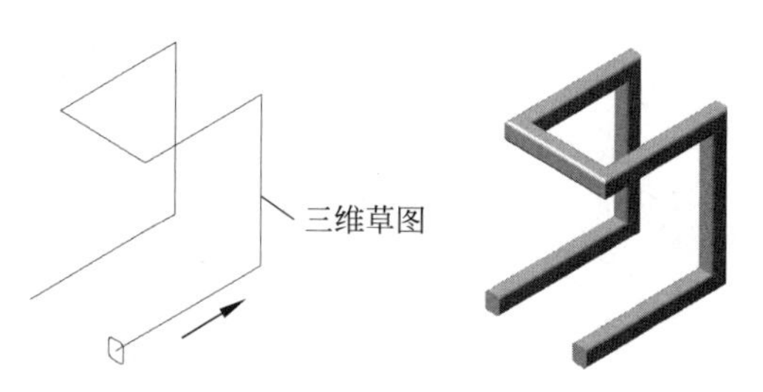

图3-3　三维草图与实体特征

2. 草图平面

草图要在指定的平面上绘制，草图平面可以在下列指定的平面上建立。

(1) 原始坐标系的 XY 平面：由坐标系的 X、Y 轴构成的平面。

在创建零件的初始环境下，系统自动将原始坐标系的 XY 平面作为草图平面。

(2) 原始坐标系的 YZ 平面：由坐标系的 Y、Z 轴构成的平面。

(3) 原始坐标系的 XZ 平面：由坐标系的 X、Z 轴构成的平面。

(4) 工作平面：使用“工作平面”命令设置的平面。

(5) 实体平面：三维实体上的一个表面。

3. 草图的生成

1) 草图的生成方式

(1) 在 Inventor 环境下直接绘制出草图；

(2) 由已存在的草图生成共享草图；

(3) 用 AutoCAD 绘制的二维图形，导入后也可以作为草图；

(4) 由已生成的实体特征的某一条线或某一个轮廓的投影构成，也可以由工作面和工作轴的投影构成；

(5) 从已有实体的轮廓的偏移得到草图；

(6) 由一个草图复制和阵列生成草图；

(7) 文字的轮廓也可以作为草图。

2) 草图设计的规则

(1) 大多数情况下，生成实体的草图是一个连续的、封闭的轮廓，见图 3-4(a)；

(2) 草图也可以是一个不封闭的轮廓，用于构成曲面，见图 3-4(b)；

(3) 草图不能是自交叉状态，见图 3-4(c)；

(4) 草图可以是多个封闭的轮廓，见图 3-4(d)；

(5) 草图轮廓可以相交，但只能使用其中一个或两个轮廓的合集，见图 3-4(e)；

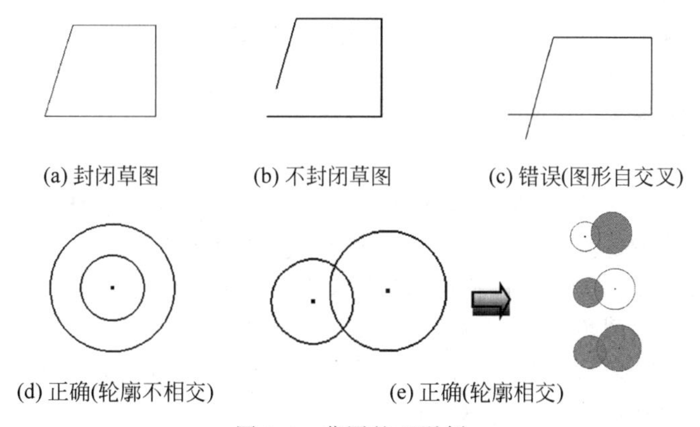

图 3-4　草图的正误例

(6) 绘制的草图应和实际形状大小比例大致相符，如果绘制的草图近似于最终的大小和形状，则在添加草图约束时草图不容易扭曲变形；

(7) 添加约束时尽量采用“先定形状，后定大小”的方法，即在标注尺寸前应先固定轮廓的几何形状；

(8) 保持草图简单，如尽量不要在草图上倒角和倒圆角，可以在生成实体后，再添加如圆角、倒角和拔模斜度等设计细节。

4. 草图设计流程

草图设计的过程可以分为以下 3 个步骤。

(1) 设置草图平面：设置绘制草图所在平面。

(2) 绘制草图：使用绘制命令绘制草图图形。

(3) 约束草图：对草图施加尺寸约束和几何约束。

草图设计的一般流程如图 3-5 所示。

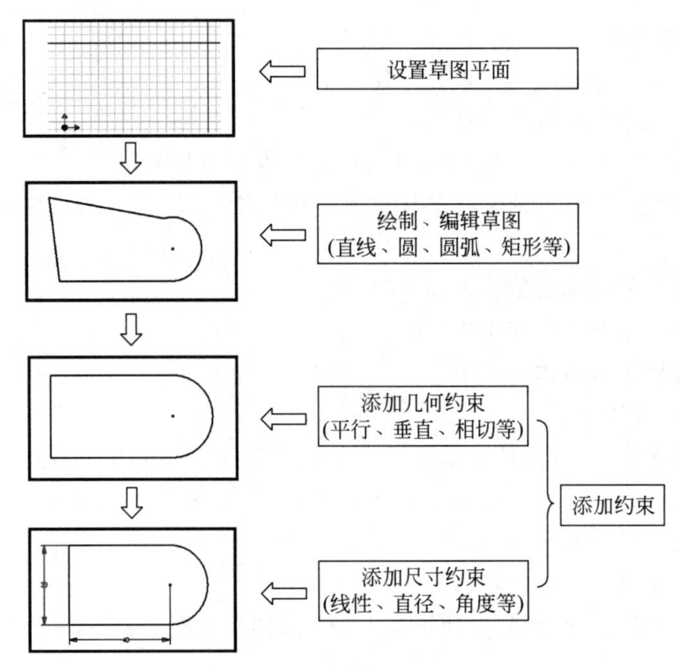

图 3-5　草图设计的流程

3.2 绘制草图命令

在如图 2-4 所示的“新建文件”对话框中单击 Standard. ipt 命令，系统就进入零件设计环境，然后单击“开始创建二维草图”按钮，进入零件草图工作环境。

绘制草图的命令在“草图”标签栏的“绘图”面板中，绘制草图的命令包括直线、圆、圆弧、矩形、样条曲线、椭圆、点、圆角、多边形和文本，如图 3-6 所示。

单击命令图标旁的黑箭头▼，可以展开隐藏的一些命令，如单击“圆角”右侧小箭头，则同时显示出“圆角”和“倒角”两个命令，如图 3-7 所示。

当鼠标指针在一个绘制命令图标上停留约一秒钟后，系统会显示出该命令的使用方法，如图 3-8 所示。

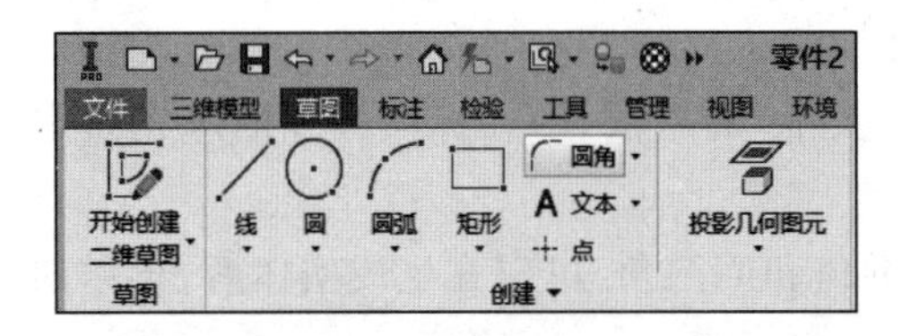

图 3-6　绘制草图命令

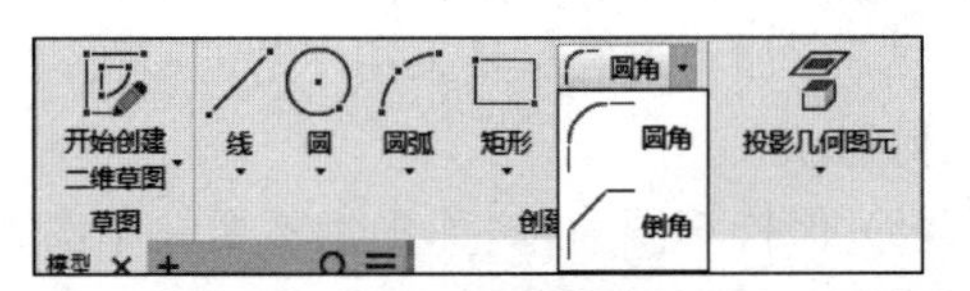

图 3-7　单击小箭头展开命令

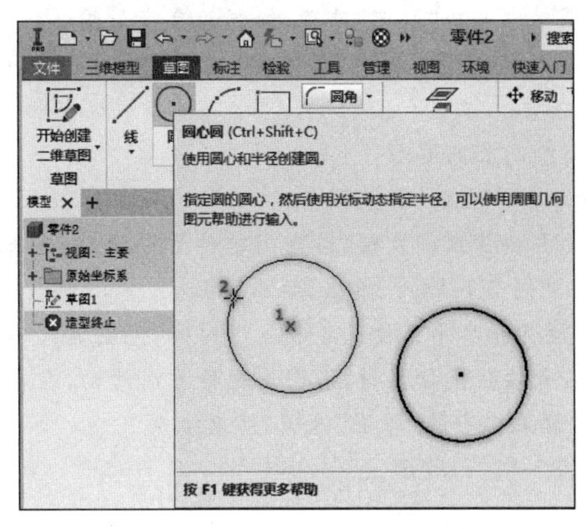

图 3-8 鼠标停留后显示命令使用方法

在绘制过程中,移动鼠标时会在相关的位置上显示出当前直线与坐标轴或与其他直线的几何关系符号,如平行、垂直、相切等,如图 3-9、图 3-10 所示。

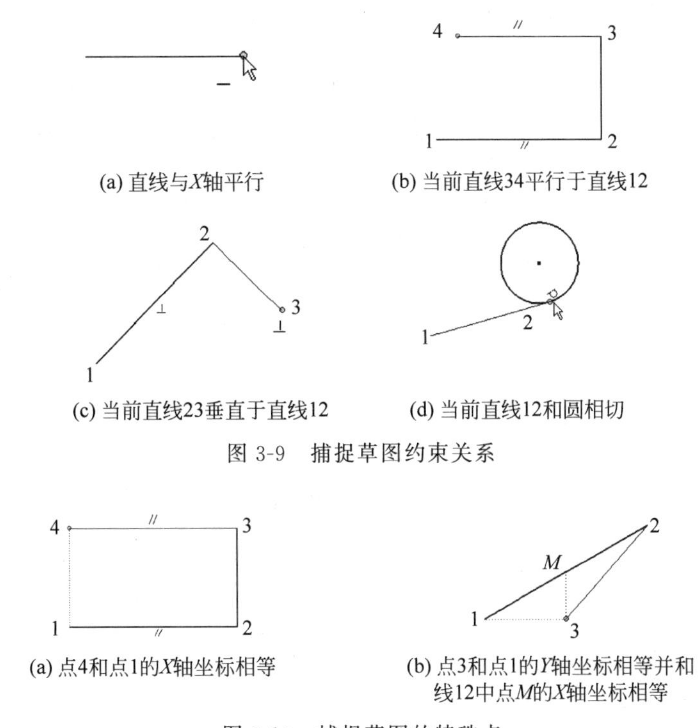

(a) 直线与X轴平行 (b) 当前直线34平行于直线12

(c) 当前直线23垂直于直线12 (d) 当前直线12和圆相切

图 3-9 捕捉草图约束关系

(a) 点4和点1的X轴坐标相等 (b) 点3和点1的Y轴坐标相等并和线12中点M的X轴坐标相等

图 3-10 捕捉草图的特殊点

1. 直线

作用：绘制直线或绘制与已知图线连接的圆弧。

例 1 任意绘制一条斜线。

(1) 单击“直线”命令，在屏幕上依次单击直线的始点 1 和终点 2，然后接着在原处右击。

(2) 在弹出的右键菜单中选择“取消”选项，绘制的直线如图 3-11 所示。

直线长度和角度的准确值可暂不考虑，可以使用“标注尺寸”和“几何约束”命令设置。

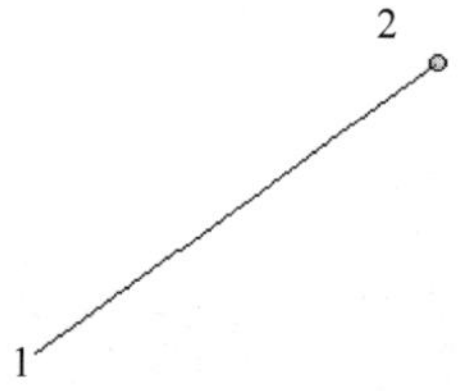

图 3-11 绘制直线

例 2 使用直线命令绘制长圆图形。

(1) 单击“直线” 命令 ，绘制一条直线 12。

(2) 单击直线端点 2 并按住鼠标左键，沿圆周延伸方向滑动，当圆弧终点下方出现虚线时(见图 3-12(a))，单击，绘出圆弧。

(3) 继续绘制直线，使直线水平并使点 4 和点 1 对齐，见图 3-12(b)。

(4) 单击直线端点 4 并按住鼠标左键，沿圆周延伸方向滑动，在直线端点 1 处单击绘出圆弧，见图 3-12(c)，选择右键菜单中的“取消”选项，结束绘制。

绘制的长圆图形如图 3-12(d)所示。

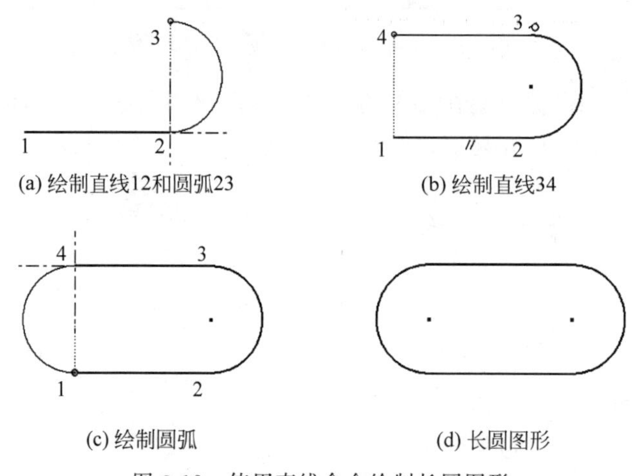

(a) 绘制直线12和圆弧23　(b) 绘制直线34

(c) 绘制圆弧　(d) 长圆图形

图 3-12 使用直线命令绘制长圆图形

2. 圆

作用：绘制圆。

绘制圆的方式：给定圆心、半径绘圆；与 3 个图线相切绘圆。

例 1 使用圆心、半径命令绘制一个圆。

单击“圆心、半径” 命令 ，单击一点作为圆心点 1，移动鼠标在适当位置点 2 单击，圆的半径是点 1、2 之间的距离。绘制出的圆如图 3-13 所示。

例 2 绘制与 3 条直线相切的圆。

单击“圆相切” 命令 ，按屏幕左下方的提示依次选择 3 条直线。绘制的圆见图 3-14。

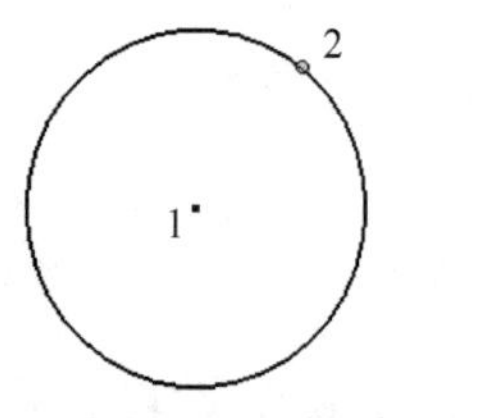

图 3-13 圆——给定圆心和半径

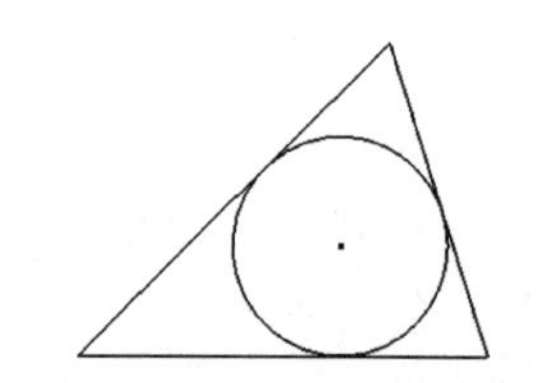
图 3-14 圆——与 3 个图元相切

3. 圆弧

作用：绘制圆弧。

绘制圆弧的方式：给定圆弧上 3 个点绘制圆弧；绘制与一个图元相切的圆弧；给定中心点和圆弧两端点绘制圆弧。

例 1　给定 3 个点绘制一个圆弧。

单击"三点圆弧"命令，选择 1、2 两点作为圆弧的两个端点，再选择一点 3，圆弧通过点 1、2、3，如图 3-15(a)所示。

例 2　绘制给定中心点和圆弧两端点的圆弧。

单击"中心点圆弧"命令，选择点 1 作为圆弧圆心，再选择点 2、3 作为圆弧的两个端点，绘制出圆弧如图 3-15(b)所示。

例 3　绘制与已知直线相切的圆弧。

单击"相切圆弧"命令，选择已知直线的端点 1 作为圆弧起点，顺着圆弧的方向(右上方)滑动鼠标，在适当的位置单击点 2，以 1、2 为端点并且和直线相切绘制出圆弧，如图 3-15(c)所示。图 3-15(d)是绘制与已知圆弧 12 相切的圆弧。

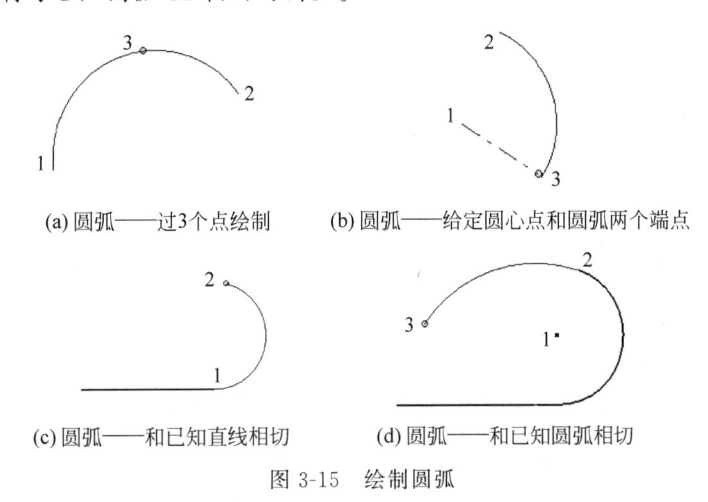

(a) 圆弧——过3个点绘制　(b) 圆弧——给定圆心点和圆弧两个端点

(c) 圆弧——和已知直线相切　(d) 圆弧——和已知圆弧相切

图 3-15　绘制圆弧

4. 矩形

作用：给定两对角点或给定 3 个点绘制一个矩形。

例 1　给定对角点绘制一个矩形。

单击"两点矩形"命令，选择两点 1、2 作为矩形的对角点，可以绘制出如图 3-16(a)所示的矩形。

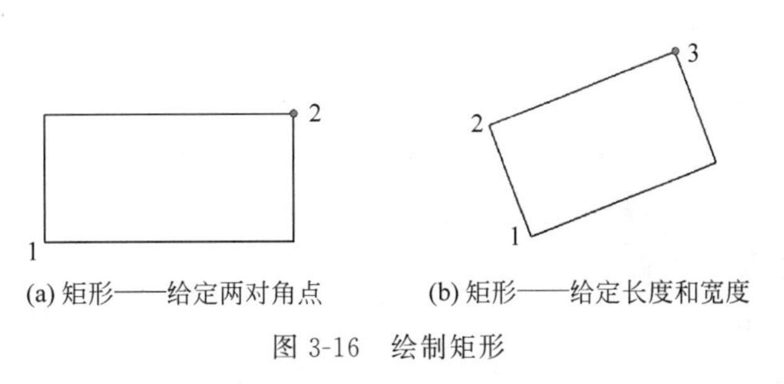

(a) 矩形——给定两对角点　(b) 矩形——给定长度和宽度

图 3-16　绘制矩形

例 2 给定矩形的长度和宽度绘制矩形。

单击“三点矩形”命令◇，选择点 1、2 确定矩形一条边的长和方向，一旦鼠标选择点 3，点 3 到直线 12 的距离为矩形的另一条边的长，绘制出的矩形如图 3-16(b)所示。

5. 样条曲线

作用：绘制过几个给定点的样条曲线。

样条曲线是通过一系列已知点的 3 次光顺曲线，这些已知点称为控制点。改变控制点的位置或改变控制点处曲线的切线方向，都可以改变曲线的形状。

例 绘制过 4 个点的样条曲线。

(1) 单击“样条曲线”命令，依次在点 1、2、3 处单击，在点 4 处双击结束曲线。或者单击点 4 后，右击，选择右键菜单中“创建”选项创建完成该样条曲线。绘制的样条曲线如图 3-17(a)所示。

(2) 单击曲线，可微显出控制柄，如图 3-17(b)所示；再单击某一个控制柄，如 1 点的控制柄，可将此控制柄激活，如图 3-17(c)所示；按住此控制柄上的某一个控制点拖动鼠标，可改变控制柄的位置，从而改变样条曲线的形状，如图 3-17(d)所示。

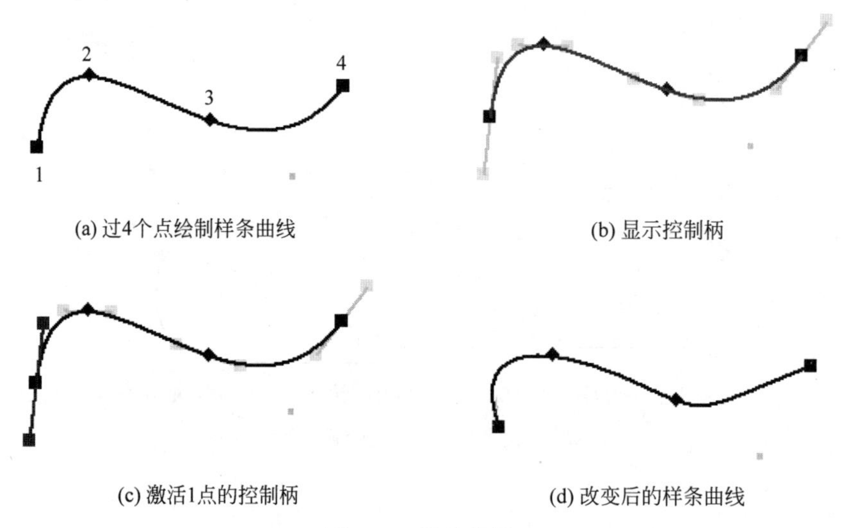

(a) 过4个点绘制样条曲线　(b) 显示控制柄

(c) 激活1点的控制柄　(d) 改变后的样条曲线

图 3-17 样条曲线

6. 椭圆

作用：绘制椭圆。

绘制方式：给定 3 个点，即椭圆圆心点、椭圆长轴或短轴的端点和椭圆周上一点绘制椭圆。

例 给定 3 个点绘制一个椭圆。

(1) 单击“椭圆”命令，单击一点作为椭圆圆心点 1，沿着椭圆轴的方向移动鼠标，在适当位置点 2 单击，点 1、2 之间的距离为椭圆的一根轴的半径，如图 3-18(a)所示。

(2) 移动鼠标在适当位置点 3 单击，系统会根据椭圆的另一根轴的方向和 3 点的位置绘制出椭圆，如图 3-18(b)所示。

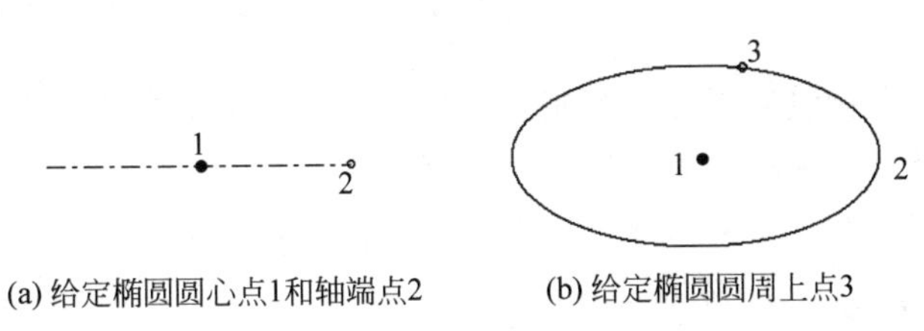

(a) 给定椭圆圆心点1和轴端点2　　(b) 给定椭圆圆周上点3

图 3-18　绘制椭圆

7. 孔中心点或草图点

作用：绘制孔中心点(默认)或草图点。

孔中心点：用于定位孔特征。在创建孔特征前，先绘制一个草图点，该草图点作为孔特征的中心。

草图点：作为构造工具使用。构造工具常用来确定其他几何图元的位置，作为参照物使用。当然，草图点也可以作为"孔特征"的中心点使用。

例 1　在三维实体的顶面上绘制一个"孔中心点"。

打开文件(二维码中的文件，余同)：第 3 章\实例\孔中心点.ipt。

(1) 将顶面置为草图平面。单击实体上表面，右击，选择右键菜单中的"新建草图"选项，表明将在该面上绘制草图。

(2) 单击"点"命令，在矩形顶面单击一点，绘制出的孔中心点如图 3-19(a)所示。

(3) 以孔中心点为中心生成一个台阶"孔特征"，见图 3-19(b)，操作过程略。

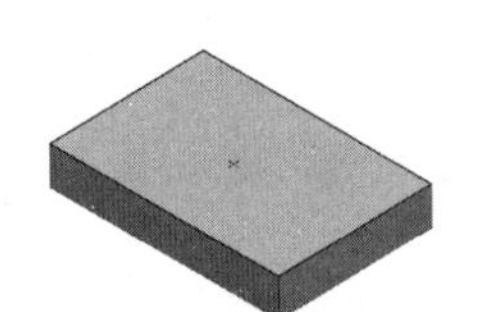

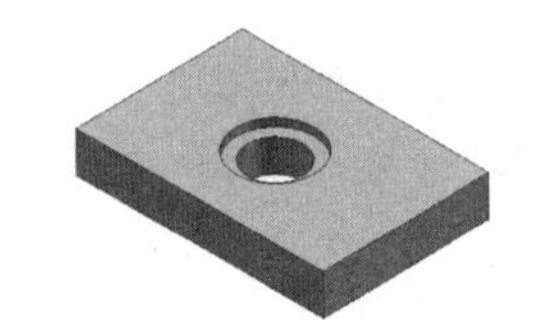

(a) 在顶面上绘制孔中心点　　(b) 以孔中心点为中心生成孔特征

图 3-19　"孔中心点"的作用

例 2　绘制一个草图点，该草图点作为两个草图圆定位尺寸的基准点。

(1) 绘制两个圆，如图 3-20(a)所示。

(2) 单击"点"命令，在两个圆的左下方单击，绘制出草图点，如图 3-20(b)所示。

(3) 以草图点为基准，为两个圆标注 4 个定位尺寸，见图 3-20(c)，操作过程略。

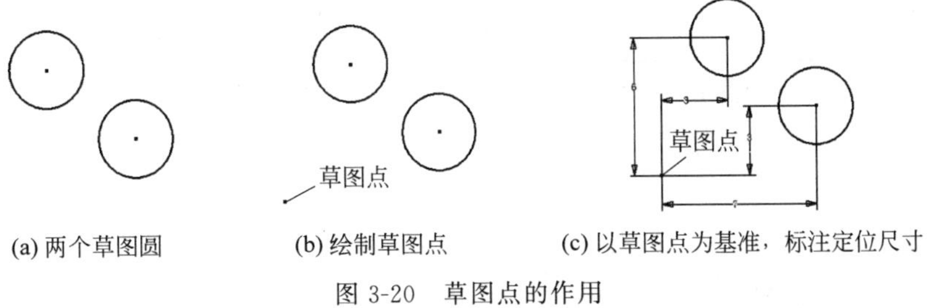

(a) 两个草图圆　　(b) 绘制草图点　　(c) 以草图点为基准，标注定位尺寸

图 3-20　草图点的作用

8. 圆角和倒角

圆角：在两线(直线或圆弧)相交处绘制出指定半径的圆弧。圆弧相切于圆角所修剪或延

伸的曲线。

倒角：在两条非平行线的交点处绘制出倒角。倒角可指定为等距离或不同距离。

例 1 在矩形图形上绘制圆角。

(1) 单击"圆角"命令，在"二维圆角"对话框中输入圆角半径值 2。选择 A、B 两相交直线，绘制出的圆角如图 3-21(a)所示。

(2) 选择两平行直线 B、C，在"二维圆角"对话框中输入圆角半径值 6，绘制的圆角如图 3-21(b)所示。

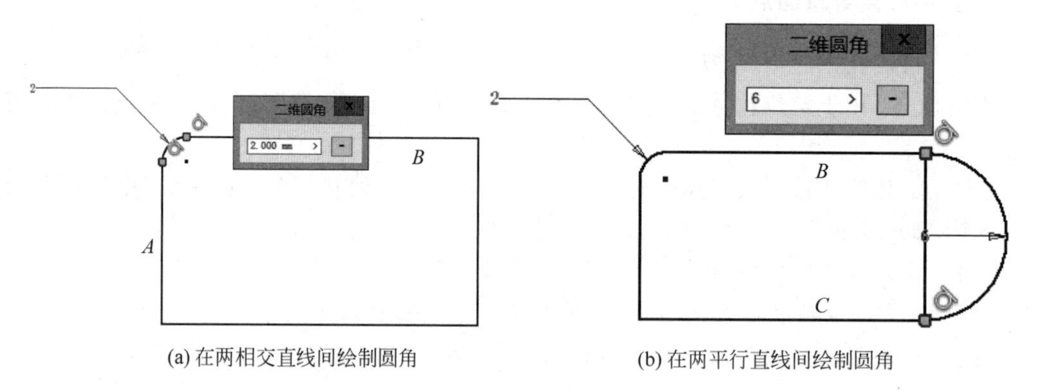

(a) 在两相交直线间绘制圆角　　(b) 在两平行直线间绘制圆角

图 3-21　绘制圆角

例 2 在矩形图形上绘制倒角。

(1) 单击"倒角"命令，在"二维倒角"对话框中选择"等距离倒角"按钮，输入倒角值。选择两相交直线，绘制出的倒角如图 3-22(a)所示。

(2) 在"二维倒角"对话框中选择"不等距离倒角"按钮，输入两个倒角值。选择两相交直线，绘制出的倒角如图 3-22(b)所示。

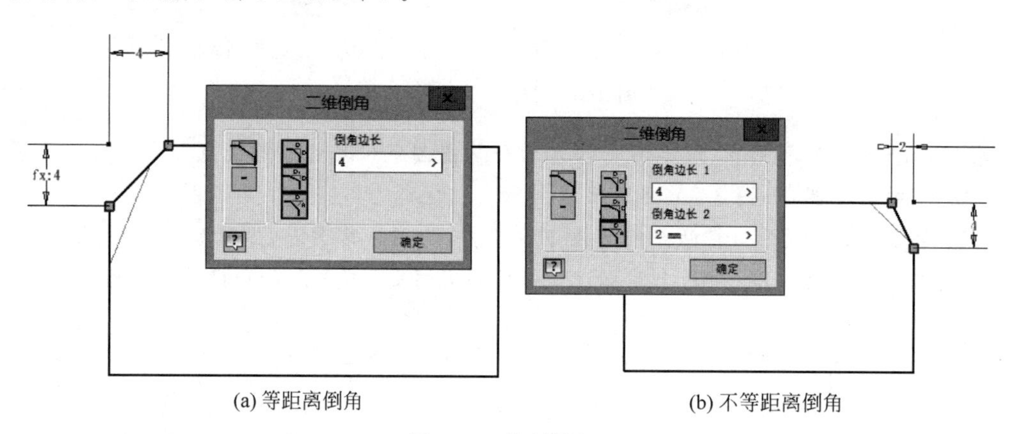

(a) 等距离倒角　　(b) 不等距离倒角

图 3-22　绘制倒角

9. 多边形

作用：绘制正多边形。

(1) 内切方式：给出正多边形的中心点，再给出与正多边形外接的圆上一点，由这两点确定多边形的大小和方向。

(2) 外切方式：给出正多边形的中心点，再给出与正多边形内切的圆上一点，由这两点确定多边形的大小和方向。

例 绘制与已知圆内接的正六边形。

(1) 单击“正多边形”命令，单击“多边形”对话框中的“内切”按钮，输入边数，见图 3-23。

(2) 选择已知圆的圆心 1，再单击圆上一点 2。绘制出的多边形如图 3-24(b)所示。

图 3-24(c)是按照“外切”方式绘制出的正六边形。

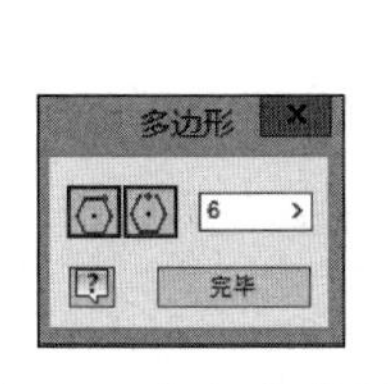

图 3-23 多边形对话框

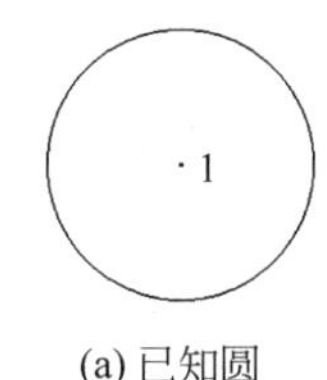

(a) 已知圆

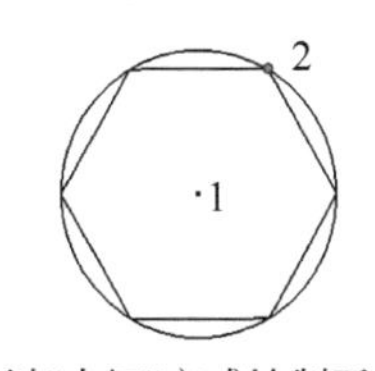

(b) 以“内切”方式绘制正六边形

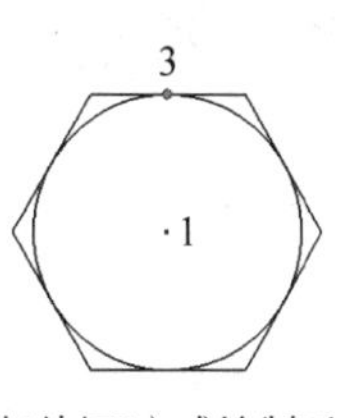

(c) 以“外切”方式绘制正六边形

图 3-24 绘制正六边形

10. 绘制文字

作用：在指定点开始绘制或在一个指定区域内绘制文字，以及沿着一条圆弧或圆绘制文字。

例 1 绘制一行文字。

(1) 单击“文字”命令，按屏幕左下角的提示，在屏幕上某一点处单击；

(2) 选择文本字体、字号、间距、方向等参数；

(3) 在“文本格式”对话框的文本框中输入文字，输入文本时，可以根据需要按 Enter 键换行绘制文字，如图 3-25(a)所示；

(4) 单击对话框中的“确定”按钮，绘出文字如图 3-25(b)所示。

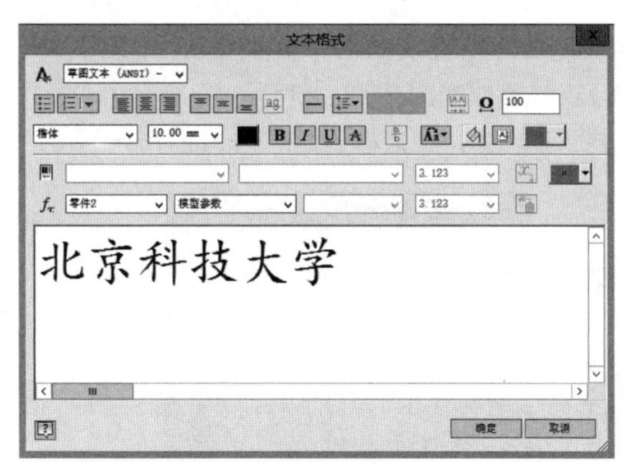

(a) “文本格式”对话框

北京科技大学

(b) 绘制的文字

图 3-25 绘制文字

例 2 沿着一条圆弧绘制文字，圆弧如图 3-26(a)所示。

绘制过程和例 1 相仿，不同的是单击“文字”命令后，按屏幕左下角的提示，选择一条圆弧。绘出文字如图 3-26(b)所示。

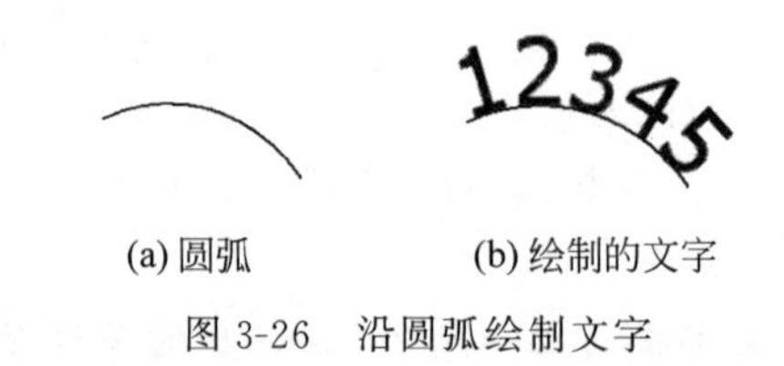

(a) 圆弧　　(b) 绘制的文字

图 3-26　沿圆弧绘制文字

3.3　修改编辑草图

二维草图往往要经过编辑、修改才能达到使用要求。修改编辑图形的命令工具栏如图 3-27 所示。

在草图编辑时首先要求选择几何图元，常用的选择方法有以下几种。

图 3-27　编辑（阵列、修改）命令工具栏

(1) 单选：将光标移动到欲选几何图元上（图元会变色），单击拾取，被选中的几何图元将会变色显示。

(2) 多选：按住 Ctrl 或者 Shift 键，多次进行单选操作。

(3) 包含窗选：在图形空白处按住鼠标左键，向右下或右上方拖动，形成实线矩形窗口，松开鼠标后即可完成窗口选择。注意：只有被完全包含在窗口内的几何图元才会被选中。

(4) 切割窗选：在图形空白处按住鼠标左键，向左下或左上方拖动，形成虚线矩形窗口，松开鼠标后即可完成窗选。注意：除了被窗口完全包含的几何图元外，凡是与窗框相交的几何图元也都会被选中。

(5) 去除单个被选图线：按住 Ctrl 或者 Shift 键，再次单选已选图线，该图线即被去除选择。

1. 矩形阵列

作用：将已有的草图沿着直线的一个方向或两条直线的两个方向复制成规则排列的图形。两条直线可以不是垂直关系。“矩形阵列”对话框如图 3-28(a)所示。

单击“矩形阵列”对话框右下角的按钮 >>，可以展开对话框，如图 3-28(b)所示。

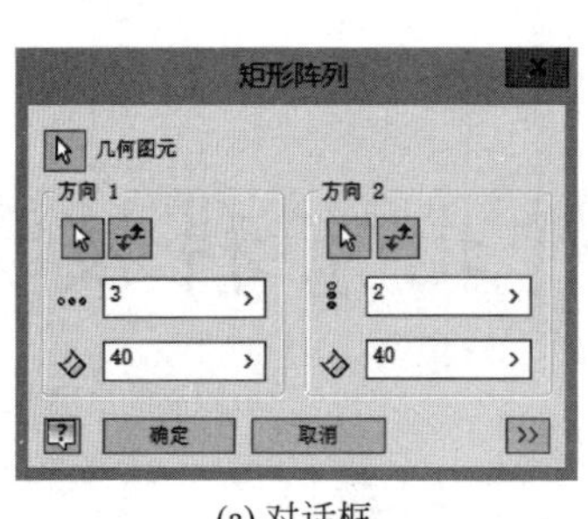

(a) 对话框

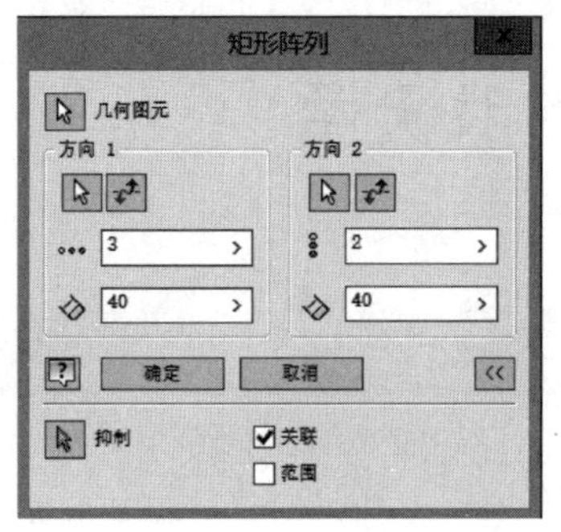

(b) 对话框展开

图 3-28　“矩形阵列”对话框

展开的对话框中有以下 3 个选项。

(1) 抑制：将所选的被阵列的图形暂时排除，需要时可以在编辑草图时将抑制解除。

图 3-29(e)所示的是一个圆抑制的结果。

(2) 关联：阵列后的图形随原图形变化。如图 3-29(d)所示，当原图形圆的直径改变后，阵列的图形也改变了。

(3) 范围：阵列的图形在给定的距离范围内平均分布。图 3-29(f)所示的是选择了“范围”的阵列结果。

例　作已知图形圆的“矩形阵列”。

打开文件：第 3 章\实例\矩形阵列.ipt。

(1) 单击“矩形阵列”命令，出现“矩形阵列”对话框，见图 3-28(a)。

(2) 先选择要阵列的圆。单击“方向 1”按钮，选择矩形的底边线作为阵列的方向线，如底边线上显示的绿色箭头方向不正确，可单击“反向”按钮调整。

(3) 再选择另一阵列方向(图 3-29(b))。在对话框中输入数据，见图 3-28(a)。单击“确定”按钮，生成的矩形阵列图形如图 3-29(c)所示。

(4) 图 3-29(d)是将被阵列圆修改直径后，阵列的图形关联变化的情况。

(5) 图 3-29(e)是在阵列时，在对话框中选择了其中一个圆为“抑制”的结果。

(6) 图 3-29(f)是在阵列时，在对话框中选择了“范围”的结果。

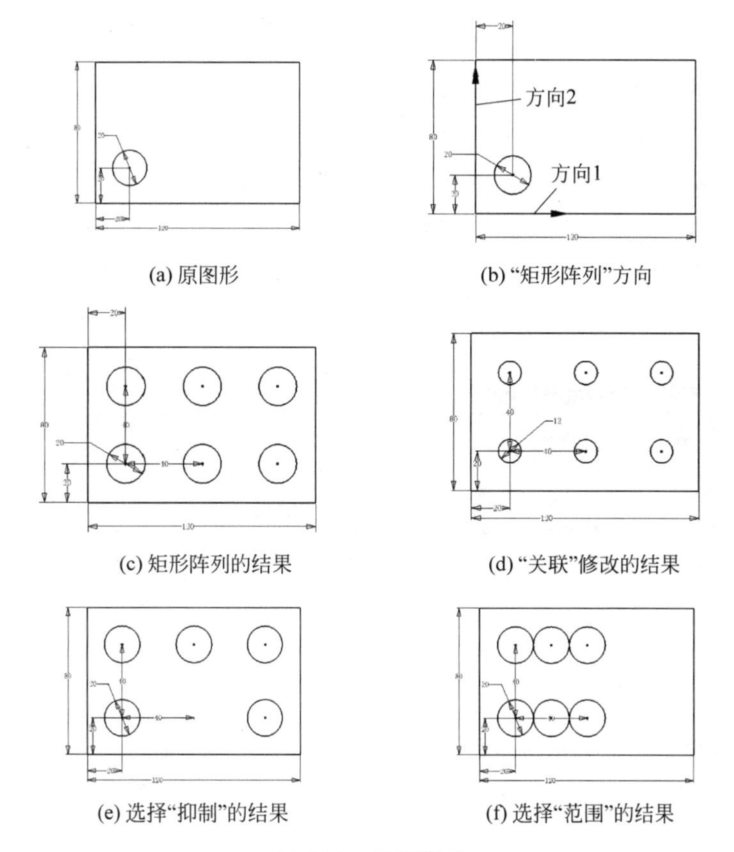

(a) 原图形　(b) “矩形阵列”方向

(c) 矩形阵列的结果　(d) “关联”修改的结果

(e) 选择“抑制”的结果　(f) 选择“范围”的结果

图 3-29　矩形阵列

2. 环形阵列

作用：将已有的草图绕一点旋转复制成规则排列的图形。

例 作已知小圆（图 3-30(a)）的“环形阵列”。

打开文件：第 3 章\实例\环形阵列.ipt。

(1) 单击“环形阵列”命令，在“环形阵列”对话框中输入数据，见图 3-30(b)。

(2) 先选择圆 A 作为阵列的几何图元。

(3) 单击阵列“中心点”按钮，选择圆 B，自动捕捉到的圆心为阵列中心点。单击“确定”按钮，生成的环形阵列图形如图 3-30(c)所示。

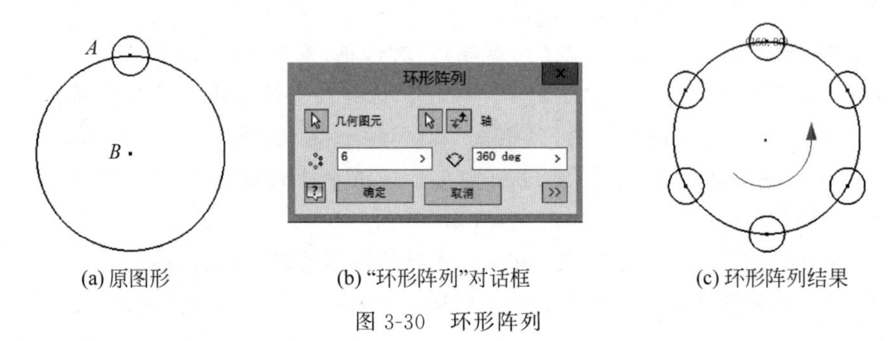

(a) 原图形　(b) “环形阵列”对话框　(c) 环形阵列结果

图 3-30 环形阵列

3. 镜像

作用：将已有的草图沿着一条直线镜像反射成对称的图形。

例 作已知三角形的“镜像”图形。

(1) 单击“镜像”命令，选择直线 A、B 作为镜像图形。

(2) 单击“镜像”对话框中“镜像线”按钮，见图 3-31(a)。

(3) 选择直线 C 为镜像线。单击“镜像”对话框中的“应用”按钮，生成的图形如图 3-31(c)所示。

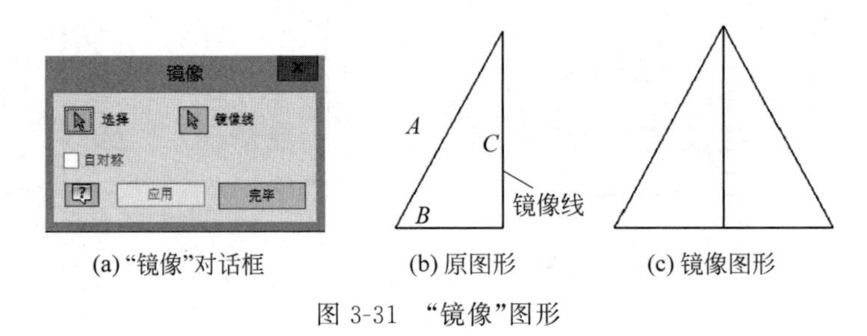

(a) “镜像”对话框　(b) 原图形　(c) 镜像图形

图 3-31 “镜像”图形

4. 移动

作用：将已知图形移动到指定点处，如果需要，移动后，原图形可以保留。

例 将图 3-32(b)中的圆向右移动到另外的位置，不保留原来图形。

打开文件：第 3 章\实例\移动.ipt。

(1) 单击“移动”命令，打开“移动”对话框，如图 3-32(a)所示。

(2) 选择要移动的圆图形 A，选择移动图形的“基点”按钮，单击直线端点 1，单击直线端点 2，端点 2 是移动后图形的位置。移动后的结果见图 3-32(c)。

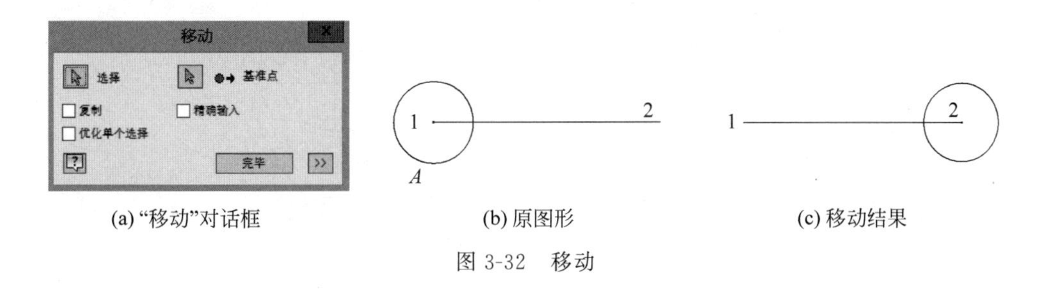

(a)“移动”对话框　(b) 原图形　(c) 移动结果

图 3-32　移动

5. **复制**

作用：将已知图形复制到指定点处，原图形保留。具体操作过程和“移动”命令相似，如图 3-33 所示。

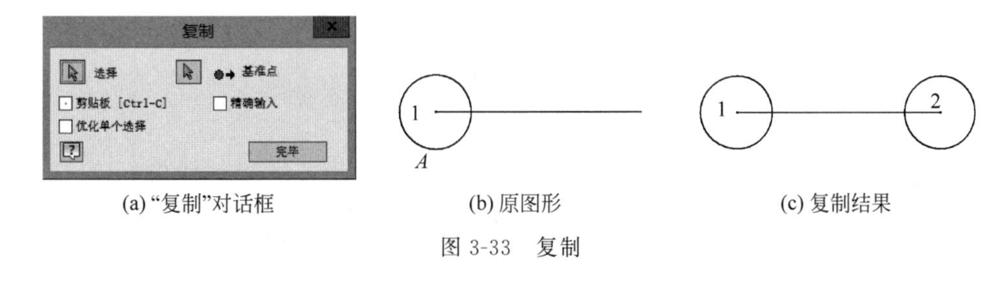

(a)“复制”对话框　(b) 原图形　(c) 复制结果

图 3-33　复制

6. **旋转**

作用：将所选草图图形绕指定的中心点旋转，如果需要，旋转后原图形可以保留。

例　旋转图 3-34(a)中的矩形图形。

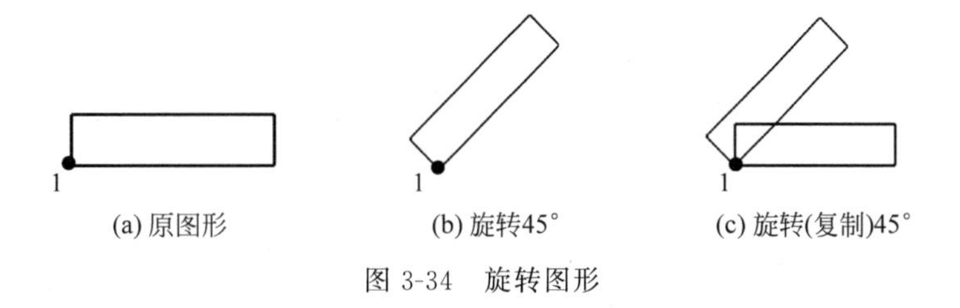

(a) 原图形　(b) 旋转45°　(c) 旋转(复制)45°

图 3-34　旋转图形

(1) 单击“旋转”命令，在“旋转”对话框中输入角度值，见图 3-35。

(2) 选择要旋转的矩形，选择旋转中心点 1，如图 3-34(a)所示。单击“应用”按钮。旋转后的图形如图 3-34(b)所示。

(3) 图 3-34(c)是在对话框中选择了“复制”后图形旋转的结果。

图 3-35　“旋转”对话框

7. **修剪**

作用：删除多余线段。

例　修剪图 3-36(a)中的多余圆弧和直线。

打开文件：第 3 章\实例\修剪.ipt。

(1) 选择“修剪”命令，选择要修剪的圆弧 A，圆弧 A 段自动剪掉，见图 3-36(b)。

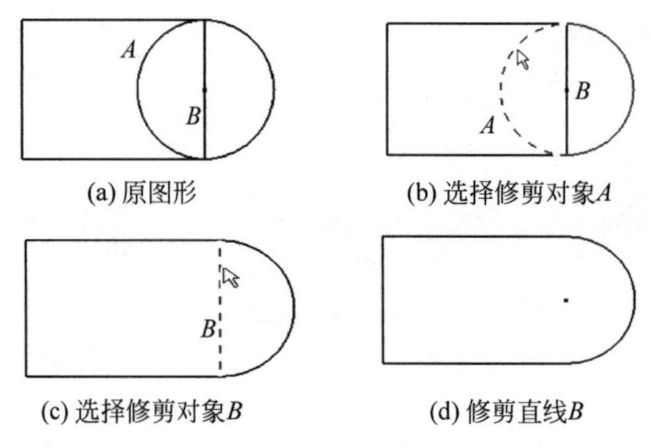

(a) 原图形　(b) 选择修剪对象A

(c) 选择修剪对象B　(d) 修剪直线B

图 3-36　修剪

(2) 再选择要修剪的直线 B，直线 B 自动删除，如图 3-36(c)、(d)所示。

8. 延伸

作用：将直线或圆弧延伸到和图形相交。

例　延伸直线和圆弧图形。

打开文件：第 3 章\实例\延伸.ipt。

(1) 单击“延伸”命令，选择要延伸的直线 A，直线 A 自动延伸并和直线 C 相交，如图 3-37(b)所示。

(2) 单击要延伸的圆弧 B 的下端，圆弧 B 自动延伸，并和直线 C 相交，如图 3-37(c)所示。

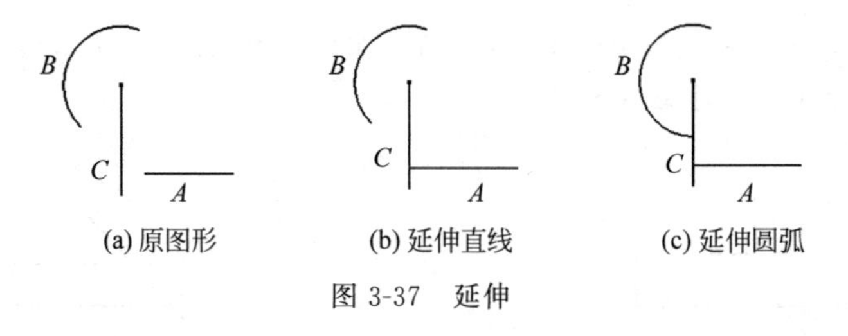

(a) 原图形　(b) 延伸直线　(c) 延伸圆弧

图 3-37　延伸

9. 分割

作用：将直线或曲线分割为两段或更多段。

单击“分割”命令后，选择要分割的线，如图 3-38(a)中的圆，则圆被分割为两段圆弧，如图 3-38(b)所示。

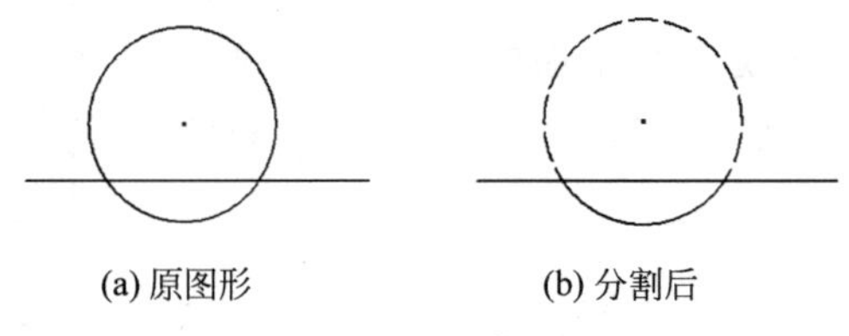
(a) 原图形　(b) 分割后

图 3-38　分割

10. 缩放

作用：按给定比例系数放大或缩小选定图形。

单击“缩放”命令后，输入“比例系数”为 2(见图 3-39(a))，选择要缩放的图形，如图 3-39(b)

中的矩形，则矩形被放大了一倍，如图 3-39(c)所示。

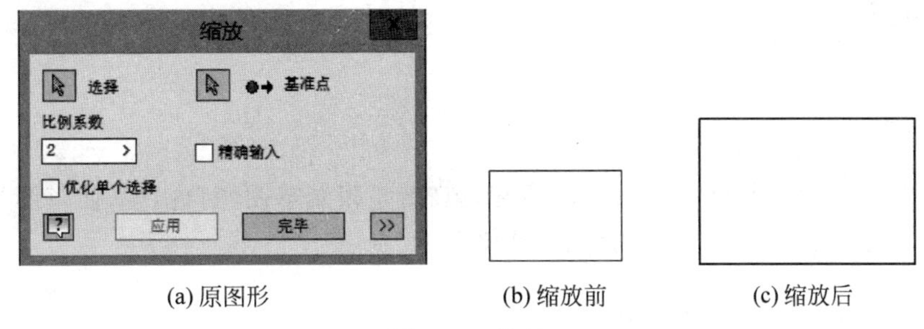

(a) 原图形　(b) 缩放前　(c) 缩放后

图 3-39 缩放

11. 偏移

作用：作和已知图形相似的图形。

例 作图 3-40(a)的偏移图形。

(1) 单击"偏移"命令。

(2) 选择要偏移的图形，按住鼠标将图形向外拉，在合适位置单击。生成的偏移图形如图 3-40(b)所示。

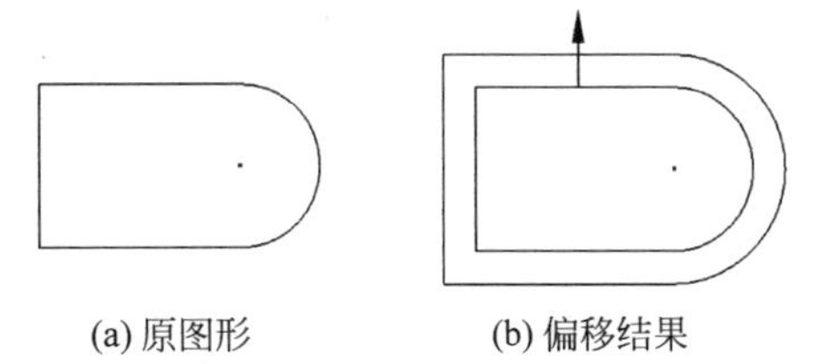

(a) 原图形　(b) 偏移结果

图 3-40 偏移

12. 其他编辑方法

1) 鼠标拖拉移动图元

在图 3-41(a)中，单击并拖拉矩形边 A 线到右方，矩形变长，见图 3-41(b)。

又如在图 3-42 中，单击直线的端点 1 并拖拉到另一直线的端点 2，使 1、2 两点重合。

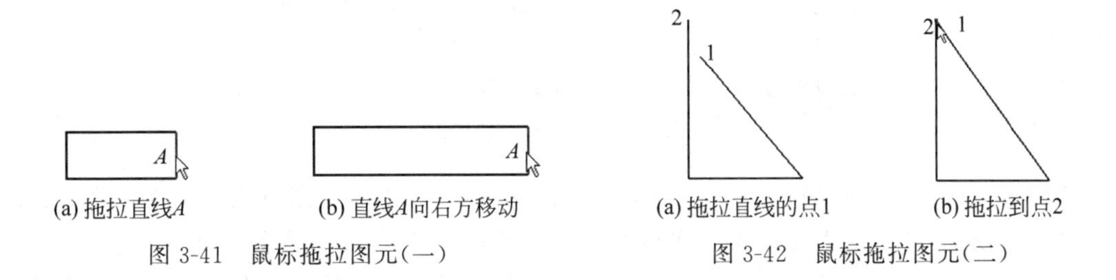

(a) 拖拉直线A　(b) 直线A向右方移动

图 3-41 鼠标拖拉图元(一)

(a) 拖拉直线的点1　(b) 拖拉到点2

图 3-42 鼠标拖拉图元(二)

2) 使用右键菜单删除图元

在图 3-43(a)中单击直线 B，右击，选择右键菜单中的"删除"选项，该直线被删除，见图 3-43(b)、(c)。

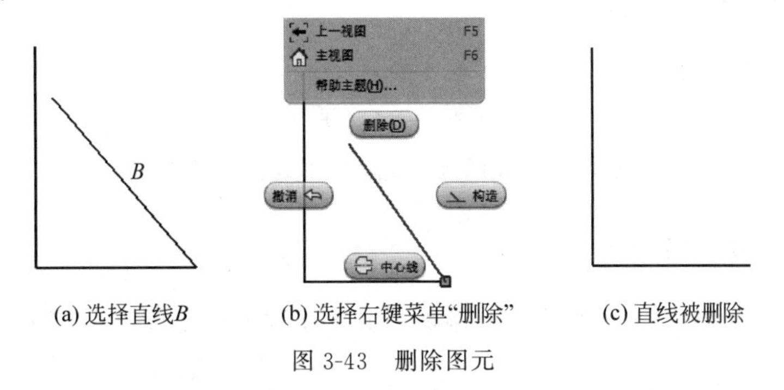

(a) 选择直线B　(b) 选择右键菜单"删除"　(c) 直线被删除

图 3-43 删除图元

3.4 草图约束

3.4.1 约束

草图绘制完后，要对其进行约束。所谓“约束”就是限制草图的自由度，使草图具有确定的几何形状、大小和位置，成为能够参数化的精确草图。

1. 对草图施加约束的两种方法

（1）几何约束：规整草图的几何形状。

（2）尺寸约束：定义草图的大小和草图图元之间的相对位置。

2. 草图的3种约束状态

（1）完全约束：形状和大小或位置都已经确定的草图。

（2）欠约束：没有完全约束的草图。

（3）过约束：在草图的形状和大小、位置都已经确定的草图的基础上，继续添加约束就会出现多余的约束。

图3-44所示为约束的3种情况。

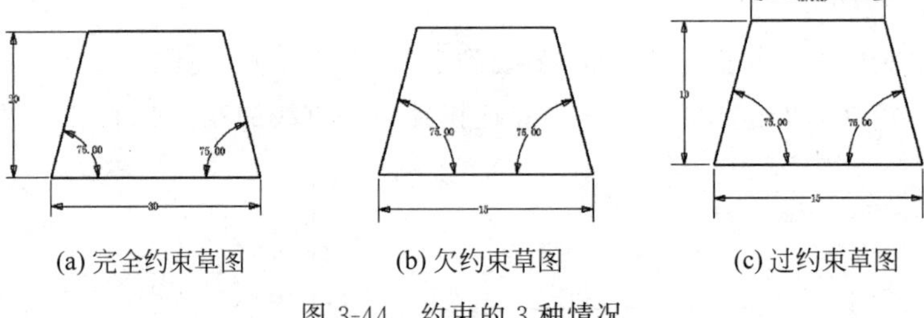

(a) 完全约束草图　(b) 欠约束草图　(c) 过约束草图

图3-44　约束的3种情况

欠约束草图和完全约束的草图可以被系统接受，但欠约束的草图可能处于不稳定的状态，当再次拖动草图时，可能发生变形。可以在编辑欠约束草图时，继续添加约束。

当出现过约束时，系统会发出提示、询问。如继续添加，多余的尺寸会被自动加一个括弧。该尺寸称为“计算尺寸”，计算尺寸不能作为参数化的尺寸使用，但当其他驱动尺寸被修改时计算尺寸的值也将被更新，如图3-44(c)所示。

3. 添加草图约束的一般规则

（1）先添加几何约束，后添加尺寸约束。

（2）添加尺寸约束时，先标注小的尺寸、后标注大的尺寸，以减少草图几何变形的程度。

（3）尽可能不标注长度或角度为0的尺寸，设法用几何约束的方法解决问题。

3.4.2 添加几何约束

几何约束就是确定草图各要素之间、草图与其他实体要素之间的相互关系，如两线平行、垂直，两线等长或两圆同心等。

几何约束既可加在同一草图的两个图元之间，也可以加在草图和已有实体的边之间。

几何约束和尺寸约束的命令在"草图"标签栏中，如图 3-45 所示。

系统提供了 12 种几何约束，如表 3-1 所示。

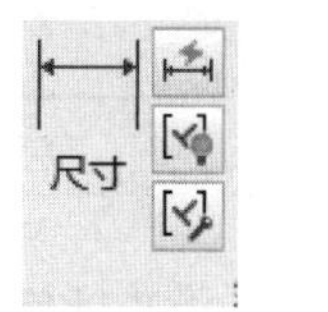

(a) 尺寸约束命令

(b) 几何约束命令

图 3-45　几何约束和尺寸约束命令

表 3-1　几何约束的种类和意义

图标	意义	命令说明	约束前	约束后
	垂直	使两直线相互垂直		
	平行	使两直线相互平行		
	相切	使直线和圆(圆弧)相切，使两圆(圆弧)相切		
	重合	使两个图元上的指定点重合		
	同心	使两个圆(圆弧)同心		
	共线	使两直线位于同一条水平线上		
	水平	使一直线或两个点(线端点或圆心点)平行于坐标系的 X 轴		
	竖直	使直线或两点平行于坐标系的 Y 轴		
	等长、等半径	使两直线或两圆(圆弧)具有相同长度或半径		
	固定	使图元相对草图坐标系固定	线位置固定	

续表

图标	意义	命令说明	约束前	约束后
	对称	使两图元相对于所选直线成对称布置	A B	
	平滑	使已有的样条曲线和其他曲线(如圆弧或样条曲线)连接处平滑光顺	样条曲线 圆弧	

例 1 对图 3-46(a)所示图形添加约束,使图形成为如图 3-46(d)所示的形状。

打开文件:第 3 章\实例\约束-1.ipt。

(1) 使 A、C 线平行。单击“平行约束”命令,选择直线 A、C,A、C 两直线平行,见图 3-46(b)。

(2) 使 B、C 线垂直。单击“垂直约束”命令,选择直线 B、C,B、C 两直线垂直,见图 3-46(c)。

(3) 使 A、C 线等长。单击“等长约束”命令,选择直线 A、C,A、C 两直线等长,见图 3-46(d)。

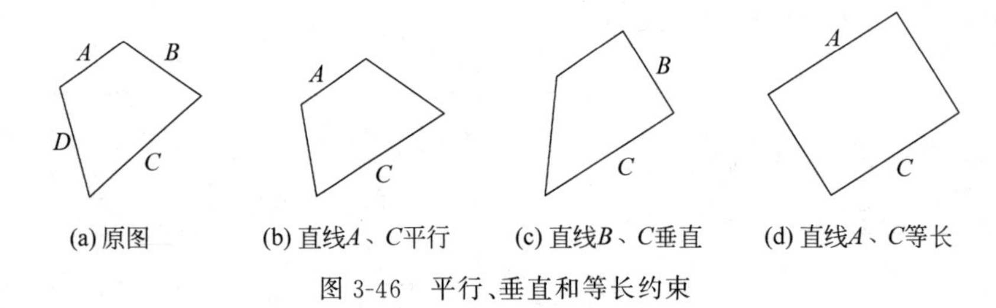

(a) 原图 (b) 直线A、C平行 (c) 直线B、C垂直 (d) 直线A、C等长

图 3-46 平行、垂直和等长约束

例 2 对图 3-47(a)所示图形添加共线约束。

打开文件:第 3 章\实例\约束-2.ipt。

单击“共线约束”命令,选择直线 A、B,两直线共线,见图 3-47(b)。

图 3-47(c)是在草图基础上生成“拉伸”特征的结果。

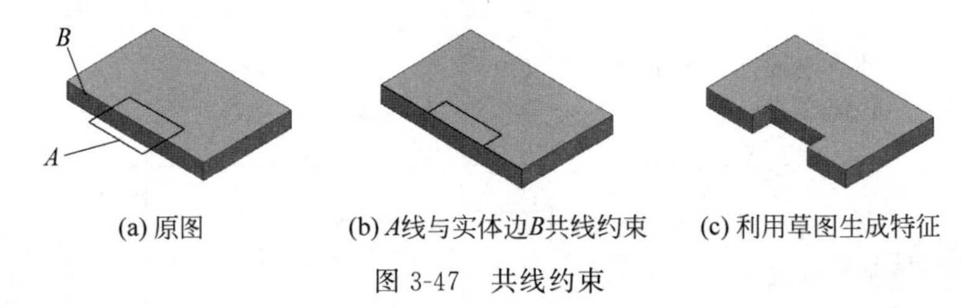

(a) 原图 (b) A线与实体边B共线约束 (c) 利用草图生成特征

图 3-47 共线约束

例 3 对图 3-48(a)所示图形添加约束,使图形成为如图 3-48(d)所示的形状。

打开文件:第 3 章\实例\约束-3.ipt。

草图圆在实体的顶面上,可先分别添加相切约束,使圆与实体的 A、B 边相切;最后添加“重合”约束,使圆心重合到实体的 C 边中点上。

步骤见图 3-48(b)～(d)。

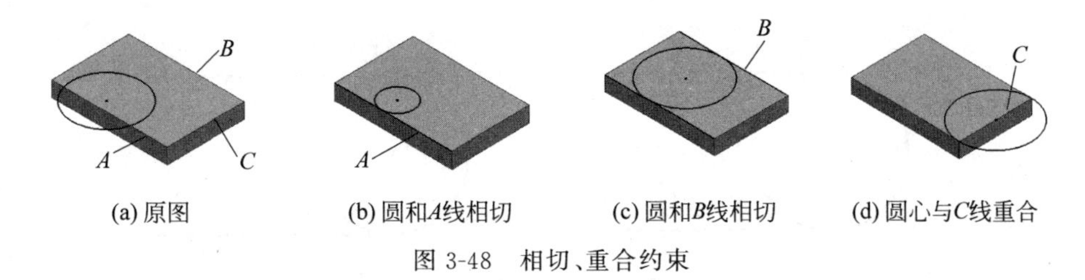

(a) 原图　(b) 圆和A线相切　(c) 圆和B线相切　(d) 圆心与C线重合

图 3-48　相切、重合约束

例 4　对图 3-49(a)所示图形添加约束，结果如图 3-49(f)所示。

打开文件：第 3 章\实例\约束-4.ipt。

(1) 用"相切"命令使直线 A、B 分别与两个圆相切，结果如图 3-49(b)所示。

(2) 用"延伸"命令延伸直线 A 至圆周，结果如图 3-49(c)所示。

(3) 用"修剪"命令将直线 B 的多余部分剪掉，结果如图 3-49(d)所示。

(4) 用"修剪"命令将两圆的多余部分剪掉。

(5) 使两圆圆心在一条水平线上。单击"水平约束"命令，选择点 1、2，两个点位于一条水平线，如图 3-49(e)所示。

(6) 固定圆心点 1。单击"固定约束"命令，选择圆心点 1。单击"显示约束"命令，选择点 1，查看约束情况，约束符号表明点 1 被约束了，如图 3-49(f)所示。

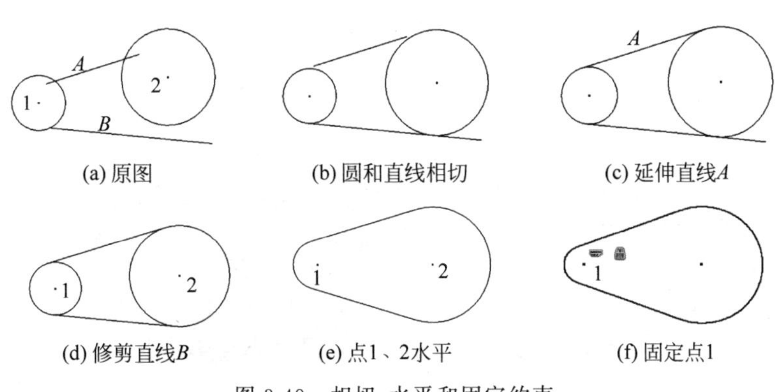

(a) 原图　(b) 圆和直线相切　(c) 延伸直线A

(d) 修剪直线B　(e) 点1、2水平　(f) 固定点1

图 3-49　相切、水平和固定约束

3.4.3　查看、删除几何约束

对草图添加了几何约束后，草图图线会发生变化，但有时变化不明显，此时可以查看某图线的约束状态。当不再需要某一约束时，可以把它删除掉。

例 1　查看如图 3-50 所示的图形中 A、B 直线是否与圆相切。

打开文件：第 3 章\实例\约束-5.ipt。

(1) 查看 A、B 直线的约束。单击"显示约束"命令，分别单击直线 A、B，由约束条可以看出，直线 A 已经和圆相切，直线 B 没有和圆相切，如图 3-50(a)所示。

(2) 对直线 B 添加相切约束。单击"相切约束"命令，单击直线 B 和圆。由变化的约束图标可以看出，直线 B 和圆相切了，如图 3-50(b)所示。

例 2　查看如图 3-51 所示图形的约束状态，对两圆心点 1、2 添加水平约束。

打开文件：第 3 章\实例\约束-6.ipt，草图如图 3-51(a)所示。

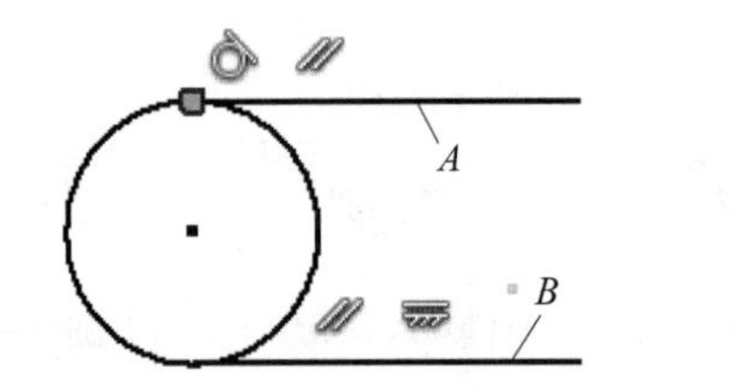

(a) 直线A与圆相切，直线B与圆不相切

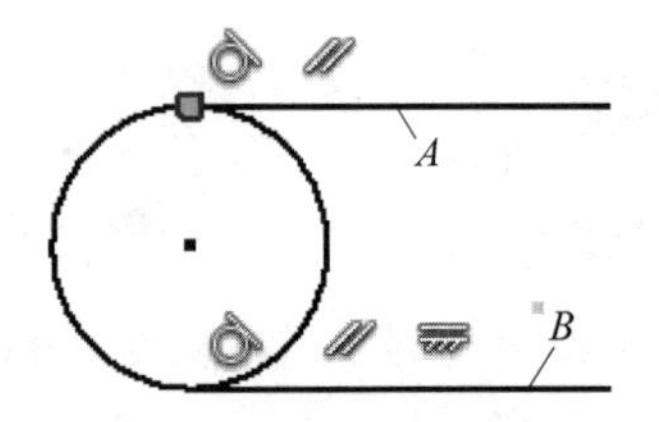

(b) 直线B与圆相切

图 3-50　查看约束状态

(1) 查看 A 直线约束。单击“显示约束”命令，单击直线 A，由约束条可以看出，直线 A 已经被添加了水平约束，如图 3-51(a)所示。

在对圆心 1、2 添加水平约束之前，必须将直线 A 的水平约束删除。

(2) 删除水平约束。移动鼠标指针到约束图标的“水平约束”图标上，右击，选择右键菜单中的“删除”选项，如图 3-51(b)所示。由图 3-51(c)可以看到 A 直线的水平约束已经删除了。

(3) 对圆心 1、2 添加水平约束。单击“水平约束”命令，再单击两点 1、2，约束后的图形变化如图 3-51(d)所示。

(4) 查看点 1、2 的约束。由图 3-51(d)看到点 1、2 添加了水平约束。

(5) 若要隐藏约束符号，可在右键菜单中选择“隐藏所有约束”选项。

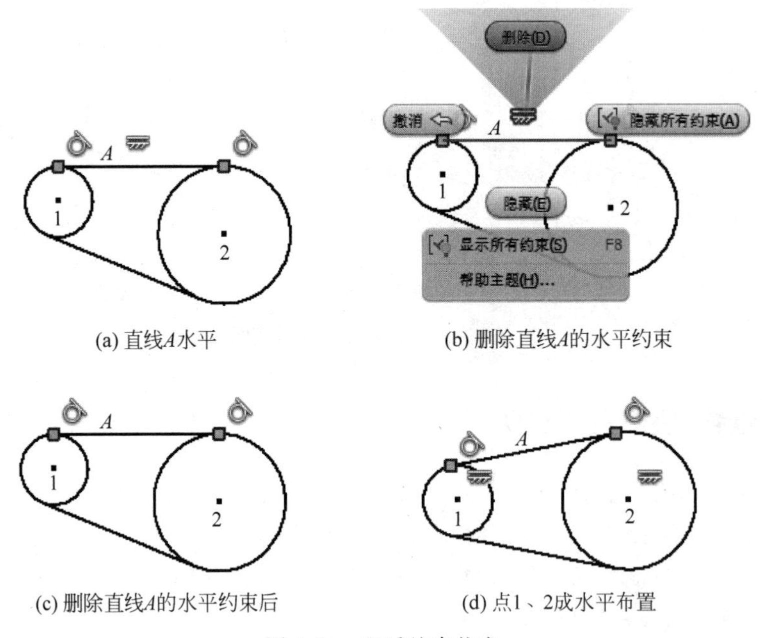

(a) 直线A水平　(b) 删除直线A的水平约束

(c) 删除直线A的水平约束后　(d) 点1、2成水平布置

图 3-51　查看约束状态

3.4.4 添加尺寸约束

尺寸约束的目的是确定草图的大小及图线间的相对位置。尺寸和图形是“关联”的，尺寸不但定义当前草图的大小和位置，而且当改变尺寸的数值后，该尺寸会使图形发生变化。

添加尺寸约束一般在几何约束之后进行。

尺寸约束的方法有以下两种。

(1) 通用尺寸：根据需要，由用户为草图逐个标注尺寸，如图 3-52(a)所示。

(2) 自动标注尺寸：系统根据草图的情况自动添加全约束的尺寸。但常常标注的不尽合理，还需要个别修改，如图 3-52(b)所示。

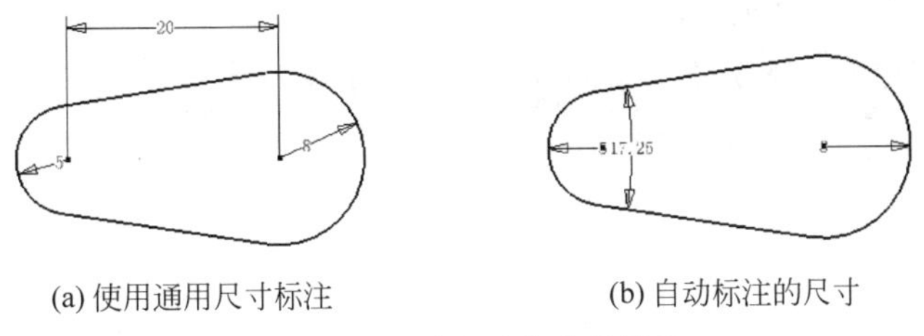

(a) 使用通用尺寸标注　　(b) 自动标注的尺寸

图 3-52　两种尺寸约束的结果

例 1　为图 3-53 所示的草图添加尺寸约束。

(1) 单击"尺寸"命令，单击 A 直线上任一点，移动鼠标指针到尺寸线的位置单击。

(2) 在"编辑尺寸"对话框中输入 20，单击对话框右侧的确认按钮。

标注的尺寸如图 3-53(b)所示。用同样的方法标注直线 B 的尺寸，标注的尺寸如图 3-53(c)所示。

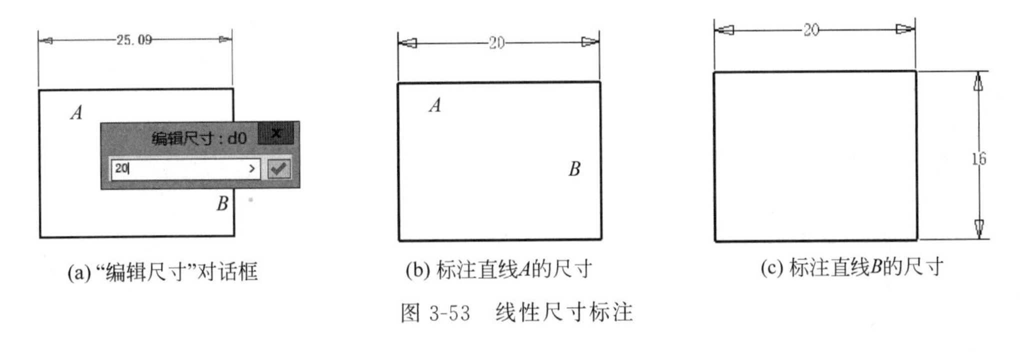

(a) "编辑尺寸"对话框　　(b) 标注直线A的尺寸　　(c) 标注直线B的尺寸

图 3-53　线性尺寸标注

例 2　为图 3-54 所示的草图添加尺寸约束。

(1) 标注直线 A 的垂直尺寸。单击"尺寸"命令，单击 A 直线上任一点，向右移动鼠标，在尺寸线的位置标注尺寸，如图 3-54(a)所示。

(2) 标注直线 A 的长度尺寸。单击"尺寸"命令，单击 A 直线上任一点，右击，在右键菜单中选择"对齐"选项，在适当的位置标注出长度尺寸，如图 3-54(c)所示。

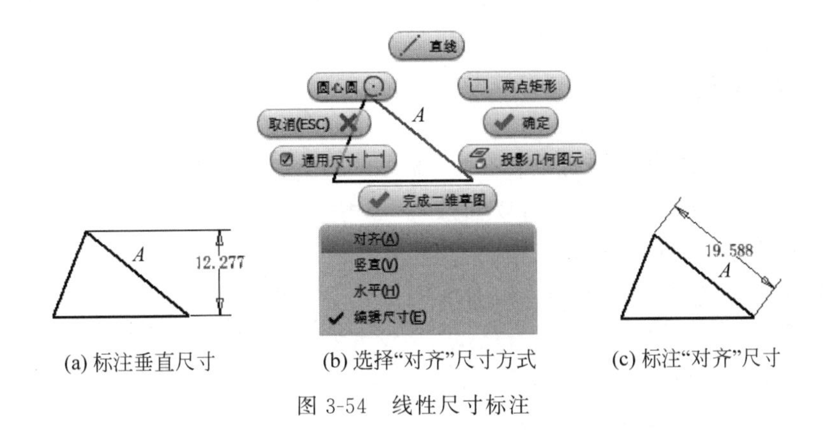

(a) 标注垂直尺寸　　(b) 选择"对齐"尺寸方式　　(c) 标注"对齐"尺寸

图 3-54　线性尺寸标注

例 3 为图 3-55 所示的草图添加角度尺寸约束。

单击“尺寸”命令|↔|，分别单击直线 A、B，在适当的位置处单击，标注出的角度尺寸如图 3-55 所示。

例 4 添加图 3-56 所示的圆弧的圆心角度尺寸约束。

单击“尺寸”命令|↔|。按顺序单击圆弧端点 1、圆心 3 和圆弧端点 2，在尺寸线位置处单击，标注的圆心角度尺寸如图 3-56 所示。

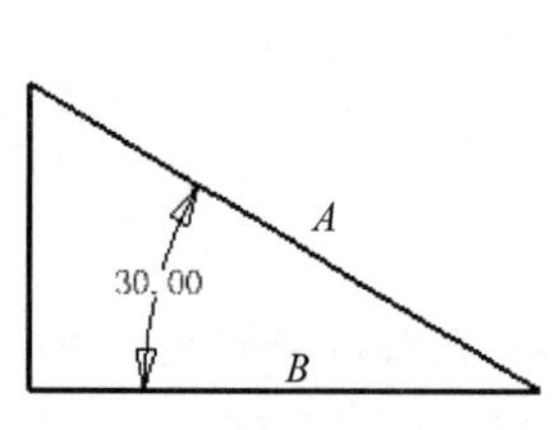

图 3-55 标注角度尺寸

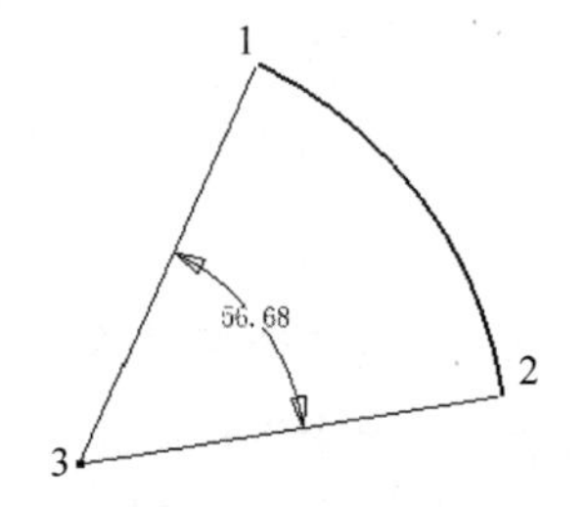

图 3-56 标注圆心角度尺寸

例 5 为位于实体顶面的草图添加尺寸约束。

打开文件：第 3 章\实例\约束-7.ipt。图形见图 3-57(a)。

(1) 标注直径尺寸。单击“尺寸”命令|↔|，单击圆 A 上任一点，标注出直径尺寸 10，见图 3-57(b)。

(2) 标注圆心到直线 B 的距离尺寸。单击圆 A 上任一点和直线 B，标注出距离尺寸 12，见图 3-57(b)。

(3) 标注圆心到直线 C 的距离尺寸。单击圆 A 上任一点和直线 C，标注出距离尺寸 9，如图 3-57(b)所示。

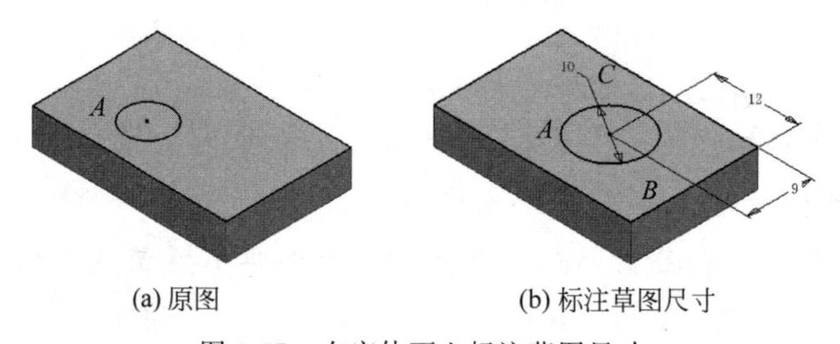

(a) 原图　　(b) 标注草图尺寸

图 3-57 在实体面上标注草图尺寸

3.4.5 编辑尺寸约束

编辑尺寸约束的操作比较简单。在“绘制草图”和“编辑草图”的状态下，双击要修改的尺寸，在“编辑尺寸”对话框中输入新的数值。修改后的尺寸驱动图形发生变化，如图 3-58 所示。

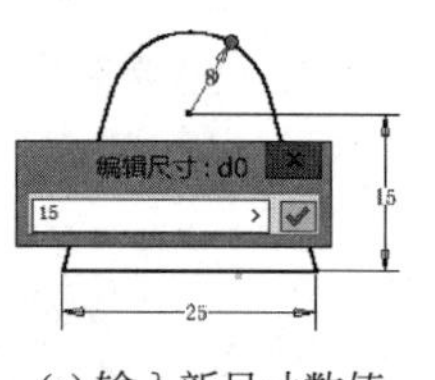

(a) 输入新尺寸数值

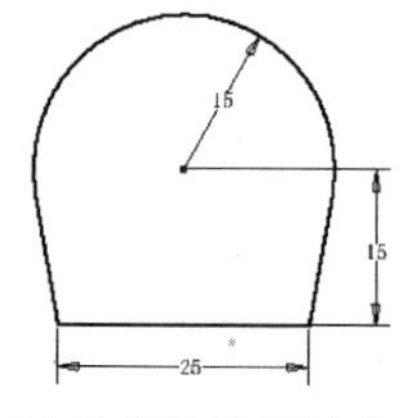

(b) 尺寸驱动图形变化

图 3-58 编辑尺寸约束

1. 草图尺寸数值显示形式

尺寸标注后，可以以 5 种形式显示尺寸：

(1) 尺寸数值形式；

(2) 尺寸名称形式；

(3) 表达式形式；

(4) 公差形式；

(5) 精确值。

要变换尺寸显示的形式，可单击图形显示区的空白处，选择右键菜单“尺寸显示”选项中的一项，如图 3-59 所示。

尺寸的 3 种显示形式的示例如图 3-60 所示。

其中 d0，d1，d2，…，dn 是系统从第一个标注的尺寸开始按标注次序为标注尺寸依次赋予一个变量名。如图 3-60 所示的两个尺寸，第一个输入的角度值是 30，系统自动赋给它的尺寸名称是 d0；第二个输入的数值是 25，变量名是 d1。

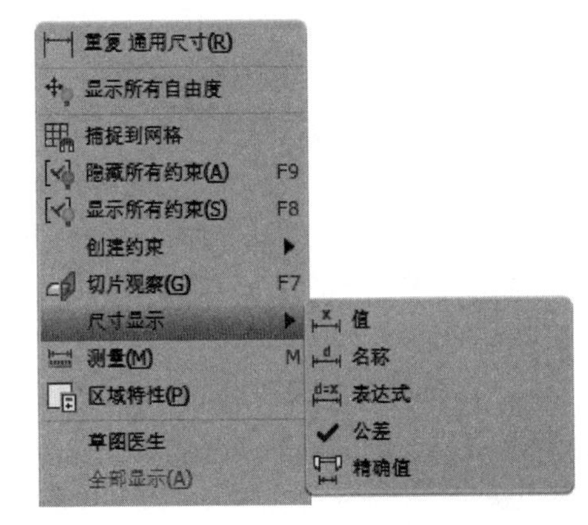

图 3-59　尺寸显示形式

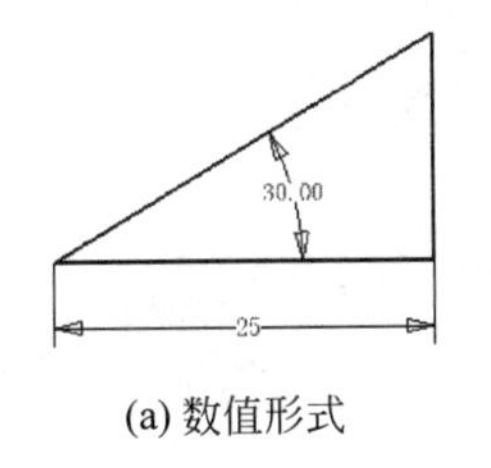

(a) 数值形式

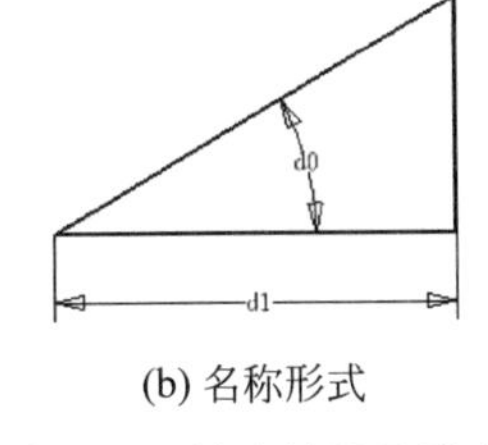

(b) 名称形式

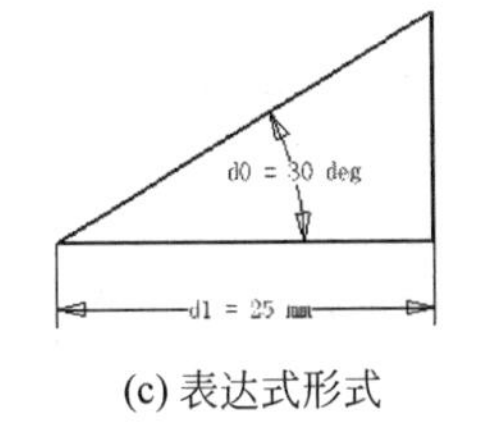

(c) 表达式形式

图 3-60　尺寸的显示形式

输入尺寸时，在“编辑尺寸”对话框中的标题行显示出当前尺寸的变量名称，如图 3-61(a)所示。将鼠标指针停留在“编辑尺寸”对话框中的箭头上，也会显示出当前尺寸的变量名称和数值，如图 3-61(b)所示。

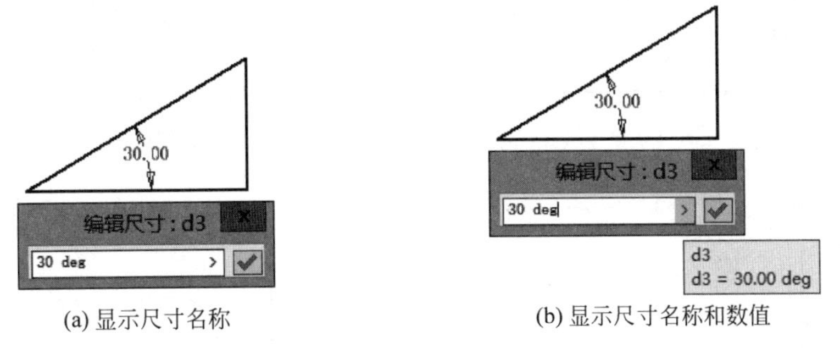

(a) 显示尺寸名称　　(b) 显示尺寸名称和数值

图 3-61　显示尺寸名称和数值

2. 输入草图尺寸的方式

在添加尺寸约束和编辑尺寸约束时都要在“编辑尺寸”对话框中进行。尺寸的数值是参数化的，常用的输入形式有 4 种：

（1）输入一个常数，如 10、20 等。

（2）输入一个尺寸变量名称，如 d0、d1、d2 等。

（3）输入一个表达式，如 10 * 2、d0+10、d0+d1、d2 * sin(45)等。

（4）自动测量方式，用鼠标测量一条线的长度、两点之间距离作为当前的尺寸数值。

例 1 采用表达式形式标注图 3-62 中圆心的位置尺寸，使得圆心总是位于矩形长度方向的中间位置。

打开文件：第 3 章\实例\约束-8.ipt。图形见图 3-62(a)。

（1）以表达式方式显示尺寸。鼠标指针指向图形显示区的空白处右击，选择右键菜单中的“尺寸显示”→“表达式”选项，见图 3-62(b)。显示尺寸如图 3-62(c)所示。

（2）标注圆心尺寸。单击“尺寸”命令，单击直线 A 和圆 B，如图 3-62(c)所示；在“编辑尺寸”对话框中输入“d1/2”(d1 是矩形长度的尺寸名称)，如图 3-62(d)所示。尺寸标注结果如图 3-62(e)所示。

（3）改变矩形长度值，观察圆的位置变化。双击尺寸“34”，将其修改为“22”，图形的变化见图 3-62(f)。圆心的位置仍然位于矩形长度方向的中间位置。这样就实现了尺寸 d3 和 d1 的参数关联。

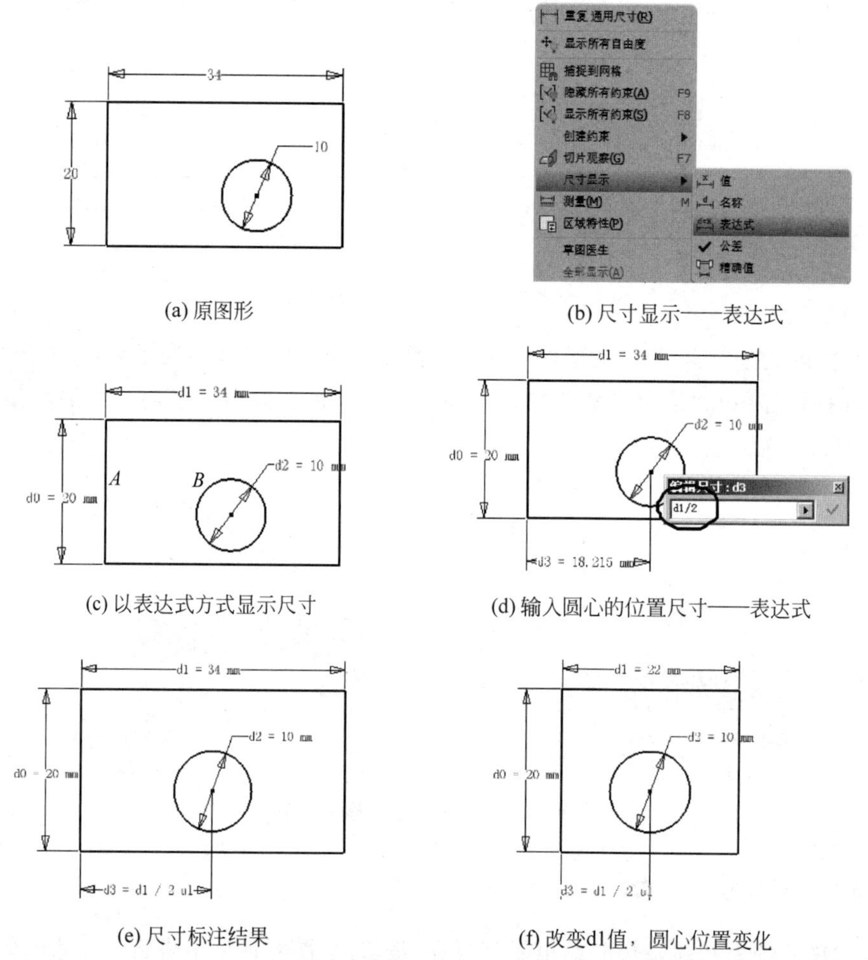

(a) 原图形　(b) 尺寸显示——表达式

(c) 以表达式方式显示尺寸　(d) 输入圆心的位置尺寸——表达式

(e) 尺寸标注结果　(f) 改变d1值，圆心位置变化

图 3-62　用表达式方式标注尺寸

例 2　采用自动测量方式标注图 3-63 中圆在长度方向上的位置尺寸，使得圆心在矩形方向居中。

(1) 标注圆心尺寸。单击“尺寸”命令，单击直线 A 和圆 B；单击“编辑尺寸”对话框内的黑色箭头，选择弹出菜单中的“测量”选项，如图 3-63(a)所示。单击矩形的底边线作为测量对象，“编辑尺寸”对话框中自动显示了边的长度值“34mm”，在后面输入“/2”，如图 3-63(b)所示。尺寸标注结果如图 3-63(c)所示。

(2) 改变矩形长度值，观察圆的位置变化。双击长度尺寸“34”，将其修改为“22”，图形的变化见图 3-63(d)。可见圆心仍然在原来的位置，不随着矩形长度值变化。尺寸 d3 和 d1 只是数值上的一次性联系，没有参数上的关联。

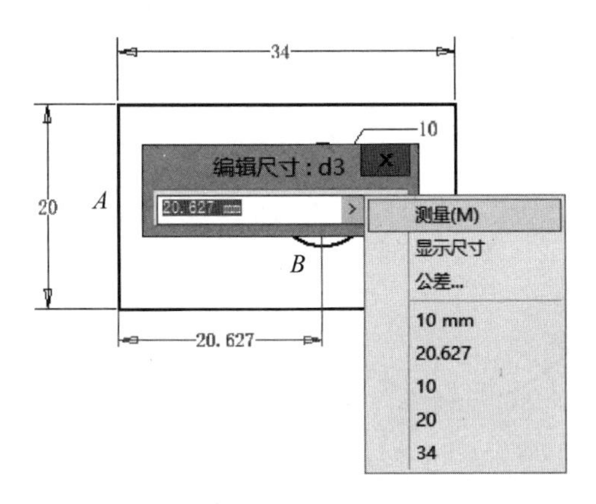

(a) 使用测量方法确定圆心位置

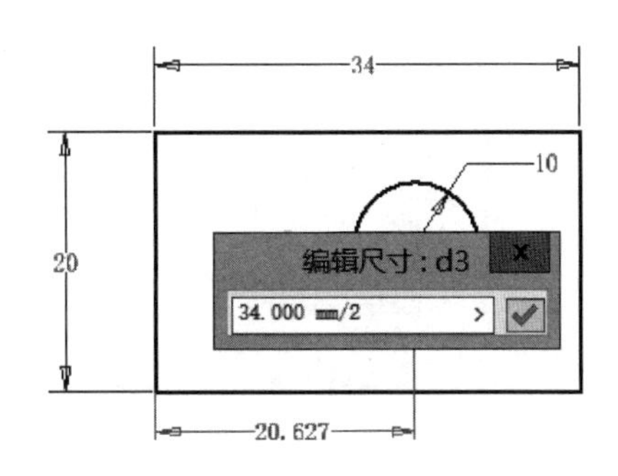

(b) 输入圆心的位置尺寸表达式

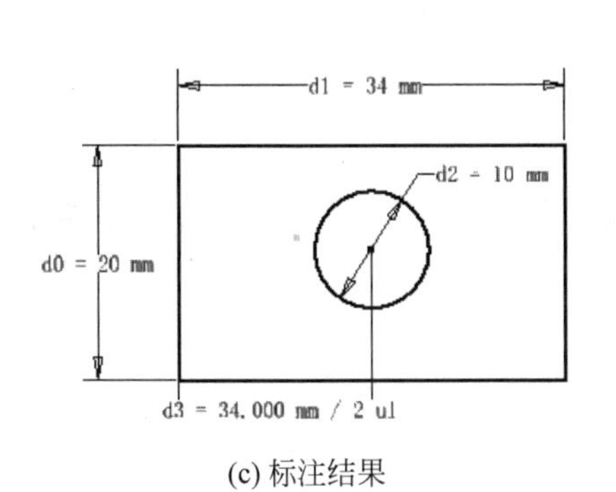

(c) 标注结果

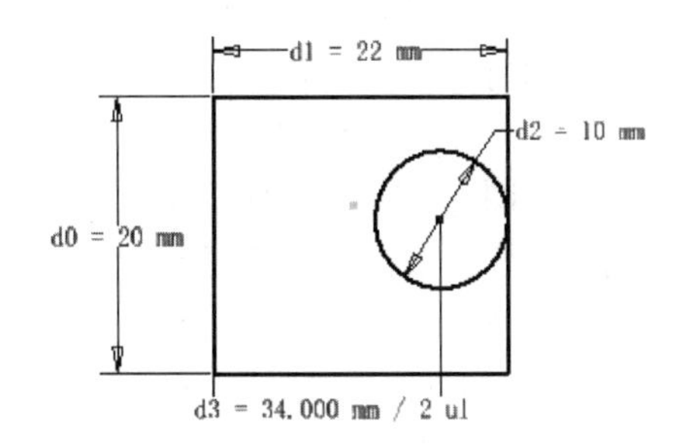

(d) 改变d1值，圆心位置不变化

图 3-63　用测量方式标注尺寸

例 3　采用公差方式标注图 3-64 中圆的尺寸。

(1) 绘制直径为 40 的圆，如图 3-64(a)所示。

(2) 在标注尺寸时，单击“编辑尺寸”对话框中的右侧箭头，选择“公差”选项，如图 3-64(b)所示。

(3) 在“公差”对话框中选择各参数，如图 3-64(c)所示。

(4) 标注出带有公差的尺寸，如图 3-64(d)所示。

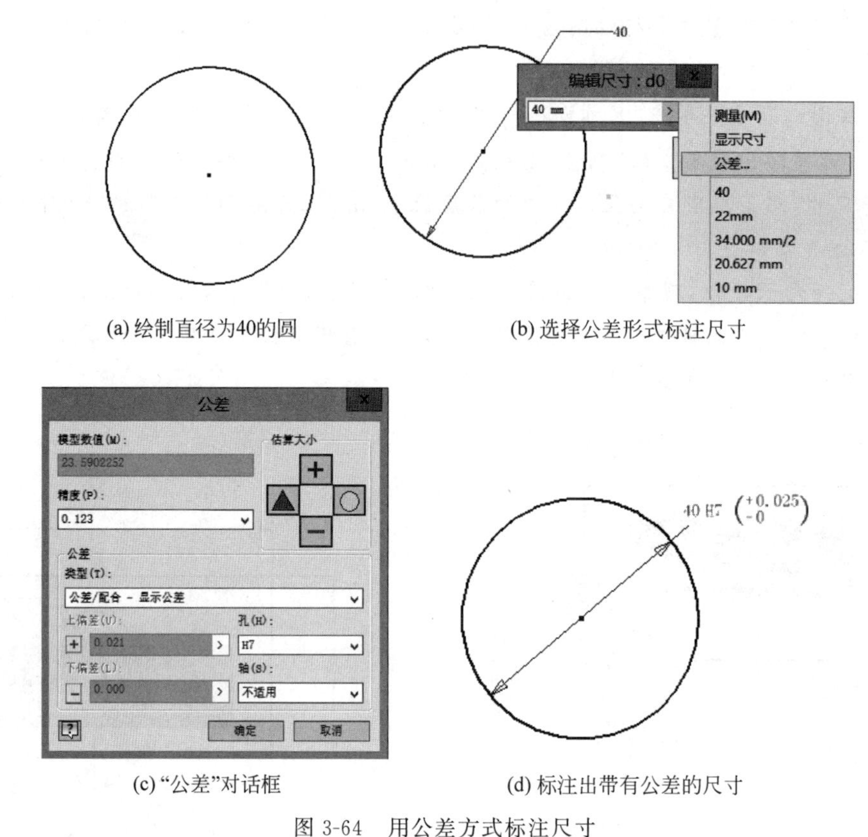

(a) 绘制直径为40的圆　　(b) 选择公差形式标注尺寸

(c) "公差"对话框　　(d) 标注出带有公差的尺寸

图 3-64　用公差方式标注尺寸

3.5 草图设计实例

由前面图 3-5 所示草图设计的流程知道，草图设计是由草图绘制、草图修改、添加草图约束及编辑修改组成的一系列操作过程。

现以一个零件实体的基础轮廓草图的设计过程为例，贯穿、复习本章的基本内容。

例　图 3-65(a)所示为一个连接板三维实体模型，它是由一个截面轮廓草图经"拉伸"生成的。现设计这个草图。

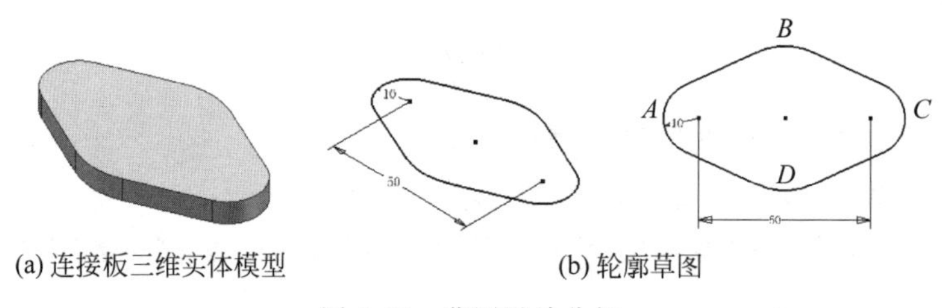

(a) 连接板三维实体模型　　(b) 轮廓草图

图 3-65　草图设计分析

1. 草图分析

草图由 4 条直线分别和 4 段圆弧相切构成。圆弧 A 和 C 的半径相同；圆弧 B 和 D 是一个圆上的两段弧；圆弧 A、C 和 B 的圆心在一条水平直线上。

2. 操作步骤

1）绘制草图

(1) 为使几个圆心处于一条线上，可先绘制一条水平直线，如图 3-66(a)所示。

(2) 以直线的两个端点为圆心绘制两个圆 A、C，如图 3-66(b)所示。

(3) 绘制大圆：移动鼠标指针到直线的中间位置，捕捉到直线上的中点作为圆弧 B、D 的圆心，绘制的大圆如图 3-66(c)所示。

(4) 绘制 4 条直线，切点位置可以暂时不考虑，绘制结果如图 3-66(d)所示。

2）添加几何约束

(1) 分别为直线和圆弧添加“相切”几何约束，结果如图 3-66(e)所示。

(2) 为圆弧 A、C 添加“相等”几何约束，结果如图 3-66(e)所示。

3）编辑修改草图

使用“修剪”命令将多余线段去掉，如图 3-66(f)所示。

4）添加尺寸约束

(1) 标注圆弧 A、C 的圆心距离尺寸，如图 3-66(g)所示。

观察图 3-66(g)，发现圆弧 C 与直线没有相切，可能是添加“相切”约束时没有真正加上，或者遗漏了这个约束。

(2) 标注两个半径尺寸，如图 3-66(h)所示。

此时发现与圆弧 A、B 相切的直线没有和圆弧 B 相交，可能是原来的直线太短。

5）补充添加“相切”约束、编辑草图

(1) 添加圆弧 C 和直线的“相切”约束，如图 3-66(h)所示。

(2) 使用“延伸”命令将直线延伸到和圆弧 B 相交，如图 3-66(i)所示。

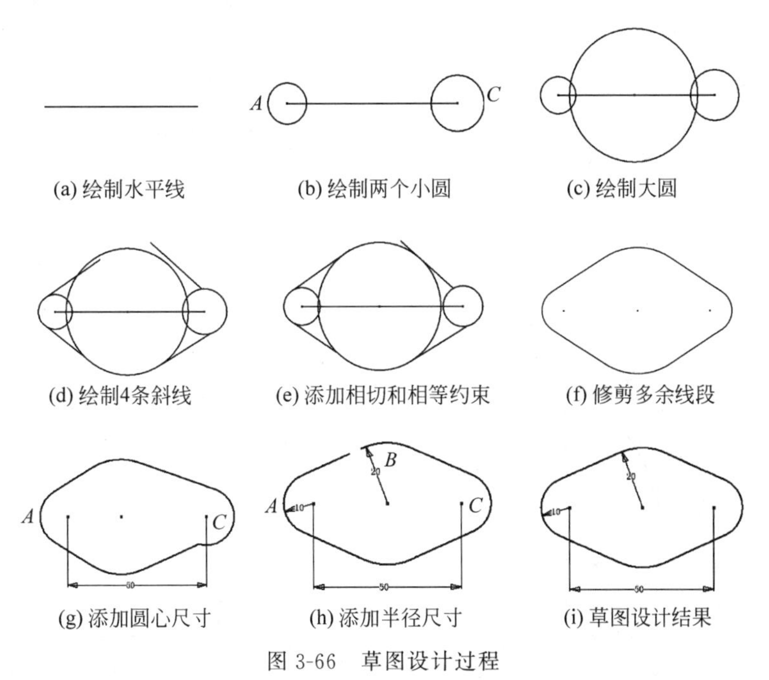

(a) 绘制水平线　(b) 绘制两个小圆　(c) 绘制大圆

(d) 绘制4条斜线　(e) 添加相切和相等约束　(f) 修剪多余线段

(g) 添加圆心尺寸　(h) 添加半径尺寸　(i) 草图设计结果

图 3-66　草图设计过程

本例的草图设计步骤和具体方法不一定是最佳的，操作过程中出现的问题和读者做此练习时遇到的可能不尽相同。草图设计的方法多种多样，在实践中如果注意总结、积累经验和避免失误，草图设计会又快又好。

思考题

1. 简述草图设计的一般流程。
2. 草图的几何约束和尺寸约束的作用是什么？
3. 草图平面的作用是什么？
4. 绘制圆弧有几种方法？
5. 使用直线命令可以绘制圆弧吗？
6. 可以用几种方法删除一个图元？
7. 欠约束的草图可以用来生成草图特征吗？
8. 怎样删除一个几何约束？
9. 怎样编辑一个尺寸约束？
10. 草图几何尺寸的主要输入方式有哪些？
11. 草图几何尺寸的显示形式有哪些？
12. 怎样查看图形的约束状态？

练习题

1. 绘制图 3-67 所示草图。

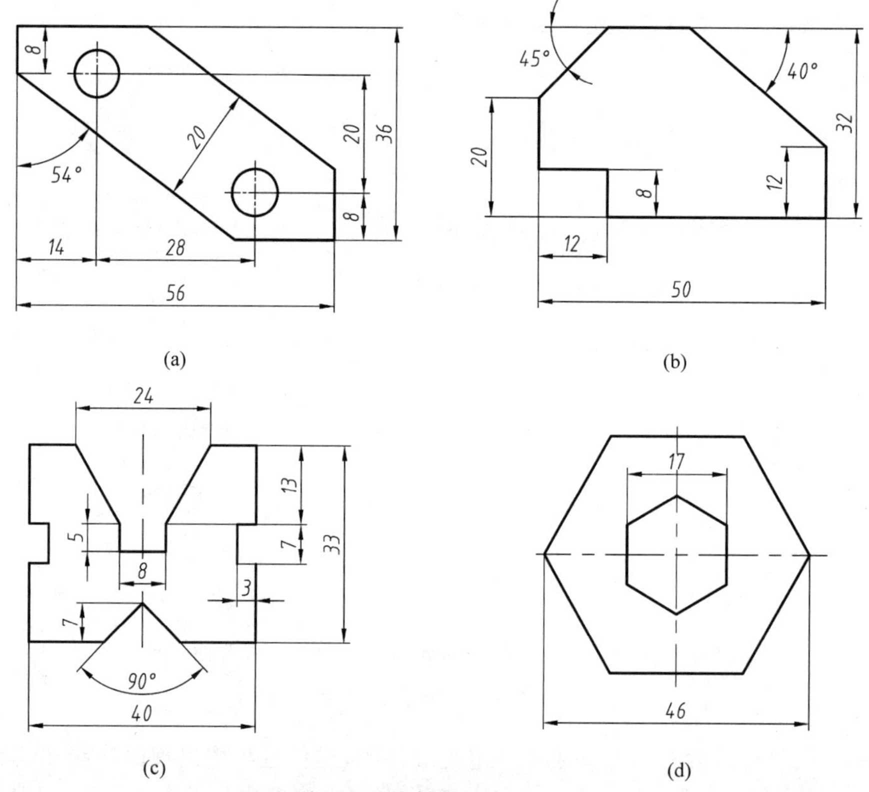

图 3-67 绘制草图练习(一)

2. 绘制图 3-68 所示草图。

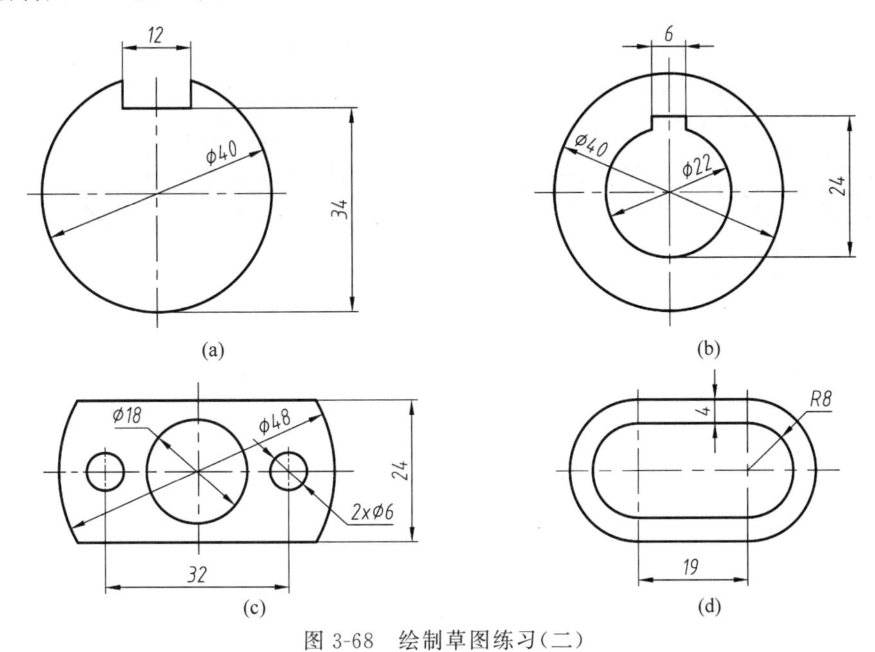

图 3-68　绘制草图练习(二)

3. 绘制图 3-69 所示草图。

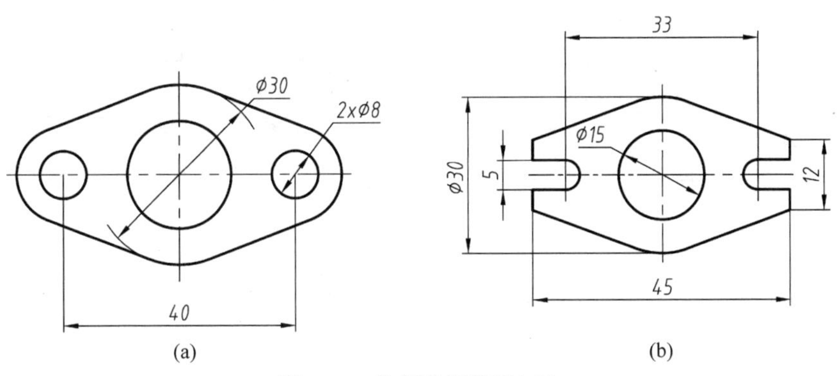

图 3-69　绘制草图练习(三)

4. 绘制图 3-70 所示草图。

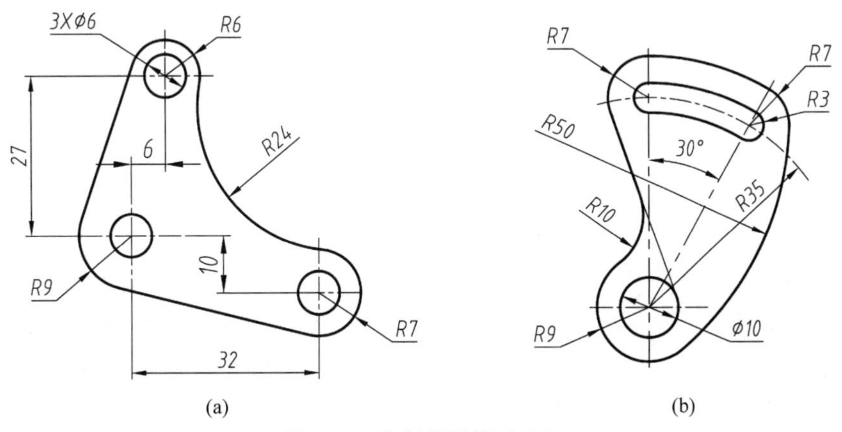

图 3-70　绘制草图练习(四)

5. 绘制图 3-71 所示草图。

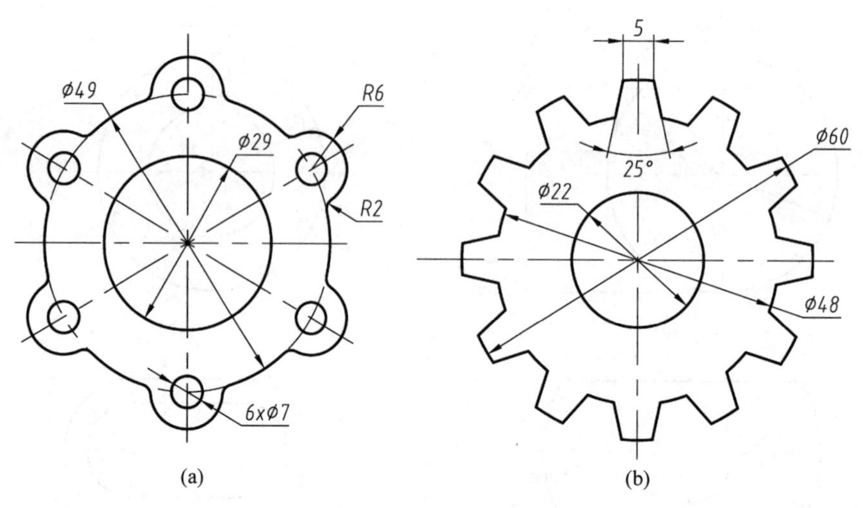

图 3-71 绘制草图练习(五)

6. 绘制图 3-72 所示草图。

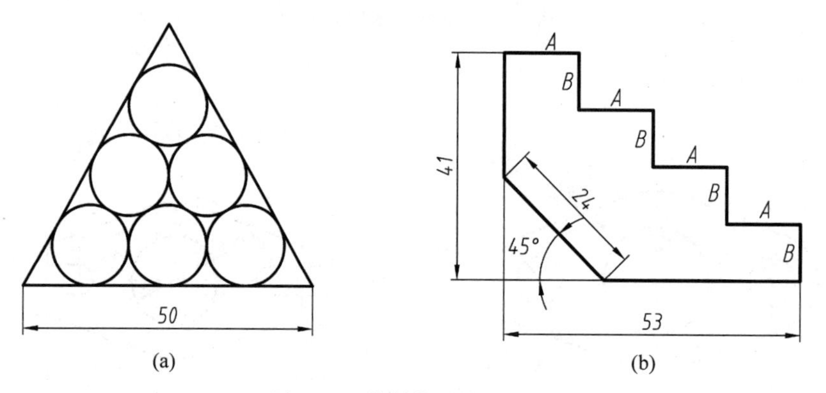

图 3-72 绘制草图练习(六)

第 4 章　三维零件的设计方法

本章学习目标

学习创建三维模型的具体方法。

本章学习内容

(1) 简单三维零件设计方法——草图特征；

(2) 复杂三维零件设计方法——放置特征；

(3) 三维实体设计的辅助工具——定位特征。

4.1　零件的三维设计

4.1.1　零件的三维设计过程

零件的三维设计过程并不复杂，可以分以下两个阶段进行。

(1) 设计零件的草图。草图设计是零件三维实体设计的基础，是实体设计的第一步。草图设计方法在前一章已经详细叙述。

(2) 在草图的基础上生成三维实体模型。由草图生成三维实体模型的方法将在本章展开叙述。

图 4-1 显示出了几个不同的草图以不同特征方法生成的三维实体。

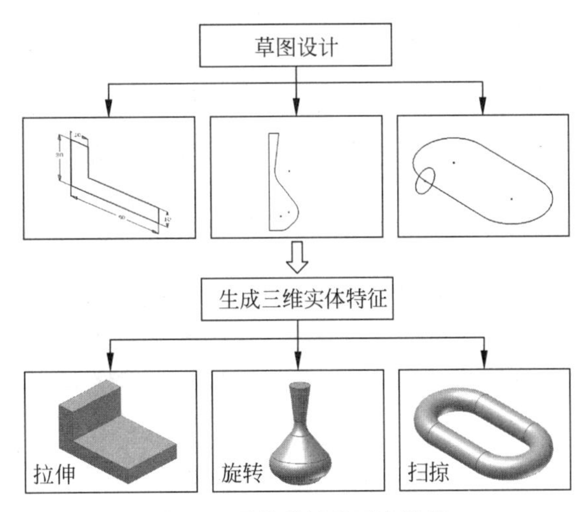

图 4-1　零件设计的两个阶段

4.1.2　零件特征设计方法

1. 零件特征生成方法分类

在 Inventor 中，根据零件实体特征生成的方式可分为以下 3 种类型。

（1）草图特征：由草图生成的特征，有拉伸、旋转、加强筋、放样、扫掠、螺旋扫掠、凸雕等，如表4-1所示。

表4-1 草图特征的类型

特征名称	构成特点	示例
拉伸	将二维草图沿直线方向拉伸成实体	
旋转	由二维草图绕轴线旋转成实体	
加强筋	将二维草图按给定的厚度向实体方向延伸	
放样	在两个或多个封闭截面之间生成过渡曲面实体	
扫掠	将二维封闭草图沿给定的路径扫描成实体	
螺旋扫掠	将二维封闭草图沿一条螺旋路径扫描成实体	
凸雕	在零部件表面将指定的图案生成凸起或凹进特征	

（2）放置特征：有些特征，如零件的倒角、圆角，它们的生成并不依赖于草图，而是在已经生成的三维实体特征上直接"放置"一个新的特征，这些特征大多和机械加工的工艺有关。放置特征有打孔、抽壳、螺纹、圆角、倒角、拔模斜度、分割、矩形阵列、环形阵列、镜像等，如表4-2所示。

表4-2 放置特征的类型

特征名称	构成特点	示例
打孔	以"孔中心点"草图为中心生成各类圆孔	

续表

特征名称	构 成 特 点	示　　例
抽壳	从实体内部去除材料，生成带有给定厚度的空心或开口壳体	
螺纹	在圆柱或圆锥面上生成螺纹效果图像	
圆角	在实体的转角处生成圆角	
倒角	在实体的转角处生成倒角	
拔模斜度	将实体的一个或多个面处理成具有一定角度的面	
分割	(1) 将实体按给定的边界分割，去掉其中一侧实体； (2) 将实体的一个面割成两个面	
矩形阵列	将实体上的特征按给定方向复制成多个	
环形阵列	将实体上的特征绕一根轴线复制成多个	
镜像	将实体上的特征以一个平面为对称面对称复制一个	

(3) 定位特征：用来确定某些特殊的草图或特征位置的工具，有工作面、工作轴、工作点3种。

2. 零件特征设计的命令

完成“草图”后，系统自动进入“零件特征”设计环境中，如图4-2(a)所示。

3种类型的零件特征(草图、放置和定位)的命令分布在“三维模型”标签栏中的“创建”“修改”“定位特征”“阵列”面板中，如图4-2(b)所示。

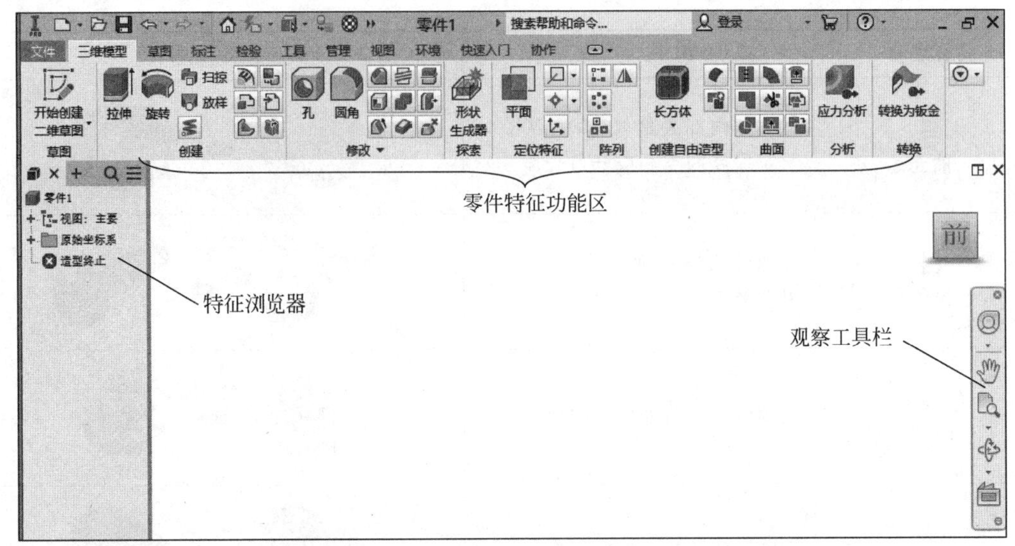

(a) 零件特征设计环境

(b) 零件特征功能区

图 4-2 零件特征设计

4.2 草图特征

1. 拉伸

作用：将二维草图沿与草图平面垂直的方向拉伸为三维实体。

单击“创建”面板中的“拉伸”命令 ，弹出“拉伸”对话框，如图 4-3 所示。

当创建第一个特征时，“拉伸”对话框如图 4-3(a)所示。第一个特征称为“基础特征”，当然，基础特征只能是“添加”实体。

创建第一个特征后，再次使用“拉伸”命令时，对话框有些变化，如图 4-3(b)所示。

“拉伸”对话框中各选项的意义如下。

1）特征类型

（1）实体：用截面轮廓拉伸成一个实体，如图 4-4(b)所示。

（2）曲面：用轮廓曲线拉伸成一个曲面，如图 4-4(c)所示。

“拉伸”对话框中的右上角有“特征类型”切换按钮 (见图 4-3)，单击该按钮，由“实体”方式变为“曲面”方式，该切换按钮变为 ；单击该按钮，就可以返回“实体”方式。

2）输入几何图元

轮廓：用于选择要拉伸的草图轮廓。

自：用于指定开始拉伸位置。

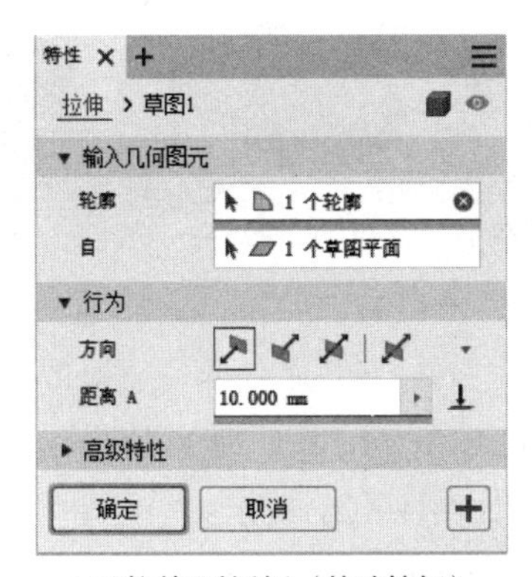

(a) “拉伸”对话框（基础特征）　(b) “拉伸”对话框（非基础特征）

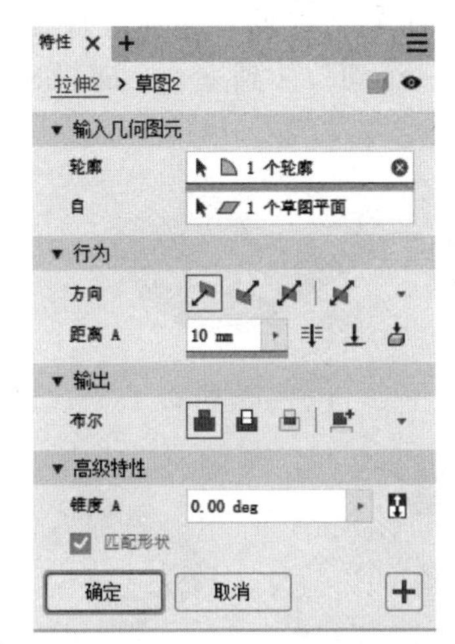

(c) “拉伸”对话框中的“高级特性”选项

图 4-3　“拉伸”特征对话框

(a) 拉伸草图　(b) “实体”方式　(c) “曲面”方式

图 4-4　拉伸——输出方式

3）行为

（1）方向：指定拉伸的方向，有 4 种方式，分别为默认、翻转、对称、不对称。

“默认”图标按钮：将草图沿垂直于草图平面的正方向拉伸成实体，如图 4-5(b)所示。

“翻转”图标按钮：将草图沿垂直于草图平面的负方向拉伸成实体，如图 4-5(c)所示。

“对称”图标按钮：将草图按给定的距离向两个方向对称地拉伸成实体。给定的距离是整个拉伸实体长度，如图 4-5(d)所示。

“不对称”图标按钮：将草图按给定的距离向两个方向不对称地拉伸成实体，如图 4-5(e)所示。

(a) 拉伸草图　(b) 正方向拉伸　(c) 负方向拉伸　(d) 对称拉伸　(e) 不对称拉伸

图 4-5　拉伸——方向

(2) “距离 A”文本框：输入拉伸的距离。

另外，还有其他 3 种主要拉伸终止方式：贯通()、到()、到下一个()。

距离：将草图轮廓按给定的距离拉伸成实体，如图 4-6(b)所示。

贯通：在操作方式为切割和求交时，贯穿整个实体，如图 4-6(c)所示。

到：拉伸实体到指定的平面(或工作面)或曲面，如图 4-6(d)所示。

到下一个：将轮廓草图从一个面拉伸到下一个面，如图 4-6(e)所示。

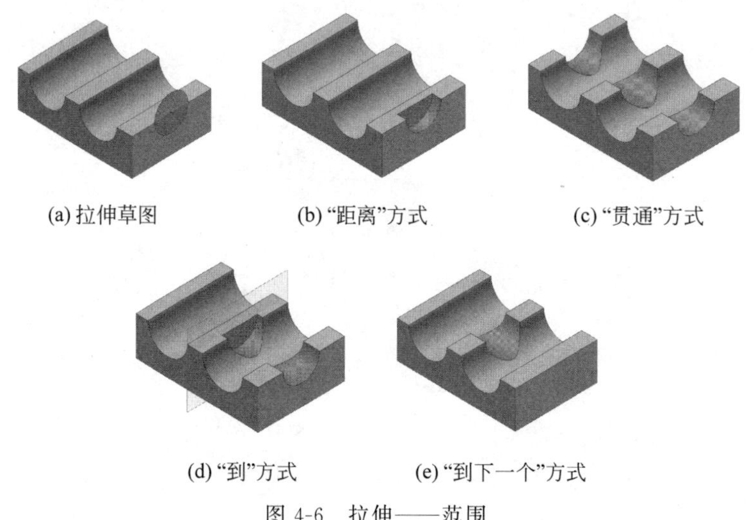

(a) 拉伸草图　(b) “距离”方式　(c) “贯通”方式

(d) “到”方式　(e) “到下一个”方式

图 4-6　拉伸——范围

4) 输出

布尔：指定输出方式。有 3 种输出操作方式：求并(即添加)、求差(即切割)、求交。

“求并”图标按钮：由草图拉伸添加成实体，如图 4-7(b)所示。

“求差”图标按钮：从选取的实体中切割部分实体，如图 4-7(c)所示。

“求交”图标按钮：把选取的实体与要拉伸的实体的公共部分生成一个新的实体，如图 4-7(d)所示。

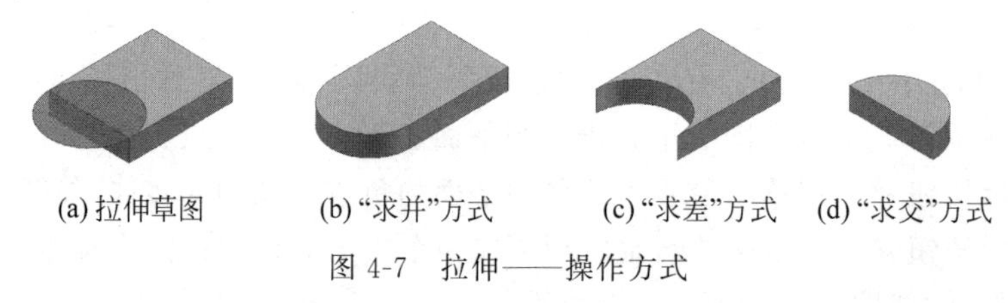

(a) 拉伸草图　(b) “求并”方式　(c) “求差”方式　(d) “求交”方式

图 4-7　拉伸——操作方式

5）高级特性

“锥度 A”文本框：在指定的拉伸方向上以一个锥角度拉伸，角度可以是正角度，也可以是负角度，如图 4-8(b)、(c)、(d)所示。

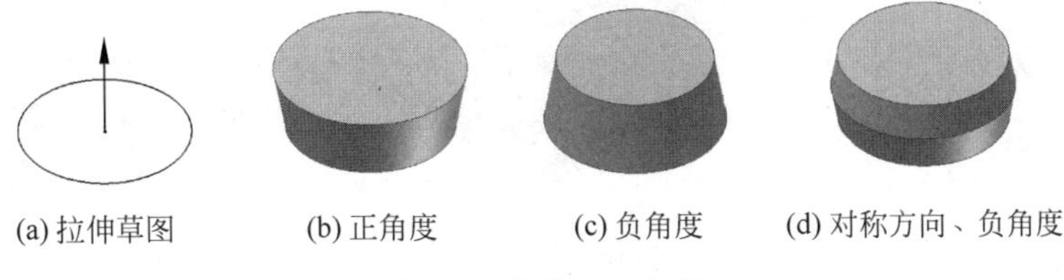

(a) 拉伸草图　(b) 正角度　(c) 负角度　(d) 对称方向、负角度

图 4-8　拉伸——角度

例 1　生成拉伸(求并方式)实体，如图 4-9(c)所示。

打开草图文件：第 4 章\实例\拉伸-1.ipt，如图 4-9(a)所示。

(1) 单击“创建”面板中的“拉伸”命令，弹出“拉伸”对话框，见图 4-9(b)。

(2) 由于第一个生成的实体是基础特征，对话框中的操作方式只能是“求并”方式。

(3) 在要拉伸的轮廓区域内单击，该区域亮显。

(4) 在对话框中输入拉伸距离 5，单击“确定”按钮。拉伸的实体如图 4-9(c)所示。

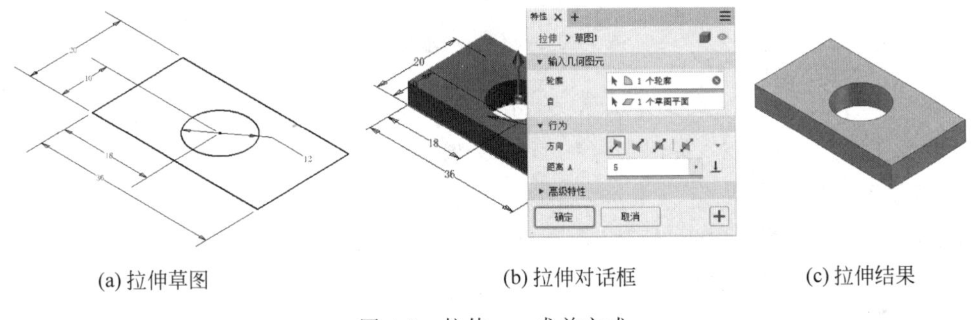

(a) 拉伸草图　(b) 拉伸对话框　(c) 拉伸结果

图 4-9　拉伸——求并方式

例 2　用“求差”方式生成最后的拉伸实体，如图 4-10 所示。

1）生成矩形实体(见图 4-10(b))

(1) 在 X、Y 面上绘制草图、添加尺寸约束，如图 4-10(a)所示。选择右键菜单中“完成草图”选项。

(2) 单击“拉伸”命令，弹出“拉伸”对话框，输入拉伸距离 10，单击“确定”按钮。拉伸的实体如图 4-10(b)所示。

2）绘制圆形草图

(1) 单击矩形实体顶面，选择右键菜单中的“新建草图”选项，顶面为新的草图平面，见图 4-10(c)。

(2) 在草图平面上绘制圆，圆心在实体的顶点上，添加圆直径尺寸 30，如图 4-10(d)所示。

(3) 在绘图区域右击，选择右键菜单中的“完成草图”选项。

3）拉伸生成圆形切槽

(1) 单击“拉伸”命令，弹出“拉伸”对话框，如图 4-10(e)所示。

(2) 选择圆为拉伸区域；选择操作方式为“求差”；输入拉伸距离 5，单击“确定”按钮。拉伸的实体如图 4-10(f)所示。

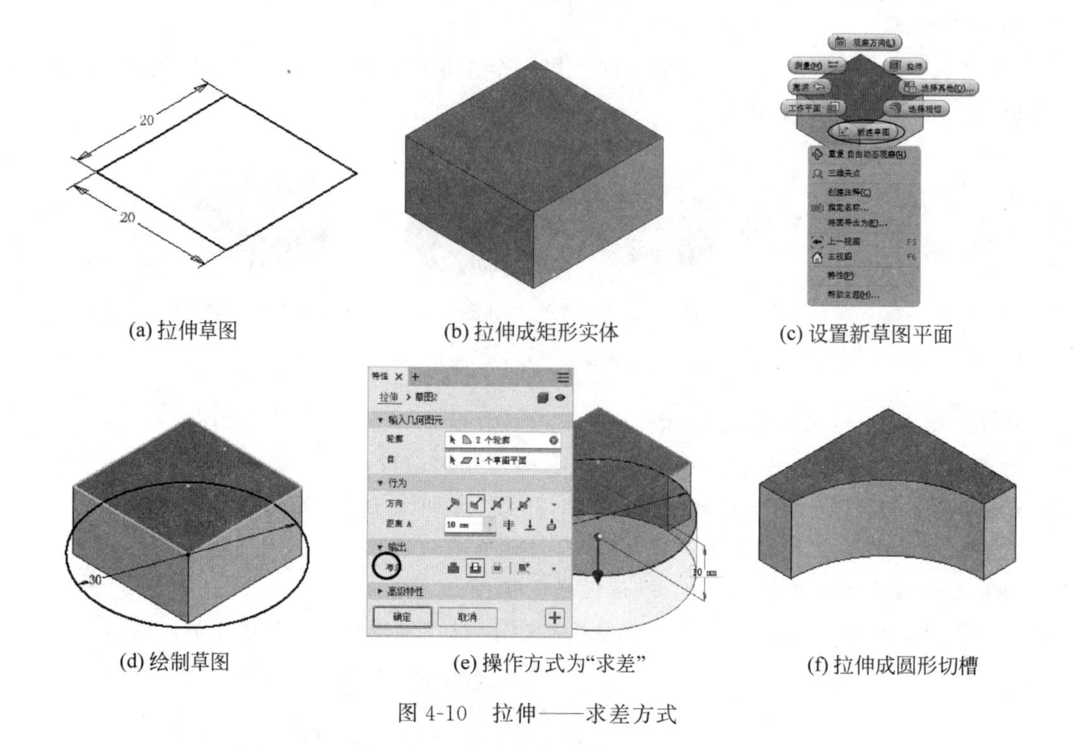

(a) 拉伸草图　(b) 拉伸成矩形实体　(c) 设置新草图平面

(d) 绘制草图　(e) 操作方式为“求差”　(f) 拉伸成圆形切槽

图 4-10　拉伸——求差方式

例 3　用“求交”方式生成拉伸实体，如图 4-11 所示。

打开草图文件：第 4 章\实例\拉伸-2.ipt，如图 4-11(a)所示。

1）拉伸生成矩形实体

单击“零件特征”面板中的“拉伸”命令，在对话框中输入拉伸距离 22，如图 4-11(b)所示。单击“确定”按钮，拉伸的实体如图 4-11(c)所示。

2）旋转观察实体

将鼠标指针移到绘图区右击，在右键菜单中选择“主视图”选项，如图 4-11(d)所示。然后利用“ViewCube”旋转实体，实体模型旋转为图 4-11(e)所示的位置。

3）绘制半圆形草图

单击实体左前面，在右键菜单中选择“新建草图”选项。实体左前面定义为新的草图平面。

(1) 在草图平面上绘制圆弧，圆心在底边的中点，圆弧的起点和终点在底边的两个端点上，如图 4-11(f)所示。

(2) 在绘图区域右击，选择右键菜单中的“完成草图”选项。

4）用“求交”方式生成最终实体

(1) 单击“拉伸”命令，弹出“拉伸”对话框如图 4-11(g)所示。

(2) 选择圆弧为拉伸区域。

(3) 选择操作方式为“求交”、终止方式选为“贯通” 如图 4-11(g)所示。单击“确定”按钮。实体求交的结果如图 4-11(h)所示。

5）旋转实体

单击 ViewCube 栏左上角的主视图命令图标，等轴测观察实体，模型旋转为图 4-11(i)所示的位置。

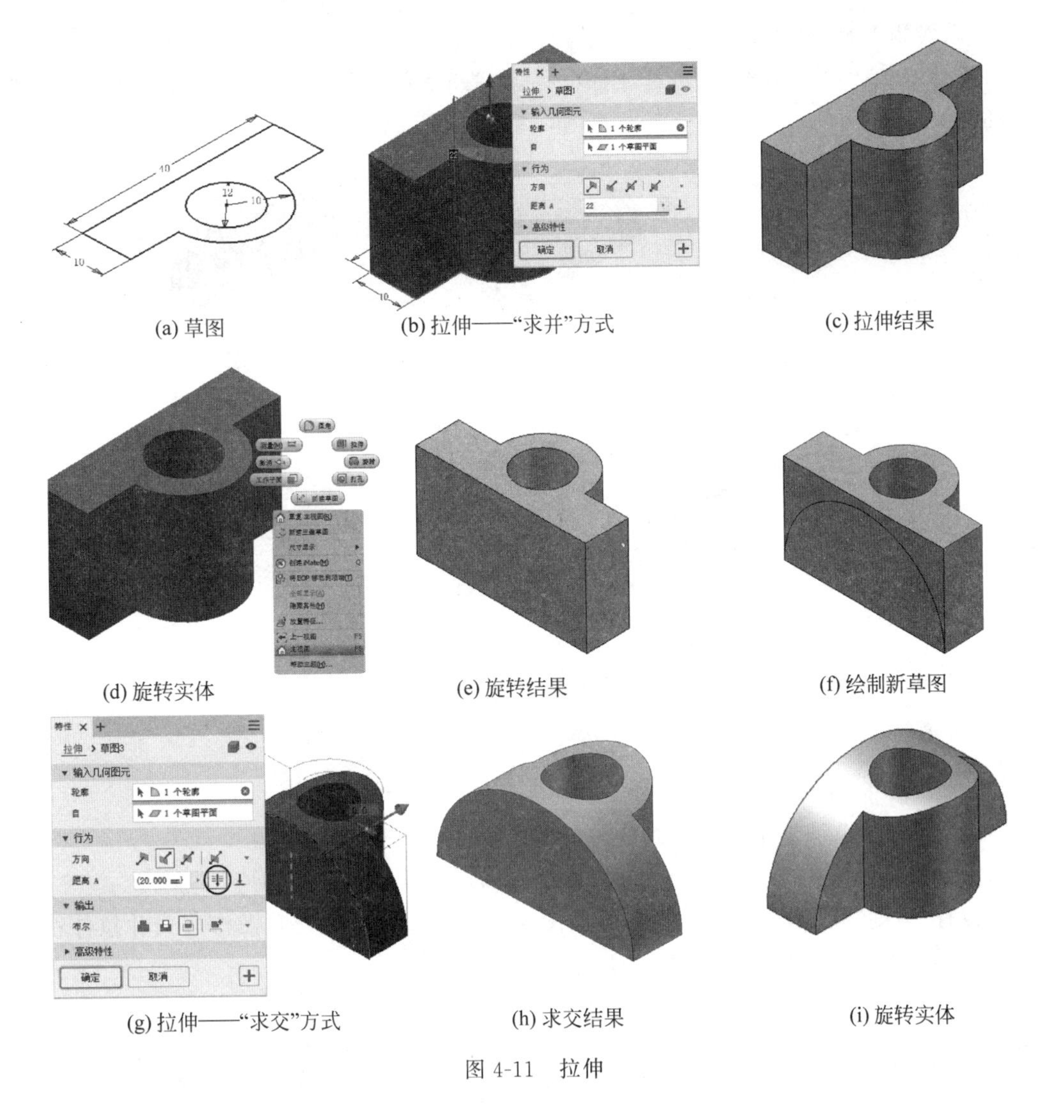

(a) 草图 (b) 拉伸——“求并”方式 (c) 拉伸结果

(d) 旋转实体 (e) 旋转结果 (f) 绘制新草图

(g) 拉伸——“求交”方式 (h) 求交结果 (i) 旋转实体

图 4-11 拉伸

例 4 用“求并”方式生成例 3 中的拉伸实体，如图 4-12 所示。

打开草图文件：第 4 章\实例\拉伸-3. ipt，如图 4-12(a)所示。

1) 拉伸生成半圆形实体(见图 4-12(b))

2) 绘制半圆形草图

(1) 单击实体的底面(可以旋转实体，以方便选择实体底面)，在右键菜单中选择“新建草图”选项。实体底面为新的草图平面。

(2) 在草图平面上绘制圆弧，圆心在底边的中点，圆弧的半径为 10，如图 4-12(c)所示。

(3) 在右键菜单中选择“完成草图”选项。

3) 用“求并”方式生成最终实体

(1) 单击“拉伸”命令，选择圆弧内为拉伸区域。

(2) 在对话框中选择操作方式为“求并”、终止方式选为“到”，单击箭头按钮，选择实体的圆柱面，并选中复选框，表示要拉伸的终止面是圆柱面延伸面，如图 4-12(d)所示。单击“确定”按钮，实体添加的结果如图 4-12(e)所示。

4）在实体上打孔

在实体底面上绘制圆草图，用拉伸特征的“求差”方式生成圆孔，如图 4-12(f)所示。操作过程略。

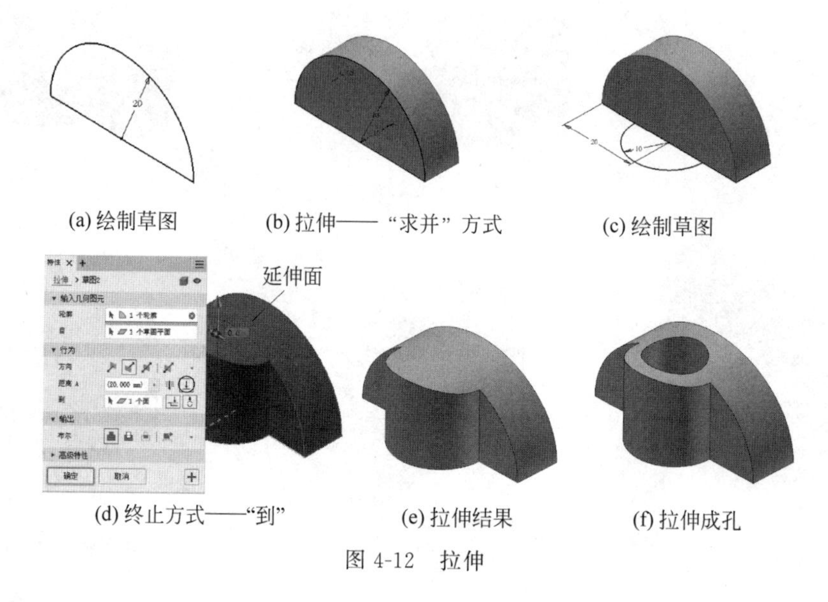

(a) 绘制草图　(b) 拉伸——“求并”方式　(c) 绘制草图

(d) 终止方式——“到”　(e) 拉伸结果　(f) 拉伸成孔

图 4-12　拉伸

2. 旋转

作用：将二维草图绕指定的轴线旋转成实体。

单击“创建”面板中的“旋转”命令，弹出“旋转”对话框，见图 4-13。

旋转有“角度”和“到”两种终止方式，如图 4-13、图 4-14 所示。其操作方式和拉伸特征一样，也有求并、求差和求交 3 种。

图 4-13　“旋转”对话框中的终止方式——角度

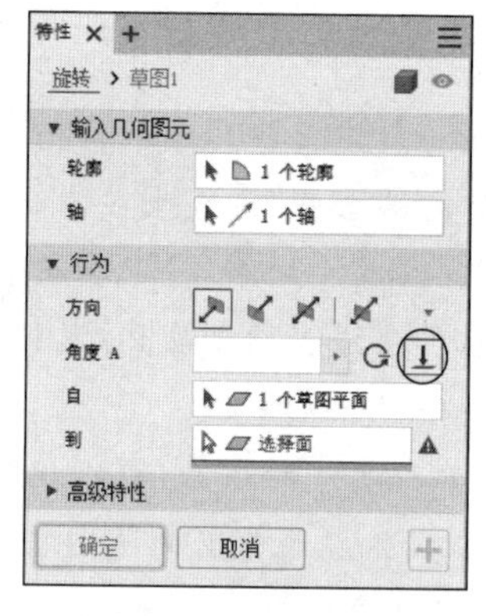

图 4-14　“旋转”对话框中的终止方式——到

例 1　将阶梯轴的轴向截面草图绕草图的一边旋转成实体。

打开草图文件：第 4 章\实例\旋转-1.ipt，如图 4-15(a)所示。

1）旋转生成轴的实体

(1) 单击“旋转”命令，弹出“旋转”对话框如图 4-13 所示。

(2) 系统自动找到“截面轮廓”，选择“旋转轴线”为 *A* 线，如图 4-15(a)所示。单击“确定”

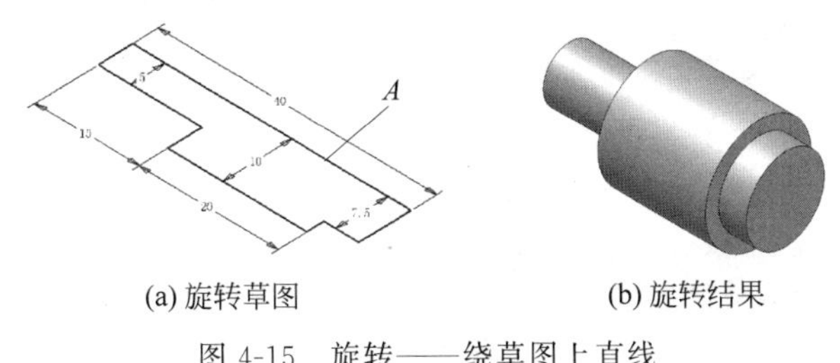

(a) 旋转草图　　(b) 旋转结果

图 4-15　旋转——绕草图上直线

按钮，旋转生成轴如图 4-15(b)所示。

2）编辑草图，在草图上标注直径尺寸

鼠标指针指向浏览器中的“草图 1”，选择右键菜单中的“编辑草图”选项。

在图 4-15 中标注的是半径尺寸，如要直接标注直径尺寸，可按下面的顺序操作。

(1) 删除几个半径尺寸，重新标注直径尺寸。

(2) 单击“尺寸”命令；先选择轴线 A，再选择线 B，如图 4-16(a)所示。

(3) 右击，选择右键菜单中的“线性直径”，如图 4-16(a)所示。

(4) 移动鼠标到适当的位置单击，标注的直径尺寸 10 如图 4-16(b)所示。其他尺寸标注略。

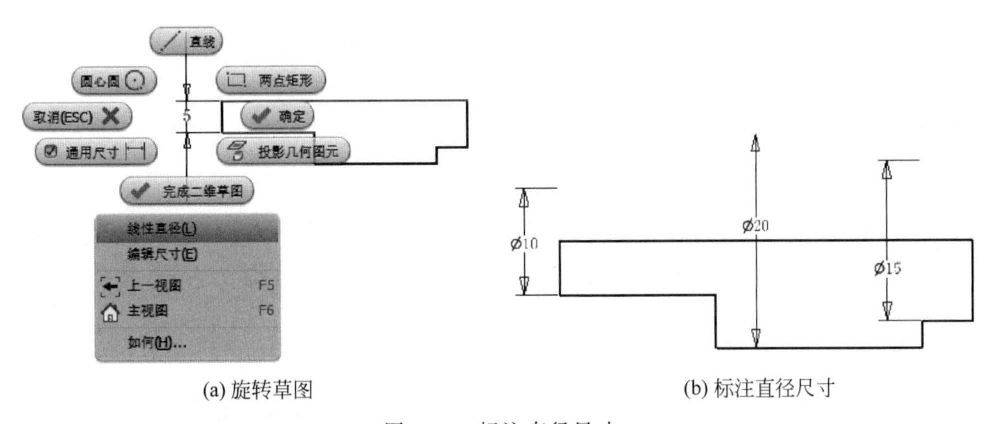

(a) 旋转草图　　(b) 标注直径尺寸

图 4-16　标注直径尺寸

例 2　将草图绕中心线旋转成实体。

打开草图文件：第 4 章\实例\旋转-2. ipt，如图 4-17(a)所示。

1）将轴线改为结构中心线

单击图 4-17(b)所示轴线，然后单击右键，在弹出的右键菜单中选择“中心线”，或单击“格式”面板中的“中心线”命令图标，则原轴线由实线变为点画线，如图 4-17(c)所示。

2）标注尺寸

(1) 单击“尺寸”命令；先选择中心线 A，再选择线 B，见图 4-17(d)。

(2) 移动鼠标到适当的位置单击。由于出现了中心线，所以可以直接标注出直径尺寸，如图 4-17(d)所示。

3）旋转生成实体

单击“旋转”命令后，系统会自动以中心线作为旋转轴。旋转后的实体如图 4-17(e)所示。

4）将圆筒实体的孔表面以另一种材料(颜色)显示

如要将某一个表面和其他表面区别开来，可以单击该表面，在右键菜单中选择“特性”选项，在“面特性”对话框的颜色列表中选择一种。本例中假定孔表面是经过精加工的，选择“铬

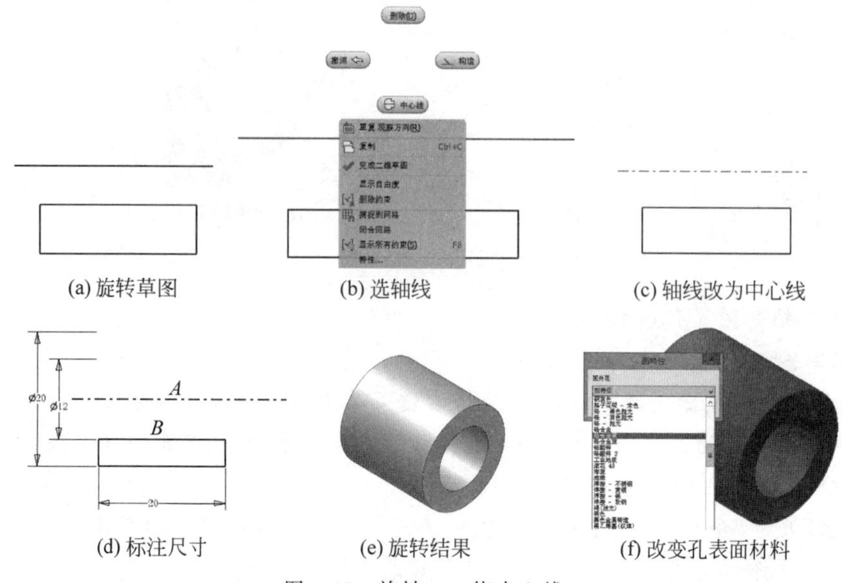

(a) 旋转草图　(b) 选轴线　(c) 轴线改为中心线

(d) 标注尺寸　(e) 旋转结果　(f) 改变孔表面材料

图 4-17　旋转——绕中心线

合金黑”，在屏幕上观察的效果比较好，如图 4-17(f)所示。

例 3　将草图绕实体上的棱边旋转成实体。

打开文件：第 4 章\实例\旋转-3.ipt，拉伸实体如图 4-18(a)所示。

1）在实体侧面绘制圆草图并标注尺寸（见图 4-18(b)）

2）旋转草图生成圆环槽

（1）单击“旋转”命令，在“旋转”对话框中选择操作方式为“切割”，终止方式为“全部”。

（2）系统自动找到“截面轮廓”，选择棱边 A 作为旋转轴线，如图 4-18(b)所示。单击“确定”按钮，生成旋转特征，如图 4-18(c)所示。

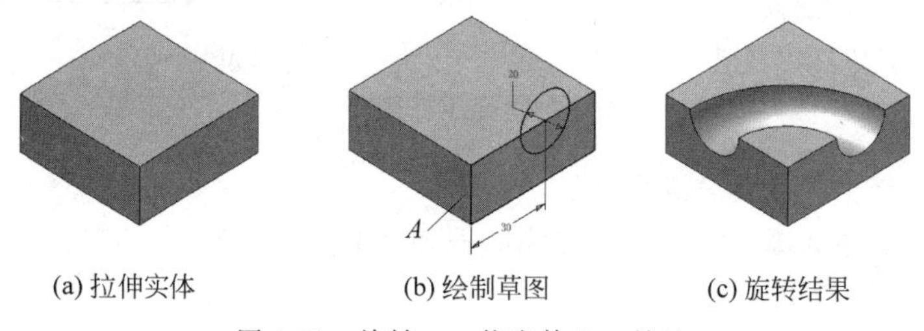

(a) 拉伸实体　(b) 绘制草图　(c) 旋转结果

图 4-18　旋转——绕实体上一棱边

3. 加强筋

作用：生成加强筋特征。

筋板常用来增加零件的刚性，提高稳定性。筋板（或称肋板）的应用如图 4-19 所示。

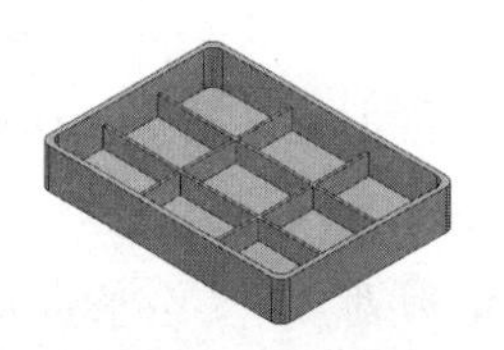

图 4-19　筋板的应用

例 1 在零件实体上生成筋板,如图 4-20(f)所示。

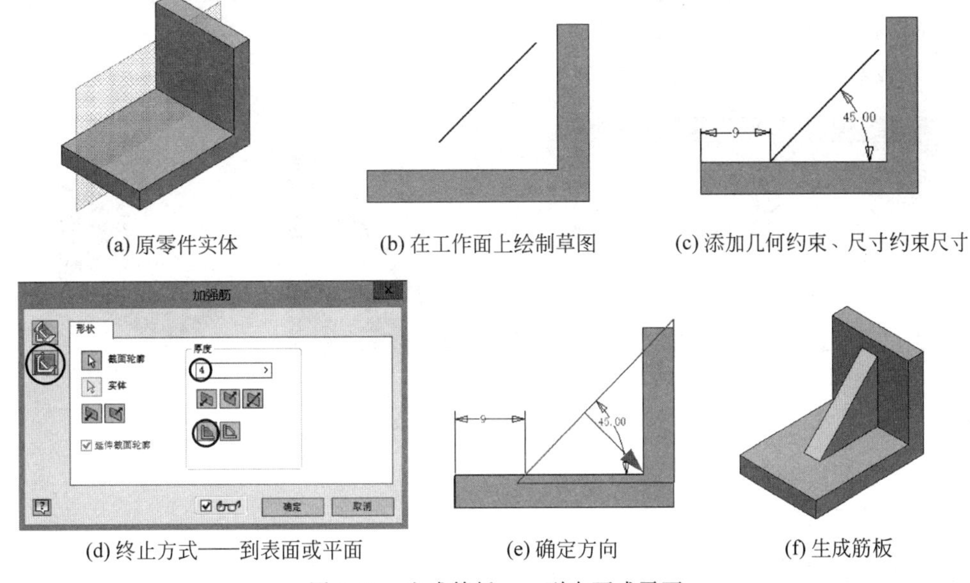

(a) 原零件实体 (b) 在工作面上绘制草图 (c) 添加几何约束、尺寸约束尺寸

(d) 终止方式——到表面或平面 (e) 确定方向 (f) 生成筋板

图 4-20 生成筋板——到表面或平面

打开文件:第 4 章\实例\筋板.ipt,筋板零件实体如图 4-20(a)所示。

1) 在工作面上绘制直线草图

(1) 右击工作面,在右键菜单中选"新建草图"选项。

(2) 单击绘图工具栏中"投影切割边"命令,如图 4-21 所示,此命令的作用是将工作面和实体的相交线投影到当前草图面上。

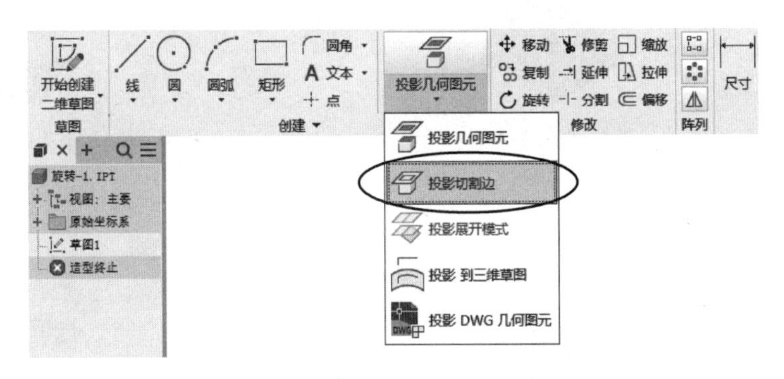

图 4-21 生成筋板——到表面或平面

(3) 在工作面上绘制直线草图,如图 4-20(b)所示。

(4) 标注直线草图的定位尺寸,将直线的下端点和实体的上平面投影线"重合"约束,如图 4-20(c)所示。

2) 生成筋板特征

(1) 单击"加强筋"命令,"加强筋"对话框内的选择和参数如图 4-20(d)所示。

(2) 选择"截面轮廓"按钮,单击直线草图。

(3) 选择"方向"按钮。移动鼠标确定筋板延伸的方向,如图 4-20(e)所示。单击"确定"按钮。筋板的生成结果如图 4-20(f)所示。

例 2 在零件实体上生成筋板，如图 4-22 所示。

如图 4-22 所示的是另一种筋板的形式，可以设置范围方式为“有限”，厚度（即筋板的宽度）为 8，向实体方向延伸成有限的厚度 2。

操作步骤类似例 1，此处不再赘述。

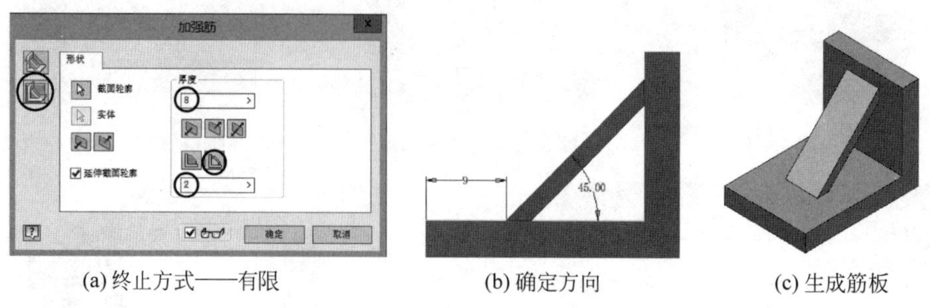

(a) 终止方式——有限　　(b) 确定方向　　(c) 生成筋板

图 4-22　生成筋板——有限方式

4. 放样

作用：在两个或多个封闭截面之间进行转换过渡，产生光滑复杂形状实体，也称为“蒙皮”实体。这种转换过渡的方式称为放样。

图 4-23～图 4-26 是放样特征的应用实例。

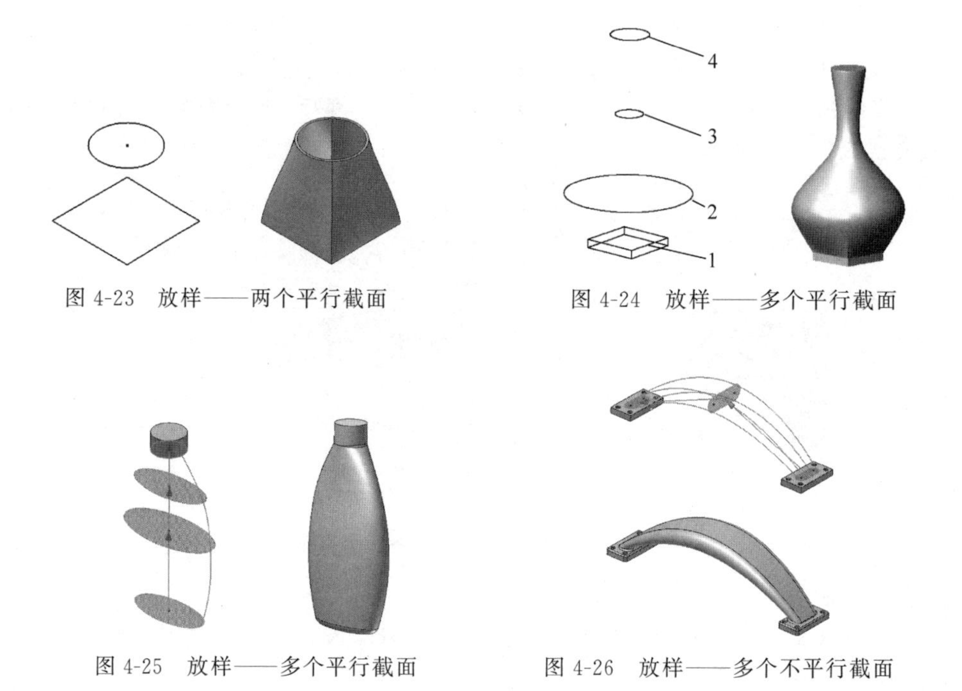

图 4-23　放样——两个平行截面

图 4-24　放样——多个平行截面

图 4-25　放样——多个平行截面

图 4-26　放样——多个不平行截面

例 在长方体的顶面和实体外的圆截面间创建放样实体。

1）生成实体

生成长 20、宽 20、高 4 的实体（见图 4-27(a)）

2）建立工作面

工作面的建立可参见后面章节。工作面平行于实体的顶面，距离为 16，如图 4-27(b)

所示。

3）在工作面上绘制草图

（1）右击工作面，在右键菜单中选择“新建草图”选项。在工作面上绘制草图圆，如图 4-27(c)所示。

（2）选择右键菜单中“投影几何图元”选项，分别单击实体顶面的 A、B 边，A、B 边自动投影到工作面上，如图 4-27(d)所示。以两条投影线为基准，标注出草图圆的尺寸，如图 4-27(e)所示。

（3）结束绘制草图。

4）生成放样特征

（1）单击“放样”命令。

（2）单击实体顶面线，即选择了起始截面“边界 1”，再单击工作面上的“草图 2”圆，“放样”对话框如图 4-27(f)所示。此时两个草图被选中，如图 4-27(g)所示。

（3）单击“确定”按钮。

（4）在浏览器中“放样 1”特征名称下，可以看到“边界 1”和“草图 2”构成了放样的两个截面轮廓，如图 4-27(h)所示。

（5）右击工作面边线，在右键菜单中选择工作面的可见性。生成放样特征如图 4-27(i)所示。

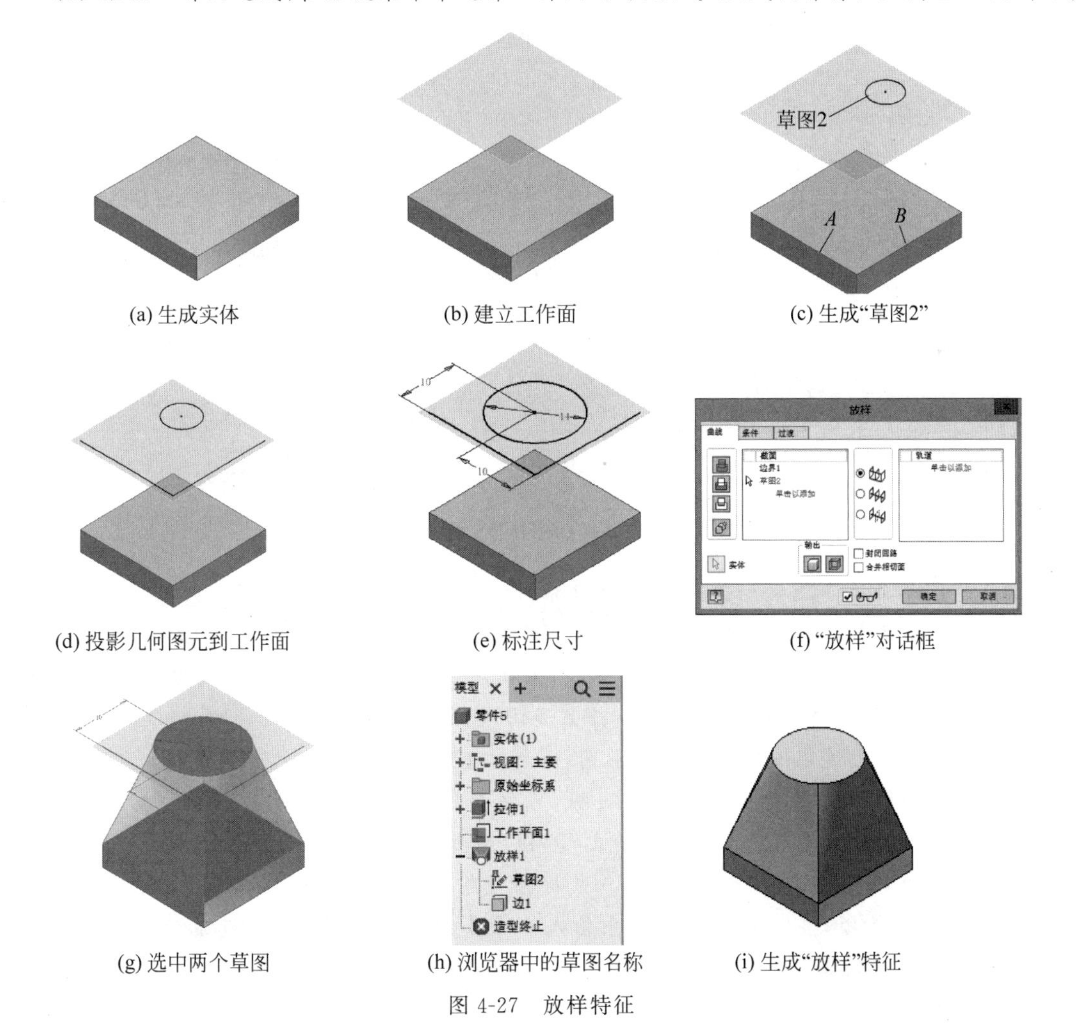

(a) 生成实体　(b) 建立工作面　(c) 生成“草图2”

(d) 投影几何图元到工作面　(e) 标注尺寸　(f)“放样”对话框

(g) 选中两个草图　(h) 浏览器中的草图名称　(i) 生成“放样”特征

图 4-27　放样特征

5. 扫掠

作用：将截面轮廓草图沿一条路径移动，其草图移动的轨迹构成一个实体特征。

图 4-28～图 4-31 是“扫掠”特征的常见形式。

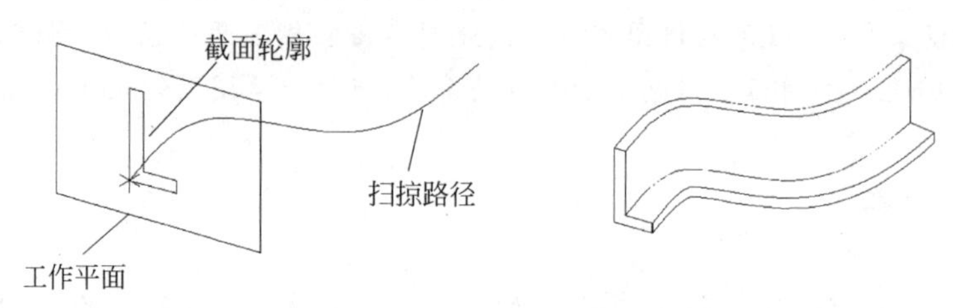

图 4-28　二维不封闭路径扫掠特征

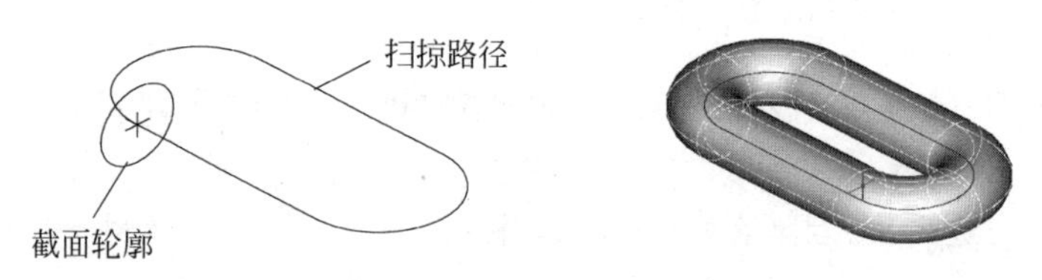

图 4-29　二维封闭路径扫掠特征

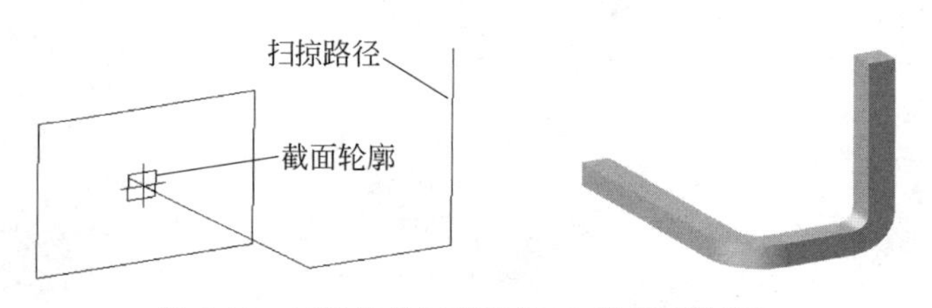

图 4-30　三维路径扫掠特征(方形截面轮廓)

图 4-31　三维路径扫掠特征(圆形截面轮廓)

例　将圆形截面草图沿一条二维路径扫掠，如图 4-32(f)所示。

(1) 绘制路径草图。使用样条曲线命令绘制路径草图，如图 4-32(a)所示。

(2) 在绘图区域右击，选择右键菜单中的“主视图”选项，立体观测草图。过样条曲线的端点建立一个工作面，该工作面自动过端点并且和曲线上该点的法线垂直，如图 4-32(b)所示。

(3) 在工作面上过圆心绘制截面草图圆，如图 4-32(c)所示。

(4) 生成扫掠特征。单击“扫掠”命令，系统自动找到截面轮廓草图和扫掠路径草图。“扫掠”对话框如图 4-32(d)所示，单击“确定”按钮，生成扫掠特征，如图 4-32(e)所示。

(5) 生成带有扫掠斜角的扫掠特征。鼠标指针指向浏览器中的“扫掠 1”，在右键菜单中选择“编辑特征”选项，在“扫掠”对话框中输入一个小的扫掠斜角(正值或负值)。生成扫掠特征，如图 4-32(f)所示。

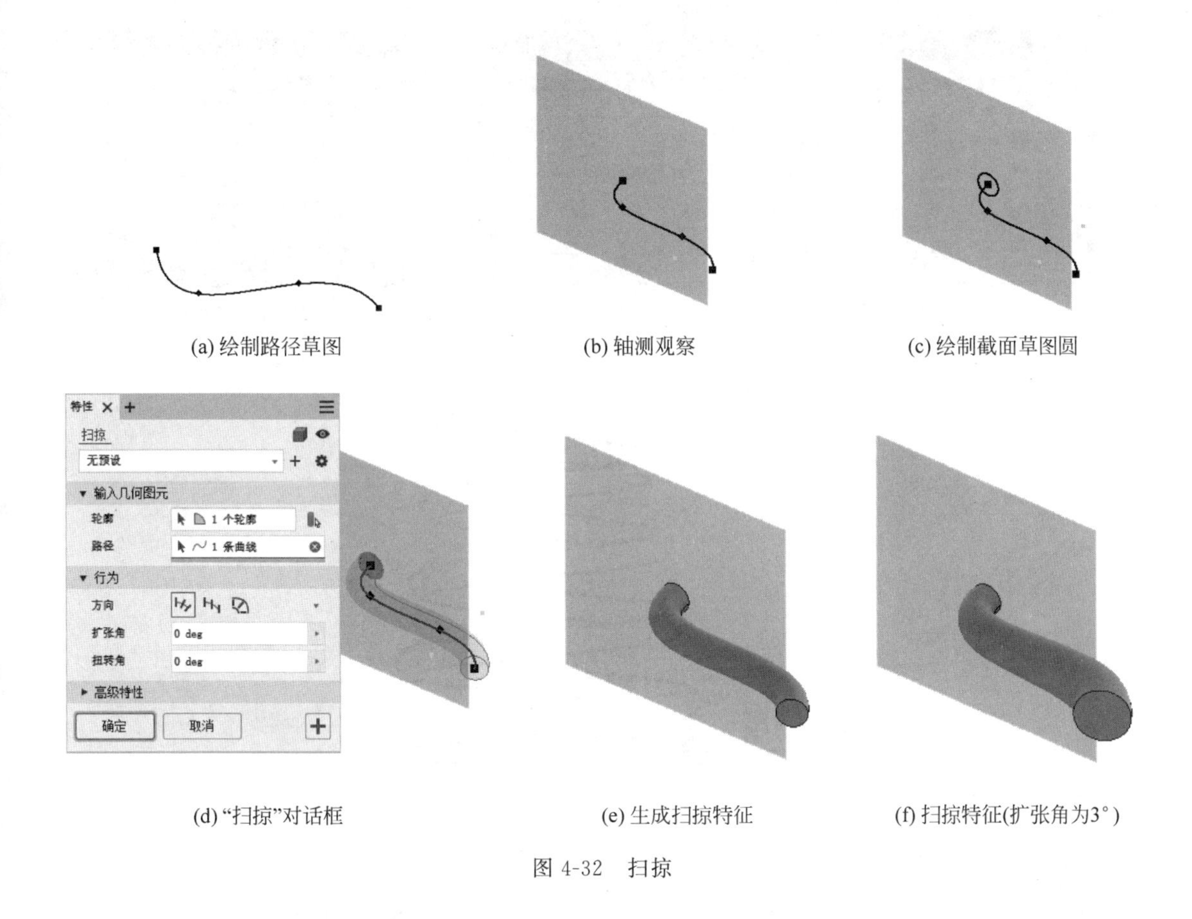

(a) 绘制路径草图 (b) 轴测观察 (c) 绘制截面草图圆

(d) "扫掠"对话框 (e) 生成扫掠特征 (f) 扫掠特征(扩张角为3°)

图 4-32 扫掠

6. 螺旋扫掠

作用：将截面轮廓草图沿一条螺旋路径移动，轮廓草图移动的轨迹构成一个螺旋特征。螺旋扫掠特征经常用来构造弹簧和丝杠类零件。图 4-33 所示的是螺旋扫掠特征的几种应用形式。

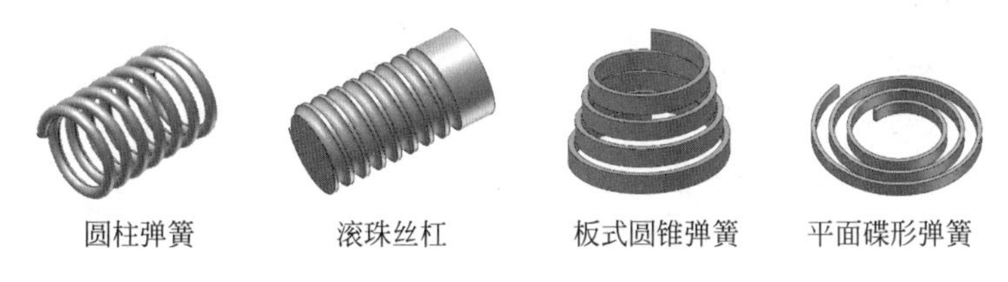

圆柱弹簧 滚珠丝杠 板式圆锥弹簧 平面碟形弹簧

图 4-33 螺旋扫掠特征

单击"螺旋扫掠"命令，弹出"螺旋扫掠"对话框，见图 4-34。

"螺旋扫掠"对话框中"螺旋规格"选项卡的意义如下所述。

(1) 类型：包括螺距和转数、转数和高度、螺距和高度以及平面螺旋 4 种类型。

(2) 螺距：螺旋线绕轴旋转一周的高度。

(3) 旋转：螺旋扫掠旋转的圈数，该值可以为小数(如 1.5)。转数包含终止条件。

(4) 高度：指定螺旋扫掠从开始轮廓中心到终止轮廓中心的高度。

(5) 锥度：螺旋扫掠实体的圆锥斜角，如图 4-35 所示。

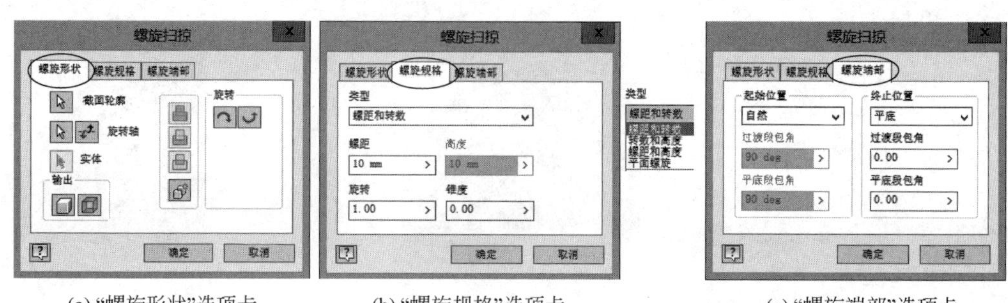

(a)“螺旋形状”选项卡　　(b)“螺旋规格”选项卡　　(c)“螺旋端部”选项卡

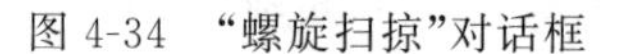

图 4-34　“螺旋扫掠”对话框

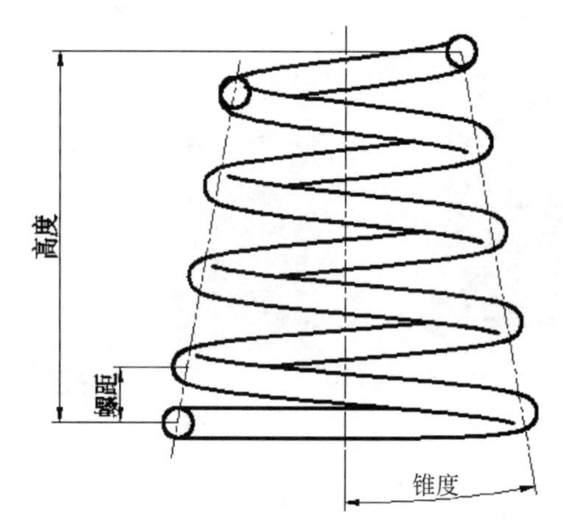

图 4-35　螺旋扫掠参数

例 1　生成圆柱弹簧实体，弹簧丝直径 4，弹簧中径 30，共 4 圈，如图 4-36 所示。

1）绘制轴线

使用“直线”命令绘制出旋转轴线，如图 4-36(a)所示。

2）绘制截面轮廓草图

在同一草图平面上绘制出圆形草图，标注尺寸，如图 4-36(a)所示。

3）生成弹簧

(1) 单击“螺旋扫掠”命令，弹出“螺旋扫掠”对话框如图 4-36(b)所示。

(2) 系统自动找到圆形截面轮廓，单击旋转轴线。单击“方向”按钮，螺旋线向上缠绕。采用“右旋”螺旋方向，如图 4-36(b)所示。

(3) 单击“螺旋扫掠”对话框中的“螺旋规格”选项卡，选择“螺距和转数”类型，输入参数如图 4-36(c)所示。

(4) 单击“螺旋扫掠”对话框中的“螺旋端部”选项卡，起始位置和终止位置全部选“自然”，如图 4-36(d)所示，草图变化如图 4-36(e)所示。单击“确定”按钮。生成弹簧如图 4-36(f)所示。

4）生成平底的弹簧

若在“螺旋扫掠”对话框的“螺旋端部”选项卡中，起始位置选“平底”，见图 4-37(a)，则生成的平底弹簧如图 4-37(b)所示。

5）生成圆锥弹簧

若在“螺旋扫掠”对话框中的“螺旋规格”选项卡中，输入锥度为 10(或－10)，见图 4-38(a)，则生成的圆锥弹簧如图 4-38(b)所示。

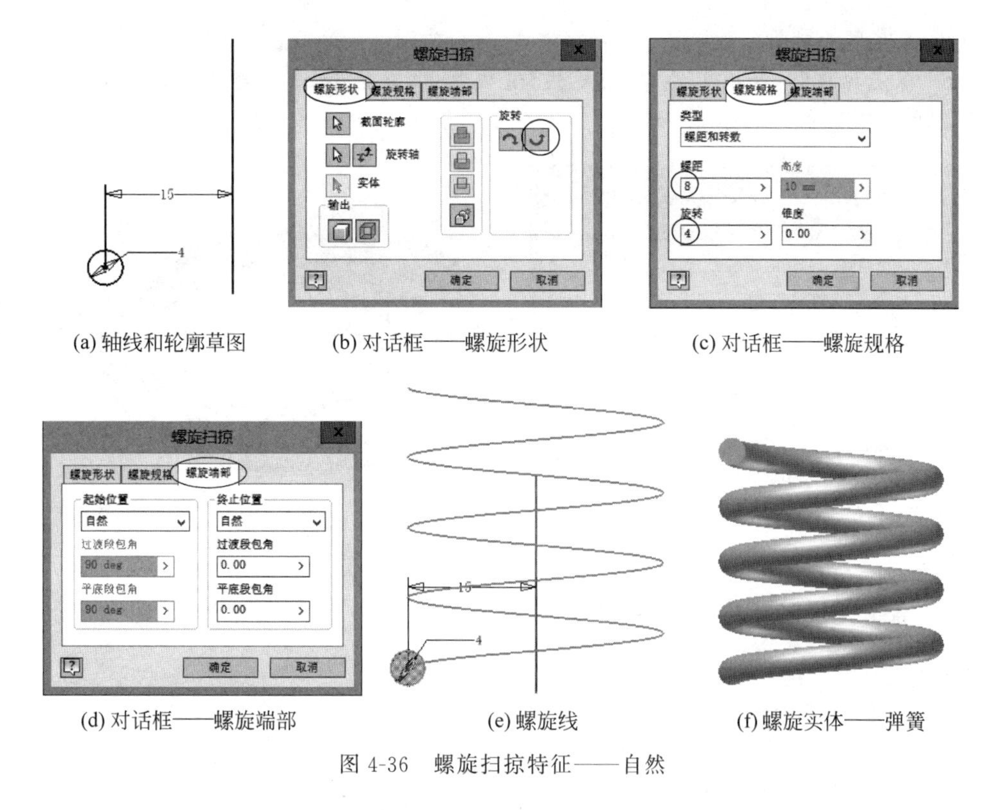

(a) 轴线和轮廓草图 (b) 对话框——螺旋形状 (c) 对话框——螺旋规格

(d) 对话框——螺旋端部 (e) 螺旋线 (f) 螺旋实体——弹簧

图 4-36 螺旋扫掠特征——自然

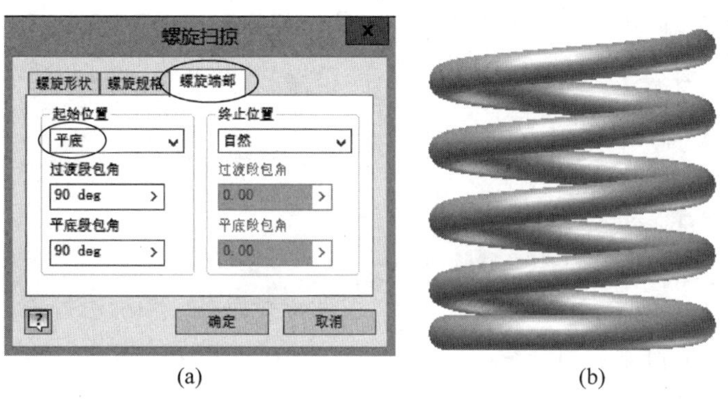

(a) (b)

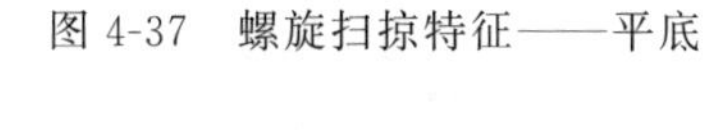

图 4-37 螺旋扫掠特征——平底

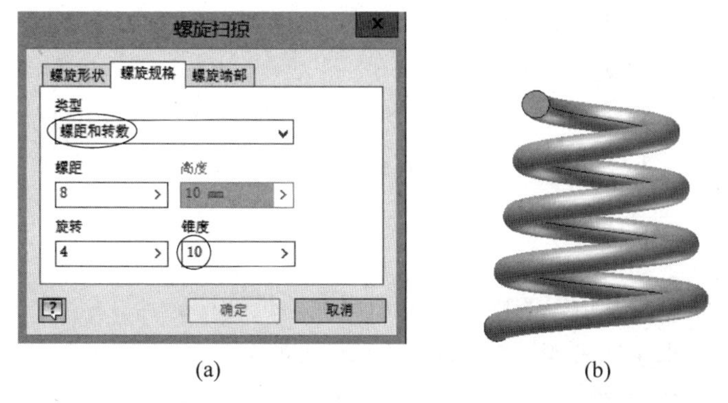

(a) (b)

图 4-38 螺旋扫掠特征——圆锥

6）生成碟形弹簧

若在“螺旋扫掠”对话框中的“螺旋规格”选项卡中，类型选“平面螺旋”，见图4-39(a)，则生成的平面碟形弹簧如图4-39(b)所示。

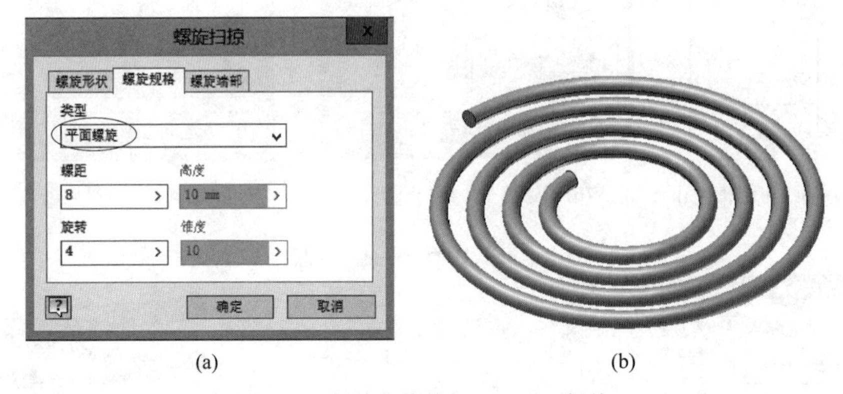

图4-39 螺旋扫掠特征——平面螺旋

例2 在圆柱体上切割出一个螺旋扫掠实体。

1）生成圆柱实体

生成的圆柱实体见图4-40(a)。

2）建立工作轴、工作面

(1) 建立过圆柱体轴线的工作轴。

(2) 建立过工作轴、平行于 XY 坐标面的工作面，如图4-40(b)所示。

3）建立草图平面

(1) 将工作平面置为草图平面。

(2) 使用“投影几何图元”命令，将工作轴投影到草图平面上，如图4-40(c)所示。

4）绘制螺旋扫掠草图

(1) 绘制矩形草图，如图4-40(d)所示。

(2) 单击“共线”约束命令，添加“共线”几何约束，如图4-40(e)所示。

(3) 标注尺寸，如图4-40(f)所示。

5）生成螺旋扫掠实体

(1) 单击“螺旋扫掠”命令。在对话框中将生成方式选为“切割”，见图4-40(g)。

(2) 单击“螺旋扫掠”对话框中的“螺旋规格”选项卡，选“转数和高度”类型，输入参数如图4-40(h)所示。单击“确定”按钮。

(3) 单击矩形截面轮廓，单击旋转轴命令，选择工作轴，如图4-40(i)所示。

(4) 关闭工作面。生成螺旋扫掠特征如图4-40(j)、(k)所示。

7. 凸雕

作用：在零部件表面将指定的图案生成凸起或凹进特征。

例 在实体平面上生成凸型文字，如图4-41(c)所示。

打开文件：第4章\实例\凸雕.ipt，模型如图4-41(a)所示。

在与圆柱体相切的工作面上已经使用文字命令**A**写好了“中国制造”4个字，可以使用右

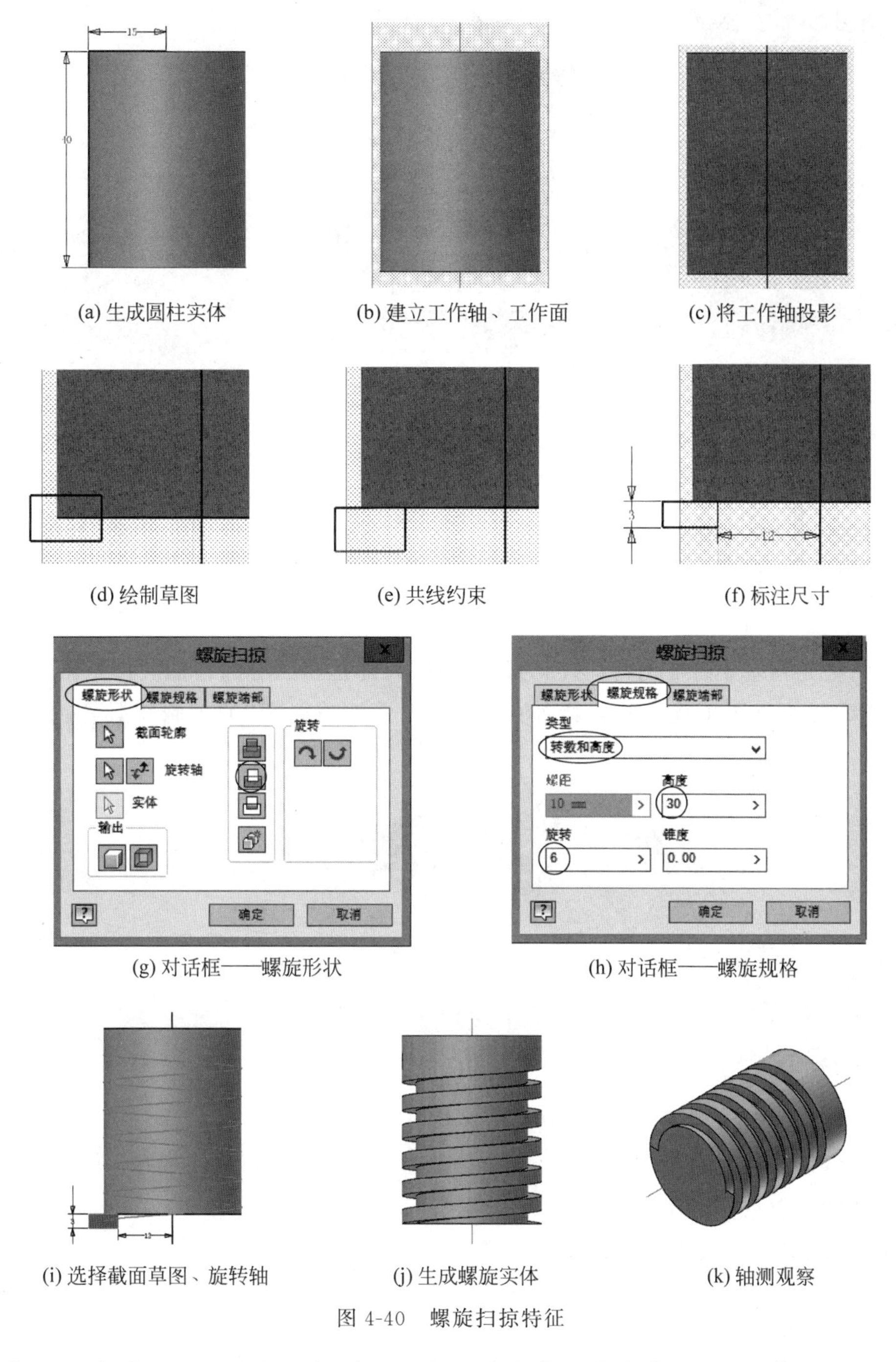

(a) 生成圆柱实体　(b) 建立工作轴、工作面　(c) 将工作轴投影

(d) 绘制草图　(e) 共线约束　(f) 标注尺寸

(g) 对话框——螺旋形状　(h) 对话框——螺旋规格

(i) 选择截面草图、旋转轴　(j) 生成螺旋实体　(k) 轴测观察

图 4-40　螺旋扫掠特征

键菜单中的"编辑草图"和"编辑文本"命令编辑文字内容和字高等，也可以单击文字后移动鼠标，调整文字位置。

(1) 单击"凸雕"命令，弹出"凸雕"对话框如图 4-41(b)所示。

(2) 单击文字，作为"截面轮廓"。

(3) 单击"文字色彩"按钮，选择一种颜色，如镍，如图 4-41(b)所示。

(4) 选中"折叠到面"复选框，单击"面"按钮，单击圆柱面作为文字附着面。

(5) 单击"确定"按钮,生成凸型文字如图 4-41(c)所示。

(a) 工作面上的文字

(b)"凸雕"对话框

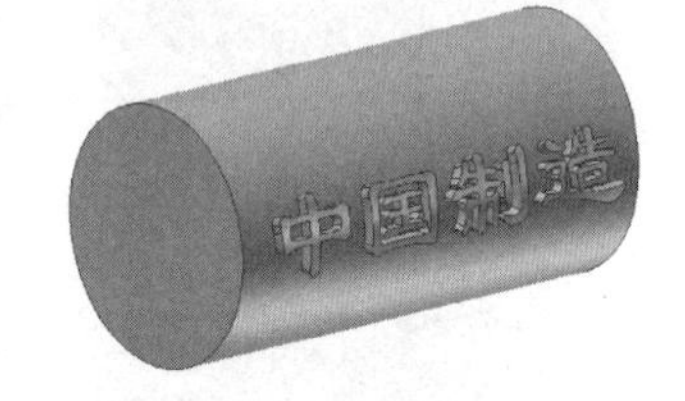

(c) 凸型文字

图 4-41　凸雕文字

4.3　放置特征

放置特征是指基于特征的特征,因为这类特征大都是在已有的特征实体基础上进行添加的,一般不需要从草图生成。放置特征的命令在"零件功能区"的编辑工具栏内,如图 4-42 所示。

图 4-42　放置特征工具栏——修改和阵列

1. 打孔

作用:生成直孔、沉头孔、倒角孔特征或螺纹孔特征。

生成孔特征前需要先在已有特征的面上绘制出草图点。也可以在现有几何图元上选择端点或回转体的中心点作为孔的中心。

例 1　在实体上生成直孔、沉头孔或倒角孔特征。

本例的孔是以草图点作为孔的中心点。

打开文件:第 4 章\实例\打孔-1.ipt。

1) 绘制孔中心点草图

使用"草图点"命令 在实体顶面绘制孔中心点,标注孔中心点的定位尺寸,如图 4-43(a)所示。

2) 生成直孔

(1) 单击"打孔"命令 ,弹出"打孔"对话框如图 4-43(b)所示。

(2) 因为草图上只有一个草图点,所以系统自动找到该草图点为直孔的孔中心。

(3) 选择终止方式为“贯通”，修改对话框下侧图形区内的孔直径数据，将其改为 10，如图 4-43(b)所示。单击“确定”按钮，生成的直孔如图 4-43(c)所示。

3) 生成沉头孔

重复步骤 1)、2)，不同的只是孔的类型选沉头孔，如图 4-43(d)、(e)所示。生成的沉头孔如图 4-43(f)所示。

4) 生成倒角孔

重复步骤 1)、2)，不同的只是孔的类型选倒角孔，如图 4-43(g)、(h)所示。生成的倒角孔如图 4-43(i)所示。

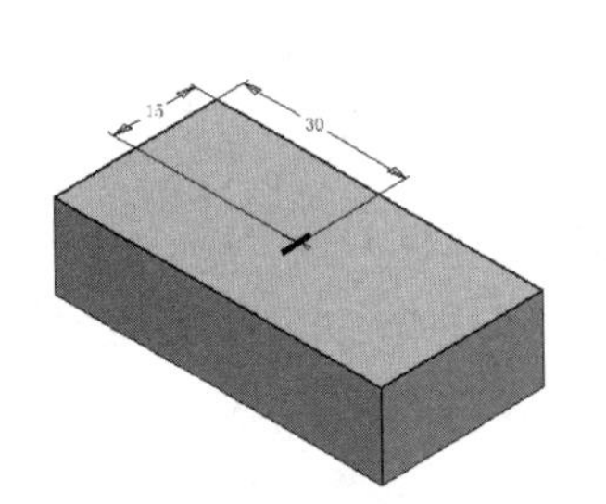

(a) 孔中心点草图1

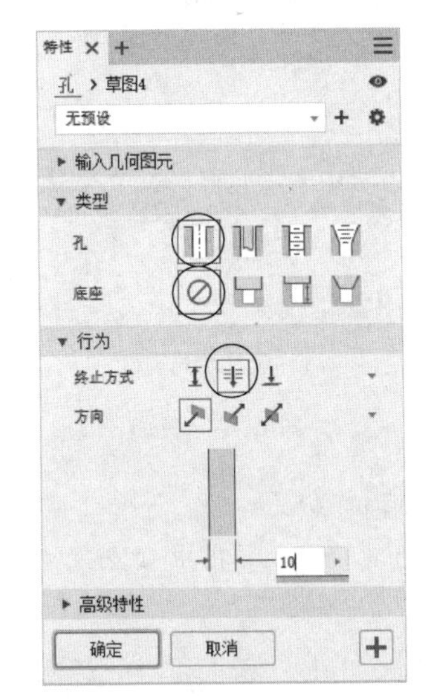

(b) 选择直孔

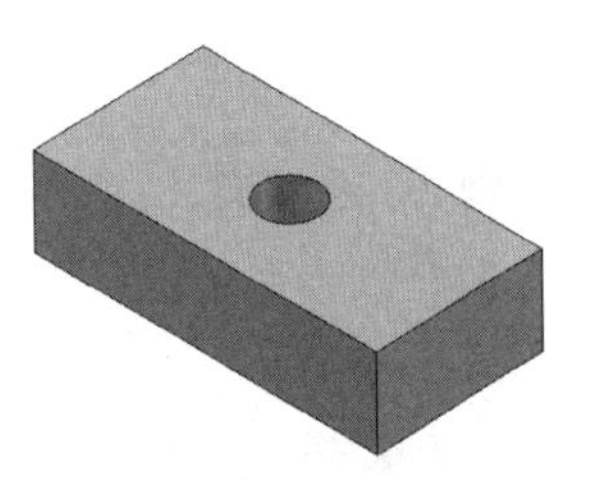

(c) 生成直孔

(d) 孔中心点草图2

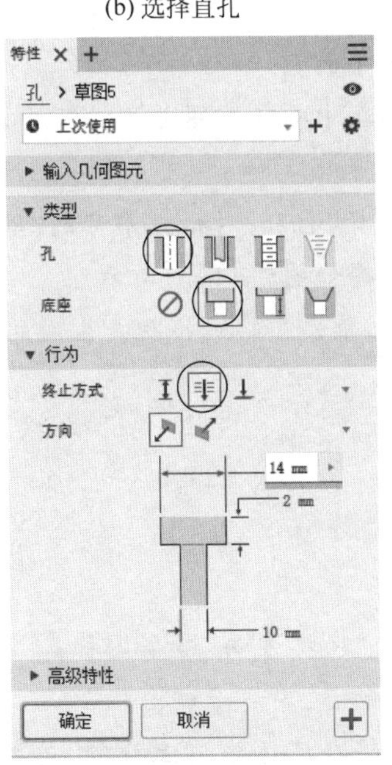

(e) 选择沉头孔

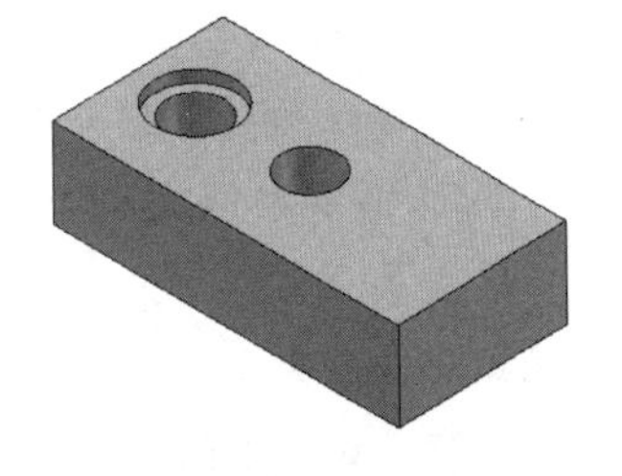

(f) 生成沉头孔

图 4-43　利用草图点为孔中心点打孔

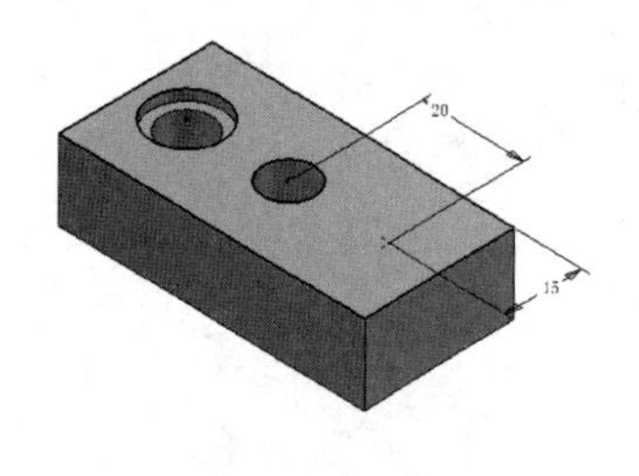

(g) 孔中心点草图3

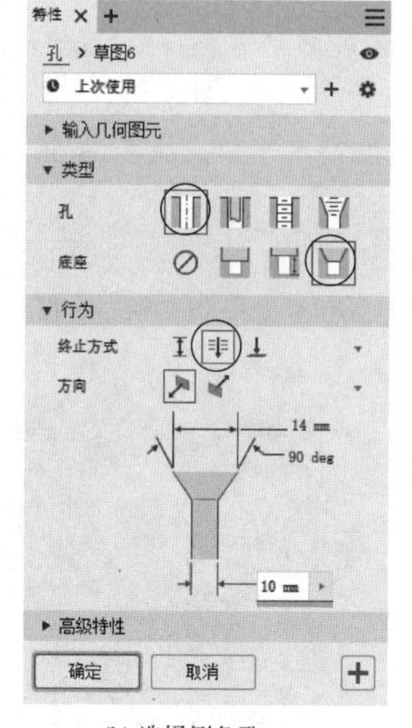

(h) 选择倒角孔

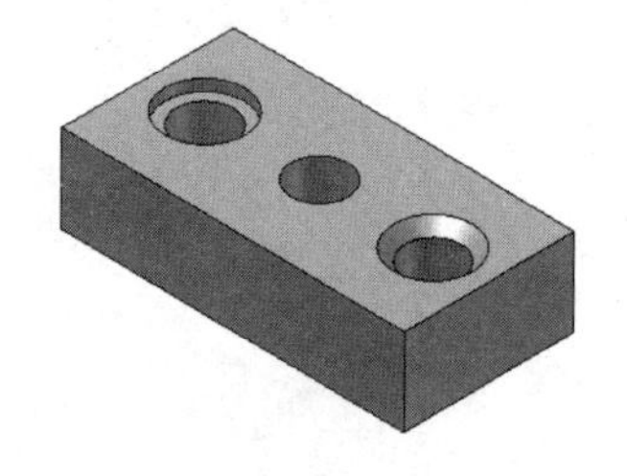

(i) 生成倒角孔

图 4-43 （续）

例 2 在实体上生成 3 种螺纹孔特征。

本例的孔也是以孔中心点作为孔的中心，孔中心点选在实体的边上，目的是清楚地观察螺纹孔的内部。

打开文件：第 4 章\实例\打孔-2. ipt。

1) 绘制孔中心点草图

(1) 将实体顶面设置为草图平面。

(2) 在实体顶面棱边上绘制孔中心点草图并标注尺寸，如图 4-44(a)所示。

2) 生成螺纹孔

(1) 单击“打孔”命令，选择“打孔”对话框中部的“螺纹”命令图标，见图 4-44(b)。

(2) 对话框内其他的参数选择如图 4-44(b)所示。

(3) 系统自动找到“孔心”点，单击“确定”按钮。生成的螺纹倒角孔如图 4-44(c)所示。

3) 螺纹盲孔生成

生成螺纹盲孔见图 4-44(d)。

4) 螺纹通孔生成

生成螺纹通孔见图 4-44(e)。

5) 正面观察螺纹孔

单击屏幕右侧“导航栏”中的“观察方向”命令图标，再单击长方体的打孔侧面，实体将呈现正面观察效果，如图 4-44(f)所示。

注意：本例中的孔中心点能够在实体棱边上绘制，是因为在选择了实体顶面为草图平面后，顶面的 4 条棱边线自动投影到草图平面上并自动成为草图。

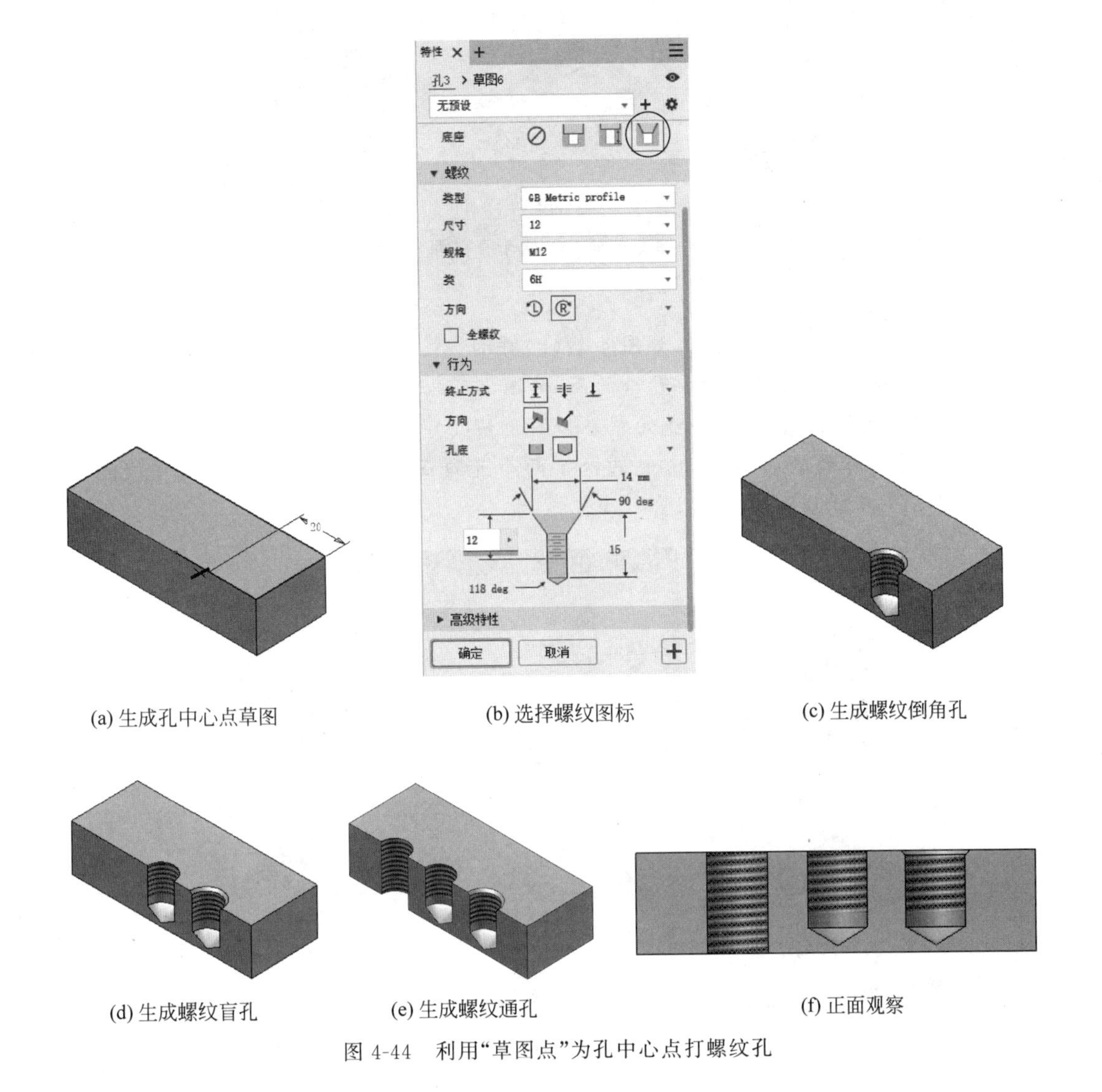

(a) 生成孔中心点草图　(b) 选择螺纹图标　(c) 生成螺纹倒角孔

(d) 生成螺纹盲孔　(e) 生成螺纹通孔　(f) 正面观察

图 4-44　利用"草图点"为孔中心点打螺纹孔

2. 抽壳

作用：从实体的内部去除材料，生成具有指定壁厚的空心或开口壳体。

壳体的开口面可以是一个，也可以是多个；壳体的厚度可以是等壁厚，也可以是不等壁厚，如图 4-45 和图 4-46 所示。

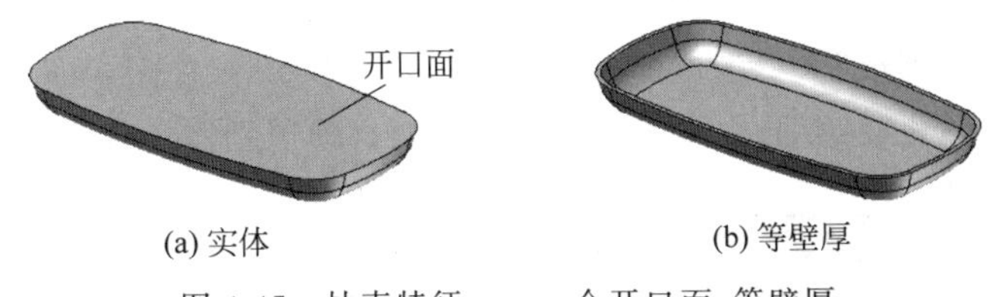

(a) 实体　(b) 等壁厚

图 4-45　抽壳特征——一个开口面、等壁厚

例　将实体做等壁厚的抽壳。

打开文件：第 4 章\实例\抽壳.ipt，实体如图 4-47(a)所示。

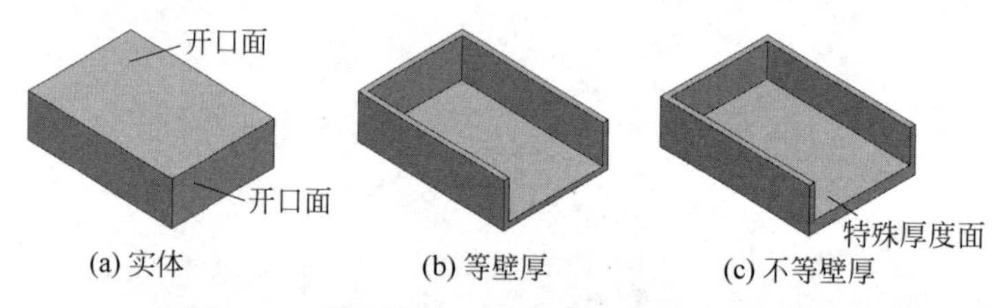

(a) 实体　　(b) 等壁厚　　(c) 不等壁厚

图 4-46　抽壳特征——两个开口面、不等壁厚

(1) 单击“抽壳”命令。

(2) 在对话框内输入壳体壁厚，如图 4-47(b)所示。

(3) 单击实体顶面，将其选为要开口的面，如图 4-47(c)所示。

(4) 单击“确定”按钮。实体抽壳的结果如图 4-47(d)所示。

若连续单击实体的顶面和前面，则选择了两个开口面。抽壳的结果如图 4-47(e)所示。图 4-47(f)是 3 个开口面的抽壳结果。

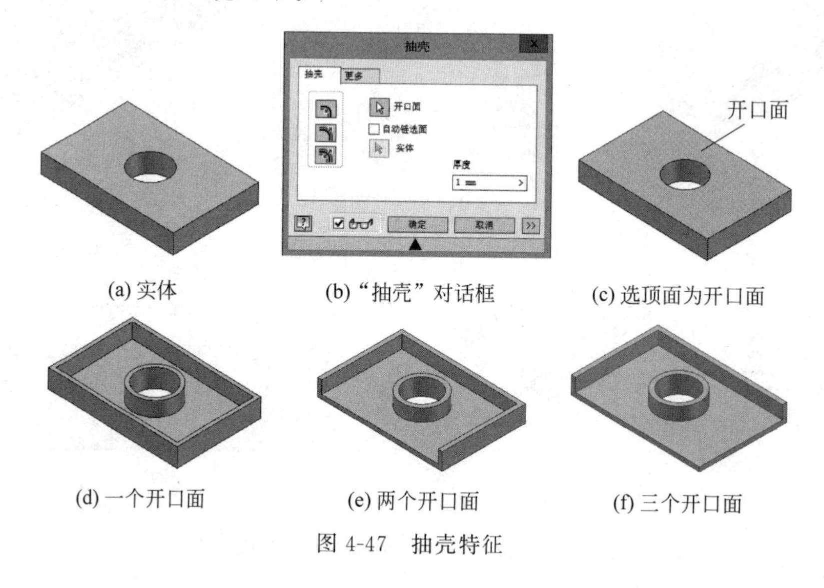

(a) 实体　　(b) “抽壳”对话框　　(c) 选顶面为开口面

(d) 一个开口面　　(e) 两个开口面　　(f) 三个开口面

图 4-47　抽壳特征

3. 螺纹

作用：在圆柱的外表面或圆柱孔上创建螺纹效果图，如图 4-48 所示。

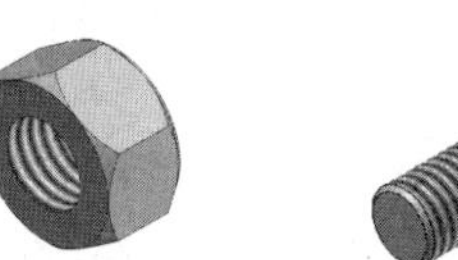

此外，螺纹的效果也可以用“孔”特征对话框中的“螺纹”属性页创建。

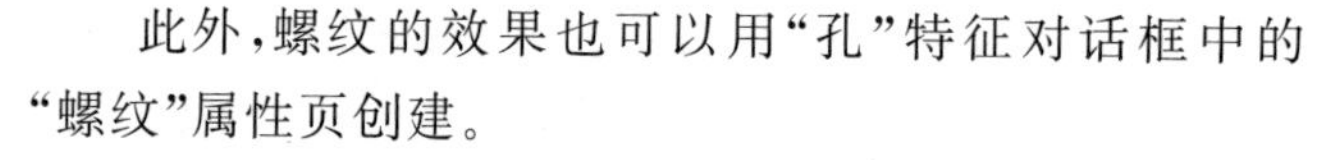

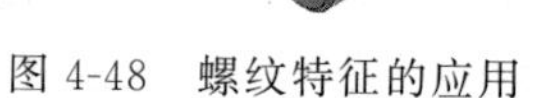

图 4-48　螺纹特征的应用

在零件环境下用“螺纹”工具生成的螺纹特征转至二维工程视图中时，螺纹图形将按照螺纹规定画法显示，如图 4-49 所示。标注尺寸时系统能自动识别螺纹特征。

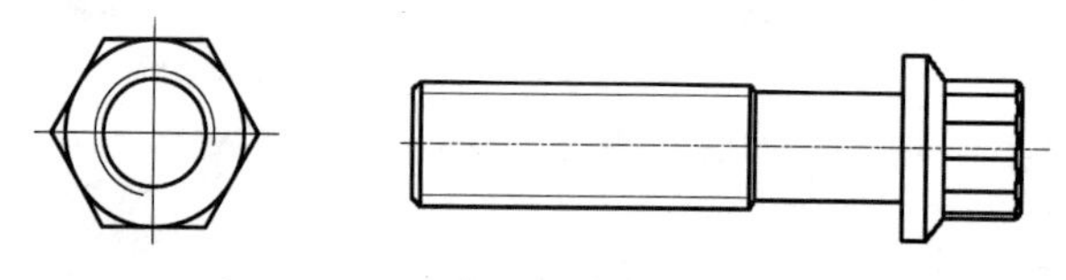

图 4-49　工程视图中螺纹表示方法

例　在圆柱体上生成螺纹特征，如图 4-50(e)所示。

打开文件：第 4 章\实例\螺纹-2.ipt。

(1) 单击“螺纹”命令，在弹出的对话框内如图 4-50(b)所示进行选择。

(2) 将鼠标指针指向实体上圆柱表面，如图 4-50(c)所示。

(3) 设置螺纹的类型、规格、深度等，如图 4-50(d)所示。

(4) 单击“确定”按钮，生成的螺纹特征如图 4-50(e)所示。

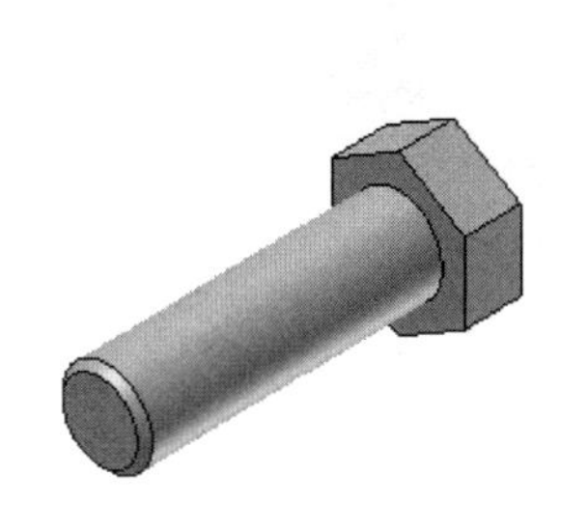

(a) 实体

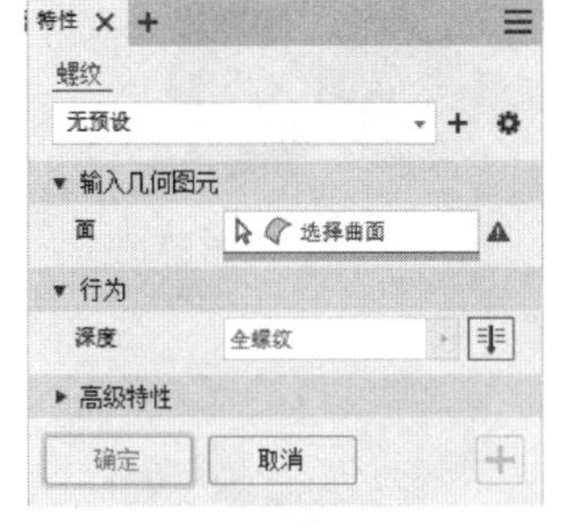

(b) 对话框——位置

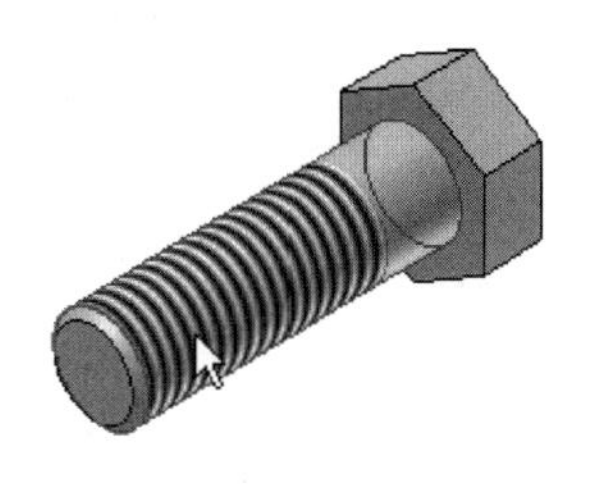

(c) 选择圆柱表面

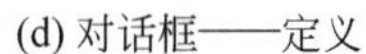

(d) 对话框——定义

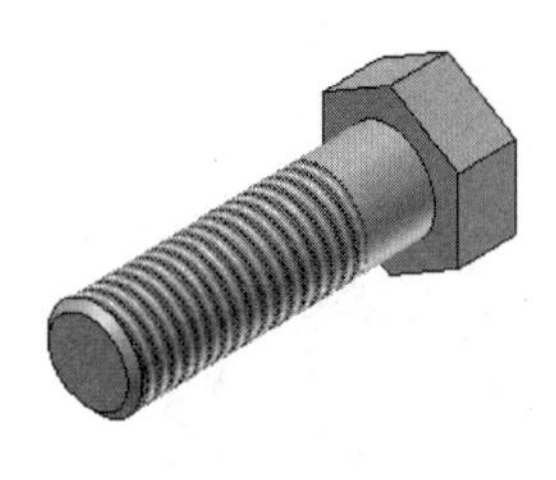

(e) 生成螺纹

图 4-50　螺纹特征——在圆柱面生成

4. 圆角

作用：在实体的转折处生成圆角。

图 4-51 所示为圆角特征的应用示例。

圆角可以是“等半径”，也可以是“变半径”的，如图 4-52 所示。

例 1　在如图 4-53(a)所示实体上生成“等半径”圆角特征。

打开文件：第 4 章\实例\圆角-1.ipt。

1) 在实体 1、2、3 和 4 四条棱线处生成外圆角

(1) 单击“圆角”命令，弹出“圆角”对话框如图 4-53(b)所示。

(2) 单击半径数值，将半径值改为 5，单击“边”按钮。

(3) 用鼠标选择实体 1、2、3、4 四条棱边，如图 4-53(c)所示。单击“确定”按钮，生成“圆

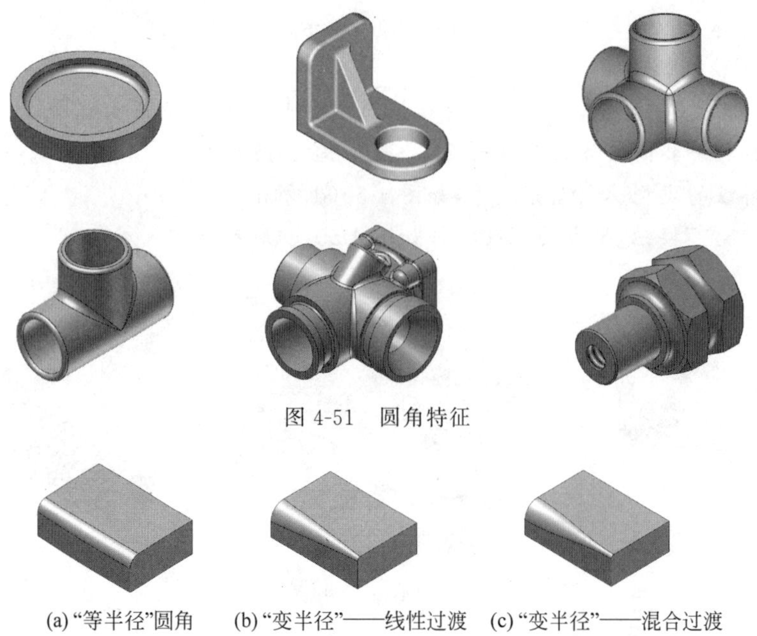

图 4-51　圆角特征

(a)"等半径"圆角　(b)"变半径"——线性过渡　(c)"变半径"——混合过渡

图 4-52　各类圆角特征

角"特征。

2）在实体 A 边处生成半径为 2 的内圆角

当实体上要生成内、外圆角时，应分别操作，操作过程略。生成的"圆角"特征如图 4-53(d)所示。

3）在实体 B 边处生成半径为 1 的圆角

B 边为一条封闭的轮廓线，可以同时选择到。操作过程略。生成的"圆角"特征如图 4-53(e)所示。

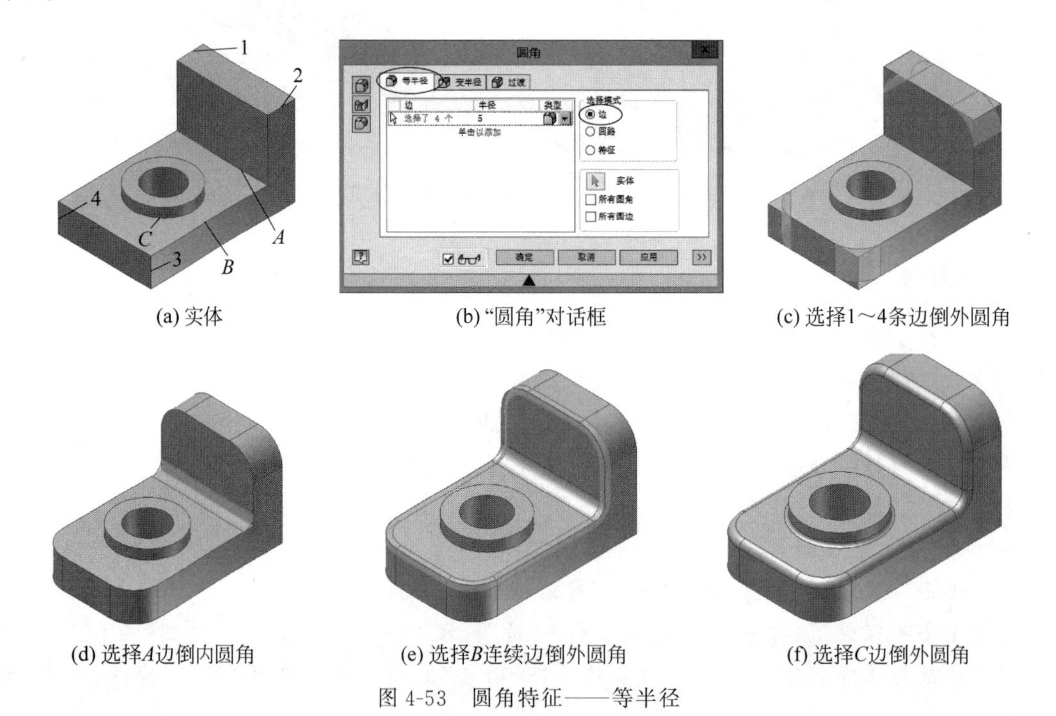

(a) 实体　(b)"圆角"对话框　(c) 选择1～4条边倒外圆角

(d) 选择A边倒内圆角　(e) 选择B连续边倒外圆角　(f) 选择C边倒外圆角

图 4-53　圆角特征——等半径

4）在实体 C 边处生成半径为 0.5 的内圆角

操作过程略。生成的“圆角”特征如图 4-53(f)所示。

例 2　在实体上生成“变半径”圆角特征。

打开文件：第 4 章\实例\圆角-2.ipt，如图 4-54(a)所示。

(1) 单击“圆角”命令，选择“圆角”对话框中的“变半径”选项卡，如图 4-54(b)所示。

(2) 选择实体上 A 边，系统自动找到“开始点”和“结束点”。

(3) 在 A 线上移动鼠标，在中间点（出现绿色圆点）处单击。

(4) 在“圆角”对话框中输入各点处的半径值，如图 4-54(b)所示。

(5) 单击“确定”按钮，生成的“圆角”特征如图 4-54(c)所示。

(6) 如不勾选对话框中的“平滑半径过渡”复选框，则生成的圆角特征如图 4-54(d)所示。

(7) 图 4-54(e)所示的是中间点比开始点、结束点的半径值小时的圆角特征。操作过程略。

(8) 图 4-54(f)所示的是没有中间点的变半径圆角特征。操作过程略。

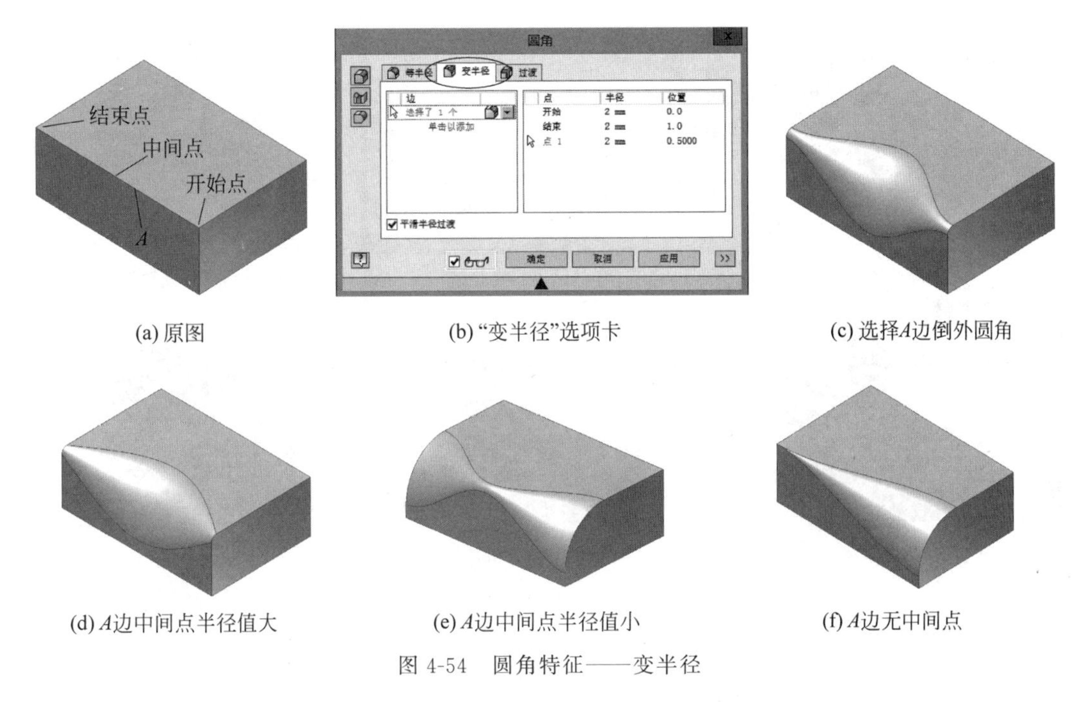

(a) 原图　(b)“变半径”选项卡　(c) 选择A边倒外圆角

(d) A边中间点半径值大　(e) A边中间点半径值小　(f) A边无中间点

图 4-54　圆角特征——变半径

5. 倒角

作用：在所选择的实体边上生成倒角。

倒角特征提供了等距离、两距离、距离×角度 3 种倒角方式，如图 4-55 所示。

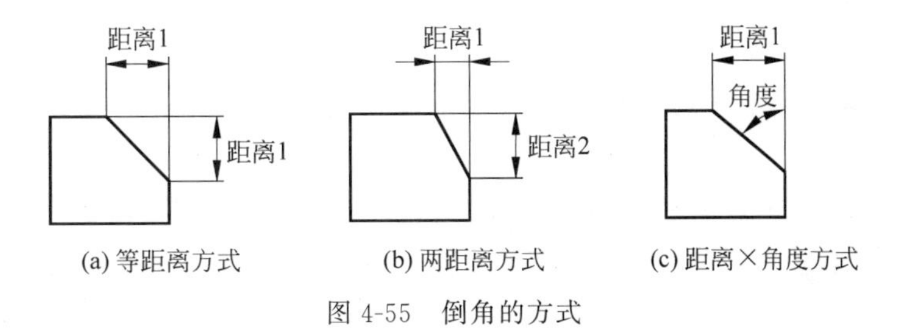

(a) 等距离方式　(b) 两距离方式　(c) 距离×角度方式

图 4-55　倒角的方式

例 在实体上生成倒角特征。

打开文件：第 4 章\实例\倒角.ipt，实体如图 4-56(a)所示。

1) 在实体 4 条短边处生成倒角

(1) 单击“倒角”命令，弹出“倒角”对话框如图 4-56(b)所示。

(2) 将倒角边长值改为 4，单击“边”按钮。用鼠标选择实体 4 条短边，如图 4-56(c)所示。

(3) 单击“确定”按钮。生成的倒角特征如图 4-56(d)所示。

2) 在实体上圆柱生成外倒角

选择圆柱顶面外圆，距离值为 0.5，操作过程略。生成的倒角特征如图 4-56(e)所示。

3) 在实体上圆柱生成内倒角

选择圆柱顶面圆孔内圆，距离值为 0.5，操作过程略。生成的倒角特征如图 4-56(f)所示。

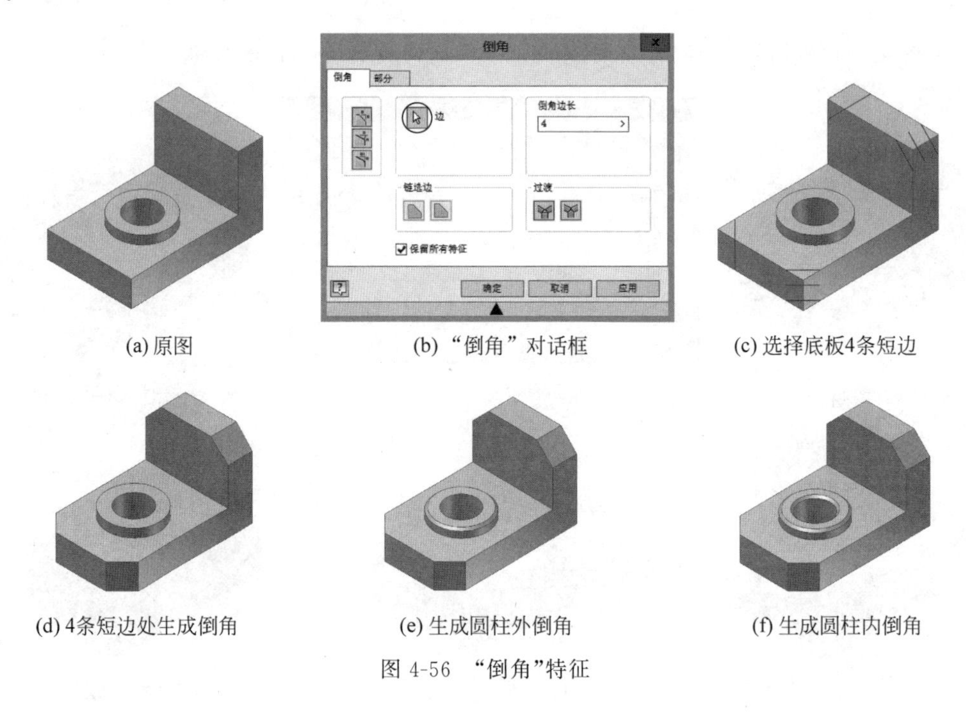

(a) 原图　(b) “倒角”对话框　(c) 选择底板4条短边

(d) 4条短边处生成倒角　(e) 生成圆柱外倒角　(f) 生成圆柱内倒角

图 4-56 “倒角”特征

6. 拔模斜度

作用：将实体的表面(平面、曲面)处理成具有一定角度的面的过程，称为拔模斜度。铸造零件的表面大多要处理成拔模斜度面。

例 在实体的两平面及半圆柱面上生成拔模斜度。

打开文件：第 4 章\实例\拔模.ipt，实体如图 4-57(a)所示。

(1) 单击“拔模斜度”命令，弹出“面拔模”对话框如图 4-57(b)所示。

(2) 选择“面拔模”对话框左侧第一个图标(固定边方式)，输入拔模斜度值 15，如图 4-57(b)所示。

(3) 单击平面和圆柱面的交线，作为拔模方向线，见图 4-57(c)。

(4) 用鼠标选择实体底边，固定边被选中——两条直线和一条圆弧，同时也选择了拔模面，如图 4-57(d)所示。单击“确定”按钮，生成的拔模斜度特征如图 4-57(e)所示。

如选择顶面作为固定边，则生成的拔模斜度特征如图 4-57(f)所示。

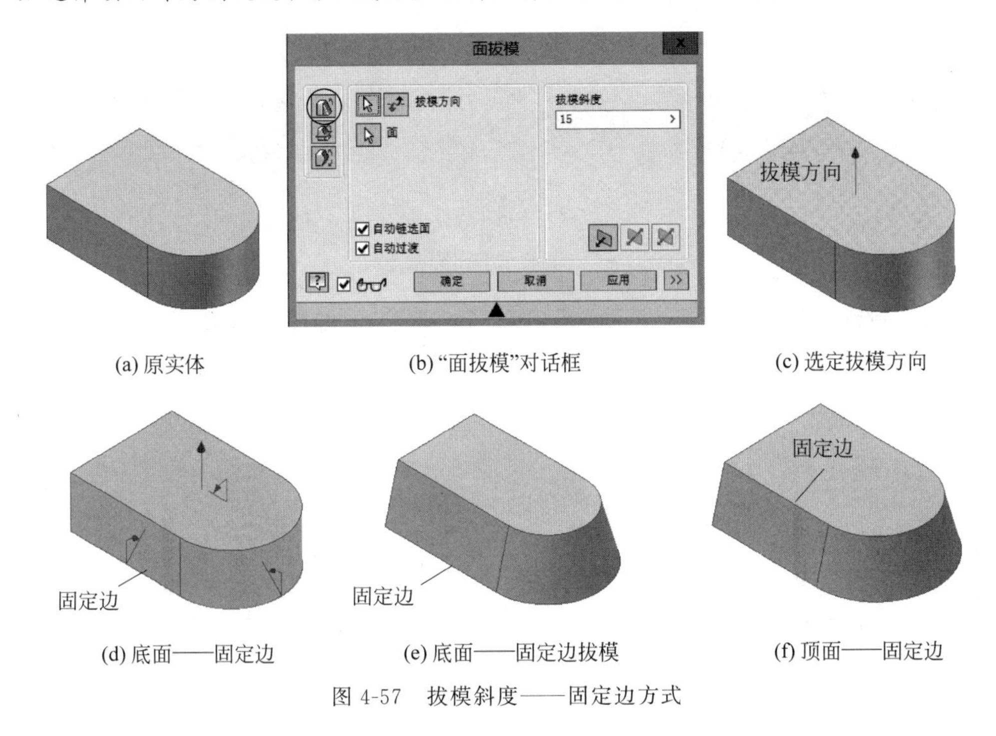

(a) 原实体　(b)“面拔模”对话框　(c) 选定拔模方向

(d) 底面——固定边　(e) 底面——固定边拔模　(f) 顶面——固定边

图 4-57　拔模斜度——固定边方式

7. 分割

作用：

(1) 分割一个实体，将一个实体分割并去除其中一侧，如图 4-58 所示。

(2) 分割一个面，将实体特征上的表面(平面、曲面)或连续的面分割成两个面。面分割后零件仍然是一个整体。面分割的目的是在平面或曲面上添加拔模斜度，如图 4-59 所示。

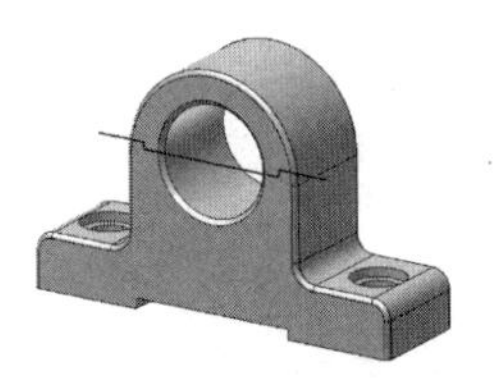
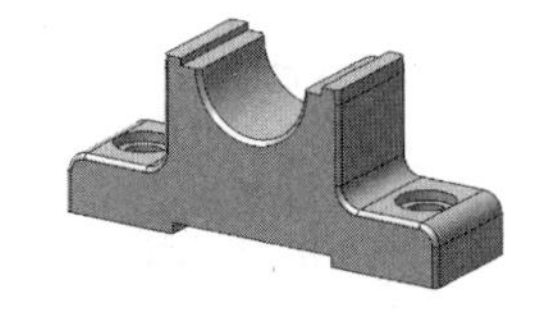
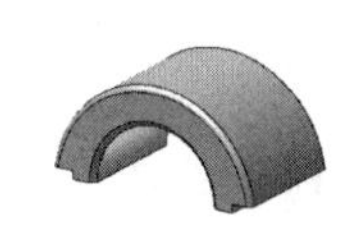

(a) 实体上分断线　(b) 用分断线分割实体(保留下面部分)　(c) 用分断线分割实体(保留上面部分)

图 4-58　用分断线分割实体

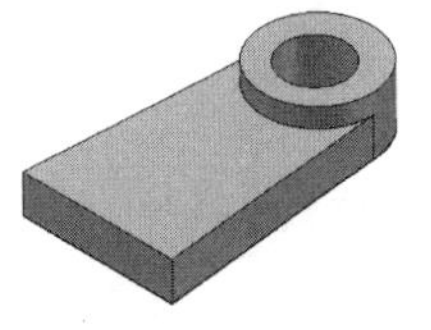
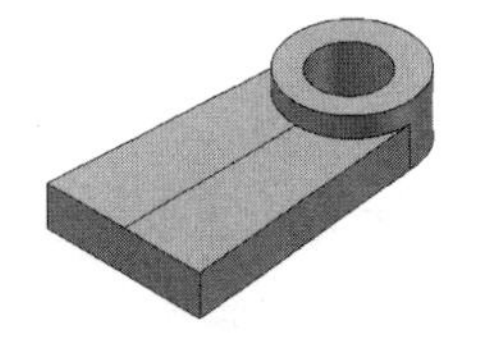
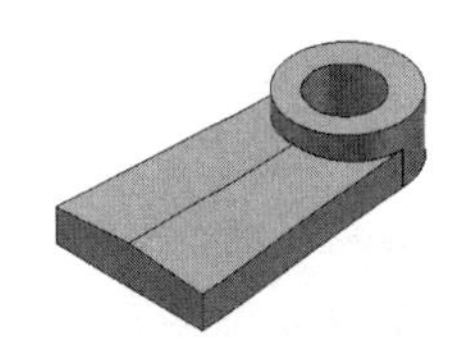

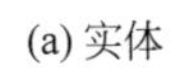

(a) 实体　(b) 用分断线分割平面　(c) 两个面分别生成拔模斜度面

图 4-59　用分断线分割实体平面

分割工具：可以用工作平面、分断线或曲面进行分割。

(1) 用工作平面分割，如图 4-60 所示。

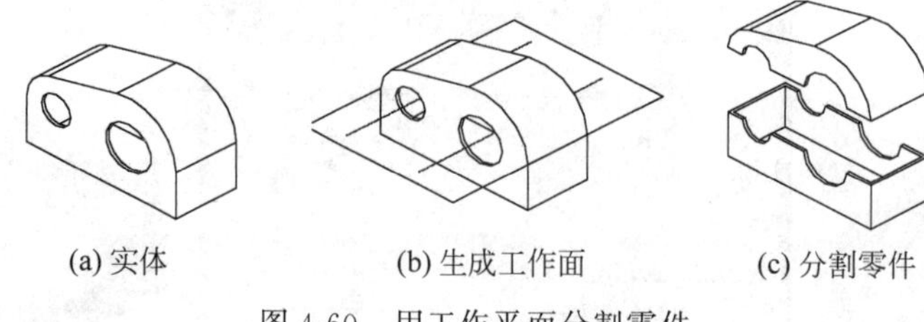

(a) 实体　　(b) 生成工作面　　(c) 分割零件

图 4-60　用工作平面分割零件

(2) 用分断线分割，分断线可以是直线、圆弧或样条曲线，如图 4-59 所示。

(3) 用曲面分割，如图 4-61 所示。

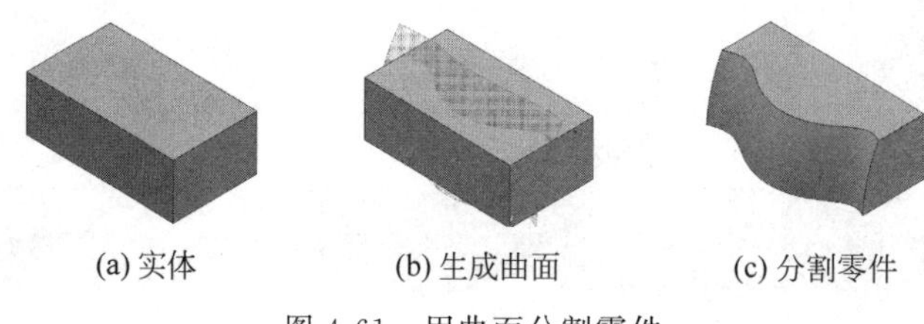

(a) 实体　　(b) 生成曲面　　(c) 分割零件

图 4-61　用曲面分割零件

例　利用“工作面”把实体分割成两部分，分别保留上、下部分。

打开文件：第 4 章\实例\分割.ipt，实体如图 4-62(a)所示。

1) 实体显示

(1) 注意浏览器列表中已经有了一个“抽壳”特征，如图 4-62(b)所示。

(2) 单击“导航工具栏”中的“显示方式”命令，选择“线框”方式，可见实体的空壳效果，如图 4-62(c)所示。

(3) 将鼠标指针指向浏览器列表中的“工作平面 1”(见图 4-62(b))，在右键菜单中选择“可见性”选项，将工作面显示出来，如图 4-62(d)所示。

2) 分割实体

(1) 单击“分割”命令，选择对话框左侧的“修剪实体”按钮(第二个图标)，如图 4-62(e)所示。

选择工作面为“分割工具”，单击工作面边线，如图 4-62(f)所示。

(2) 选择“删除”栏中的方向图标，使方向箭头向上，如图 4-62(g)所示。

(3) 单击“确定”按钮，生成“分割”特征，实体的上半部分去除，如图 4-62(h)所示。

3) 保存实体

将当前的实体保存到磁盘，命名为“下箱体”。

4) 保存上箱体

单击“标准”工具栏中的“放弃”命令后，重复操作步骤 2)，保留实体的上半部分，如图 4-62(i)所示。将实体的上半部分保存到磁盘，命名为“上箱体”。

8. 矩形阵列

作用：将已有特征在指定的一个或两个方向的路径排列复制多个。

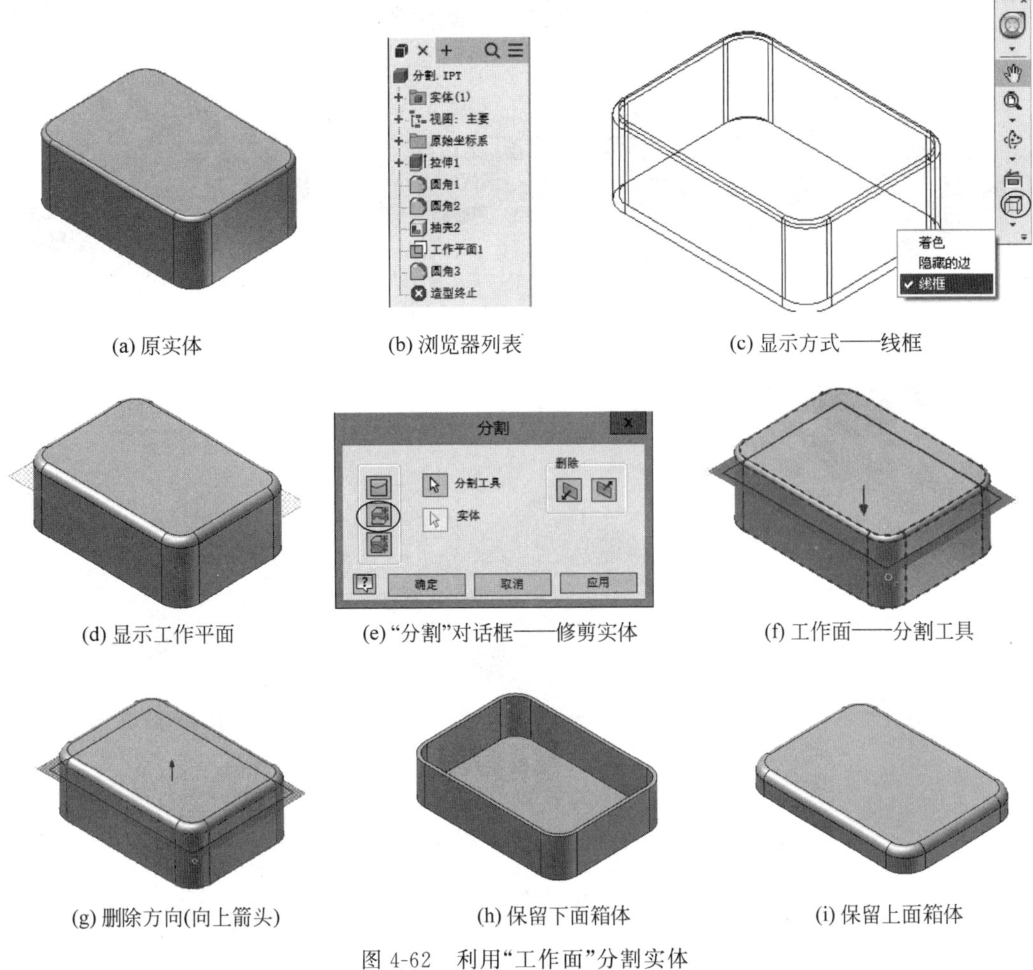

(a) 原实体　(b) 浏览器列表　(c) 显示方式——线框

(d) 显示工作平面　(e)“分割”对话框——修剪实体　(f) 工作面——分割工具

(g) 删除方向(向上箭头)　(h) 保留下面箱体　(i) 保留上面箱体

图 4-62　利用“工作面”分割实体

例　在平板实体上作圆孔的矩形阵列。

打开文件：第 4 章\实例\矩形阵列.ipt，实体如图 4-63(a)所示。

(1) 单击“矩形阵列”命令。

(2) 单击圆孔作为阵列对象。

(3) 确定“方向 1”的路径。单击直线 A，使箭头方向如图 4-63(c)所示。

(4) 在对话框中输入数据，如图 4-63(b)所示。

(5) 确定“方向 2”的路径。单击直线 B，使箭头方向如图 4-63(e)所示。注意使用间距方式给出数据，如图 4-63(d)所示。

(6) 单击“确定”按钮，生成的矩形阵列特征如图 4-63(f)所示。

矩形阵列的两个方向线也可以不垂直，如图 4-64(a)、(b)所示。矩形阵列方向线也可以是一条曲线，如图 4-64(c)、(d)所示。

9. 环形阵列

作用：将指定的特征沿圆周方向复制多个。

图 4-65 所示为环形阵列的应用实例。

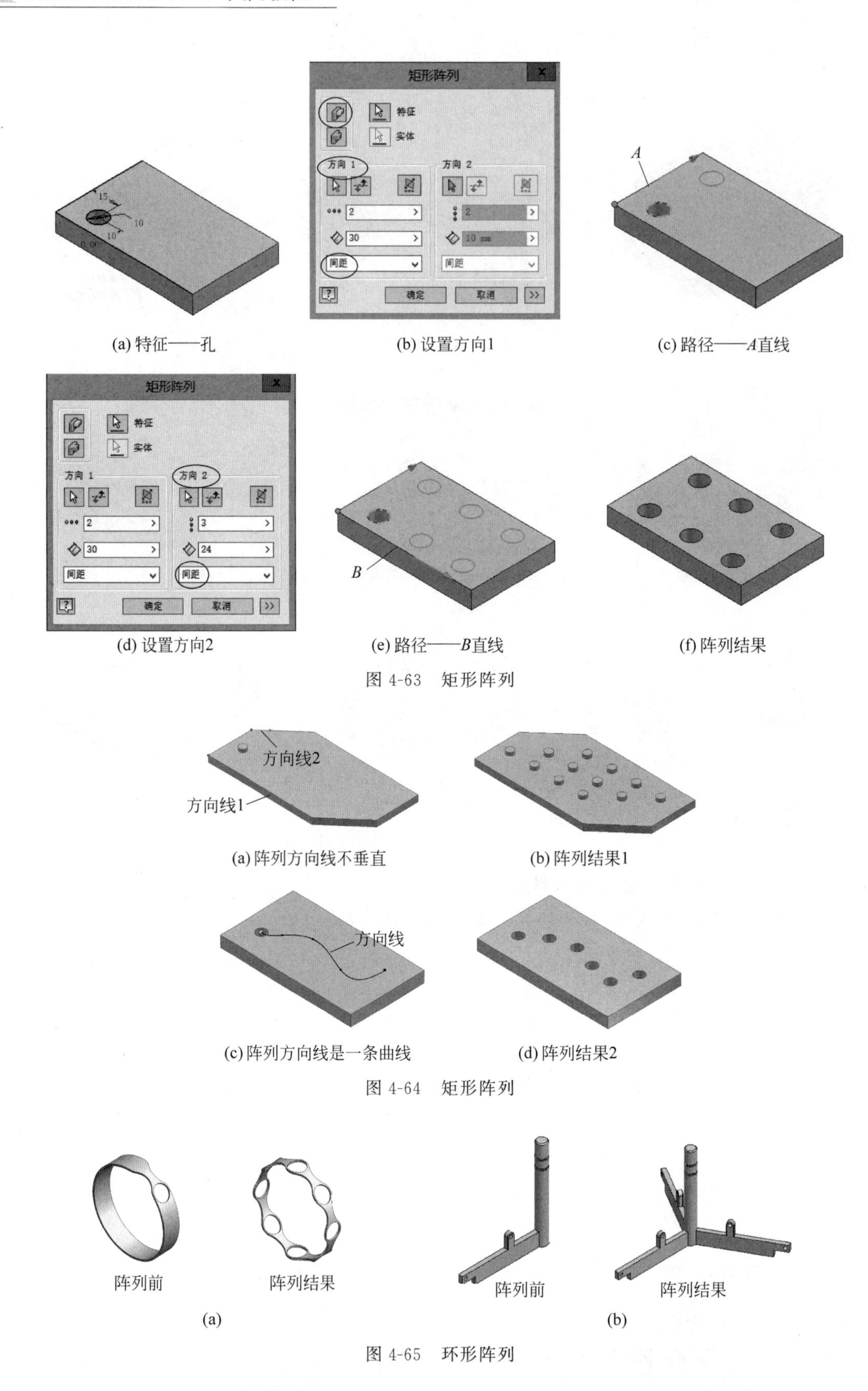

(a) 特征——孔　(b) 设置方向1　(c) 路径——A直线

(d) 设置方向2　(e) 路径——B直线　(f) 阵列结果

图 4-63　矩形阵列

(a) 阵列方向线不垂直　(b) 阵列结果1

(c) 阵列方向线是一条曲线　(d) 阵列结果2

图 4-64　矩形阵列

(a)　(b)

图 4-65　环形阵列

例 1　在平板实体上作圆孔的环形阵列。

1）建立实体

原实体见图 4-66(a)。

2）作圆孔的环形阵列

在整圆周方向均匀分布 6 个圆孔。

(1) 单击“环形阵列”命令，在对话框内输入数据，见图 4-66(b)。

(2) 单击圆孔作为阵列对象特征。

(3) 单击圆柱表面，系统自动找到旋转轴，如图 4-66(c)所示。

(4) 单击“确定”按钮，生成的环形阵列特征如图 4-66(d)所示。

对话框的选择如图 4-66(e)所示，则阵列的结果见图 4-66(f)，操作步骤略。

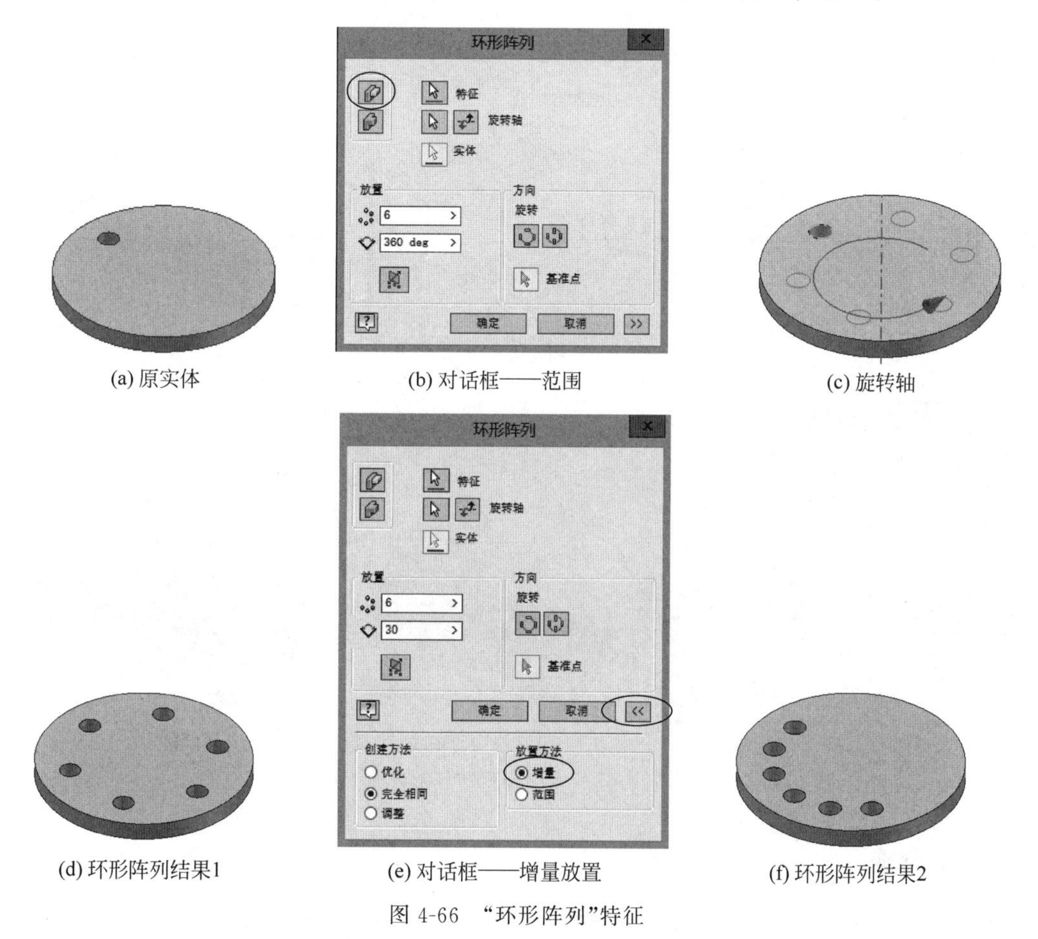

(a) 原实体　(b) 对话框——范围　(c) 旋转轴

(d) 环形阵列结果1　(e) 对话框——增量放置　(f) 环形阵列结果2

图 4-66　“环形阵列”特征

例 2　在圆锥套桶实体上作孔的矩形阵列和环形阵列。

打开文件：第 4 章\实例\环形阵列.ipt，实体如图 4-67(a)所示。

1）作单个圆孔的矩形阵列

沿圆锥轴线方向均匀分布 9 个圆孔。

(1) 单击“矩形阵列”命令，在对话框中输入数据，见图 4-67(b)。

(2) 单击圆孔作为阵列对象，也可以在浏览器中选特征名称“拉伸 1”。

(3) 确定“方向 1”的路径。单击轴线，使箭头方向指向轴线的后方。

(4) 单击“确定”按钮，生成的矩形阵列特征如图 4-67(c)所示。

2）作“圆孔矩形阵列”的环形阵列

在整圆周方向均匀分布 10 个圆孔。

(1) 单击“环形阵列”命令，在对话框中输入数据，见图 4-67(d)。

(2) 单击圆孔阵列作为阵列对象特征，或在浏览器中选特征名称“矩形阵列 1”。

(3) 单击圆锥体表面，系统自动找到旋转轴，如图 4-67(e)所示。

(4) 单击“确定”按钮，生成的环形阵列特征如图 4-67(f)所示。

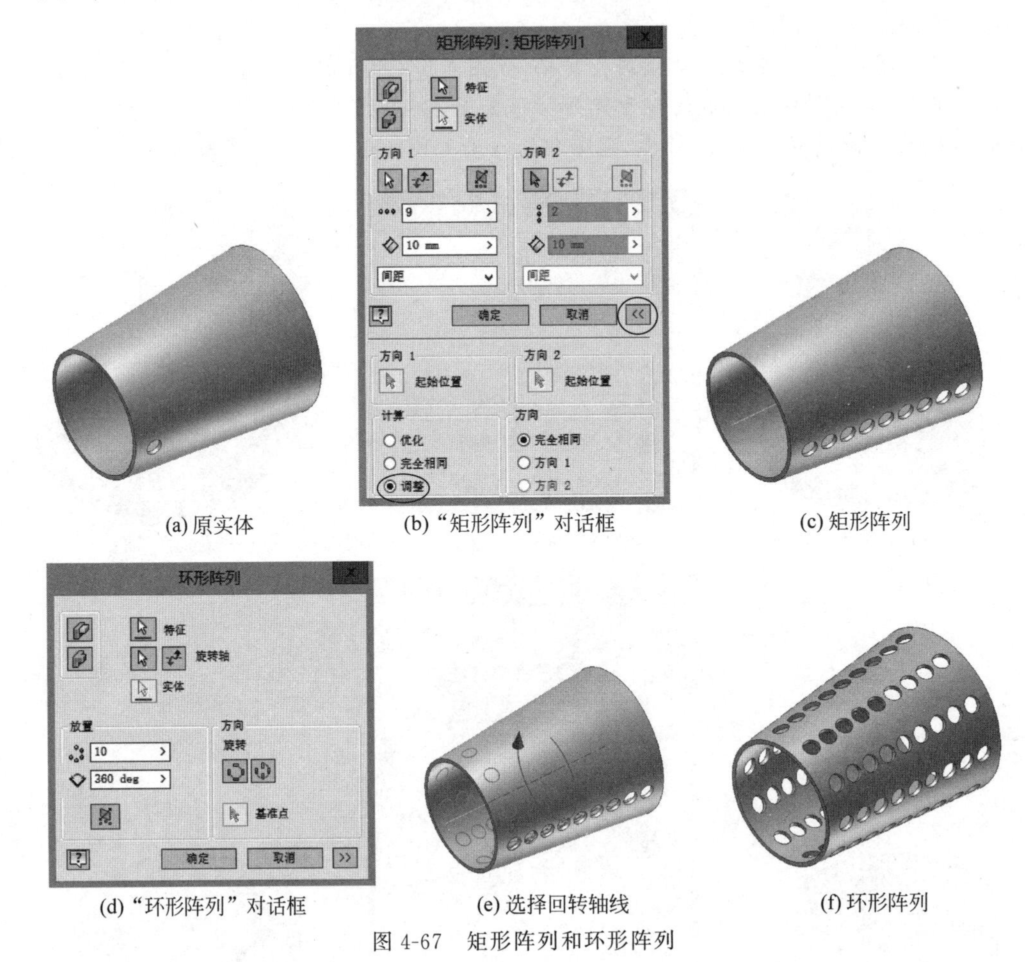

(a) 原实体　(b) “矩形阵列”对话框　(c) 矩形阵列

(d) “环形阵列”对话框　(e) 选择回转轴线　(f) 环形阵列

图 4-67　矩形阵列和环形阵列

10. 镜像

作用：将指定的特征以一平面为对称面复制，形成新的特征。

图 4-68 所示为镜像的应用实例。

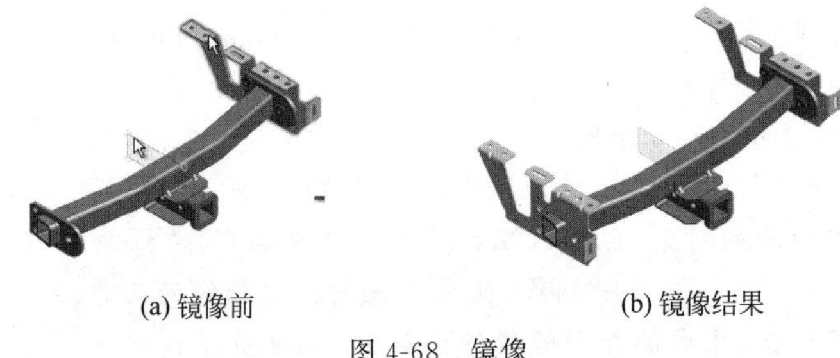

(a) 镜像前　(b) 镜像结果

图 4-68　镜像

例　将零件的部分特征作镜像。

打开文件：第 4 章\实例\镜像.ipt，实体及工作平面如图 4-69(a)所示。

(1) 单击“镜像”命令，弹出对话框见图 4-69(b)。

(2) 在浏览器中直接选择拉伸和圆角特征名称，也可以选择带孔立板和圆角作为镜像对象，如图 4-69(c)、(d)所示。

(3) 选取工作面(单击工作面边框线)作为镜像平面，如图 4-69(e)所示。

(4) 单击“确定”按钮，生成的镜像特征如图 4-69(f)所示。

(a) 原实体

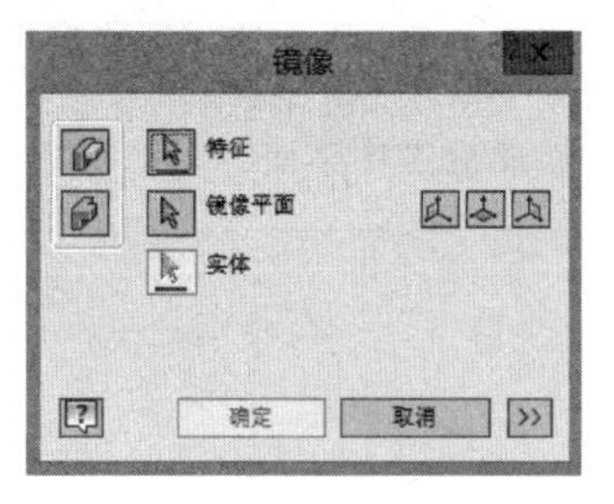

(b) “镜像”对话框

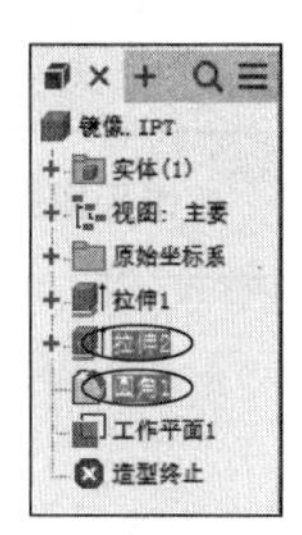

(c) 在浏览器中选镜像特征

(d) 选中镜像特征

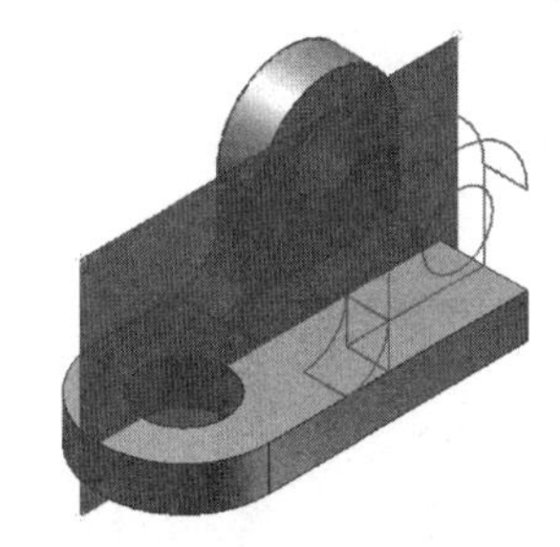

(e) 选择镜像平面——工作面

(f) 镜像结果

图 4-69　镜像特征

4.4　定位特征

定位特征是一种辅助特征图元，主要为构造新特征提供定位对象。定位特征包括 3 种类型：工作平面、工作轴和工作点。

定位特征的命令在“零件功能区”的“编辑”工具栏内，如图 4-70 所示。

图 4-70　定位特征命令

1. 工作平面

1) 作用

(1) 作为草图平面；

(2) 作为另一个工作平面的参照平面；

(3) 作为草图的几何约束、尺寸约束的基准面；

(4) 作为生成特征时的起始面和终止面；

(5) 作为将一个零件分割成两个零件的分割面；

(6) 用来生成一个工作轴(两个平面的交线);

(7) 在装配环境下,用于定位零部件或作为新零件的终止平面或草图平面;

(8) 在装配环境下,用来约束零部件;

(9) 在工程图环境下,作为生成剖视图的剖切平面。

2) 类型

工作平面的类型和应用如表 4-3 所示。单击“草图”标签中的“工作平面”命令下的三角形符号,即可看到各种工作平面命令。

表 4-3 工作平面的类型和应用

工作平面图标按钮	工作平面条件	建立工作平面	工作平面应用
两条共面边	**过两条直线** 直线:边或工作轴	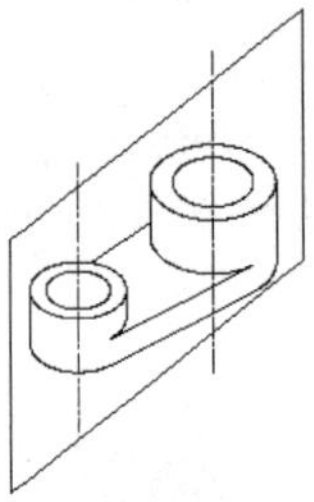	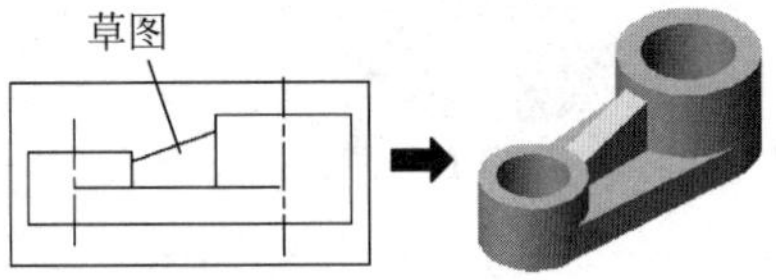 草图
平面绕边旋转的角度	**过直线与平面成夹角** 直线:边或工作轴 平面:坐标面、平面或工作面	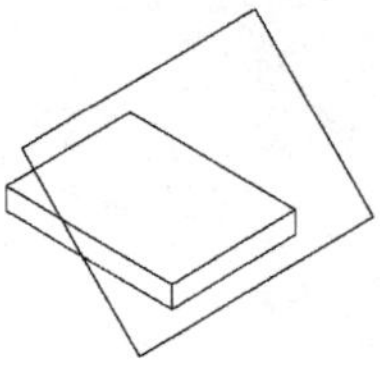	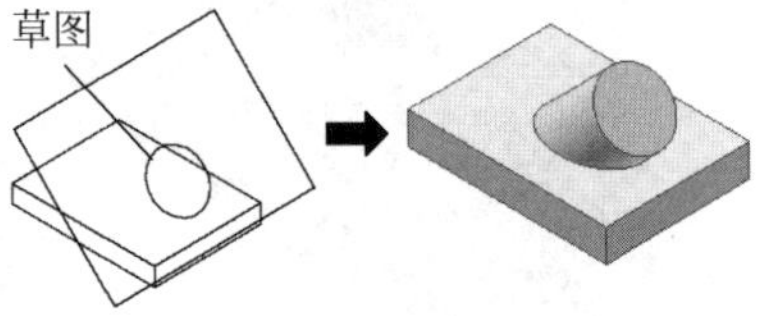 草图
与曲面相切且平行于平面	**平行于平面且与曲面相切** 平面:坐标面、平面或工作面 曲面:回转面	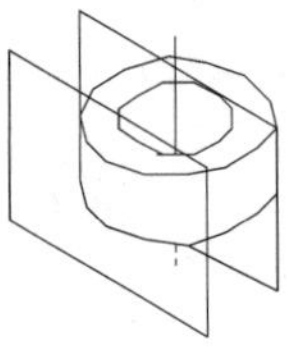	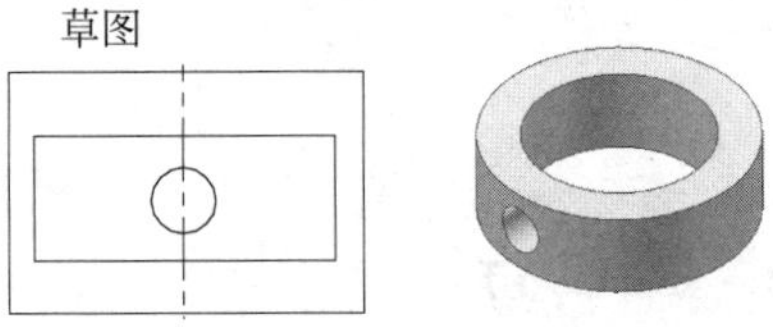 草图
从平面偏移	**与平面平行** 平面:坐标面、平面或工作面	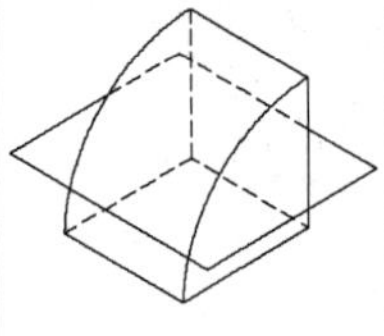	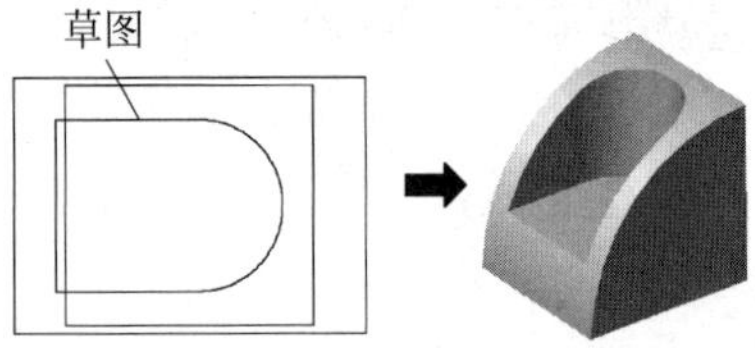 草图
两个平面之间的中间面	**在两个平行面的中间位置** 平面:两个平行平面或工作平面		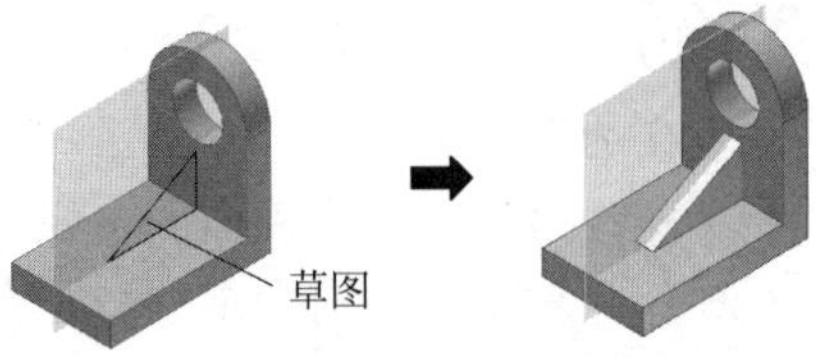 草图

续表

工作平面图标按钮	工作平面条件	建立工作平面	工作平面应用
三点	**过三点** 点：端点、交点、中点、工作点或草图点		草图
平行于平面且通过点	**过一点并与平面平行** 点：顶点、工作点或草图点 平面：坐标面、平面或工作平面		草图
与轴垂直且通过点	**过点与直线垂直** 点：端点、顶点、工作点或草图点 直线：边或工作轴		草图 点 直线
在指定点处与曲线垂直	**过曲线上一点与曲线垂直** 曲线：曲线边或草图曲线 点：曲线上的顶点、边的中点、草图点或工作点		草图

2. 工作轴

1）作用

（1）为回转体添加轴线；

（2）作为旋转特征的旋转轴；

（3）指定环形阵列的轴线；

（4）作为草图的几何约束、尺寸约束的基准线；

（5）在装配环境下，用于定位零部件或作为新零件的终止平面或草图平面。

2）工作轴的类型

工作轴的类型和应用如表4-4所示。单击“工作轴”命令右侧的三角形符号，即可看到各种工作轴命令。

3. 工作点

1）作用

（1）在指定的工作点位置上绘制草图；

（2）作为环形阵列的阵列中心；

（3）建立工作轴和工作平面；

（4）确定边或轴和平面（或工作面）的交点；

表 4-4 工作轴的类型和应用

工作轴 图标按钮	工作轴条件	原　模　型	工作轴应用
通过旋转面或特征	**过回转体的旋转轴**	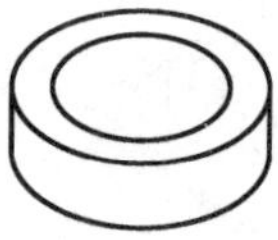	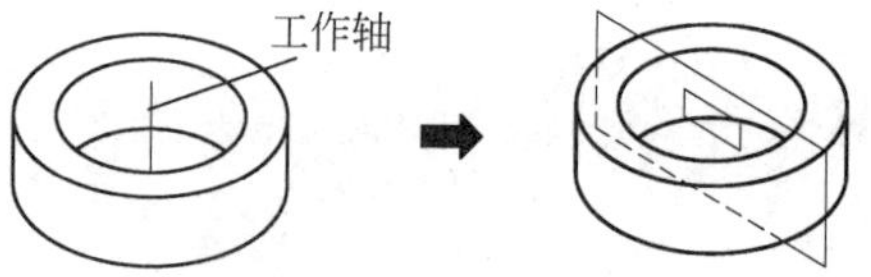 工作轴
通过两点	**过两点的工作轴** 点：端点、交点、中点、草图点或工作点	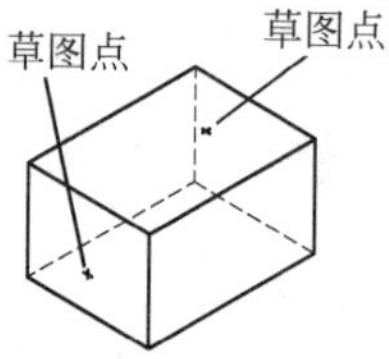 草图点 草图点	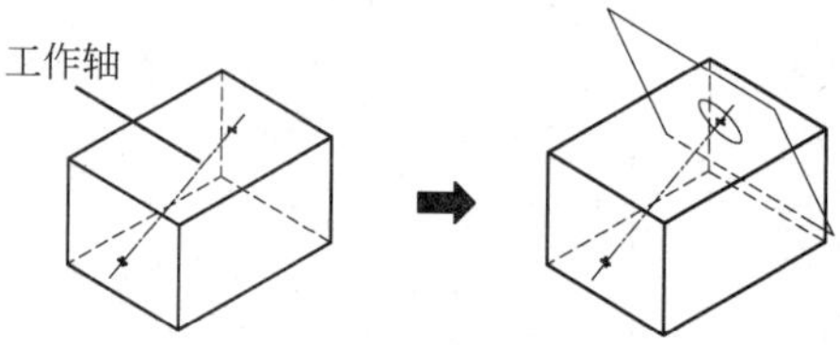 工作轴
两个平面的交集	**过两平面的交线** 平面：不平行的工作平面或平面	 草图 草图	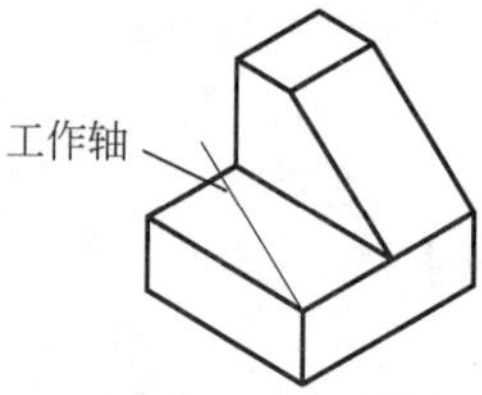 工作轴
在线或边上	**过一直线** 直线：边	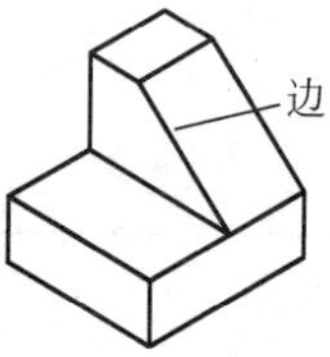 边	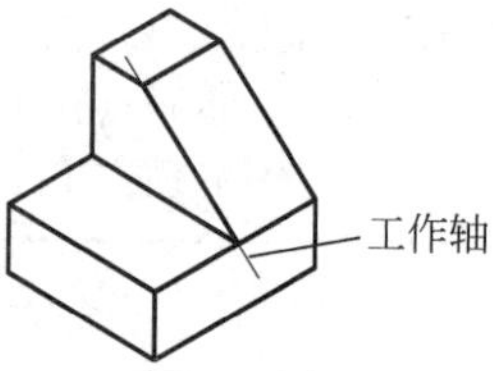 工作轴
垂直于平面且通过点	**过一点且垂直于某平面** 点：工作点、端点、中点或草图点 平面：平面或工作平面	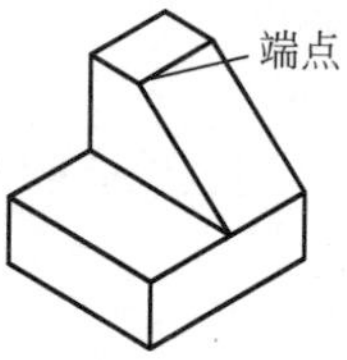 端点	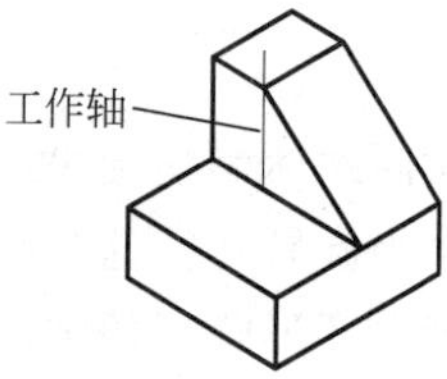 工作轴
在线或边上	**过草图直线** 直线：草图平面上的直线	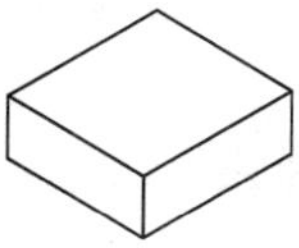	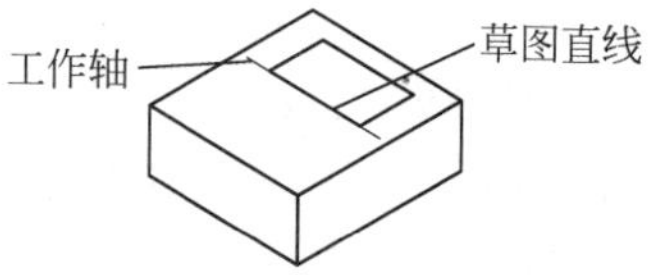 工作轴 草图直线
垂直于平面且通过点	**垂直草图直线的端点** 直线：草图平面上的投影线	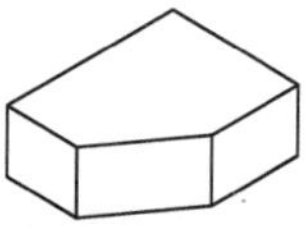	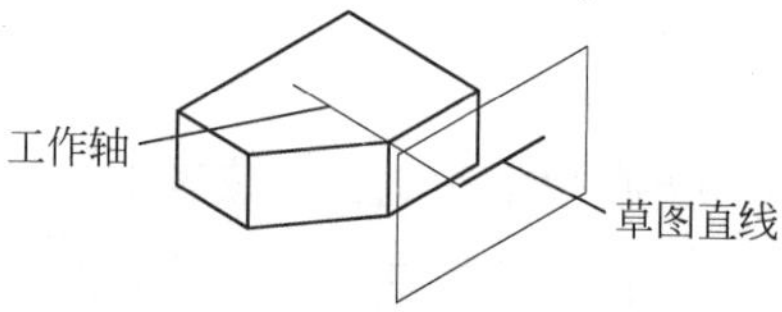 工作轴 草图直线

(5) 作为尺寸约束的基准;
(6) 作为零部件装配时的约束基准;
(7) 用来定义三维路径。
2) 类型
工作点的类型如表 4-5 所示,单击“工作点”命令,即可以建立各种工作点。

表 4-5 工作点的类型和应用

工作点图标按钮	工作点条件	原模型	工作点应用
三个平面的交集	**三个平面交点** 平面:平面或工作平面	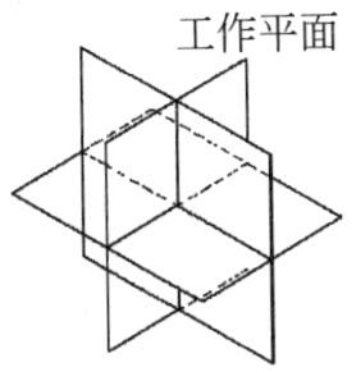 工作平面	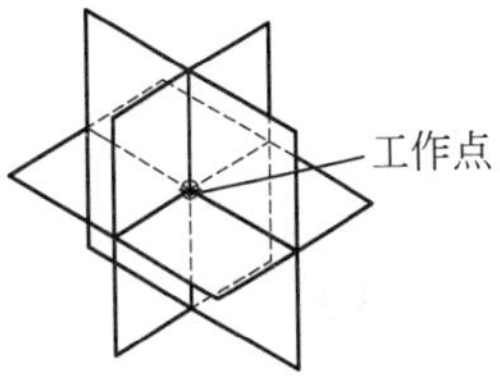 工作点
两条线的交集	**两条直线交点** 直线:边	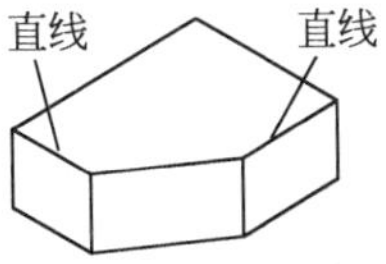 直线 直线	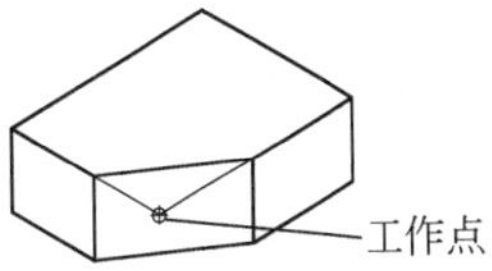 工作点
在顶点、草图点或中点上	**实体的顶点处**	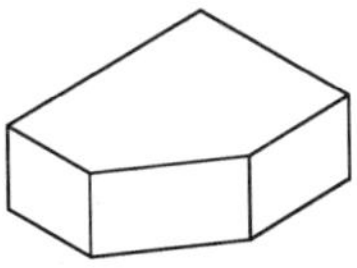	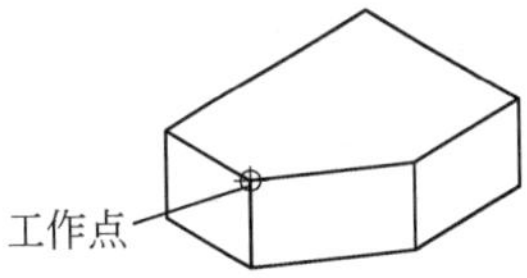 工作点
在顶点、草图点或中点上	**直线的中点处** 直线:边	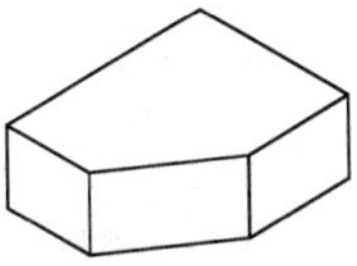	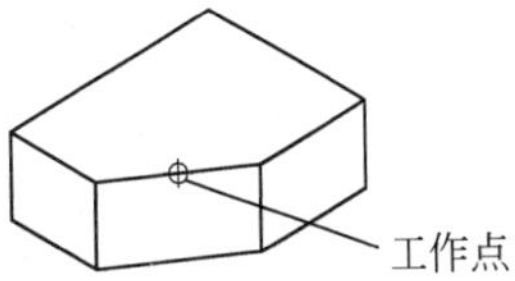 工作点
平面/曲面和线的交集	**面和直线的交点** 平面:平面或工作平面 直线:边或工作轴	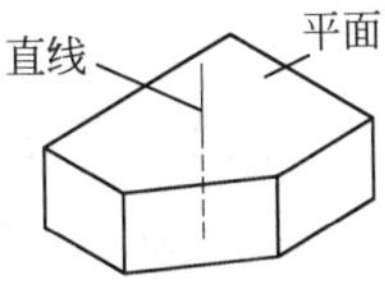 直线 平面	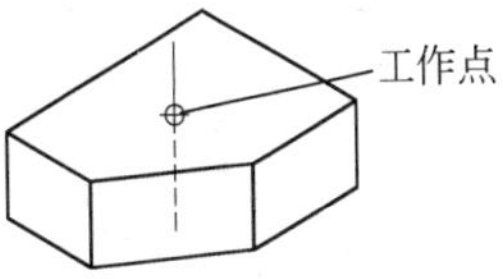 工作点

例 1 建立工作平面、工作轴和工作点。

打开文件:第 4 章\实例\定位特征-1.ipt,实体如图 4-71(a)所示。

(1) 建立工作平面——在实体的两个侧面中间:单击“工作平面”命令,选择实体的两个平面,生成工作面如图 4-71(b)所示。

(2) 建立工作轴——孔的轴线:单击“工作轴”命令,分别选择 3 个圆孔,生成 3 个工作轴如图 4-71(c)所示。

(3) 建立工作平面——过两个工作轴线:单击“工作平面”命令,选择实体的两个小孔轴线,生成工作面如图 4-71(d)所示。

(4) 建立工作平面——过一直线并与平面成夹角:单击“工作平面”命令,双击实体前面上边线，给出角度值如−45°，生成工作面如图 4-71(e)所示。

(5) 建立工作点——在直线的中点处：单击“工作点”命令，双击实体前面上边线，捕捉直线的中点后单击，生成工作点如图 4-71(f)所示。

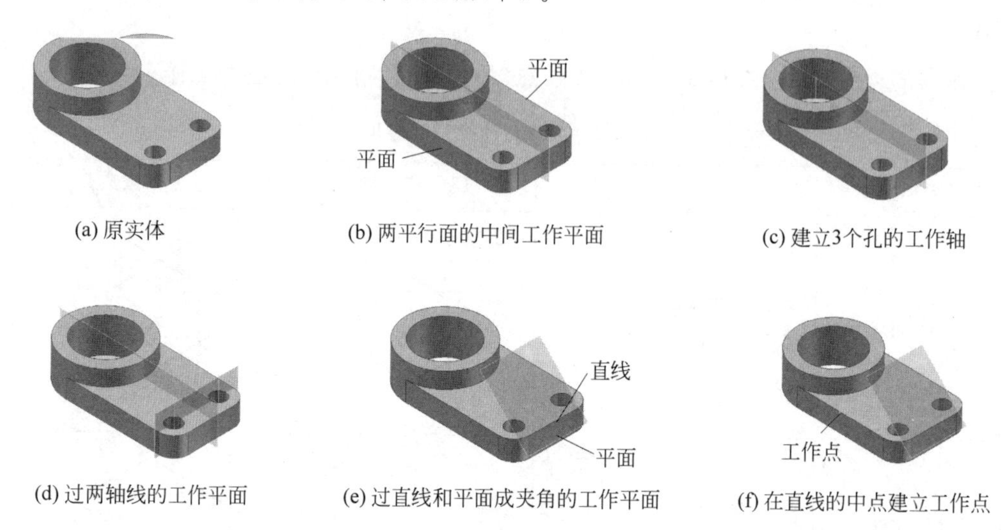

(a) 原实体　(b) 两平行面的中间工作平面　(c) 建立3个孔的工作轴
(d) 过两轴线的工作平面　(e) 过直线和平面成夹角的工作平面　(f) 在直线的中点建立工作点

图 4-71　建立工作平面、工作轴和工作点

例 2　利用工作轴、工作平面生成拉伸实体。

打开文件：第 4 章\实例\定位特征-2.ipt，实体如图 4-72(a)所示。

1) 建立工作轴

单击“工作轴”命令，选择圆柱，生成工作轴如图 4-72(a)所示。

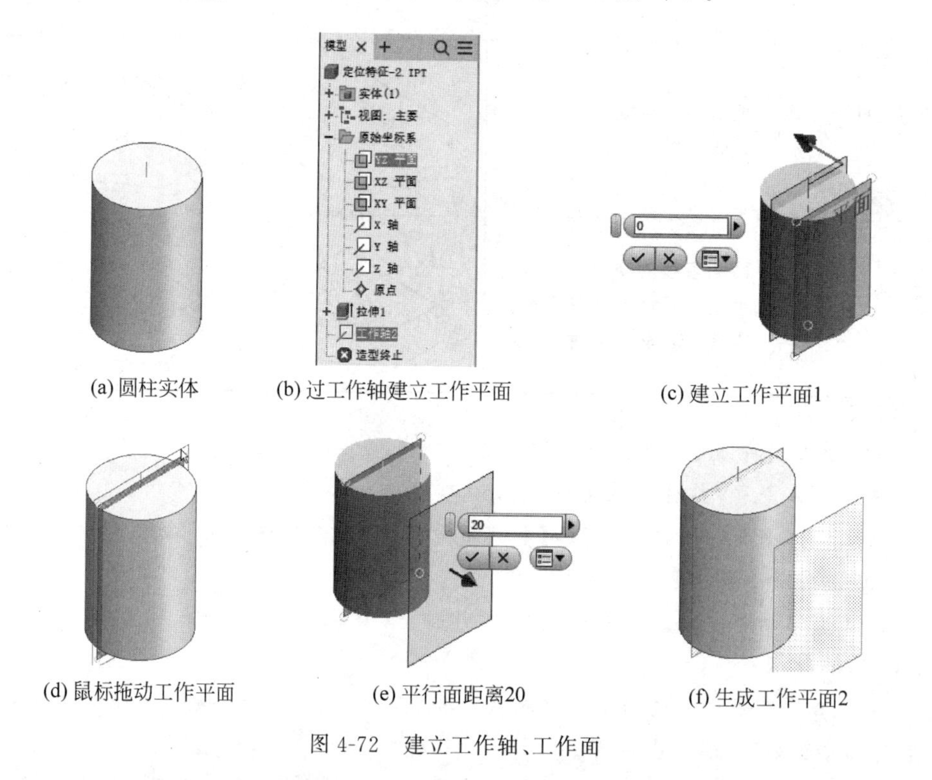

(a) 圆柱实体　(b) 过工作轴建立工作平面　(c) 建立工作平面1
(d) 鼠标拖动工作平面　(e) 平行面距离20　(f) 生成工作平面2

图 4-72　建立工作轴、工作面

2）建立工作平面 1

工作平面 1 过圆柱的工作轴并平行于 YZ 坐标面。

单击“工作平面”命令，选择圆柱的工作轴，单击浏览器中“原始坐标系”中的“YZ 平面”，在“角度”对话框中输入角度值 0，如图 4-72(b)、(c)所示。生成工作平面 1 如图 4-72(c)所示。

3）建立工作平面 2

工作平面 2 平行于工作平面 1，与其相距 20。

单击“工作平面”命令，单击工作平面 1，并用鼠标向前拖动工作平面 1 的边框，如图 4-72(d)所示。在“偏移”对话框中输入距离值 20，生成工作平面 2，如图 4-72(e)、(f)所示。

4）在工作平面 2 上绘制圆草图

(1) 右击工作平面 2，在右键菜单中选择“新建草图”选项；使用几何约束中的“投影几何图元”命令，把轴线投影到草图平面上，如图 4-73(a)所示。

(2) 绘制草图圆，添加尺寸约束，如图 4-73(b)所示。

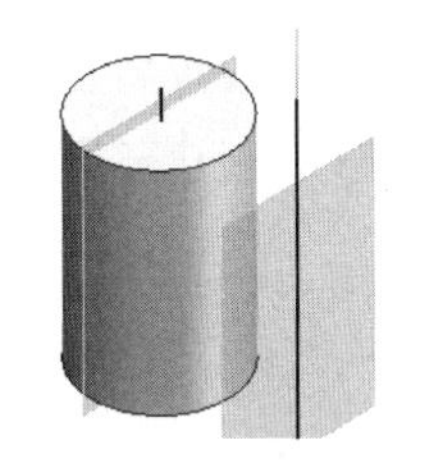

(a) 把轴线投影到草图平面

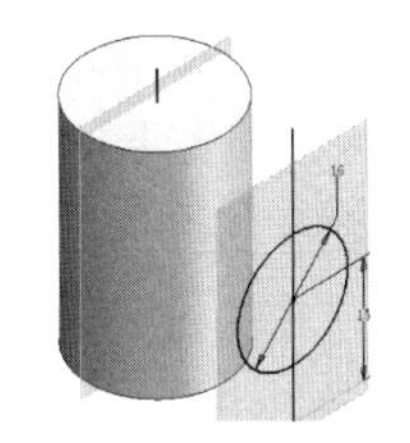

(b) 绘制草图，标注尺寸

图 4-73　绘制草图、约束草图

5）生成水平圆柱

单击“拉伸”命令，在对话框中设置拉伸参数，单击“确定”按钮，生成水平圆柱体，见图 4-74(a)。将工作轴和工作平面 1、工作平面 2 置为“不可见”，最后完成的实体如图 4-74(b)所示。

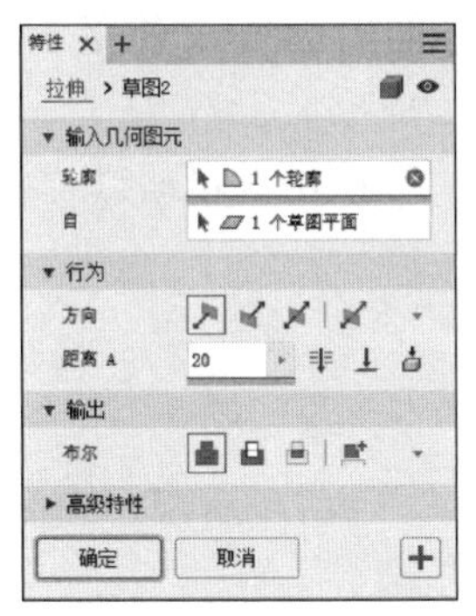

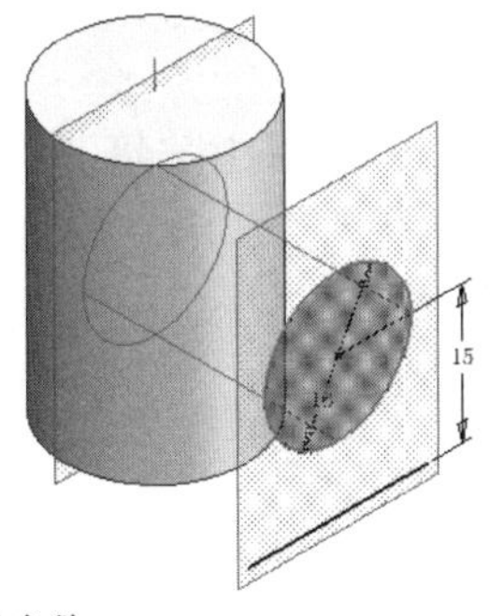

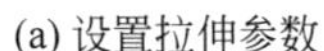

(a) 设置拉伸参数

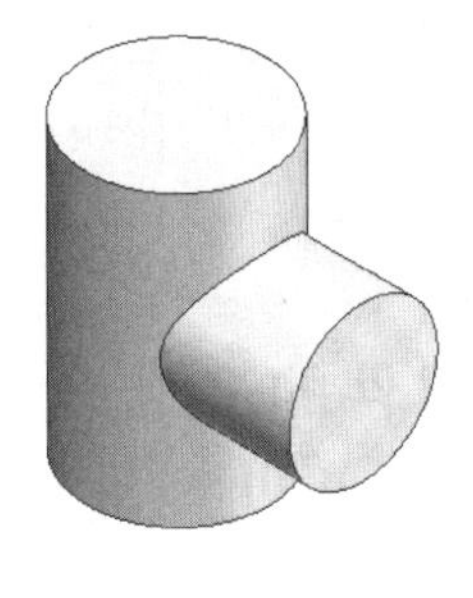

(b) 水平圆柱拉伸完成

图 4-74　生成水平圆柱

4.5　零件模型设计分析

零件造型是指用 Inventor 软件构造零件实体模型的完整设计过程。零件造型的过程中，除了考虑构建三维实体模型外，还需要考虑加工方法和制造工艺等问题。通常将零件造型过程分为三步：几何形体分析、零件模型分析和实施造型。

1. 几何形体分析

从几何角度来看零件都可以被分解成一些简单的几何单元体，如棱柱、棱锥、圆柱、圆锥、球体等。因此，形体分析的主要目的就是将复杂零件进行分解，以达到化繁为简、化难为易的目的。

2. 零件模型分析

零件的几何模型是通过一定的规则（添加特征）来创建的。因此，模型分析的目的就是对零件进行结构分析，通过分析零件的结构，来确定建立零件模型的特征方式和工作流程。

模型分析一般包括下列内容：

(1) 分析每个形体具有哪些特征，如具有拉伸特征还是旋转特征等；

(2) 分析每个特征所属的类型，如属于草图特征还是放置特征等；

(3) 分析创建每一个特征所需要的方法，如通过草图创建还是在实体上创建等；

(4) 分析创建特征的顺序，是否符合制造工艺等。

3. 实施造型

建立零件模型的过程实质是一个设计过程，通过上述分析后可以获得具体的造型实施步骤，因此在创建零件时要做到目标明确，有步骤、有计划地进行。

造型中有时创建一个特征会有好几种方法，一定要在比较后选择一种既简单又贴近工艺要求的方案去实施，否则所建模型有可能很难修改完善，也有可能存在大量错误的数据信息，使得后续的数据信息应用工作无法展开。

例如，应用"孔特征"比"拉伸"成孔更符合制造工艺，也为零件后续加工的数据流创造了条件。再如零件上的圆角和倒角等结构，尽管通过添加草图特征也能实现，但若使用零件特征创建则更为符合制造工艺流程。

通过思考、分析、比较和多实践才能达到"事半功倍"的效果，下面举例说明零件造型的方法和步骤。

4.6 零件的三维设计综合举例

例 1 建立轴架零件的模型，如图 4-75 所示。

1. 模型分析

(1) 轴架可看作由 4 个基本几何体构成，即底板、筋板、圆柱和横圆柱；

(2) 底板、圆柱和横圆柱均可由"拉伸"特征生成，筋板可用"加强筋"特征生成；

(3) 底板上的 4 个小孔采用"孔"特征生成一个，其余可采用"对称"编辑生成；

(4) 生成一个筋板，采用"对称"编辑生成另一个；

(5) 两个圆柱上的孔均可由"拉伸"特征生成；

(6) 零件的生成顺序如图 4-76(a)～(f)所示。

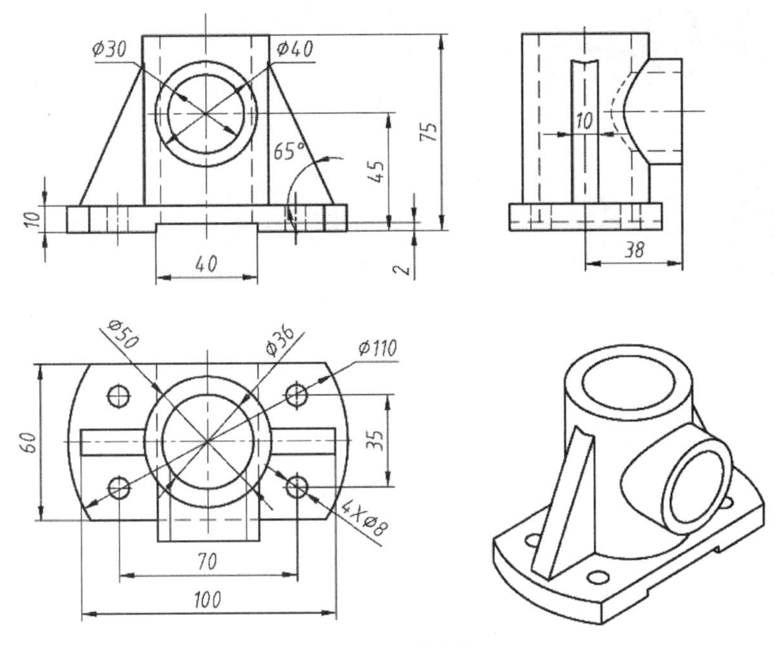

图 4-75　轴架零件图

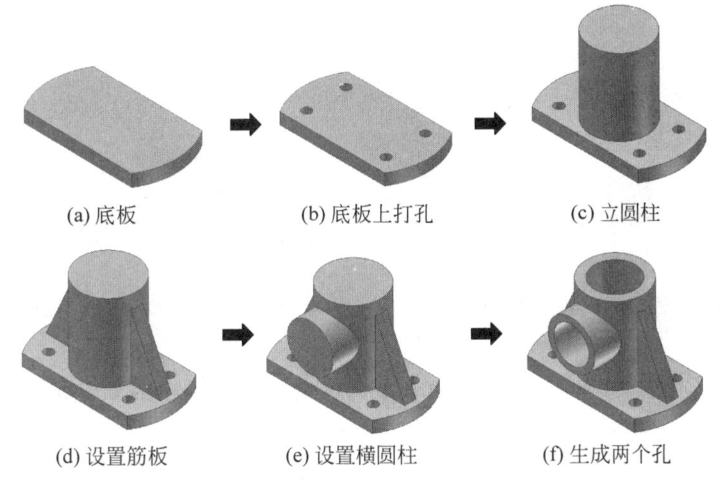

(a) 底板　(b) 底板上打孔　(c) 立圆柱

(d) 设置筋板　(e) 设置横圆柱　(f) 生成两个孔

图 4-76　轴架构形分析

2. 操作步骤

1) 生成底板

(1) 进入零件工作环境，单击“开始创建二维草图”按钮，选择“XY 平面”，进入零件草图工作环境，如图 4-77 所示。

(2) 绘制底板草图、绘制直径 110 的圆时，使得圆心和坐标原点重合，使用“拉伸”命令，将草图拉伸成底板，如图 4-78(a)、(b)所示。

(3) 在底板上面使用“点”命令 绘制一个“草图点”，并标注尺寸，见图 4-78(b)。

(4) 使用“打孔”命令 生成一个小孔，见图 4-78(c)。

(5) 使用“镜像”命令 生成对称的另一个圆孔，选取原始坐标系的 *XZ* 坐标面作为镜像平面，见图 4-78(d)。

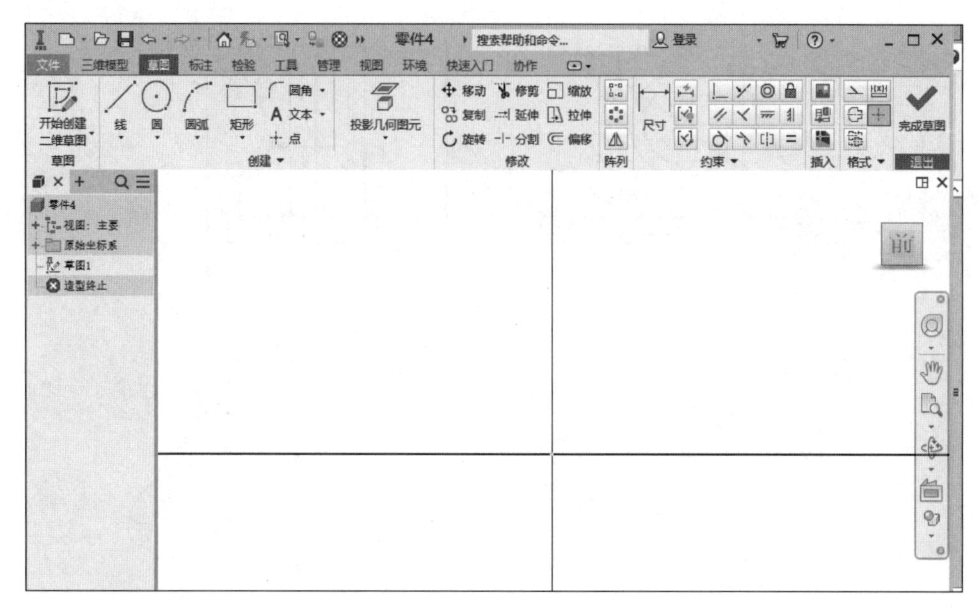

图 4-77　零件草图工作环境

(6) 再次使用“镜像”命令生成对称的另两个圆孔，选取原始坐标系的 YZ 坐标面作为镜像平面，见图 4-78(e)。

2) 生成圆柱

(1) 在底板上面绘制圆柱的草图，圆心和底板大圆重合，见图 4-78(f)。

(2) 拉伸成高为 65 的立圆柱，见图 4-78(g)。

3) 生成筋板

(1) 在 XZ 坐标面上新建草图，使用“投影切割边”命令，绘制筋板草图并标注尺寸，见图 4-78(h)。

(2) 使用“加强筋”命令生成一个筋板，使用“镜像”命令生成另一个筋板，见图 4-78(i)。

4) 生成横圆柱

(1) 使用“工作平面”命令建立一个和 XZ 坐标面距离为 38 的工作平面，在此工作平面上绘制圆草图，并标注尺寸，见图 4-78(j)。

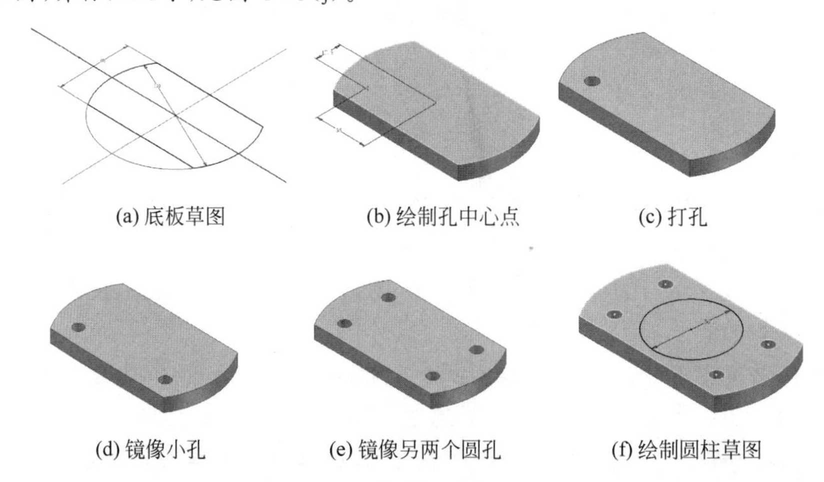

(a) 底板草图　(b) 绘制孔中心点　(c) 打孔

(d) 镜像小孔　(e) 镜像另两个圆孔　(f) 绘制圆柱草图

图 4-78　生成轴架零件模型

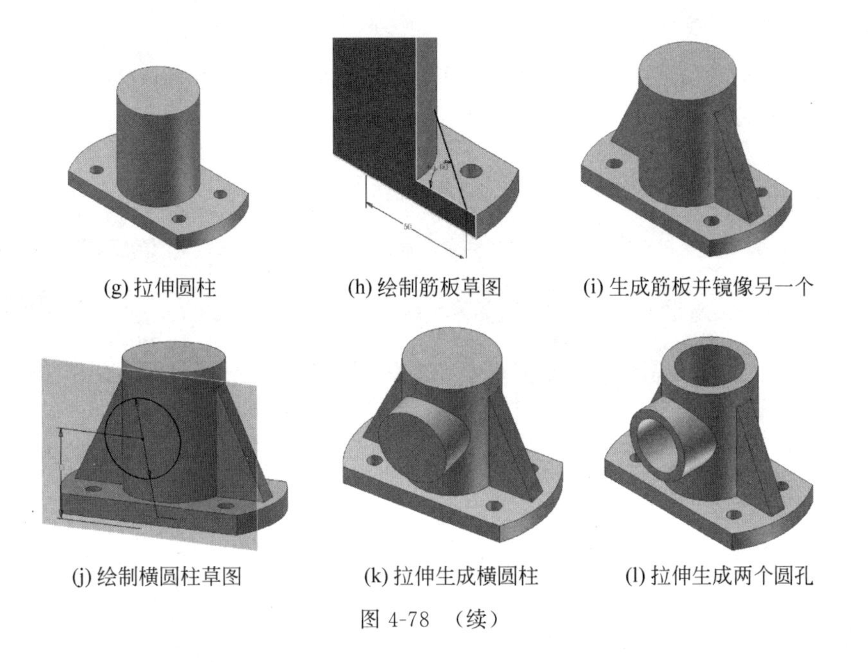

(g) 拉伸圆柱　(h) 绘制筋板草图　(i) 生成筋板并镜像另一个

(j) 绘制横圆柱草图　(k) 拉伸生成横圆柱　(l) 拉伸生成两个圆孔

图 4-78 （续）

(2) 使用“拉伸”命令生成横圆柱，见图 4-78(k)。

5) 生成两个大圆孔

(1) 在立圆柱顶面绘制草图圆，标注尺寸并拉伸成圆孔，见图 4-78(l)。

(2) 在横圆柱端面绘制草图圆，标注尺寸并拉伸成深度为 38 的圆孔，见图 4-78(l)。

至此，轴架零件的模型全部生成。

例 2 建立衬套零件的参数化模型，如图 4-79 所示。

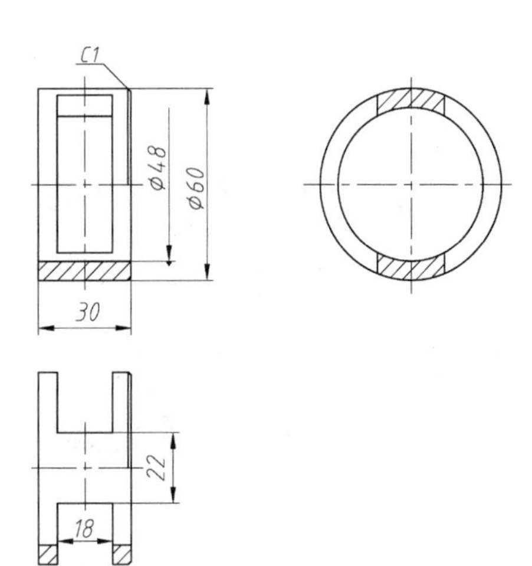

图 4-79 衬套零件图

零件各部分尺寸的参数名称：F1＝ϕ48，F2＝ϕ60，L1＝30，L2＝18，L3＝22，L4＝C1。

各参数间的关系式：F2＝1.25F1，L1＝0.625F1，L2＝0.375F1，L3＝0.46F1，L4＝0.02F1。

建立零件的模型，要求当改变 F1 值时，能自动修改其他尺寸，并更改三维模型。

1. 模型分析

衬套的构成比较简单，是在一个空心圆柱的基础上再作一次切槽成形，空心圆柱可采用“旋转”特征生成，切槽可用拉伸命令切割生成，成形过程如图 4-80 所示。

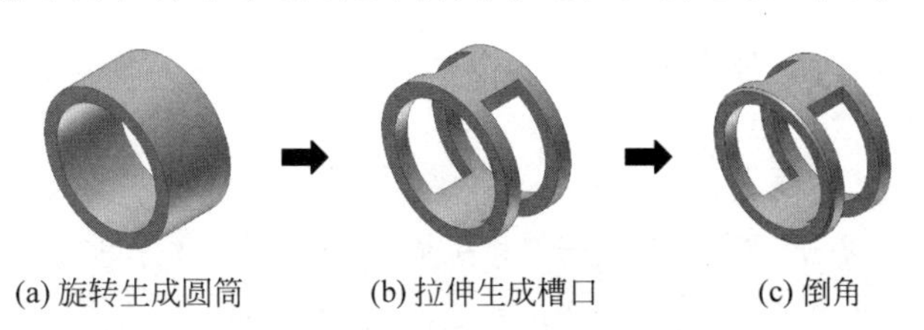

(a) 旋转生成圆筒　(b) 拉伸生成槽口　(c) 倒角

图 4-80 生成衬套零件模型

2. 参数分析

6个参数中，F2、L1、L2、L3和L4都与F1关联，可利用草图尺寸和特征尺寸的参数和变量表达方式分别输入各自的尺寸。

3. 操作步骤

1) 制作参数表

(1) 单击“管理”标签栏，单击其中的“参数”命令，出现“参数”对话框，如图4-81所示。

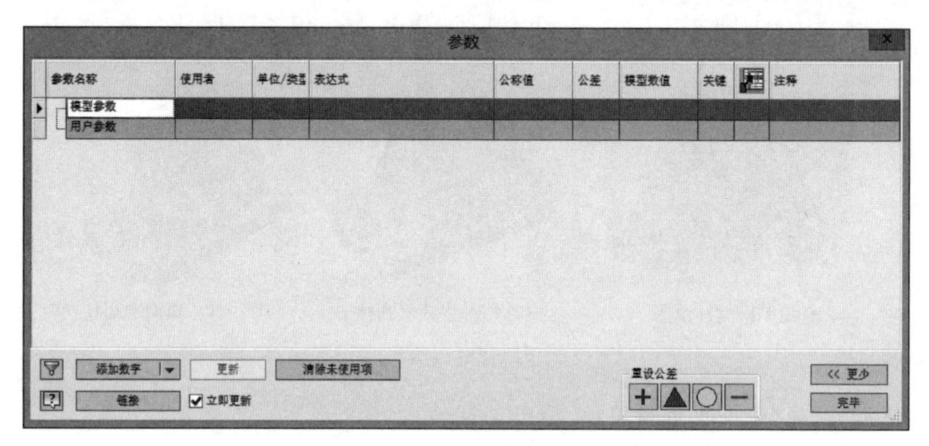

图4-81 “参数”对话框

(2) 单击“参数”对话框中的“添加数字”按钮，将题目给定的各个参数名称和参数关系依次输入表格中。每输入一行后，单击“添加数字”按钮，结果如图4-82所示。

参数

参数名称	使用者	单位/类型	表达式	公称值	公差	模型数值	关键		注释
模型参数									
用户参数									
F1	L4, L3, ...	mm	48 mm	48.000000		48.000000			轴孔直径
F2		mm	1.25 ul * F1	60.000000		60.000000			外圆直径
L1		mm	0.625 ul * F1	30.000000		30.000000			圆筒长度
L2		mm	0.375 ul * F1	18.000000		18.000000			槽口宽度
L3		mm	0.46 ul * F1	22.080000		22.080000			槽口间距
L4		mm	0.02 ul * F1	0.960000		0.960000			倒角值

添加数字　更新　清除未使用项　重设公差　<< 更少
链接　立即更新　完毕

图4-82 在“参数”对话框输入参数

(3) 表格中的F1、F2、L1、L2、L3和L4已经成为“用户参数”，待后面建立零件模型时使用。

2) 建立零件模型

(1) 单击“模型”标签栏，进入模型环境，单击其中的“创建二维草图”命令，开始在*XY*坐标面绘制一个草图。

(2) 绘制圆筒草图，如图4-83(a)所示。

(3) 标注轴孔直径尺寸，在“编辑尺寸”对话框中输入参数名“F1”，如图4-83(b)所示。使用右键菜单中“尺寸显示”中的“对话表达式”方式显示尺寸。

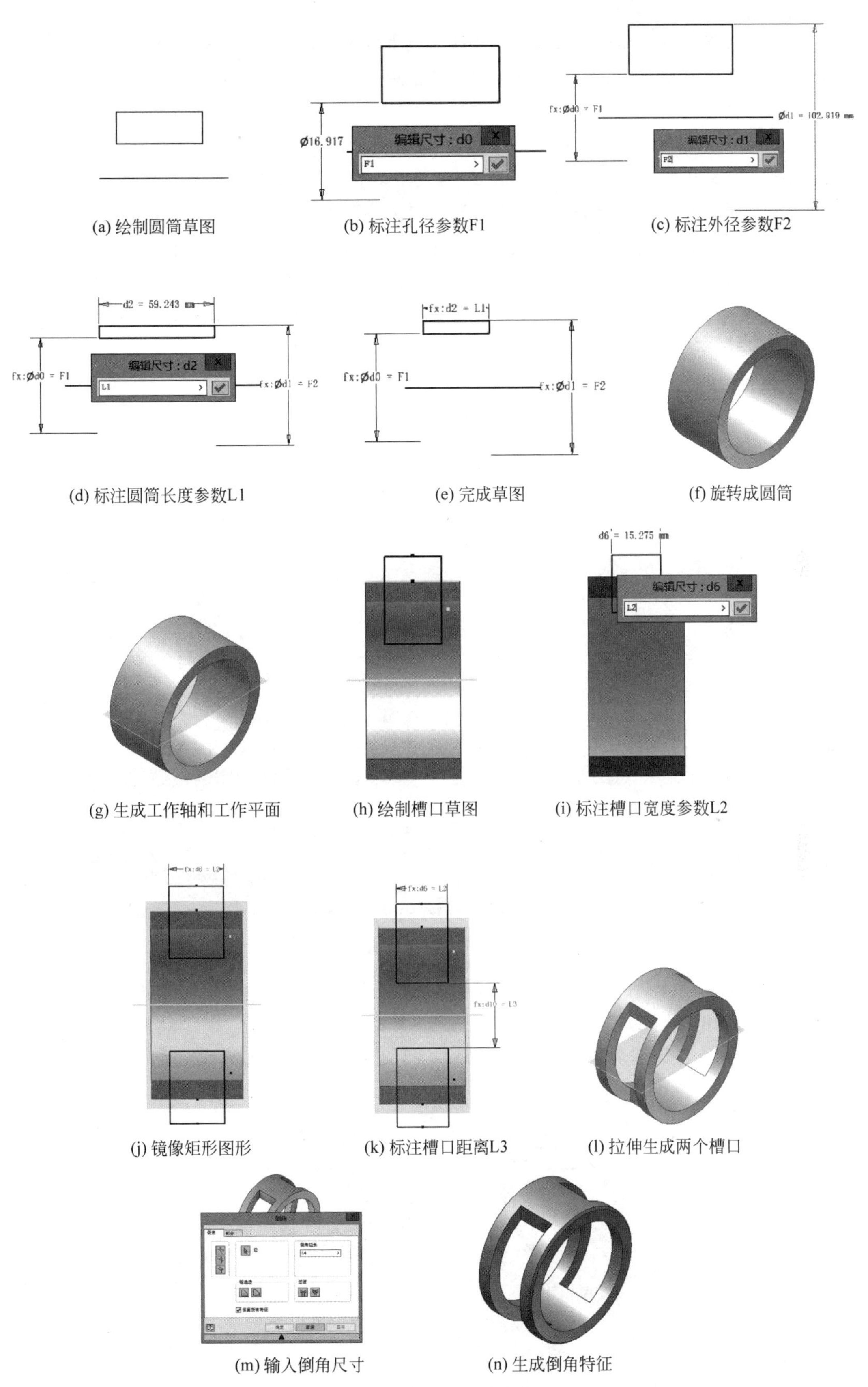

(a) 绘制圆筒草图　(b) 标注孔径参数F1　(c) 标注外径参数F2

(d) 标注圆筒长度参数L1　(e) 完成草图　(f) 旋转成圆筒

(g) 生成工作轴和工作平面　(h) 绘制槽口草图　(i) 标注槽口宽度参数L2

(j) 镜像矩形图形　(k) 标注槽口距离L3　(l) 拉伸生成两个槽口

(m) 输入倒角尺寸　(n) 生成倒角特征

图 4-83　建立衬套零件模型

(4) 标注圆筒外径尺寸,在“编辑尺寸”对话框中输入参数名“F2”,如图 4-83(c)所示。

(5) 标注圆筒长度尺寸,在“编辑尺寸”对话框中输入参数名“L1”,如图 4-83(d)所示。

绘制的草图如图 4-83(e)所示。

(6) 使用“旋转”命令,生成圆筒的模型,如图 4-83(f)所示。

(7) 生成圆筒的轴线,生成过轴线的工作平面,如图 4-83(g)所示。

(8) 在工作平面上作槽口的矩形草图,对草图添加几何约束,如图 4-83(h)所示。

(9) 标注槽口宽度尺寸,在“编辑尺寸”对话框中输入参数名“L2”,如图 4-83(i)所示。

(10) 作槽口(矩形)的镜像,如图 4-83(j)所示。

(11) 标注槽口间距尺寸,在“编辑尺寸”对话框中输入参数名“L3”,结果如图 4-83(k)所示。

(12) 使用“拉伸”命令切割槽口,如图 4-83(l)所示。

(13) 使用“倒角”命令,在“倒角”对话框中输入参数名“L4”,如图 4-83(m)所示。至此衬套零件模型建立完毕,如图 4-83(n)所示。

3) 改变衬套零件的轴孔直径,驱动模型的变更

(1) 单击“管理”标签栏,在其中单击“参数”命令,出现“参数”对话框,如图 4-84 所示。

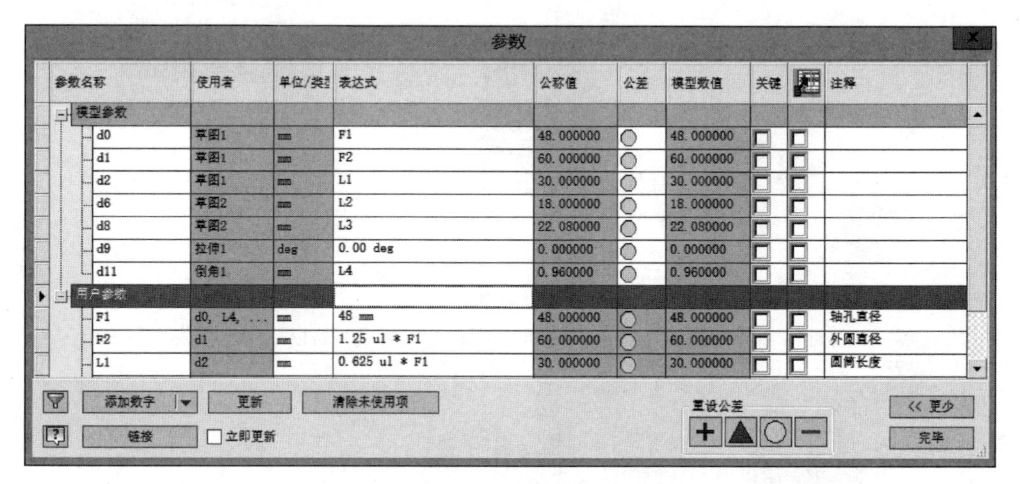

图 4-84 改变衬套零件的孔径等参数

(2) 修改“用户参数”中的 F1 值为 60,单击“完成”按钮。可以观察到零件的各部分尺寸都变大了,如图 4-85 所示。

通过此例,可体会到零件参数化的作用,这对于进行零件的系列化设计是十分方便的。

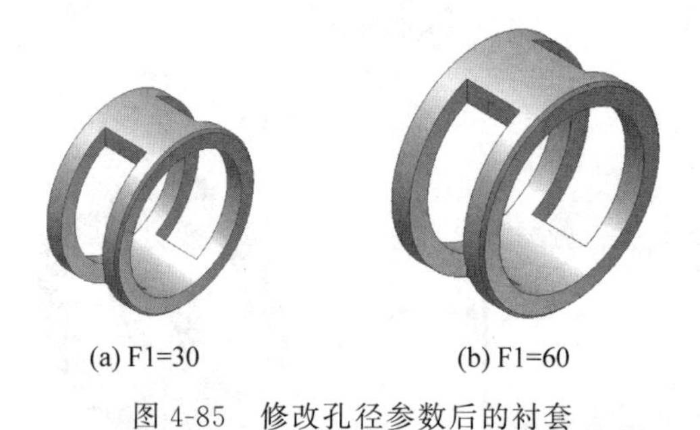

图 4-85 修改孔径参数后的衬套

例 3 设计 V 形夹具块，如图 4-86 所示。

1. 设计分析

方法一：扫掠生成 V 形槽

扫掠草图：在长方体前面绘制三角形 DEF，如图 4-86(b)所示。

扫掠路径：P、Q 面的交线 BE，如图 4-86(b)所示。

方法二：拉伸生成 V 形槽

拉伸草图，将三角形 DEF 向垂直于 BE 的工作平面投影，得到 $D_1E_1F_1$，如图 4-86(b)所示。

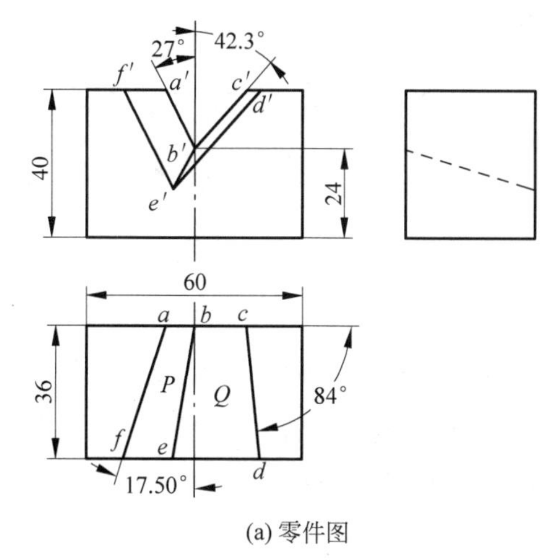

(a) 零件图

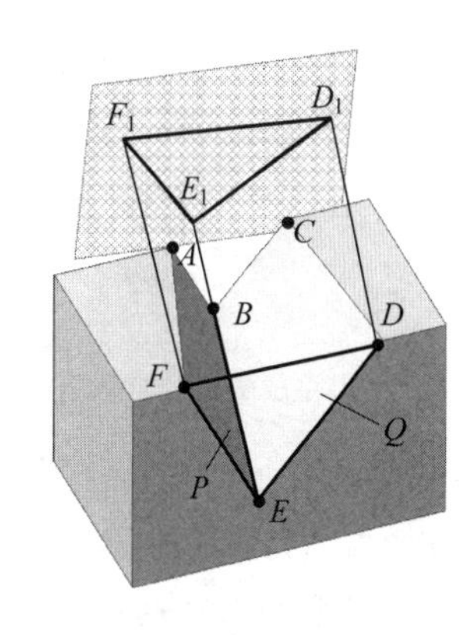

(b) 空间分析

图 4-86 V 形夹具块

显然，方法二的操作要繁杂些，在此只介绍方法一的操作步骤。

2. 操作步骤

1) 生成长方体

拉伸生成一个长方体实体特征见图 4-87(a)。

2) 在实体后面画草图

在长方体后面上绘制三角形 ABC 的边 AB 和 CB，见图 4-87(b)。

3) 生成 P、Q 面的交线 BE

(1) 选择顶面为草图平面。

(2) 将直线 AB 和 CB 向草图平面投影，目的是绘制顶面两条斜线时能捕捉到起始点 A 和 C。

(3) 绘制直线 AF 和 CD，标注角度尺寸 17.5°和 84°，如图 4-87(c)所示。

(4) 过直线 AF、AB 生成工作平面，过直线 CD、CB 生成工作面，如图 4-87(d)所示。

(5) 选择两工作平面，生成工作轴，如图 4-87(e)所示。

(6) 以其中一个工作平面为草图平面，将工作轴投影到草图平面上，生成 BE 线，如图 4-87(f)所示。

4) 在实体前面生成用于扫掠的截面三角形草图

(1) 选择实体前面为草图平面，如图 4-88(a)所示。

(2) 选择工作轴和一个草图平面，在草图平面上生成工作点，如图 4-88(a)所示。

(3) 将工作点投影到草图平面上，如图 4-88(b)所示。

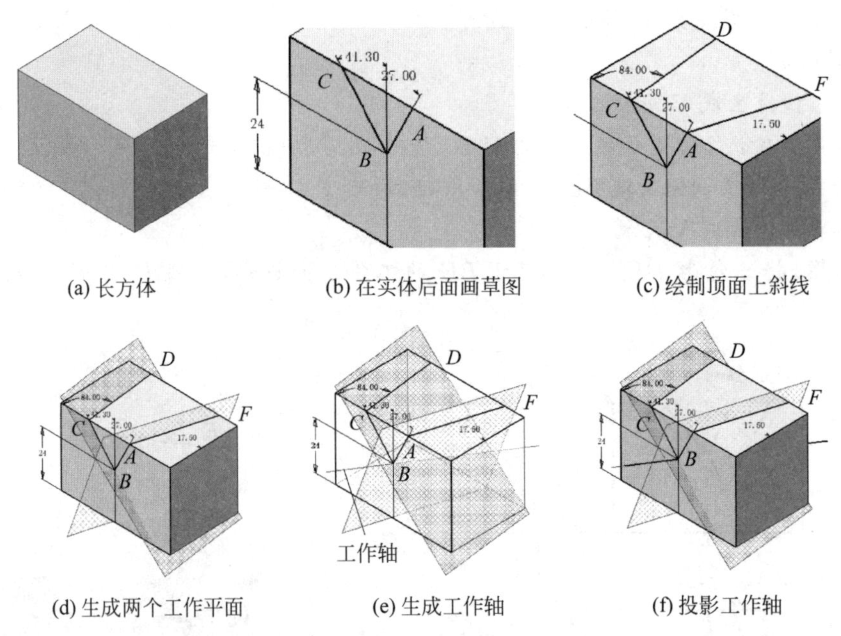

(a) 长方体 (b) 在实体后面画草图 (c) 绘制顶面上斜线

(d) 生成两个工作平面 (e) 生成工作轴 (f) 投影工作轴

图 4-87 通过两个工作平面生成工作轴

(4) 将顶面的两条斜线投影到草图平面上,如图 4-88(b)所示。

(5) 在草图平面上绘制直线 DE 和 EF,如图 4-88(c)所示。

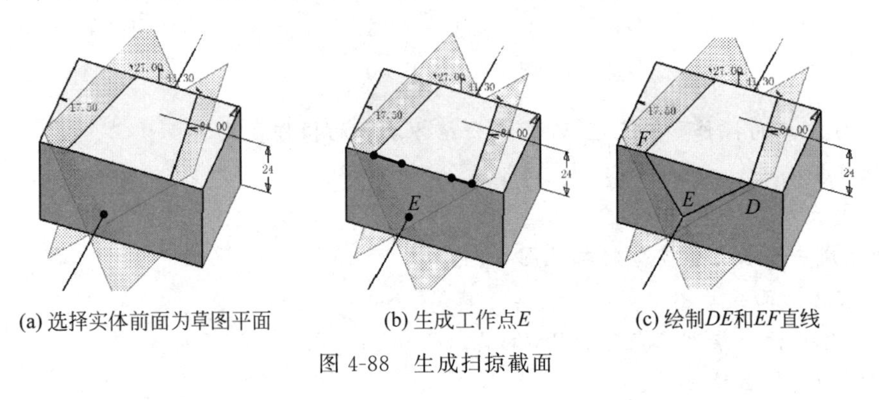

(a) 选择实体前面为草图平面 (b) 生成工作点E (c) 绘制DE和EF直线

图 4-88 生成扫掠截面

草图平面上的三角形 DEF 为用于扫掠的截面轮廓。

5) 扫掠生成 V 形槽口

使用"扫掠"命令 ,以实体前面三角形 DEF 为截面轮廓,以 BE 线为扫掠路径,生成 V 形槽口,如图 4-89 所示。

例 4 设计一个边长为 50 的正三棱锥,如图 4-90 所示。

1. 模型分析

"拉伸"生成正三棱锥的方法最为简单。

由图 4-90 可见,"拉伸"特征需要拉伸高度 d3 和倾斜角 d4。这两个参数是由正三棱锥的棱边长 50 决定的,本例没有直接提供,需要间接给出。

方法一:利用草图的几何关系得到高度和角度。

方法二:在"拉伸"对话框的数据栏中给出高度和角度的计算表达式。

方法一更简洁、直接,精度也更高,下面只介绍其操作步骤。

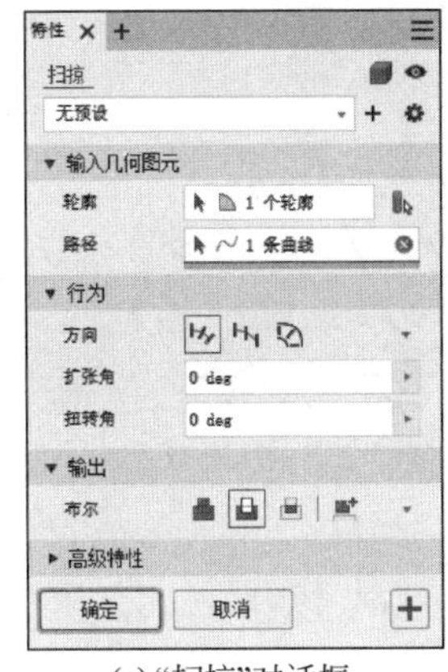

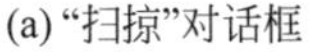
(a)"扫掠"对话框

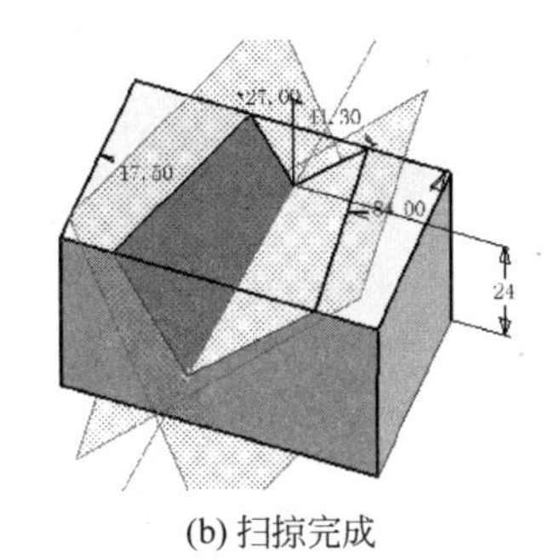

(b) 扫掠完成

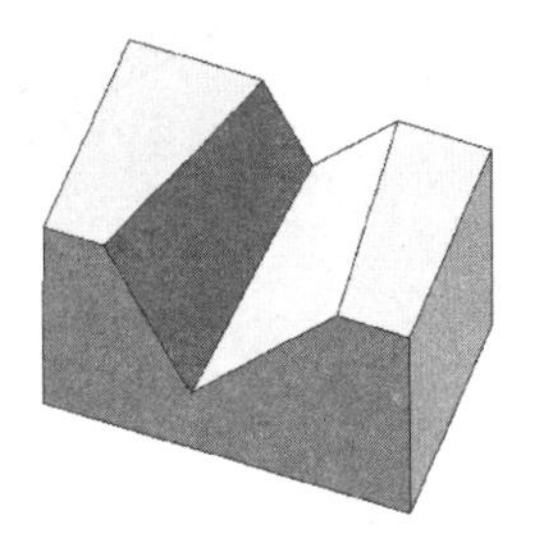
(c) V形槽口

图 4-89　V 形槽口

2. 操作步骤

1) 绘制正三角形

(1) 绘制正三角形草图,使得一底边为水平。

(2) 标注尺寸。d0 是底边长 50,d1 是正三角形高的参考尺寸,如图 4-91 所示。

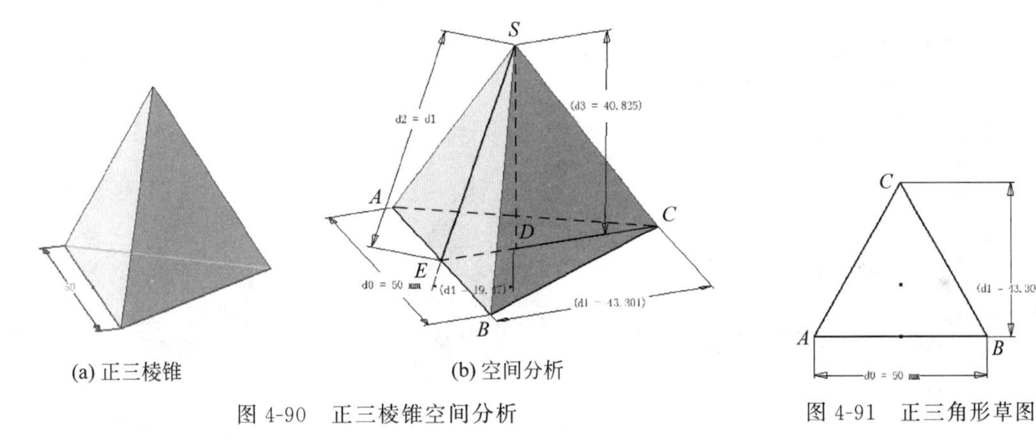

(a) 正三棱锥　(b) 空间分析

图 4-90　正三棱锥空间分析

图 4-91　正三角形草图

2) 求拉伸高度和拉伸倾斜角度

(1) 生成垂直于底边 AB 且过中点 E 的工作面,见图 4-92(a)。

(2) 在工作面上新建草图平面。

(3) 将底边及三角形中点向工作面投影,得到两点 D、E。

(4) 在草图平面上绘制正三棱锥的高 SD 和斜线 SE,如图 4-92(b)所示。绘制时应注意两条直线的起点 D、E 位置要准确。

(5) 标注 SE 尺寸 d2,令其等于 d1,如图 4-92(c)所示。

(6) 标注 SD 尺寸 d3 和角度尺寸 d4,如图 4-92(d)所示。

3) 拉伸为正三棱锥

(1) d3 是拉伸距离,d4 是拉伸斜角,"拉伸"对话框如图 4-93 所示。

(2) 拉伸结果如图 4-94 所示。

设计生成的文件:第 4 章\实例\正三棱锥.ipt。

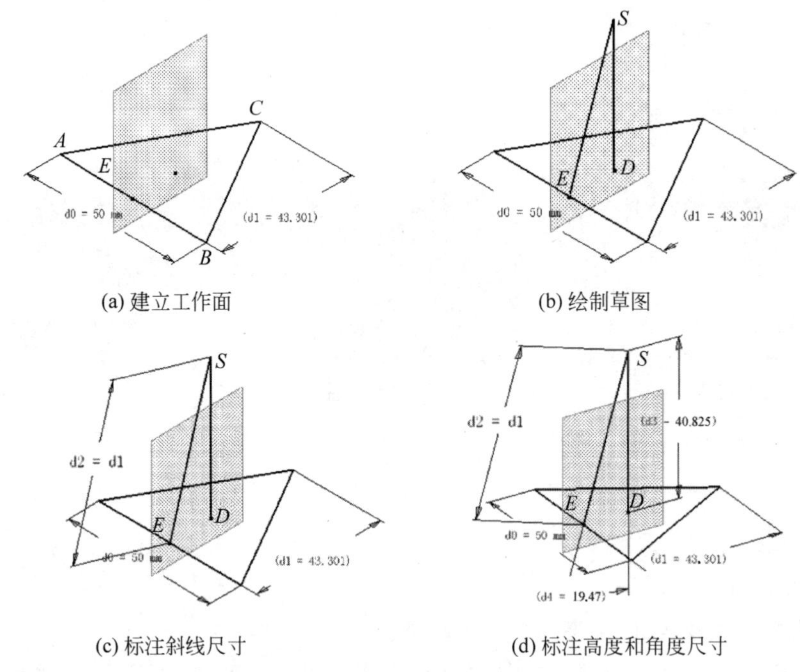

(a) 建立工作面　　(b) 绘制草图

(c) 标注斜线尺寸　　(d) 标注高度和角度尺寸

图 4-92　正三棱锥的高度和角度

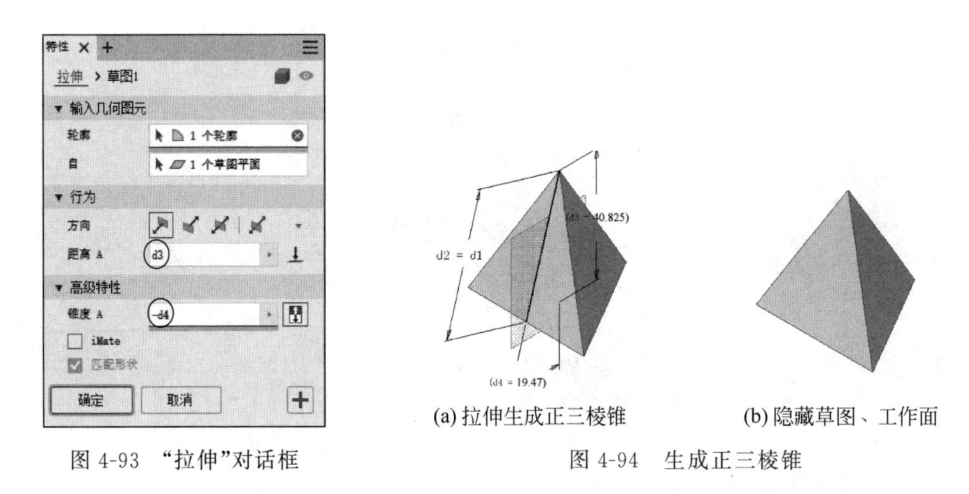

图 4-93　“拉伸”对话框

(a) 拉伸生成正三棱锥　　(b) 隐藏草图、工作面

图 4-94　生成正三棱锥

例 5　在轴架圆柱体上生成一个斜孔，如图 4-95 所示。

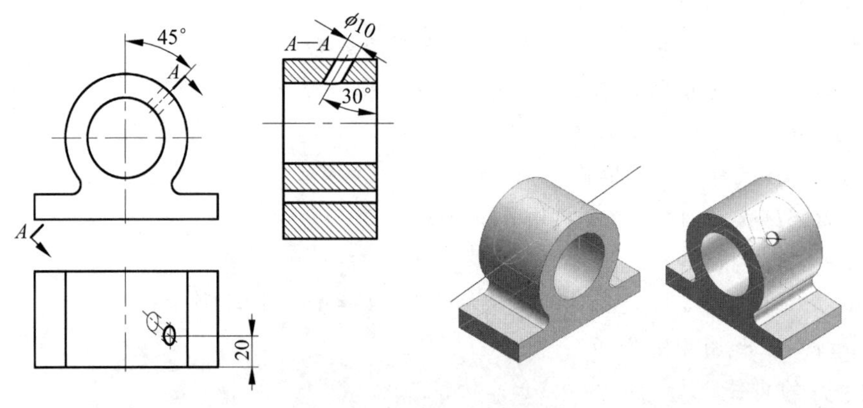

图 4-95　圆柱体上的斜孔

1. 模型分析

斜孔的轴线是一般位置直线，由角度45°和30°决定其方向，由尺寸20决定其位置。

方法一：过 A—A 剖切平面作工作平面，在工作平面上绘制宽为5的倾斜30°的矩形，旋转生成斜圆孔。

方法二：生成两个工作平面(45°、30°)，两个工作平面的交线(工作轴)即斜孔的轴线；生成垂直于轴线的工作平面，以工作平面上的圆草图为截面拉伸成斜圆孔。

方法一的操作比较明了，下面只介绍其操作步骤。

2. 操作步骤

打开文件：第4章\实例\轴架.ipt，实体如图4-96(a)所示。

1) 生成45°工作面

(1) 生成圆柱体的工作轴。

(2) 生成与底板左侧面成45°的工作平面，如图4-96(b)所示。

2) 生成距实体前面20的工作平面(如图4-96(c)所示)

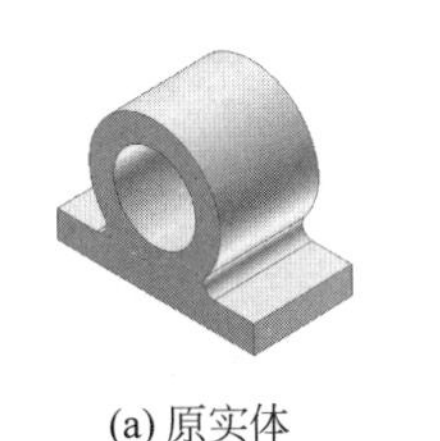

(a) 原实体

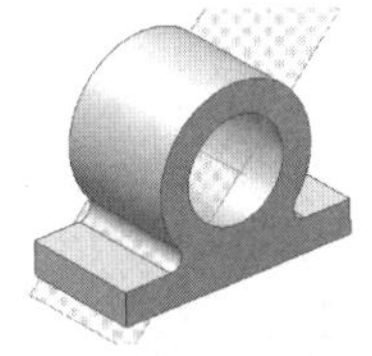

(b) 45°工作平面

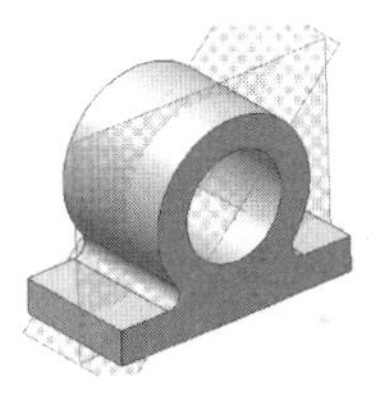

(c) 平行工作平面

图4-96　生成工作平面

3) 在草图平面上绘制矩形草图

(1) 在45°的工作平面上新建草图，并将其置为观察方向，如图4-97(a)所示。

(2) "切片观察"草图平面，如图4-97(b)所示。

(3) 单击"二维草图"面板中的"投影几何图元"命令，将距实体前面20的工作平面投影到当前的草图平面上。

(4) 单击"投影切割边"命令，将被草图平面剖切到的轮廓投影到当前的草图平面上，如图4-97(c)所示。"投影"的目的是确定草图的定位基准。

(5) 绘制倾斜的矩形，标注尺寸，如图4-97(d)所示。

(6) 使用"重合"约束命令将矩形一边的中点约束到最上面的水平投影线上。

(7) 使用"重合"约束命令将矩形一边的中点约束到距实体前面20的工作平面的投影线上，如图4-97(e)所示。

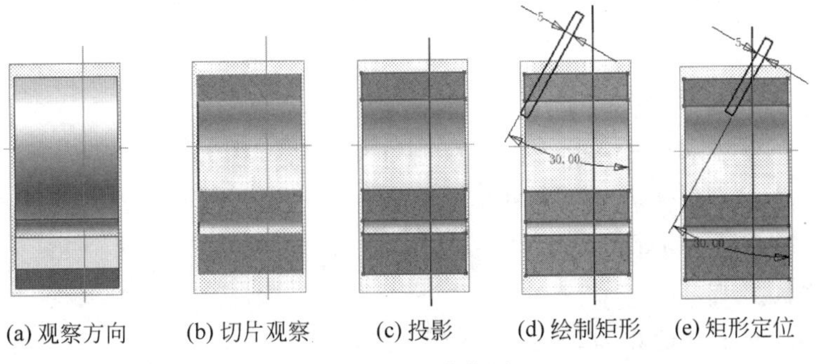

(a) 观察方向　(b) 切片观察　(c) 投影　(d) 绘制矩形　(e) 矩形定位

图4-97　生成草图

4）生成斜孔

(1) 使用“旋转”命令，以矩形为草图生成斜孔，如图 4-98(a)、(b)所示。

(2) 编辑拉伸特征，生成斜圆柱，观察效果如图 4-98(c)所示。

设计生成的文件：第 4 章\实例\轴架斜孔. ipt。

(a) 生成小孔　　(b) 隐藏定位特征　　(c) 观察效果

图 4-98　生成斜孔

例 6　按支架零件图设计三维实体模型，如图 4-99 所示。

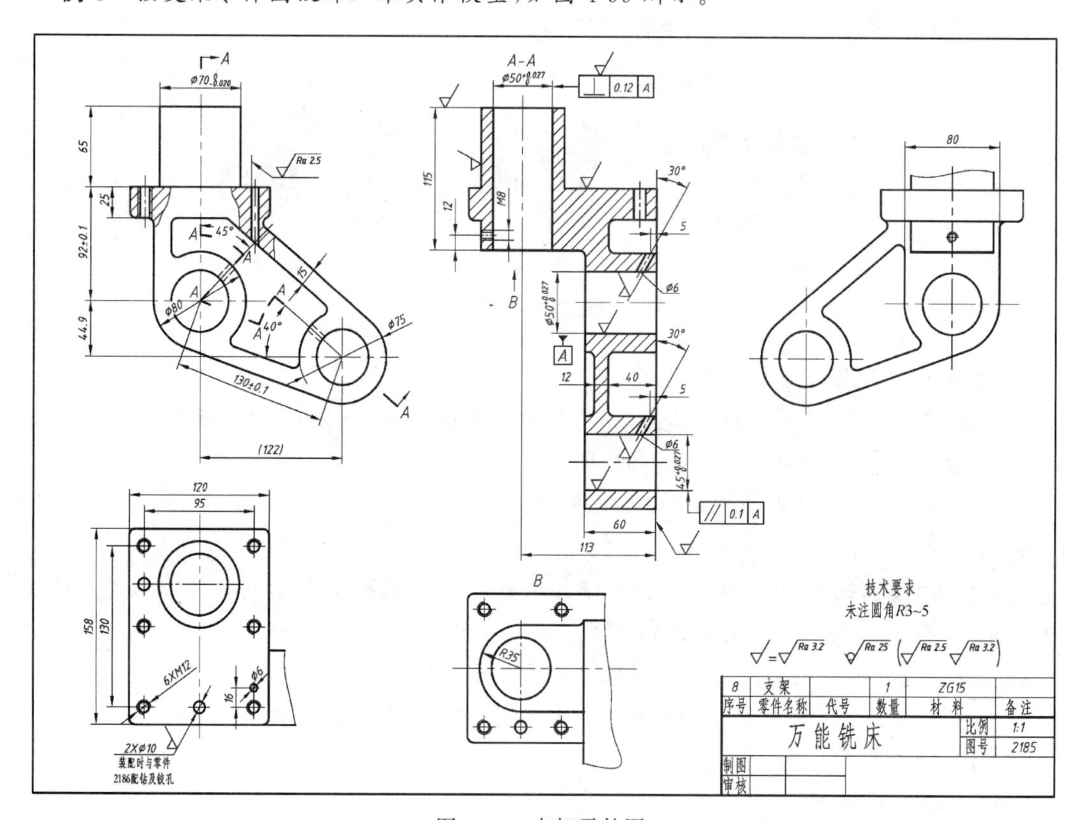

图 4-99　支架零件图

1. 设计分析

(1) 将支架零件分为几个部分，依次建立其模型。

(2) 涉及的零件特征命令只有“拉伸”和“打孔”两个。

(3) 两个直径为 6 的斜孔可仿照例 5 的方法生成。

2. 操作步骤(参照图 4-100)

(1) 生成平板。

(2) 打孔生成 6 个螺纹孔，拉伸生成两个光孔。

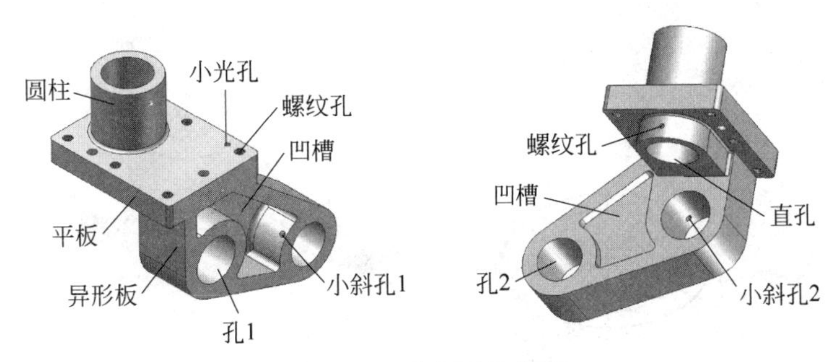

图 4-100 支架零件结构

(3) 生成圆柱(暂时不生成圆柱直孔)。

(4) 生成异形板(板上两个孔同时生成)。

(5) 生成异形板上两侧的凹槽。

(6) 拉伸生成一个小光孔。

(7) 生成两个小斜孔。

(8) 生成外圆角、铸造内圆角。

设计生成的文件:第 4 章\实例\支架.ipt。

例 7 按连杆零件图(图 4-101)对连杆进行三维建模。

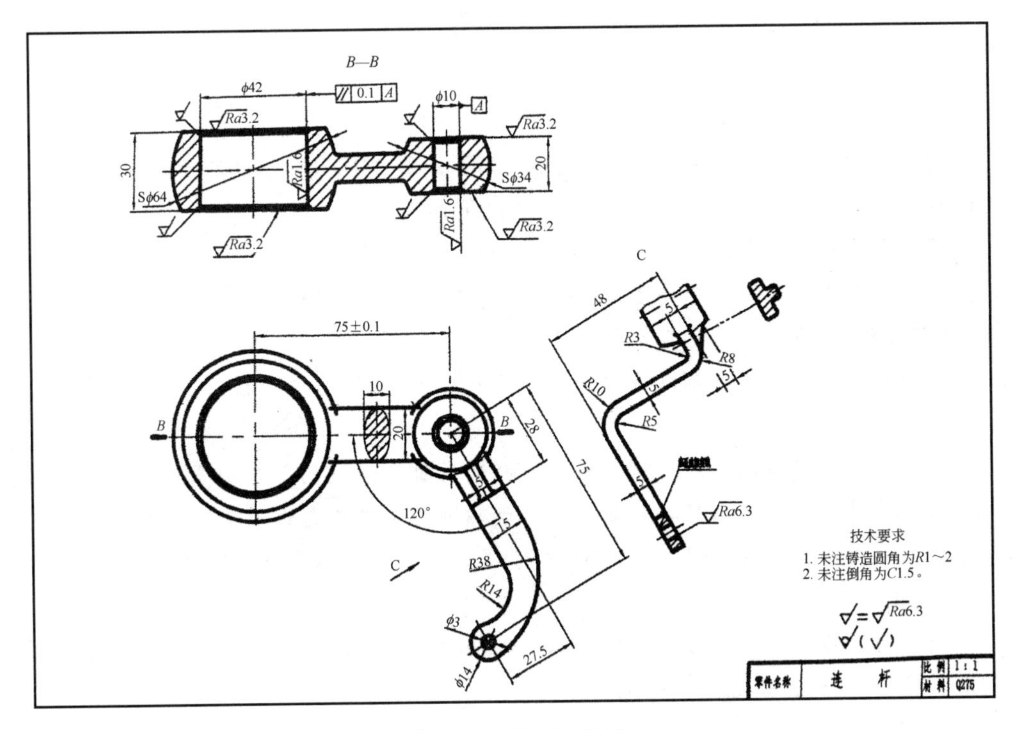

图 4-101 连杆零件图

1. 形体分析

该零件主要包括 4 部分,即大圆筒、椭圆柱、小圆筒、弯杆,如图 4-102 所示。

2. 建模步骤

具体建模步骤如图 4-103 所示。

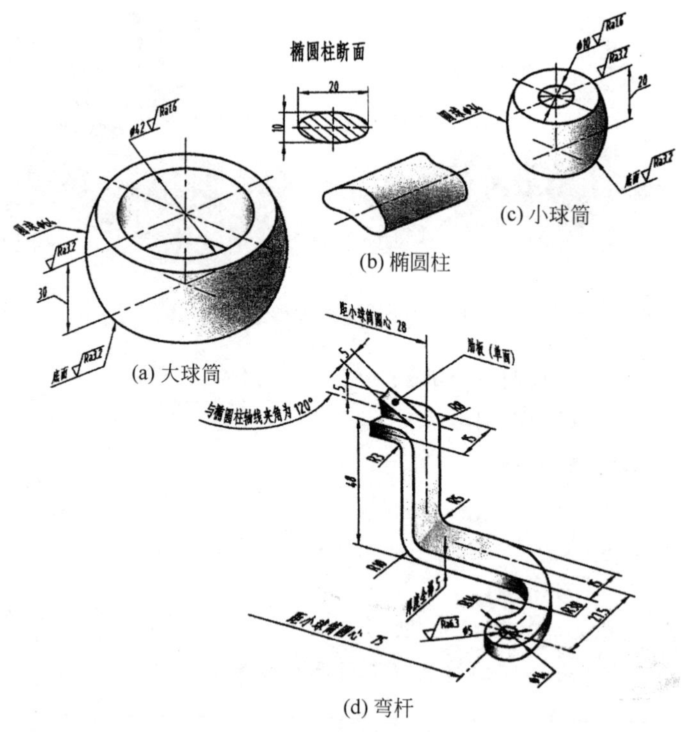

(a) 大球筒 (b) 椭圆柱 (c) 小球筒

(d) 弯杆

图 4-102 形体分析

(1) 通过两次“拉伸”操作生成弯杆，如图 4-103(a)～(c)所示。

(2) 通过两次“旋转”操作生成大圆筒和小圆筒，如图 4-103(d)、(e)所示。

(3) 通过“拉伸”操作生成椭圆柱，如图 4-103(f)所示。

(4) 通过“加强筋”操作生成肋板，如图 4-103(g)所示。

例 8 根据砂轮头支架的零件图(图 4-104)对其进行三维建模。

1. 模型分析

(1) 将砂轮头支架的整体形状分解为三个基本单元体，即水平圆柱筒、竖直曲面筒、底座，如图 4-105 所示。

(2) 砂轮头支架建模的先后顺序是造型成败的关键。造型的顺序通常可以分为两种：一种是由简单到复杂；一种是由复杂到简单。由于砂轮头支架竖直曲面筒的外形和内部空腔较为复杂，所以，首先需要对竖直曲面筒进行建模，其次对底座和水平圆柱筒进行建模。

2. 建模步骤

(1) 绘制竖直曲面筒的二维截面轮廓草图 1，如图 4-106(a)所示。添加“拉伸”特征，距离为 81，形成圆柱体特征，如图 4-106(b)所示。

(2) 取 *XZ* 平面为草图平面，绘制竖直曲面筒的二维截面轮廓草图 2，如图 4-106(c)所示。添加“拉伸”特征，拉伸方式为求交集，范围为贯通，形成竖直曲面筒外形特征，如图 4-106(d)所示，结果如图 4-106(e)所示。

(3) 添加“抽壳”特征，开口面为上下底面，厚度为 5，形成竖直曲面筒内部空腔特征，如图 4-106(f)所示，结果如图 4-106(g)所示。

(4) 取 *YZ* 平面为草图平面，绘制竖直曲面筒的二维截面轮廓草图 3，如图 4-106(h)所示。

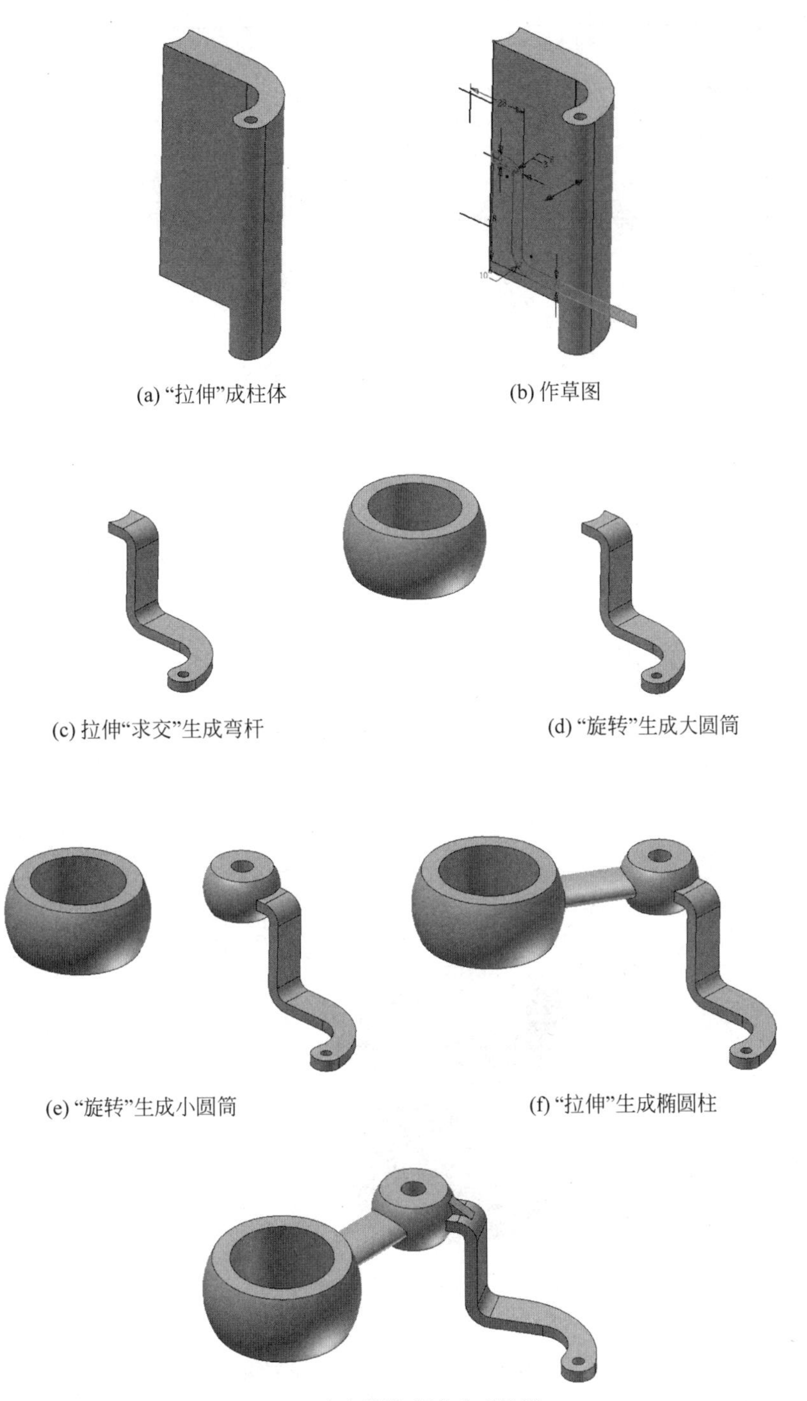

(a)“拉伸”成柱体　(b) 作草图

(c) 拉伸“求交”生成弯杆　(d)“旋转”生成大圆筒

(e)“旋转”生成小圆筒　(f)“拉伸”生成椭圆柱

(g) 通过“加强筋”操作生成肋板

图 4-103　连杆零件的建模步骤

添加“拉伸”特征，拉伸方式为切削，范围为贯通，形成竖直曲面筒外形特征，如图 4-106(i)所示，结果如图 4-106(j)所示。

(5) 取 YZ 平面为草图平面，绘制底座的二维截面轮廓草图 4，如图 4-106(k)所示。添加“旋转”特征，形成底座外形特征，如图 4-106(l)所示，结果如图 4-106(m)所示。

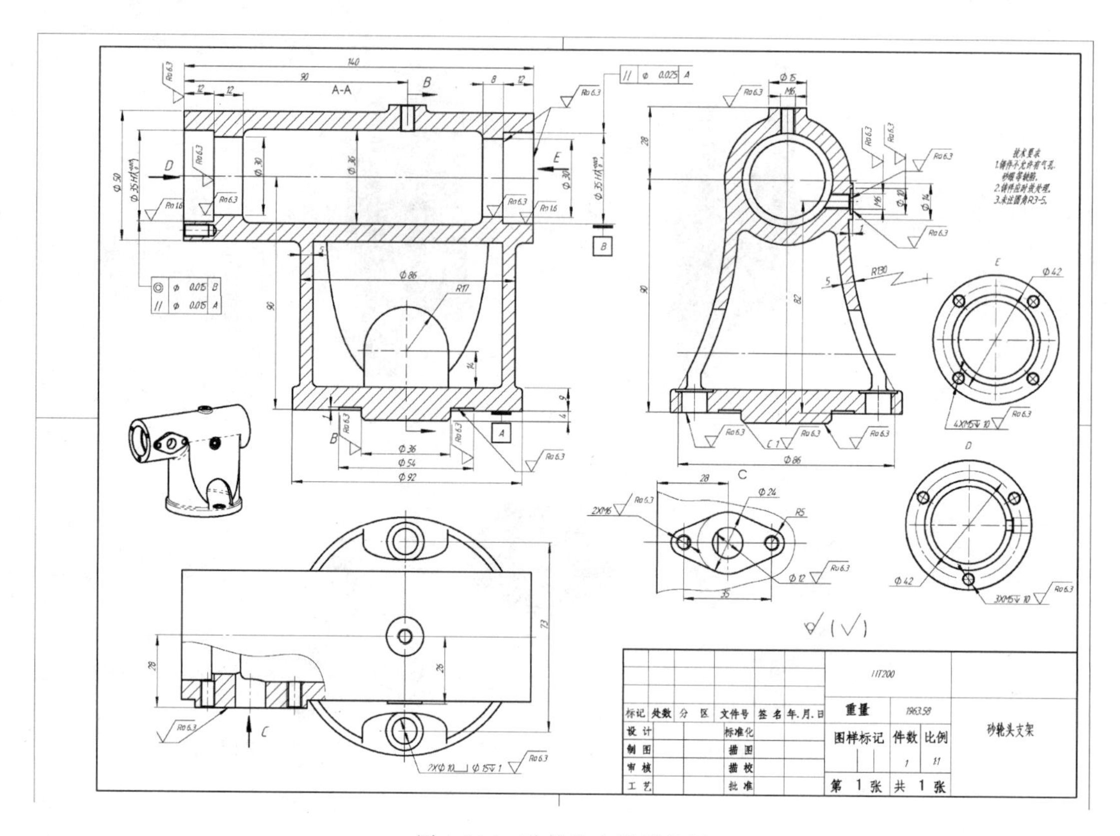

图 4-104　砂轮头支架零件图

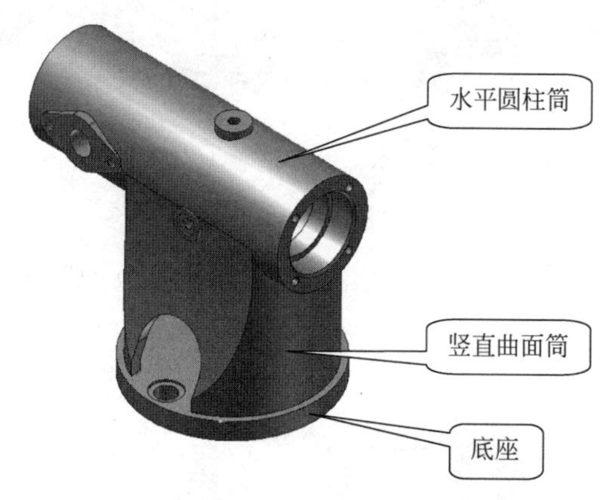

图 4-105　砂轮头支架

(6) 平行于 XZ 平面，且相距 90 生成工作平面 1，如图 4-106(n)和(o)所示。

(7) 取工作平面 1 为草图平面，绘制水平圆柱筒的二维截面轮廓草图 5，如图 4-106(p)所示。添加“拉伸”特征，拉伸距离为 140，形成水平圆柱筒外形特征，如图 4-106(q)所示，结果如图 4-106(r)所示。

(8) 取 YZ 平面为草图平面，绘制水平圆柱筒的二维截面轮廓草图 6，如图 4-106(s)所示。添加“旋转”特征，旋转方式为切削，形成水平圆柱筒内部空腔特征，如图 4-106(t)所示，结果如图 4-106(u)所示。

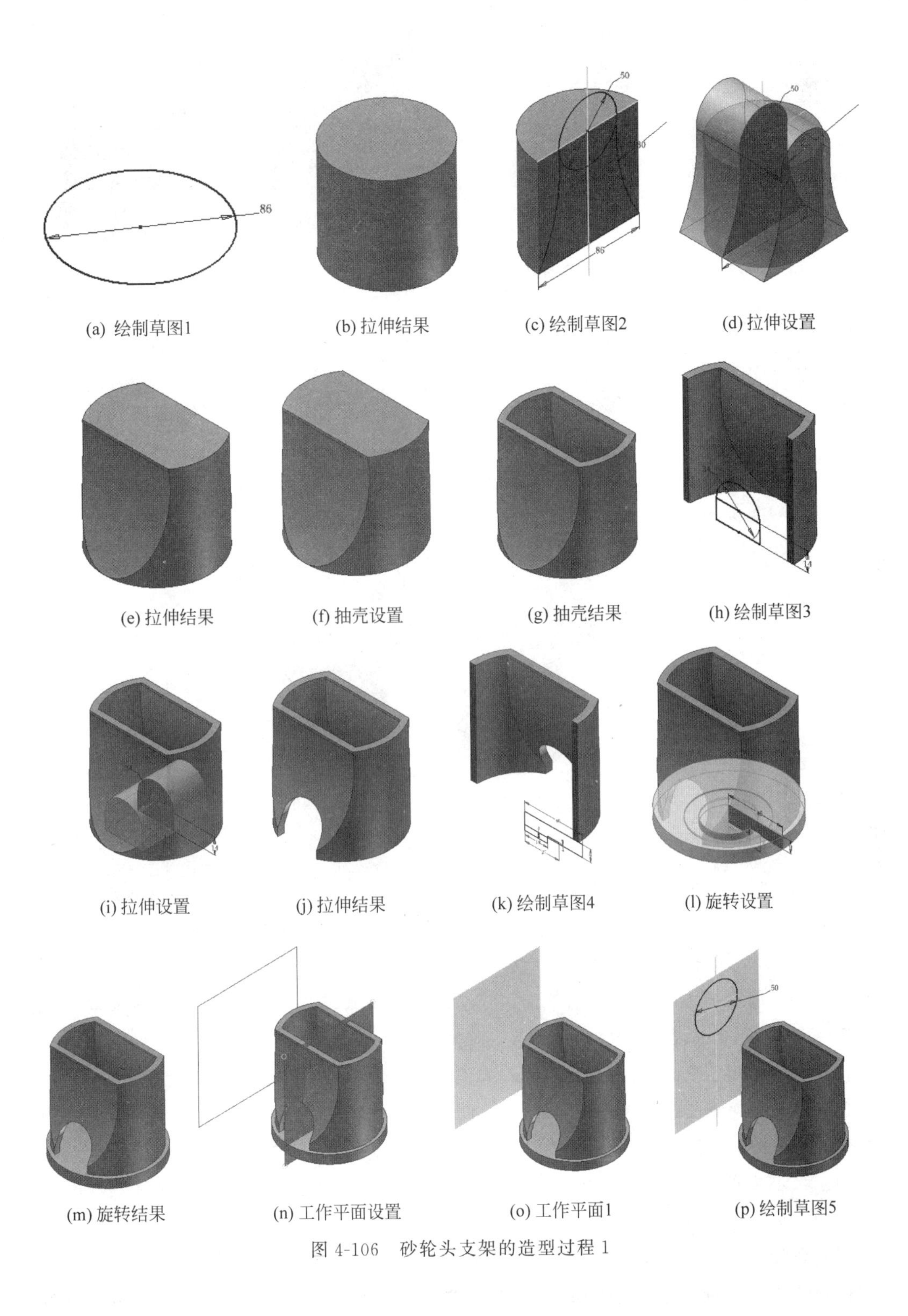

(a) 绘制草图1　(b) 拉伸结果　(c) 绘制草图2　(d) 拉伸设置

(e) 拉伸结果　(f) 抽壳设置　(g) 抽壳结果　(h) 绘制草图3

(i) 拉伸设置　(j) 拉伸结果　(k) 绘制草图4　(l) 旋转设置

(m) 旋转结果　(n) 工作平面设置　(o) 工作平面1　(p) 绘制草图5

图 4-106　砂轮头支架的造型过程 1

(q) 拉伸设置　(r) 拉伸结果　(s) 绘制草图6　(t) 旋转设置

(u) 旋转结果　(v) 拉伸结果　(w) 工作平面2　(x) 绘制草图7

(y) 拉伸结果　(z) 打孔结果

图 4-106 （续）

(9) 平行于底座的上表面，且相距 109 生成工作平面 2，如图 4-106(v)和(w)所示。

(10) 取工作平面 2 为草图平面，绘制二维截面轮廓草图 7，如图 4-106(x)所示。添加"拉伸"特征，拉伸方式为到平面，结果如图 4-106(y)所示。

(11) 取小圆柱的上表面为草图平面，得到草图 8，结束草图。添加"打孔"特征，孔的直径为 6，深度为 12，结果如图 4-106(z)所示。

(12) 平行于 YZ 平面，且相距 28 生成工作平面 3，如图 4-107(a)和(b)所示。

(13) 取工作平面 2 为草图平面，绘制二维截面轮廓草图 9，如图 4-107(c)所示。添加"拉伸"特征，拉伸方式为到平面，如图 4-107(d)所示，结果如图 4-107(e)所示。

(14) 取法兰盘的上表面为草图平面，绘制草图 10，如图 4-107(f)所示。添加"拉伸"特征，拉伸方式为切削，深度为 15，结果如图 4-107(g)所示。

(15) 平行于法兰盘的上表面，且相距 2 生成工作平面 4，如图 4-107(h)所示。

(16) 取工作平面 4 为草图平面，绘制二维截面轮廓草图 11，如图 4-107(i)所示。添加"拉伸"特征，拉伸方式为到平面，结果如图 4-107(j)所示。

图 4-107　砂轮头支架的造型过程 2

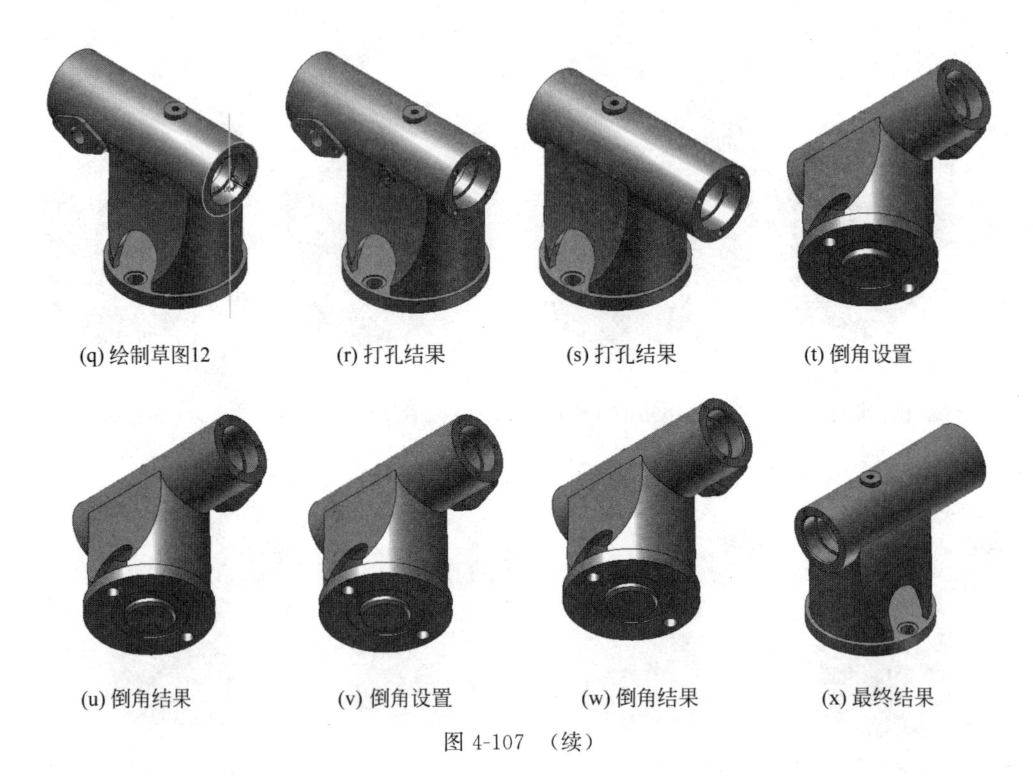

(q) 绘制草图12　(r) 打孔结果　(s) 打孔结果　(t) 倒角设置

(u) 倒角结果　(v) 倒角设置　(w) 倒角结果　(x) 最终结果

图 4-107 （续）

(17) 取小圆柱的上表面为草图平面，得到草图 12，结束草图。添加“打孔”特征，如图 4-107(k)所示，结果如图 4-107(l)所示。

(18) 取法兰盘的上表面为草图平面，得到草图 13，结束草图。添加“打孔”特征，如图 4-107(m)所示，结果如图 4-107(n)所示。

(19) 取底座的上表面为草图平面，得到草图 14，结束草图。添加“打孔”特征，如图 4-107(o)所示，结果如图 4-107(p)所示。

(20) 取水平圆柱筒的两侧为草图平面，绘制草图。添加“打孔”和“阵列”特征，如图 4-107(q)～(s)所示。

(21) 添加“倒角”特征，如图 4-107(t)～(x)所示。

思考题

1. 零件特征的生成方法分为几种类型？
2. 草图特征有几种类型？
3. 放置特征有几种类型？
4. 定位特征有几种类型？
5. 用拉伸和旋转两个方法生成一根阶梯轴零件，哪个方便修改？
6. 生成一个孔或螺纹孔有几种方式？哪种方式更简单？
7. 扫掠和放样有什么不同？放样的截面可以多于两个吗？
8. 总结使用过的工作平面、工作轴和工作点的作用。

练习题

1．建立给定实体的三维模型(见图 4-108)。

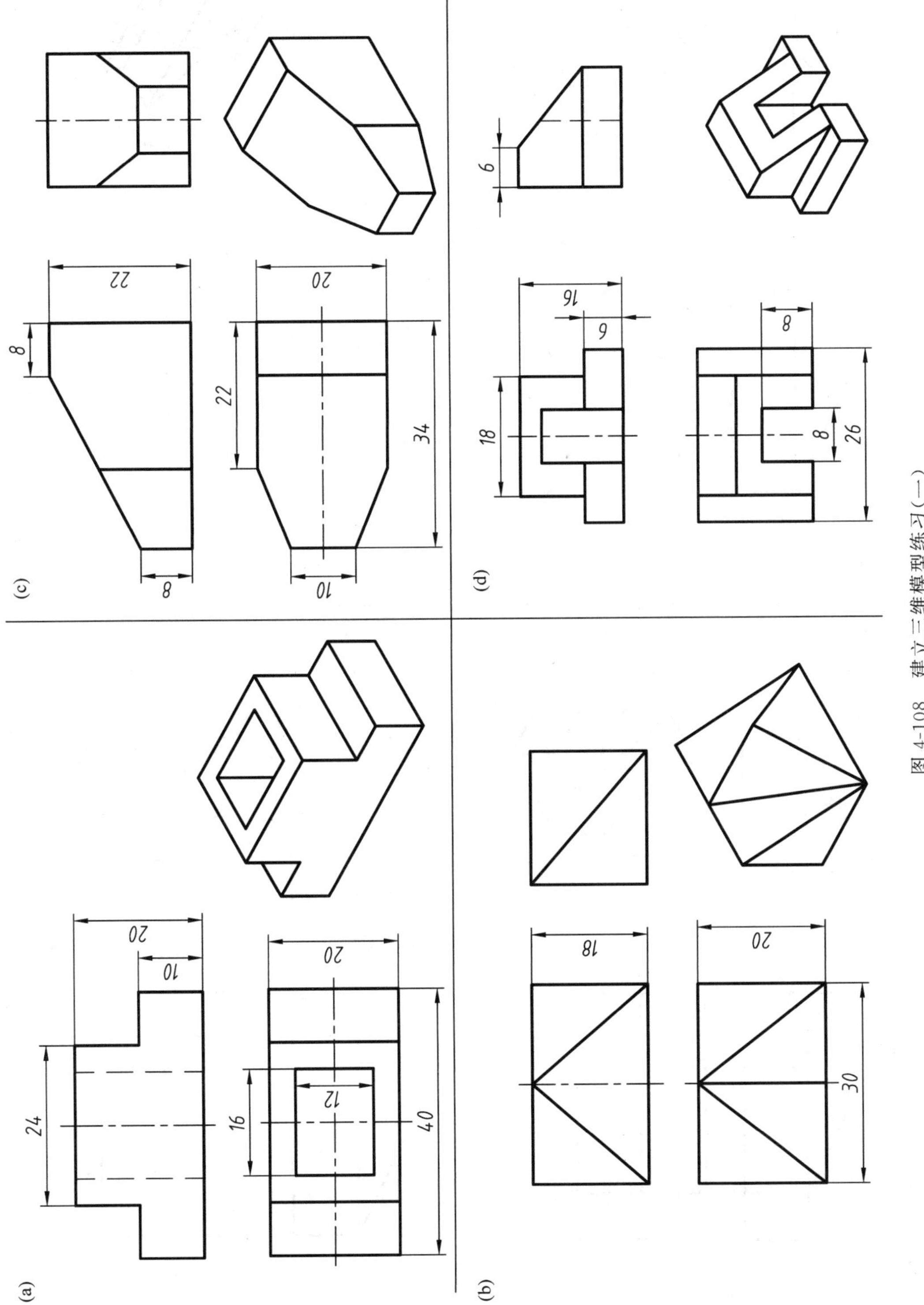

图 4-108　建立三维模型练习(一)

2. 建立给定实体的三维模型(见图 4-109)。

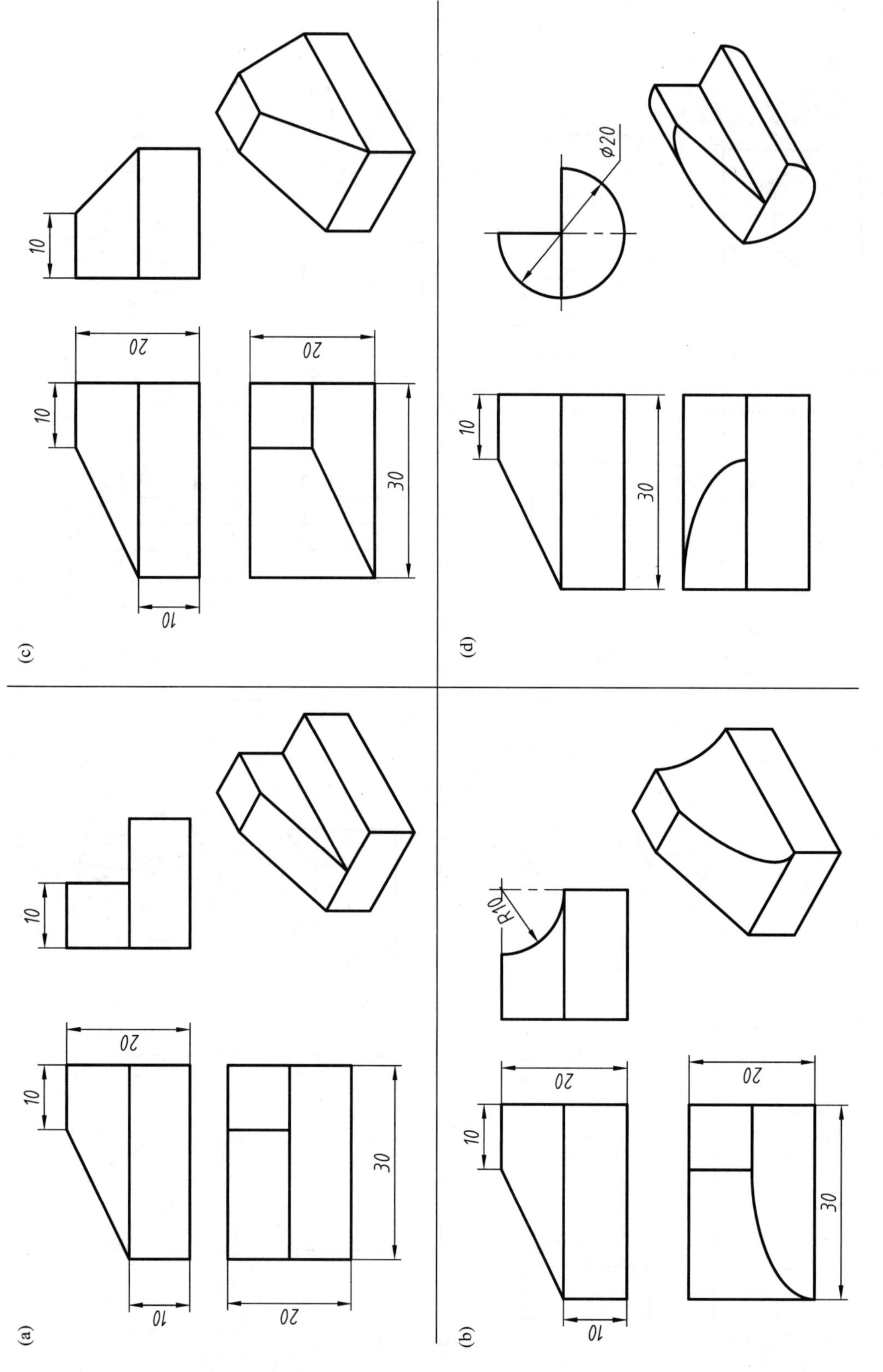

图 4-109 建立三维模型练习(二)

3. 建立给定实体的三维模型(见图 4-110)。

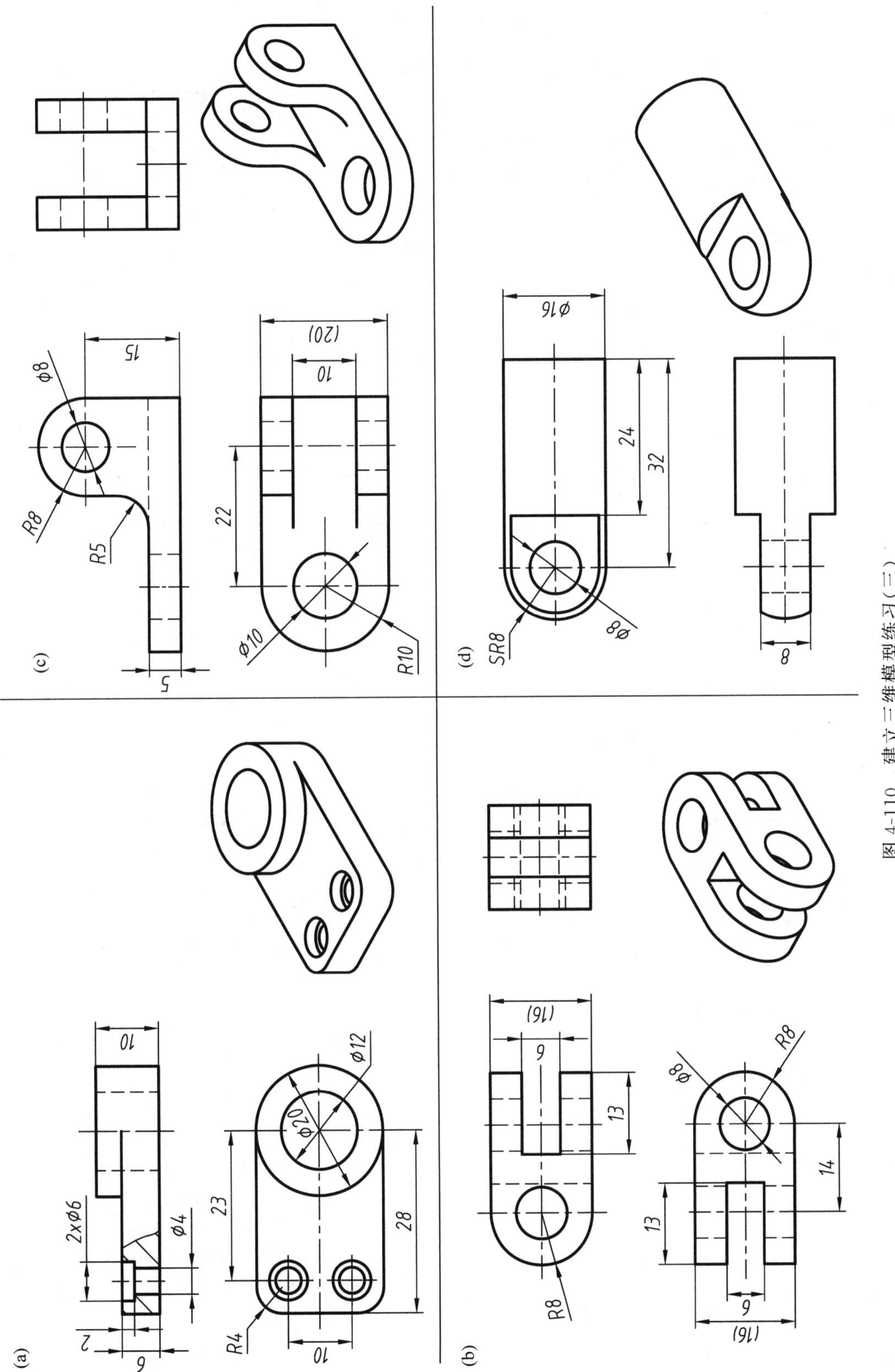

图 4-110　建立三维模型练习(三)

4. 建立给定实体的三维模型(见图 4-111)。

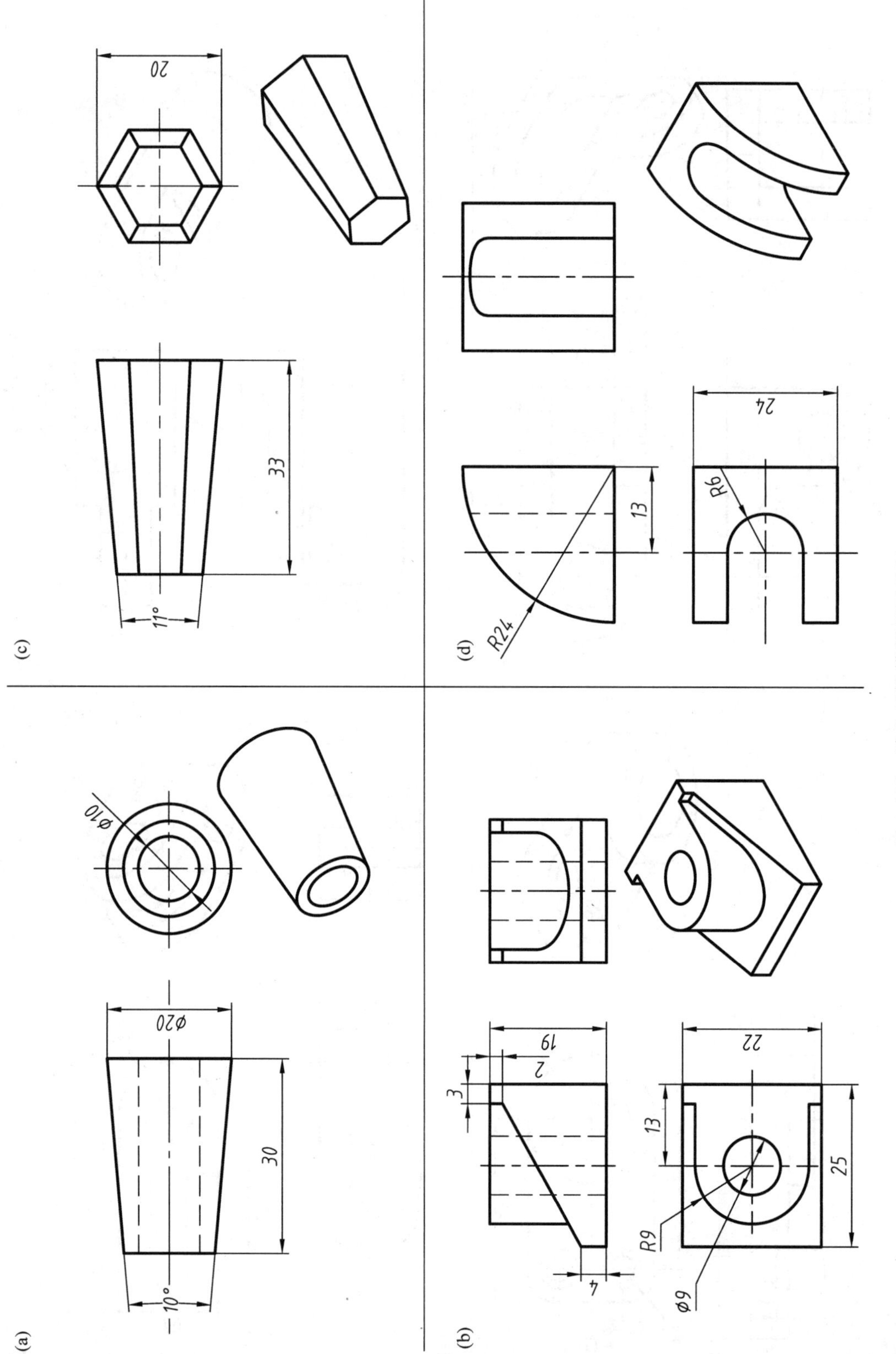

图 4-111 建立三维模型练习(四)

5. 建立给定实体的三维模型(见图 4-112)。

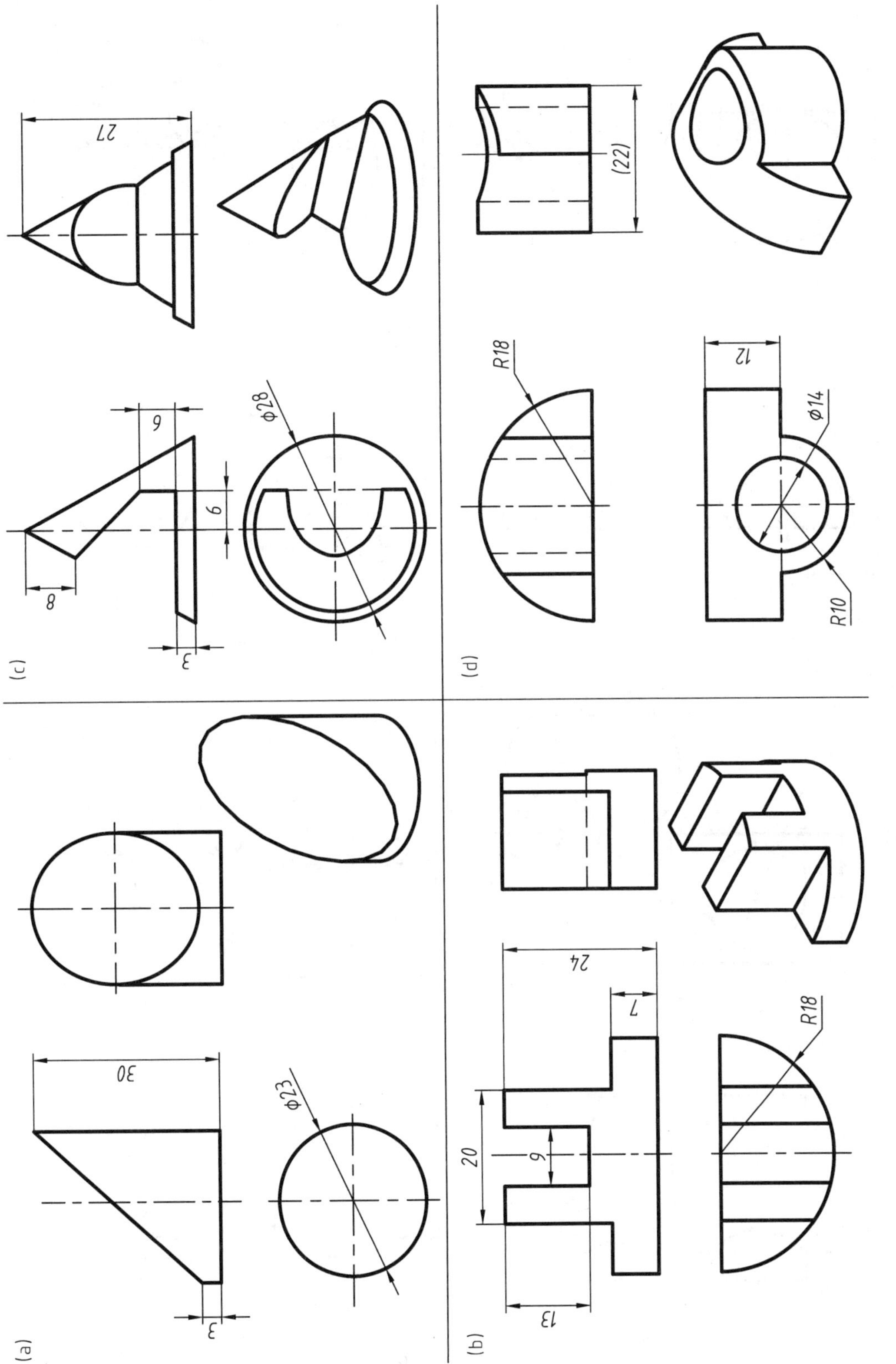

图 4-112　建立三维模型练习(五)

6. 建立给定实体的三维模型(见图 4-113)。

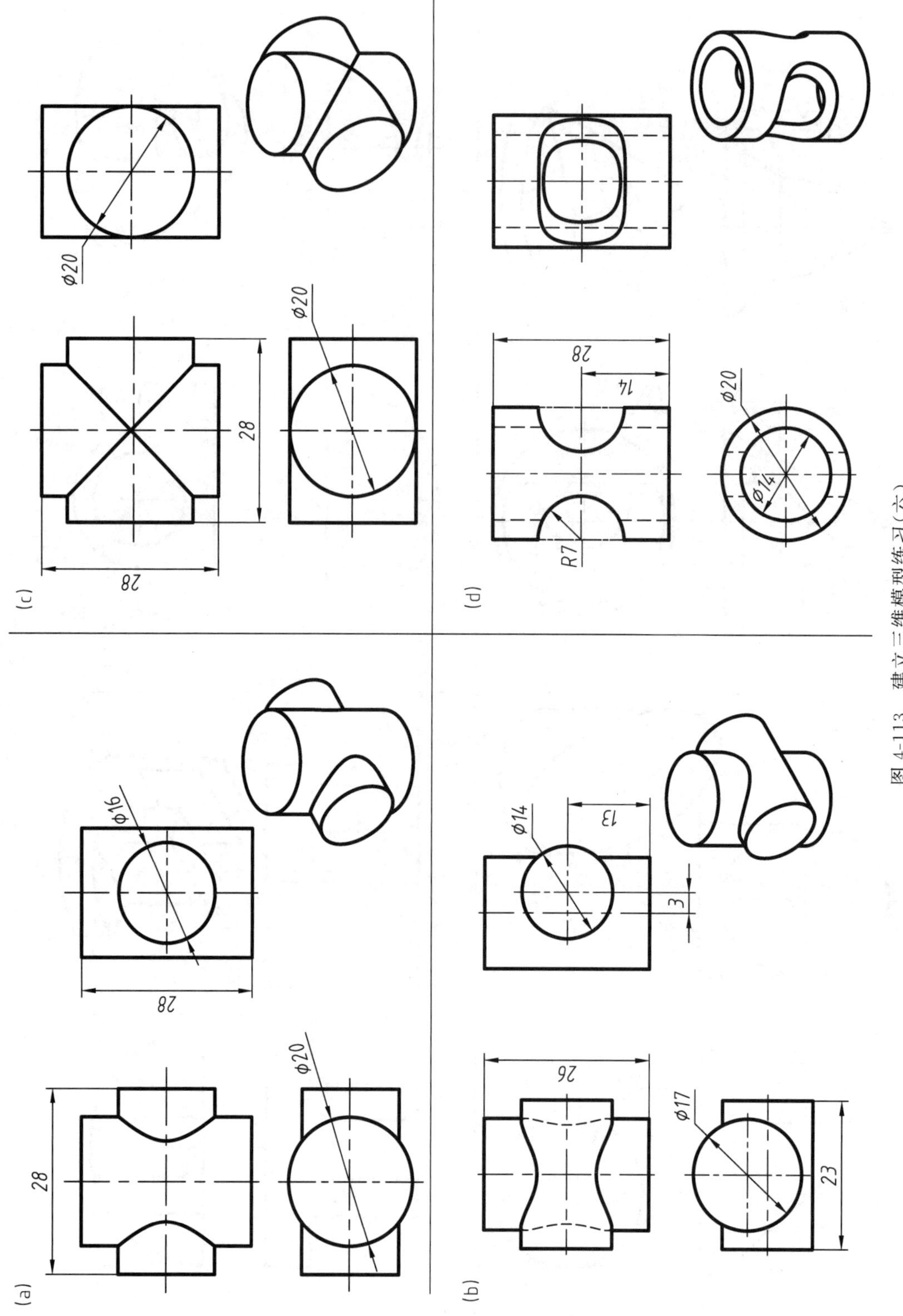

图 4-113 建立三维模型练习(六)

7. 建立给定实体的三维模型(见图 4-114)。

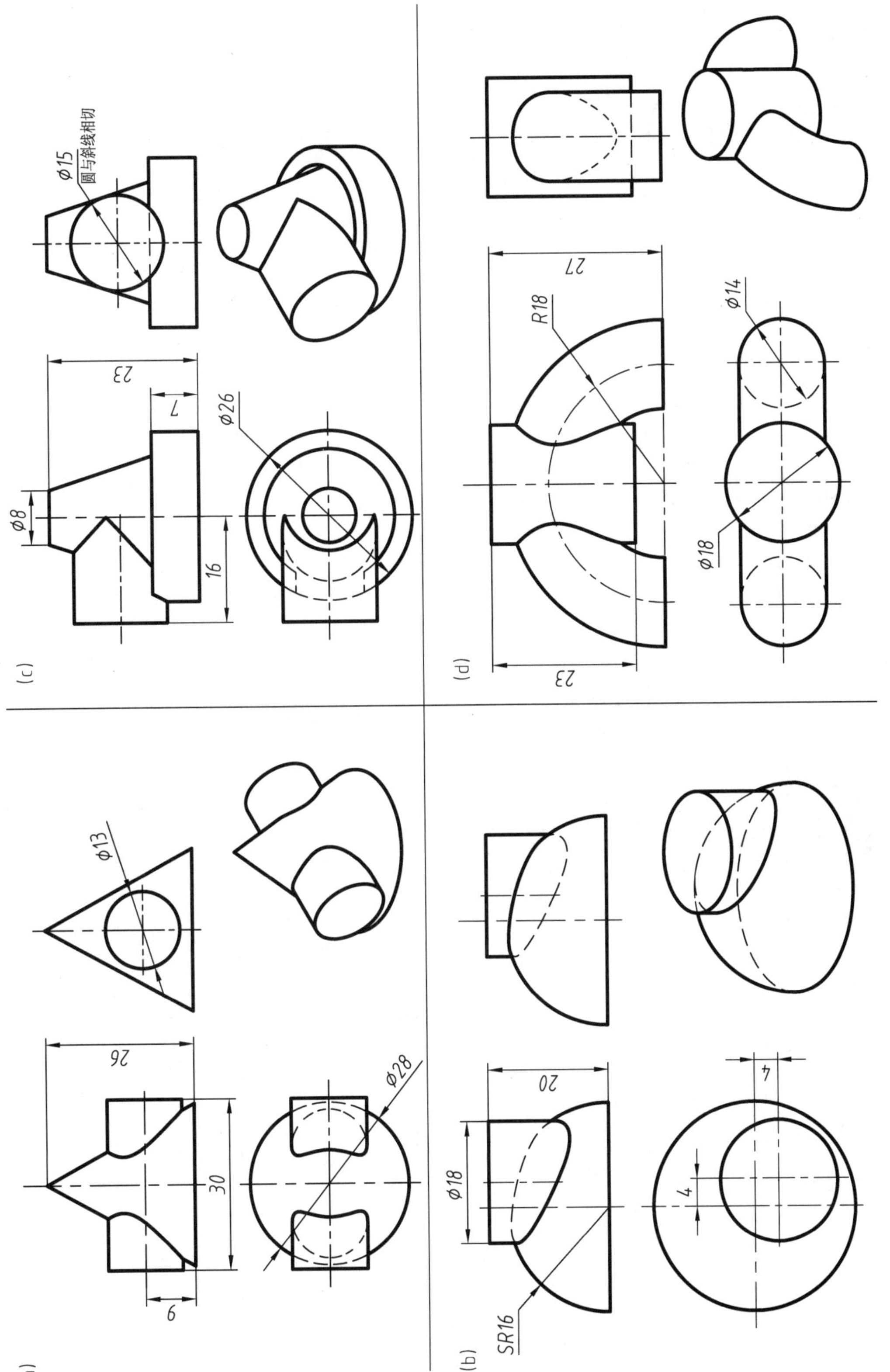

图 4-114　建立三维模型练习(七)

8. 建立给定实体的三维模型(见图 4-115)。

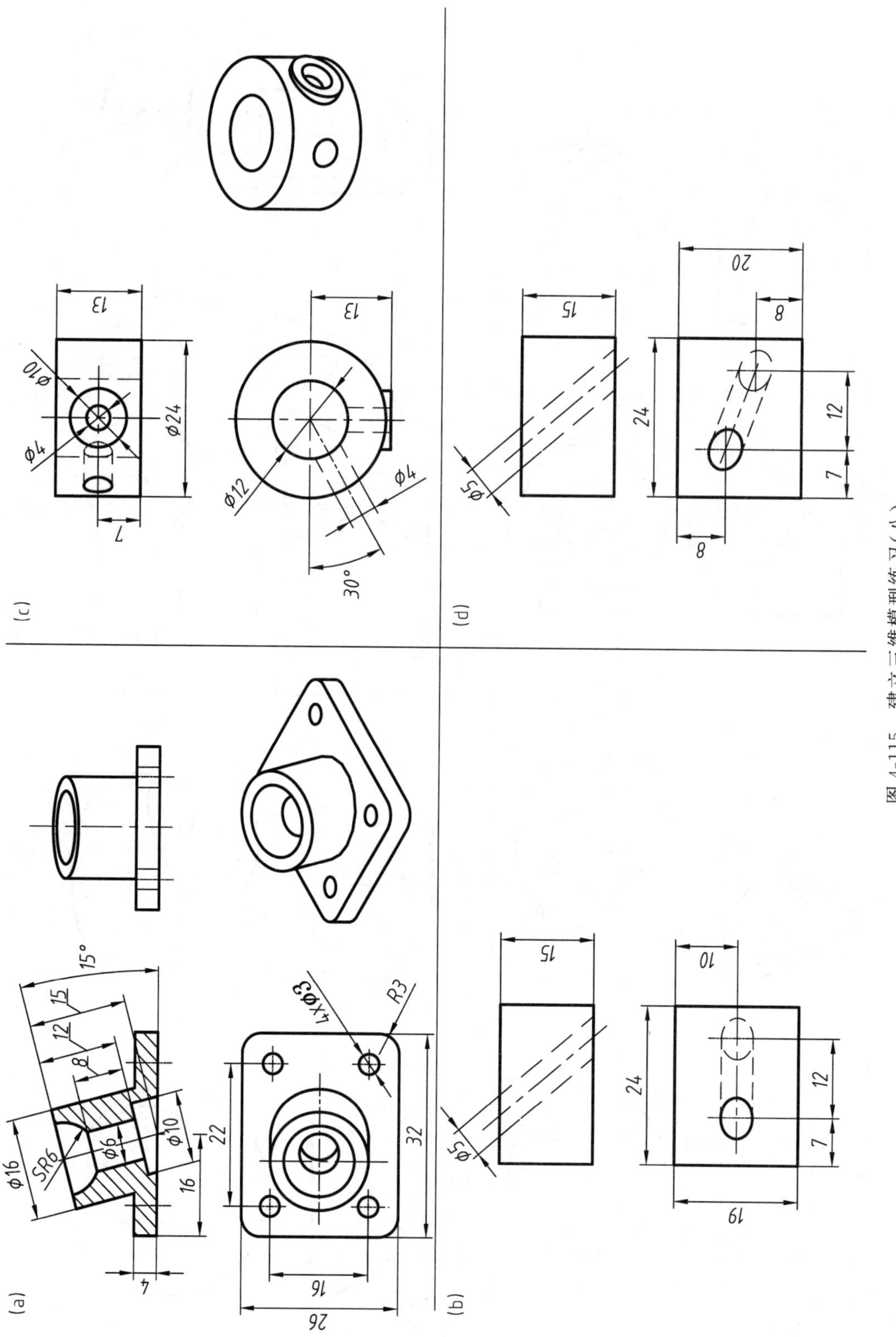

图 4-115 建立三维模型练习(八)

9. 建立给定实体的三维模型(见图 4-116)。

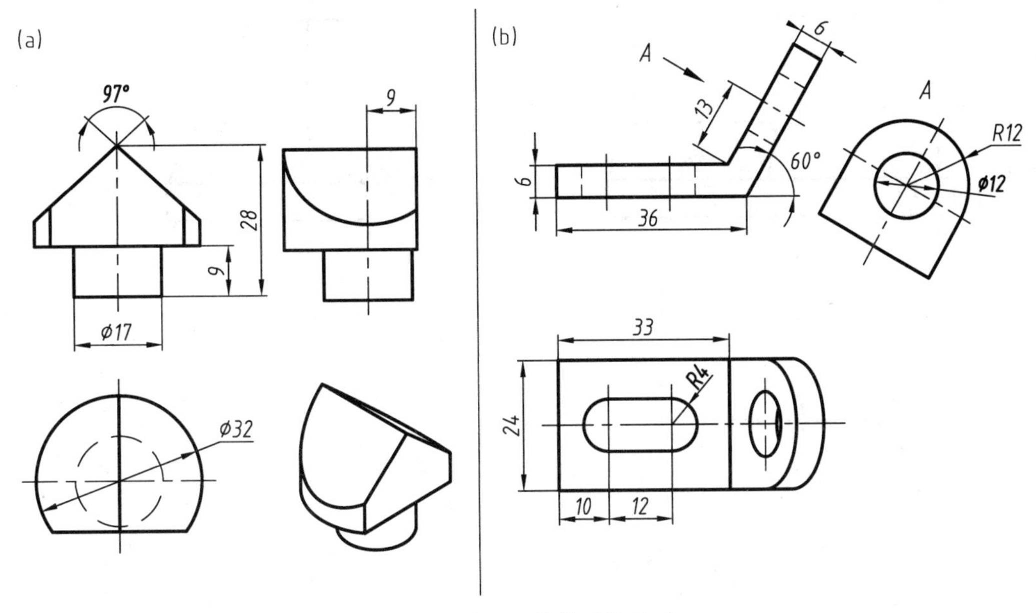

图 4-116　建立三维模型练习(九)

10. 建立给定实体的三维模型(可自行确定尺寸)(见图 4-117)。

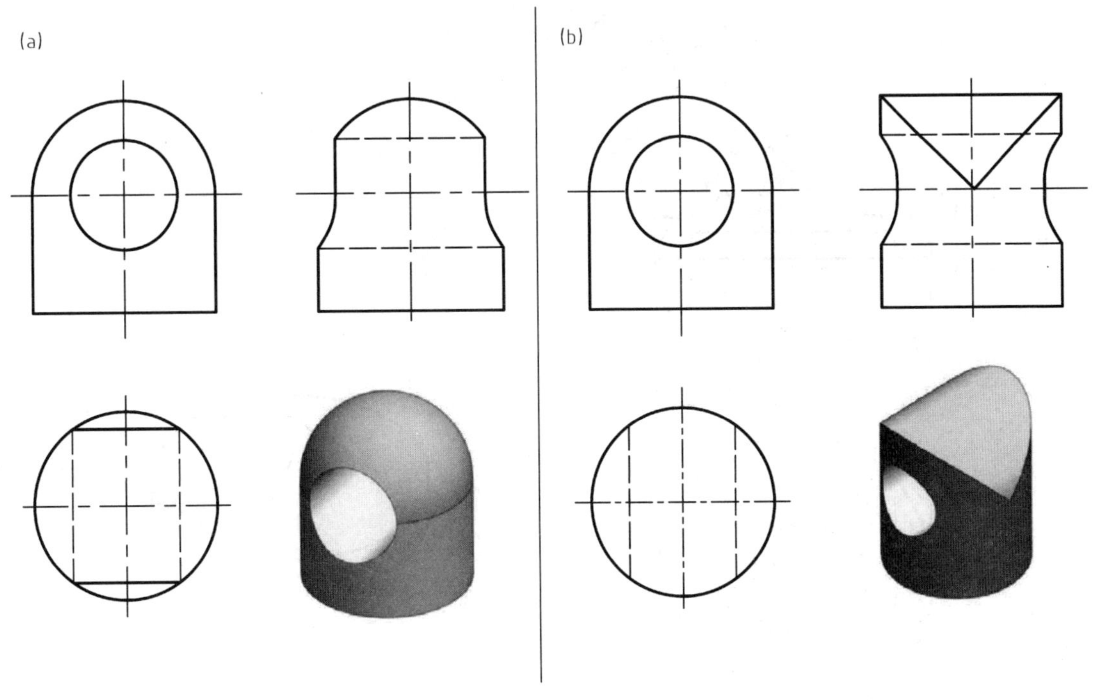

图 4-117　建立三维模型练习(十)

11. 建立给定实体的三维模型(见图 4-118)。

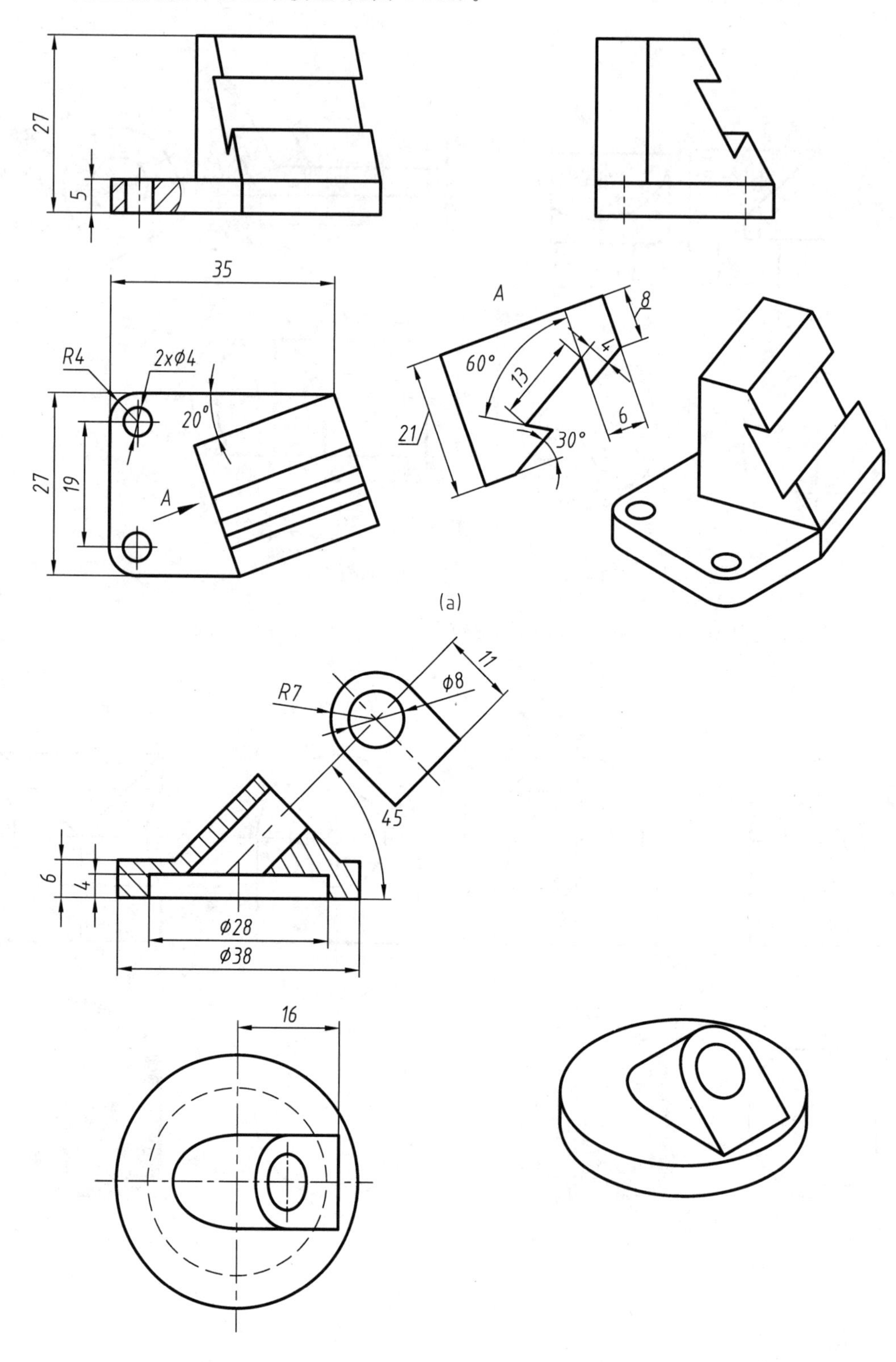

(b)

图 4-118 建立三维模型练习(十一)

12. 建立给定实体的三维模型(见图 4-119)。

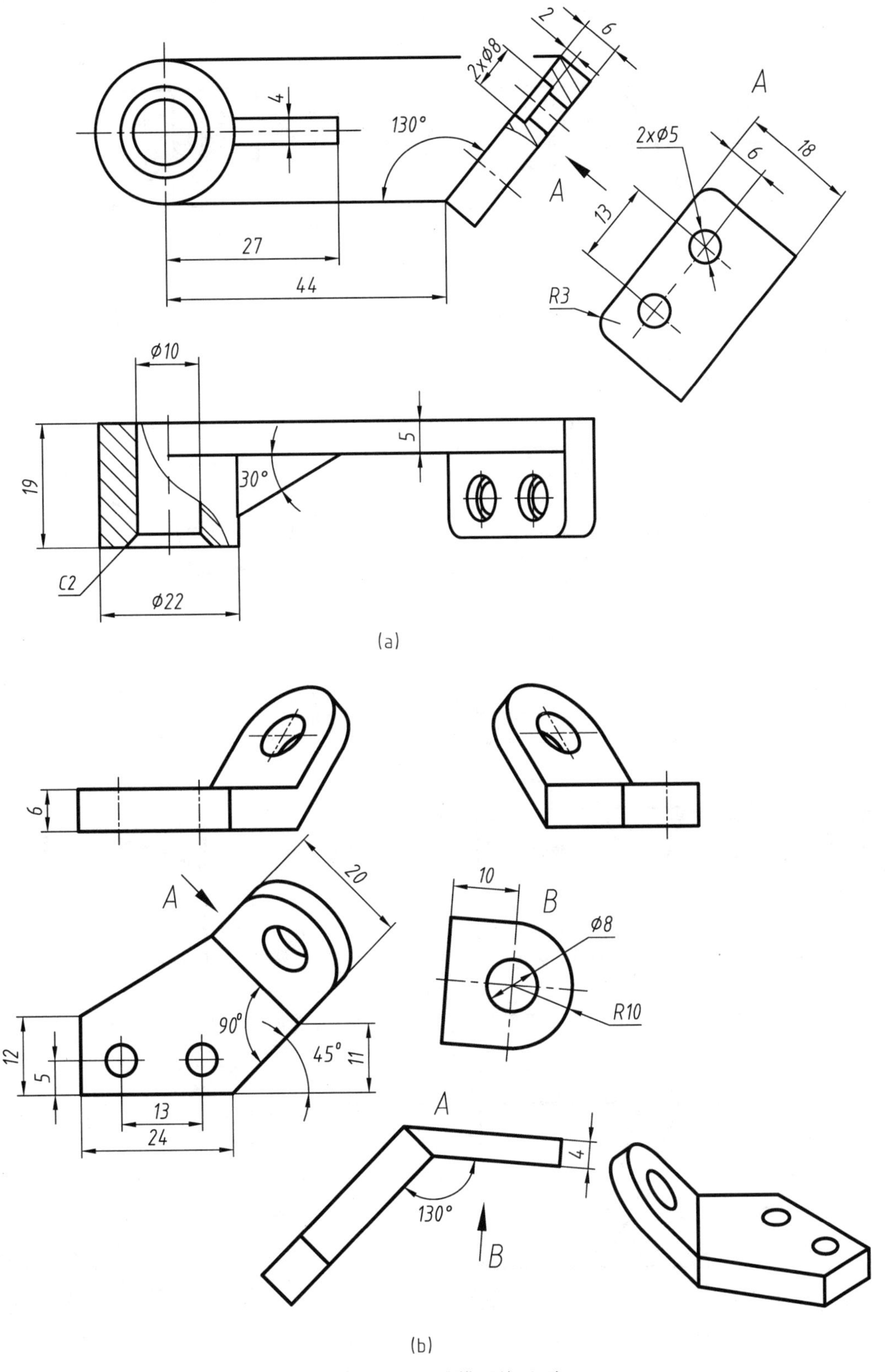

图 4-119　建立三维模型练习(十二)

13. 建立给定实体的三维模型(见图 4-120)。

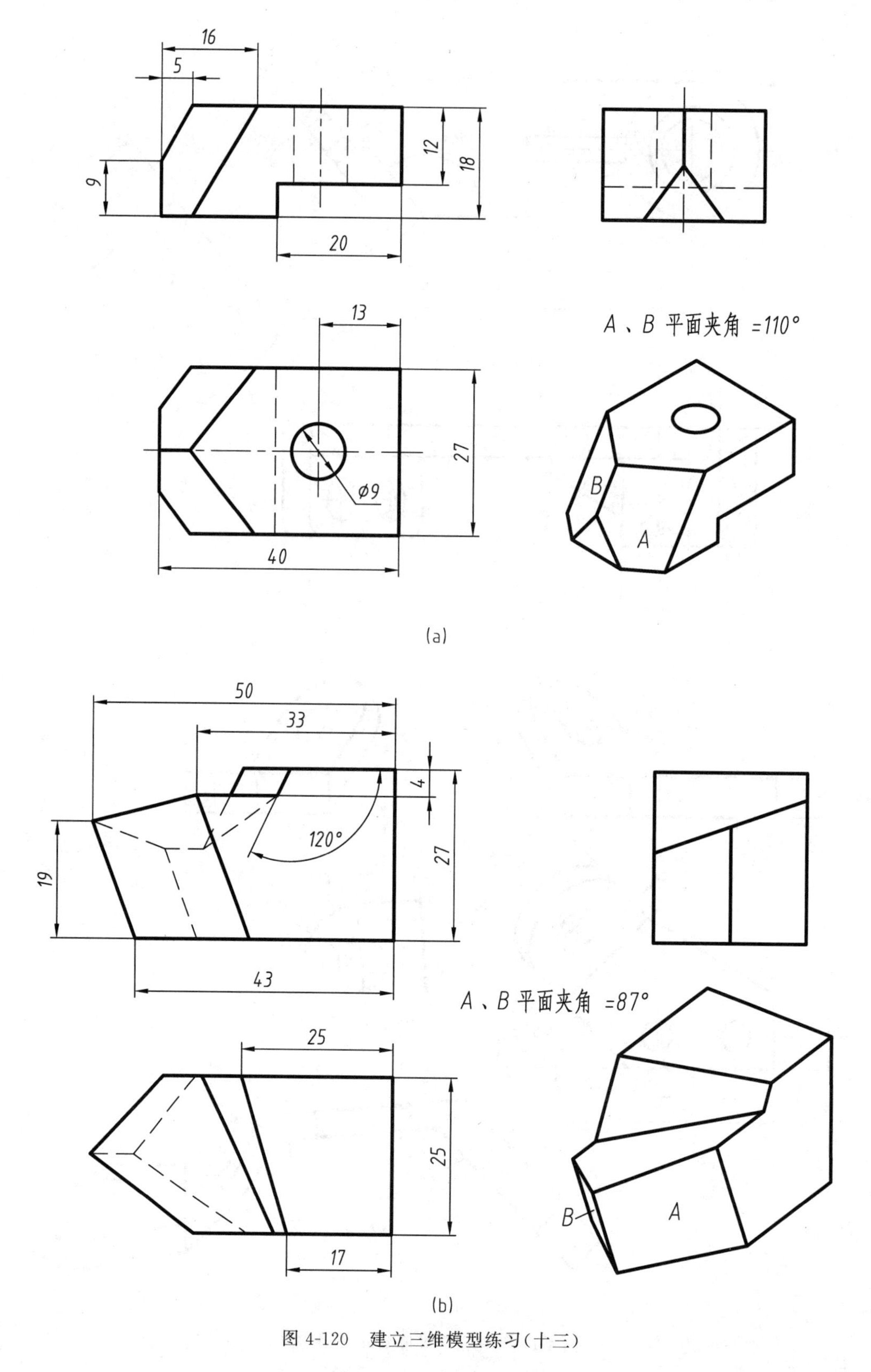

图 4-120 建立三维模型练习(十三)

14. 建立给定实体的三维模型(见图 4-121)。

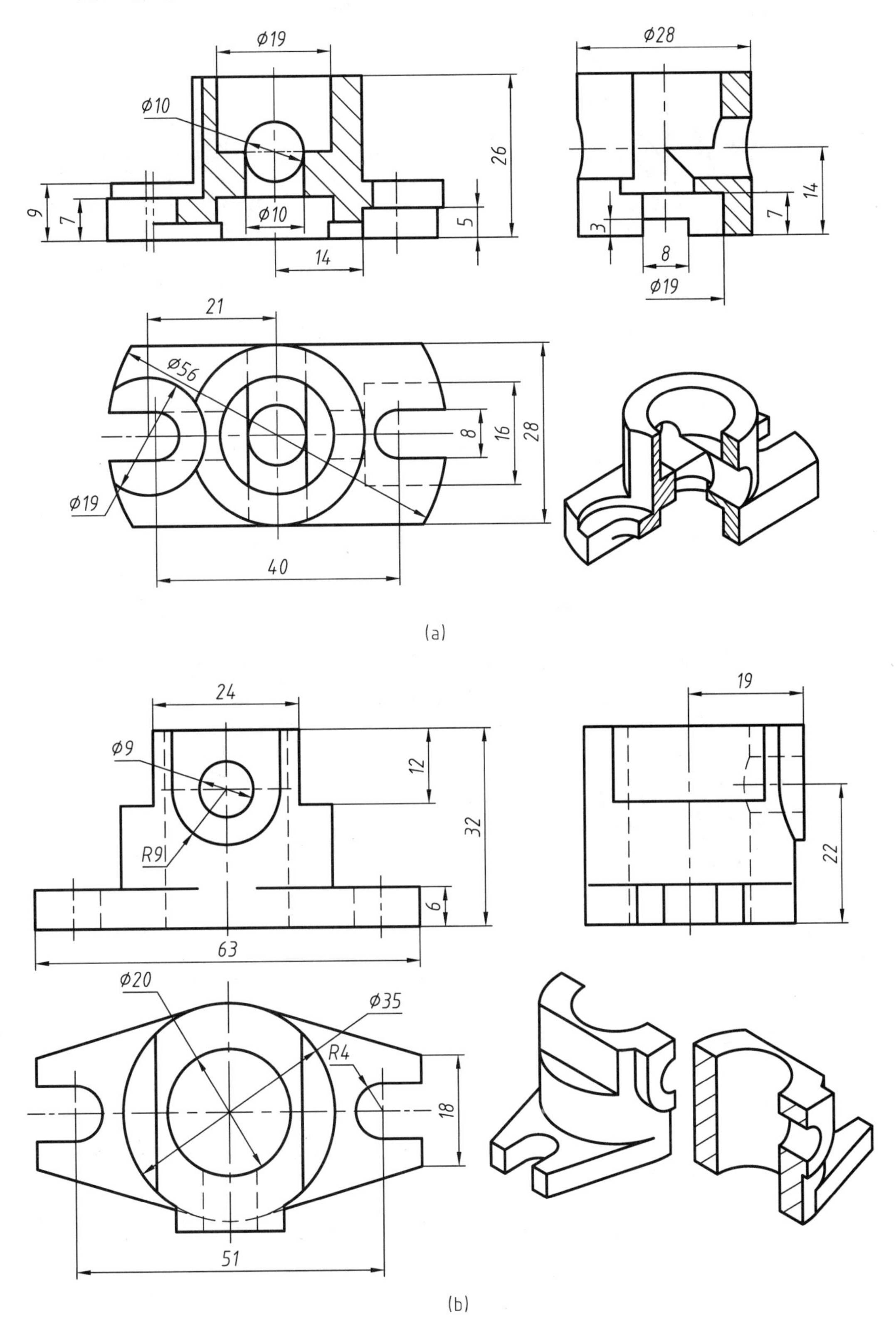

图 4-121　建立三维模型练习(十四)

15. 建立给定实体的三维模型(见图 4-122)。

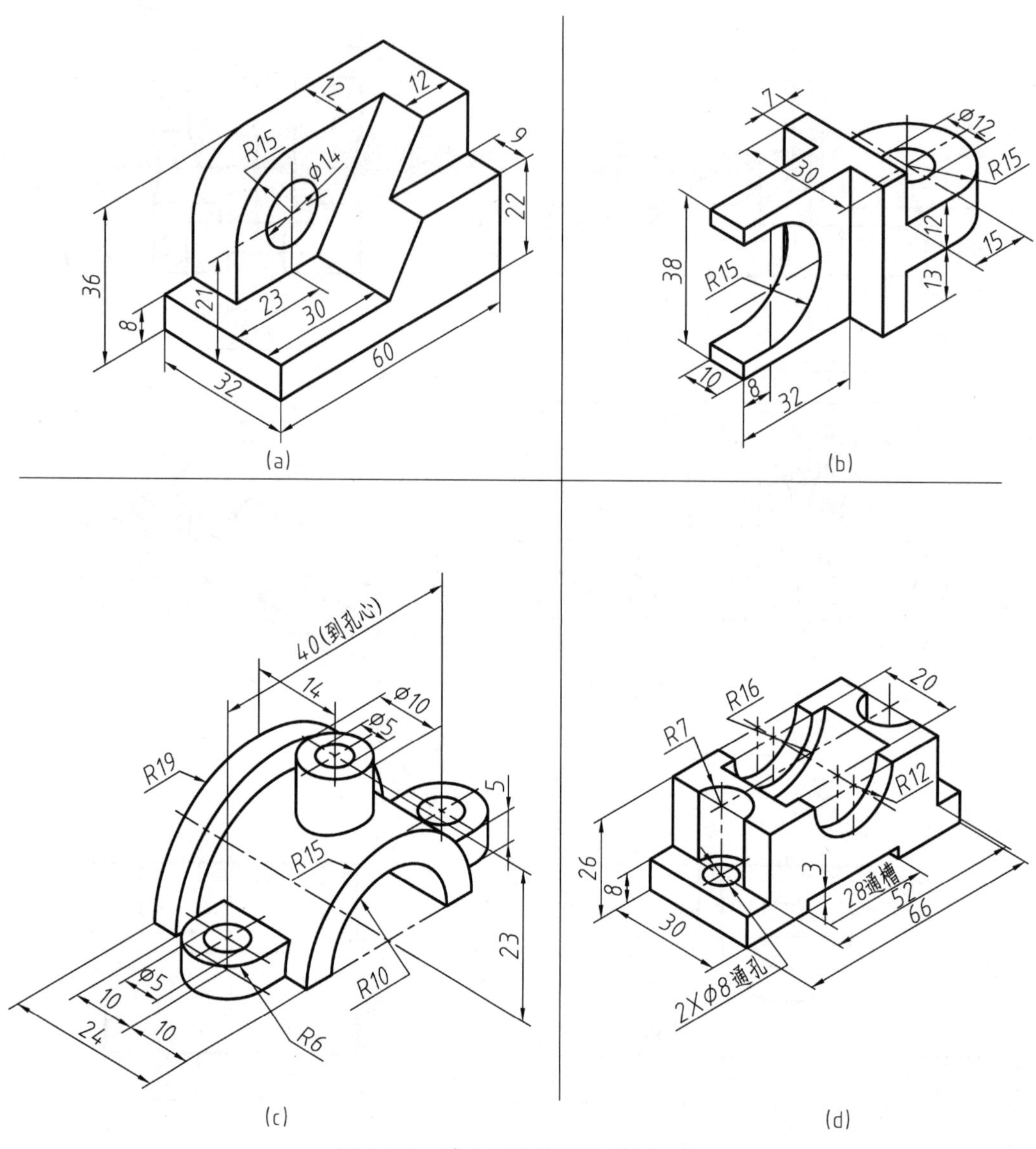

图 4-122 建立三维模型练习(十五)

16. 建立给定实体的三维模型(见图 4-123)。

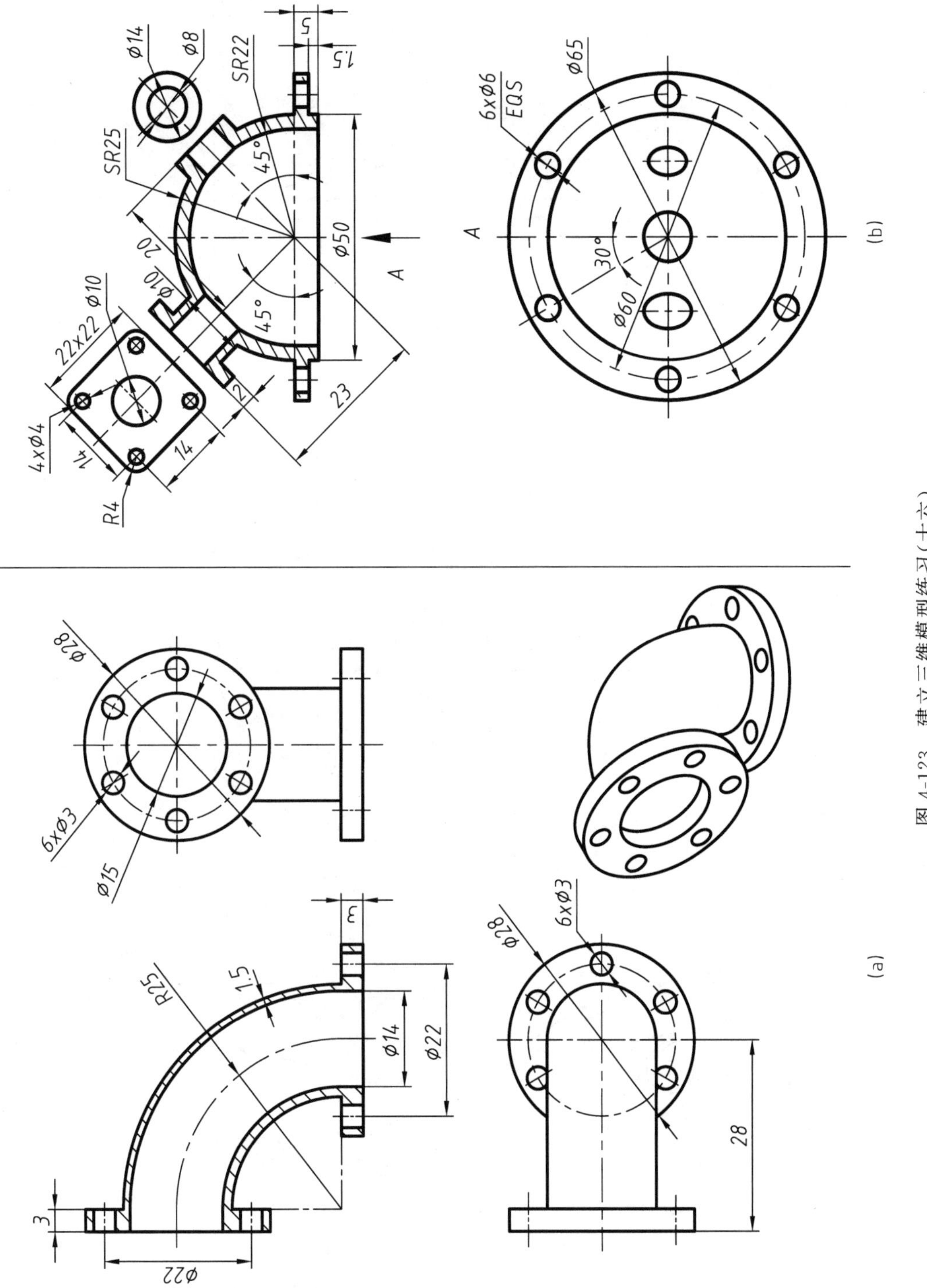

图 4-123　建立三维模型练习(十六)

17. 建立给定实体的三维模型(见图 4-124)。

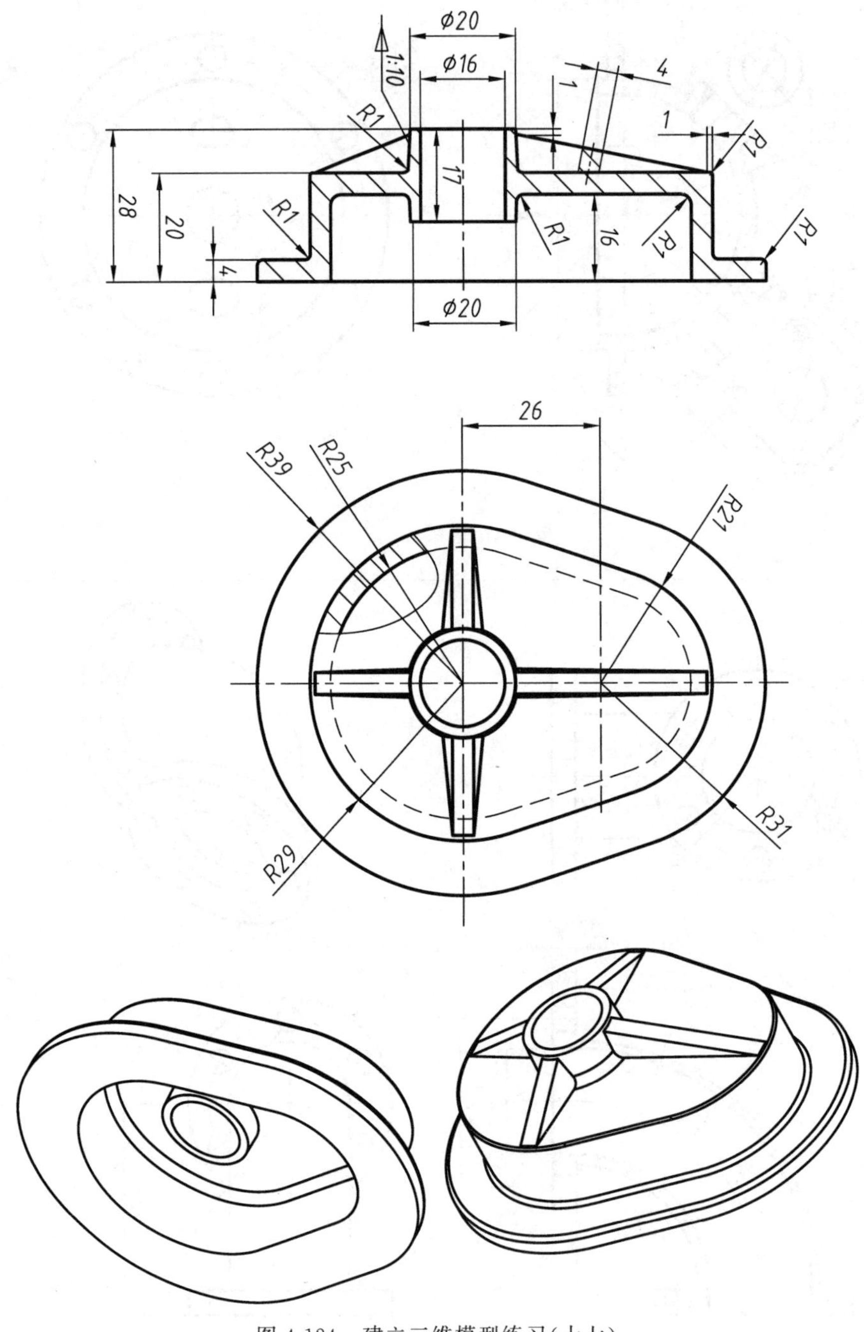

图 4-124　建立三维模型练习(十七)

18. 建立给定实体的三维模型(见图 4-125)。

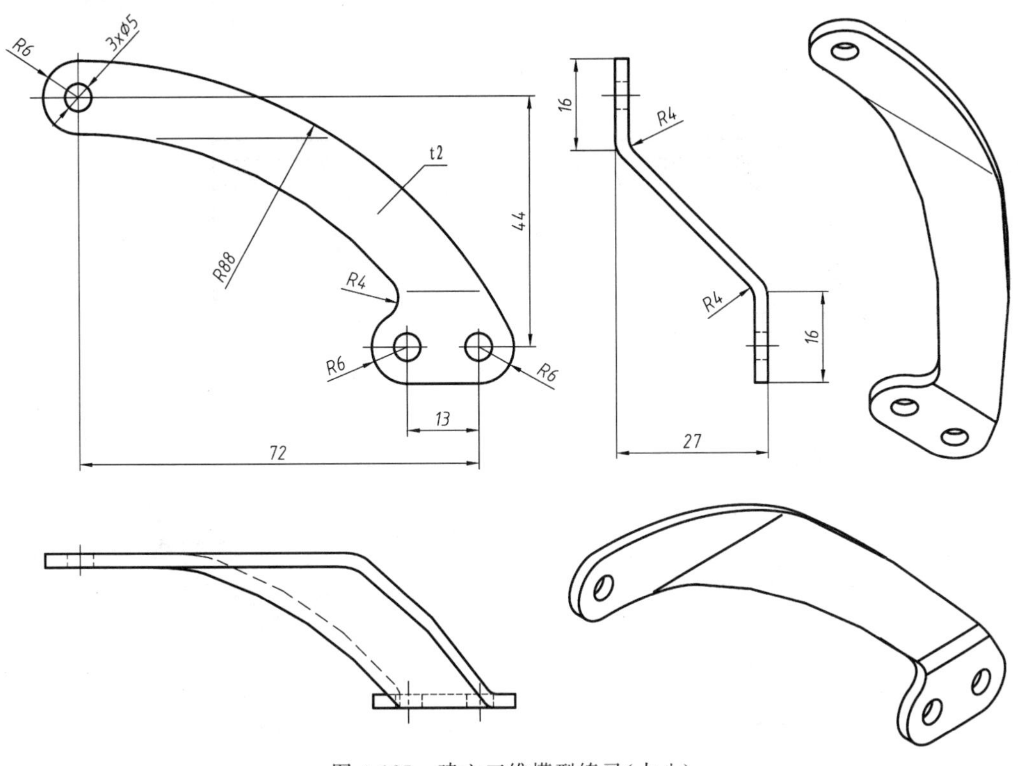

图 4-125　建立三维模型练习(十八)

19. 建立给定实体的三维模型(见图 4-126)。

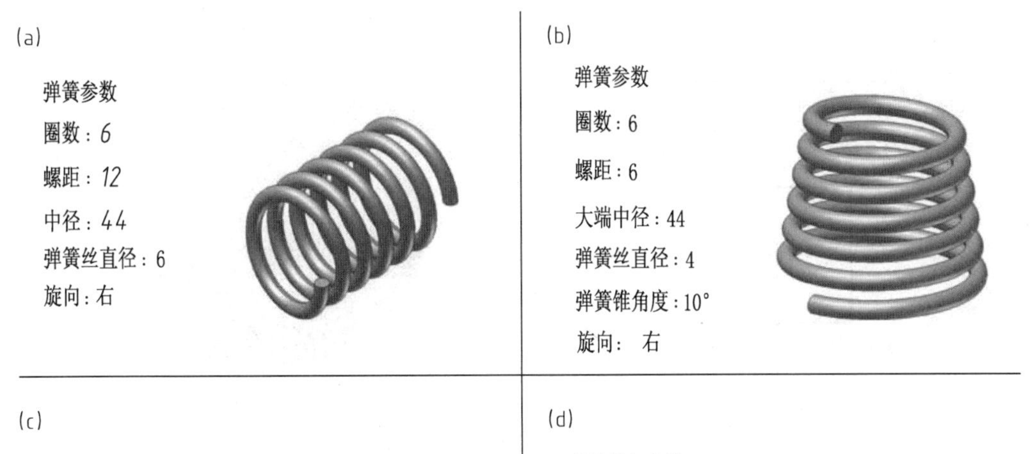

(c)

弹簧参数

圈数：5

螺距：3

内圈直径：20

弹簧截面：1×4

旋向：右

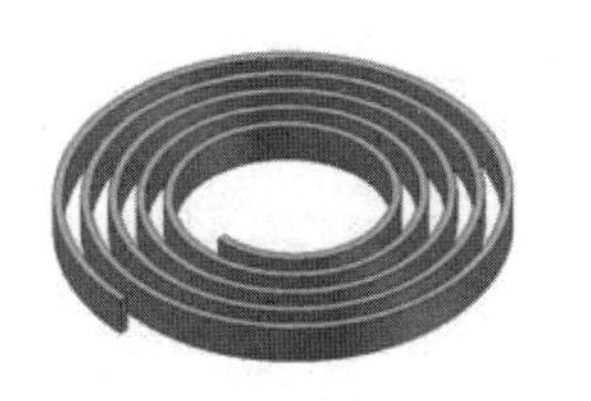

(d)

螺旋丝杠参数

螺旋丝杠直径：44

圈数：6

螺距：12

沟槽直径：6

旋向：右

图 4-126　建立三维模型练习(十九)

20. 建立给定实体的三维模型(见图 4-127)。

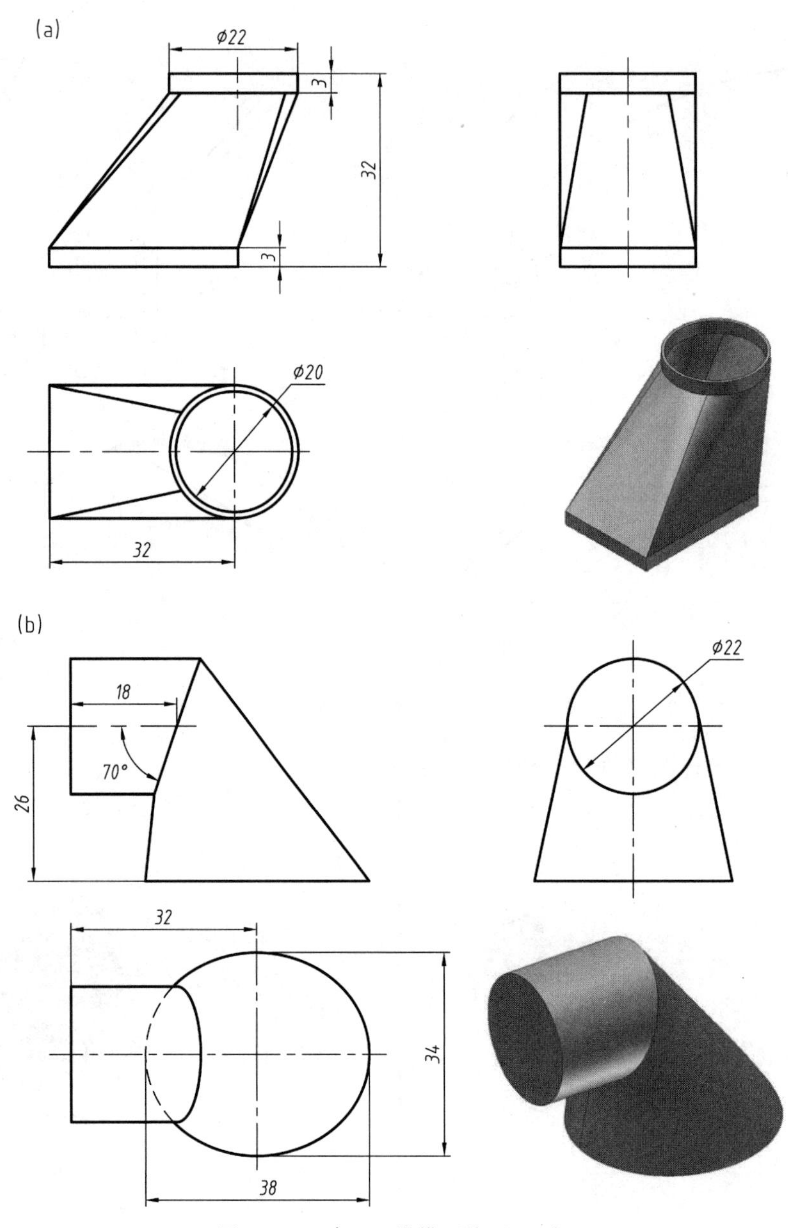

图 4-127 建立三维模型练习(二十)

21. 建立给定实体的三维模型(见图 4-128)。

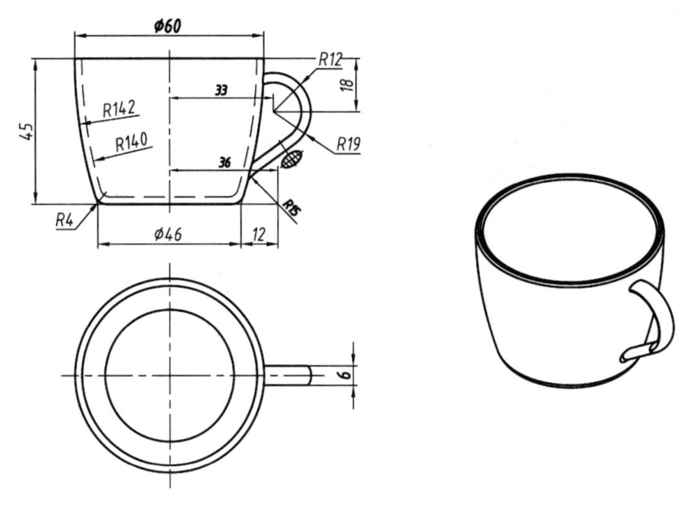

图 4-128　建立三维模型练习(二十一)

22. 建立给定实体的三维模型(见图 4-129)。

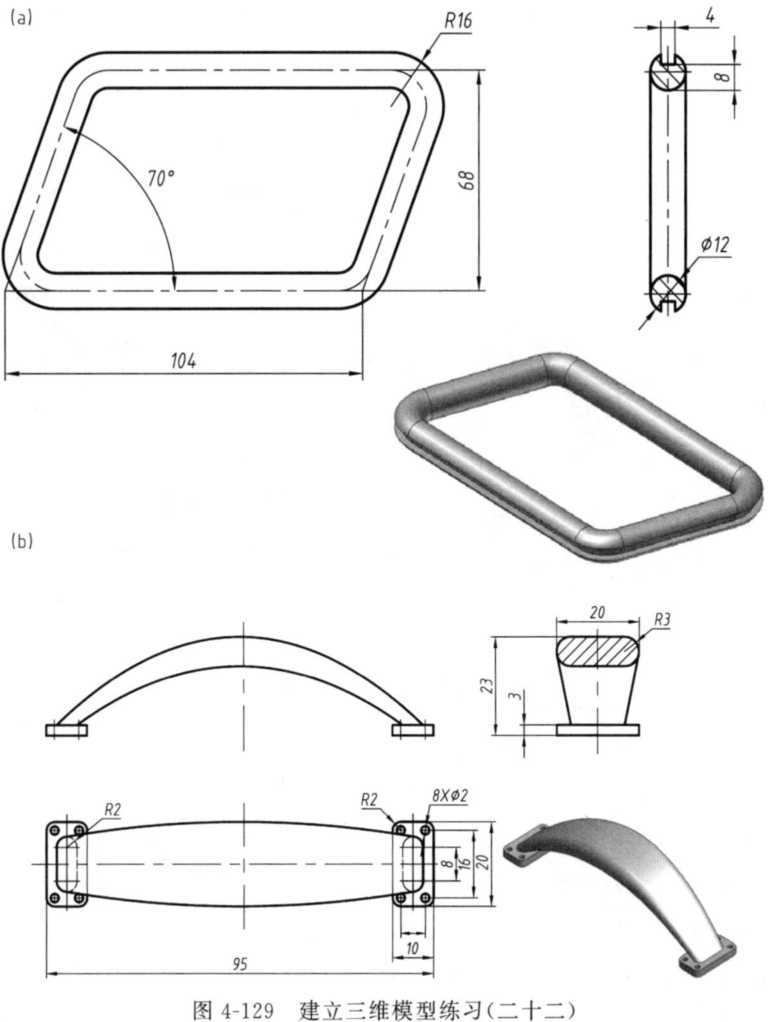

图 4-129　建立三维模型练习(二十二)

23. 建立给定实体的三维模型(见图 4-130)。

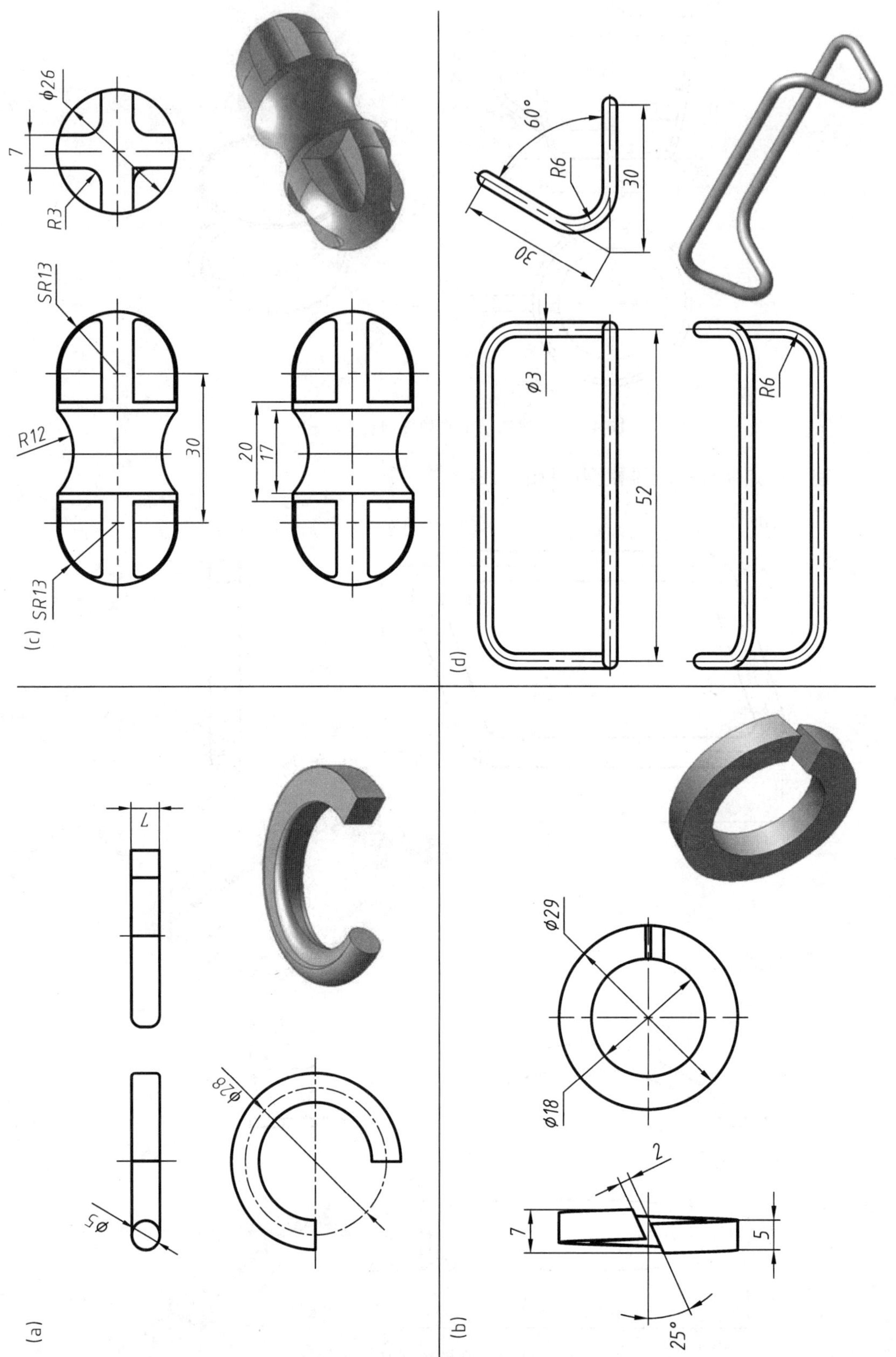

图 4-130 建立三维模型练习(二十三)

24. 建立给定实体的三维模型(自行确定各部分尺寸)(见图 4-131)。

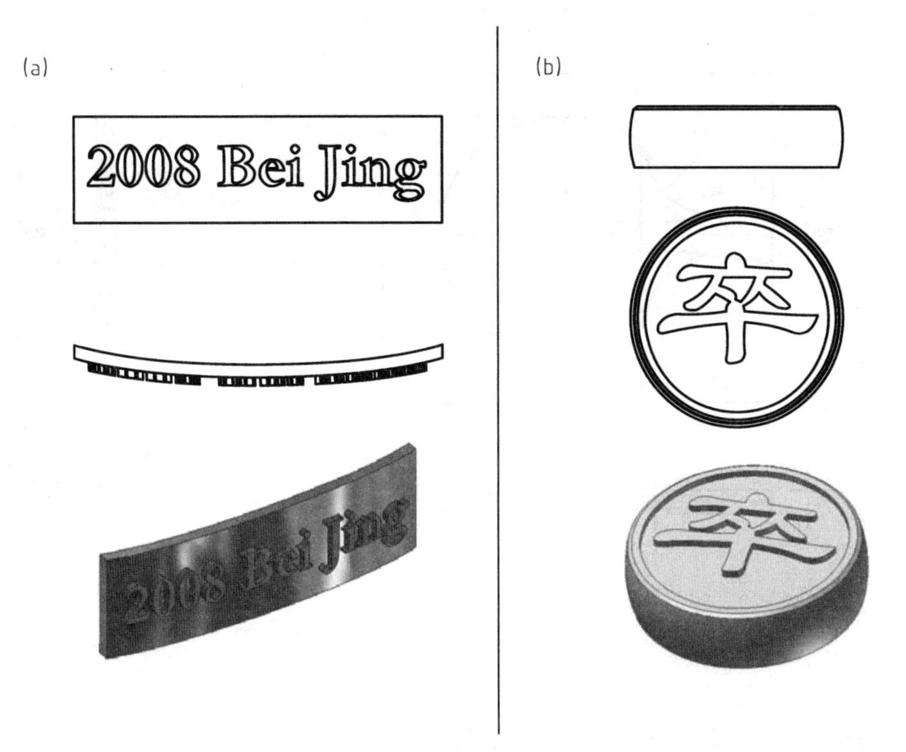

图 4-131 建立三维模型练习(二十四)

25. 建立给定实体的三维模型(见图 4-132)。

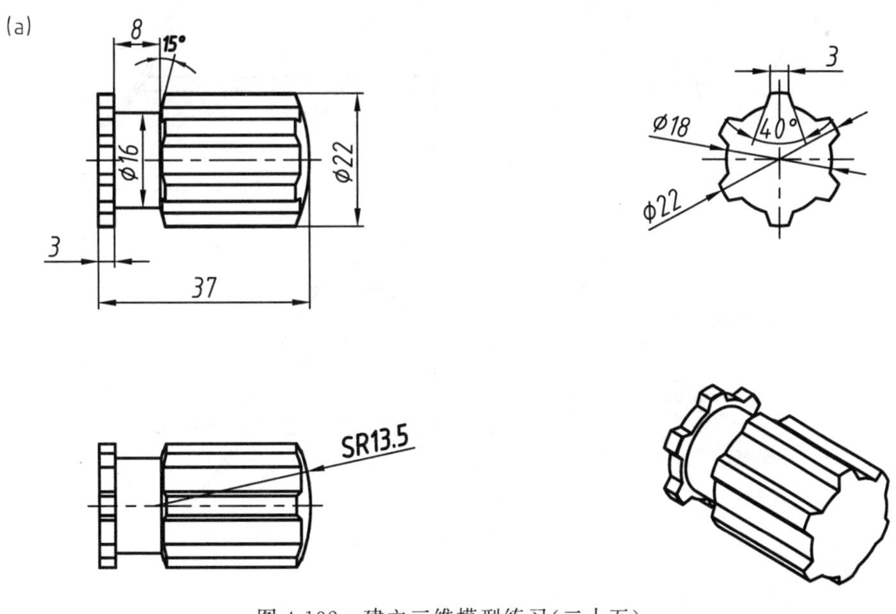

图 4-132 建立三维模型练习(二十五)

(b)

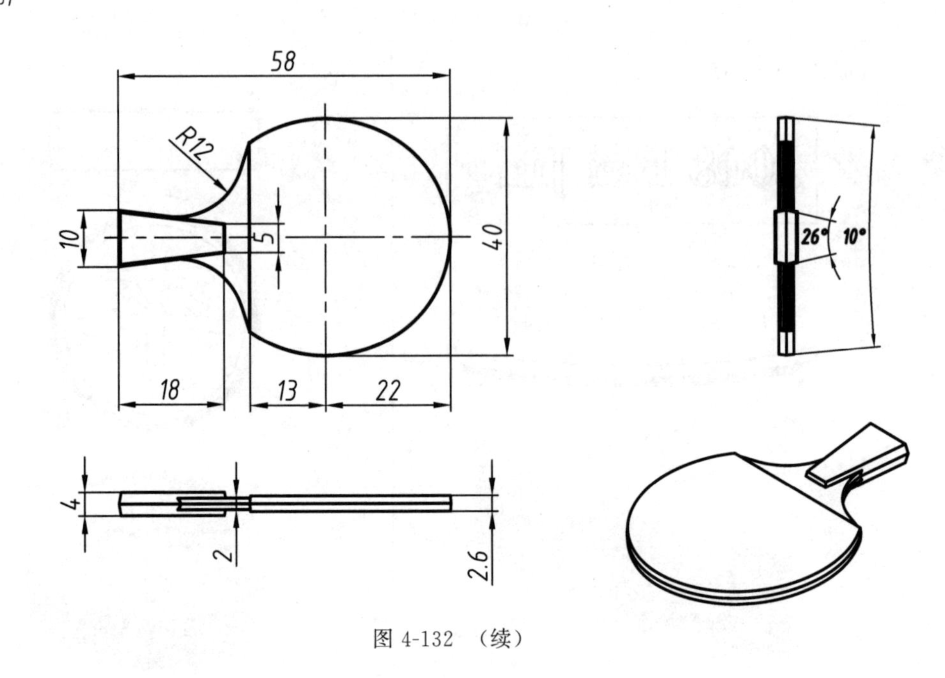

图 4-132 （续）

26. 由给定的零件图建立其三维模型(见图 4-133)。

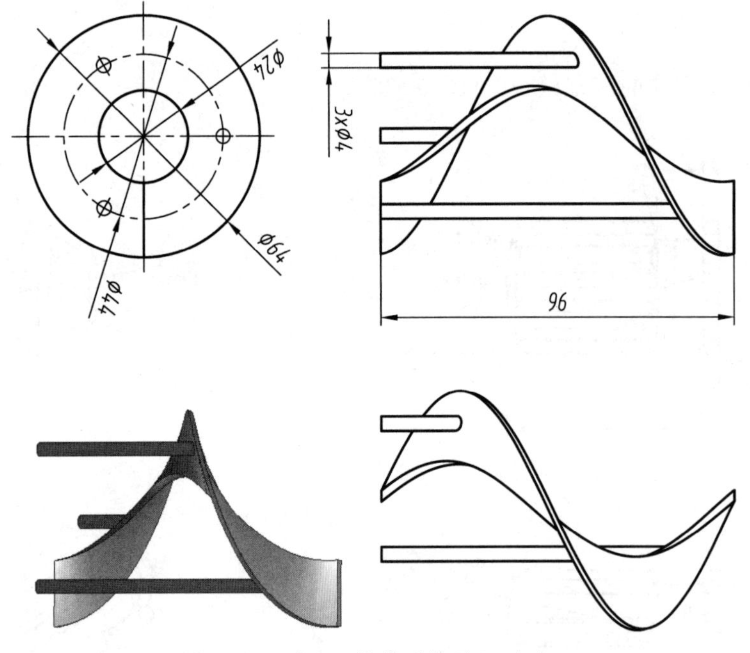

图 4-133 建立三维模型练习(二十六)

27. 由给定的零件图建立其三维模型(见图 4-134)。

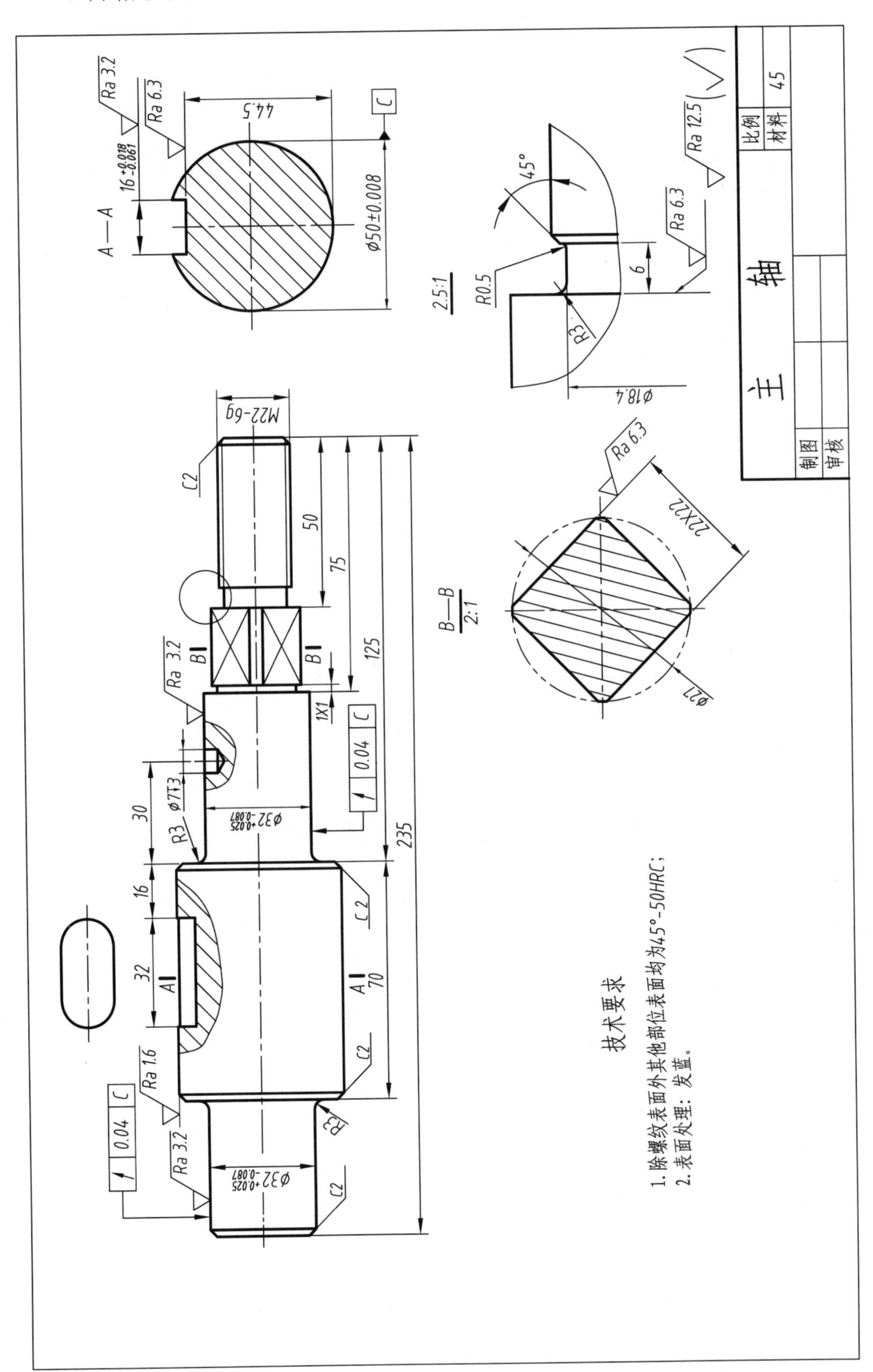

图 4-134　建立三维模型练习(二十七)

28. 由给定的零件图建立其三维模型(见图 4-135)。

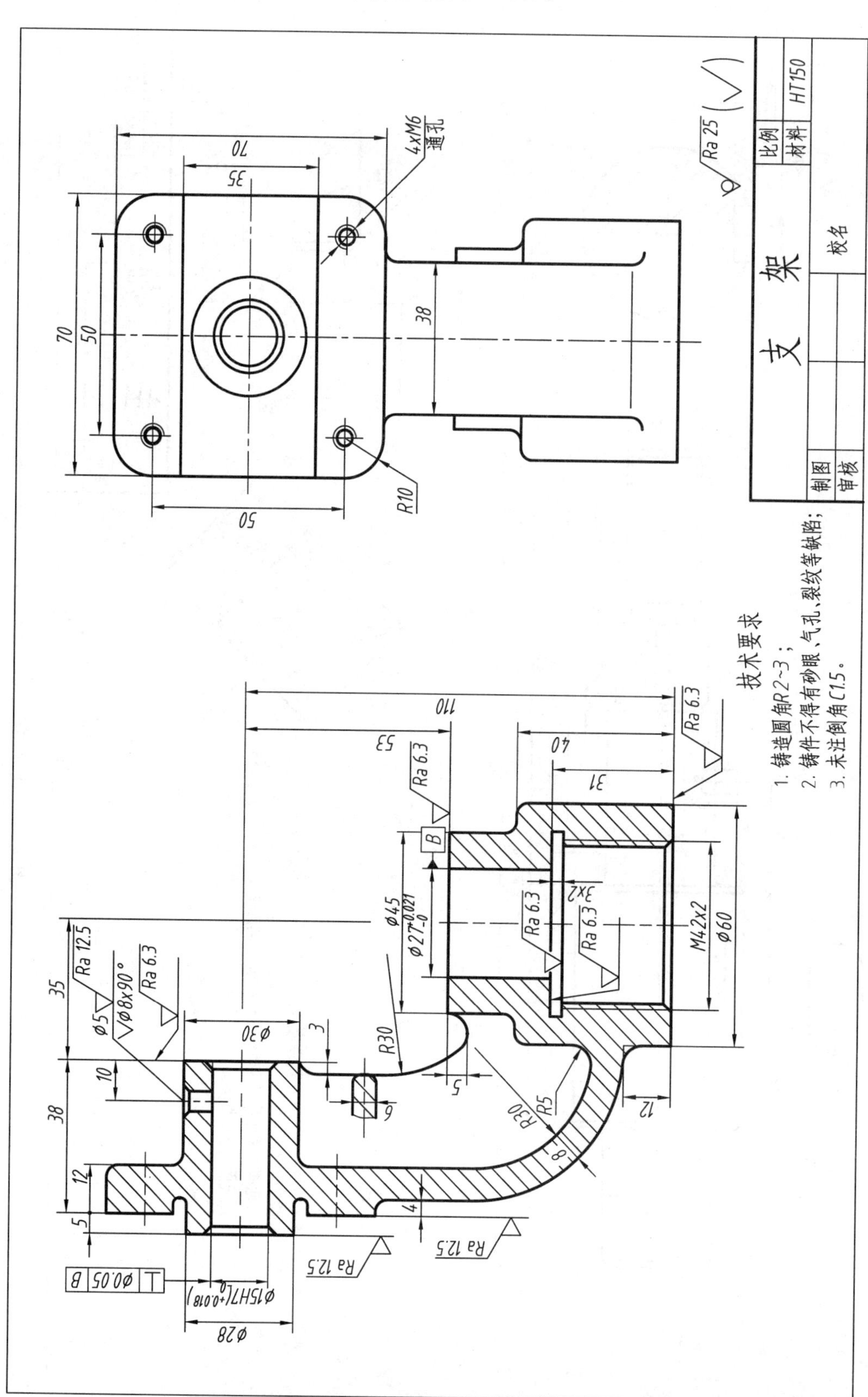

图 4-135 建立三维模型练习(二十八)

29. 由给定的零件图建立其三维模型(见图 4-136)。

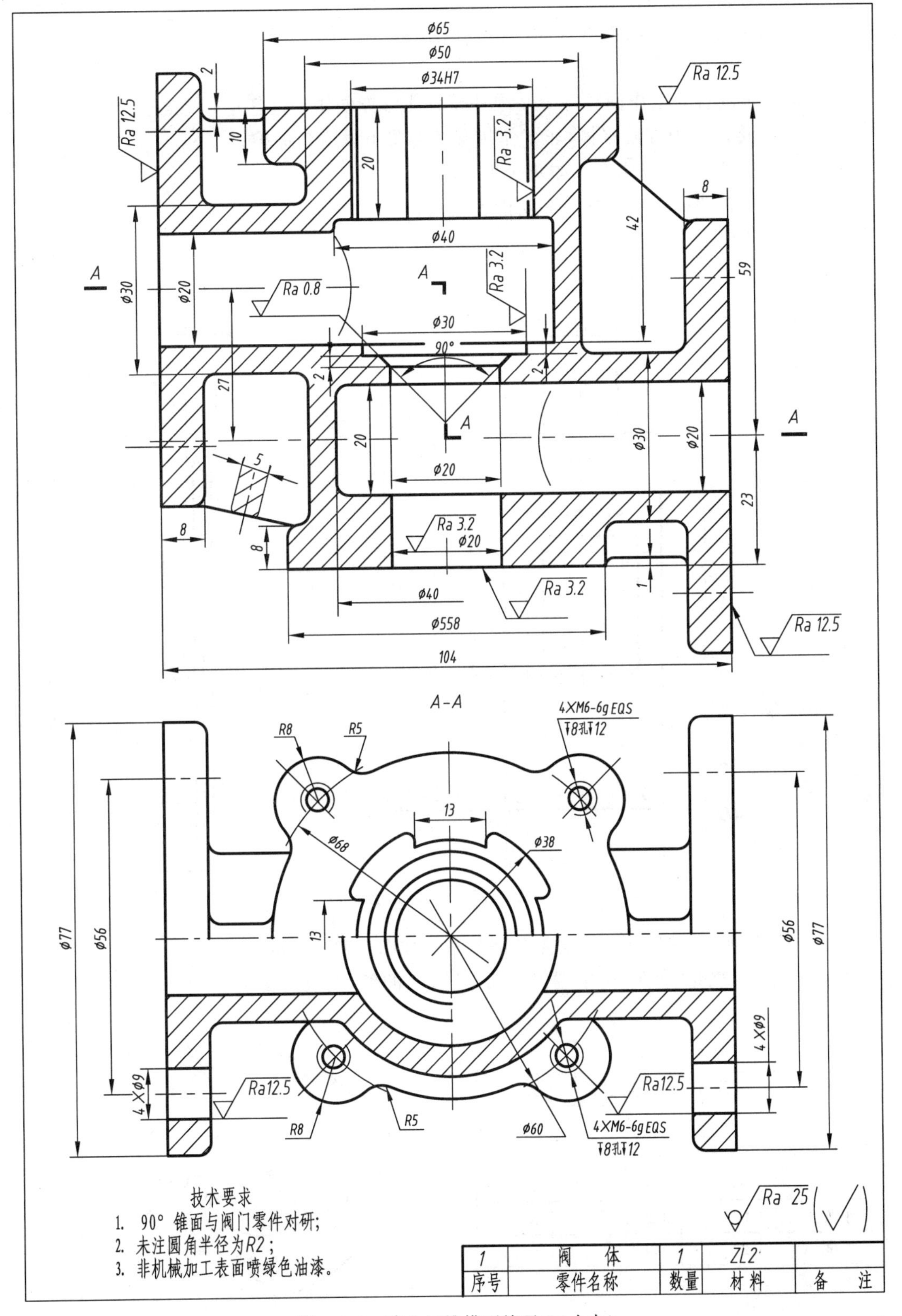

图 4-136 建立三维模型练习(二十九)

30. 构形设计。要求设计其外壳体，并建立其零件模型，零件数量不限(见图 4-137)。

1) 已知条件

给定一款带指纹识别功能的优盘的版心视图。

2) 设计要求

(1) 指纹识别有效工作面积部分必须外露且能够方便用户操作；

(2) USB 接口必须方便接插，非工作状态时需要予以适当保护；

(3) 便于携带，但要求能有效防止丢失；

(4) 整体形态特征必须体现产品功能及用途；

(5) 整体体积不能大于 110×35×20；

(6) 便于生产，有效控制成本。

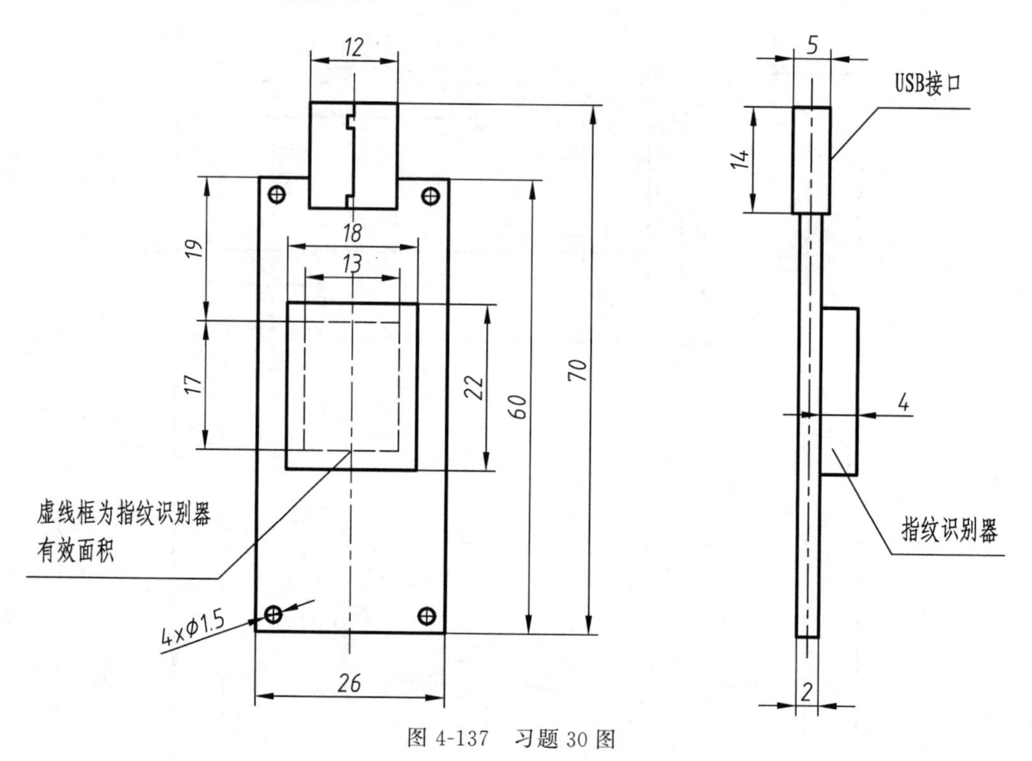

图 4-137 习题 30 图

31. 建立参数化的端盖模型，端盖各部分参数如图 4-138 所示。

模型建立后，改变“参数表”中端盖内孔直径 F1 的值，如改为 60，观察模型的关联变化。

名称	变量名	表达式	尺寸值
内孔直径	F1		40
外圆直径	F2	2F1	80
中心圆直径	F3	F1+ (F2−F1)/2	60
小圆直径	F4	0.25F1	10
厚度	L	0.8F4	8

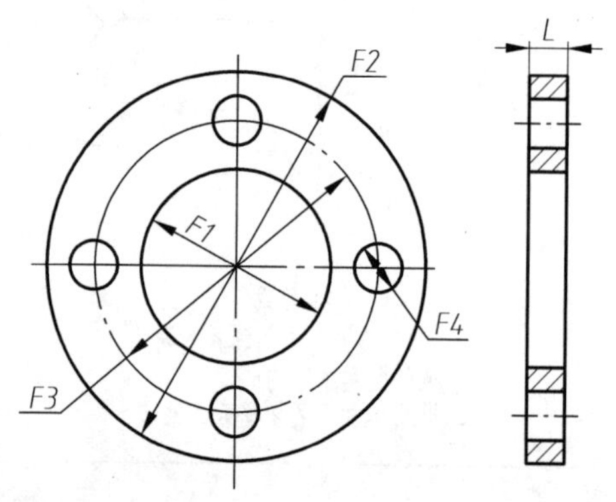

图 4-138 习题 31 图

32. 构形设计。设计一个垃圾箱，可作为一个整体零件设计（图 4-139 仅供参考）。

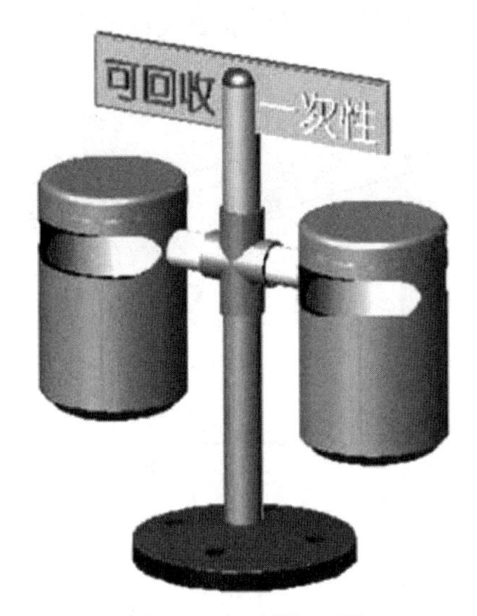

图 4-139　习题 32 图

33. 构形设计。设计展览场馆的展台支架，建立各种管接头的模型。

(1) 已知条件：支架钢管内径 300mm，外径 34mm，管接头壁厚 3mm。

(2) 设计要求：要求展台支架可以收折，便于装运。设计 3 种管接头（三通、四通、五通）和支架与地面的连接接头。（图 4-140 各模型仅供参考）

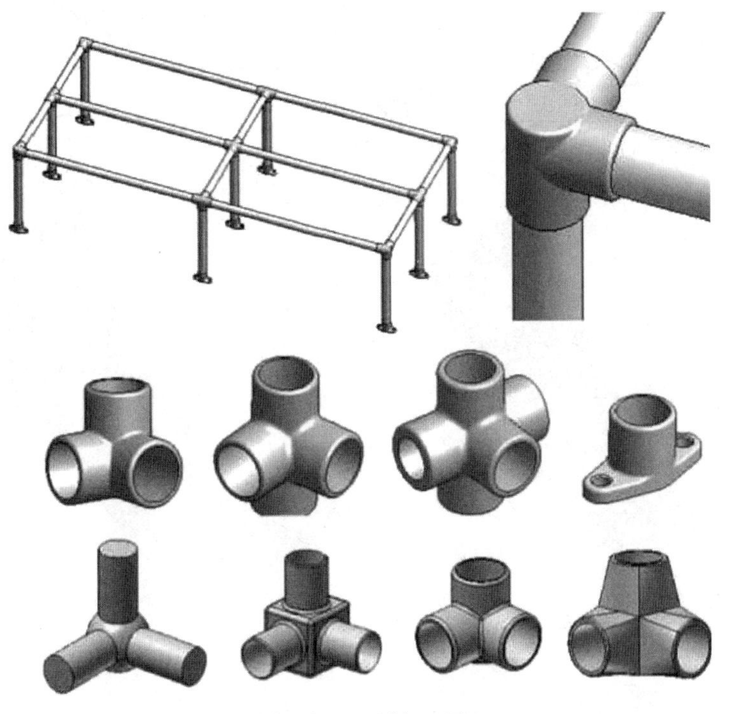

图 4-140　习题 33 图

34. 构形设计。设计一个支架,满足下列条件:支架用来支撑带连接板的管道部件,支架底板的形状和尺寸已经给出。两种不同式样的支架仅供参考(见图 4-141)。

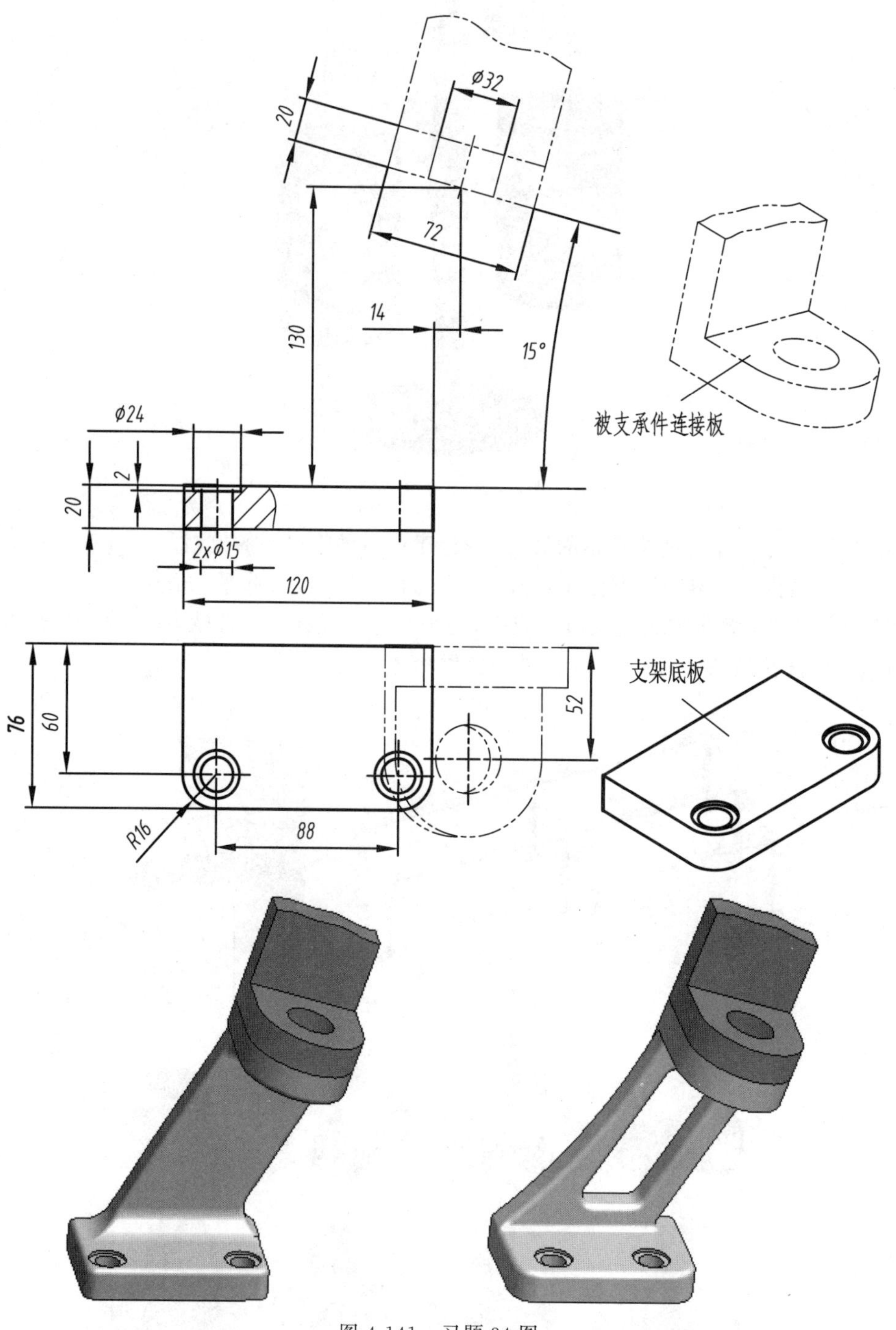

图 4-141 习题 34 图

第 5 章　实体装配设计

本章学习目标

学习创建三维实体装配设计的具体方法。

本章学习内容

(1) 三维装配设计的过程；

(2) 三维装配设计的约束方法；

(3) 三维装配设计方法——自下向上设计；

(4) 三维装配设计方法——自上向下设计；

(5) 三维装配设计方法——自适应设计。

5.1　实体装配的基础知识

1. 实体装配的目的

在二维投影制图中，装配图是产品生产过程必要的技术文件，用来表达机器或部件的工作原理、零件之间的装配关系、零件之间的连接方式以及传动路线等。

在三维设计环境下，创建零件间完全真实的装配约束关系，充分表达设计师设计思想的过程被称为三维实体装配设计。

实体装配的目的是：

(1) 获得机器或部件装配状态的三维实体模型；

(2) 观察机器或部件的装配关系，分析其工作原理；

(3) 进行部件的质量特性分析；

(4) 进行零件间的干涉检查；

(5) 用于生成装配分解图；

(6) 用于自动创建部件的二维工程图；

(7) 用于在相关仿真软件系统中进行复杂的运动学和动力学分析。

2. 部件装配的过程

Inventor 支持“自下向上”和“自上向下”两种装配设计方法，两种方法可以在同一个装配环境中完成。

自下向上的装配设计方法是先在零件环境下生成所有零件，然后在装配环境下调入所有零件，按照装配关系逐个装配零件。这种设计方法的优点是：零件设计是独立的，与其他零件之间不存在相互关联。当零件的结构、尺寸都已确定，不需要再改动时，一般采用自下向上的设计方法。

自上向下的装配设计方法是在装配环境下，以一个主要零件或部件为参考来设计其他零件。该设计方法的最大优点是：新生成的零件在形状、尺寸和参照零件之间可以保持相关、协调，并能同时保证装配关系。自上向下的设计思想和设计过程非常符合实际，在进行新产品设计时多采用这种设计方法。

图 5-1 所示为自下向上和自上向下的装配设计过程。

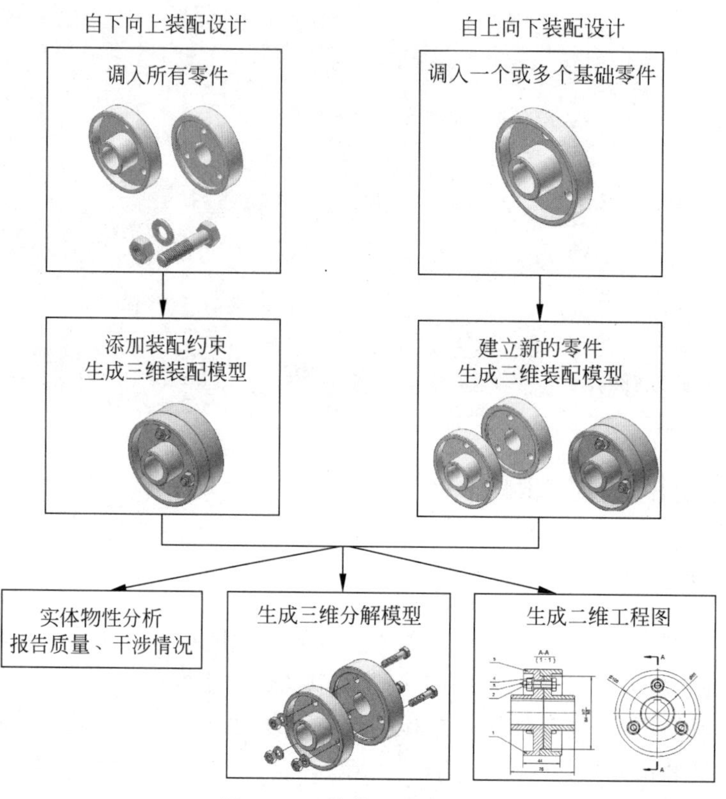

图 5-1　三维装配设计过程

5.2 装配设计中的约束

5.2.1 零件的自由度

在一个部件中，零件所处的位置和所能进行的动作是由该零件在部件中的功能决定的。如图 5-2 所示，带轮的转动是轴传递的，即带轮和轴是同步转动的。为了保证同步动作，带轮所处的位置就要受到限制：带轮轴线和轴的轴线方向要重合；带轮在轴线方向和圆周方向要完全固定住。

这种限制零件与零件之间的运动实际上就是限制零件的自由度。一个未被约束的零件是完全自由的，它在空间有 6 个自由度，即沿 X、Y、Z 轴轴向移动的 3 个自由度和绕 X、Y、Z 轴转动的 3 个旋转自由度，如图 5-3 所示。在两个实体之间添加了一个约束，就相当于限制了零件的一个或几个自由度。

图 5-2　带轮传动

在图 5-4(a)中,零件键已经被固定在轴上了,带轮相对于轴的自由度是 6 个。对带轮添加一个"轴线-轴线对齐"约束,即强制带轮的孔中心轴线和轴的轴线重合,则带轮失去了 4 个自由度,只剩余沿轴线方向移动和绕轴转动两个自由度,如图 5-4(b)所示。为防止带轮在转动的过程中沿轴的轴向窜动,在带轮的左端面和轴台阶的右端面之间添加一个"面-面相对"约束,则带轮只剩下一个绕轴旋转的自由度了,如图 5-4(c)所示。

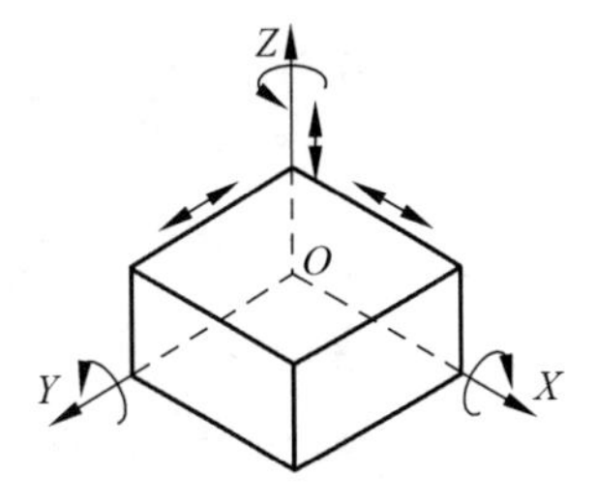

图 5-3 6 个自由度

(a) 两轴线不重合

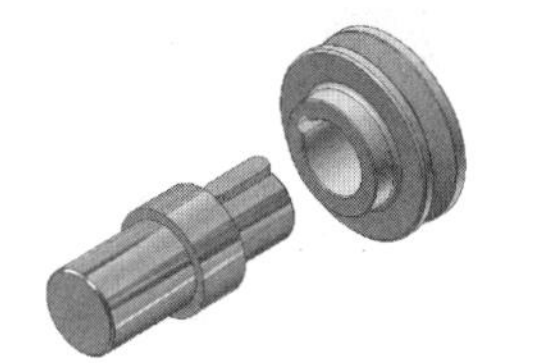
(b) 两轴线重合

(c) 两端面靠紧

图 5-4 安装带轮

若继续在键的侧面和带轮上键槽侧面添加一个"面-面对齐"约束,带轮被完全固定住,则其相对轴的自由度为零。当轴旋转时,可通过键的侧面推动带轮一起转动,实现了轴和带轮同步转动的目的。

可见,在三维设计系统中,将零件按照装配关系"装配"起来,其过程就是对每一个零件添加各种约束的过程。

注意:三维设计系统中的约束和实物零件的约束有不同之处。在图 5-4(c)中的带轮端面和轴的台阶端面添加了对齐的约束,则带轮就失去了在轴上沿轴线的自由度。但如果是两个实物零件,带轮还可以在轴线的另一个方向上移动。要解决此问题,还应该增加挡板等零件防止带轮的移动。

5.2.2 添加装配约束

在 Inventor 中,有 4 种约束类型:部件约束、运动约束、过渡约束和约束集合。在"装配"选项卡中选择"约束"命令,弹出"放置约束"对话框,如图 5-5 所示。

1. 部件约束

部件约束有 5 种形式:配合、角度、相切、插入、镜像,如图 5-6 所示。

部件约束可以实现零件之间的点-点、线-线、面-面、点-线、点-面和线-面 6 种形式的约束关系。

1) 配合约束

配合约束可将所选的一个实体元素(点、线、面)放置到另一个选定的实体元素上,使它们重合。元素与元素可以有偏移距离。图 5-7 所示为"部件"选项卡中的"配合"约束形式。

图 5-8～图 5-10 所示为常见的配合约束方式。

2) 角度约束

角度约束可以确定两个实体元素(线、面)之间的夹角。图 5-11 所示为"部件"选项卡中的"角度"约束形式。图 5-12 所示为角度约束的图例。

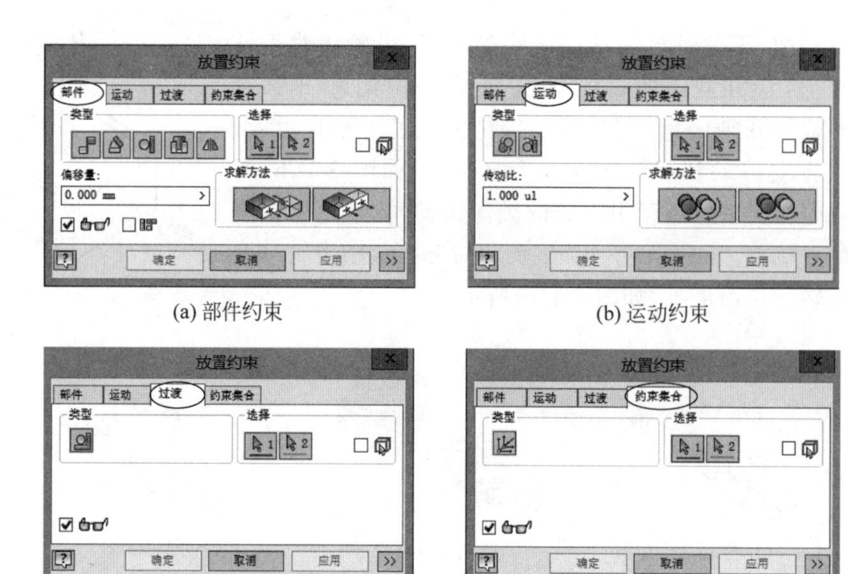

(a) 部件约束 (b) 运动约束

(c) 过渡约束 (d) 约束集合

图 5-5 “放置约束”对话框

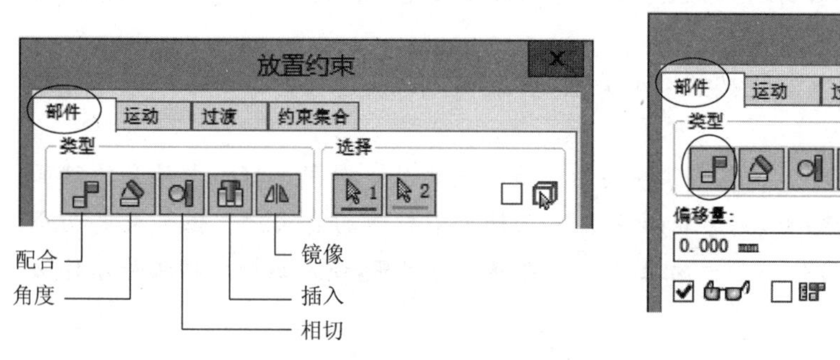

图 5-6 部件约束的五种形式

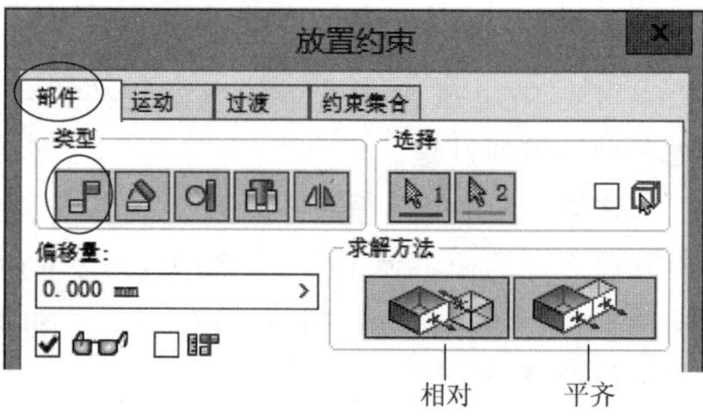

图 5-7 “部件”选项卡中的“配合”约束形式

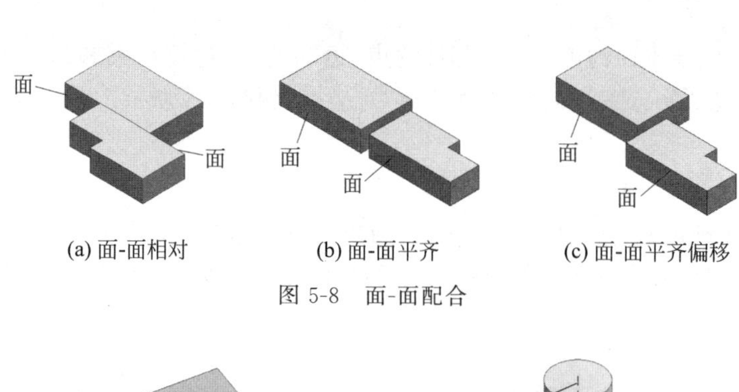

(a) 面-面相对 (b) 面-面平齐 (c) 面-面平齐偏移

图 5-8 面-面配合

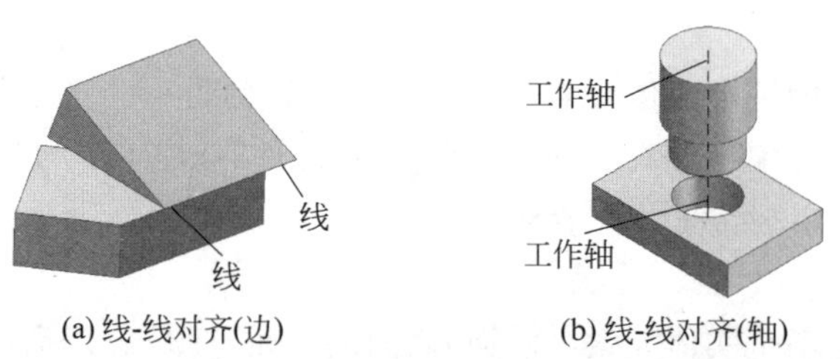

(a) 线-线对齐(边) (b) 线-线对齐(轴)

图 5-9 线-线配合

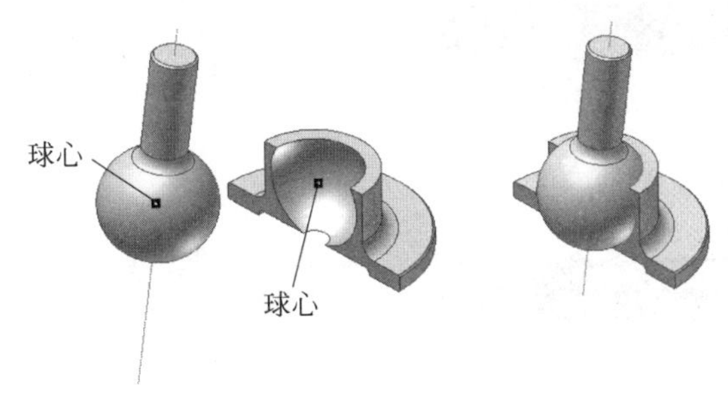

图 5-10 点-点配合(球心点)

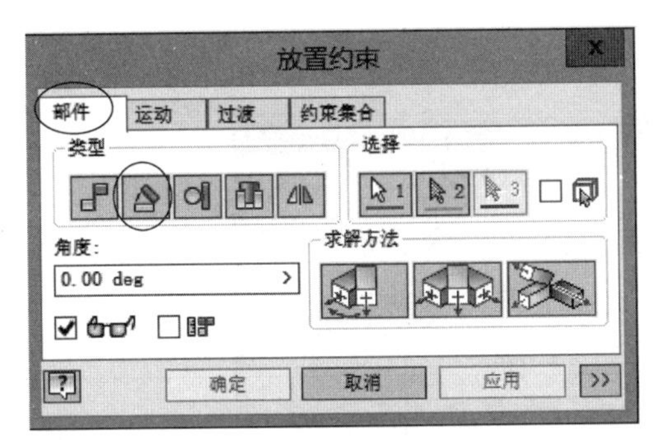

图 5-11 “部件”选项卡中的“角度”约束形式

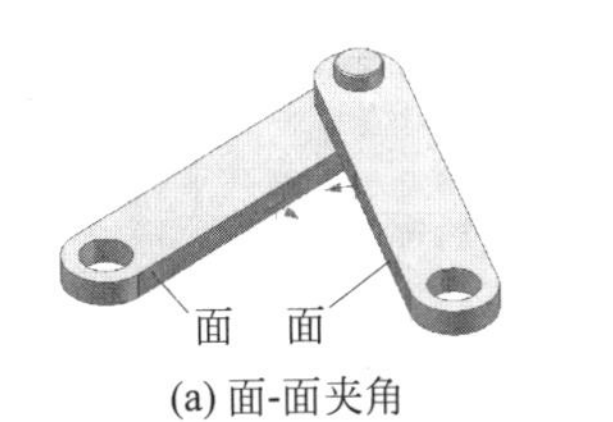

(a) 面-面夹角

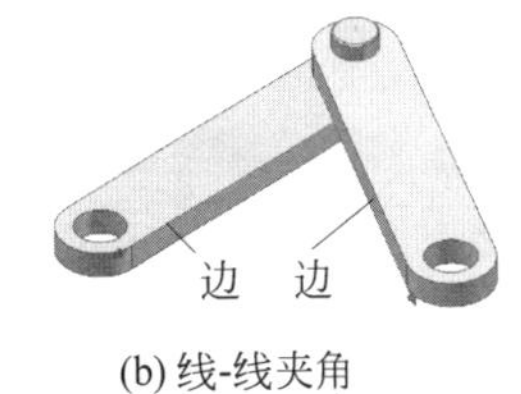

(b) 线-线夹角

图 5-12 角度约束

3) 相切约束

相切约束使两个实体的元素(平面、曲面)在切点或切线处接触。图 5-13 所示为“部件”选项卡中的“相切”约束形式。图 5-14 所示为相切约束的图例。

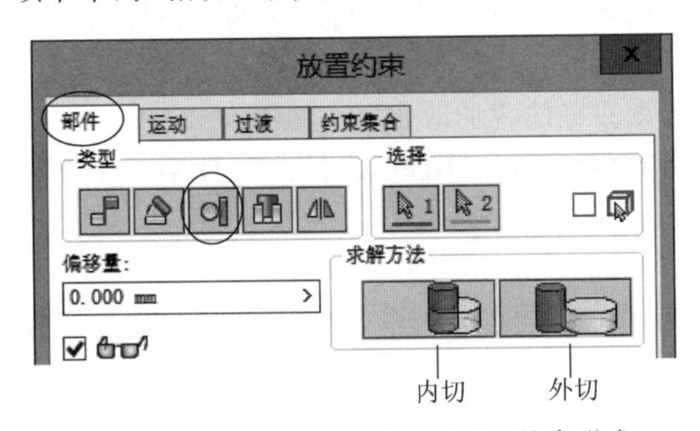

图 5-13 “部件”选项卡中的“相切”约束形式

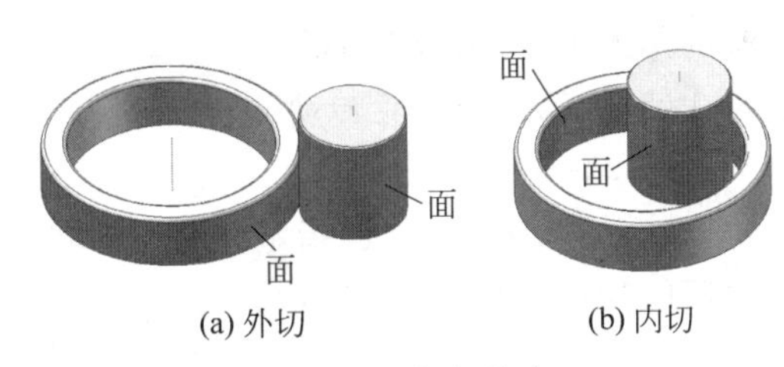

(a) 外切

(b) 内切

图 5-14 相切约束

4) 插入约束

插入约束是将面-面约束和线-线约束同时使用的复合约束,即添加实体上圆所在平面与另一实体上圆所在平面对齐,同时添加两圆轴线对齐约束。图 5-15 所示为“部件”选项卡中的“插入”约束形式。图 5-16 所示为插入约束的图例。

2. 运动约束

运动约束可以确定两个零件之间预定的运动关系——运动方向和传动比(距离),如两零件的相对转动和相对移动。当转动或移动其中的一个零件时,两个零件按指定的运动约束转动或移动。

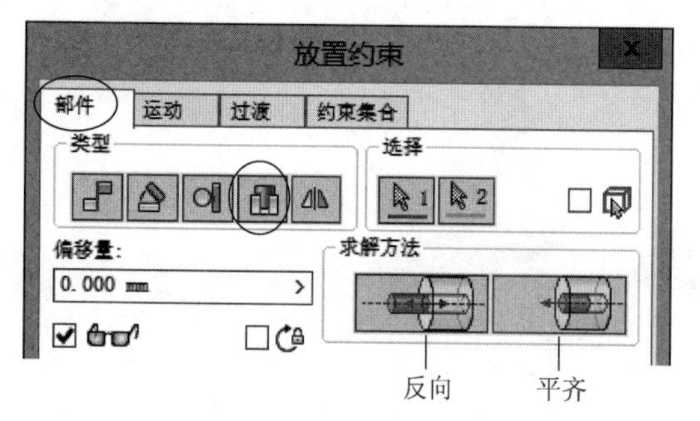

图 5-15 “部件”选项卡中的“插入”约束形式

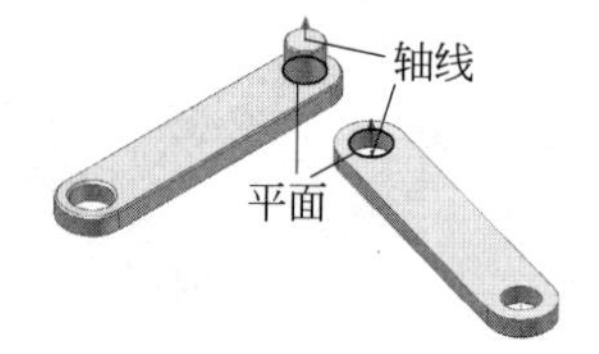

(a) 圆所在平面相对、线-线对齐

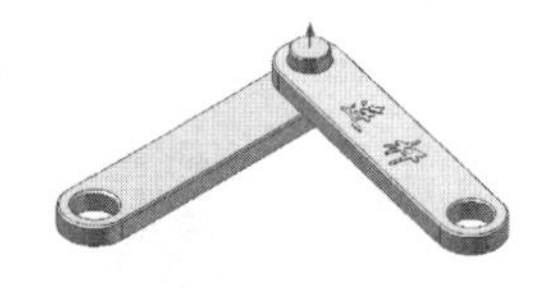

(b) 插入结果

图 5-16 插入约束

运动约束的对话框如图 5-17 所示。

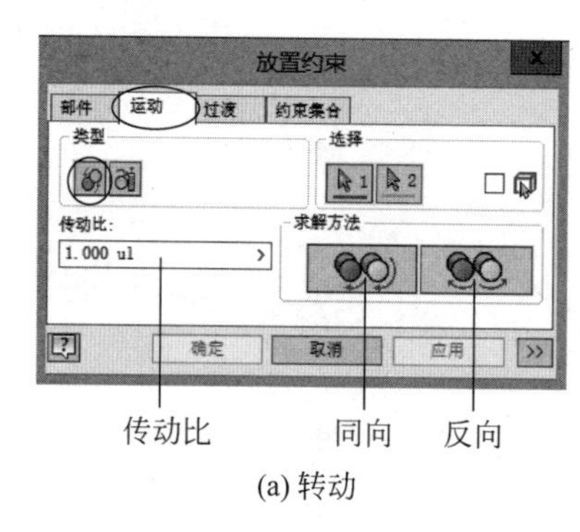

(a) 转动

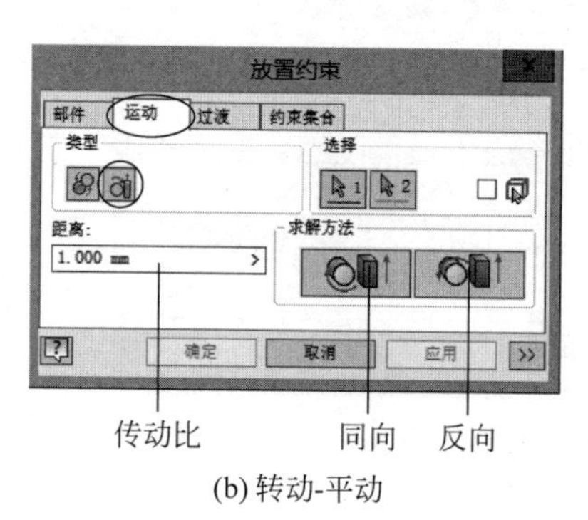

(b) 转动-平动

图 5-17 “运动”选项卡

1) 转动约束

“转动约束”能够给两个转动零件指定传动比的转动方向，常见的应用是两个齿轮之间的传动，如图 5-18 所示。

传动比：第一次选择的零件相对于第二次选择的零件转动的比率。如图 5-18 中，第一次选择的是大齿轮(齿数 30)，第二次选择的是小齿轮(齿数 15)，则传动比是 2。即第一个齿轮转动 1 转时，第二个齿轮转动 2 转。

2) 转动-平动约束

“转动-平动约束”能够指定转动零件和移动零件之间的运动关系，常见的应用是齿轮和齿条之间的传动，如图 5-19 所示。

图 5-18 运动约束(一)(转动)

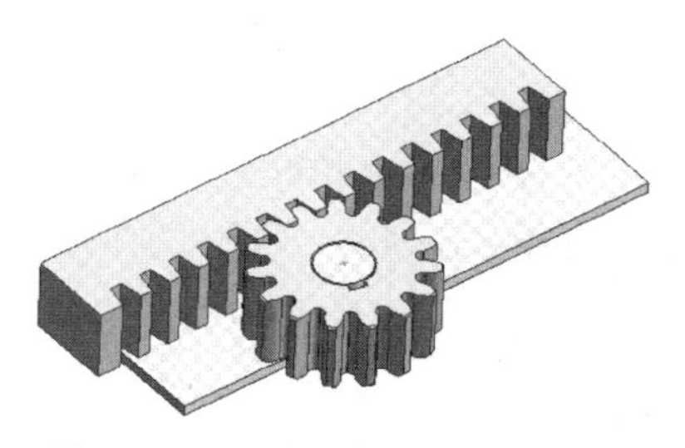

图 5-19 运动约束(二)(转动-平动)

距离：第一次选择的转动零件旋转一周后，第二次选择的移动零件直线移动的距离。如图 5-19 中，第一次选择的是齿轮(齿数 30、模数 3，分度圆周长 141.372mm)，旋转一周后，第二次选择的齿条的直线移动距离是141.372mm。

例 装配大小齿轮，在两个齿轮之间添加运动约束，观察齿轮运动的情况，如图5-18所示。已知：小齿轮，齿数15、模数3、分度圆直径45；大齿轮，齿数30、模数3、分度圆直径90；大小齿轮的厚度相同。装配要求：两个轴固定，两轴间的距离是大、小齿轮的分度圆半径之和(67.5)；齿轮在轴上自由转动。

1. 约束分析

在轴和轴之间添加装配约束，使两轴线平行距离为67.5，并使两轴的端面平齐。在齿轮和轴间添加部件约束，使两齿轮安装在轴上。在大、小齿轮间添加运动约束中的转动约束。

2. 操作步骤

1) 进入装配工作环境

单击图1-25中的"Standard.iam"命令按钮进入装配工作环境。

2) 装入两个轴和两个带轮

单击"装入零部件"命令，选择文件：第5章\实例\大齿轮.ipt、小齿轮.ipt、大轴.ipt和小轴.ipt 4个零件，如图5-20所示。

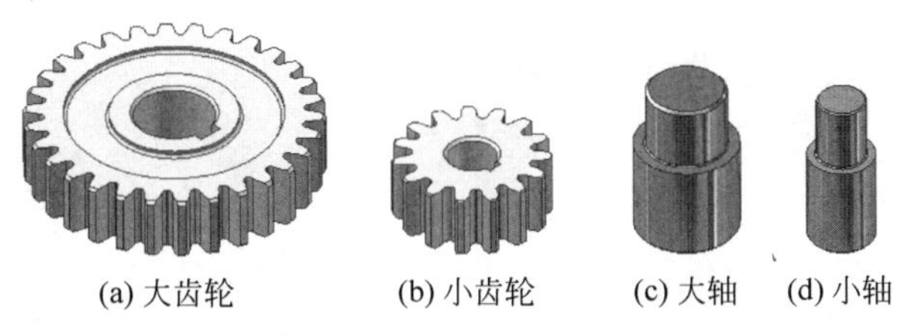
(a) 大齿轮　(b) 小齿轮　(c) 大轴　(d) 小轴

图5-20 装入4个零件

3) 添加"部件约束"

使两轴端面平齐；使两轴线平行，偏移距离67.5。

(1) 单击"约束"命令，在对话框中选择"配合约束"选项。

(2) 选择小轴的上端面，再选择大轴的上端面，在对话框中填入偏移距离0。选择"表面平齐"方式。单击"应用"按钮，则两轴端面平齐，如图5-21所示。

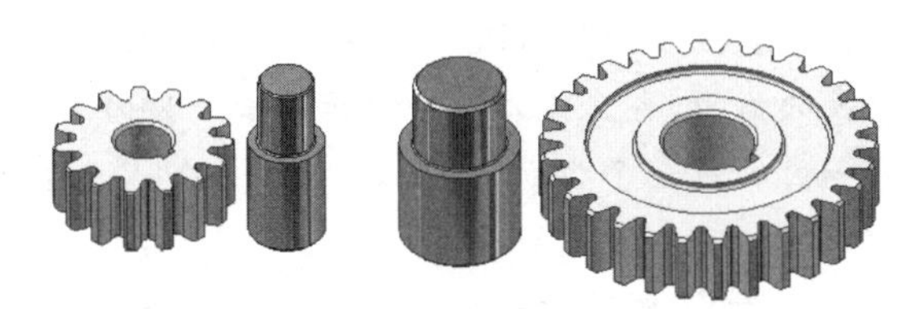

图5-21 约束两个轴线平行、端面平齐

(3) 选择小轴的轴线，再选择大轴的轴线，在对话框中添入偏移距离67.5。单击"确定"按钮，两个轴安装好，如图5-21所示。

(4) 右击大轴，在右键菜单中选择"固定"选项，使大轴固定。对小轴进行同样的操作，使小轴固定。

4) 安装两个齿轮

(1) 单击"约束"命令，在"放置约束"对话框中选择"插入约束"选项。

(2) 将大齿轮插入约束在大轴上，将小齿轮插入约束在小轴上。两个齿轮安装好，如图5-22(a)所示。

(3) 为方便添加后面的“转动约束”,可暂时将两个轴置为不可见,如图 5-22(b)所示。

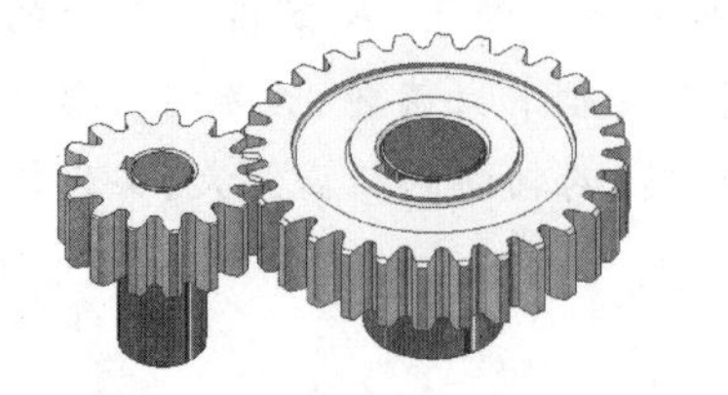
(a) 安装两齿轮

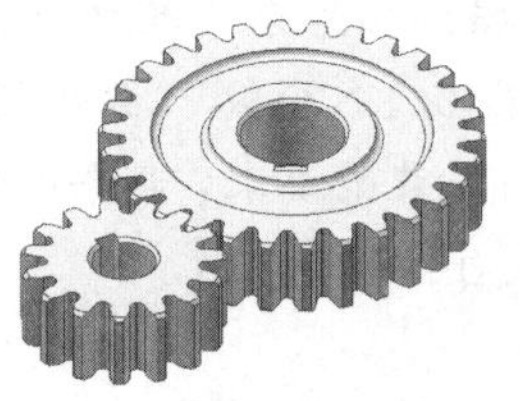
(b) 隐藏两轴

图 5-22 安装两个齿轮

(4) 使用鼠标转动小齿轮,观察到小齿轮的转动和大齿轮没有关系。

5) 设两齿轮的传动比为 2

(1) 单击“约束”命令,在运动约束对话框中选择“转动约束”选项,在“传动比”数据框内填入 2,对话框如图 5-23 所示。

(2) 第一次单击大齿轮的轴孔表面,第二次单击小齿轮的轴孔表面,添加约束如图 5-24 所示。单击“确定”按钮。

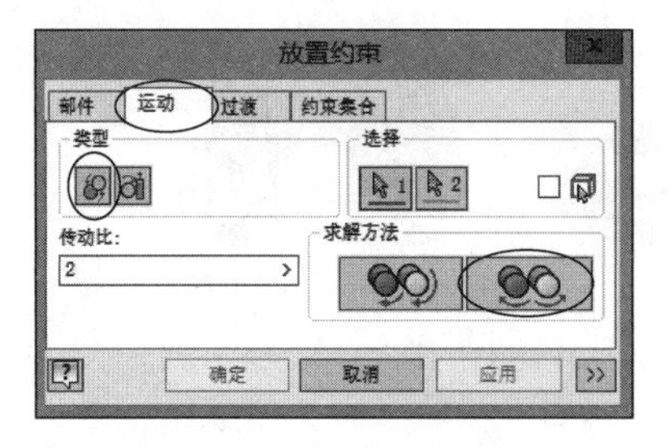

图 5-23 运动约束对话框

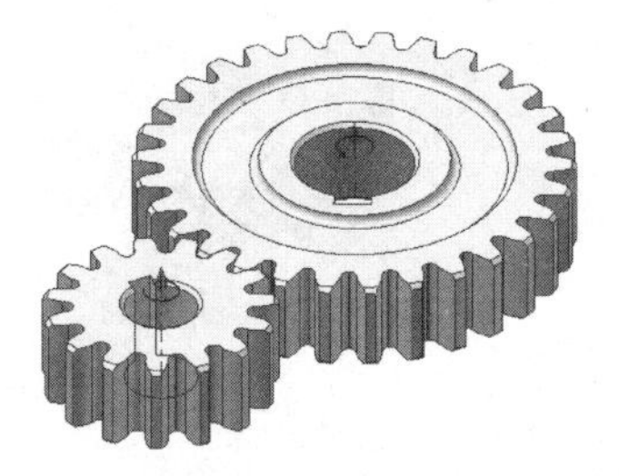
图 5-24 添加“运动-转动”约束

(3) 使用鼠标转动小齿轮,观察到小齿轮转动一圈,大齿轮转动半圈,但齿和齿槽没有对准,如图 5-25 所示。

6) 使小齿轮的齿对准大齿轮的齿槽

(1) 单击“约束”命令,在“放置约束”对话框中选择“相切约束”选项,如图 5-26(a)所示。

(2) 选择小齿轮一个齿的齿面,再选择大齿轮齿槽的一个齿面。单击“应用”按钮。

(3) 选择小齿轮的同一齿的另一个齿面,再选择大齿轮的同一齿槽的另一个齿面。单击“确定”按钮。

(4) 观察两个齿轮的啮合情况,发现齿和齿槽已经对准,如图 5-26(b)所示。

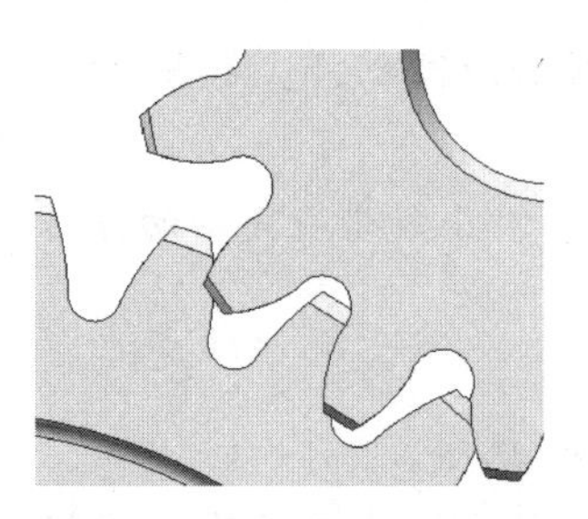
图 5-25 齿和齿槽未对准

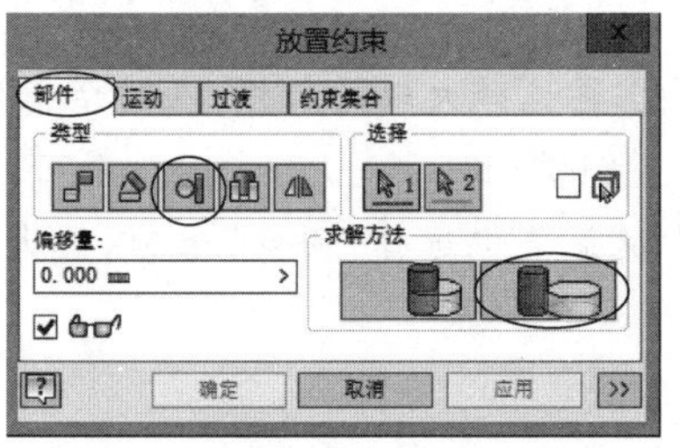

(a)“相切”约束

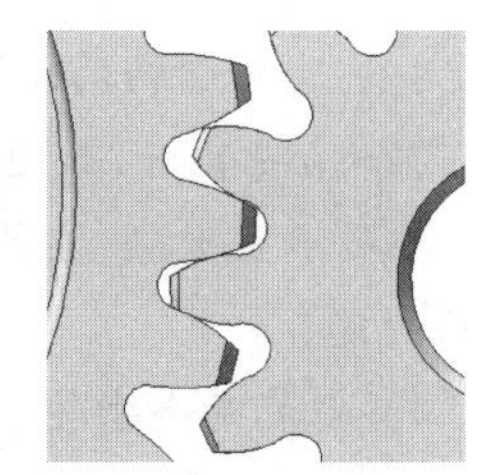
(b) 齿和齿槽对准

图 5-26 齿和齿槽间添加“相切”约束

(5) 使用鼠标转动小齿轮,观察到小齿轮和大齿轮的传动关系不正确了。应及时将两个“相切约束”删除或抑制。

(6) 单击“部件”浏览器中大齿轮名称“大齿轮:1”前的加号“+”,鼠标指针指向“相切:1”,右击,从右键菜单中选择“抑制”选项。

(7) 用同样的方法将“相切:2”抑制。

7) 观察大、小齿轮的传动

(1) 使大、小轴恢复为“可见”。

(2) 使用鼠标转动小齿轮,观察到小齿轮和大齿轮按照传动比 2 传动。

(3) 如果发现大齿轮的转动方向不正确,应编辑“模型”浏览器中的“转动”约束,在对话框中改选“反向”方式。

(4) 至此,两个齿轮的安装和转动约束操作全部完成,如图 5-27 所示。

图 5-27 所示的装配文件在“第 5 章\实例”文件夹中,文件名为:齿轮运动约束.iam。

图 5-27　完成齿轮的“转动约束”

3. 过渡约束

过渡约束用于保持面与面之间的接触关系,常用于描述凸轮机构的运动。“过渡”选项卡如图 5-28 所示。

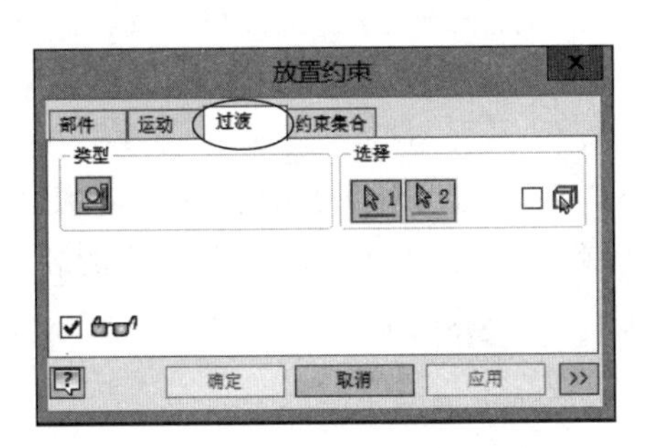

图 5-28　“过渡”选项卡

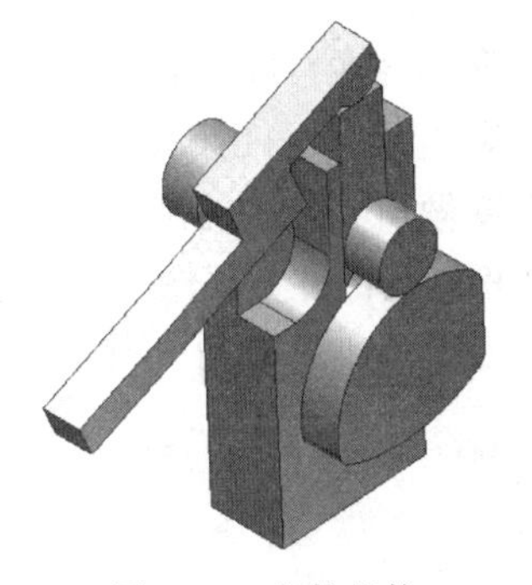

图 5-29　凸轮机构

例　完成图 5-29 中凸轮与顶杆间的运动关系定义。

1) 分析

在“第 5 章\实例\”文件夹中打开装配文件,文件名为凸轮机构.iam。这一机构除凸轮与滑块之间的关系外,其余约束关系均已给定,而凸轮与滑块之间在实际运动过程中始终保持接触,这一运动关系的定义应由“过渡约束”来实现。

2) 操作方法

单击部件面板上的“约束”命令,选择“过渡”选项卡,然后分别选择凸轮与滑块之间相互接触的两个表面,如图 5-30 所示,单击“确定”按钮完成约束。拖动凸轮将其转动,即可观察凸轮机构的运动情况。

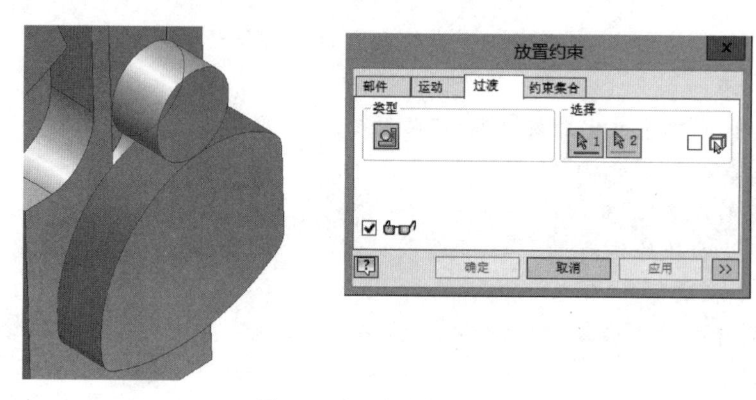

图 5-30　过渡约束的应用

4. 约束集合

约束集合能够将两个 UCS 约束在一起。可以在零件或部件文件中选择 UCS。约束集合 UCS 到 UCS 将导致在对应的 YZ、XZ 和 XY 平面对之间创建 3 个配合约束。“约束集合”选项卡如图 5-31 所示。

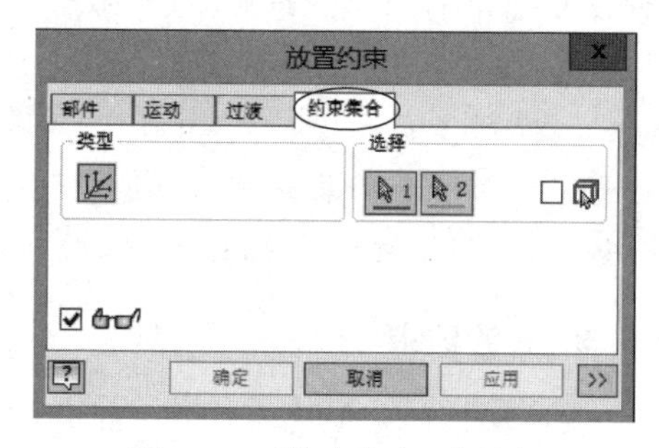

图 5-31　“约束集合”选项卡

5.2.3　剩余自由度显示

任意零部件在空间都具有 6 个自由度，要使零部件正确定位，就必须对其自由度做出正确的限定。利用“剩余自由度显示”功能可检查是否已经根据实际需要对使用装配约束后的零部件的自由度做出了正确的限定。

将待检查的部件在部件环境中打开，在“视图”标签栏上单击“自由度”按钮，便可查看部件的剩余自由度。如图 5-32 所示，风扇的自由度仅剩沿 z 方向的转动，满足风扇的装配要求。

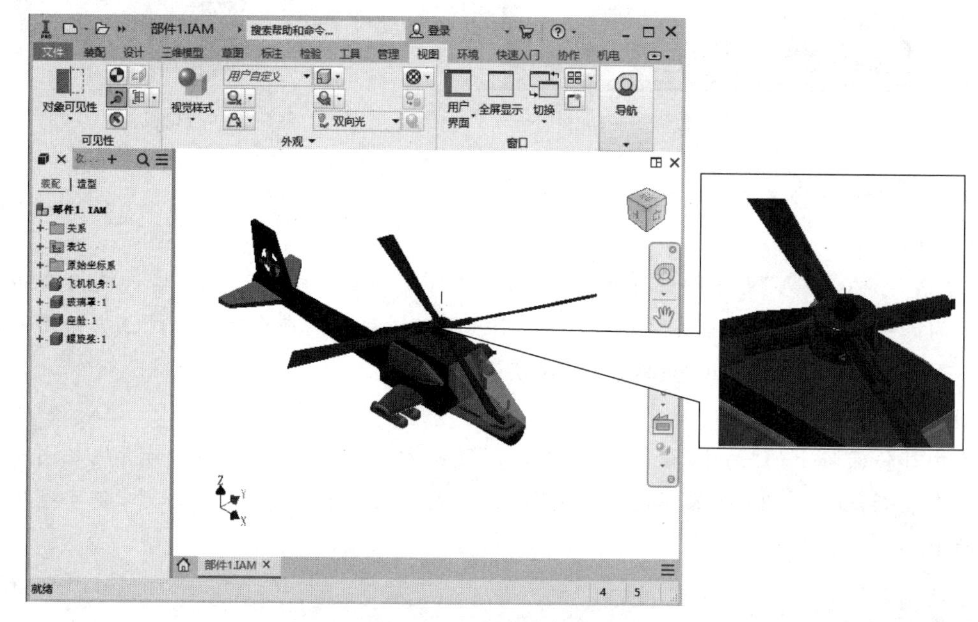

图 5-32　显示剩余自由度

5.2.4　驱动约束

在装配完毕的部件中包含有可以运动的机构，可以利用 Inventor 的驱动约束工具来模拟机构运动。每一个装配约束创建之后，浏览器中与其相关的零件下便会出现这一装配约束的图标，在图标上右击，在右键菜单中可看到“驱动”选项，如图 5-33 所示。选择“驱动约束”选项，打开如图 5-34 所示的“驱动约束”对话框。在对话框中可输入开始位置、结束位置、暂停延迟等参数，单击“正向播放”按钮，叶片就可以绕轴进行转动。

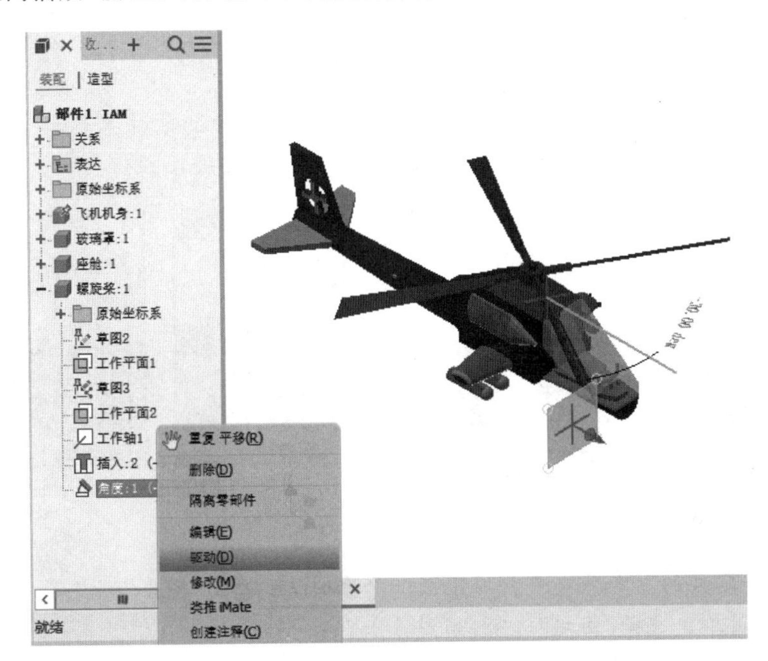

图 5-33　“驱动”选项

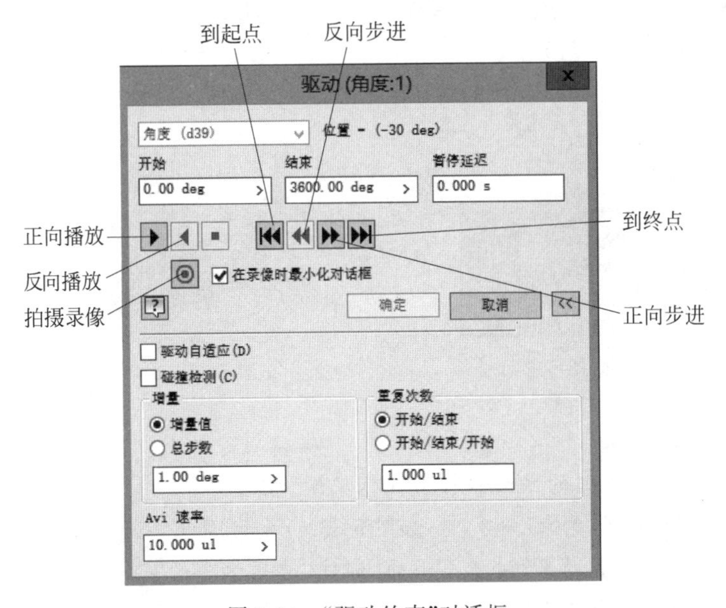

图 5-34　“驱动约束”对话框

例 1 利用装配约束装配轴、键和带轮。装配要求：轴转动时，带轮和轴同步转动。

1. 约束分析

键相对轴完全固定，带轮在轴的轴线的一个方向及圆周方向完全固定。

2. 操作步骤

1）进入装配工作环境

单击“新建”按钮，在“打开”对话框中单击 Standard.iam 命令。

2）装入轴、键和带轮 3 个零件

首先，装入带轮轴零件。单击“放置”零部件命令，选择文件：第 5 章\实例\带轮轴.ipt。带轮轴装入后，右击，在快捷菜单中选择“取消”选项。装入的带轮轴如图 5-35(a)所示。

其次，装入键和带轮。装入的键和带轮如图 5-35(b)所示。

在图 5-35(c)所示的“模型”浏览器中可以看到，3 个零件的零件名称按照装入的顺序排列。每个名字后面自动添加了数字“1”，表示该零件是第一次装入。

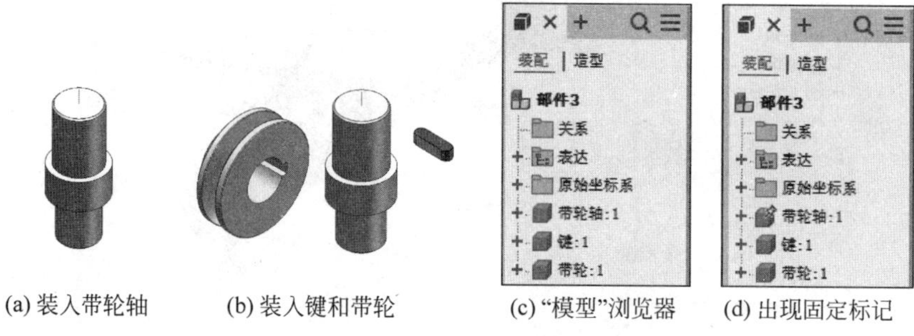

(a) 装入带轮轴　(b) 装入键和带轮　(c)“模型”浏览器　(d) 出现固定标记

图 5-35 装入零件

若解除某一零件的固定状态或要固定某一个零件，可以在“模型”浏览器中该零件的名称上右击，在快捷菜单中选择“固定”选项，如图 5-35(c)、(d)所示。

3）使零件处于有利于装配的位置

(1) 为方便观察，暂时将带轮置为不可见。将鼠标指针指向带轮，右击，在快捷菜单中选择“可见性”选项，如图 5-36 所示。

(2) 先使用“自由动态观察”按钮，再用鼠标拖动键零件，使零件处于方便添加约束的位置，如图 5-37 所示。

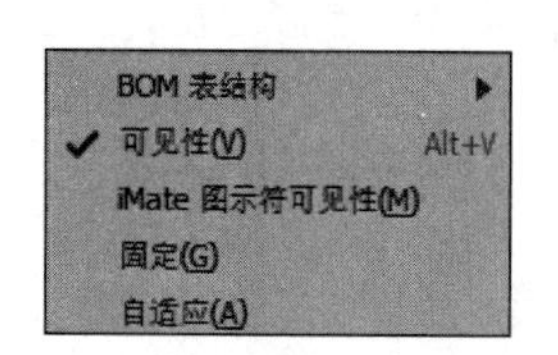

图 5-36 选择零件可见性

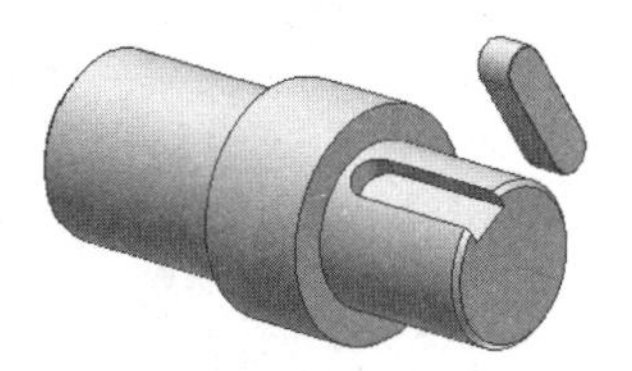

图 5-37 旋转、拖动零件

4）为键零件添加约束

(1) 添加配合约束，使键的底面和轴上键槽底面“相对”。

在“装配”标签栏中选择“约束”命令，如图 5-38(a)所示，弹出“放置约束”对话框如图 5-38(b)所示。系统默认选择“放置约束”对话框下的“部件”选项卡中的“配合”约束形式。

系统自动提示用户选择相互配合的面。单击键的上平面，再单击键槽的底面，如图 5-39(a)所示。单击对话框中的“应用”按钮，键和轴的配合如图 5-39(b)所示。

(2) 查看键零件的自由度。可用鼠标拖动键零件,观察键相对轴键槽的运动情况。

选择"视图"标签栏中的"自由度"选项,键零件上显示出键的自由度符号,表明键还有3个自由度,如图5-40(a)所示。

(3) 添加配合约束,使键头部半圆柱轴线和键槽的半圆孔轴线重合。

分别单击键的头部半圆柱面和键槽的半圆孔面,如图5-40(b)所示。单击"应用"按钮,键和轴的配合如图5-40(c)所示。此时,键剩下一个旋转自由度。

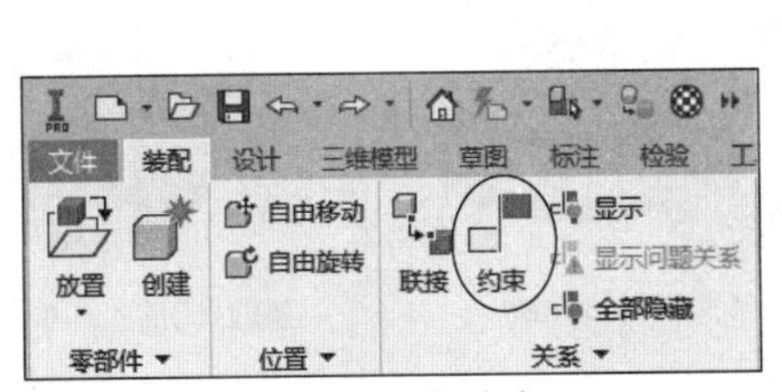

(a) 选择"约束"命令

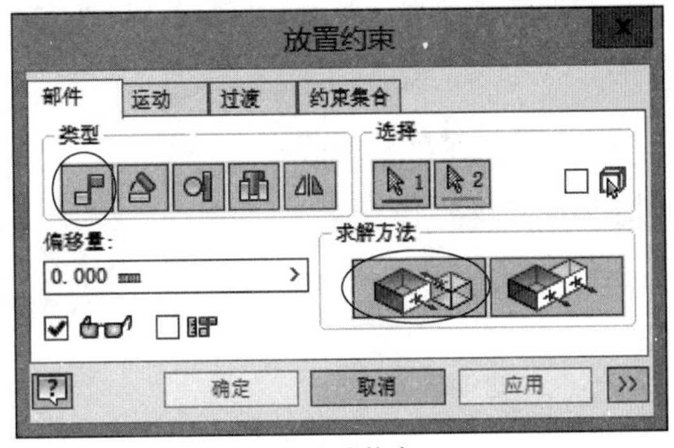

(b) 配合约束

图5-38 添加配合约束

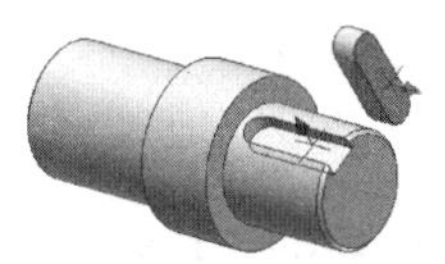

(a) 选择两平面

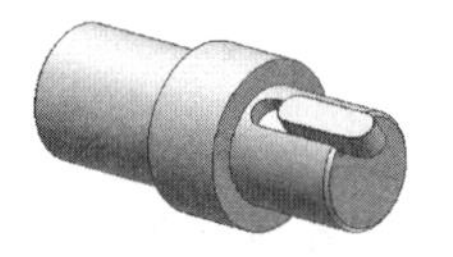

(b) 两平面"相对"

图5-39 面-面配合

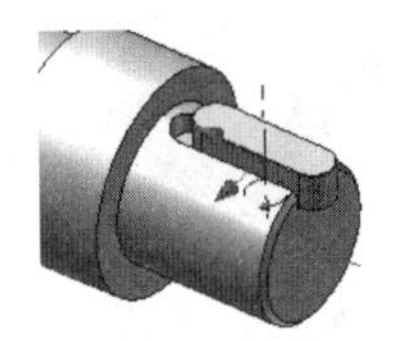

(a) 键的自由度

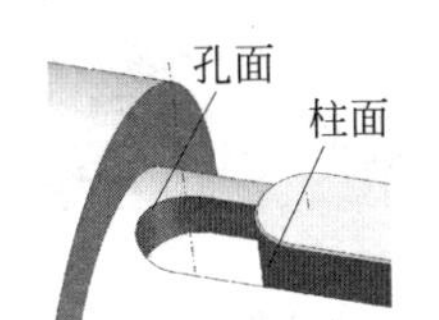

(b) 选择两曲面

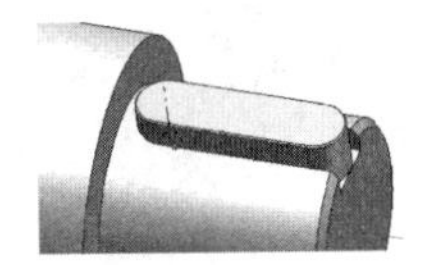

(c) 轴线对齐

图5-40 线-线配合

(4) 添加配合约束,使键的侧面和键槽的侧面"相对"。

使用"自由动态观察"按钮旋转键和轴,如图5-41(a)所示。分别单击键的侧面和键槽的侧面,如图5-41(b)所示,单击对话框中的"确定"按钮。键和轴的配合如图5-41(c)所示。至此,键的自由度为零。

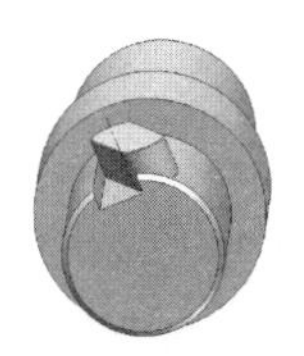

(a) 移开键零件

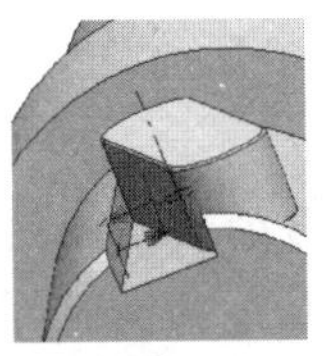

(b) 选择两平面

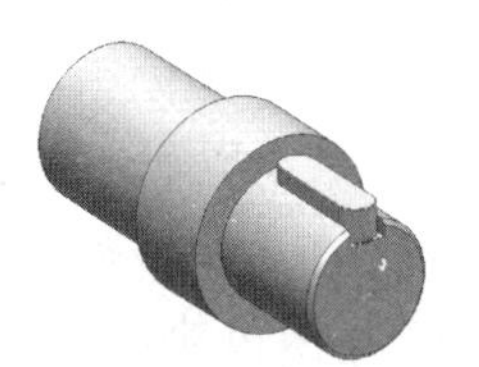

(c) 两平面"相对"

图5-41 键的配合约束

5）为带轮添加约束

（1）将带轮置为可见。添加插入约束，使带轮轴线和轴的轴线重合，带轮的端面和轴台肩的端面“相对”。

在“装配”标签栏中选择“约束”命令，选择“放置约束”对话框中“部件”选项卡中的“插入”约束形式，如图5-42(a)所示。

单击带轮端面圆轮廓和轴台肩端面圆轮廓，如图5-42(b)所示，在选择带轮的圆轮廓时，注意要选择端面上的圆。单击“应用”按钮，带轮和轴的配合如图5-42(c)所示。

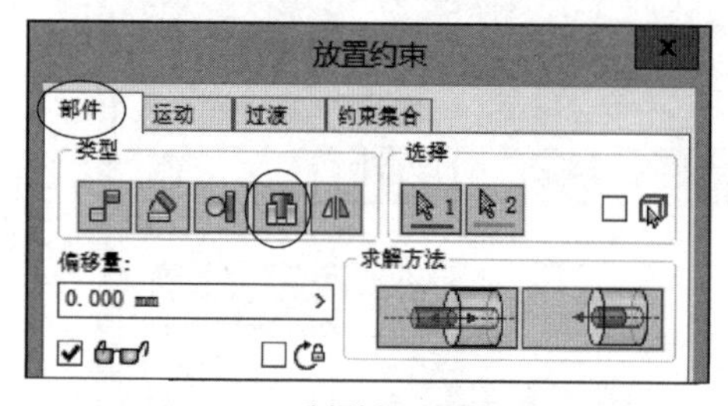

(a) 选择插入约束

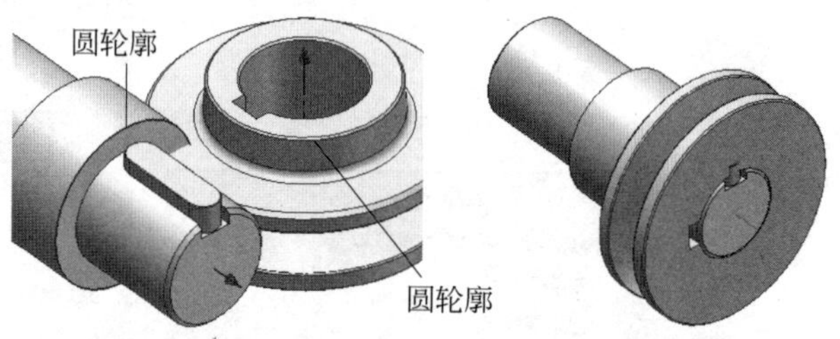

(b) 选择两端面圆轮廓　(c) 完成插入约束

图5-42　带轮的“插入”约束

用鼠标拖动带轮，发现带轮可以绕轴旋转而轴和键不转动，说明带轮还有一个自由度没有被限制。对带轮上键槽的一个侧平面和键的一个侧平面再添加一个配合约束，就可将带轮在轴的圆周方向固定。

（2）将两个配合平面调整到方便观察的位置。

在“装配”标签栏中选择“自由移动”零部件命令和“自由旋转”零部件命令，将要添加约束的两个平面暂时调整到方便观察的位置，如图5-43(a)所示。

(a) 移开带轮和键

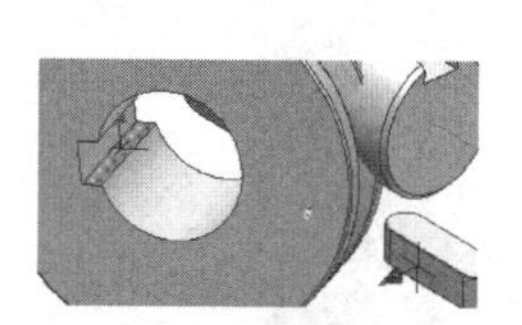

(b) 选择两平面

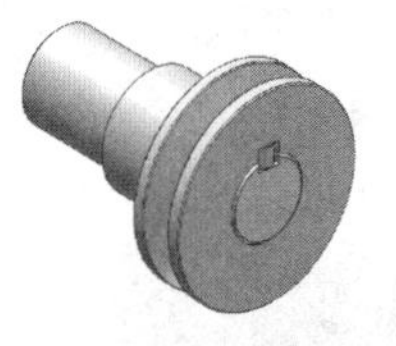

(c) 面相对配合

图5-43　带轮的“配合”约束

注意：使用这两个命令移动和旋转的结果并不影响各零件已经添加的约束。当添加新的约束后，零件会恢复到原来约束好的位置。

（3）添加“配合”约束，使键的侧面和带轮上键槽的侧面“面相对”。

分别单击键的侧面和带轮上键槽的侧面，如图5-43(b)所示，单击对话框中的“确定”按钮。带轮、键和轴的配合如图5-43(c)所示。

至此，带轮、键和轴的装配全部完成，当用鼠标拖动带轮旋转时，轴、键也同时转动。

例2　利用装配约束装配连杆零件。

装配要求：①连杆A上的圆孔和连杆B的轴销轴线重合；②两个连杆表面之间的距离为2；③连杆B上有字体表面向外；④两连杆的侧面夹角60°。

1. 约束分析

（1）添加“插入约束”，并使两表面之间的距离为2；

(2) 添加“对准角度约束”,使两表面之间的夹角为60°。

2. 操作步骤

1) 进入装配工作环境

单击“文件”下拉菜单中的“新建”按钮,在“打开”对话框中单击 Standard.iam 命令。

2) 装入连杆A和连杆B两个零件

首先,装入连杆A零件。单击“放置”零部件命令,选择文件:第5章\实例\连杆A.ipt。

其次,装入连杆B零件。单击“放置”零部件命令,选择文件:第5章\实例\连杆B.ipt。装入的两个零件如图5-44所示。

3) 为两连杆零件添加插入约束

单击“约束”命令,在“放置约束”对话框中填入偏移量2,如图5-45所示。

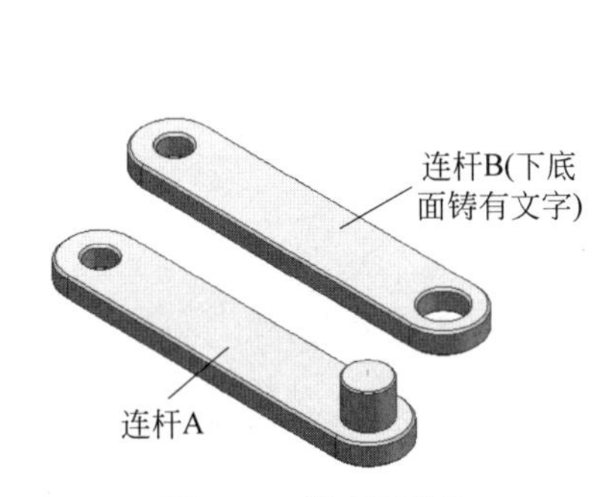

图5-44 装入两零件

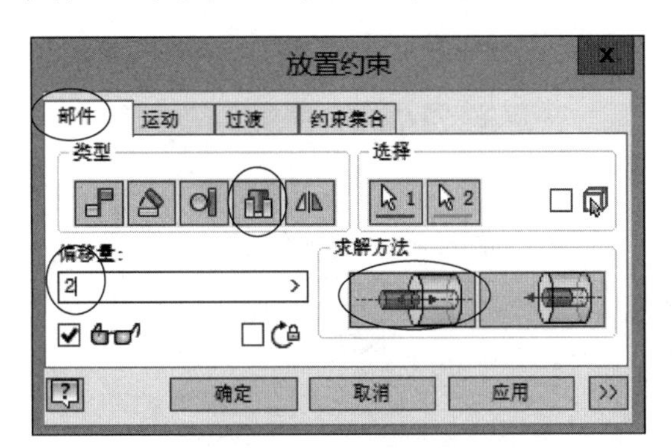

图5-45 设置偏移量

选择连杆A的圆柱底部圆轮廓,选择连杆B的倒角圆的外圆轮廓,如图5-46(a)所示。单击对话框中的“确定”按钮,两连杆的约束情况如图5-46(b)所示。

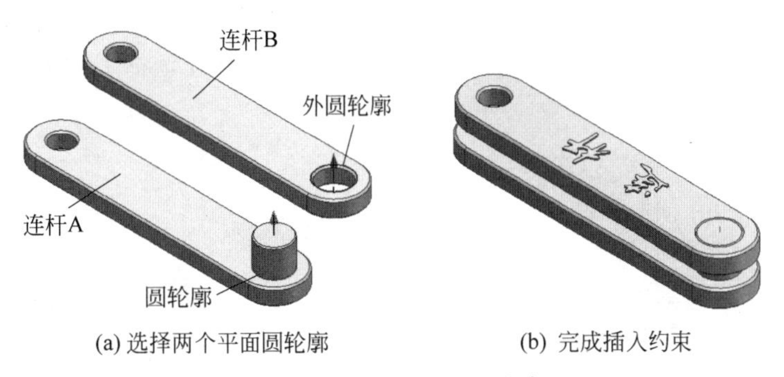

(a) 选择两个平面圆轮廓　(b) 完成插入约束

图5-46 连杆的“插入”约束

4) 为两连杆零件添加对准角度约束

(1) 调整观察方向。单击标准工具栏中的“观察方向”命令,再单击连杆B的上表面,两零件显示状态如图5-47所示。

(2) 用鼠标拖动连杆B,发现连杆B可以绕轴旋转,说明连杆B还有一个自由度,如图5-48所示。

(3) 单击“约束”命令,在“放置约束”对话框的“角度”栏中填入角度60,选择角度方式为“定向角度”,如图5-49(a)所示。

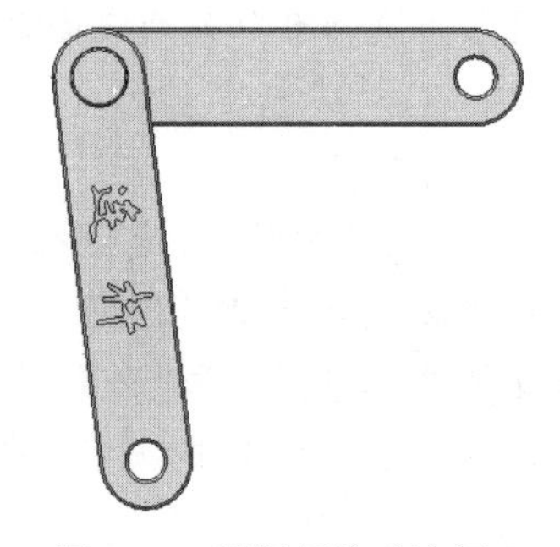

图 5-47　调整观察方向　　　　图 5-48　用鼠标拖动连杆 B

(4) 在连杆 A 靠近小圆孔处选择一条直边，在连杆 B 靠近小圆孔处选择一条直边，使得直线的方向箭头如图 5-49(b)所示。单击“确定”按钮，两连杆的约束情况如图 5-49(c)所示。

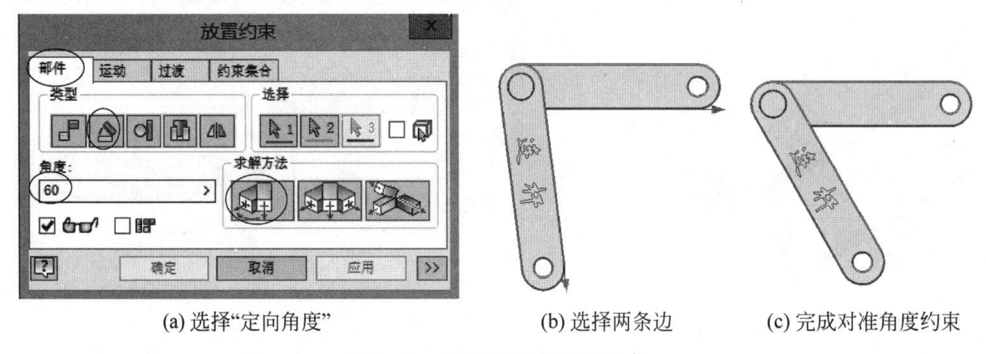

(a) 选择“定向角度”　　(b) 选择两条边　　(c) 完成对准角度约束

图 5-49　连杆的对准角度约束

5）改变两连杆的“对准角度”为 30°

单击“部件”浏览器中名称“连杆 A：1”前的加号 ➕，双击“角度”约束符号，如图 5-50(a)所示。将“编辑尺寸”对话框中的 60 改为 30，单击对话框右侧的对勾 ✔。夹角改为 30°后的两连杆如图 5-50(b)所示。

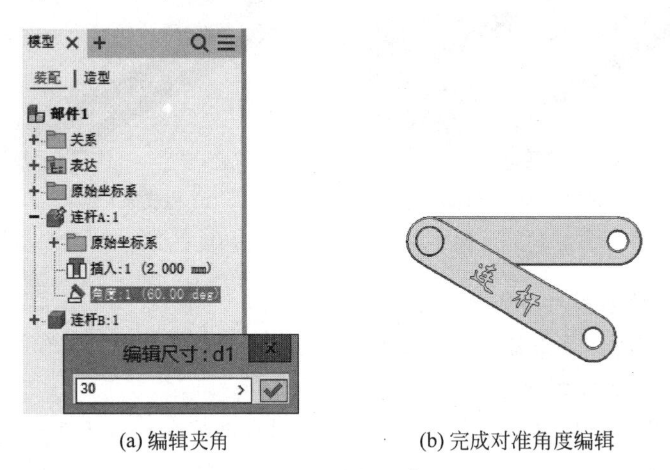

(a) 编辑夹角　　(b) 完成对准角度编辑

图 5-50　编辑约束

例 3　利用相切约束装配零件。

装配要求：①圆柱与 V 形槽两个侧面相切；②圆柱的有字端面与 V 形槽端面平齐。

1. 约束分析

(1) 两次添加相切约束,使圆柱与V形槽两个侧面相切;

(2) 添加配合约束,使两端面平齐。

2. 操作步骤

1) 进入装配工作环境

单击"文件"下拉菜单中的"新建"按钮,在"打开"对话框中单击 Standard.iam 命令。

2) 装入V形槽与圆柱两个零件

首先,装入V形槽。单击"放置"零部件命令,选择文件:第5章\实例\V形槽.ipt。

其次,装入圆柱。单击"放置"零部件命令,选择文件:第5章\实例\圆柱.ipt。装入的两个零件如图5-51所示。

先使用"旋转观察"命令,再用鼠标拖动零件,使零件调整到方便添加约束的位置,如图5-52所示。

3) 为圆柱添加相切约束

单击"装配"标签栏中的"约束"命令,在"放置约束"对话框的"部件"选项卡中单击"相切约束"选项,如图5-53所示。

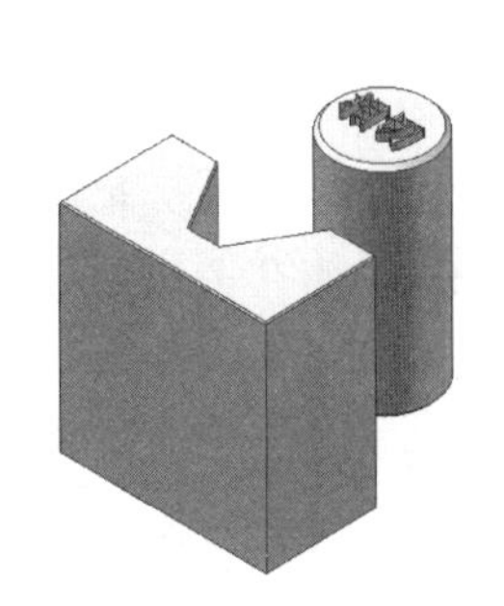

图5-51　装入两个零件

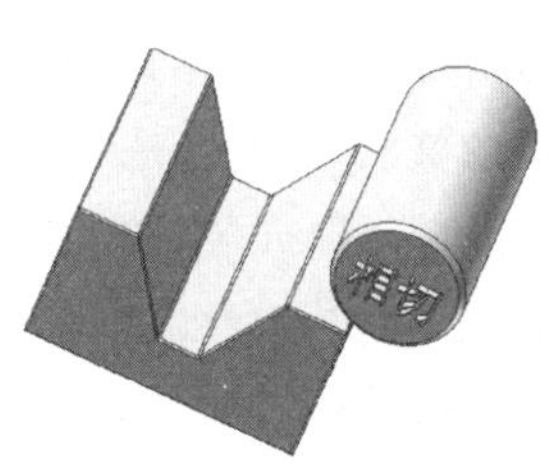

图5-52　旋转观察零件

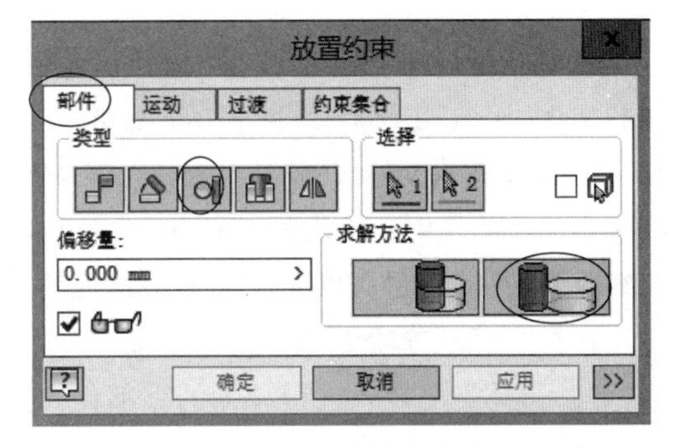

图5-53　选择"相切约束"

选择V形槽零件的其中一侧面,再选择圆柱的柱面,如图5-54(a)所示。单击"应用"按钮。选择V形槽零件的另一侧面和圆柱的柱面,如图5-54(b)所示。单击"确定"按钮,两零件的相切约束情况如图5-54(c)所示。

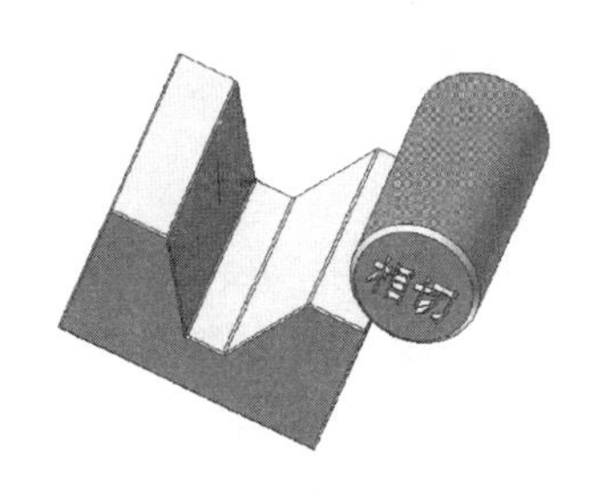

(a) 选择相切面

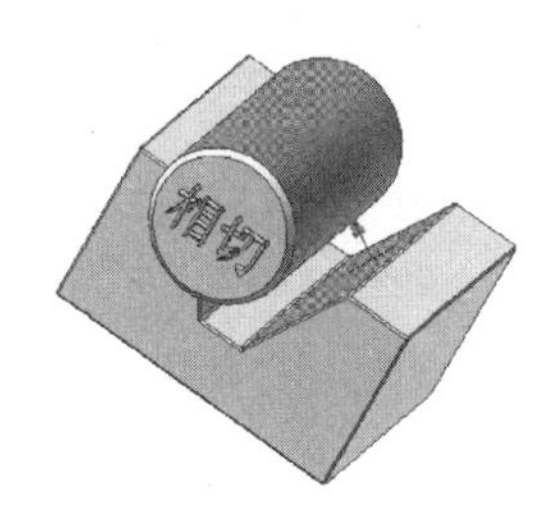

(b) 选择相切面

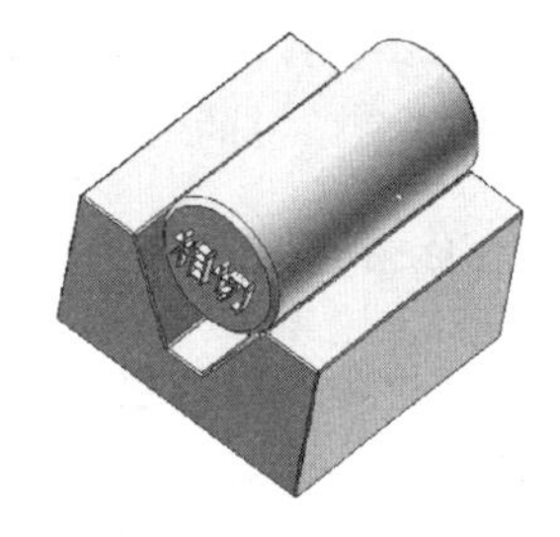

(c) 相切约束完成

图5-54　两零件相切约束

4) 为圆柱添加配合约束

单击"约束"命令,在对话框中选择"配合约束"选项,如图5-55(a)所示。选择V形槽零件的端面,再选择圆柱的端面,如图 5-55(b)所示。单击对话框中的"确定"按钮,两零件的端面配合约束情况如图 5-55(c)所示。

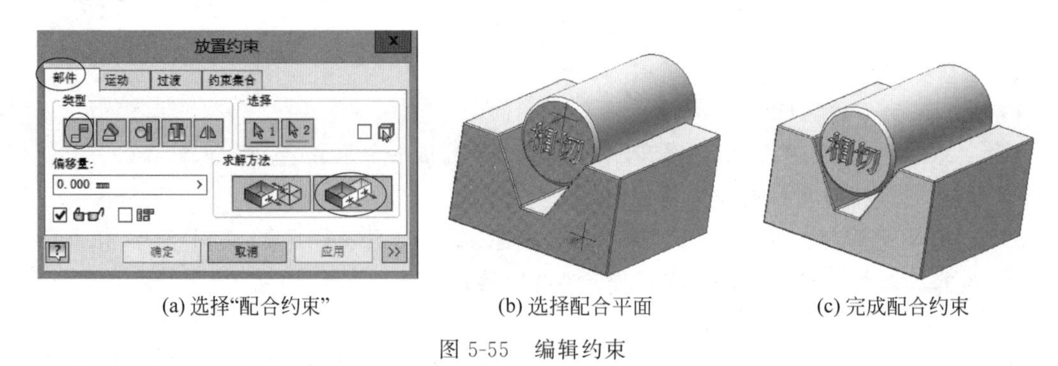

(a) 选择"配合约束"　(b) 选择配合平面　(c) 完成配合约束

图 5-55　编辑约束

5.3 编辑零部件

1. 添加零部件

在 Inventor 中,不仅可以装入用 Inventor 创建的零部件,还可以输入、使用其他格式和类型的文件,如 SAT、STEP 和 Pro/Engineer 等。也可以输入 Mechanical Desktop 零件和部件,其特征将被转换为 Inventor 特征,或将 Mechanical Desktop 零件或部件作为零部件放置到 Inventor 的部件中。输入的各种非 Inventor 格式的文件被认为是一个实体,不能在 Inventor 中编辑其特征,但是可以向作为基础特征的实体添加特征,或创建特征从实体中去除材料。

选择"装配"选项卡"零部件"面板上的"放置"工具按钮,这时弹出"装入零部件"对话框,可以选择需要装入进行装配的零部件。选择完毕后单击该对话框中的"打开"按钮,则选择的零部件会添加到部件文件中。

装入第一个零部件后,可以将其固定,也就是说删除该零部件所有的自由度,这样后续零件就可以相对于该零部件进行放置和约束。要设置或解除对该零部件的固定,可以在图形窗口或"部件"浏览器中的零部件上右击,然后单击右键菜单中的"固定"选项旁边的复选标记 ✓ 固定(G) 。在"部件"浏览器中,固定的零部件会显示一个图钉图标。

如果需要放置多个同样的零件,可以单击鼠标,则继续装入第二个相同的零件;否则右击,选择右键菜单中的"取消"选项即可。

2. 替换零部件

在设计过程中需要根据设计的要求替换部件中的某个零部件。要替换零部件,可以单击"装配"选项卡"零部件"面板上的"替换"工具按钮,单击该按钮后,需要在工作区域内单击选择要替换的零部件,然后会弹出一个"装入零部件"对话框,用户自行选择用来替换原来零部件的新零部件即可。

替换过程中,Inventor 尽量将已有的约束保留,但替换零件可能具有不同的形状,这时某些约束可能不再存在,需重新添加。

3. 阵列零部件

Inventor 中可以在部件中将零部件排列为矩形或环形阵列。使用零部件阵列可以提高设计效率，并且可以更有效地体现用户的设计意图。

选择“装配”选项卡“零部件”面板上的“阵列”工具按钮 ，这时弹出“阵列零部件”对话框，如图 5-56 所示。可以创建关联的零部件阵列（默认的阵列创建方式）。

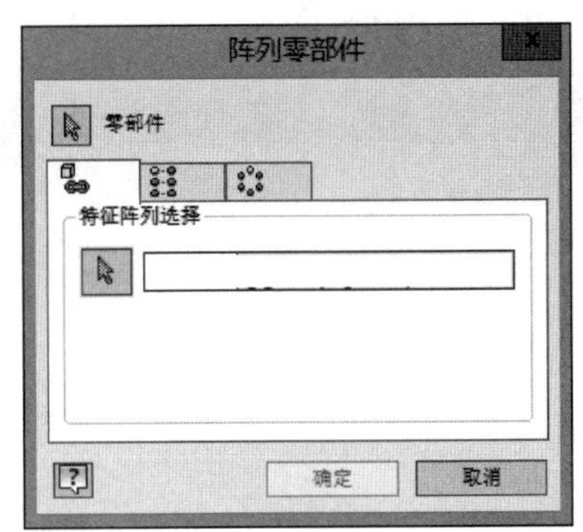

图 5-56 “阵列零部件”对话框

首先选择要阵列的零部件，然后需要选择“阵列零部件”对话框中的“矩形阵列”选项卡 或“环形阵列”选项卡 ，如图 5-57 和图 5-58 所示。

在“矩形阵列”选项卡中，依次选择要阵列的特征、矩形阵列的两个方向、两个方向上的阵列数量和距离。

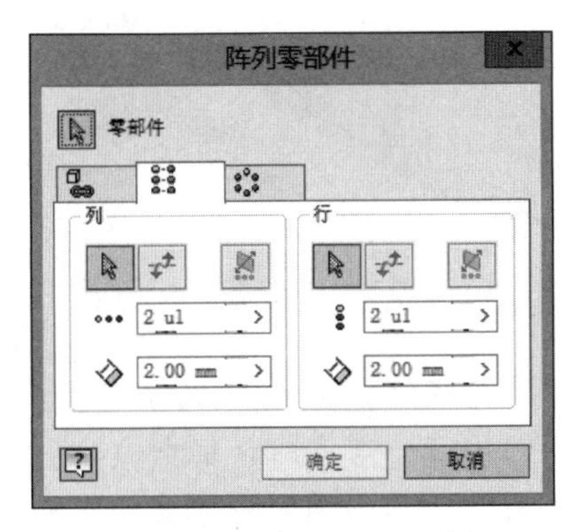

图 5-57 “矩形阵列”选项卡

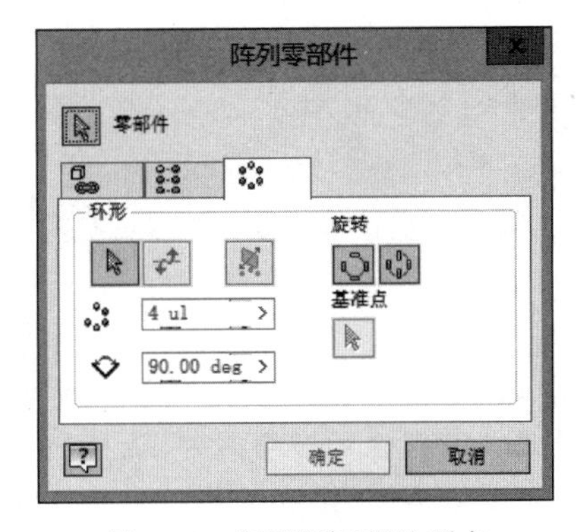

图 5-58 “环形阵列”选项卡

在“环形阵列”选项卡中，依次选择要阵列的特征、环形阵列的旋转轴、阵列的数量以及之间的角度。

4. 镜像零部件

在特征环境下可以镜像特征，在部件环境下也可以镜像零部件。通过镜像零部件，可以减小不必要的重复设计的工作量，提高工作效率。

选择“装配”选项卡“零部件”面板上的“镜像”工具按钮 ，这时弹出“镜像零部件：状态”对话框，如图 5-59 所示。

选择镜像平面，可以将工作平面或零件上的已有平面指定为镜像平面；选择需要进行镜像的零部件，在白色窗口中零部件标志的前面会出现各种标志，如 、 等。单击这些标志会改变样式，如单击 则变为 ，再次单击 则变为 ，依次循环。这些符号表示如何创建所选零部件的引用。

 表示在新部件文件中创建镜像的引用，引用和源零部件关于镜像平面对称。

 表示在当前或新部件文件中创建重复使用的新引用，引用将围绕最靠近镜像平面的轴旋转并相对于镜像平面放置在相对的位置。

表示子部件或零件不包含在镜像操作中。

例 在部件环境下，利用镜像零部件命令对自行车上的避震前叉进行镜像。

(1) 装入避震前叉子部件：第5章\实例\避震前叉\避震前叉1.iam，如图5-60所示。

图5-59 “镜像零部件：状态”对话框

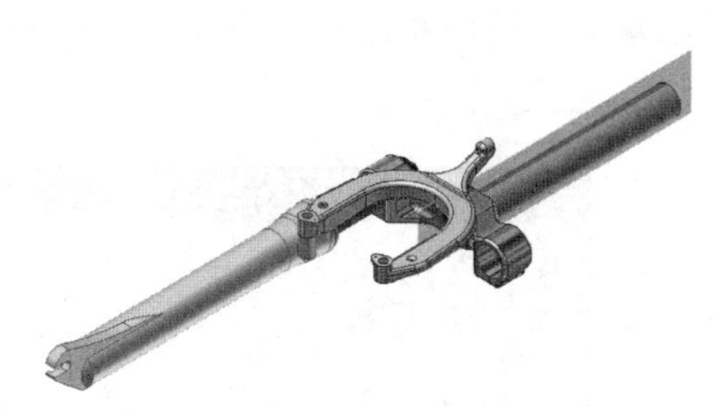

图5-60 避震前叉子部件

(2) 选择“装配”标签栏“零部件”面板上的“镜像”工具按钮，弹出“镜像零部件”对话框，单击选择要镜像的多个零件，选择镜像平面，如图5-61所示。单击对话框中的“下一步”按钮，弹出的对话框如图5-62所示。单击对话框中的“确定”按钮，得到的镜像避震前叉部件如图5-63所示。

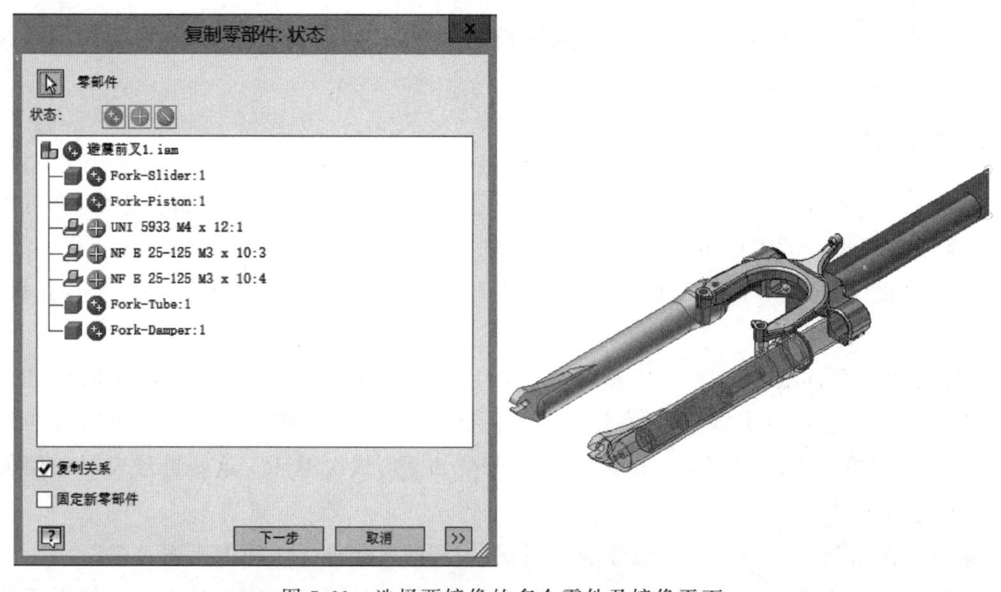

图5-61 选择要镜像的多个零件及镜像平面

图 5-62　“镜像零部件：文件名”对话框

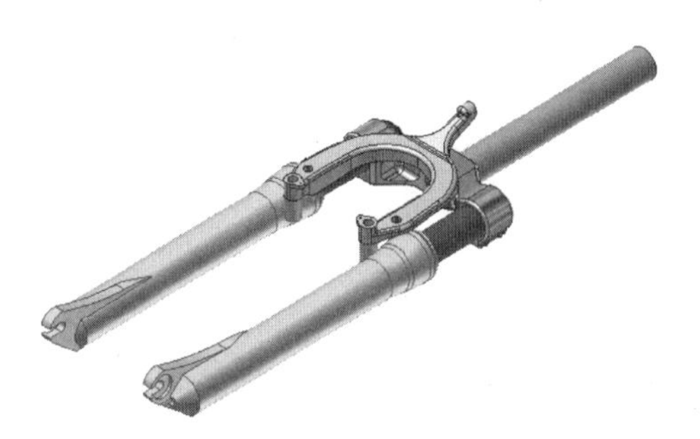

图 5-63　镜像避震前叉部件

5. 干涉检查

干涉检查又称为过盈检查。在部件中，如果两个零件同时占据了相同的空间，则称部件发生了干涉。Inventor 的装配功能本身不提供智能检测干涉的功能，也就是说如果装配关系使某个零部件发生了干涉，那么也会按照约束照常装配，不会提示用户或者自动更改。所以 Inventor 在装配之外提供了干涉检查的工具，利用这个工具可以很方便地检查到两组零部件之间以及一组零部件内部的干涉部分，并且将干涉部分暂时显示为红色实体，以方便用户观察。同时还会给出干涉报告，列出干涉的零件或子部件，显示干涉信息如干涉部分的质心的坐标、干涉的体积等。

选择“检查”选项卡“过盈”面板上的“过盈分析”工具按钮，这时弹出“干涉检查”对话框，如图 5-64 所示。

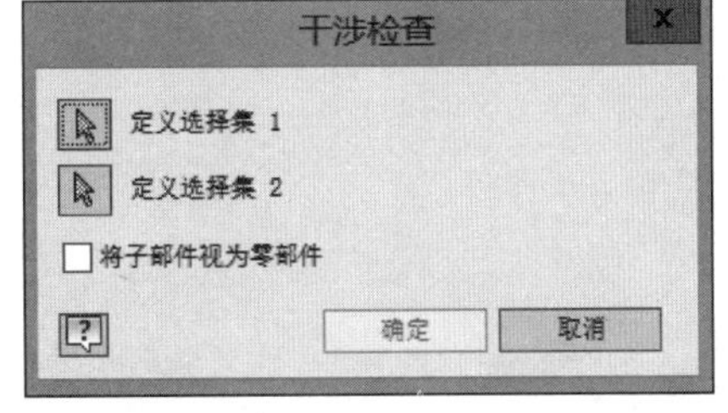

图 5-64　“干涉检查”对话框

如果要检查一组零部件之间的干涉，可以单击“定义选择集 1”前的箭头按钮，然后选择一组部件，单击“确定”按钮，显示检查结果。如果要检查两组零部件之间的干涉，就要分别在“干涉检查”对话框中通过“定义选择集 1”和“定义选择集 2”来选择要检查干涉的两组零部件，单击“确定”按钮，显示检查结果。

如果检查不到任何的干涉存在，则打开对话框显示“没有检测到干涉”，说明部件中没有干涉存在，否则会打开“检测到过盈”对话框。

5.4 自下向上的装配设计

自下向上的三维装配设计步骤大致如下：

(1) 在零件环境下生成部件的所有零件或子部件；

(2) 在装配环境下装入所有零件或子部件；

(3) 按照装配关系逐个装配零件。

例1 按自下向上的设计方法装配联轴器。

1. 装配过程分析

(1) 可以将轴和键在装配环境下构成一个子装配部件。

(2) 将轴键子装配部件和左、右联轴器及3个标准连接件调入装配环境。

(3) 装配左、右联轴器；装配轴、键子装配部件；装配标准零件。

(4) 将一组标准零件装配后，利用装配环境下的阵列命令，生成3组。

(5) 装配过程中所需要的约束类型较简单，只需用到装配约束下的“配合”和“插入”约束。

2. 操作步骤

1) 进入装配工作环境

单击图1-25中的“Standard.iam”命令按钮进入装配工作环境。

2) 装配轴、键子装配部件

(1) 装入零件：第5章\实例中的联轴器轴.ipt和联轴器键.ipt，如图5-65(a)所示。

(2) 添加约束：键的底面和键槽底面之间添加面“相对”约束；键的两个轴线分别和键槽的两个轴线添加“配合”约束，装配好的子部件如图5-65(b)所示。

(3) 保存文件：单击“文件”标签栏，选择下的“保存副本为”菜单项，设置文件名称为“联轴器子装配-A”。

(4) 退出装配工作环境。

3) 装入所有零件、子装配部件

(1) 进入部件工作环境，装入零件：联轴器(左).ipt和联轴器(右).ipt。

(2) 两次装入子部件“联轴器子装配A.iam”，装入的零部件如图5-66所示。

(3) 观察浏览器的变化，第一个装入的零件“联轴器(左)”被自动固定住，如图5-67所示。

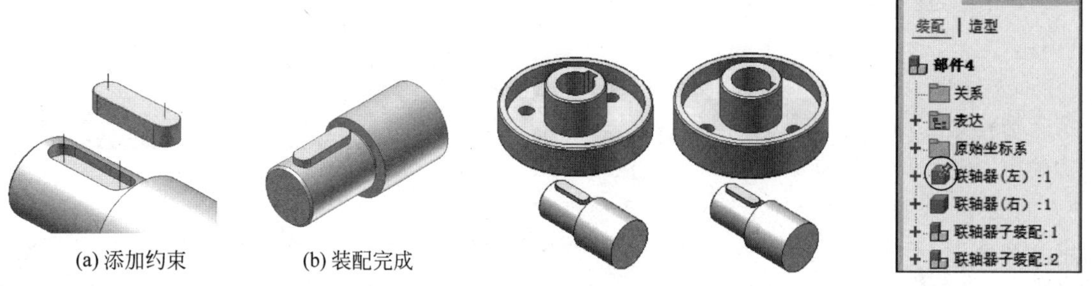

(a) 添加约束 (b) 装配完成

图5-65 装配轴和键

图5-66 装入零部件

图5-67 模型浏览器

4) 装配左、右联轴器和子装配部件

在轴的轴肩处和联轴器(左)的孔端面之间添加“插入”约束，如图5-68(a)、(b)所示。同样添加轴的轴肩处和联轴器(右)的孔端面之间的约束,如图 5-68(c)所示。

在键的侧面和联轴器的键槽之间添加“配合”约束中的“面相对”约束,如图 5-69 所示。约束之前要将子部件移动、旋转,以方便添加约束。

5) 装配左、右联轴器

在左、右联轴器之间添加“插入”约束。选择约束部位时要注意左联轴器上应选择凸台的根部圆,右联轴器上应选择凹孔倒角的外圆,如图 5-70(a)所示。

为使左、右联轴器幅板上的 3 个螺栓孔对准,需要添加两零件上孔的轴线和轴的轴线间的“配合”约束。装配好的左、右联轴器如图 5-70(b)所示。

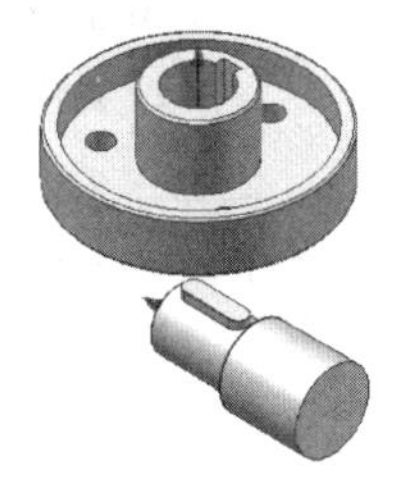

(a) 添加“插入”约束

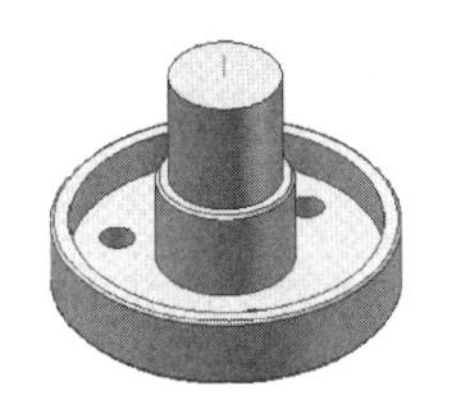

(b) 左联轴器约束完成

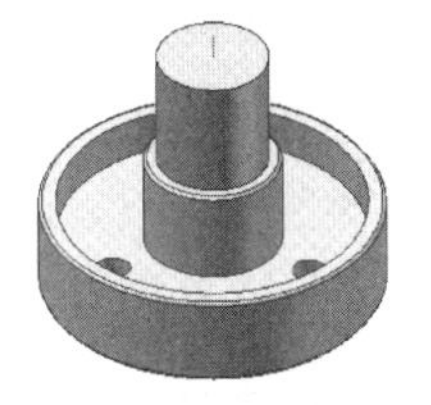

(c) 右联轴器约束完成

图 5-68 装配轴

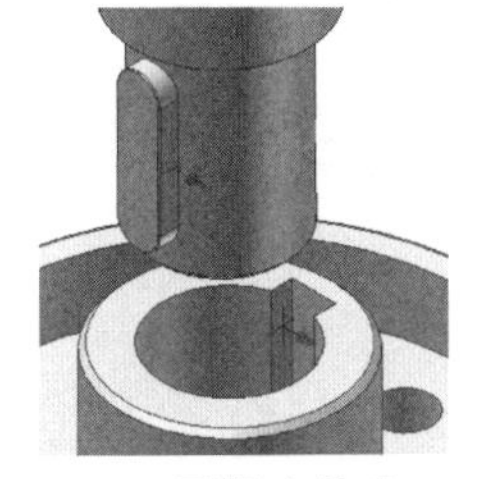

(a) “面相对”约束

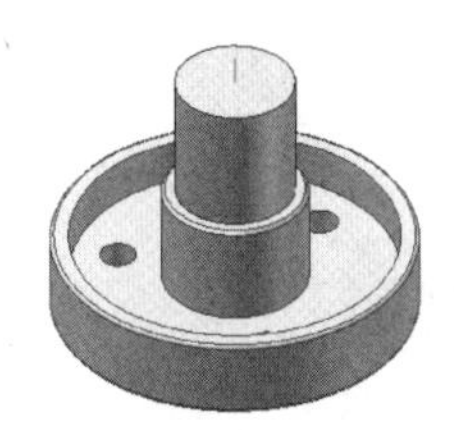

(b) 左联轴器约束

(c) 右联轴器约束

图 5-69 装配键

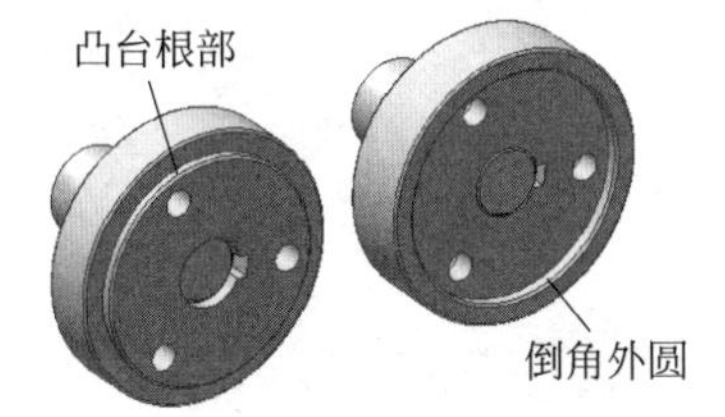

(a) 选择“插入”约束部位

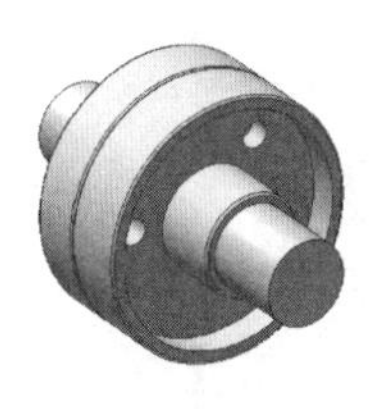

(b) 完成插入约束

图 5-70 装配左、右联轴器

6) 装入标准零件

Inventor 提供了标准零件如紧固件、型材、轴用零件等的三维模型,可以直接在“资源中心”中调用。

联轴器中使用的标准件:①六角头螺栓 C 级(GB/T 5780—2000 M8×35);②1 型六角螺母(GB/T 6170—2000 M8);③平垫圈 A 级(GB/T 97.1—2002 8)。

(1) 单击“模型”浏览器中“模型”右侧的符号 模型 × +,在弹出的菜单中选择“收藏夹”选项,如图 5-71(a)所示,可以得到“收藏夹”下的“资源中心”,如图 5-71(b)所示。

(2) 在“资源中心”浏览器中选择“紧固件”→“螺栓”→“六角头”选项，拖动浏览器右侧的竖向滑动条，找到并双击“螺栓 GB/T 5780—2000”选项，如图 5-71(c)所示。

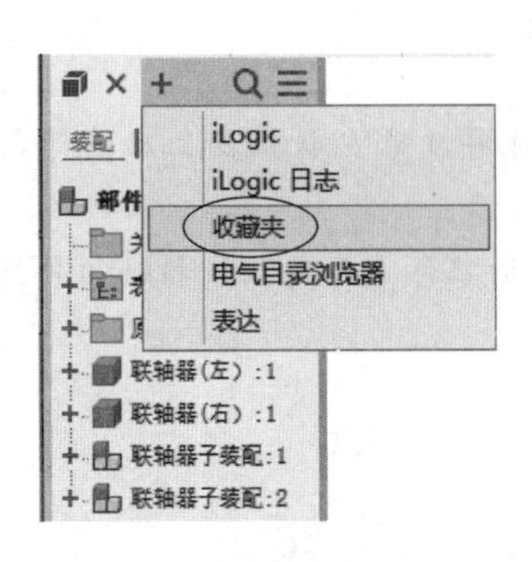

(a) 选择“收藏夹”

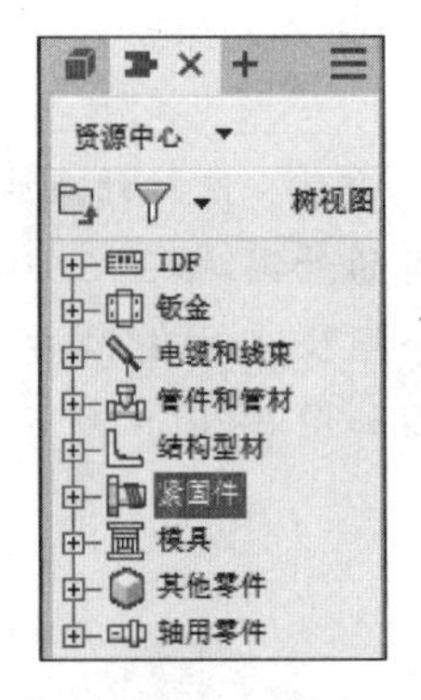

(b) “收藏夹”下的“资源中心”

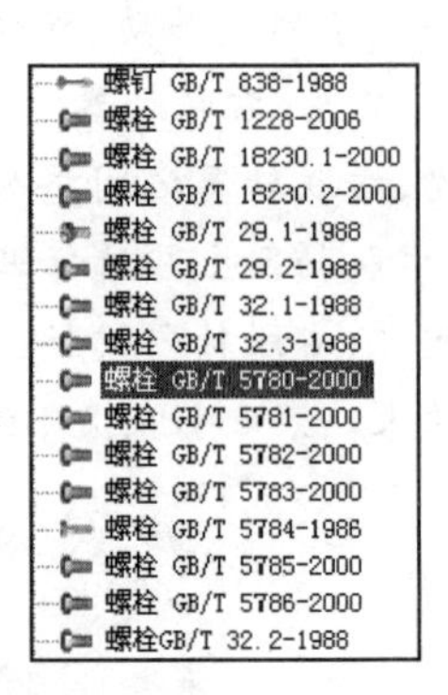

(c) 选择“螺栓 GB/T 5780—2000”

图 5-71 在“收藏夹”浏览器中查找标准零件

(3) 在模型显示区内单击，在图 5-72(a)所示的标准件编辑框内选择公称直径 8 和公称长度 35，然后单击“确定”按钮。

(4) 在模型显示区某一位置单击，装入螺栓如图 5-72(b)所示，然后接着在模型显示区右击，在弹出的菜单中选择“取消”选项。

(5) 用相同的方法装入螺母和垫圈，如图 5-72(b)所示。

(6) 单击浏览器左上角的“收藏夹”按钮，回到“模型”浏览器。

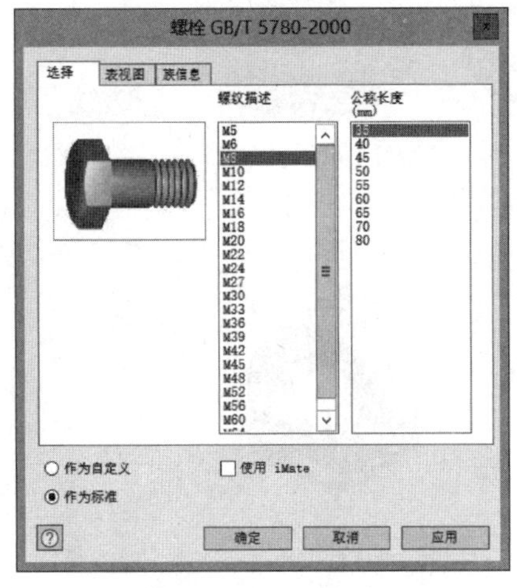

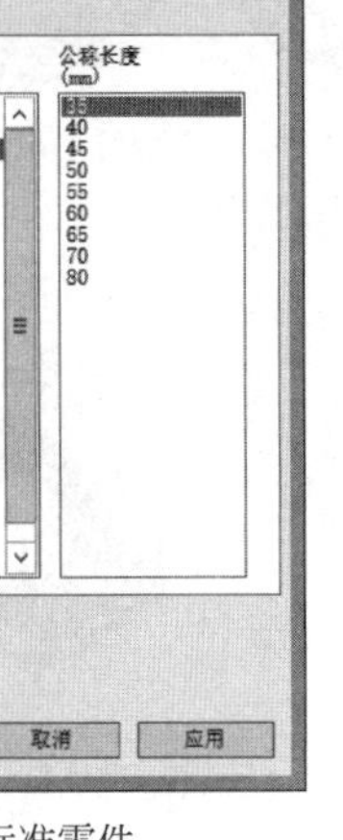

(a) 选取参数装入标准零件

(b) 装入标准零件后

图 5-72 装入标准零件

7) 装配标准零件

添加约束，使用“插入”约束分别将一组螺栓、垫圈和螺母装配在联轴器上，如图 5-73(a)所示。按照垫圈、螺母和螺栓的插入顺序会更方便些。观察浏览器，如图 5-73(b)所示。

8) 阵列螺栓组

在部件环境下可以进行零部件的阵列，阵列后的零部件和阵列前的零部件具有关联性。

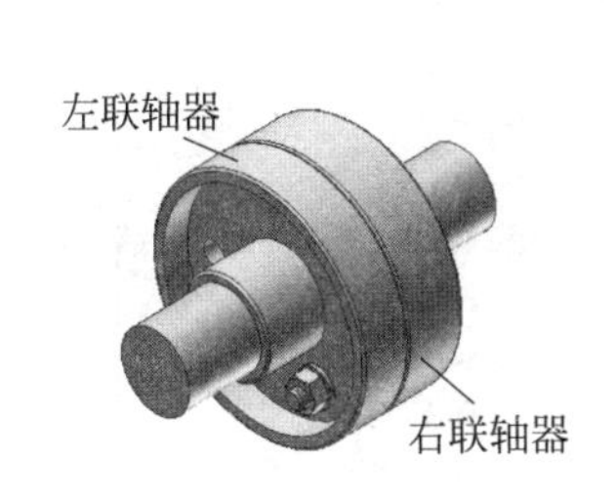

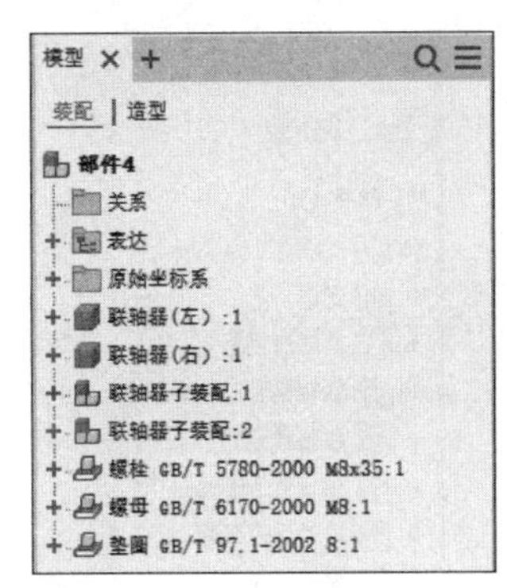

(a) 插入标准零件　　(b) 浏览器

图 5-73　装入标准零件

(1) 单击“装配”标签栏中的“阵列”命令，如图 5-74(a)所示。在“阵列零部件”对话框中选择“环形阵列”选项卡，在参数栏填入阵列个数和夹角，如图 5-74(b)所示。

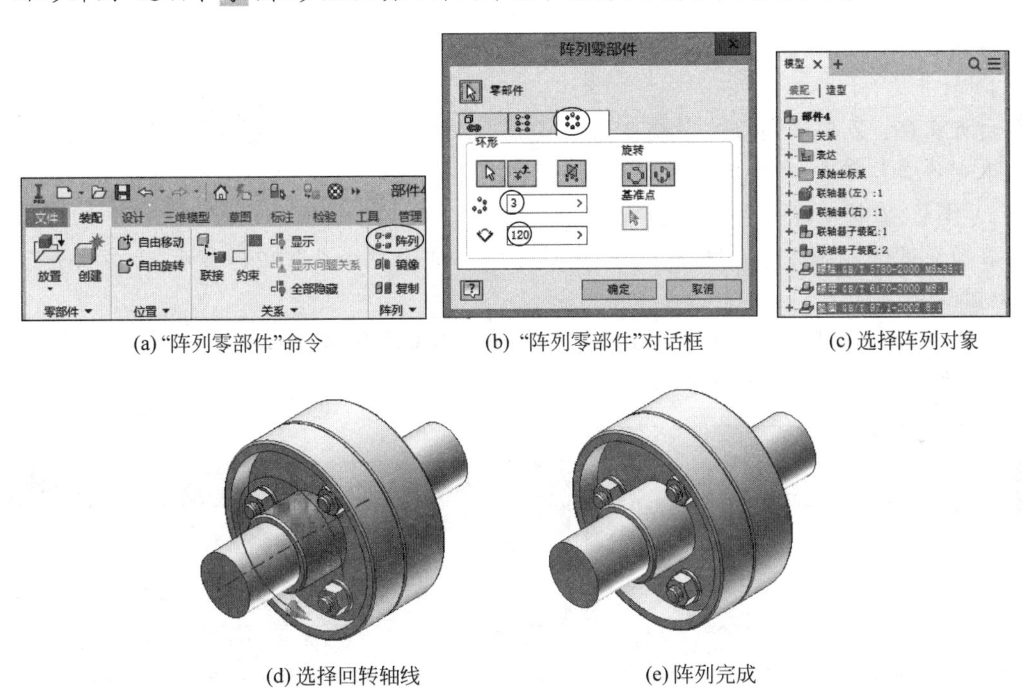

(a) “阵列零部件”命令　　(b) “阵列零部件”对话框　　(c) 选择阵列对象

(d) 选择回转轴线　　(e) 阵列完成

图 5-74　阵列螺栓组

(2) 选择阵列对象。按住 Shift 键，单击“模型”浏览器中 3 个标准零件名称，如图 5-74(c)所示。

(3) 单击“圆形”选项区域内的“轴向”命令，选择轴或联轴器的圆柱体表面，系统自动找到环形阵列的回转轴线，如图 5-74(d)所示。

(4) 单击“确定”按钮，阵列结果如图 5-74(e)所示。

9) 保存装配文件

(1) 双击“模型”浏览器中装配部件名称“部件 4”，将其改名为“联轴器”，如图 5-75 所示。

(2) 保存文件：单击“文件”标签栏，选择下的“保存副本为”菜单项，将文件命名为“联轴器”。

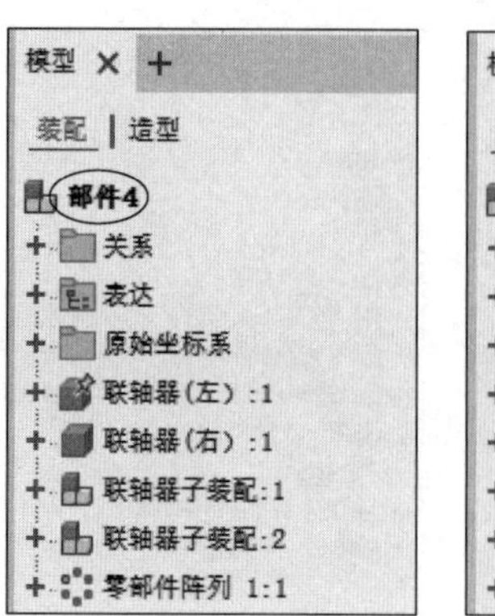

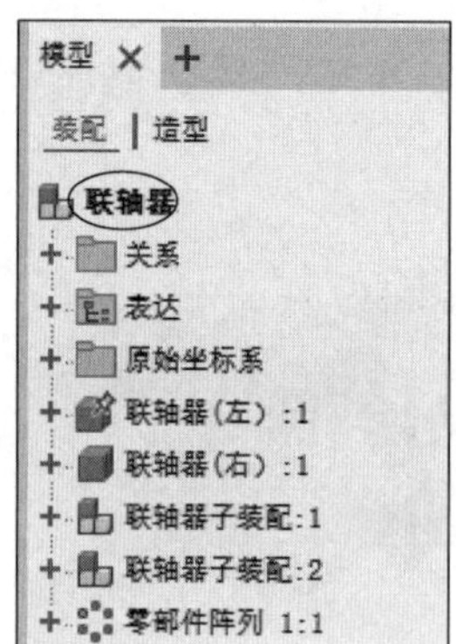

图 5-75 修改部件名称

至此，一个完整的联轴器自下向上的装配过程全部完成。

例 2 检查联轴器装配，修改设计中的错误。

本例涉及怎样进行装配体的干涉检查和怎样编辑零部件等内容。

1）打开文件

打开文件：第 5 章\实例\联轴器装配. iam。系统自动进入部件工作环境，联轴器如图 5-76 所示。

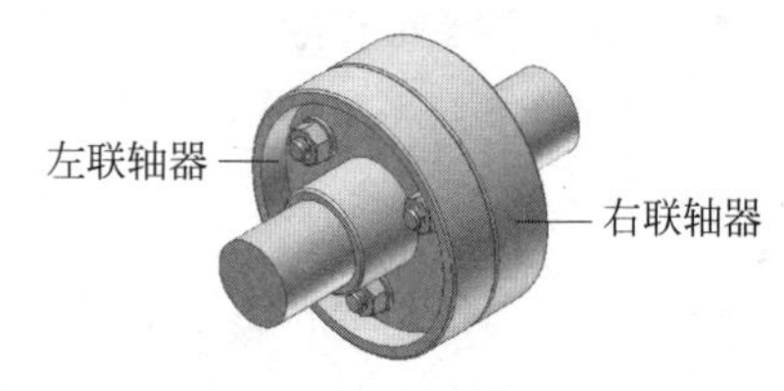

图 5-76 联轴器

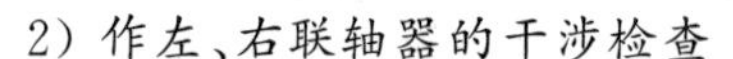

2）作左、右联轴器的干涉检查

在功能区上，单击“检验”标签栏→“过盈分析”→“干涉检查”选项，打开“干涉检查”对话框，如图 5-77(a)所示。

单击左、右联轴器模型(也可以在浏览器中直接单击零件名称)，单击“确定”按钮，弹出对话框，报告了干涉的情况，如图 5-77(b)所示。

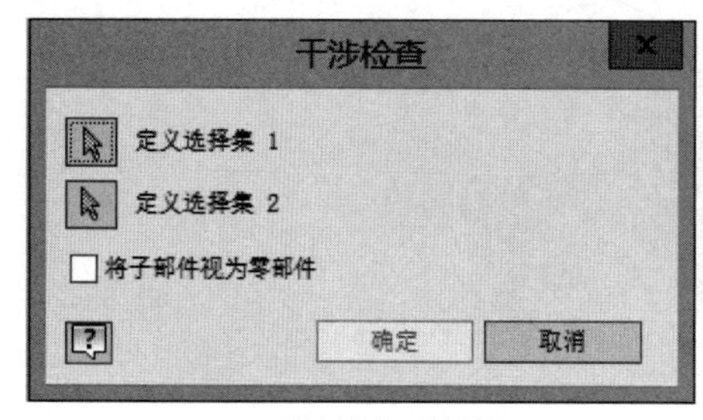

(a)“干涉检查”对话框

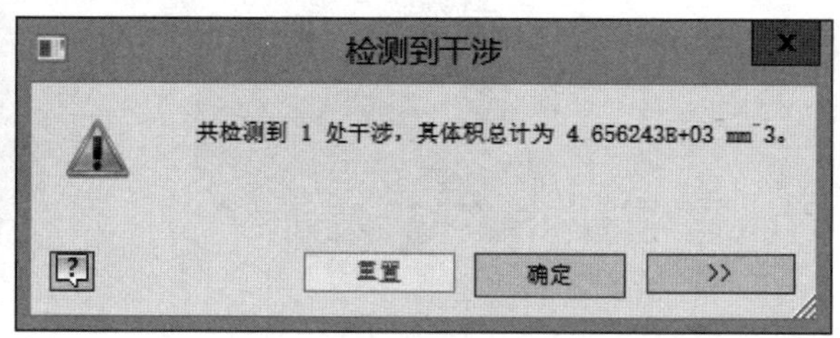

(b) 干涉检查报告

图 5-77 进行干涉检查

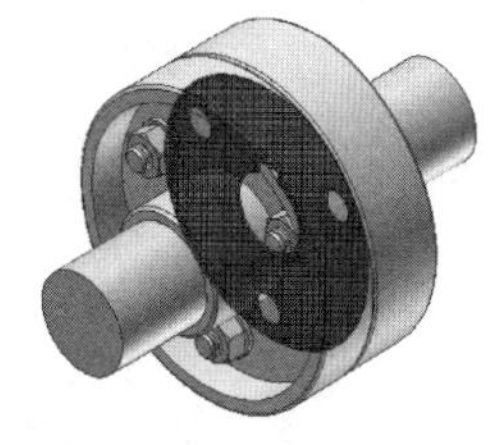

图 5-78 显示“干涉”部位

屏幕上的红色区域表示发生干涉的部位，如图 5-78 所示。

3）分析干涉原因

红色区域显示左、右联轴器结合处出现了干涉，可能是左联轴器上凸台的长度或右联轴器上凹孔的深度有问题。

4）查找、修改错误设计尺寸——方法 1

在零件环境下，分别打开“联轴器(左)”和“联轴器(右)”零件，检查发现“联轴器(左)”的凸台高度尺寸为 6，显然和“联轴器(右)”的凹孔深度 5 相矛盾。将左联轴器的凸台高度尺寸由 6 改为 4 后，保存文件。此时回到装配环境,可以发现当前的装配模型已更改。

5) 查找、修改错误设计尺寸——方法 2

在部件环境下,右击浏览器"联轴器(左)",在快捷菜单中选择"隔离"选项,当前屏幕上除左联轴器外,其他零件都被暂时隔离,即不可见。左联轴器模型仍然在部件环境中,如图 5-79 所示。

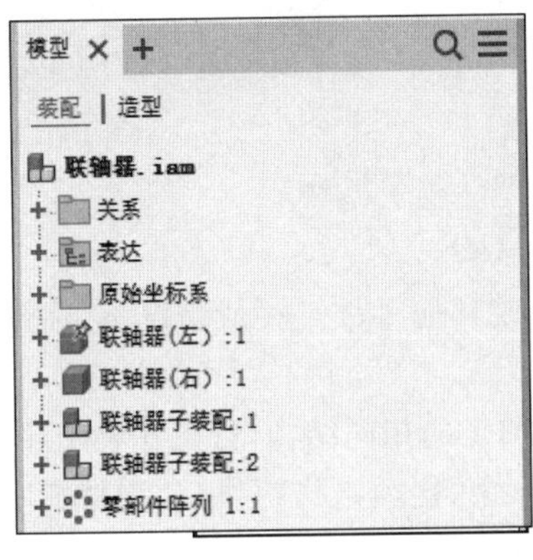

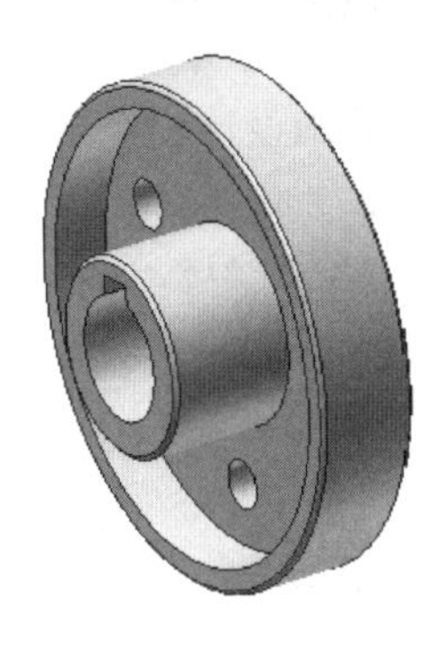

图 5-79 零件隔离的作用

再次右击浏览器中的"联轴器(左)",在快捷菜单中选择"编辑"选项,系统暂时切换到了零件环境,如图 5-80 所示。

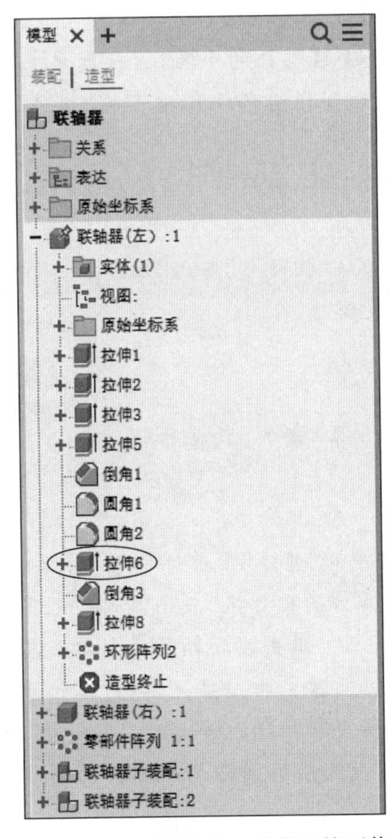

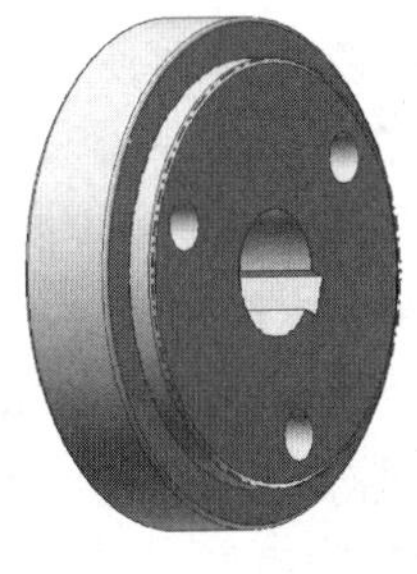

图 5-80 零件环境下修改特征

在“模型”浏览器中找到特征“拉伸 6”，即凸台。编辑凸台，将其拉伸距离改为 4。

将鼠标指针指在模型显示区，右击，在快捷菜单中选择“完成编辑”选项，系统又回到了部件环境。

将几个被隔离的零件置为“可见”。再次进行“干涉”检查，没有发现干涉问题。

5.5 自上向下的装配设计

自上向下的三维装配设计步骤大致如下：

(1) 在零件环境下生成装配体的主要零件或子部件。

(2) 在装配环境下装入主要零件或子部件。

(3) 按照装配关系和设计关系设计生成其他零件。一般情况下，在新生成的零件和参照的零件之间自动添加了约束关系。

(4) 对于在加工时需要多个零件同时加工的相同结构，可以在装配环境下同时生成，如重要的轴孔、销钉孔等连接结构。在 Inventor 中，这类结构叫作“装配特征”，“装配特征”在单个零件上并不存在，它是两个或多个相关的零件所共有的特征。

自上向下的设计方法也称为“在位设计”。

例 按自上向下的设计方法设计装配联轴器。

1. 设计过程分析

(1) 左、右联轴器的结构相差不多，可以以左联轴器为参照，“在位”设计生成右联轴器。

(2) 左、右联轴器的中心轴孔及 3 个安装螺栓的小孔，同轴度要求较高，在实际加工时是将两个零件夹紧后同时加工出来的。因此可利用部件环境下的“拉伸”或“打孔”命令生成这些孔。

(3) 轴的直径和联轴器的中心孔直径一致，且应该具有关联性，因此可以以联轴器为参照来设计轴。

(4) 轴上的键零件可以作为标准零件从“收藏夹”下的“资源中心”中调入。

(5) 以键零件为参照设计生成轴上的键槽。

2. 操作步骤(上述设计过程(1)、(2))

1) 装入基础零件

进入装配工作环境。装入零件：第 5 章\实例\联轴器轴(左)无孔.ipt，如图 5-81 所示。

(a) 装入零件

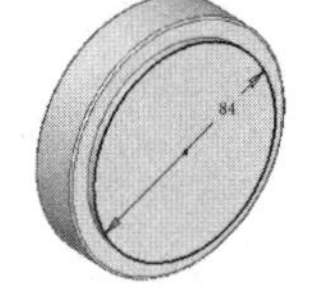

(b) 旋转观察

图 5-81 基础零件——左联轴器

2) 设计右联轴器

(1) 单击“装配”标签栏“零部件”面板中的“创建”零部件命令，弹出“创建在位零部件”对话框如图 5-82 所示。在对话框中输入新零件的文件名“联轴器(右)无孔”，单击“确定”按钮。

(2) 指定绘制新零件的第一个草图平面：单击左联轴器的大端面，如图 5-83 所示。

(3) 系统暂时转换为零件环境。左联轴器变为虚显。单击“二维草图”面板中的“投影几何图元”命令，如图 5-84(a)所示。再选择左联轴器的最大的圆柱轮廓，如图 5-84(b)所示。此时圆柱面轮廓圆投影到新的草图平面上，投影后的圆即为新零件的第一个草图，如图 5-84(c)所示。

(4) 在绘图区域右击，选择右键菜单中“取消”选项，结束投影，如图 5-85 所示。

(5) 在绘图区域右击，选择右键菜单中“完成二维草图”选项，完成草图绘制，如图 5-86 所示。

创建在位零部件

新零部件名称(N)　模板(T)

联轴器（右）无孔　Standard.ipt

新文件位置(F)

C:\Users\Administrator\Desktop

默认 BOM 表结构(D)

普通件　虚拟零部件(V)

将草图平面约束到选定的面或平面(C)

确定　取消

图 5-82 “创建在位零部件”对话框

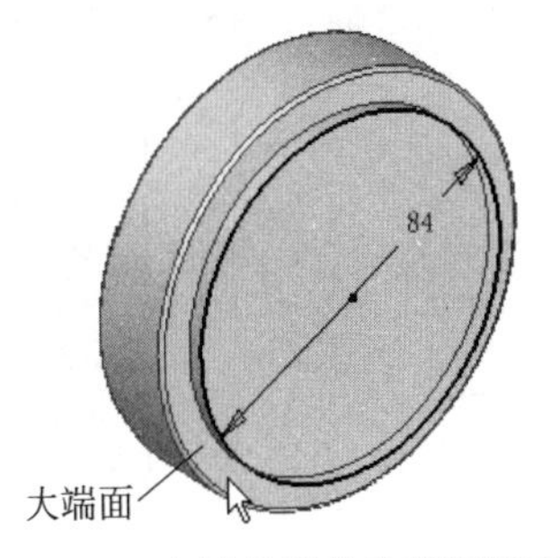

图 5-83 选择新零件的草图平面

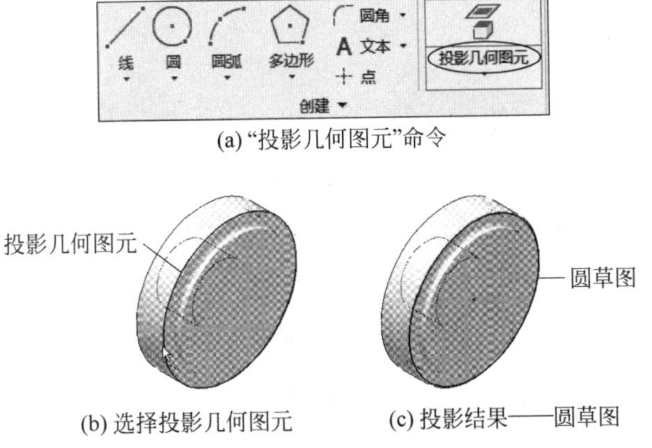

(a)“投影几何图元”命令

(b) 选择投影几何图元　(c) 投影结果——圆草图

图 5-84 投影几何图元到新的草图平面

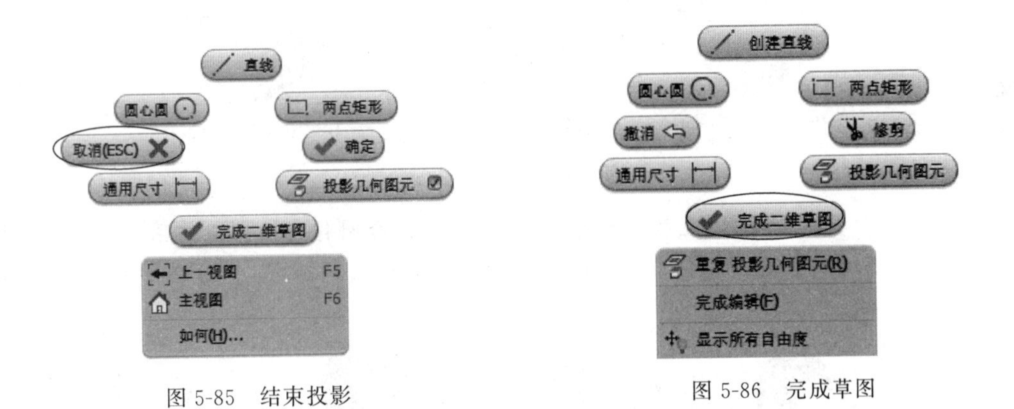

图 5-85 结束投影　图 5-86 完成草图

(6) 单击“装配”标签栏中的“拉伸”命令，将圆草图拉伸为距离为 26 的实体，如图 5-87(a) 所示。拉伸结果如图 5-87(b) 所示。

(7) 右击拉伸特征的端面，选择右键菜单中“新建草图”选项，作为新草图平面，如图 5-88(a) 所示。

(8) 单击“二维草图”面板中的“投影几何图元”命令，再选择左联轴器的凹孔轮廓圆作为投影几何图元，轮廓投影到新的草图平面上，以投影后的圆作为新草图生成新的拉伸特征，过程如图 5-88 所示。

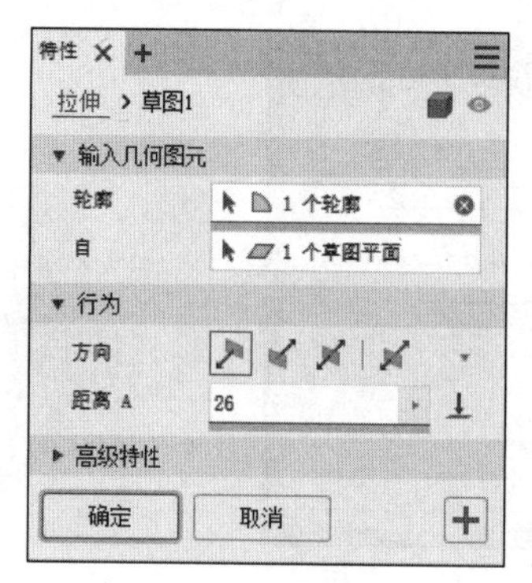

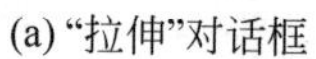
(a)"拉伸"对话框

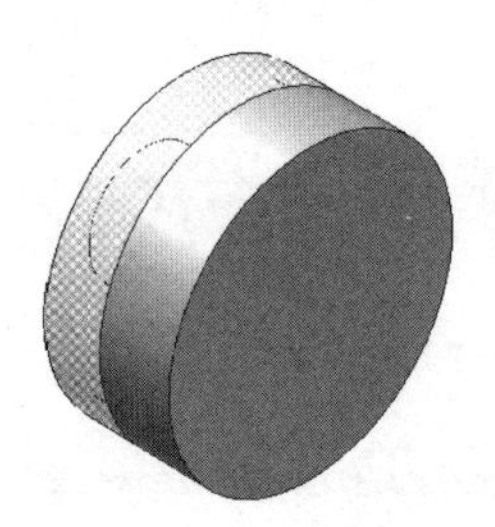
(b) 生成拉伸特征

图 5-87 拉伸第一个草图

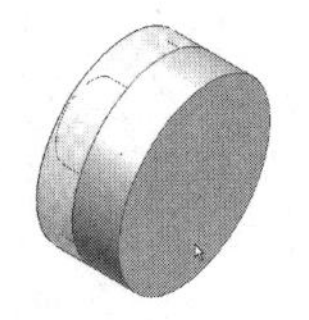
(a) 选择草图平面

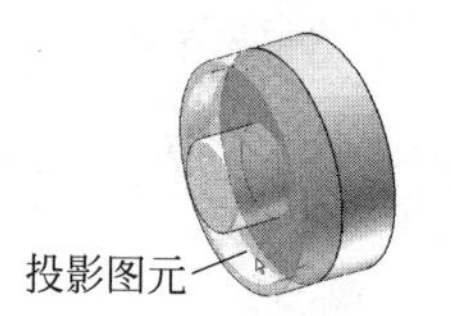

(b) 选择投影图元

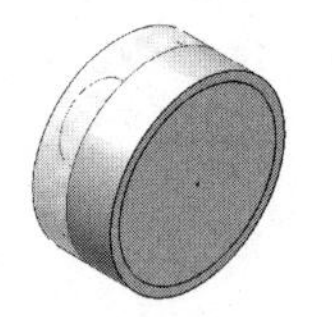
(c) 投影结果——圆草图

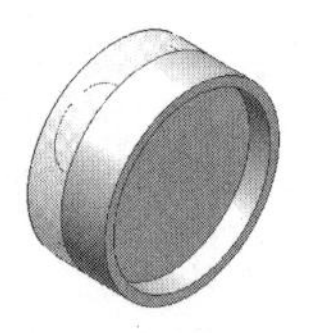
(d) 生成拉伸特征

图 5-88 拉伸特征(一)

(9) 与前面步骤类似,以左联轴器的轴台圆作为投影几何图元,生成拉伸特征——右联轴器的轴台,过程如图 5-89 所示。

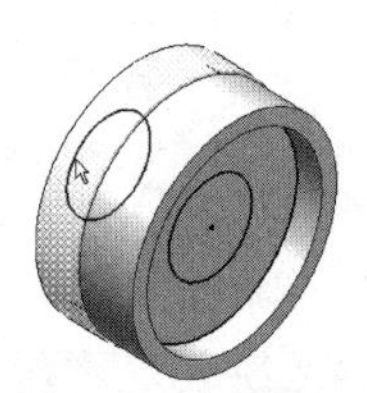
(a) 选择投影图元

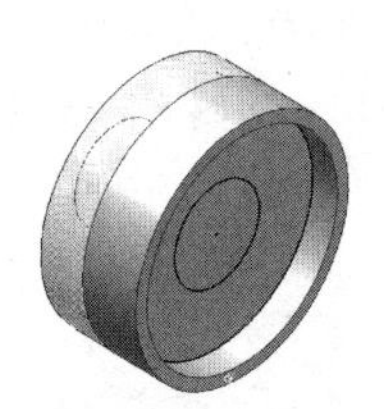
(b) 投影结果——圆草图

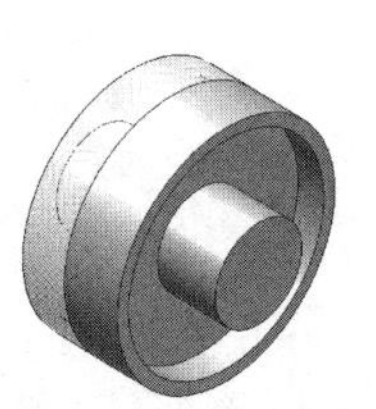
(c) 生成拉伸特征

图 5-89 拉伸特征(二)

(10) 与前面步骤类似,以左联轴器的直径为 84 的凸台圆作为投影几何图元,生成拉伸特征——右联轴器的凹孔,在"拉伸"对话框中选择"切割方式",距离为 5。过程如图 5-90 所示。

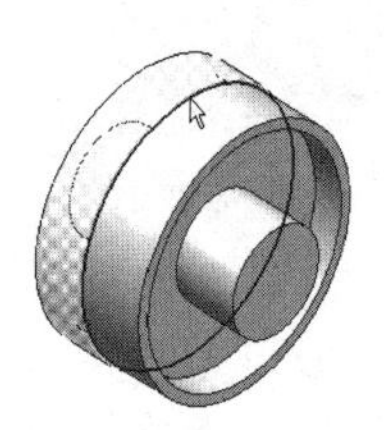
(a) 选择草图平面

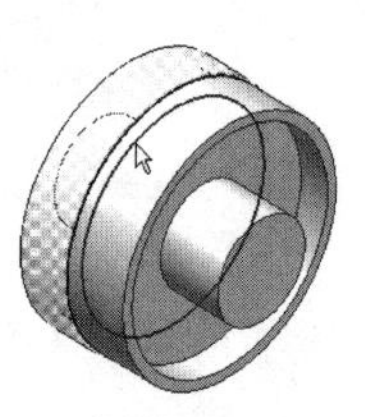
(b) 选择投影图元

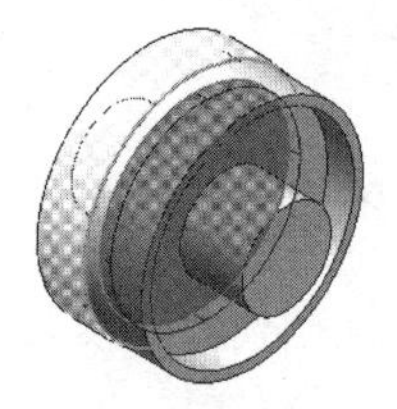
(c) 选择拉伸区域

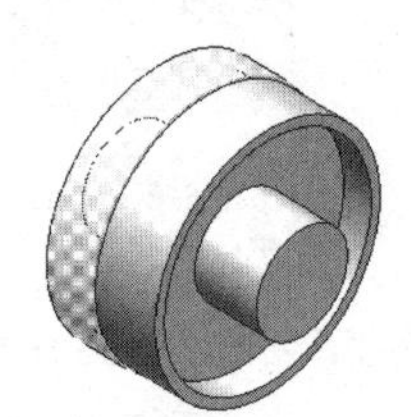
(d) 生成拉伸特征

图 5-90 拉伸特征(三)

注意:选择直径为 84 的凸台圆的时候要注意选择的部位,投影后可标注尺寸,看直径是否是 84,如不是,应重新选择投影图元。

(11) 选择右键菜单中的"完成编辑"选项,回到"装配"标签栏,如图 5-91 所示。至此,完成了右联轴器的设计。

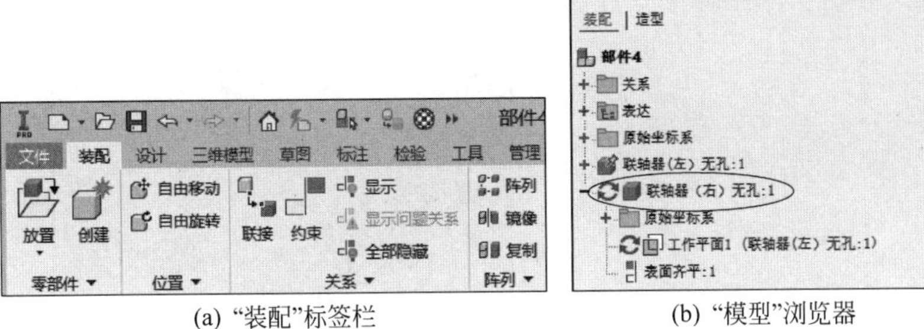

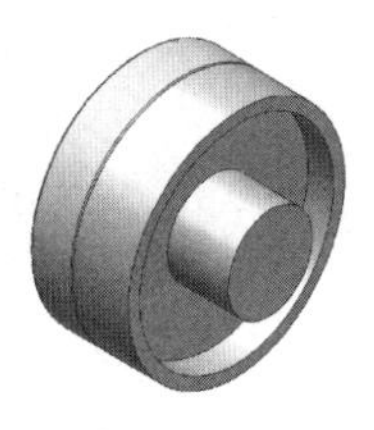

(a) "装配"标签栏　　(b) "模型"浏览器　　(c) 联轴器

图 5-91　完成右联轴器设计

3) 添加左、右联轴器间的装配约束

由图 5-91(b)所示浏览器中可以看出,左、右联轴器之间已经添加了"表面齐平"(面相对)约束,这一约束是在创建右联轴器时自动添加的。显然,还应添加一个配合约束,将左、右联轴器的轴线对齐。

单击"部件"选项卡中的"旋转零部件"命令,旋转右联轴器,如图 5-92 所示。在左、右联轴器间添加配合约束,如图 5-93 所示。

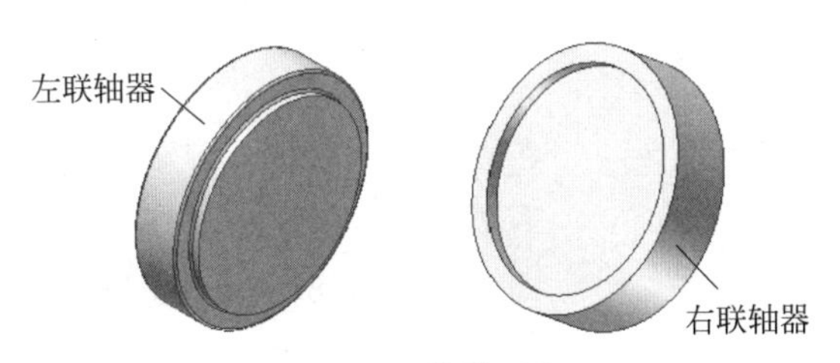

图 5-92　旋转观察

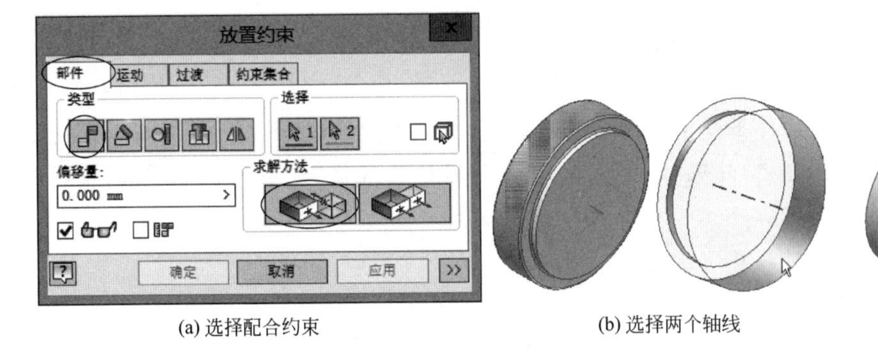

(a) 选择配合约束　　(b) 选择两个轴线　　(c) 完成约束

图 5-93　配合约束

4) 设计左、右联轴器共有的轴孔特征

(1) 在模型显示区右击,从弹出的快捷菜单中选择"新建草图"选项,选择右联轴器的凸轴端面作为轴孔草图平面。此时,系统回到部件草图状态,如图 5-94(a)所示。

注意:"部件草图"面板和零件环境下的"二维草图"面板的内容完全一样,不同的是"部件草图"面板仍然是在部件环境下,从"模型"浏览器中可以看出,已经建立的"草图 1"的位置在左、右联轴器的名称前面,表明"草图 1"是左、右联轴器共有的,如图 5-94(b)所示。

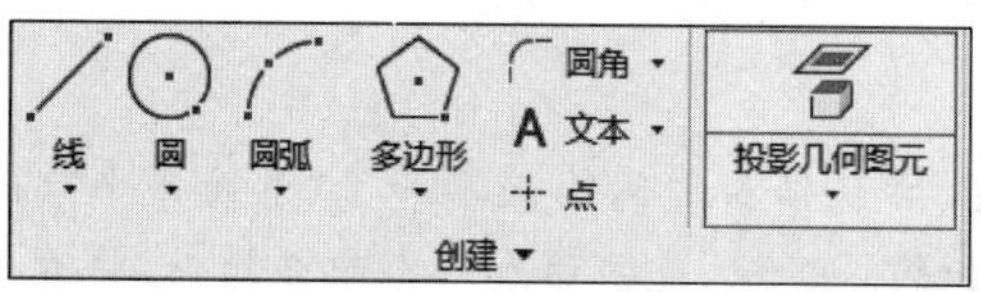

(a)“部件草图”面板

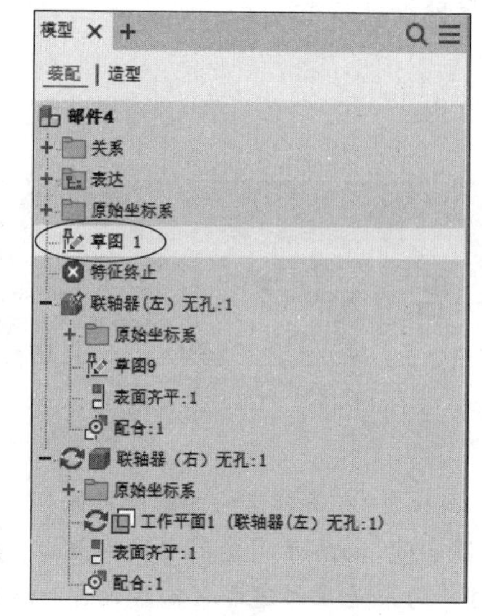

(b) 浏览器中“草图1”位置

图 5-94 “部件草图”状态

(2) 在轴端的草图平面上绘制键槽的草图(草图 1),标注尺寸,如图 5-95 所示。

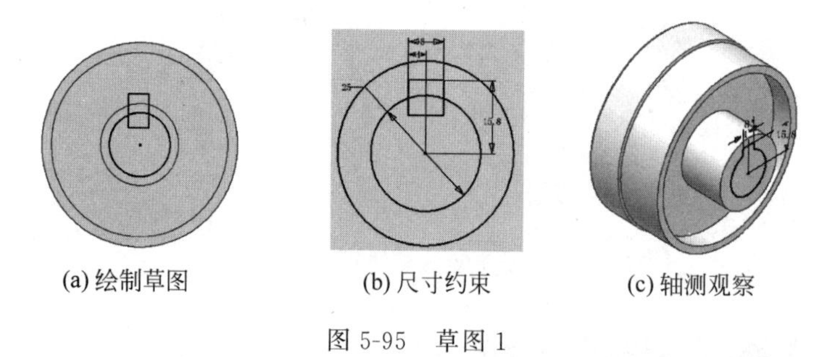

(a) 绘制草图　(b) 尺寸约束　(c) 轴测观察

图 5-95 草图 1

(3) 右击,完成草图,系统恢复到“部件环境”。

(4) 单击“三维模型”标签栏中的“拉伸”命令,将草图拉伸(切割)贯通,如图 5-96 所示。

(5) 单击“视图”标签栏“外观”选项卡中的“带隐藏边的线框”命令,可观察到草图拉伸的效果,如图 5-96(e)所示。

5) 设计左、右联轴器共有的连接小孔特征

与步骤 4)生成轴孔的过程一样,可生成连接小孔。小孔的草图如图 5-97 所示。

(1) 单击“草图”标签栏中“环形阵列”命令,将小孔草图阵列成 3 个,如图 5-98 所示。

(2) 单击“三维模型”标签栏中的“拉伸”命令,将草图拉伸(切割)贯通,如图 5-99 所示。

6) 观察零件环境下的左、右联轴器的结构

右击右联轴器,在右键菜单中选择“编辑”选项,在零件环境下可以观察右联轴器的结构中不含有轴孔和小孔,如图 5-100(a)所示,表明轴孔和小孔是两个零件的共有特征。在 Inventor 中,这种结构称为“装配特征”。

从浏览器中特征“拉伸 1”和“拉伸 2”展开后的情况也可看出“装配特征”的公共性,如图 5-100(b)所示。

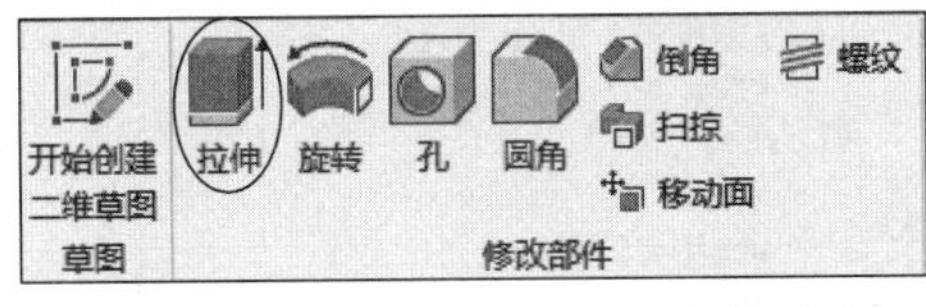

(a) 选择“三维模型”标签栏卡中的“拉伸”命令

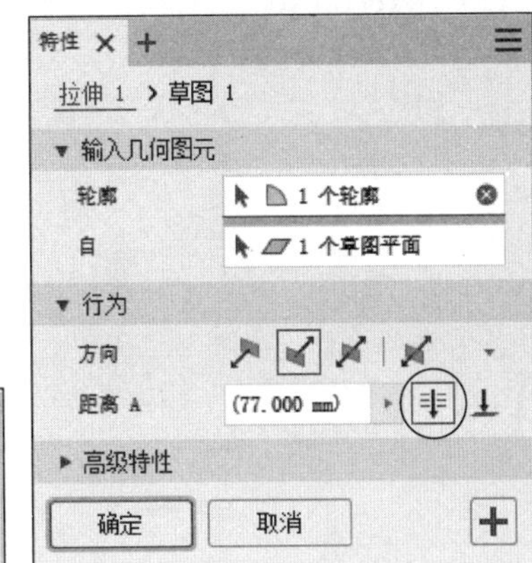

(b) “拉伸”对话框

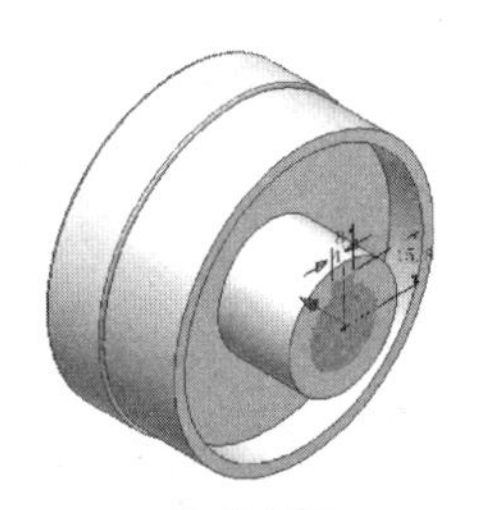

(c) 拉伸草图

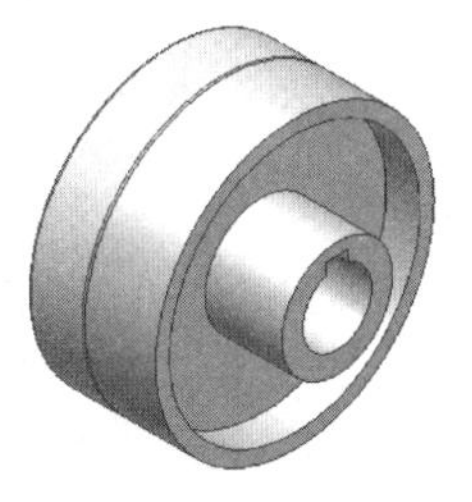

(d) 拉伸结果

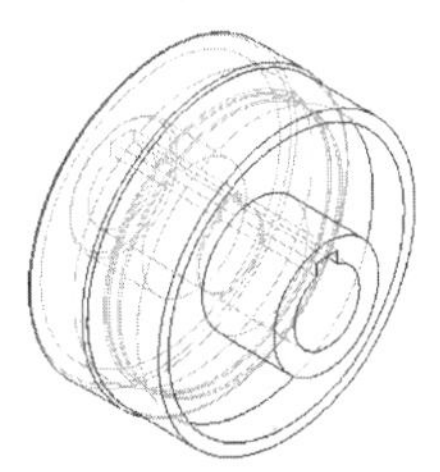

(e) 线框显示

图 5-96 模型环境下的拉伸

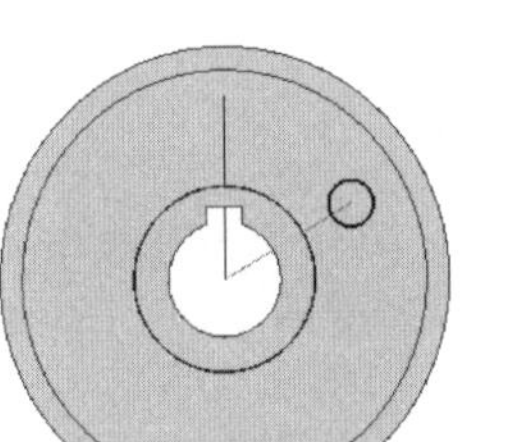

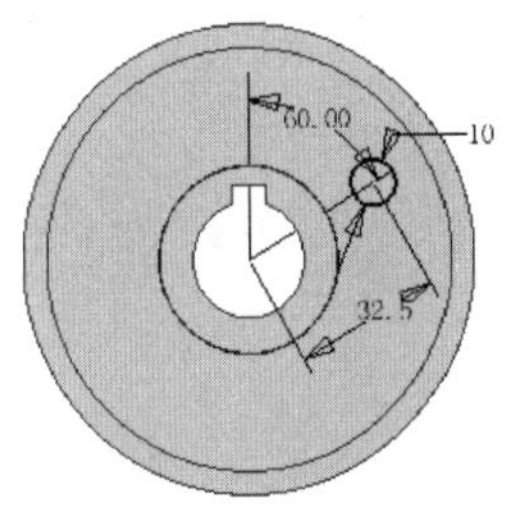

图 5-97 绘制小孔草图

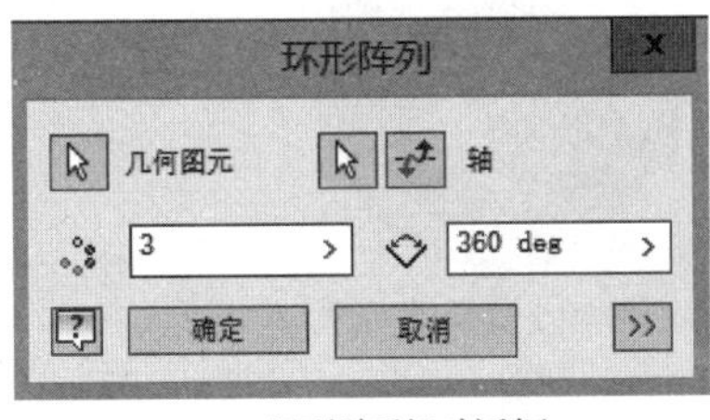

(a) “环形阵列”对话框

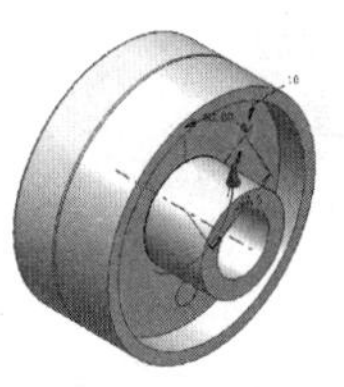

(b) 阵列小孔草图

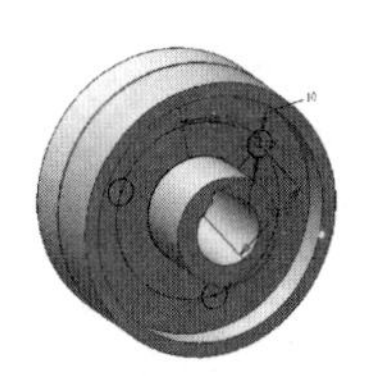

(c) 阵列结果

图 5-98 草图环境下的“环形阵列”

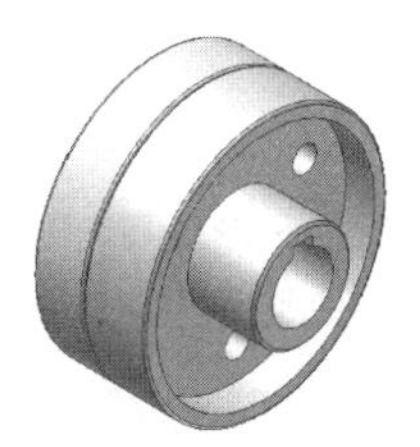

图 5-99 在“模型”环境下生成小孔

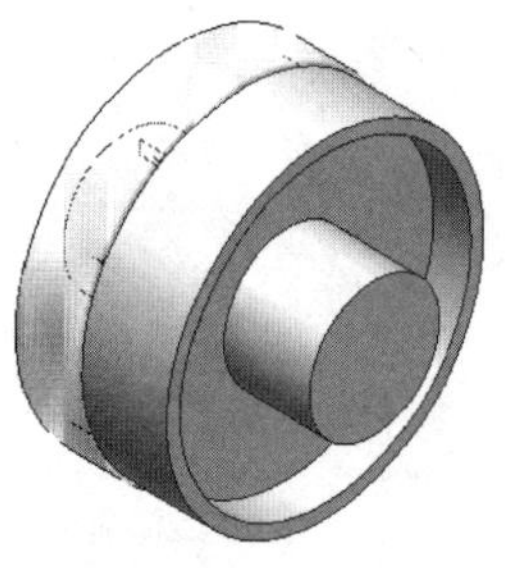

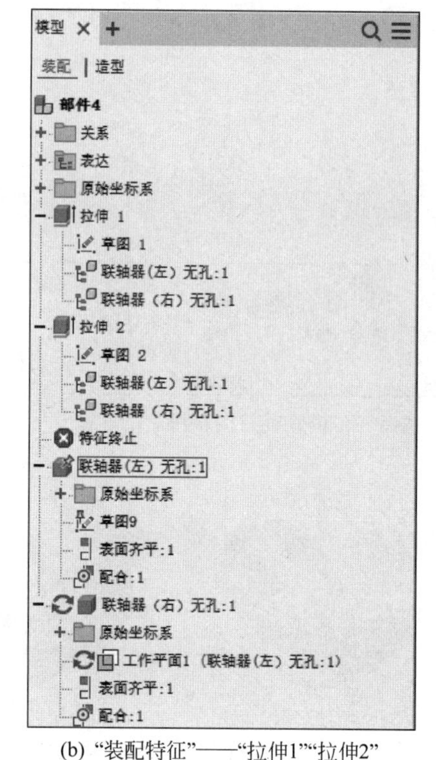

(a) 右联轴器——不含孔特征　　(b) “装配特征”——“拉伸1”“拉伸2”

图 5-100 “装配特征”的公共性

7) 观察“装配特征”的关联效果

单击浏览器中“拉伸 2”下的“草图 2”，如图 5-100(b)所示，选择右键菜单中“编辑草图”选项，将原孔直径 10 改为 16，结束草图后，可以看到两个零件上的孔直径一起改变了，如图 5-101 所示。

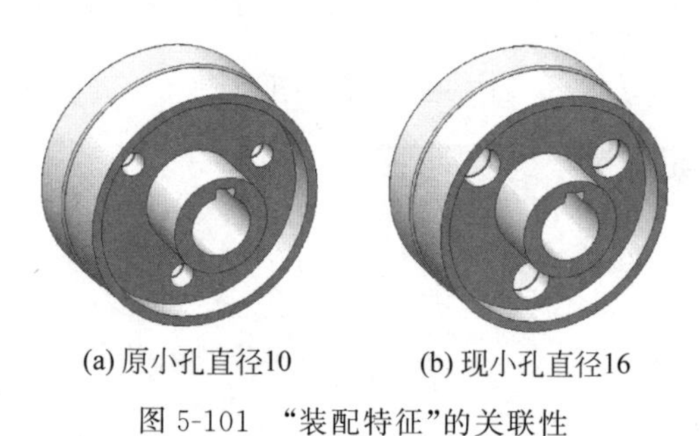

(a) 原小孔直径10　　(b) 现小孔直径16

图 5-101 “装配特征”的关联性

5.6 自适应设计

在实际的设计中，采用自适应设计方法能够在一定的约束条件下自动调整特征的尺寸、草图的尺寸以及零部件的装配位置，给设计者带来了很大的方便，具有极高的设计效率。

1. 自适应的概念

在部件环境下，零件被添加约束后，能自动调整自身的尺寸大小，以适应和其他相关零件的关系，这种设计方法称为自适应设计。能够自动调整尺寸的零件叫自适应零件。

在零件环境中创建特征时，将欠约束的草图或特征的参数（如拉伸高度）等定义为自适应，则这些欠约束的草图或特征的参数就成为允许变化的要素。

在部件环境中，指定带有欠约束特征的零件为自适应零件，将该自适应零件约束到非自适应零件上时，自适应零件会自动调整大小并改变形状去“适应”非自适应零件。

由图 5-102 所示的自适应设计过程可以看出，自适应设计的最终结果是在部件环境下完成的，因此它也是装配设计的一种形式。自适应设计是一种崭新的设计方法，和自下向上及自上向下的设计方法结合应用，对产品的三维设计会带来更新的变化。

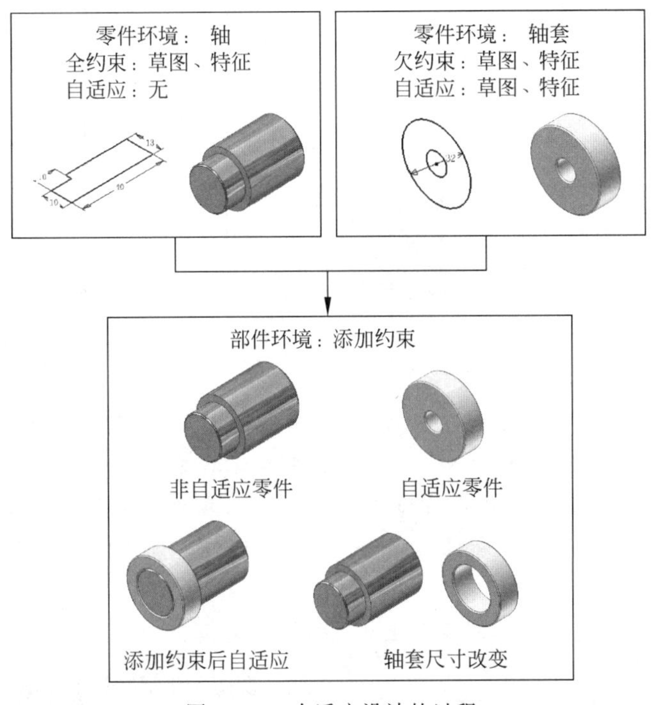

图 5-102 自适应设计的过程

2. 自适应的准则

在部件设计的早期阶段，某些要求是已知的，而其他要求却经常改变，自适应零件在这时就非常有用，因为它们可以根据设计更改而调整。通常，在以下情况下使用自适应模型：

(1) 如果部件设计没有完全定义，并且在某个特殊位置需要一些零件或子部件，但它的最终尺寸还不知道，此时可以考虑自适应设计方法。

(2) 某位置或特征大小由部件中的另一零件的位置或特征大小确定，而未确定的零件或者其特征可以使用自适应设计方法。

3. 自适应的类型与应用

例 1 对轴和轴套零件进行自适应设计。

设计要求：①轴为全约束的零件，装配时不发生变化；②轴套在装配时内径适应轴的小端直径变化，轴套的厚度适应轴小端的长度。

1）建立轴零件模型

（1）进入零件工作环境。

（2）绘制轴截面草图并添加全约束的尺寸，如图 5-103 所示。也可以打开零件文件：第 5 章\实例\轴.ipt，查看其草图尺寸约束情况。

（3）旋转草图生成旋转特征。

（4）保存文件，注意文件名称不要和上述文件名称重复。

（5）退出零件工作环境。

2）建立轴套零件模型

（1）进入零件工作环境。

（2）绘制草图并添加尺寸，如图 5-104 所示。不标注轴孔的直径尺寸，使草图成为欠约束草图。

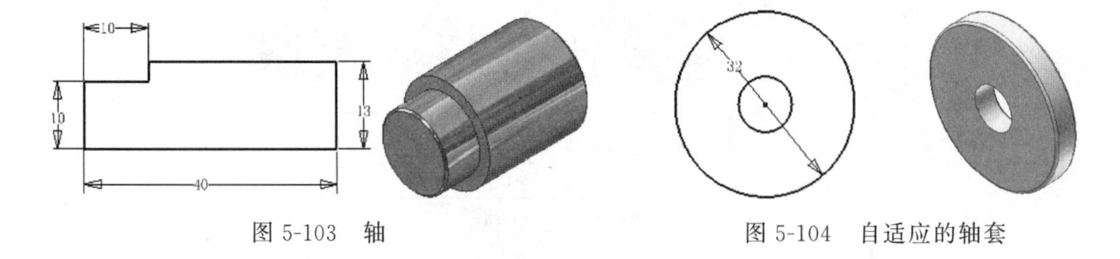

图 5-103 轴　　　　图 5-104 自适应的轴套

（3）拉伸草图，可暂时给出拉伸距离为 5。也可以拖拉草图，随意确定拉伸厚度。

可以打开零件文件：第 5 章\实例\轴套.ipt，查看其草图尺寸约束情况。

（4）右击“模型”浏览器中拉伸特征的名称“拉伸 1”，在右键菜单中选择“自适应”选项，如图 5-105(a)所示。在浏览器中可以看到“拉伸”特征和草图都已经成为“自适应”的了，如图 5-105(b)所示。

（5）保存文件，注意文件名称不要和上述文件名称重复。

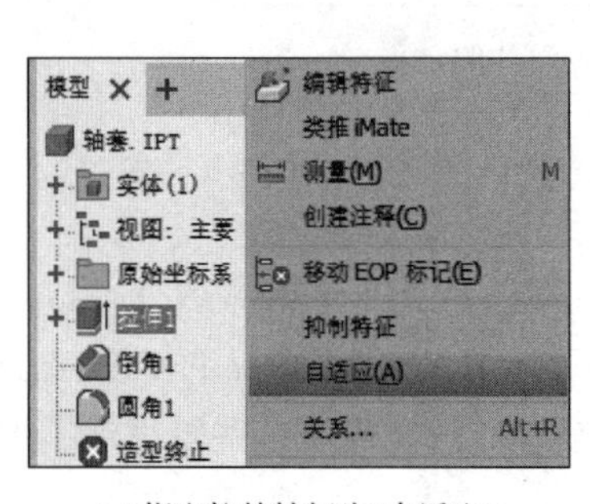

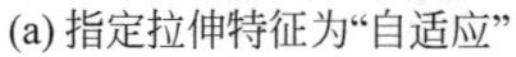

(a) 指定拉伸特征为“自适应”

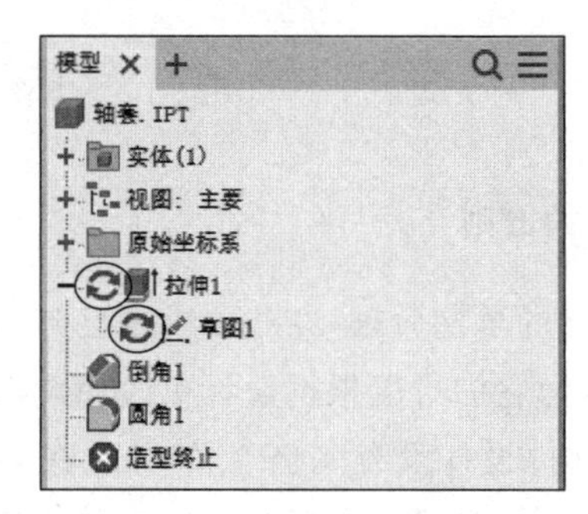

(b) 特征和草图为“自适应”

图 5-105 轴套成为“自适应”零件

3）装入轴和轴套

（1）进入部件工作环境。

（2）装入零件：第 5 章\实例\轴.ipt 和轴套.ipt，浏览器和零件如图 5-106 所示。

（3）右击浏览器中零件的名称“轴套:1”，在右键菜单中选择“自适应”选项，结果如图 5-107 所示。

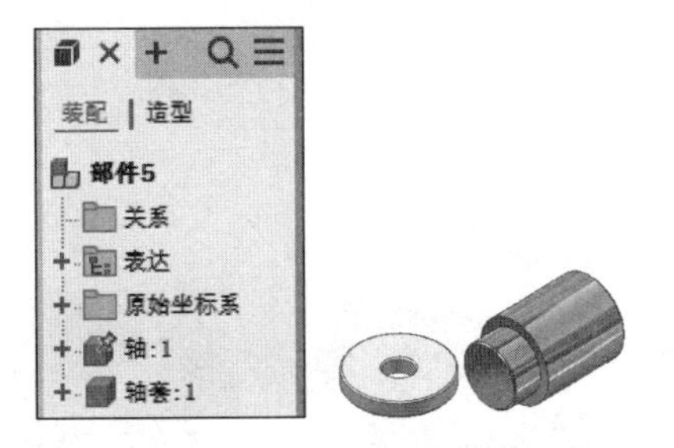

图 5-106 装入两个零件

图 5-107 轴套——“自适应”零件

虽然在建立轴套零件时已经将其拉伸特征和草图都指定为“自适应”，但在部件环境下一定要再次指定该零件为“自适应”。

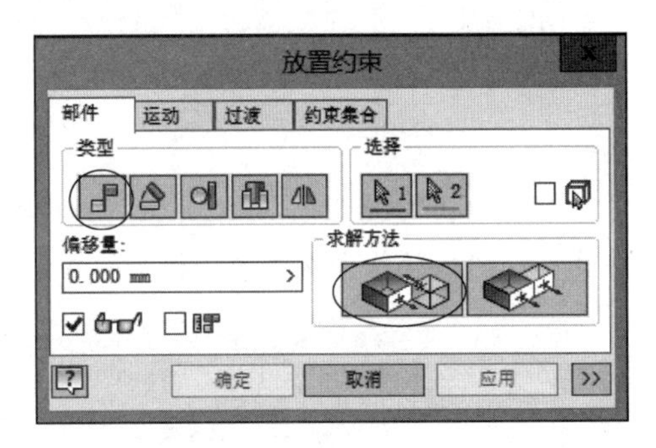

图 5-108 配合约束——面相对

4）使轴套孔径适应轴小端直径

（1）单击“装配”标签栏“关系”面板中的装配约束命令 ，选择“配合约束”的“面相对”方式，如图 5-108 所示。

（2）选择轴的表面。鼠标指针移动到轴小端圆柱面处，停留约一会儿，当指针变为选择对话框时，可单击下拉菜单中的“2. 面”，即选中了圆柱表面，如图 5-109(a)所示。

（3）选择轴套孔的表面，如图 5-109(b)所示。

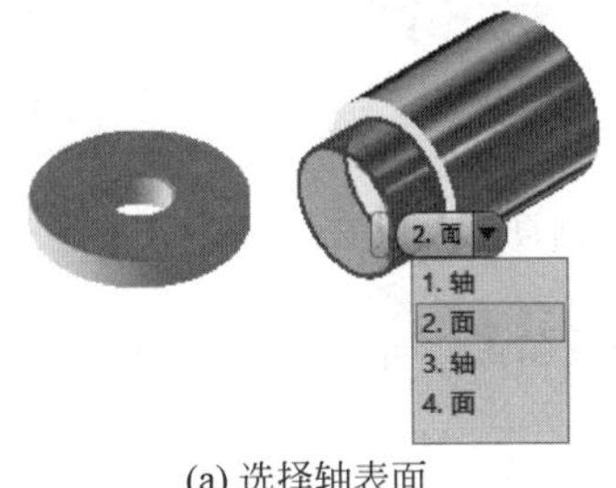

(a) 选择轴表面

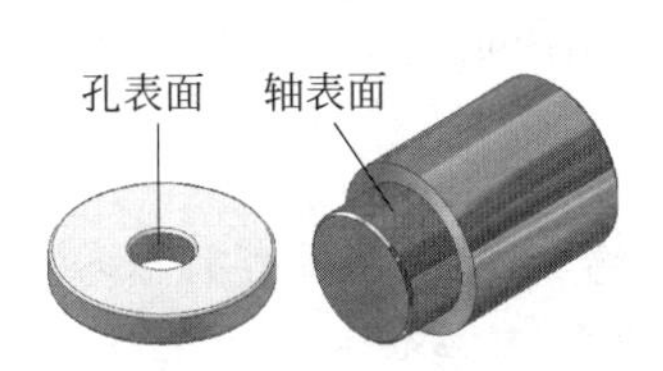

(b) 选择两个表面

图 5-109 添加配合约束

（4）单击对话框中的“确定”按钮。轴和轴套的装配如图 5-110(a)所示。

（5）使用“装配”选项卡中的“移动”命令 移开轴套，看到轴套的孔直径改变，而且孔直径和轴的小端直径相“适应”，如图 5-110(b)所示。

(a) 配合约束

(b) “自适应”效果

图 5-110 轴套和轴自适应 1

5）使轴套厚度适应轴小端圆柱长度

（1）单击“装配”标签栏“关系”面板中的装配“约束”命令 ，选择“配合约束”中的“面相对”方式，如图 5-111(a)所示。

(2) 选择轴台阶端面和轴套的端面,如图 5-111(b)所示。

(3) 单击"应用"按钮,结果如图 5-111(c)所示。

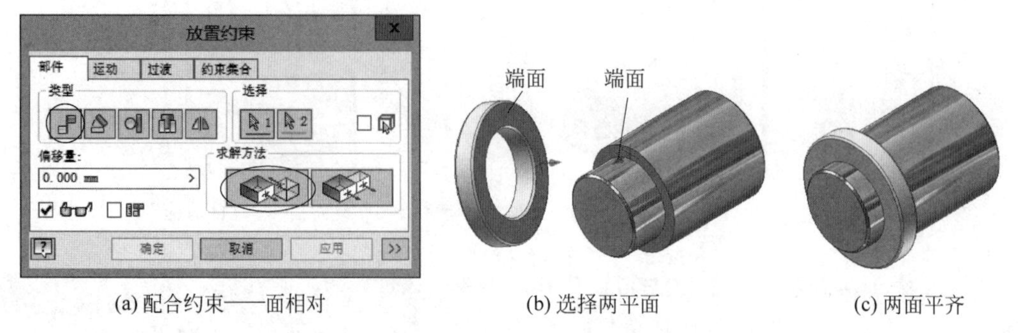

(a) 配合约束——面相对　(b) 选择两平面　(c) 两面平齐

图 5-111　添加配合约束

(4) 单击"装配"标签栏"关系"面板中的装配"约束"命令,选择"配合约束"中的"面对齐"方式;分别选择轴小端端面和轴套的端面,单击"确定"按钮。轴套的自适应结果如图 5-112 所示。

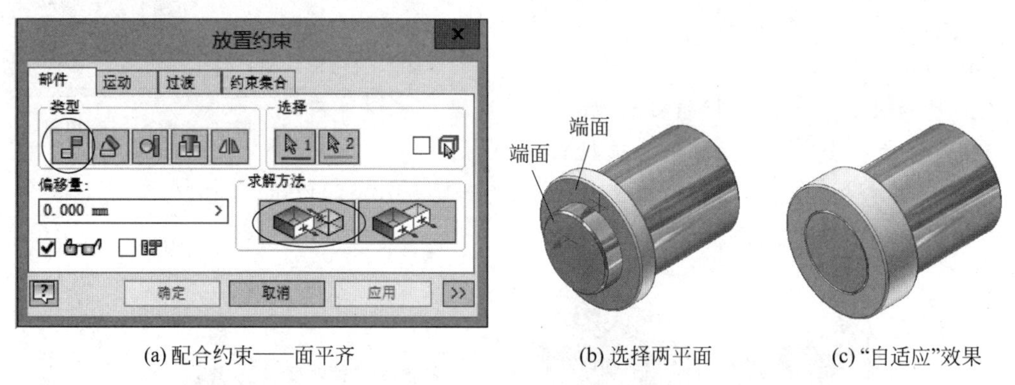

(a) 配合约束——面平齐　(b) 选择两平面　(c) "自适应"效果

图 5-112　轴套和轴自适应 2

6) 改变轴小端直径,观察轴套孔径的"自适应"效果

(1) 右击轴模型,在右键菜单中选择"编辑"选项。

(2) 编辑轴的草图,将小端半径改为 5,如图 5-113(a)所示。

(3) 在绘图区域右击,选择右键菜单中的"结束草图"和"完成编辑"选项。回到"部件"环境,当轴的直径改变后轴套的孔直径随之变化,如图 5-113(b)所示。通过"自适应"的特性实现了两个零件的持续关联。

7) 改变轴小端长度,观察轴套厚度的"自适应"效果

改变轴小端长度(见图 5-114(a)),操作过程略。轴的长度改变引起轴套厚度变化,如图 5-114(b)所示。

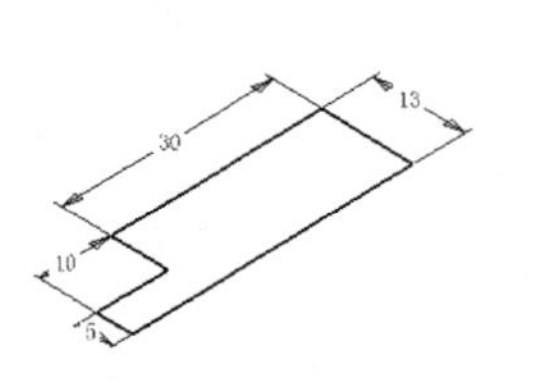

(a) 将轴小端半径改为5

(b) 轴和孔一起变化

图 5-113　轴套和轴的关联

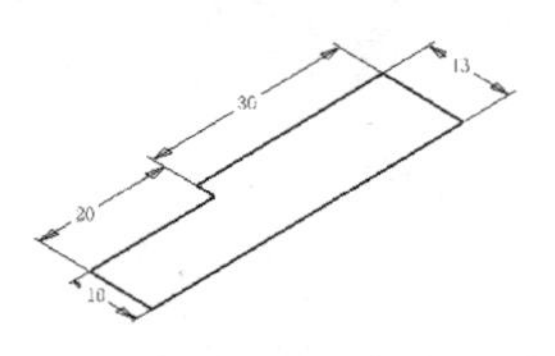

(a) 将轴小端长度改为20

(b) 轴和轴套一起变化

图 5-114　轴套和轴的关联

至此，轴和轴套的自适应装配完成。这一过程当然也可以全部在“部件”环境中进行。即用“创建新零部件”命令生成两个零件，切换到零件环境后进行特征和草图的“自适应”操作，回到“部件”环境后装配零件，实现“自适应”。

例 2　对弹簧零件进行自适应设计。

设计要求：弹簧是一种利用弹性来工作的机械零件，一般用弹簧钢制成，广泛用于机器、仪表中，用以控制机件的运动、缓和冲击或振动、储蓄能量、测量力的大小等。弹簧在工作时通常是伸长或压缩的，它的这个工作特性给三维实体的装配带来了困难。

本例以中间夹有弹簧的两个简单零件为例，介绍基于自适应技术的弹簧建模和装配的主要步骤。

(1) 建立一个部件文档，装入两个零件，并完成同轴装配，如图 5-115 所示。

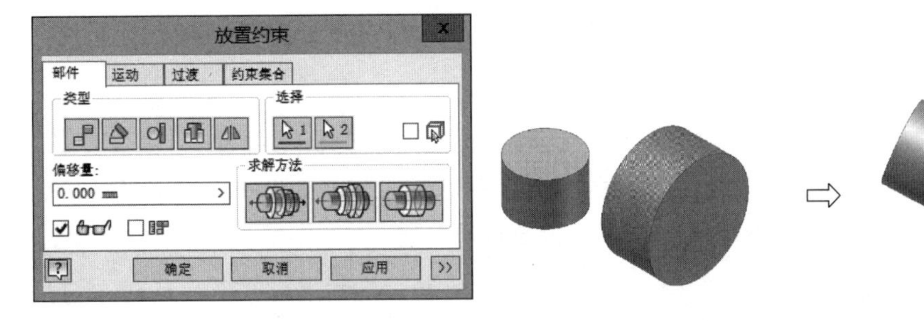

图 5-115　完成两个零件的同轴装配

(2) 在装配环境下创建在位新零件，命名为“弹簧”。

(3) 定义草图 1 到 *YZ* 平面，完成草图，添加驱动尺寸和参考尺寸 d2，如图 5-116 所示，并将参考尺寸 d2 重新命名为“弹簧高度”。

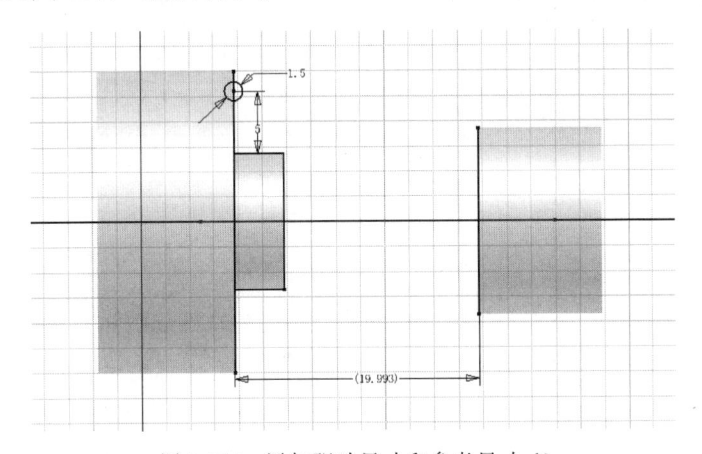

图 5-116　添加驱动尺寸和参考尺寸 d2

(4) 在零件工作环境下打开“螺旋扫掠”对话框，设置弹簧参数：类型选“转数和高度”，高度设置为“弹簧高度”，旋转设置为“10”，如图 5-117 所示。

(5) 添加零件 1 和零件 2 的配合，改变两个配合面之间的偏移量，这样弹簧就实现了自适应，如图 5-118 所示。

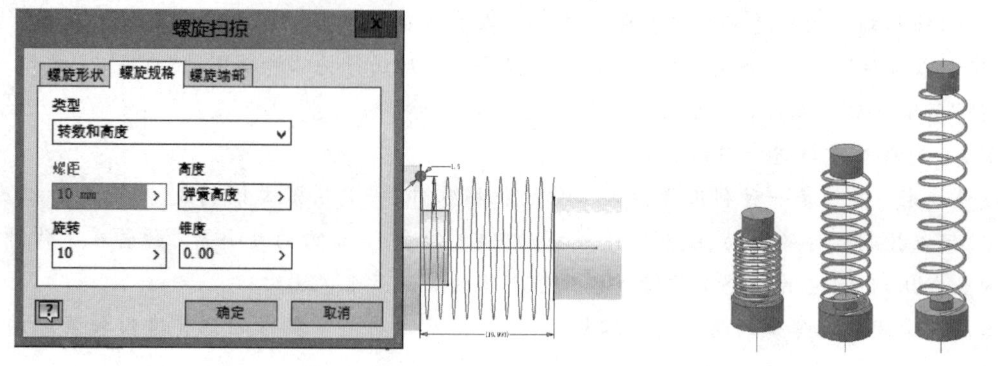

图 5-117　设置弹簧参数　　　　图 5-118　弹簧实现自适应装配

5.7 表达零部件

在 Inventor 中，可以利用特有的手段或工具方便地观察和分析零部件，当部件中的零件较多时，可以对装配体上各零部件定义不同的颜色以期达到区分零部件和增强美观性的效果。如创建各个方向的剖视图以观察部件的装配是否合理等。

1. 改变零部件的颜色样式

改变零部件颜色样式的常用方法有以下两种。

方法一：在图形窗口或浏览器中选中需要改变颜色样式的零部件，然后单击工具栏中的“材料”按钮⊗右侧的“▸”符号，在材料下拉菜单中选择适当的材料选项，如图 5-119 所示。

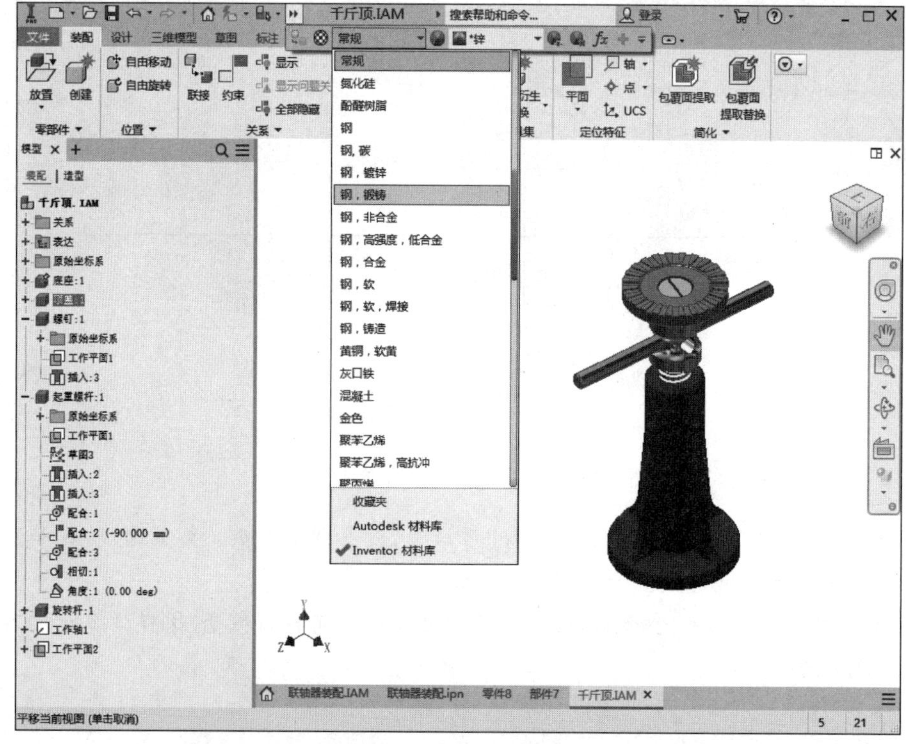

图 5-119　在材料下拉菜单中选择适当的材料选项

方法二：在图形窗口或浏览器中选中需要改变颜色样式的零部件，并在其上右击，选择右键菜单中的“iProperty”选项，然后选择 iProperty 对话框中的“引用”选项卡，如图 5-120 所示，在“外观”样式下的菜单中便可修改被选零部件的颜色样式。

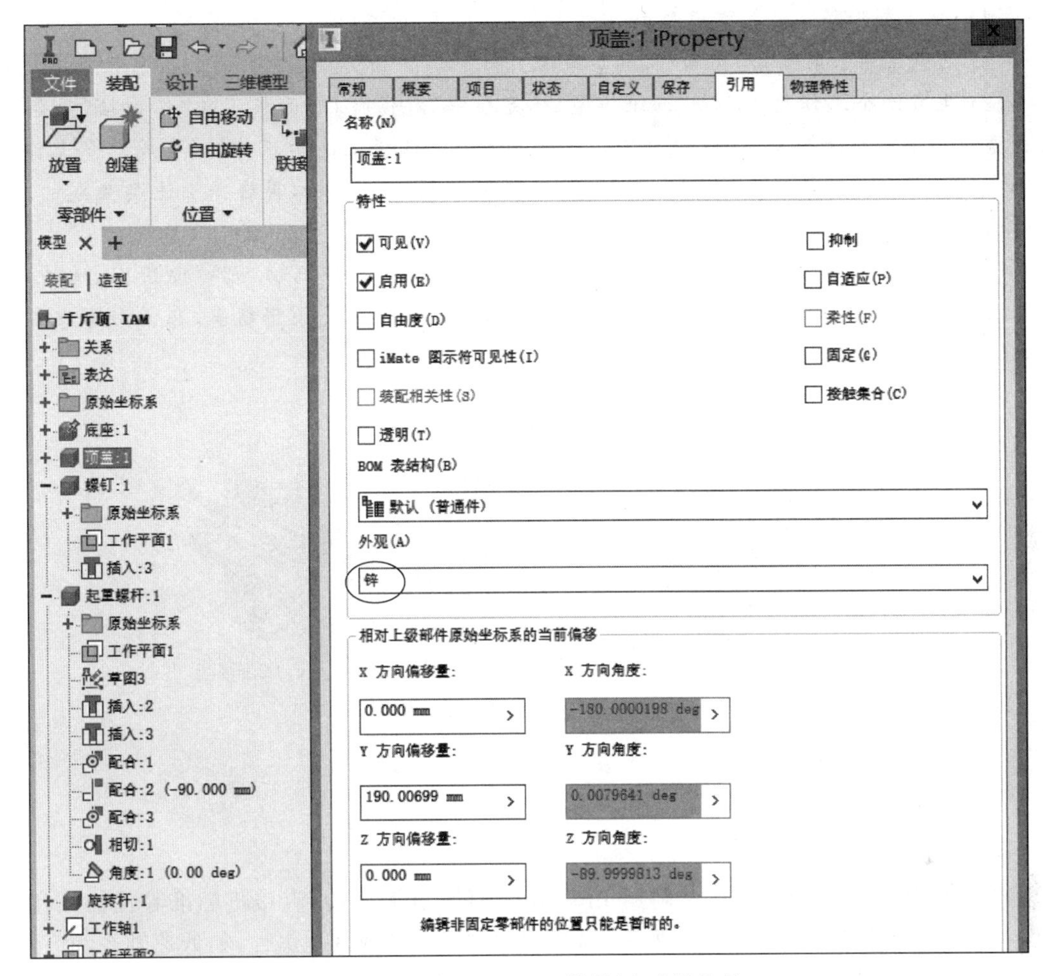

图 5-120　在 iProperty 对话框中选择外观

上述两种方法对外观样式所做的更改仅在当前部件文件中有效，而不会对该部件中的零部件做出修改。

2. 部件剖切

部件的剖视图可以帮助用户更清楚地了解部件的装配关系，因为在剖视图中，腔体内部或被其他零部件遮挡的部件可以显示出来。剖切部件时，仍然可以使用零件和部件工具在部件环境中创建或修改零件。

要在部件环境中创建剖视图，可以选择“视图”标签栏“可见性”面板上的“剖切”工具按钮，可以看到有 4 种剖切方式：

——选择两个相交的平面，保留 1/4 部分；

——选择一个平面，保留 1/2 部分；

——选择两个相交的平面，保留 3/4 部分；

⊞——恢复显示完整的部件。

这里的“剖”并不是真正地把零件剖开，而是一种显示效果，可以随时恢复。在默认情况下，不剖切标准零件。

例 剖切表达联轴器装配模型。

(1) 打开文件：第 5 章\实例\联轴器装配.iam。

(2) 生成两个工作面。单击“三维模型”标签栏中“定位特征”面板下的“工作轴”命令，生成螺栓和轴孔的两个工作轴；单击“工作面”命令，选择上述两工作轴，生成水平工作面，如图 5-121(a)所示。单击“工作面”命令，选择联轴器孔工作轴，再选择上述刚生成的水平工作面，生成和水平工作面垂直的工作面，如图 5-121(a)所示。

(3) 生成 3/4 剖视图。选择“视图”选项卡“外观”面板上的“剖切工具”按钮，选择两个工作面，生成剖视图，如图 5-121(b)所示。如果剖开的结果不是预想结果，在图形窗中右击，可在右键菜单中选择“反向剖切”选项，循环选择可用的方案。

图 5-121(c)所示为 1/2 剖视的结果。

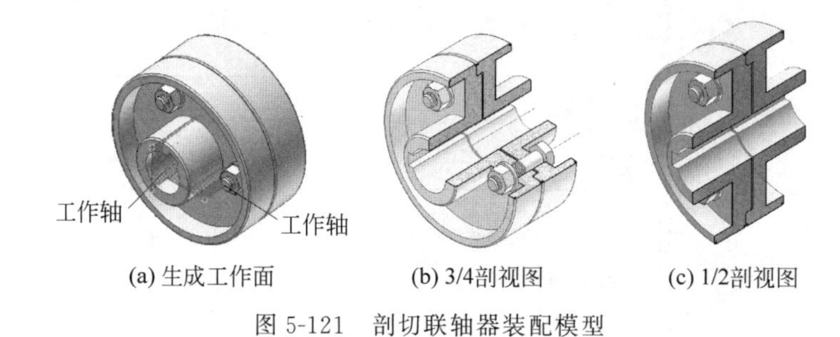

(a) 生成工作面　(b) 3/4剖视图　(c) 1/2剖视图

图 5-121　剖切联轴器装配模型

5.8 资源中心

在部件的“装配”环境下，可以利用 Inventor 中的“资源中心”直接将标准零件插入，而无须建立标准零件模型。如图 5-122 所示，减速器中的标准件或其他组件，如低速轴系和高速轴系两端的轴承，可以根据其轴承代号直接从“资源中心”调入。

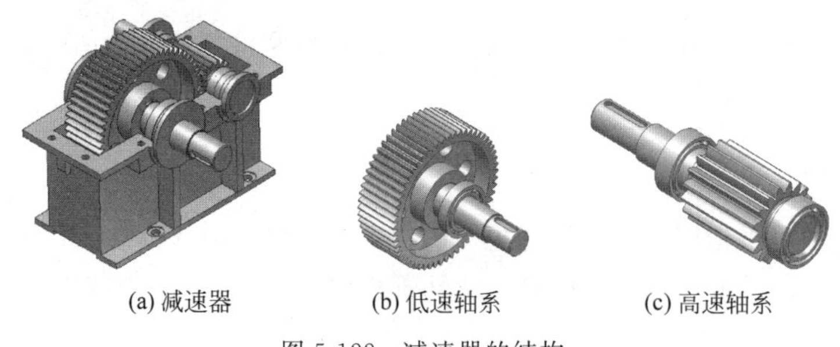

(a) 减速器　(b) 低速轴系　(c) 高速轴系

图 5-122　减速器的结构

“资源中心”有两种方法创建部件文件，并将零件“轴系”装入部件环境中。

方法 1：单击“模型”浏览器下的“收藏夹”，如图 5-123(a)所示，就会出现“收藏夹”浏览器，即进入“资源中心”，如图 5-123(b)所示。

方法 2：单击“装配”选项卡中“放置”按钮下的“从资源中心装入”按钮，如图 5-124(a)所示，弹出“从资源中心放置”对话框，如图 5-124(b)所示。

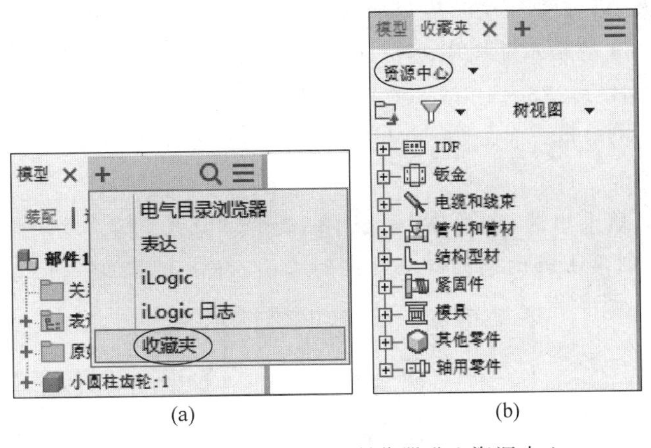

(a)　　(b)

图 5-123　通过"收藏夹"浏览器进入资源中心

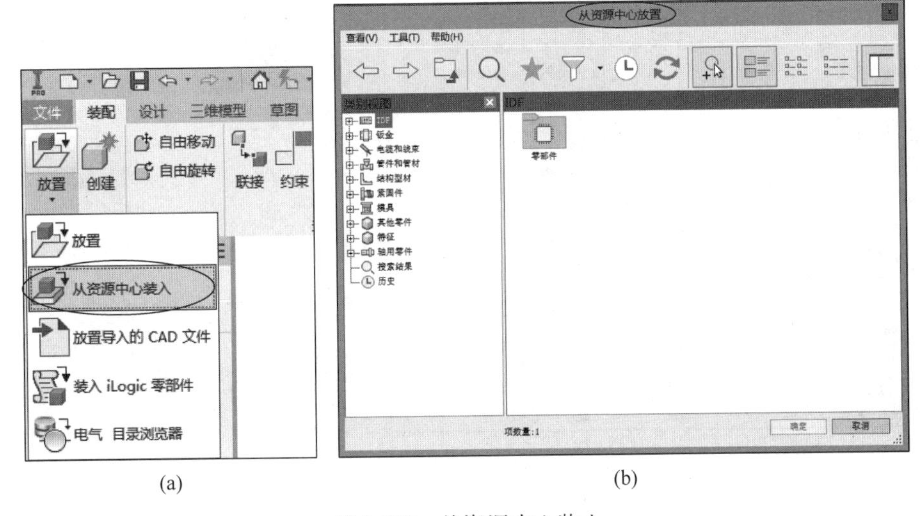

(a)　　(b)

图 5-124　从资源中心装入

例　从资源中心调出一个轴承模型。

(1) 进入部件工作环境。装入零件：第 5 章\实例\减速器\小圆柱齿轮.ipt，浏览器和零件如图 5-125 所示。

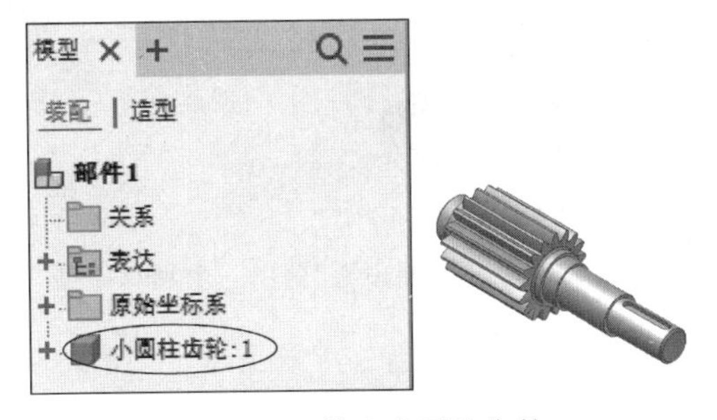

图 5-125　装入小圆柱齿轮

(2) 单击"模型"浏览器下的"收藏夹"，就会出现"收藏夹"浏览器，即进入"资源中心"，在"资源中心"中选择"轴用零件"，然后就会出现"轴承"，如图 5-126(a)所示。

（3）再依次进入“球轴承”和“深沟球轴承”文件夹，如图 5-126(b)所示。单击“深沟球轴承”文件夹，并选择“滚动轴承 GB/T 276—1994 60000 和 160000 型”，在模型空间中单击就会弹出“滚动轴承 GB/T 276—1994 60000 和 160000 型”对话框。选择所需的“尺寸规格6308”，如图 5-126(c)所示。单击“确定”按钮。在模型空间中单击就会得到所需的轴承模型，如图 5-126(d)所示。

（4）在“装配”选项卡中选择“约束”命令，选择“放置约束”对话框“部件”选项卡中的“插入”约束形式，分别单击轴的端面和轴承孔的端面，将轴承装配到轴上，如图 5-126(e)所示。

(a) 选择“轴承”　(b) 选择“深沟球轴承”　(c) 尺寸规格6308

(d) 得到所需的轴承模型　(e) 将轴承装配到轴上

图 5-126　从“资源中心”调出一个轴承模型

5.9　设计加速器

设计加速器提供了一组生成器和计算器，使用它们可以通过输入简单或详细的机械属性自动创建符合机械原理的零部件。例如使用螺栓联接生成器，通过选择零件或者孔，可以立即插入螺栓联接。同时要注意的是，在开始使用任意生成器或计算器之前，必须先保存部件。

在部件环境中开启设计加速器，可以选择“设计”选项卡，如图 5-127 所示。其主要包括“紧固”“结构件”“动力传动”“弹簧”4 个面板，下面通过几个实例介绍设计加速器的功能。

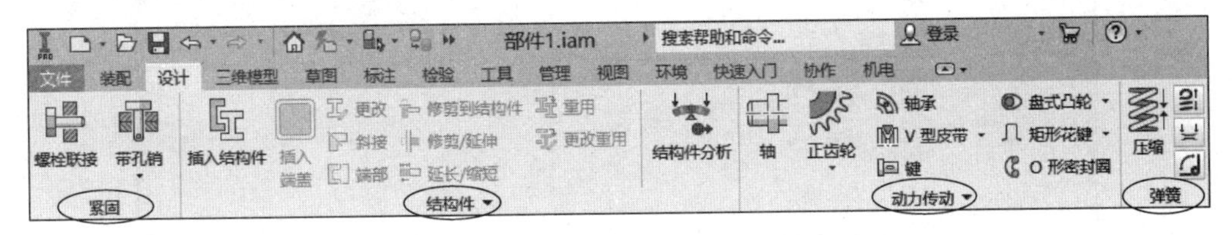

图 5-127 部件环境下的“设计”选项卡

例 1 给定两个被联接件，利用设计加速器自动生成一组螺栓联接组件。

(1) 进入部件工作环境。打开部件：第 5 章\实例\螺栓联接组件\被联接件. iam，如图 5-128 所示。

(2) 在“设计”标签栏上单击“螺栓联接”按钮，会弹出“螺栓联接零部件生成器”，如图 5-129(a)所示。在联接类型中选择“贯通联接类型”，在放置方式下选择“线性”，如图 5-129(b)所示。

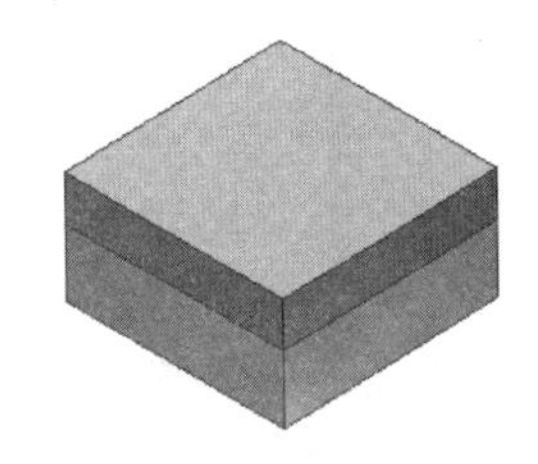

图 5-128 在部件环境下打开“被联接件”

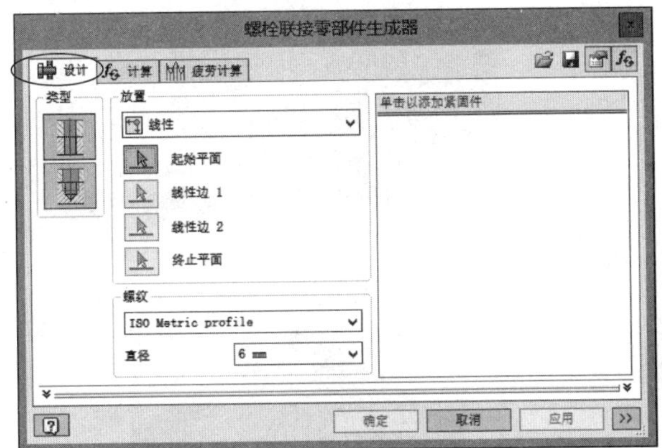

(a) “设计”选项卡

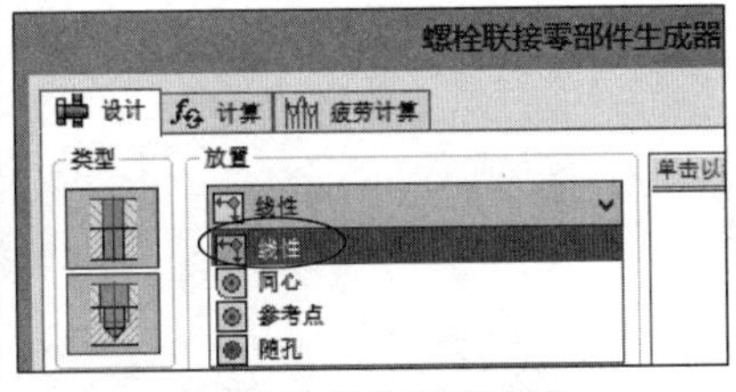

(b) 选择“线性”放置方式

图 5-129 螺栓联接零部件生成器

(3) 此时在“设计”标签栏上会出现“起始平面”“线性边 1”“线性边 2”“终止平面”。然后选择螺纹标准及规格，如图 5-130 所示。首先单击“起始平面”(见图 5-131(a))；其次单击“线性边 1”，会弹出尺寸对话框，输入螺栓轴线到线性边 1 的距离(见图 5-131(b))；再次单击“线性边 2”，会弹出尺寸对话框，输入螺栓轴线到线性边 2 的距离(见图 5-131(c))；最后单击“终止平面”(见图 5-131(d))。然后 Inventor 会自动在对话框的右侧生成标准孔，如图 5-132 所示。

(4) 单击“单击以添加紧固件”按钮，在弹出的窗口内选择所需六角头螺栓(螺栓 GB/T 5782—2000，见图 5-133(a))，系统会给出螺栓的公称尺寸 M12×45，如图 5-133(b)所示。

(5) 单击标准孔下的“单击以添加紧固件”按钮(见图 5-133(b))，在弹出的窗口内选择所需垫圈(垫圈 GB/T 93—1987，见图 5-134(a))，系统会给出垫圈的公称尺寸 M12，如图 5-134(b)

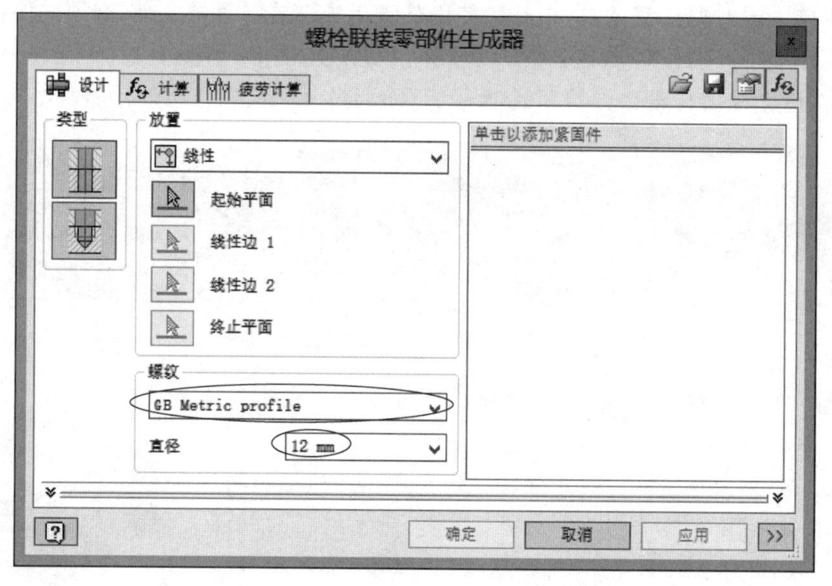

图 5-130 选择螺纹标准和规格

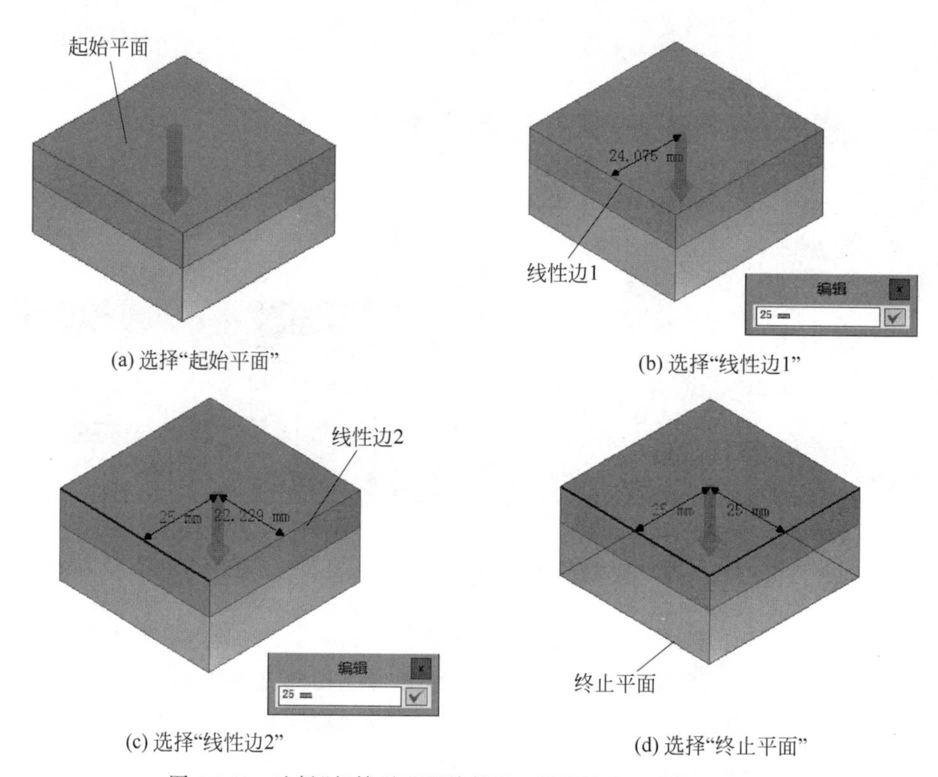

(a) 选择“起始平面” (b) 选择“线性边1” (c) 选择“线性边2” (d) 选择“终止平面”

图 5-131 选择“起始平面”“线性边 1”“线性边 2”“终止平面”

所示。

(6) 单击垫圈下“单击以添加紧固件”按钮(见图 5-134(b)),在弹出的窗口内选择所需螺母(螺母 GB/T 6170—2000),系统会给出螺母的公称尺寸 M12,如图 5-135 所示。

(7) 最后单击“确定”按钮,得到螺栓联接组件,如图 5-136(a)所示。图 5-136(b)所示为 1/2 剖视的结果。

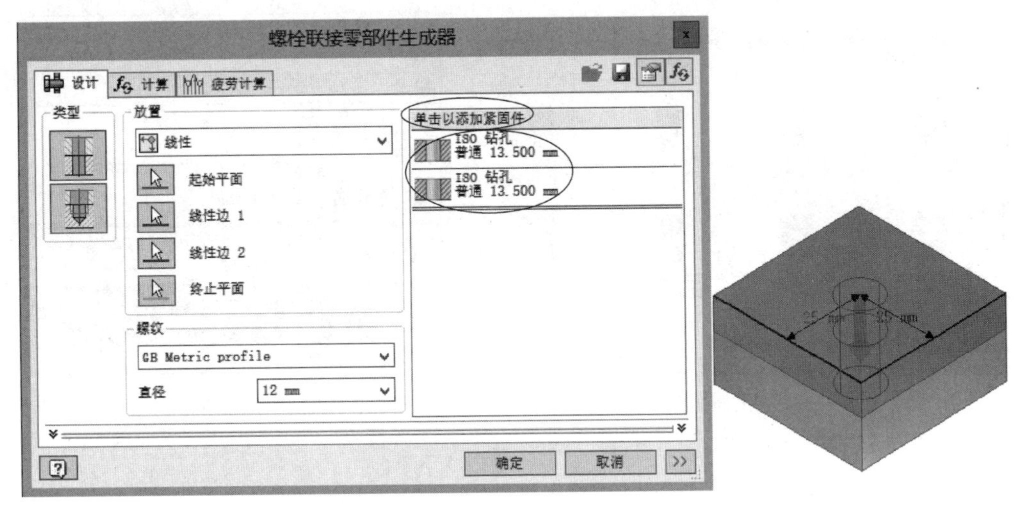

图 5-132　在对话框的右侧生成标准孔

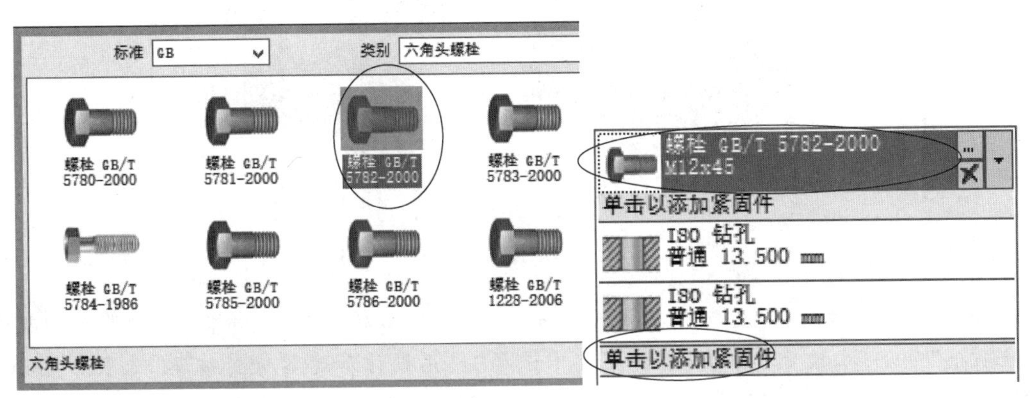

(a) 选择所需六角头螺栓　　(b) 螺栓的公称尺寸

图 5-133　选择螺栓

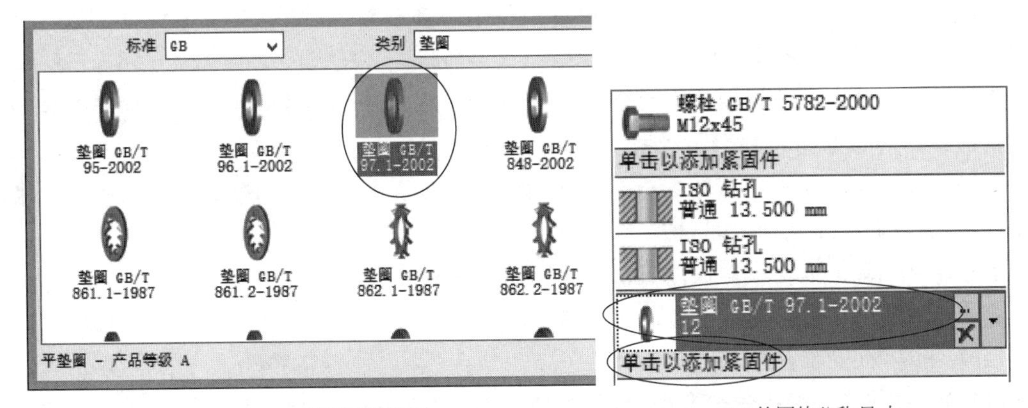

(a) 选择所需垫圈　　(b) 垫圈的公称尺寸

图 5-134　选择垫圈

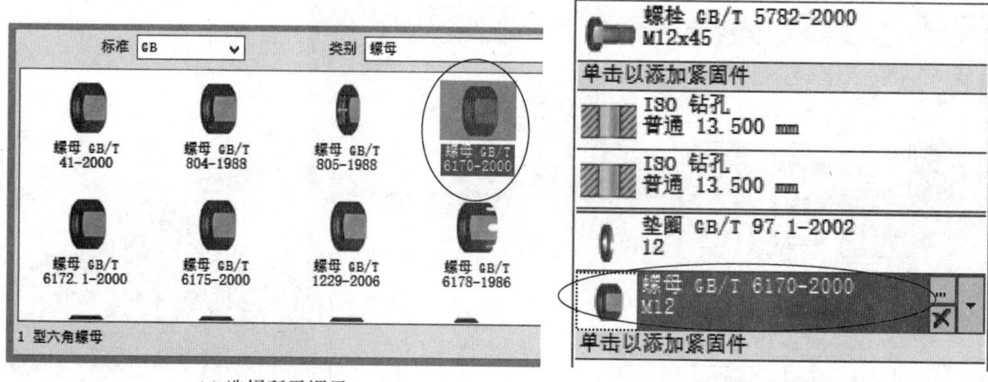

(a) 选择所需螺母　　(b) 螺母的公称尺寸

图 5-135　选择螺母

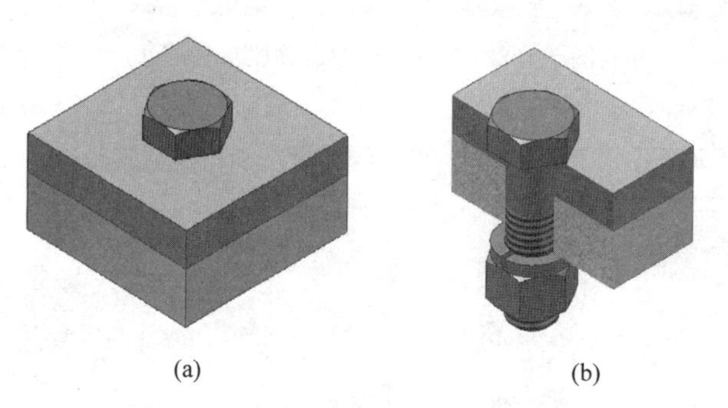

(a)　　(b)

图 5-136　添加"螺栓联接组件"的结果

当添加完紧固件后，如发现有不妥的地方，需要重新编辑。在"三维模型"浏览器中选择"螺栓联接"命令，接着右击，在右键菜单中选择"使用设计加速器进行编辑"选项。再次打开"螺栓联接零部件生成器"对话框，选择紧固件进行修改。

例 2　利用设计加速器生成如图 5-137 所示的轴。

在"设计"标签栏上单击"轴"按钮，会弹出"轴生成器"对话框，如图 5-138 所示。在对话框中，截面树由截面树控件组成，每个截面树控件由四部分组成，分别是左边特征、截面类型、右边特征和截面特征，如图 5-139 所示。

左边特征：单击截面树控件中的箭头按钮，则展开特征列表，单击选择后可以添加特征。供选择的特征如图 5-140(a)所示。

截面类型：轴生成器有 3 种截面类型，即圆柱、圆锥和多边形，如图 5-140(b)所示。根据截面选择，系统提供不同的可用特征。

右边特征：与左边特征类似，可供选择的特征如图 5-140(c)所示。

截面特征：根据截面类型不同过滤可用特征列表，供选择的截面特征如图 5-140(d)所示。

1）第一轴段(直径ϕ32，长度 40)

(1) 单击截面树控件"截面类型"的箭头按钮选择"圆柱"截面类型。单击右侧编辑按钮，打开"圆柱体"对话框，单击尺寸大小可以进行编辑修改，如图 5-141 所示。

(2) 单击截面树控件"左边特征"的箭头按钮选择"倒角"特征，然后单击该倒角特征按钮，在弹出的"倒角"对话框中输入尺寸倒角距离 2mm，如图 5-142 所示。

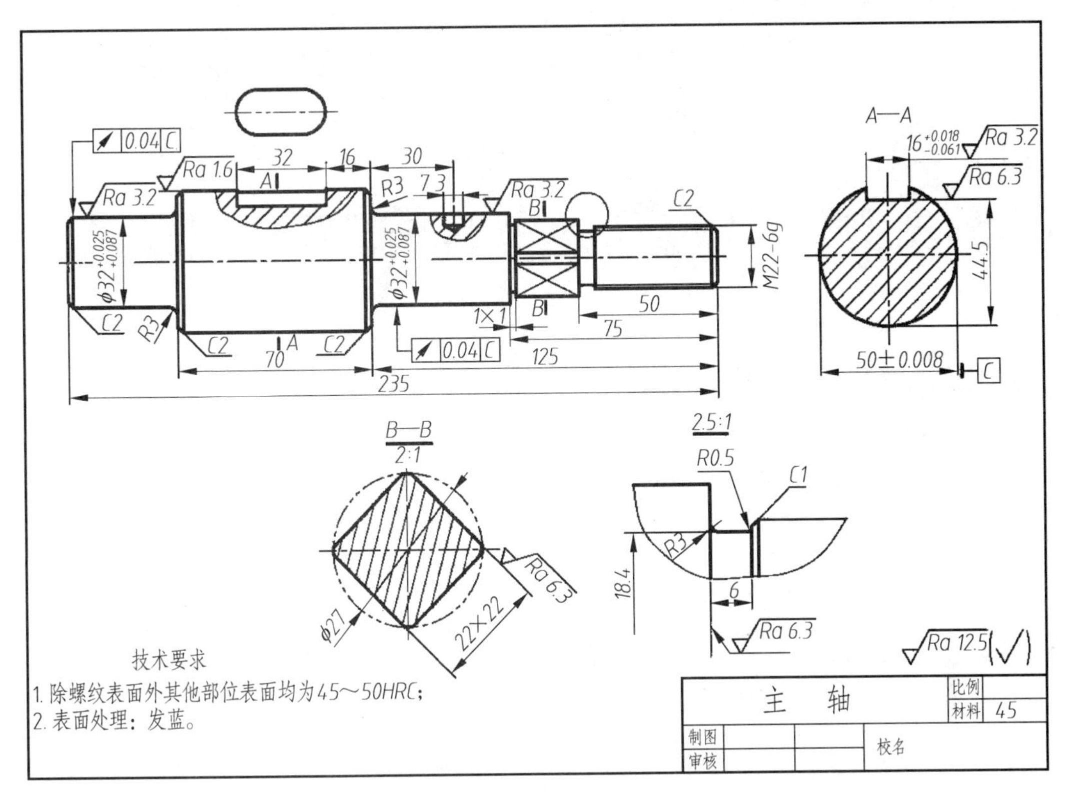

图 5-137　轴的零件图

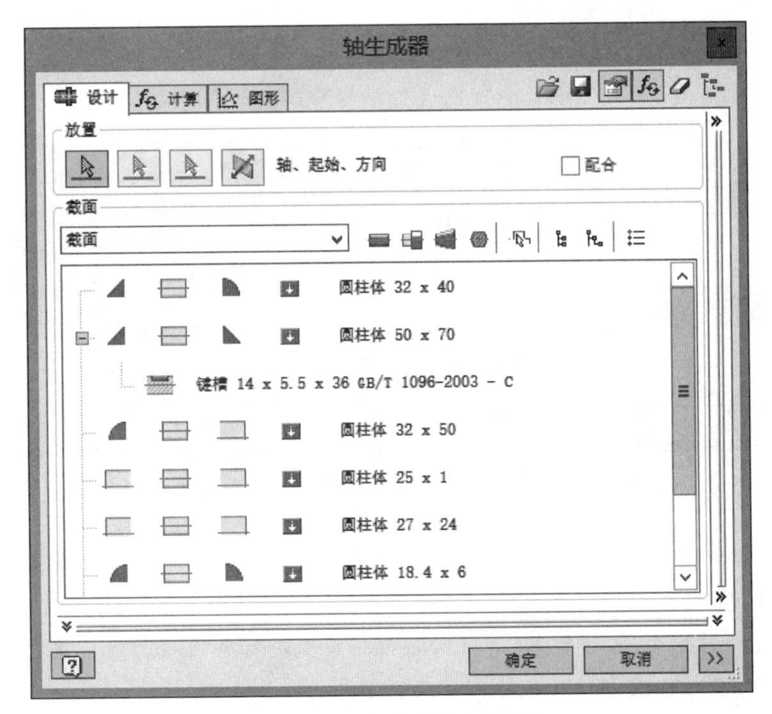

图 5-138　“轴生成器”对话框

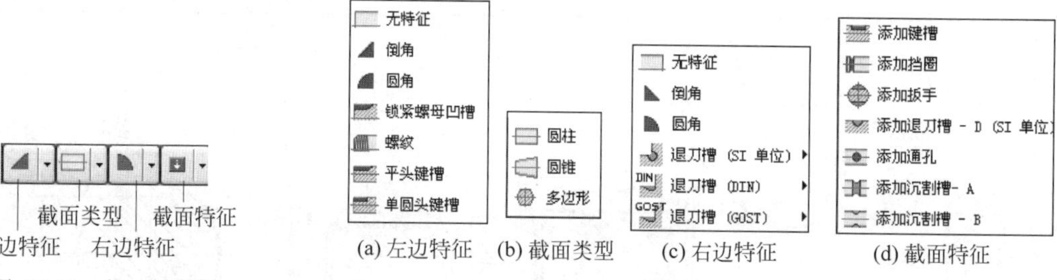

(a) 左边特征 (b) 截面类型 (c) 右边特征 (d) 截面特征

图 5-139 截面树控件

图 5-140 截面树控件的展开

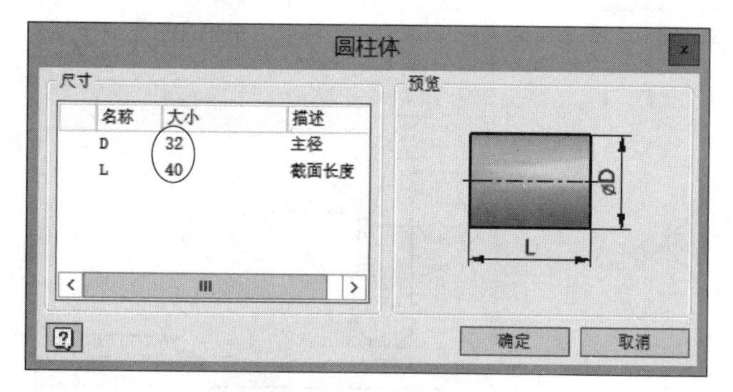

图 5-141 “圆柱体”对话框 1

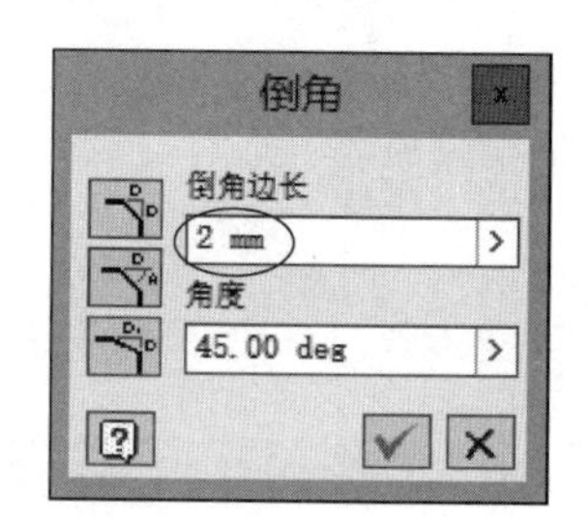

图 5-142 “倒角”对话框

(3) 单击截面树控件“右边特征”的箭头按钮选择“ 圆角”特征，然后单击该圆角特征按钮，在弹出的“圆角”对话框中输入尺寸圆角半径 3mm，如图 5-143 所示。

2) 第二轴段(直径ϕ50，长度 70)

(1) 单击截面树控件“截面类型”的箭头按钮选择“ 圆柱”截面类型。单击右侧编辑按钮 ，打开圆柱体对话框，单击尺寸大小可以进行编辑修改，如图 5-144 所示。

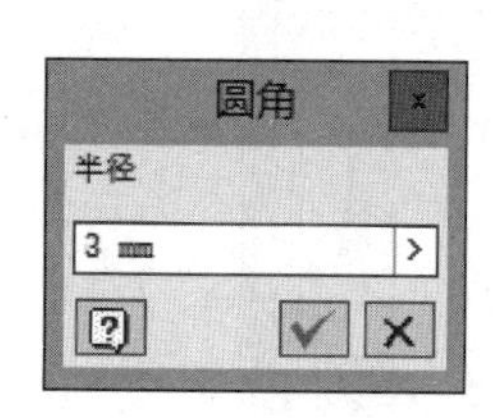

图 5-143 “圆角”对话框

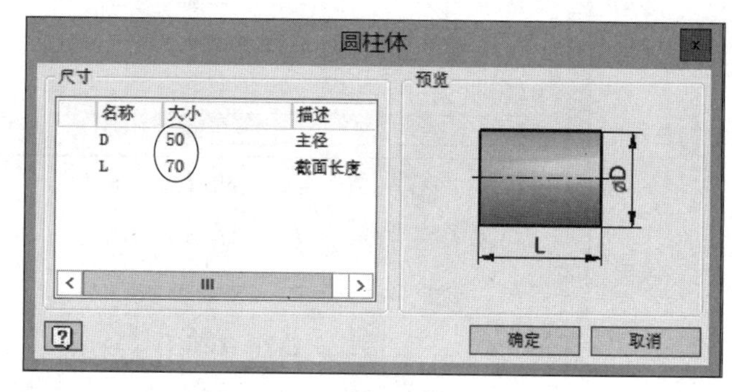

图 5-144 “圆柱体”对话框 2

(2) 单击截面树控件“左边特征”的箭头按钮选择“ 倒角”特征，然后单击该倒角特征按钮，在弹出的“倒角”对话框中输入尺寸倒角距离 2mm。

(3) 单击截面树控件“右边特征”的箭头按钮选择“ 倒角”特征，然后单击该倒角特征按钮，在弹出的“倒角”对话框中输入尺寸倒角距离 2mm。

(4) 单击截面树控件“截面特征”的箭头按钮选择“ 添加键槽”，“轴生成器”对话框发生变化，如图 5-145 所示。单击右侧编辑按钮 ，打开“键槽”对话框，单击尺寸大小可以进行编辑修改，如图 5-146 所示。

图 5-145 “轴生成器”对话框

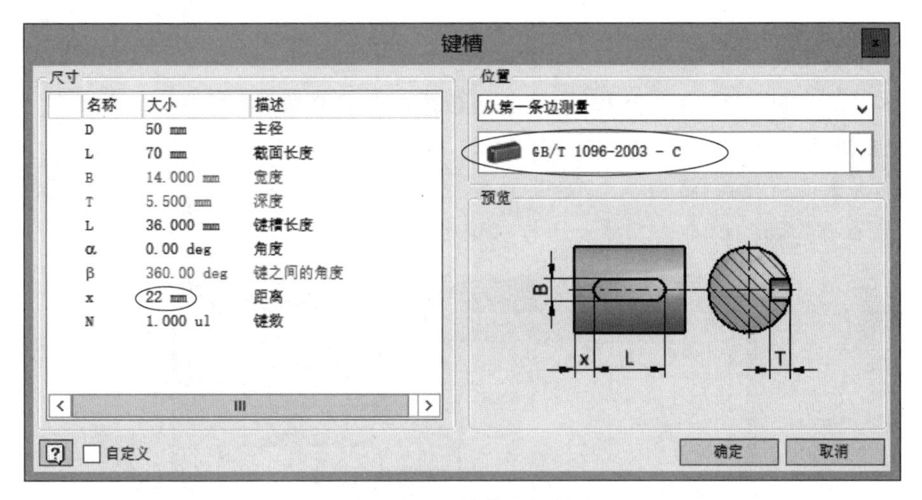

图 5-146 “键槽”对话框

3）第三轴段（直径ϕ32，长度 50）

（1）单击截面树控件“截面类型”的箭头按钮选择“圆柱”截面类型。单击右侧编辑按钮 ...，打开“圆柱体”对话框，单击尺寸大小可以进行编辑修改，如图 5-147 所示。

（2）单击截面树控件“左边特征”的箭头按钮选择“圆角”特征，然后单击该圆角特征按钮，在弹出的“圆角”对话框中输入尺寸圆角半径 3mm。

（3）单击截面树控件“右边特征”的箭头按钮选择“无特征”。

4）第四轴段（直径ϕ25，长度 1）

（1）单击截面树控件“截面类型”的箭头按钮选择“圆柱”截面类型。单击右侧编辑按钮 ...，打开“圆柱体”对话框，单击尺寸大小可以进行编辑修改，如图 5-148 所示。

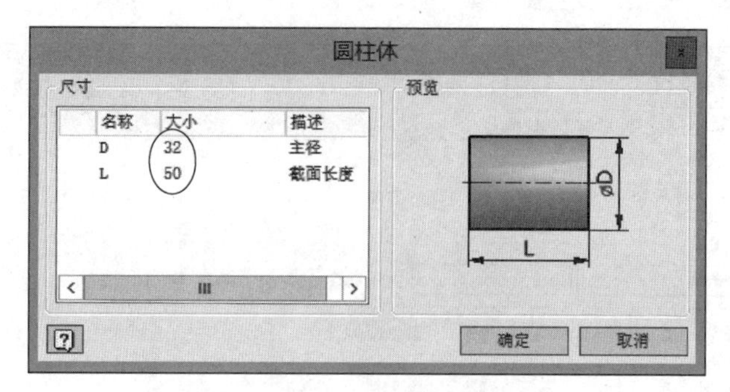

图 5-147 “圆柱体”对话框 3

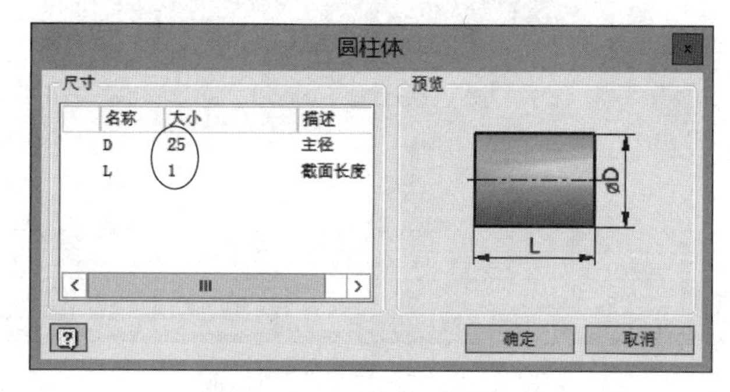

图 5-148 “圆柱体”对话框 4

(2) 单击截面树控件“左边特征”的箭头按钮选择“无特征”。

(3) 单击截面树控件“右边特征”的箭头按钮选择“无特征”。

5) 第五轴段(直径ϕ27,长度 24)

(1) 单击截面树控件“截面类型”的箭头按钮选择“圆柱”截面类型。单击右侧编辑按钮…,打开“圆柱体”对话框,单击尺寸大小可以进行编辑修改,如图 5-149 所示。

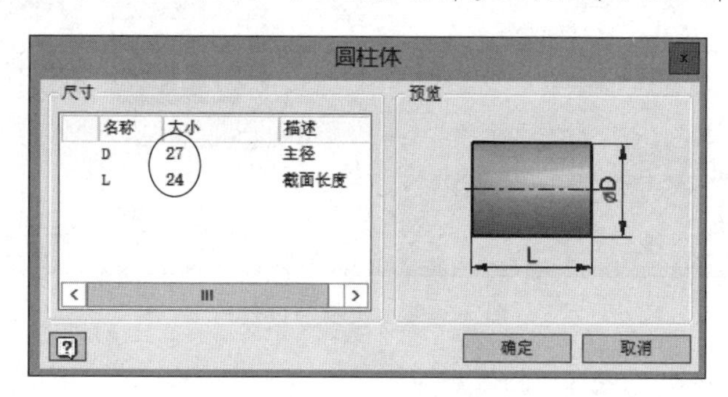

图 5-149 “圆柱体”对话框 5

(2) 单击截面树控件“左边特征”的箭头按钮选择“无特征”。

(3) 单击截面树控件“右边特征”的箭头按钮选择“无特征”。

6) 第六轴段(直径ϕ18.4,长度 6)

(1) 单击截面树控件“截面类型”的箭头按钮选择“圆柱”截面类型。单击右侧编辑按钮…,打开“圆柱体”对话框,单击尺寸大小可以进行编辑修改,如图 5-150 所示。

(2) 单击截面树控件“左边特征”的箭头按钮选择“圆角”特征,然后单击该圆角特征按钮,在弹出的“圆角”对话框中输入尺寸圆角半径 3mm。

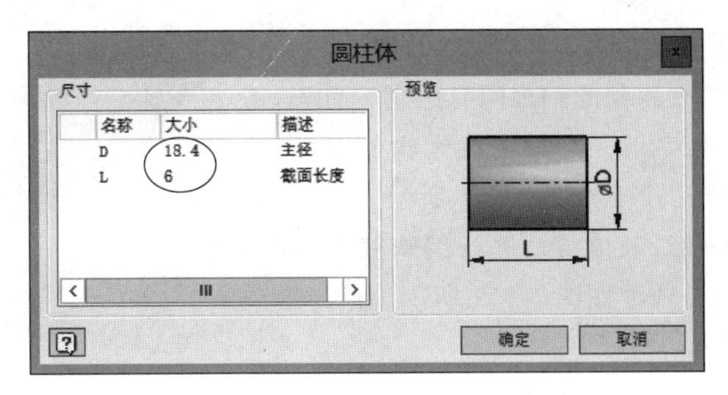

图 5-150 “圆柱体”对话框 6

(3) 单击截面树控件“右边特征”的箭头按钮选择“ 圆角”特征，然后单击该圆角特征按钮，在弹出的“圆角”对话框中输入尺寸圆角半径 0.5mm。

7) 第七轴段(直径ϕ22，长度 44)

(1) 单击截面树控件“截面类型”的箭头按钮选择“ 圆柱”截面类型。单击右侧编辑按钮 ，打开“圆柱体”对话框，单击尺寸大小可以进行编辑修改，如图 5-151 所示。

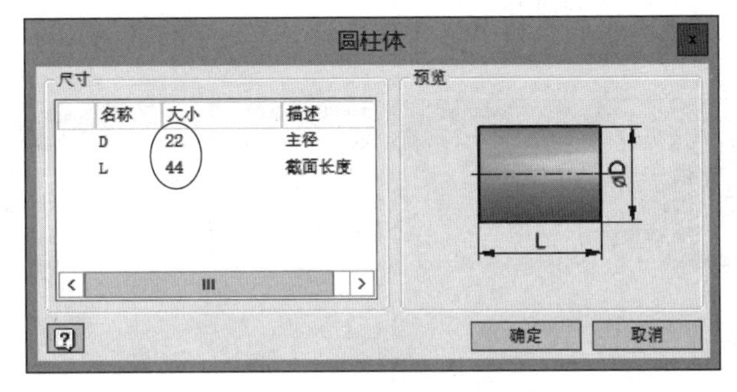

图 5-151 “圆柱体”对话框 7

(2) 单击截面树控件“左边特征”的箭头按钮选择“ 倒角”特征，然后单击该倒角特征按钮，在弹出的“倒角”对话框中输入尺寸倒角距离 1mm。

(3) 单击截面树控件“右边特征”的箭头按钮选择“ 螺纹”特征，然后单击该螺纹特征按钮，在弹出的“螺纹”对话框中选择相应标准和编辑相应尺寸，如图 5-152 所示。

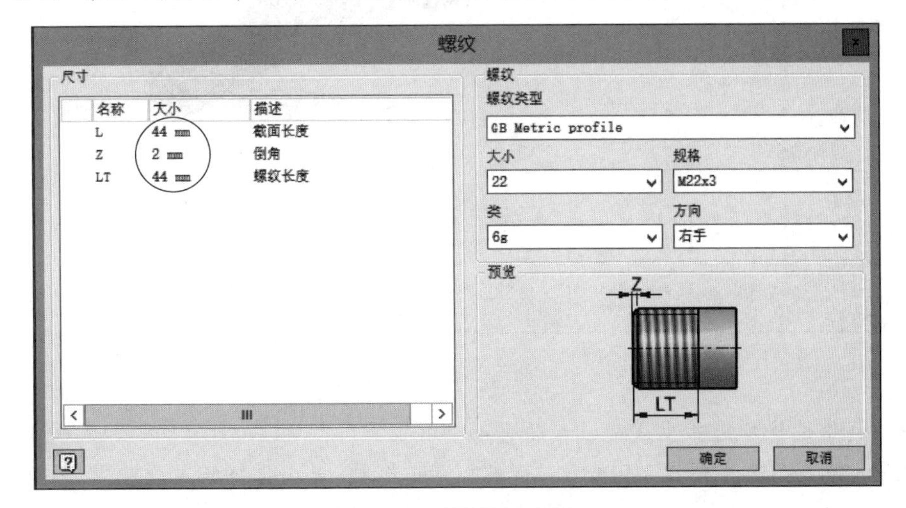

图 5-152 “螺纹”对话框

利用设计加速器生成如图 5-153 所示的轴。

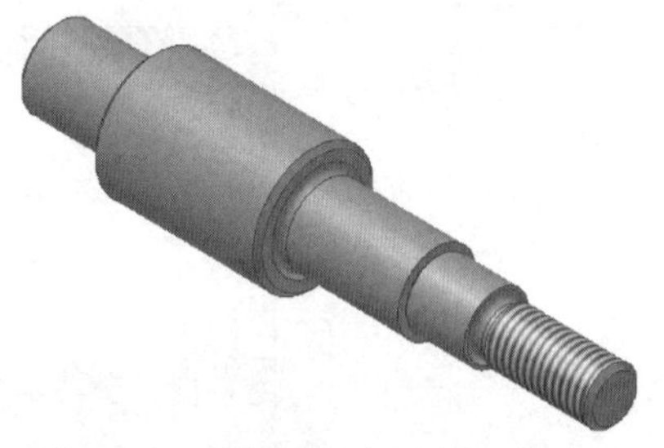

图 5-153 利用设计加速器生成的轴

显然，该轴与最终要得到的轴之间有区别。首先，需要对第五轴段（直径ϕ27，长度 24）进行编辑修改，利用“拉伸”命令得到的第五轴段如图 5-154 所示。其次，需要对第三轴段（直径ϕ32，长度 50）进行编辑修改，利用“打孔”命令得到的第三轴段如图 5-155 所示。最终得到的主轴如图 5-156 所示。

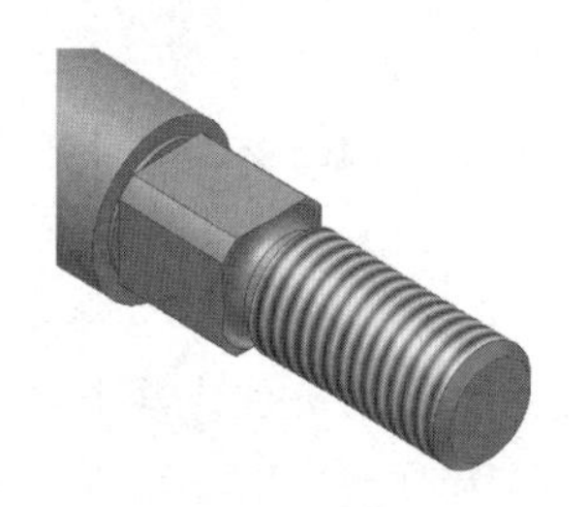

图 5-154 利用“拉伸”命令得到的第五轴段

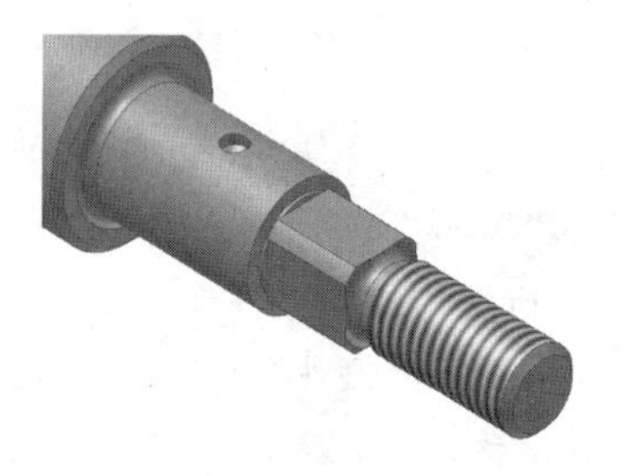

图 5-155 利用“打孔”命令得到的第三轴段

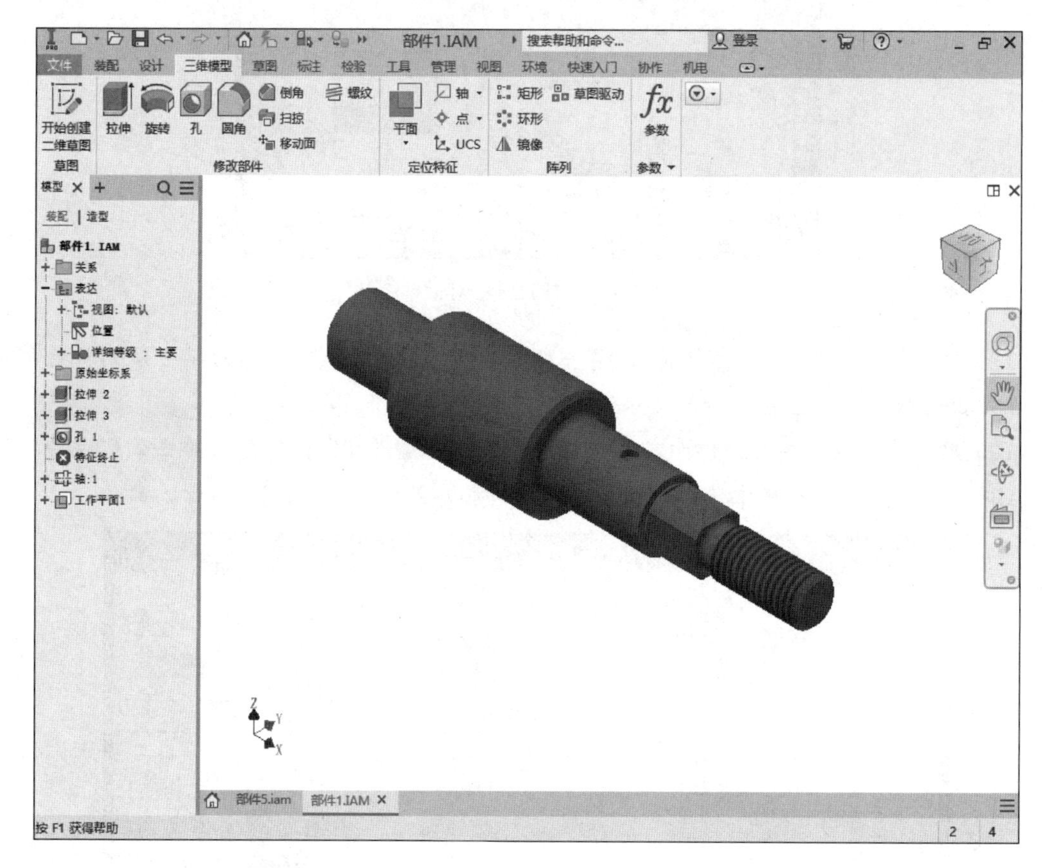

图 5-156 主轴

例 3 利用设计加速器生成圆柱齿轮传动。

小齿轮：齿数 15、模数 3。大齿数：齿数 30、模数 3。大小齿轮的厚度相同，均为 16。

加速器中的齿轮零部件设计主要包括正齿轮生成器、蜗轮生成器和锥齿轮生成器三部分，如图 5-157 所示。

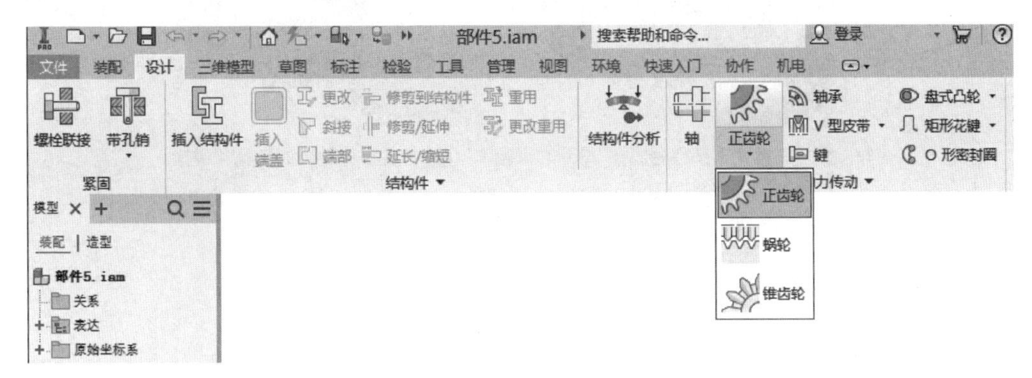

图 5-157 齿轮零部件的设计分类

在“设计”标签栏上单击“正齿轮”按钮，会弹出“正齿轮零部件生成器”对话框，如图 5-158 所示，利用“设计”选项卡可以生成相互啮合的齿轮。

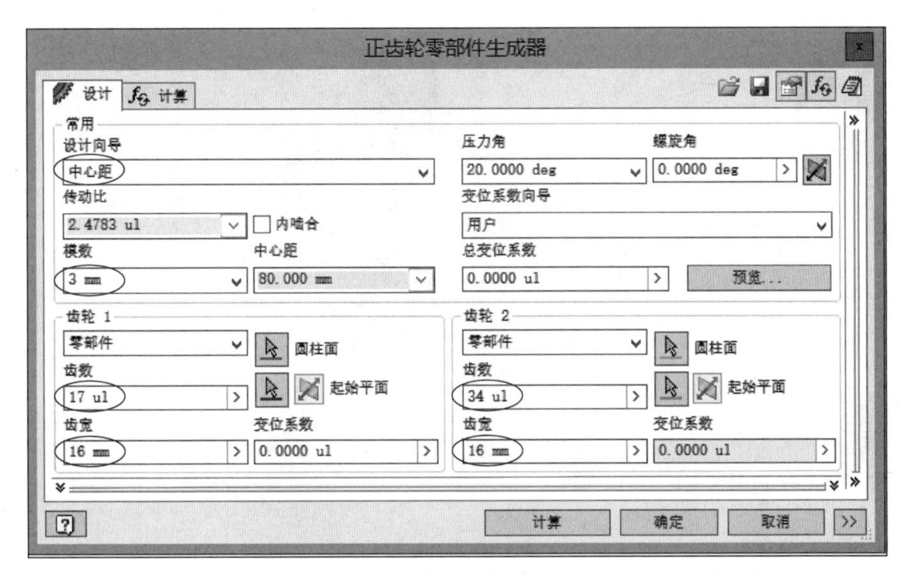

图 5-158 “设计”选项卡

选择“设计向导”下几何图元计算的类型“中心距”，如图 5-159 所示，是通过输入其他参数来计算中心距。

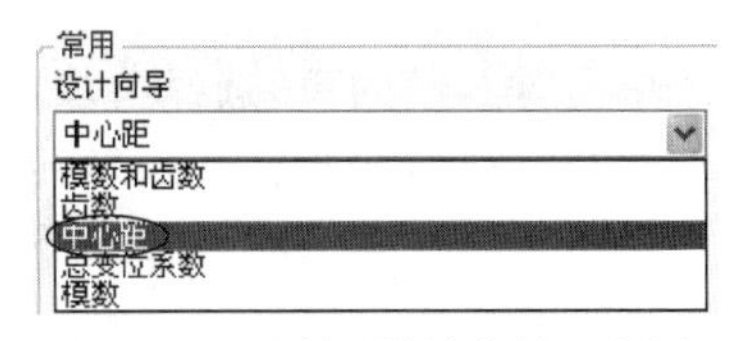

图 5-159 选择“设计向导”下几何图元计算的类型

“内啮合”表示可以在内、外啮合之间互相切换。单击去掉其左边复选框中的对勾符号，即由☑内啮合变为□内啮合，则生成外啮合。

在“正齿轮零部件生成器”对话框的“设计”选项卡中，输入“模数”及齿轮 1 和齿轮 2 的“齿数”“齿宽”等参数，单击“计算”按钮，“设计”选项卡中的“传动比”“中心距”等参数会被重新计算。单击“确定”按钮，得到的大、小齿轮如图 5-160(a)所示。然后利用“设计”面板中的“创建二维草图”命令和“拉伸”命令，拉伸出齿轮上的轴孔和键槽，如图 5-160(b)所示。

(a) 通过“正齿轮零部件生成器”得到的齿轮　　(b) 拉伸出齿轮上的轴孔和键槽

图 5-160　生成一对啮合齿轮

5.10　装配综合举例

虎钳是装在台架或机床上用于夹持工件进行机械加工的夹具，如图 5-161 所示。当旋转丝杠的右端方头时，与其啮合的(借助方牙螺纹)滑块便沿着底座中的滑槽作直线往复运动。滑块又带动动掌在底座表面作直线往复运动，使钳口板开合，以夹持工件。钳口板共两件，用沉头螺钉分别与底座、动掌固定。动掌与滑块用圆螺钉联接，两个螺母起锁紧作用。

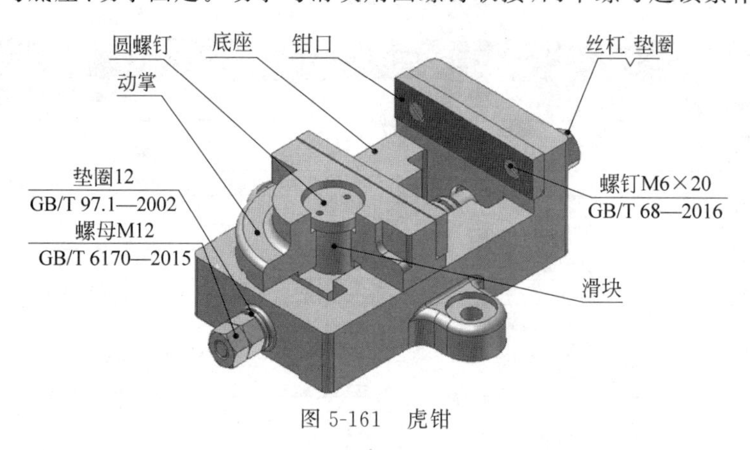

图 5-161　虎钳

1. 虎钳的装配过程

1) 装入固定底座

打开文件“第 5 章\实例\虎钳\底座.ipt”，如图 5-162(a)所示。

2) 装入“滑块”

单击“配合”约束，选择滑块的轴线和底座右侧圆柱孔的轴线，如图 5-162(b)所示。滑块的轴线和底座右侧圆柱孔的轴线实现同轴，如图 5-162(c)所示。

利用“旋转”和“移动”等命令，将底座和滑块放在合适的位置，单击“配合”约束，选择滑块的滑道面和底座的滑道面，如图 5-162(d)所示。得到的结果如图 5-162(e)、(f)所示。

3) 装入“垫圈”和“丝杠”

单击“插入”约束，选择丝杠环面和垫圈的端面，如图 5-163(a)所示，将垫圈装到丝杠上，如图 5-163(b)所示。

单击“插入”约束，选择垫圈的端面和底座右侧圆孔面，如图 5-163(c)所示，将丝杠和垫圈装到底座上，如图 5-163(d)所示。

4) 装入“动掌”

单击“配合”约束，选择动掌孔的轴线和滑块孔的轴线，将动掌装到滑块上，此时动掌和滑

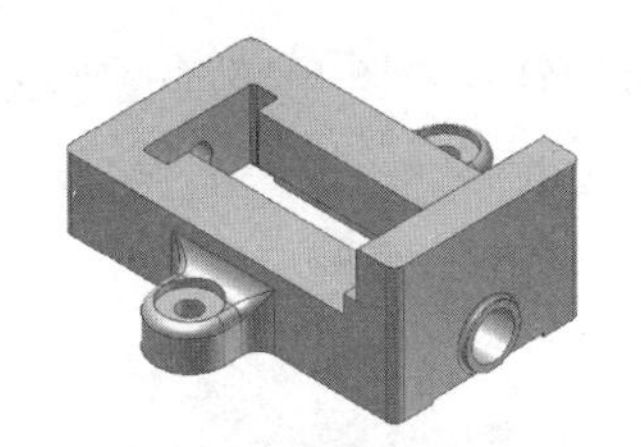

(a) 装入固定底座

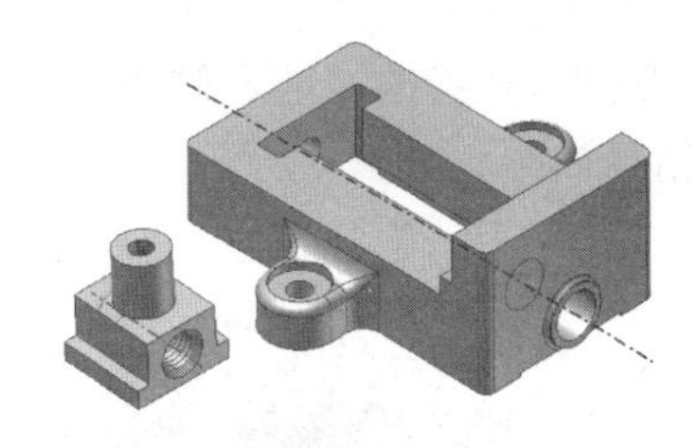

(b) 选择滑块的轴线和底座右侧圆柱孔的轴线

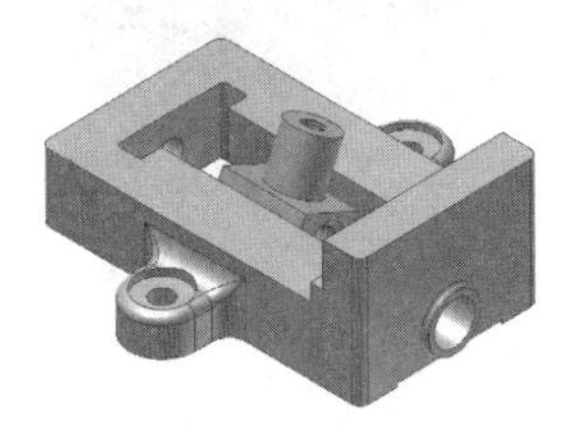

(c) 滑块轴线和底座右侧圆柱孔轴线实现同轴

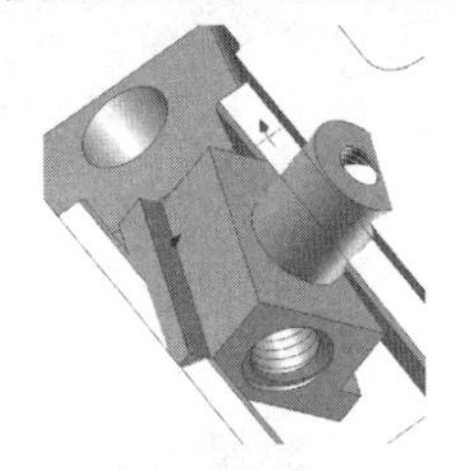

(d) 选择滑块的滑道面和底座的滑道面

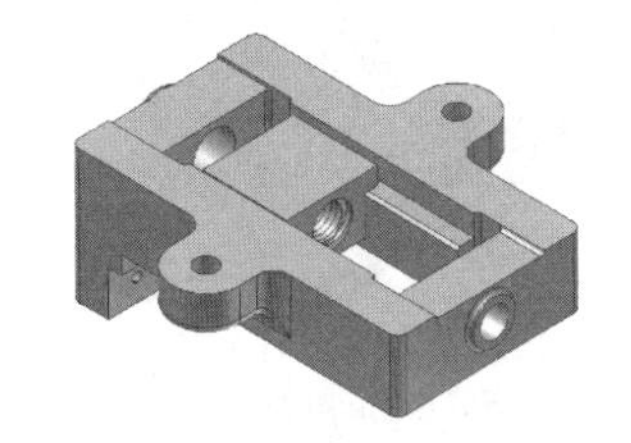

(e) 滑块装好后，从底座的底面观察

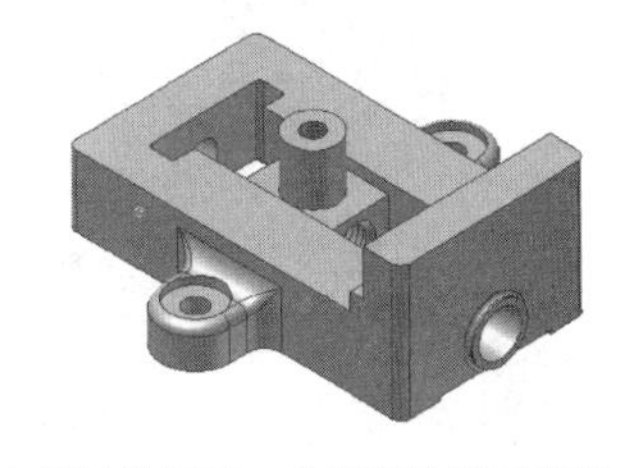

(f) 滑块装好后，从底座的顶面观察

图 5-162 装入“滑块”

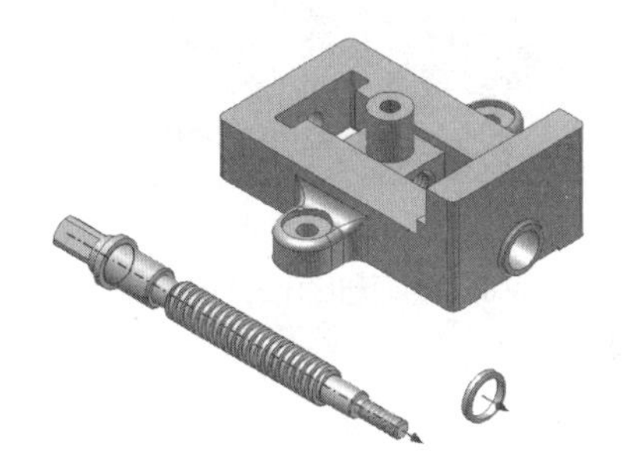

(a) 选择丝杠环面和垫圈的端面

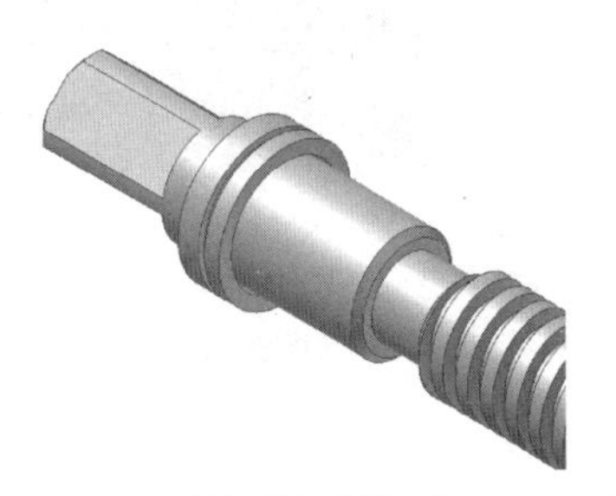

(b) 将垫圈装到丝杠上

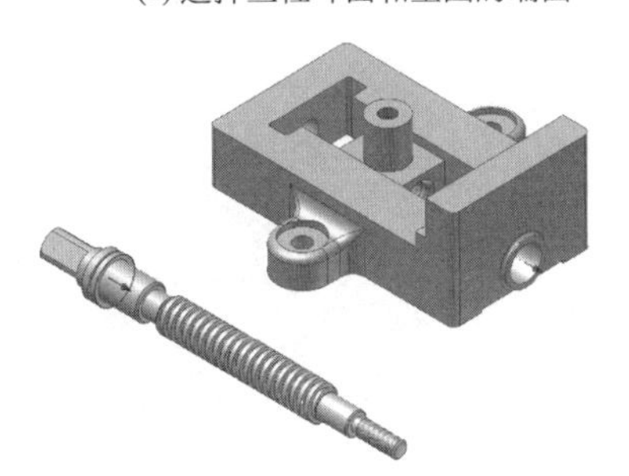

(c) 选择垫圈的端面和底座右侧圆孔面

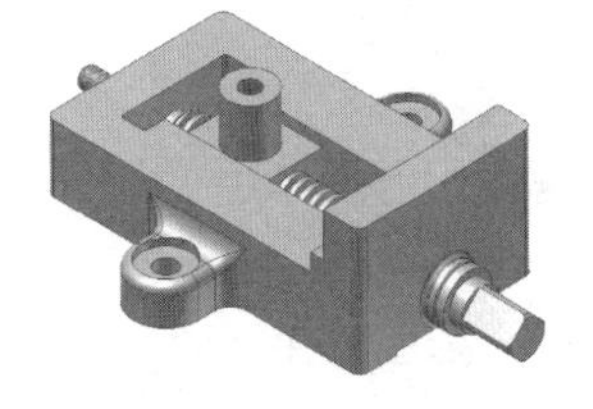

(d) 丝杠和垫圈装到底座上

图 5-163 装入“垫圈”和“丝杠”

块同轴，如图 5-164(a)和(b)所示。

利用“旋转”和“移动”等命令，将动掌放在合适的位置，单击“配合”约束，选择动掌的底面和底座的上表面，如图 5-164(c)所示，得到的结果如图 5-164(d)所示。

单击"角度"约束，选择动掌的右侧面和底座的右侧面，如图 5-164(e)所示，实现两个面的平行。得到的结果如图 5-164(f)所示。

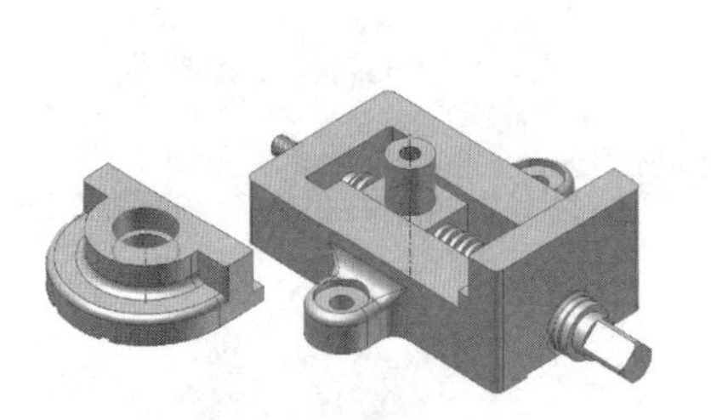

(a) 选择动掌孔的轴线和滑块孔的轴线

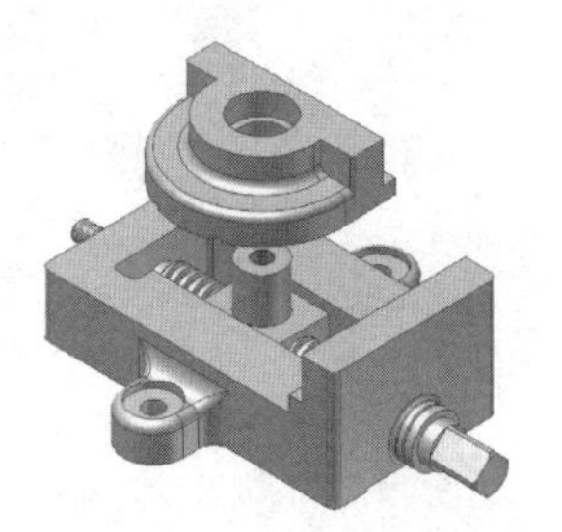

(b) 动掌和滑块同轴

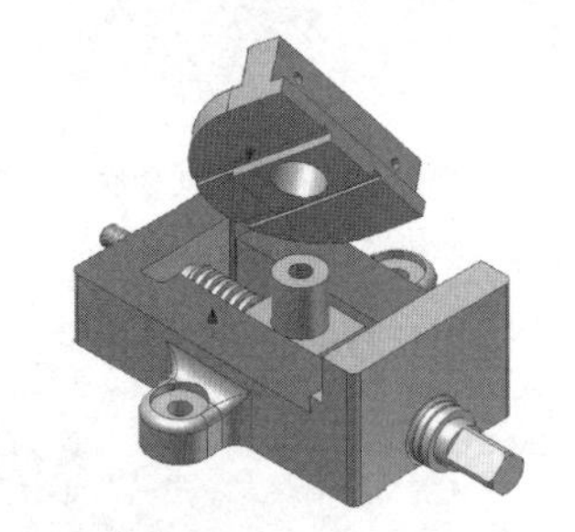

(c) 选择动掌的底面和底座的上表面

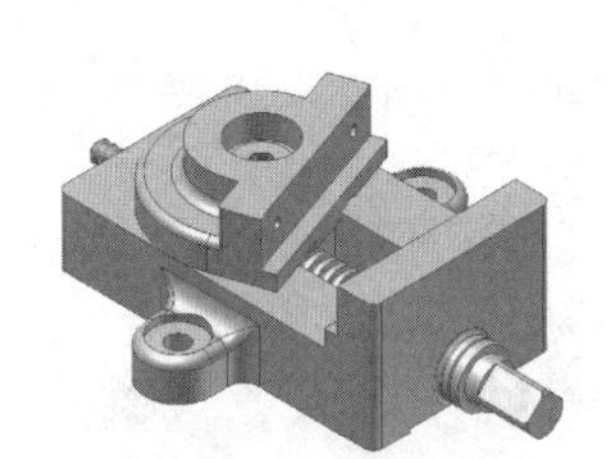

(d) 动掌的底面和底座的上表面重合

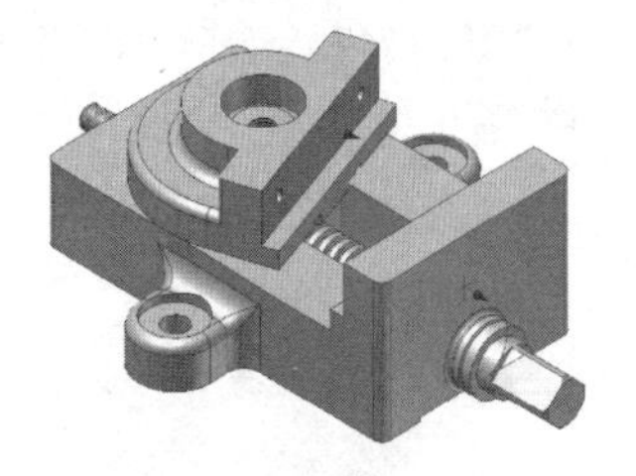

(e) 选择动掌的右侧面和底座的右侧面

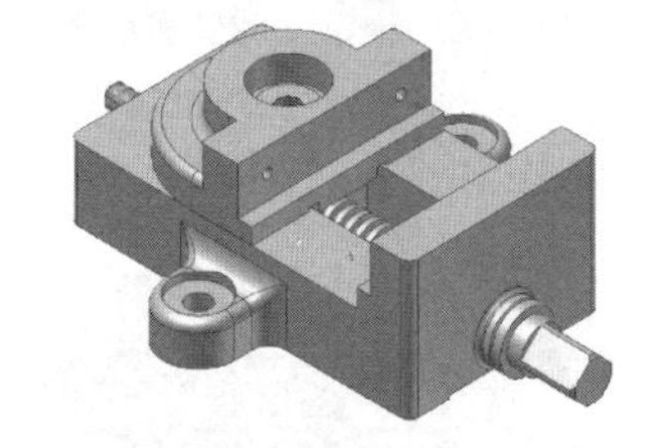

(f) 动掌的右侧面和底座的右侧面平行

图 5-164 装入"动掌"

5) 装入"圆螺钉"

单击"插入"约束，选择圆螺钉退刀槽的末端圆和滑块的上表面圆孔，如图 5-165(a)所示。得到的结果如图 5-165(b)所示。

(a) 选择圆螺钉退刀槽的末端圆和滑块的上表面圆孔

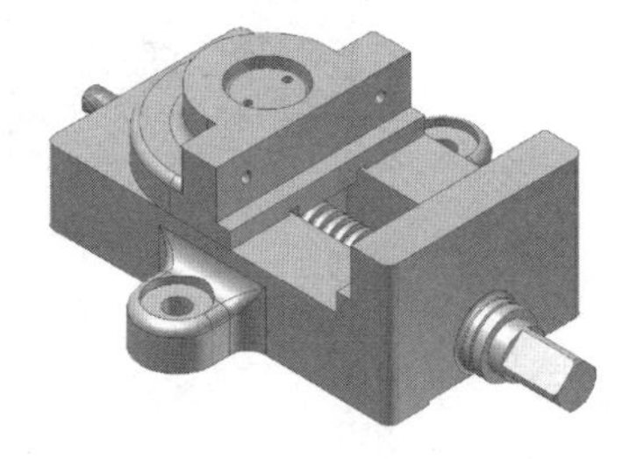

(b) 装入圆螺钉

图 5-165 装入"圆螺钉"

6) 装入"垫圈"

依次选择"资源中心"→"紧固件"→"垫圈"→"平垫圈"→垫圈 GB/T 97.1—2002→"公称直径 12"(见图 5-166(a))，调入平垫圈，然后单击"插入"约束，选择平垫圈的端面圆和底座的端面圆孔面，如图 5-166(b)所示。得到的结果如图 5-166(c)所示。

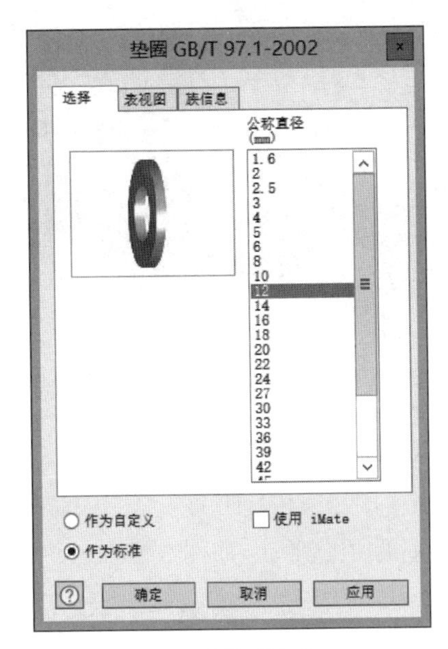

(a)“垫圈”对话框

(b) 选择平垫圈的端面圆和底座的端面圆孔面

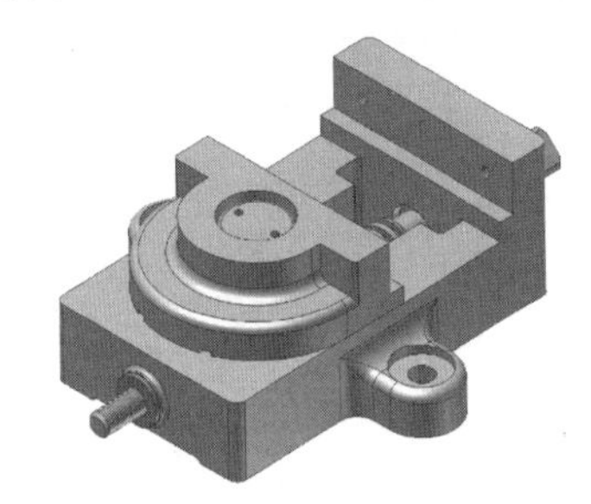

(c) 装入平垫圈的结果

图 5-166　装入“垫圈”

7）装入“螺母”

依次选择“资源中心”→“紧固件”→“螺母”→“六角”→螺母 GB/T 6170—2000→“M12”(见图 5-167(a))，调入两个螺母，然后单击“插入”约束，选择平垫圈的端面圆和螺母的端面圆，如图 5-167(b)所示。得到的结果如图 5-167(c)所示。采用相同的步骤装入第二个螺母，两个螺母起锁紧作用，如图 5-167(d)所示。

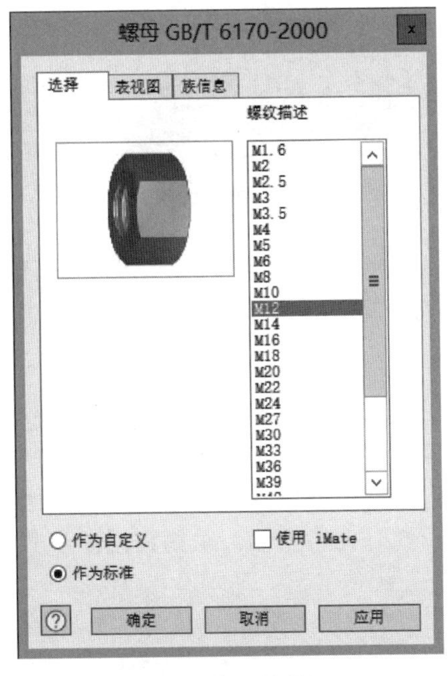

(a)“螺母”对话框

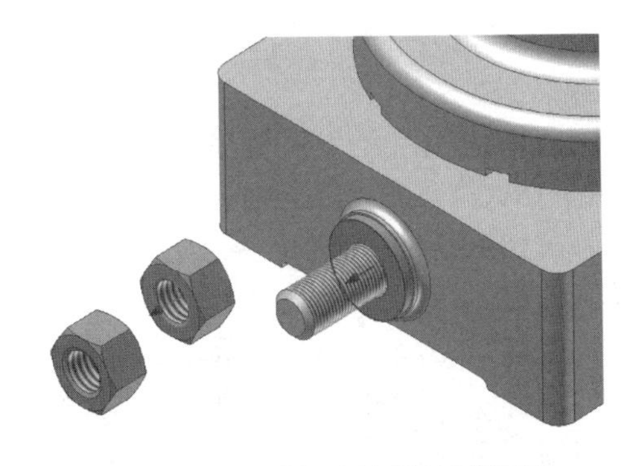

(b) 选择平垫圈的端面圆和螺母的端面圆

图 5-167　装入“螺母”

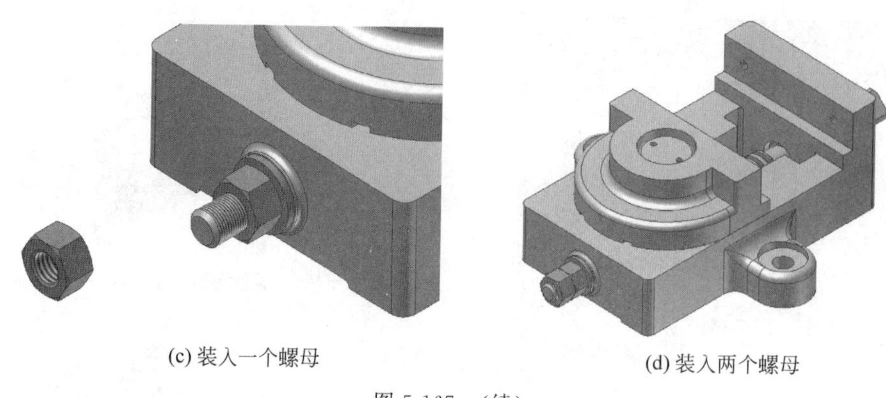

(c) 装入一个螺母　(d) 装入两个螺母

图 5-167 （续）

8）装入“钳口”

单击“配合”约束，分别选择钳口的 3 个面和底座上的 3 个平面，如图 5-168(a)～(c)所示。得到的结果如图 5-168(d)所示。

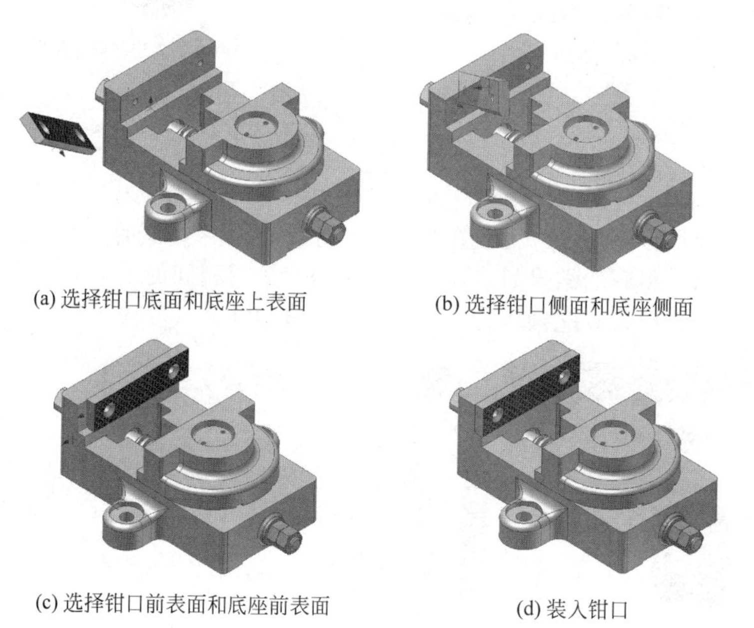

(a) 选择钳口底面和底座上表面　(b) 选择钳口侧面和底座侧面

(c) 选择钳口前表面和底座前表面　(d) 装入钳口

图 5-168 装入“钳口”

9）装入“沉头螺钉”

依次选择“资源中心”→“紧固件”→“螺栓”→“开槽沉头”→螺钉 GB/T 68—2000→M6 和 12(见图 5-169(a))，调入沉头螺钉，然后单击“配合”约束，选择沉头螺钉的轴线和沉孔的轴线，如图 5-169(b)所示。得到的结果如图 5-169(c)所示。单击“配合”约束，选择螺钉的圆锥面和沉孔的圆锥面，如图 5-169(d)所示。得到的结果如图 5-169(e)所示。采用相同的步骤装入另一个沉头螺钉，如图 5-169(f)所示。

10）装上另一个“钳口”和另两个“沉头螺钉”

同步骤 8)和 9)，结果如图 5-170 所示。

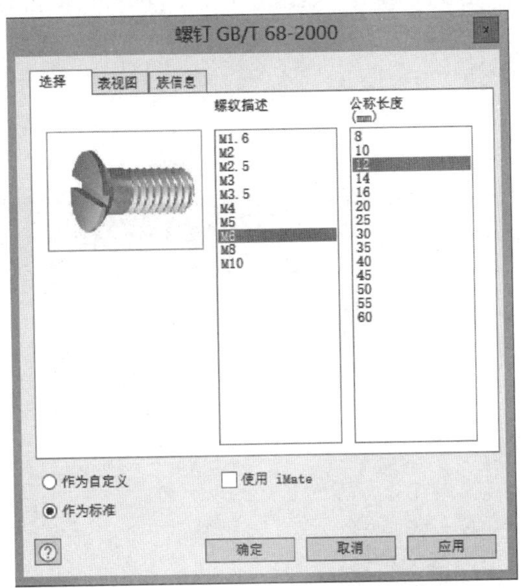

(a)“螺钉”对话框

(b) 选择沉头螺钉的轴线和沉孔的轴线

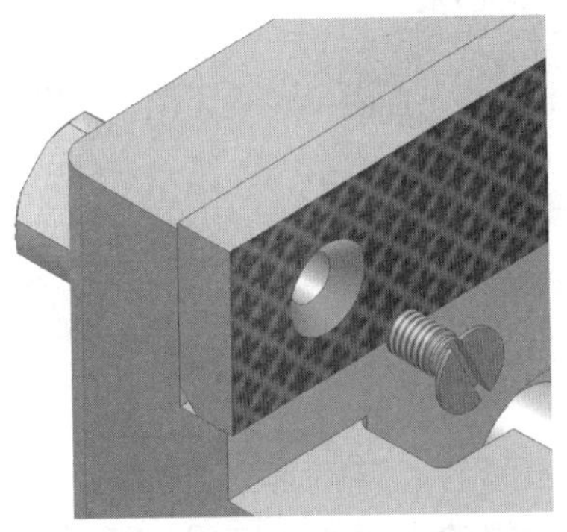

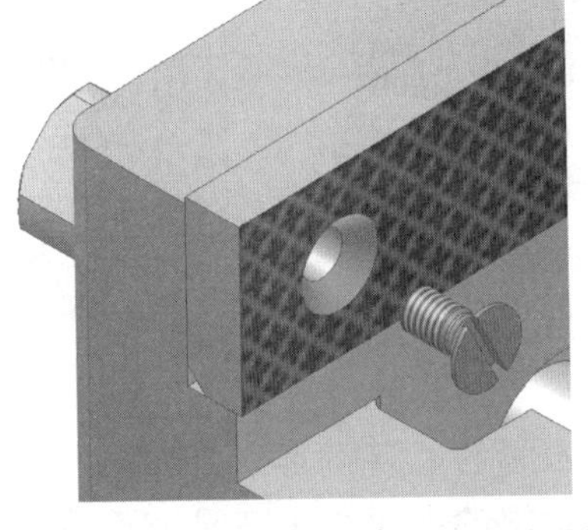

(c) 沉头螺钉的轴线和沉孔的轴线同轴

(d) 选择螺钉的圆锥面和沉孔的圆锥面

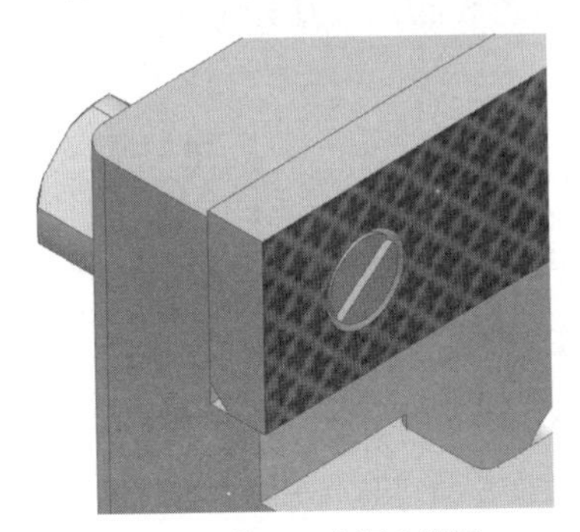

(e) 装入一个沉头螺钉

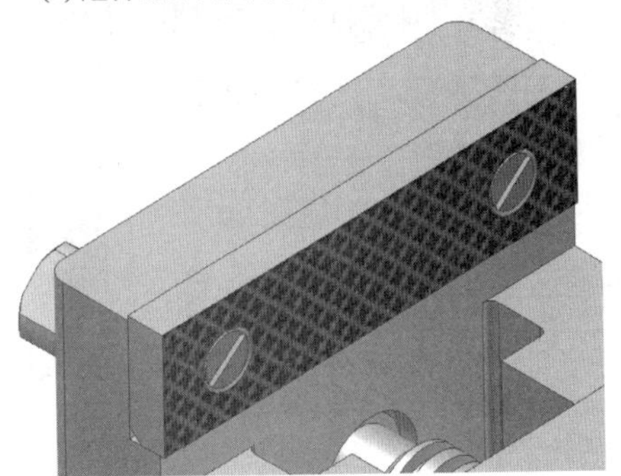

(f) 装入底座上的两个沉头螺钉

图 5-169 装入“沉头螺钉”

至此，完成虎钳的装配过程，结果如图 5-171 所示。

2. 虎钳的驱动约束过程

(1) 单击“装配”标签栏中的“约束”按钮，弹出“放置约束”对话框，选择“运动”选项卡，选择类型“转动-平动”以及方式“反向”，距离输入6（表示螺距，如图5-172(a)所示），单击选择丝杠的轴线和滑块的表面，如图5-172(b)所示。在“模型”浏览器中会出现刚才添加的约束，如图5-172(c)所示。

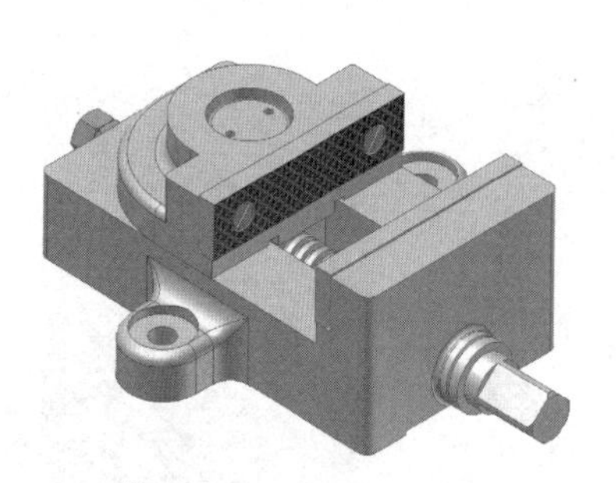

图5-170　装入动掌上的钳口和两个沉头螺钉

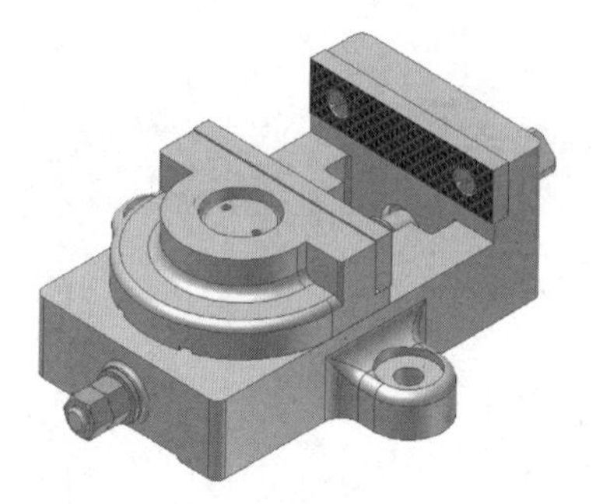

图5-171　装配最终结果

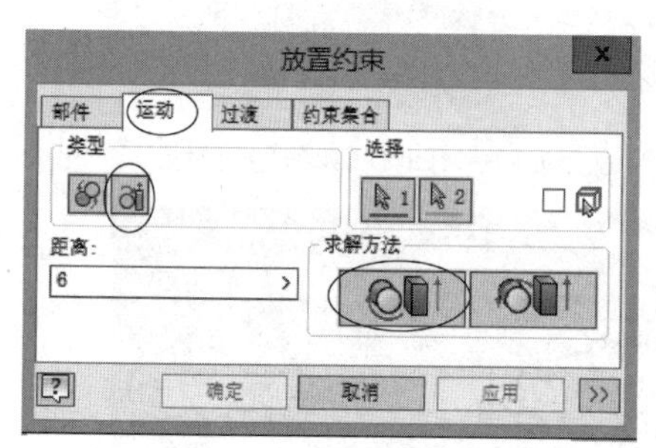

(a) 选择“运动”选项卡输入参数

(b) 选择丝杠的轴线和滑块的表面

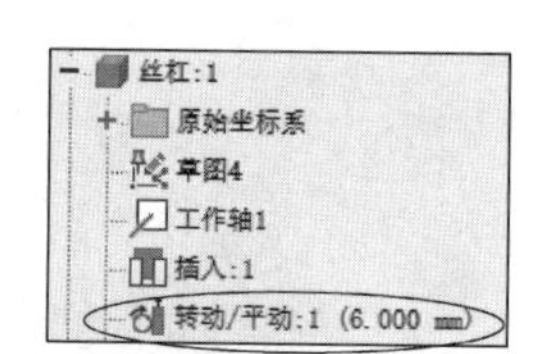

(c)“模型”浏览器中出现所添加的约束

图5-172　添加“转动-平动”约束

(2) 单击“装配”标签栏中的“约束”按钮，弹出“放置约束”对话框。在“部件”选项卡中，选择类型“角度”，如图5-173(a)所示。单击选择丝杠轴端的平面和底座的表面，如图5-173(b)所示。在“模型”浏览器中会出现刚才添加的约束，如图5-173(c)所示。

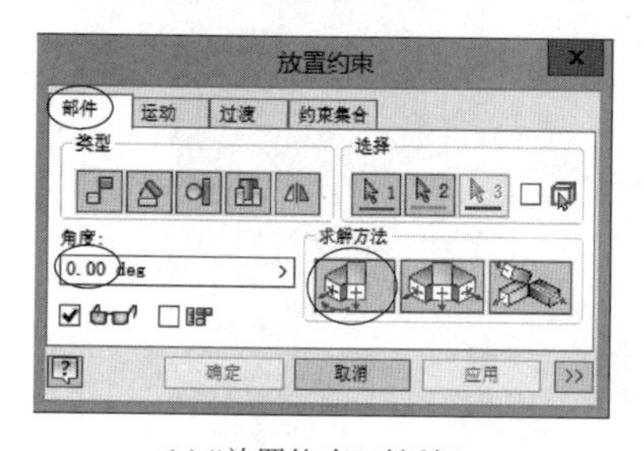

(a)“放置约束”对话框

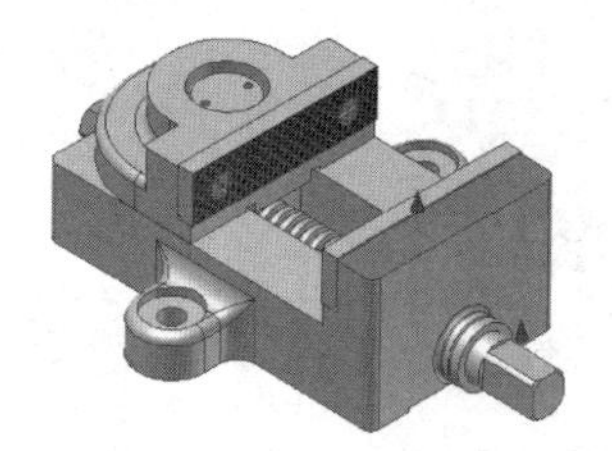

(b) 选择丝杠轴端的平面和底座的表面

丝杠:1
原始坐标系
草图4
工作轴1
插入:1
转动/平动:1 (6.000 mm)
角度:2 (0.00 deg)

(c)“模型”浏览器中出现所添加的约束

图5-173　添加“角度”约束

(3) 在“模型”浏览器中选择“角度”约束，右击，在弹出的菜单中选择“驱动”选项，弹出“驱动”对话框，如图5-174和图5-175所示。

(4) 在“驱动”对话框中输入适当的数值，单击“正向播放”按钮，就会演示虎钳的夹持过程，如图5-176和图5-177所示。

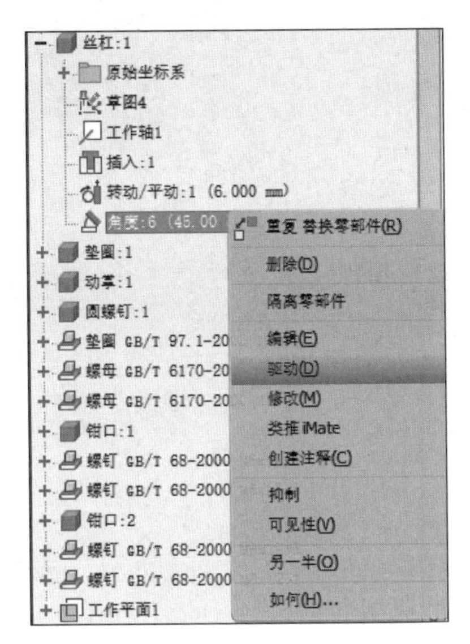

图 5-174　右键快捷菜单

图 5-175　“驱动”对话框

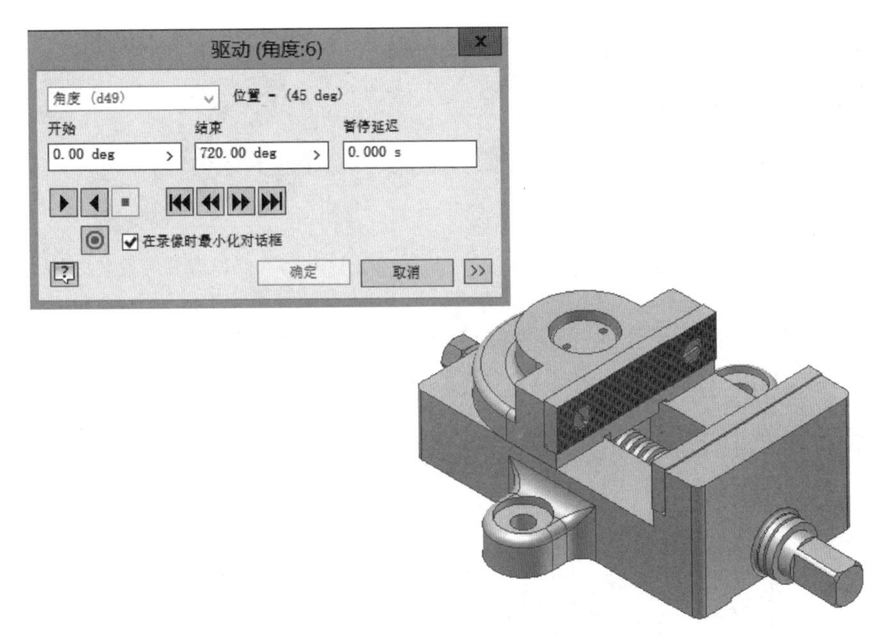

图 5-176　在“驱动”对话框中输入数值

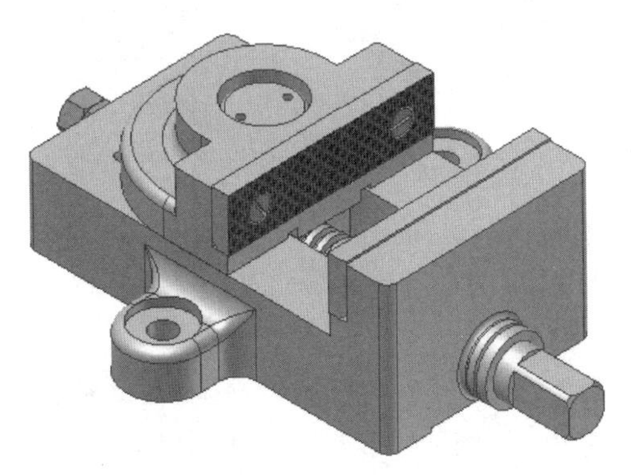

图 5-177　丝杠旋转 720°后的结果

思考题

1. 三维实体装配设计的主要目的有哪些？
2. 简述自下向上和自上向下两种装配设计的过程。
3. 装配约束中的“配合”约束能够确定两个零件的顶点之间的位置吗？
4. 在轴和孔零件之间使用“插入”约束后，轴和孔间能够相对转动吗？
5. 什么是“自适应”约束？

练习题

1. 低速滑轮装置主要由轴、滑轮、铜套、支架、垫圈和螺母组成，如图 5-178 所示。利用文件“第 5 章\练习题\低速滑轮装置”目录下的 6 个零件，装配成图 5-179 所示的装配体。

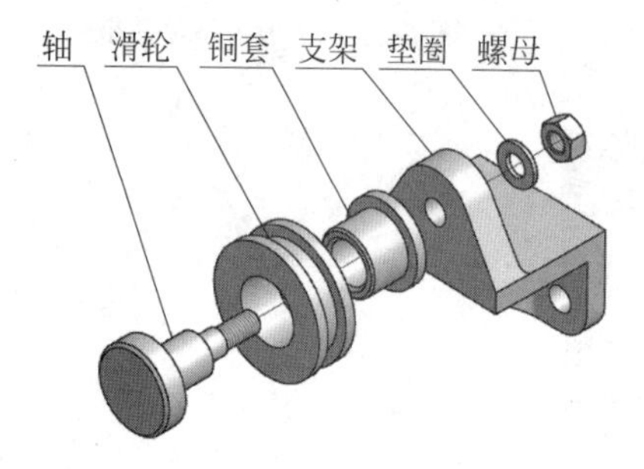

图 5-178　低速滑轮装置的零件

图 5-179　低速滑轮装置装配体

2. 如图 5-180 所示，盒子壳体和垫片的接触面的结构类似，在装配过程中，可以采用自上向下的设计方法，利用“第 5 章\练习题\盒子”目录下的零件，以盒子壳体为参照，“在位”设计生成垫片。

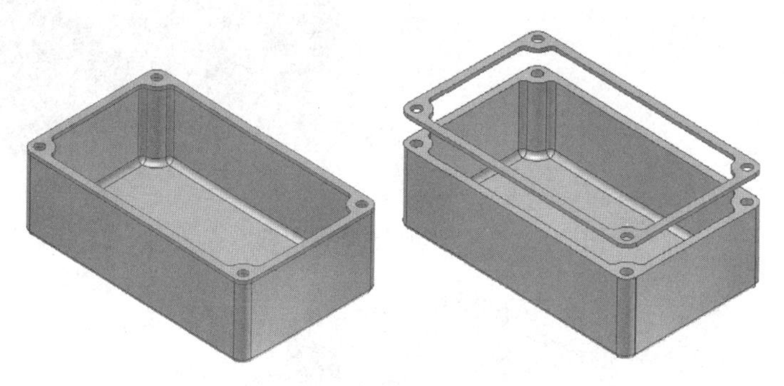

图 5-180　盒子壳体上的垫片

3. 柱塞泵装置主要由阀体、泵体、双头螺柱、衬套、柱塞、填料、填料压盖、垫圈、螺母、阀盖、垫片、上阀瓣、下阀瓣等组成，如图 5-181 所示。利用“第 5 章\练习题\柱塞泵装置”目录下的零件，装配成图 5-182 所示的装配体。

4. 齿轮泵装置主要由压盖螺母、压盖、泵体、主动轴、从动轴、圆柱销(两个)、齿轮(两个)、垫片、泵盖和螺栓(6 个)等组成，如图 5-183 所示。利用“第 5 章\练习题\齿轮泵装置”目录

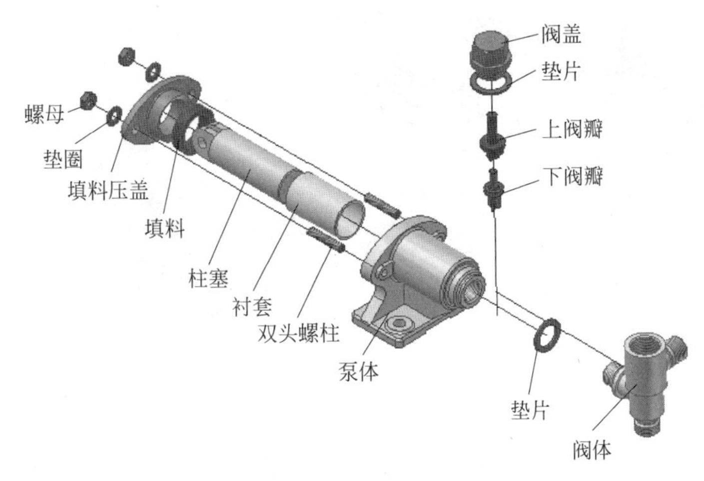

图 5-181 柱塞泵装置的零件

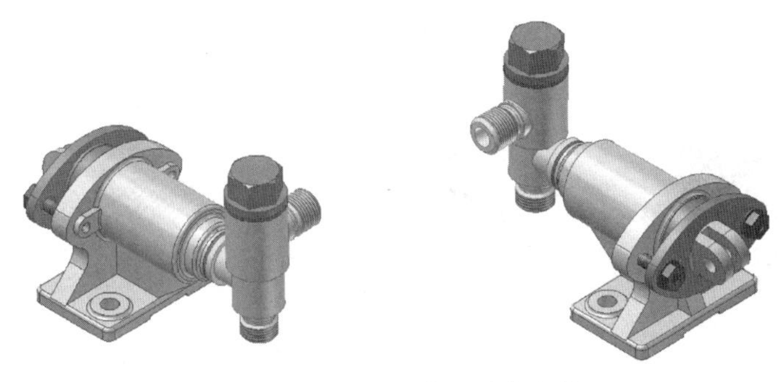

图 5-182 柱塞泵装置的装配体

下的零件，装配成图 5-184 所示的装配体。泵盖和垫片的接触面的结构类似，在装配过程中可以采用自上向下的设计方法，以泵盖为参照，“在位”设计生成垫片。

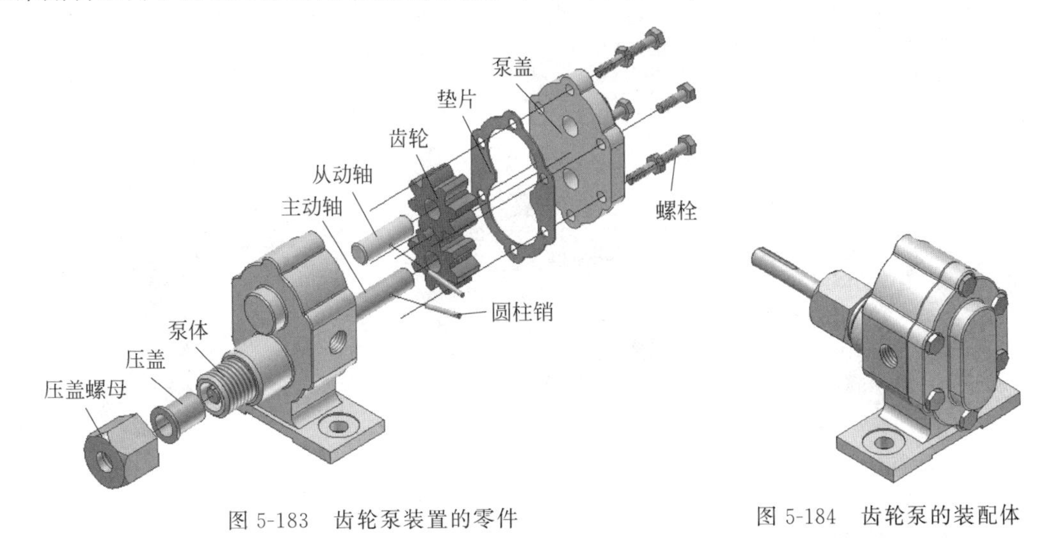

图 5-183 齿轮泵装置的零件

图 5-184 齿轮泵的装配体

5. 手机模型主要由手机主体、主体键盘、上翻盖、电池、电池卡销、天线组成，如图 5-185 所示。利用“第 5 章\练习题\手机”目录下的 6 个零件，装配成图 5-186 所示的装配体。

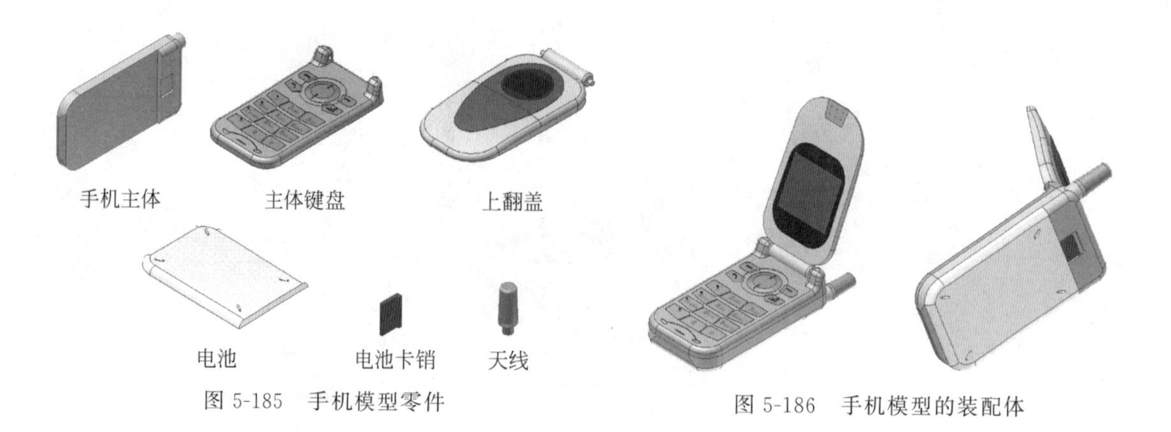

图 5-185　手机模型零件

图 5-186　手机模型的装配体

6. 飞机模型主要由飞机机身、螺旋桨、玻璃罩、座舱组成，如图 5-187 所示。利用“第 5 章\练习题\飞机”目录下的 4 个零件，装配成图 5-188 所示的装配体。

图 5-187　飞机模型零件

7. 钟表模型主要由表壳、表膜、时针、分针和秒针等组成。利用“第 5 章\练习题\钟表”目录下的零件，装配成图 5-189 所示的装配体。利用 Inventor 的驱动约束工具模拟钟表的运动过程。

8. 千斤顶模型主要由顶盖、起重螺杆、螺钉、底座、旋转杆等组成。利用“第 5 章\练习题\千斤顶模型”目录下的零件，装配成图 5-190 所示的装配体。利用 Inventor 的驱动约束工具模拟千斤顶的运动过程。

图 5-188　飞机模型的装配体　　图 5-189　钟表模型的装配体　　图 5-190　千斤顶模型的装配体

9. 如图 5-191 和图 5-192 所示，行程开关是气动控制系统中的位置检测元件。阀芯在外力作用下，克服弹簧阻力左移，打开气源口与发信口的通道，封闭泄流口，输出信号；外力消除后，阀芯复位，关闭气源口与发信口的通道。

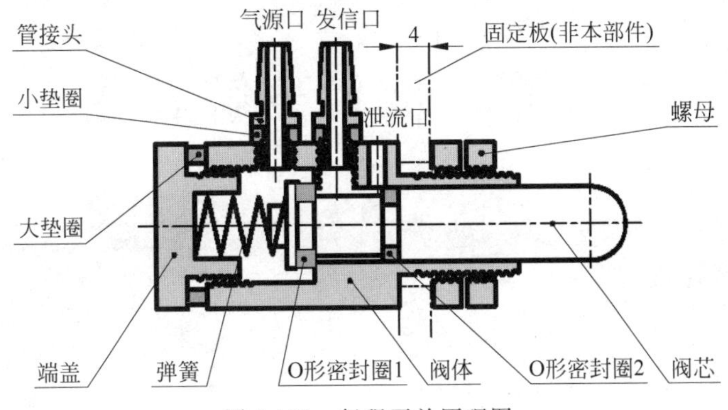

图 5-191　行程开关原理图

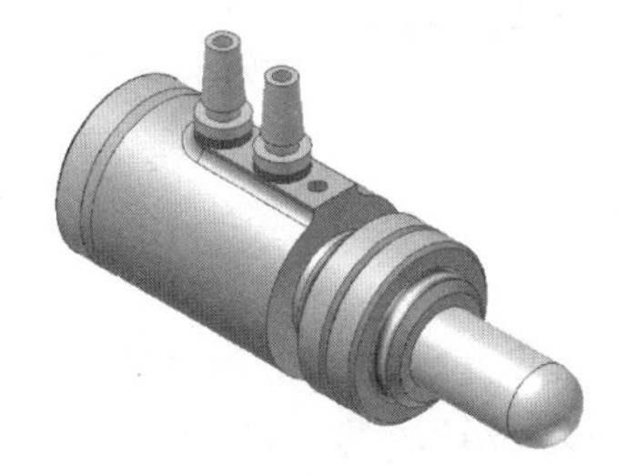
图 5-192　行程开关模型的装配体

利用“第 5 章\练习题\行程开关”目录下的零件和部件，基于自适应技术“在位”进行弹簧建模和装配。

10. 减速器的低速轴系上的零件主要由轴、轴承、齿轮和键等组成。利用“第 5 章\练习题\减速器”目录下的零件，装配成图 5-193 所示的轴系部件。在部件“装配”的环境下，轴承和键作为标准件，可以利用 Autodesk Inventor 中的“资源中心”直接插入。轴、齿轮可以由 Autodesk Inventor 中的“设计加速器”进行设计。

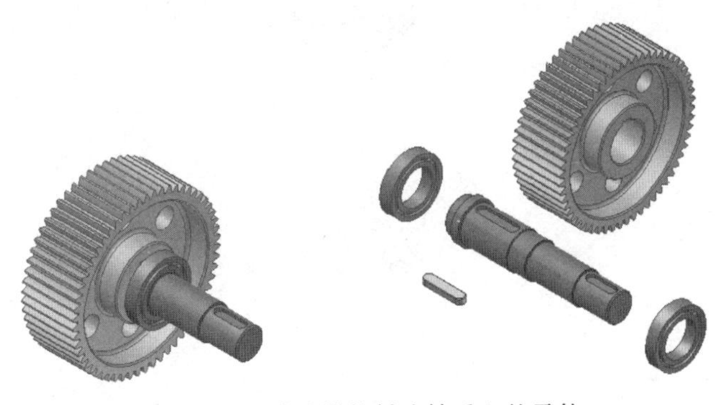
图 5-193　减速器的低速轴系上的零件

第6章　部件分解表达

本章学习目标

学习表达视图的生成方法。

本章学习内容

（1）设计表达视图；

（2）调整表达视图中零部件的位置；

（3）演示表达视图的动画并生成avi动画文件。

6.1　设计分解表达的目的

在传统的二维设计中，绘制部件的分解表达视图是很复杂和费时的事，要模拟装配部件的动作过程更是几乎不可能的。在三维设计环境下，完成这一任务却很轻松。

表达视图是显示部件装配关系的一种特殊视图，由于它将各零件沿装配路线展开表示，使用者可很直观地观察部件中零件与零件的相互关系和装配顺序。

表达可以是静态的视图，也可以是动态的演示过程，还可以生成一个播放文件，供随时播放。

图6-1说明了表达视图的作用。

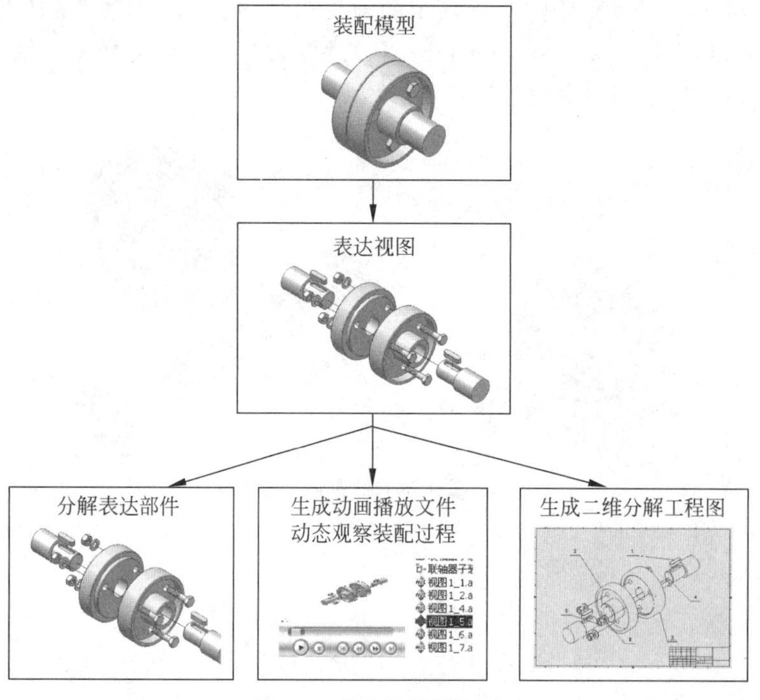

图6-1　表达视图的作用

6.2 创建表达视图

分解的表达视图也称装配体爆炸图，装配体爆炸图是将装配体中的零件以分解图的形式表达，是展示装配体中各零部件结构的一种手段，其优点是能够直观地反映装配体零件的构成、装配顺序和相互位置关系，并可演示装拆顺序。图 6-2 所示为“表达视图”工作环境中所生成的齿轮油泵爆炸图，它可以在工程图纸中快速生成装配体分解轴测图，创建装配体高质量爆炸渲染图或动画。

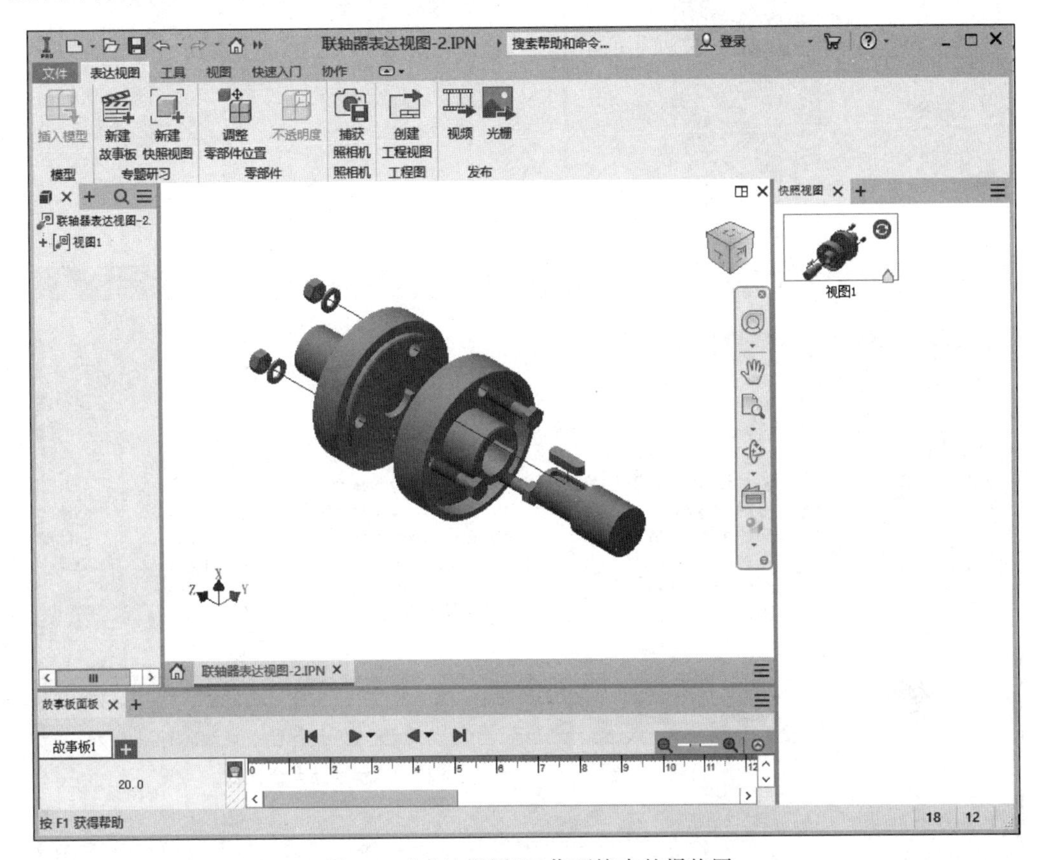

图 6-2 “表达视图”工作环境中的爆炸图

分解的表达视图是在装配模型的基础上进行的，下面通过两个实例说明设计表达视图的操作过程。

例 1 生成螺栓联接的表达视图。

要求：螺栓是固定零件，将螺母沿轴线移开一段距离，再使螺母绕轴线旋转一个角度。

1）进入表达视图工作环境

（1）在功能区上单击“新建”按钮，在“打开”对话框中单击“表达视图”命令。

（2）进入表达视图环境后，“表达视图”标签栏和“模型”浏览器如图 6-3 所示。

2）装入部件装配体

（1）单击“表达视图”标签栏中的“插入模型”命令。

（2）单击“插入”对话框中的相应按钮，查找到装配文件：第 6 章\实例\螺栓联接.iam。

(3) 如图 6-4 所示，在"插入"对话框中单击"打开"按钮。

(4) 螺栓联接件装入后，"表达视图"标签栏、"模型"浏览器及螺栓联接件如图 6-5 所示。"模型"浏览器中仍然显示了螺栓联接件的装配逻辑关系，但不显示约束符号。在表达视图环境下，装配体原来的约束不起作用，零件间的相对位置要重新指定。

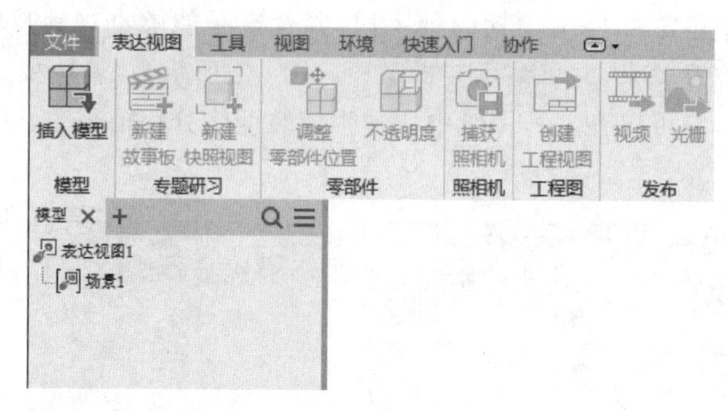

图 6-3 "表达视图"标签栏和"模型"浏览器

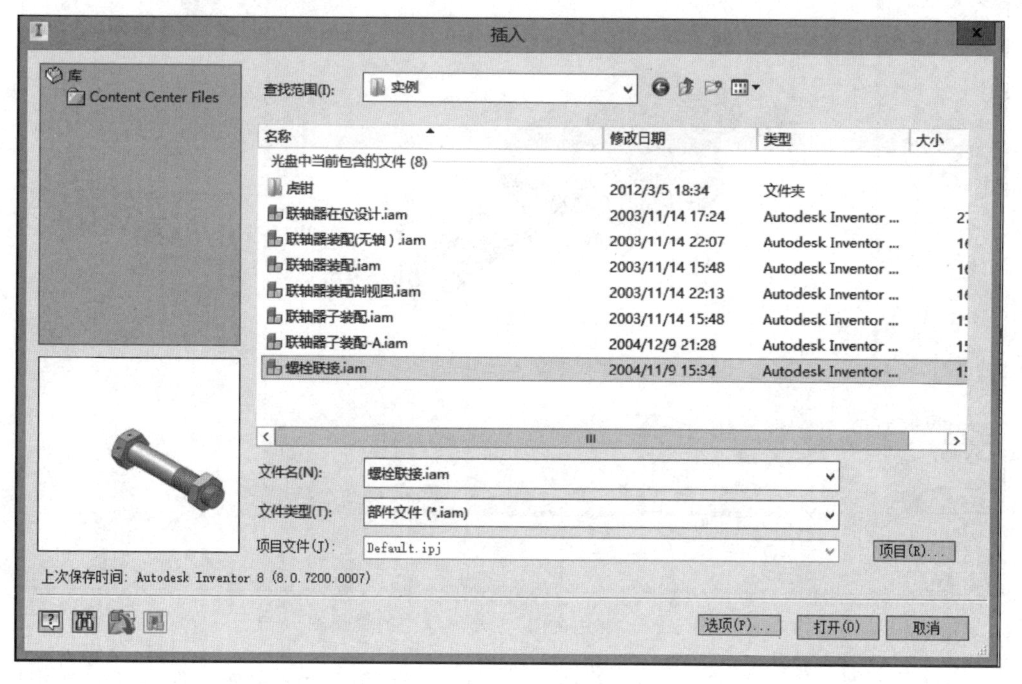

图 6-4 "插入"对话框

3) 生成表达视图——将螺母沿轴线移动 35mm

(1) 单击"表达视图"标签栏中"调整零部件位置"命令，弹出对话框如图 6-6(a)所示。

(2) 指定要沿轴线移动的零部件。用鼠标选择"模型"浏览器中的子部件名称"螺母"。也可以直接单击螺母模型，但有时会将其他零件选中。

(3) 指定沿轴线移动的距离。单击 X 轴的方向箭头，在弹出的数据栏内输入移动距离 35，如图 6-6(b)所示。

(4) 单击按钮，如图 6-6(a)所示。螺母移动效果如图 6-6(c)所示。

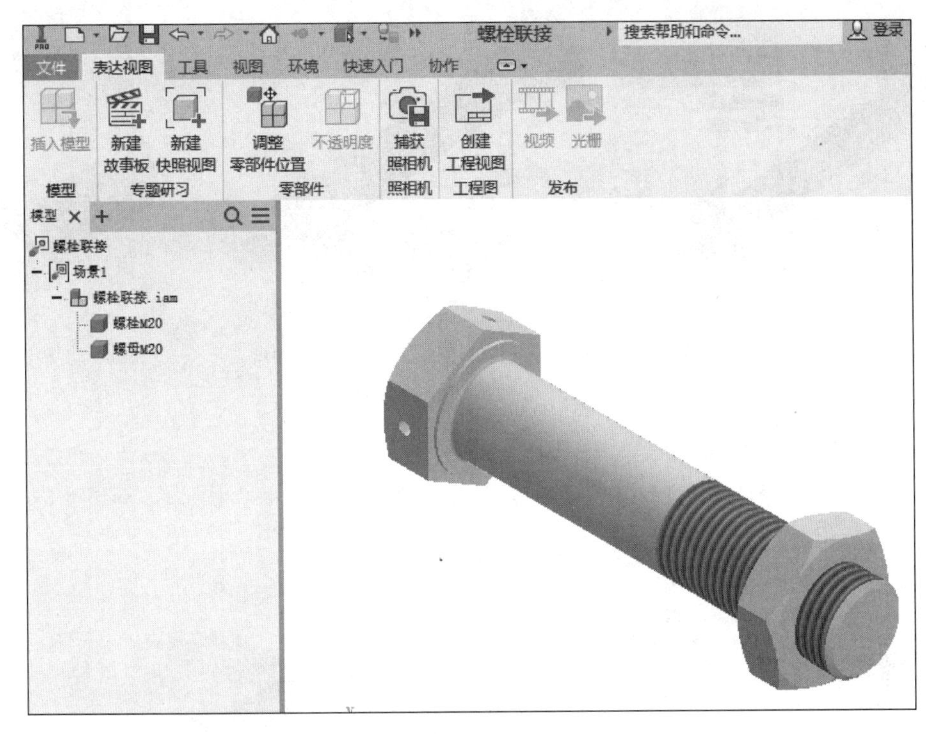

图 6-5 装入螺栓联接件

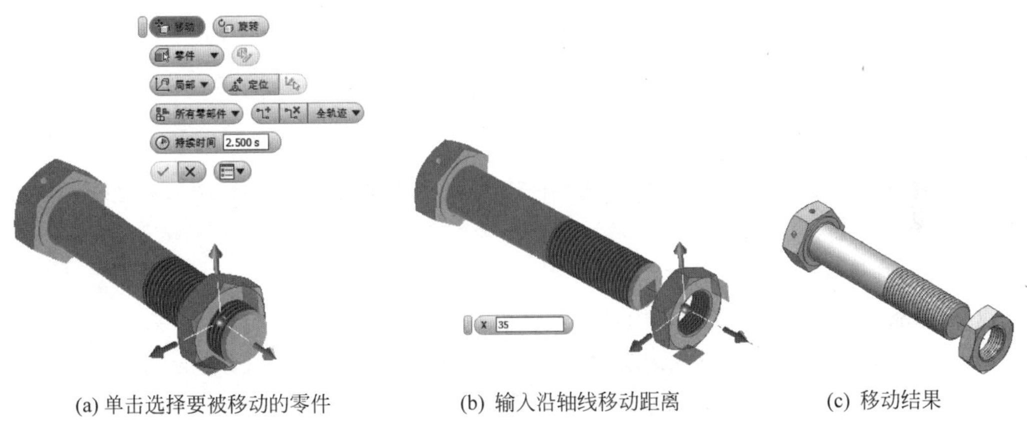

(a) 单击选择要被移动的零件　(b) 输入沿轴线移动距离　(c) 移动结果

图 6-6 移动分解螺母

4）生成表达视图——将螺母绕轴线旋转 15°

(1) 单击“表达视图”标签栏中的“调整零部件位置”命令，对话框如图 6-7(a)所示。

(2) 选择“旋转”按钮，单击螺母为旋转零件。

(3) 单击左边球形图标按钮，并输入旋转角度 15°，如图 6-7(b)所示。

(4) 单击按钮 ✔，螺母的旋转效果如图 6-7(c)所示。

生成将螺母绕 Z 轴旋转 15°的表达视图，在本例中并无意义，在此只是做一个旋转的操作练习。当然，在表达视图上，当零件发生遮挡时，将零件旋转一个角度还是必要的。

在进行螺栓装配的过程演示时，如果螺母一边旋转一边移动，会更具有真实感。

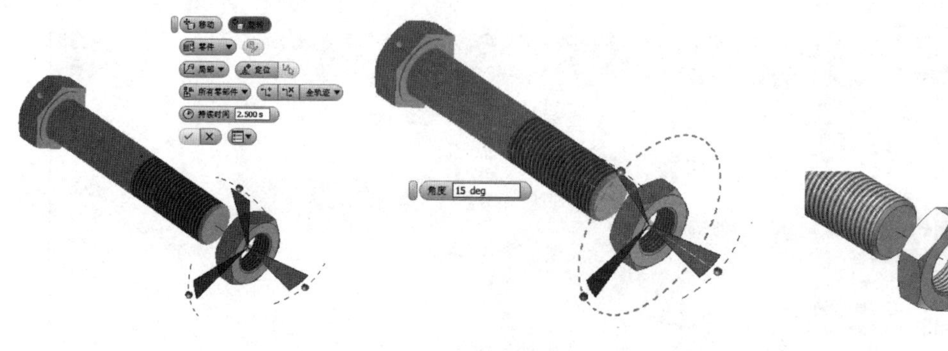

(a) 单击选择要被旋转的零件　(b) 单击左边球形图标按钮输入旋转角度　(c) 螺母旋转15°

图 6-7　旋转分解螺母

5）观察“模型”浏览器变化

将“模型”浏览器的“螺母 M20”展开后可以看到，两个位置参数已被记录，如图 6-8(a)所示。

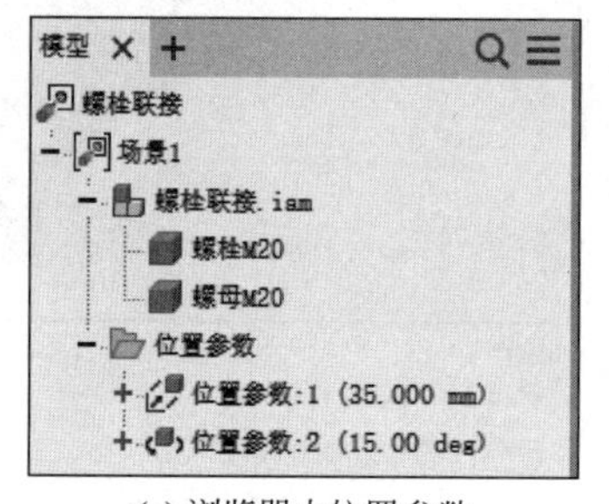

(a) 浏览器中位置参数　(b) 分解完成

图 6-8　螺母移动、旋转分解结果

例 2　生成联轴器的表达视图。

1）进入表达视图工作环境

在功能区上单击“新建”按钮，在“打开”对话框中单击命令。进入表达视图环境后，表达视图面板如图 6-9(a)所示。

2）装入部件装配体

(1) 单击“表达视图”标签栏中的“插入模型”命令。

(2) 在“插入”对话框中查找到装配文件：第 6 章\实例\联轴器装配.iam。

(3) 单击“打开”按钮，联轴器装入后的表达视图面板、“模型”浏览器及联轴器如图 6-9 所示。

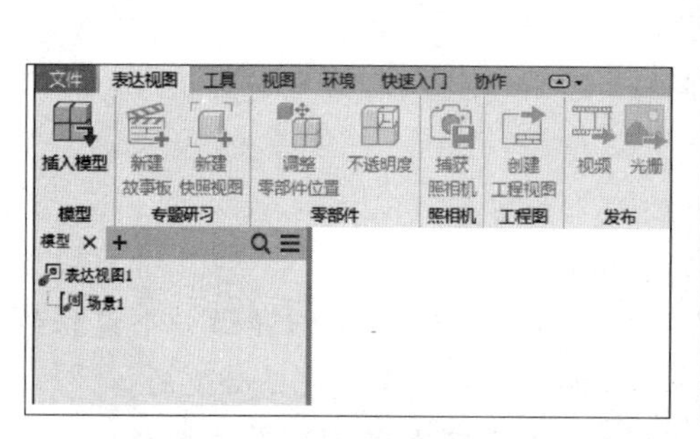

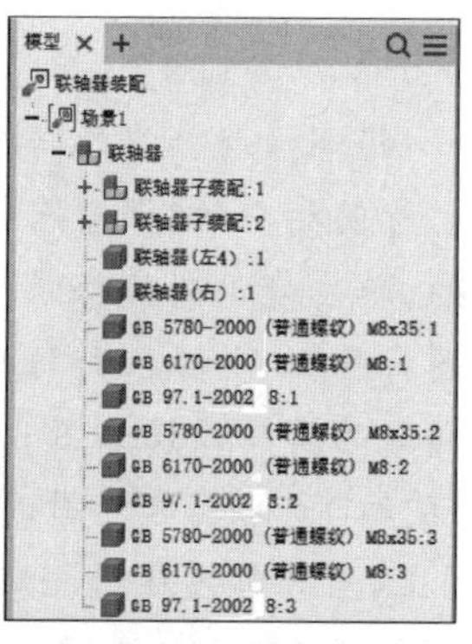

(a) 表达视图面板　(b) “模型”浏览器　(c) 联轴器

图 6-9　装入联轴器

3）移动分解联轴器子部件(轴和键)

(1) 使用"观察工具栏"中的"旋转"命令的"常用视图"，将联轴器调整到如图 6-10(a)所示位置。

(2) 右击图形窗口中的"右联轴器"，在右键菜单中选择"不可见"选项，观察"键"零件是否处于上方的位置，以方便分解时观察，如图 6-10(b)所示。如果不在上方，则可使用"旋转"命令调整。

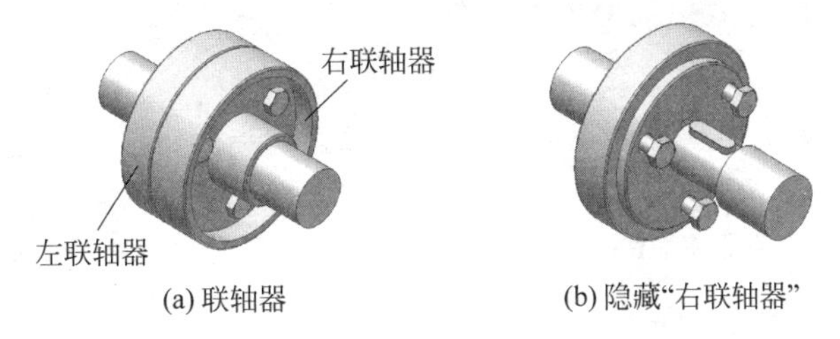

(a) 联轴器　　(b) 隐藏"右联轴器"

图 6-10　调整部件的方向

(3) 单击"表达视图"标签栏中"调整零部件位置"命令，选择联轴器子部件为移动零部件，如图 6-11 所示。

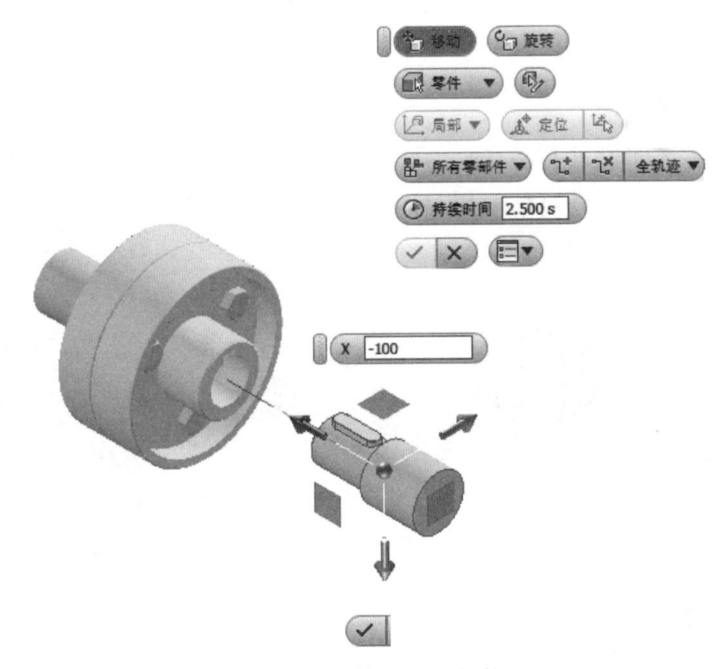

图 6-11　分解轴、键子部件

(4) 指定要移动的零部件：用鼠标选择浏览器中的子部件名称"联轴器子装配 1"。

(5) 单击 X 轴的方向箭头，在对话框的数据栏中输入移动距离－100，如图 6-11 所示。

(6) 单击按钮。

4）同时移动分解 3 个螺栓

和上面操作过程相同，可以移动分解 3 个螺栓。要保证同时移动，应在"模型"浏览器中选择螺栓名称时按住 Ctrl 键，再选择 3 个螺栓名称"GB 5780—2000"，如图 6-12(a)所示。螺栓的移动距离是 90，移动效果如图 6-12(b)所示。

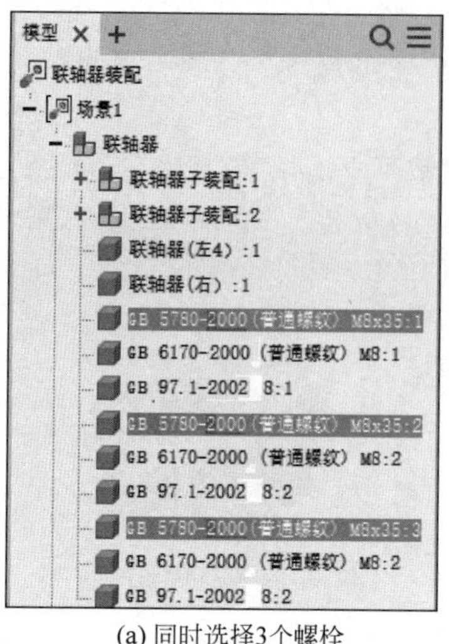

(a) 同时选择3个螺栓

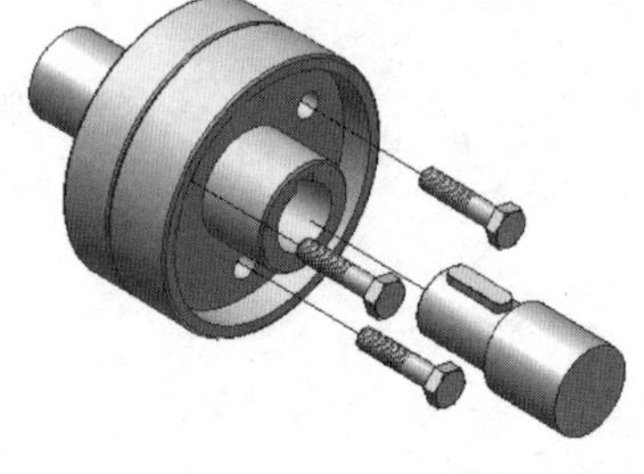

(b) 分解结果

图 6-12　分解螺栓

5）分解右联轴器

和上面操作过程相同，移动分解右联轴器。右联轴器的移动距离是 50，移动效果如图 6-13(b)所示。

6）分解其他零部件

和上面操作过程相同，移动分解另一个轴、键子部件(联轴器子装配 2，移动距离 60)以及 3 个螺母(GB 6170—2000，移动距离 70)和 3 个垫圈(GB 97.1—2002，移动距离 60)。移动效果如图 6-14 所示。

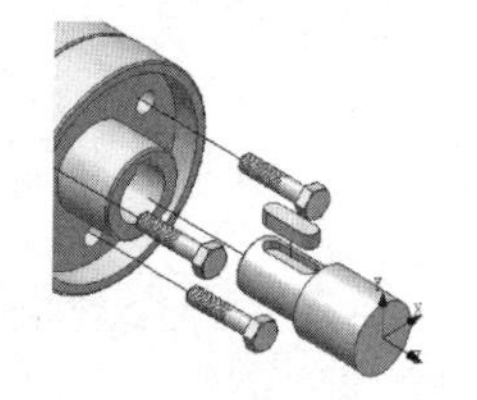

(a) 指定右联轴器移动方向

(b) 分解结果

图 6-13　分解右联轴器

(a) 移动联轴器子装配2

(b) 移动螺母、垫圈

图 6-14　移动轴、键和螺母、垫圈

7）分解两个键零件

和上面操作过程相同，移动分解键零件。将坐标系放在键的顶面，Z 轴向上，如图 6-15(a)所示。移动距离为 15，移动效果如图 6-15(b)所示。

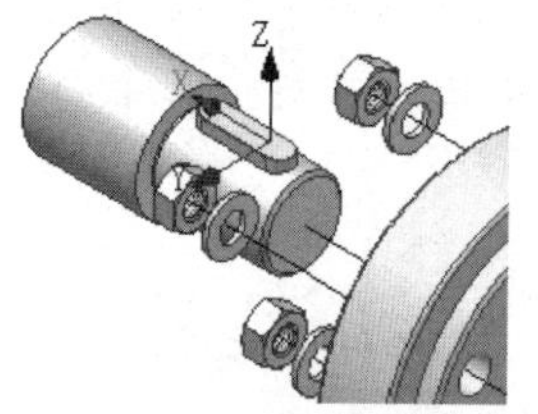

(a) 放置坐标系

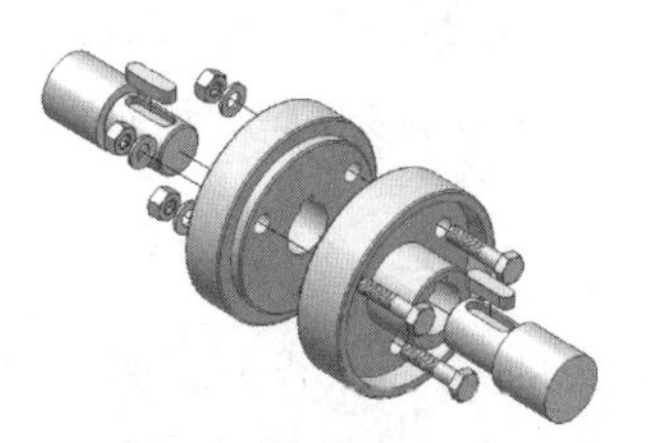

(b) 移动两个键

图 6-15　移动键零件

至此，联轴器的表达视图已生成。

6.3　编辑表达视图

例　编辑6.2节中例1所生成的螺栓表达视图。

要求：观察图6-8(b)发现，如将螺母再移动一段距离，会表达得更清楚。

修改分解参数(如螺母移动的距离)的方法有以下3种。

方法1：展开"模型"浏览器中的"螺母M20"，单击"位置参数(35)"，在浏览器下部的修改数据栏中输入新的数据如50，如图6-16(a)所示，按Enter键，修改后的位置如图6-16(c)所示。

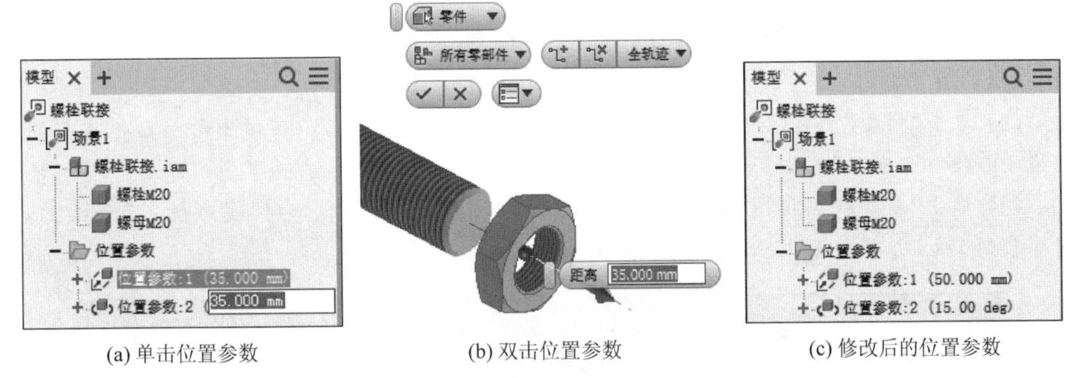

(a) 单击位置参数　　(b) 双击位置参数　　(c) 修改后的位置参数

图6-16　修改位置参数——方法1和方法2

方法2：双击"位置参数(35)"，在弹出的对话框数据栏中输入50，如图6-16(b)所示。

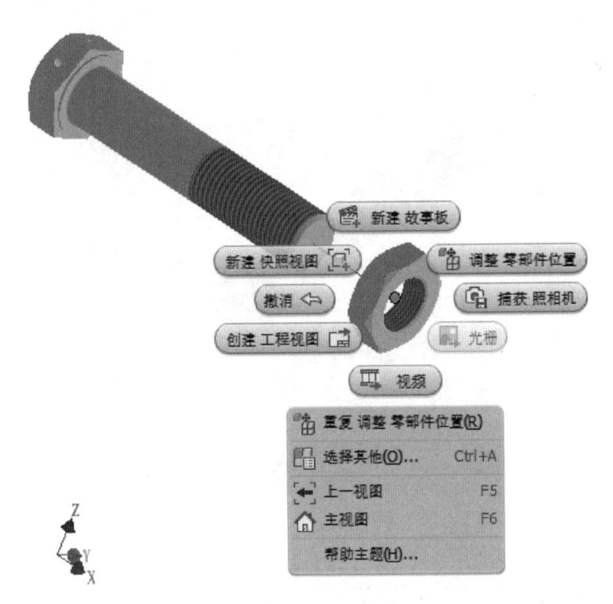

图6-17　用鼠标拖移分解零部件

方法3：用鼠标拖移分解零部件。

方法1和方法2是在对话框中给出准确的位置参数，使零件移动，但移动结果很难满足要求。也可以用鼠标直接拖移零部件的方法，将零部件放置到合适的位置。鼠标指针指向轴的移动轨迹线，当出现一个绿色的小圆点时，在小圆点处按住鼠标左键沿着轨迹线移动到合适位置，松开鼠标左键，移动完成，如图 6-17 所示。这种方法在开始分解或修改位置参数时都可以使用，方便、快捷。

6.4 生成快照视图

快照视图可以存储零部件位置、可见性、不透明度和照相机设置。快照视图是独立的，也可链接到故事板面板时间轴。可以使用快照视图为 Inventor 模型创建工程视图或光栅图像。

例 编辑生成 6.3 节中例所生成的螺栓表达视图的快照视图。

(1) 单击“新建快照视图”命令，新的表达视图 View1 会添加到“快照视图”面板上，如图 6-18(a)所示。

(2) 单击“模型”浏览器中“联轴器子部件 1”的“位置参数(50)”，在弹出的对话框中将距离改为 100，单击“确定”按钮。移动结果如图 6-18(b)所示。

(3) 单击“新建快照视图”命令，新的表达视图 View2 会添加到“快照视图”面板上，如图 6-18(b)所示。

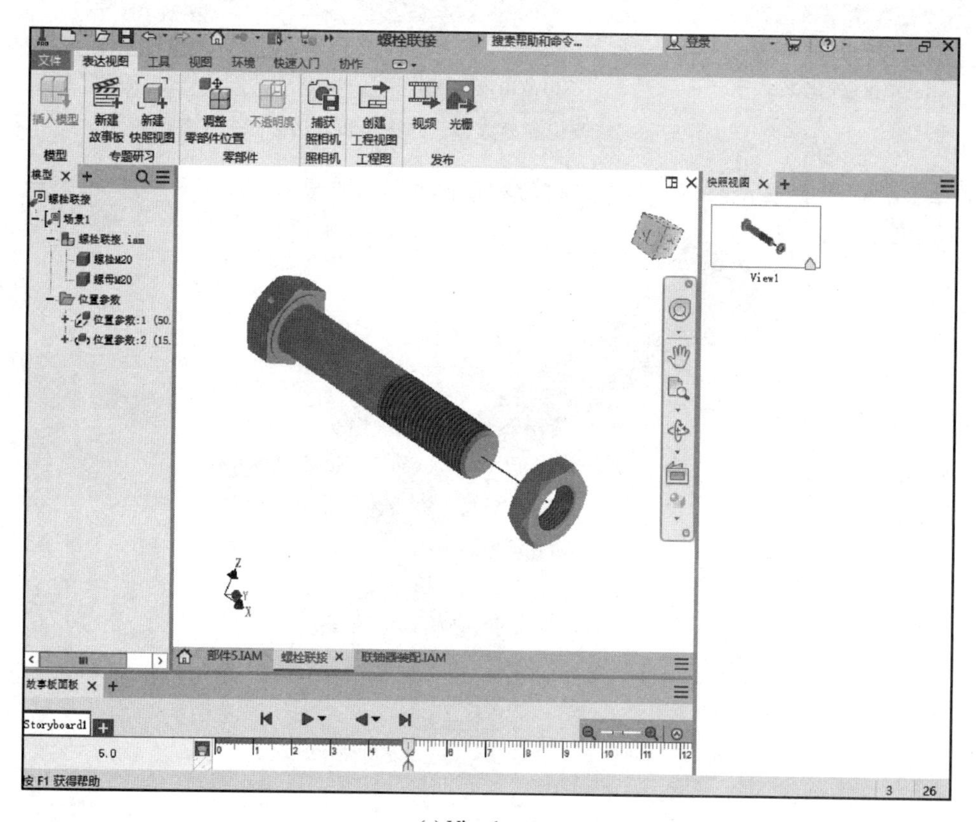

(a) View1

图 6-18 生成快照视图

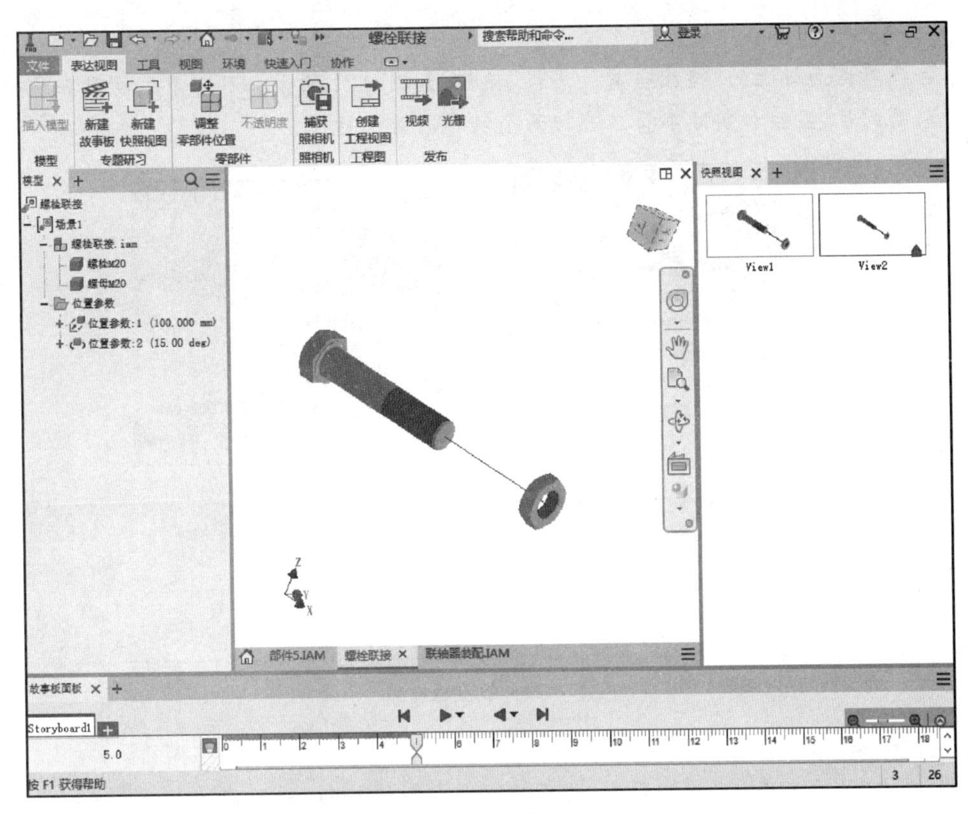

(b) View2

图 6-18 （续）

6.5 动画模拟

表达视图的动态演示作用如下：

(1) 将分解展开的零部件以动画的形式回放到装配状态。

(2) 重现分解展开的过程。

(3) 录制动画过程，生成可用播放器播放的动画文件(avi)。

零部件的演示动作顺序可以在原来的基础上调整。

例 1　演示螺栓联接的装配过程。

1) 装入联轴器表达视图文件

打开文件：第 6 章\实例\螺栓联接表达视图.ipn，“模型”浏览器和表达视图分别如图 6-19 和图 6-20 所示。

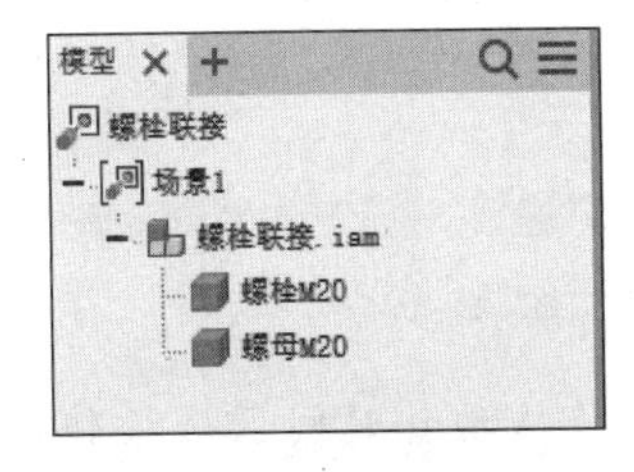

图 6-19 “模型”浏览器

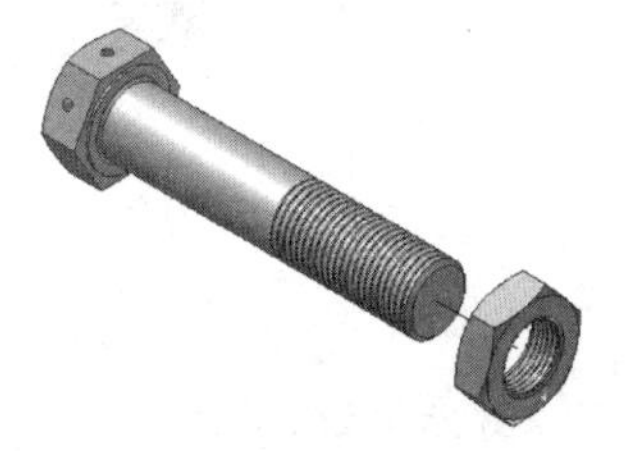

图 6-20 螺栓联接表达视图

2）动态演示螺栓联接的装配过程

单击故事板面板上的“播放当前故事板”按钮，如图6-21所示。可以看到螺母在旋转完10圈后再移动到位，显然和实际不符。应该两个动作同时进行。

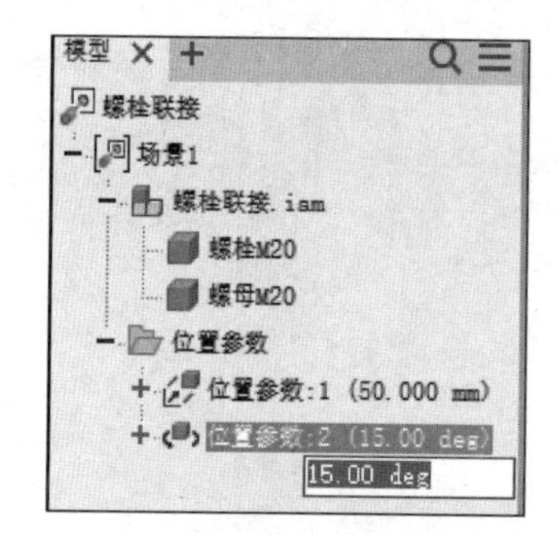

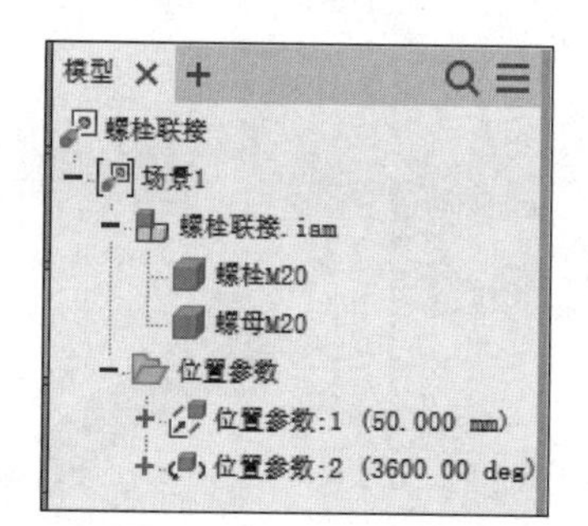

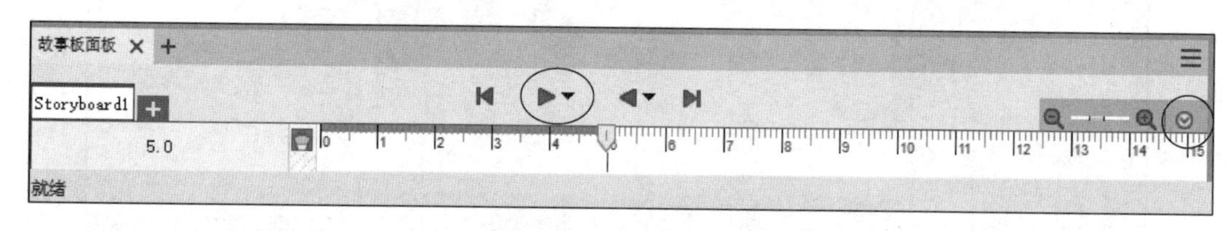

图6-21 故事板面板

3）将两个动作的位置参数合成

（1）单击“故事板面板”浏览器中“螺母M20”左侧的按钮，或双击右侧的图标，如图6-22所示，结果如图6-23所示

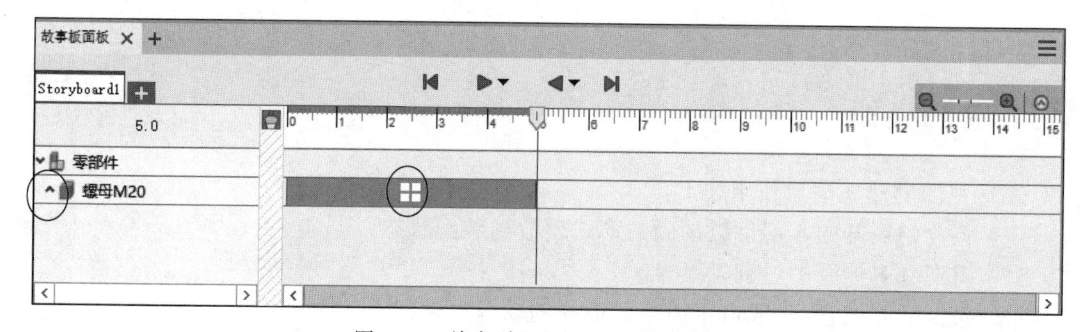

图6-22 单击“螺母M20”左侧的按钮

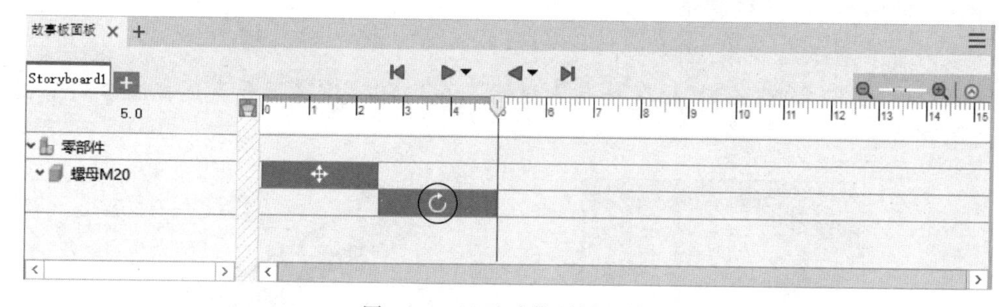

图6-23 显示动作时间区域

（2）双击旋转图标按钮，如图6-23所示；或选择旋转动作时间区域按钮，右击，在弹出的快捷菜单中选择“编辑位置参数”选项，如图6-24所示，在弹出的对话框中，将数据分别改为

“0、2.5、2.5”，如图 6-25 所示，单击“确定”按钮。

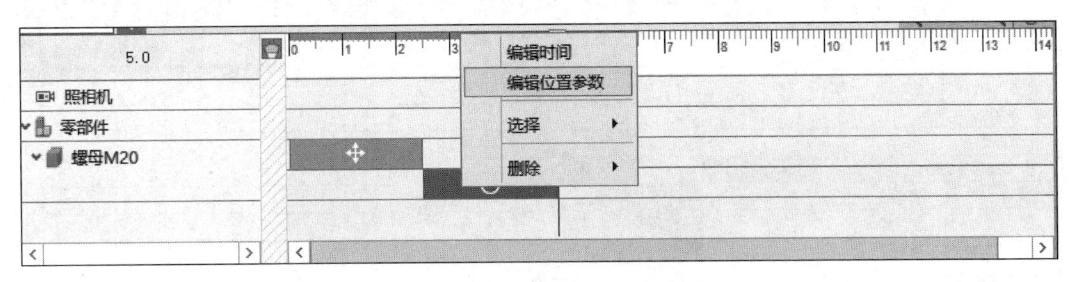

图 6-24　选择“编辑位置参数”选项

图 6-25　编辑“位置参数”

(3) 编辑“位置参数”后的结果如图 6-26 所示。

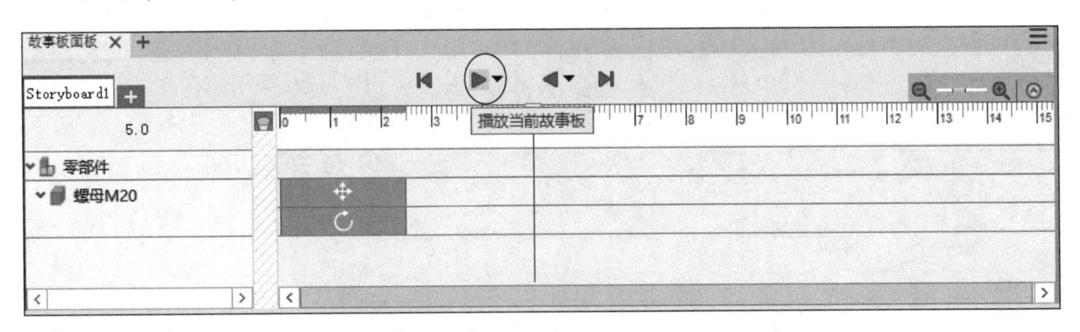

图 6-26　编辑“位置参数”后的结果

例 2　生成联轴器表达图的动态演示和播放文件。

(1) 装入联轴器表达视图文件。

打开文件：第 6 章\实例\联轴器表达视图.ipn，表达视图如图 6-27 所示，故事板面板如图 6-28 所示。

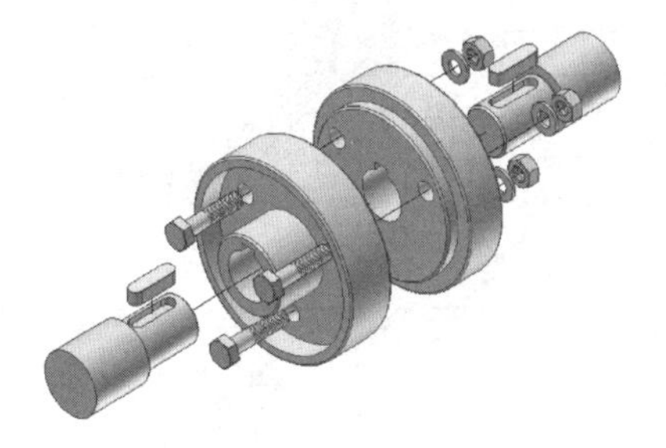

图 6-27　表达视图

(2) 单击“故事板面板”(图 6-28)右上角的缩小按钮，如图 6-29 所示。

(3) 单击“播放当前故事板”按钮，动态演示拆装动画顺序，编辑位置参数，结果如图 6-30 所示。

(4) 单击“表达视图”标签栏中的“视频”命令，弹出“发布为视频”对话框，修改文件名和文

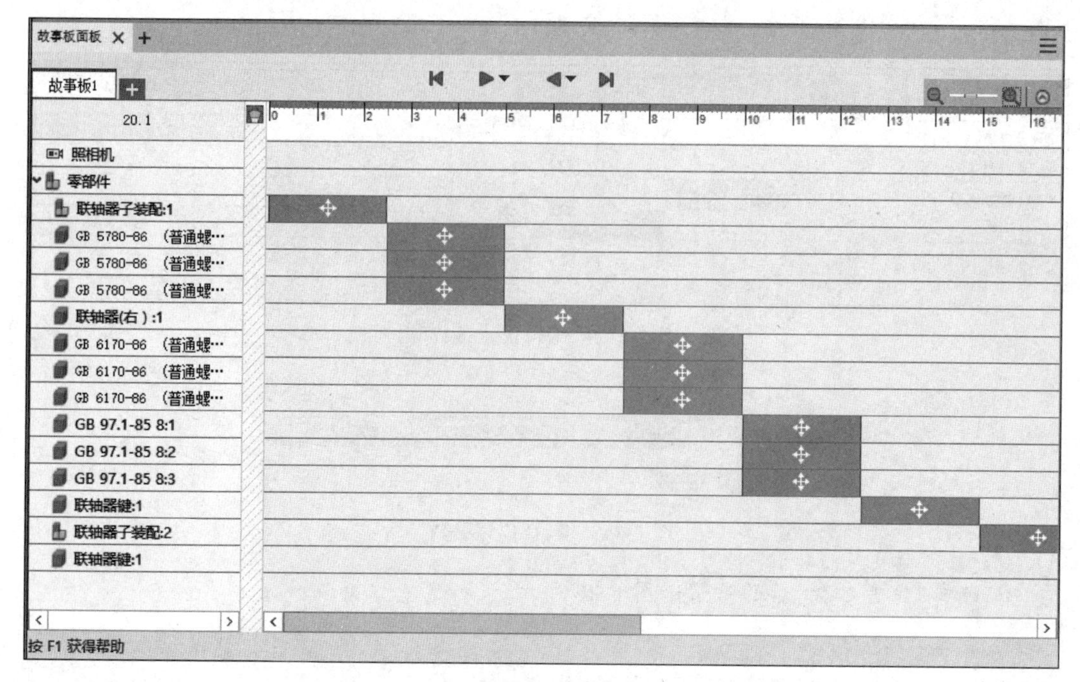

图 6-28 故事板面板

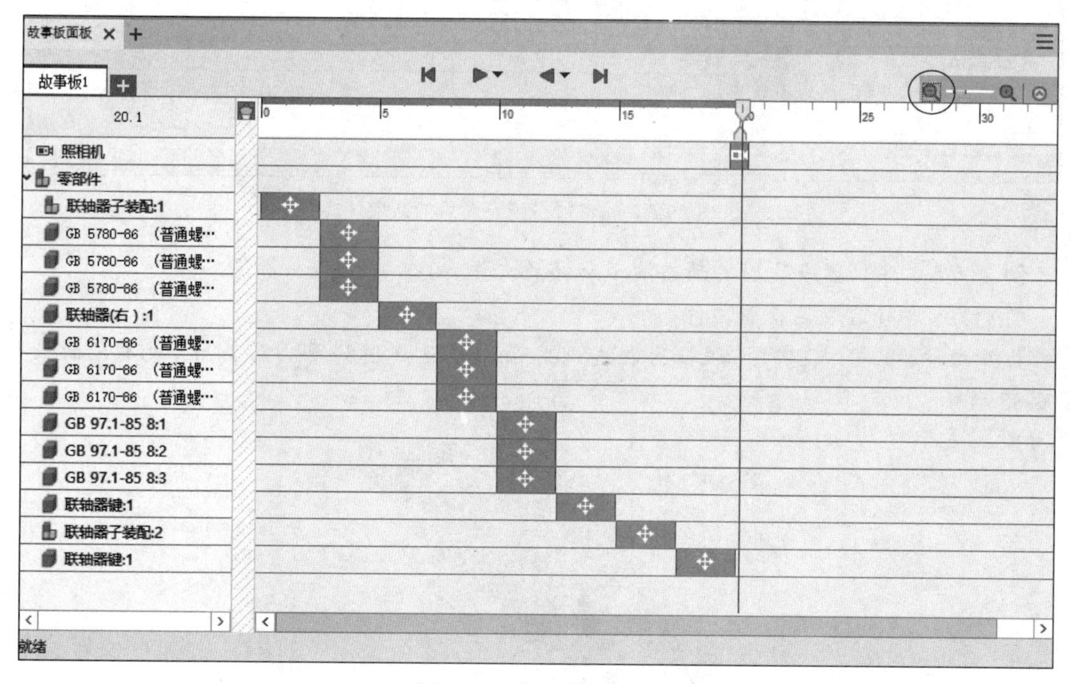

图 6-29 单击缩小按钮

件位置，如图 6-31 所示。

(5) 单击“确定”按钮，弹出“发布视频进度”条形框，如图 6-32 所示。

(6) 视频发布完成后提示，如图 6-33 所示。

故事板面板
故事板1
20.2
0
5
10
15
25
30
照相机
零部件
联轴器子装配:1
GB 5780-86 （普通螺…
GB 5780-86 （普通螺…
GB 5780-86 （普通螺…
联轴器(右):1
GB 6170-86 （普通螺…
GB 6170-86 （普通螺…
GB 6170-86 （普通螺…
GB 97.1-85 8:1
GB 97.1-85 8:2
GB 97.1-85 8:3
联轴器键:1
联轴器子装配:2
联轴器键:1

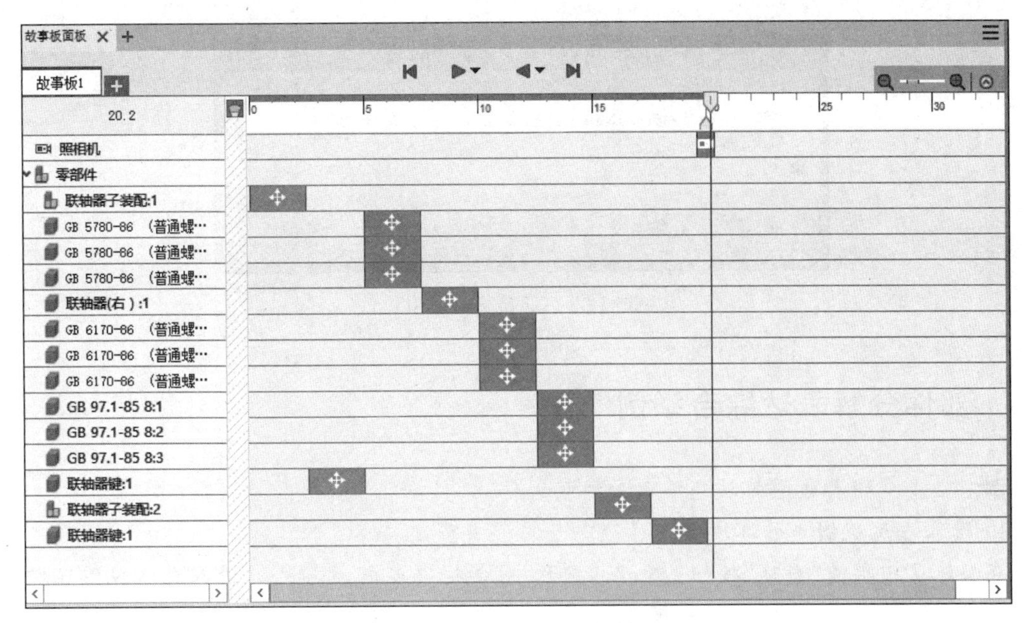

图 6-30　编辑位置参数结果

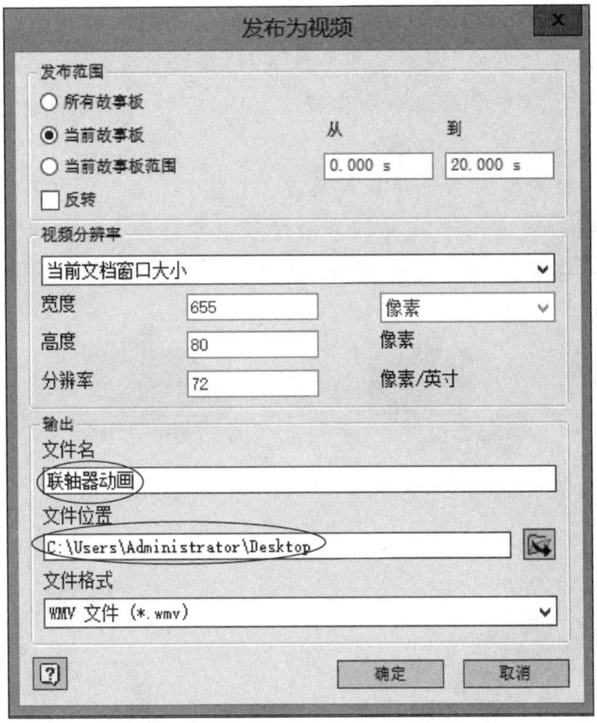

发布为视频
发布范围
所有故事板
当前故事板
当前故事板范围
从
到
0.000 s
20.000 s
反转
视频分辨率
当前文档窗口大小
宽度
655
像素
高度
80
像素
分辨率
72
像素/英寸
输出
文件名
联轴器动画
文件位置
C:\Users\Administrator\Desktop
文件格式
WMV 文件 (*.wmv)
确定
取消

图 6-31　“发布为视频”对话框

发布视频进度
取消

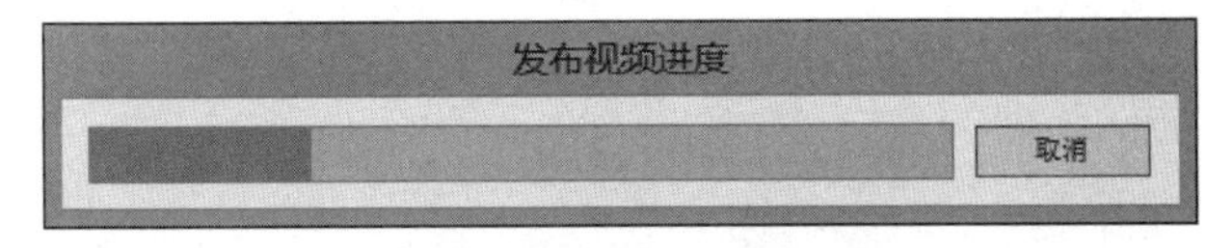

图 6-32　“发布视频进度”条形框

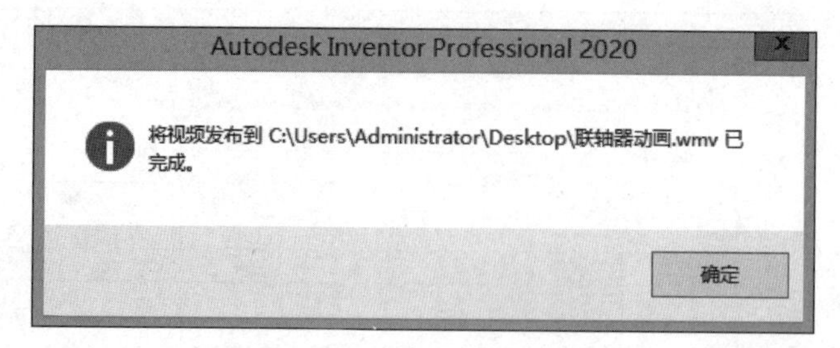

图 6-33 完成发布视频

6.6 部件分解表达综合举例

例 生成虎钳表达图的动态演示和播放文件。

1）进入表达视图工作环境

在功能区中单击“新建”按钮，在“打开”对话框中单击命令。进入表达视图环境后，单击“表达视图”标签栏中的“插入模型”命令。单击“插入”对话框中相应按钮，查找到装配文件：第6章\实例\虎钳\虎钳装配.iam。单击该文件，虎钳会被调入表达视图工作环境中。

2）演示虎钳的动态分解和装配过程

单击“表达视图”标签栏中的“调整零部件位置”命令。

零部件在分解调整过程中要经过两个步骤。

（1）选择要移动的零部件。

（2）在对话框数据栏内输入移动距离或角度。

具体操作过程如图6-34所示。虎钳的分解过程主要沿两个装配干线，即水平方向和竖直方向。水平方向分解：螺母、垫圈、底座、垫圈、丝杠。竖直方向分解：圆螺钉、动掌、滑块。

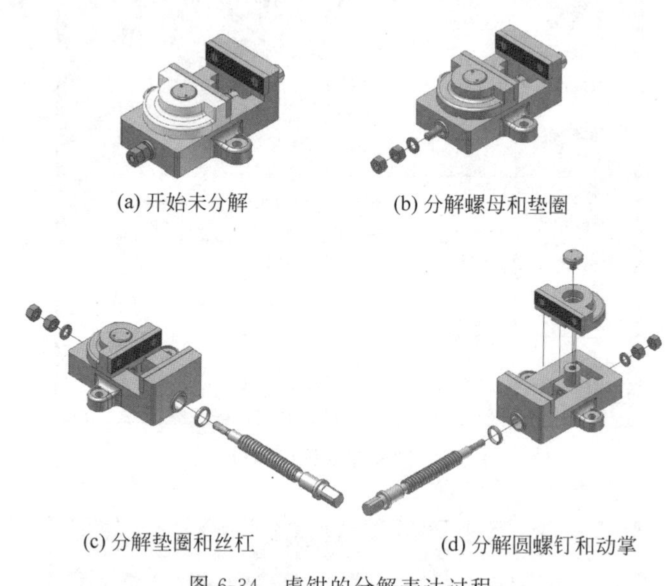

(a) 开始未分解　(b) 分解螺母和垫圈

(c) 分解垫圈和丝杠　(d) 分解圆螺钉和动掌

图 6-34 虎钳的分解表达过程

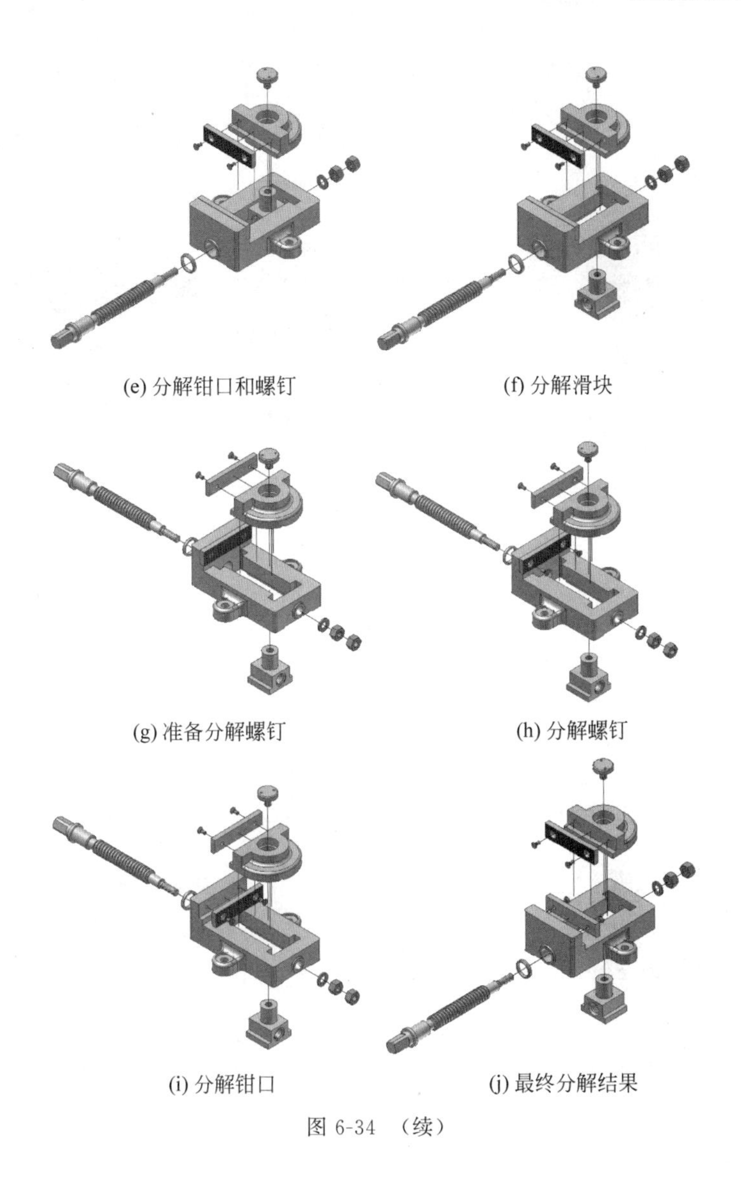

(e) 分解钳口和螺钉　(f) 分解滑块

(g) 准备分解螺钉　(h) 分解螺钉

(i) 分解钳口　(j) 最终分解结果

图 6-34 （续）

思考题

1. 部件分解表达的方式可以是动态形式的吗？
2. 在已经建立的表达视图中，调整两个零件的相对位置有哪些方法？
3. 可以同时移动或旋转几个零件吗？

练习题

1. 利用二维码中“第 6 章\练习题\电风扇装配”目录下的“电风扇装配模型”（见图 6-35）生成图 6-36 所示的爆炸图。

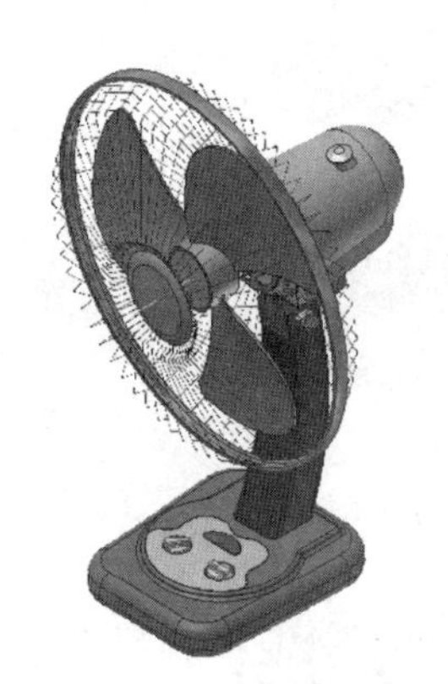

图 6-35 电风扇装配模型

图 6-36 电风扇模型爆炸图

2. 利用二维码中“第 6 章\练习题\柱塞泵装置”目录下的“柱塞泵装配模型”(见图 6-37)生成图 6-38 所示的爆炸图。

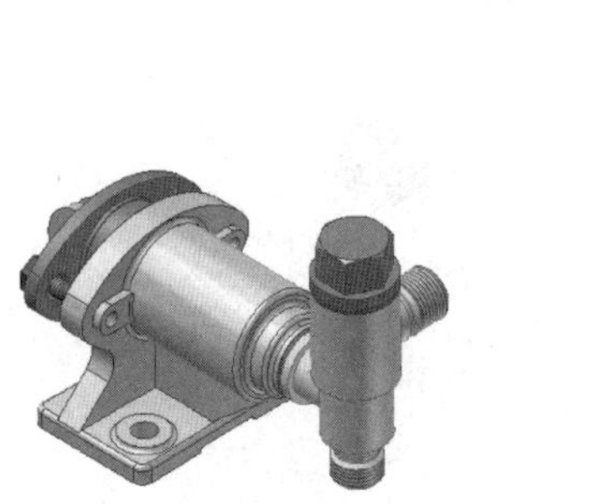

图 6-37 柱塞泵装配模型

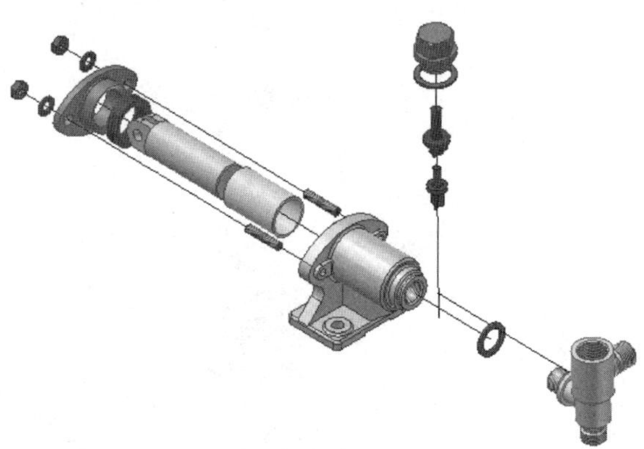

图 6-38 柱塞泵模型爆炸图

第7章 工 程 图

本章学习目标

学习工程图的设计生成方法。

本章学习内容

(1) 工程图的各种表达方法;

(2) 工程图的标注方法;

(3) 工程图的标题栏和明细表。

7.1 工程图的设计过程

目前,在零部件的生产、制造安装及产品检验过程中,或者在维护、修理设备时,都还离不开二维的工程图,工程图仍然是表达零件和部件的最重要方式,是设计制造不可缺少的技术文件。

三维设计系统中的工程图是由三维实体模型自动转换成的,这里所说的"自动",是指不再需要在纸面上用尺规逐条线地画图了,而是根据设计者的意图由三维的实体模型自动投影为各种平面视图。

由三维的实体模型转换成几个视图?转换成什么样的视图?视图上的尺寸怎样标注?要回答这些问题,需要设计者具有制图的基础知识和设计经验。

三维设计系统中的工程图有如下特点。

(1) 生成的二维工程图和三维实体模型的数据关联。对零件或部件的任何修改都反映到它们的工程图中。同样,修改二维工程图的模型尺寸,也会引起它们的三维模型的变化。

(2) 各个视图之间是关联关系,如果一个视图的某个尺寸改变,所有视图上和这个尺寸相关的结构都自动改变。

(3) 二维工程图包括各种投影视图、各种剖视图,也包括轴测图,这里的轴测图当然是二维的。

(4) 工程图能够以 DWG 的格式及其他格式输出,以满足文件在其他绘图系统中调用的需要。

(5) 由于工程图的绘制方式和标注要符合国家标准的要求,设计者和企业又有一些特殊的规范、要求,而软件系统目前不可能完全做到,因此,需要做一些"修补"工作。

本章将通过几个典型的实例,介绍工程图的设计过程。

图 7-1 展示了零件工程图的设计过程。装配图的设计过程、方法和零件图相仿,只是增加了标注零件序号和明细表的处理等。

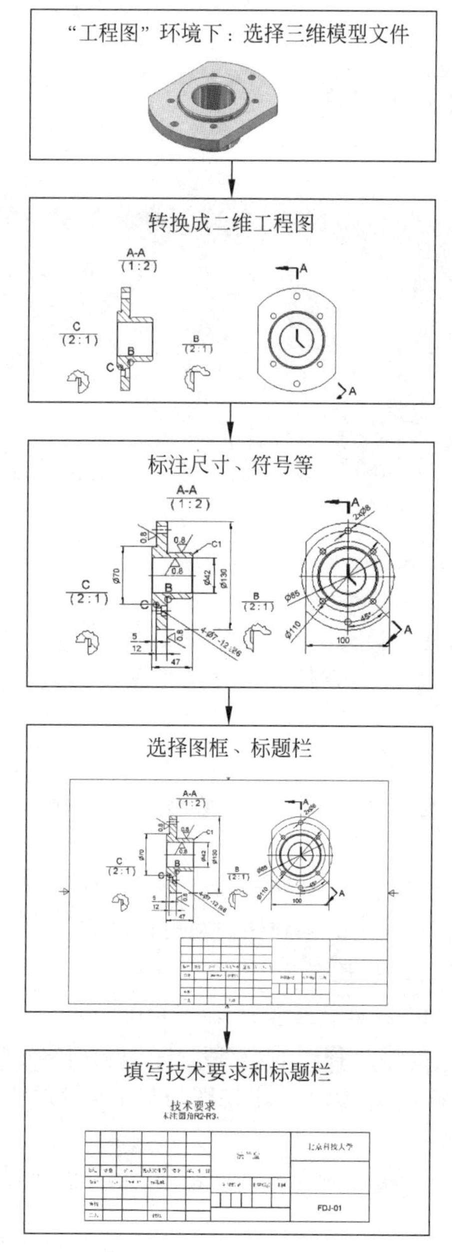

图 7-1　工程图的设计过程

7.2　设置工程图

工程图的视图表达设计的步骤如下：

(1) 进入工程图工作环境；

(2) 选择绘图标准；

(3) 选择零件或部件文件；

(4) 生成第一个视图；

(5) 生成其他视图。

前两个步骤的操作如下所述。

1. 进入工程图工作环境

(1) 单击工具栏中的“新建”按钮,出现“新建文件”对话框(见图 1-25),单击“Standard.idw”命令按钮。

(2) 进入工程图环境后,工程图视图面板和“模型”浏览器如图 7-2 所示。屏幕图形区显示了 A2 幅面的图框和标题栏,如图 7-3 所示。选择图框的大小时,除了考虑实体模型的大小外,还要考虑绘图的比例,暂时可以采用默认设置,如不合适再改。

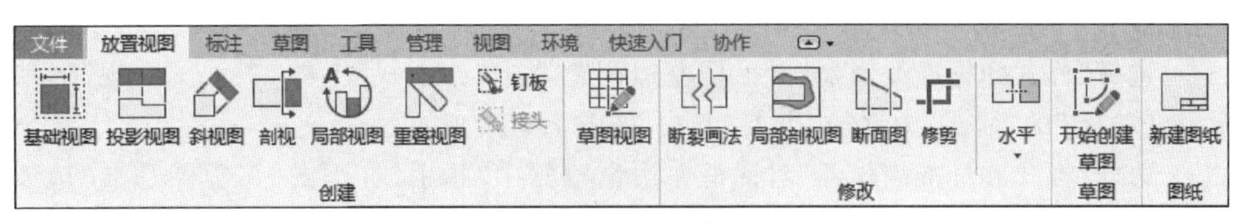

(a) 工程图视图画板

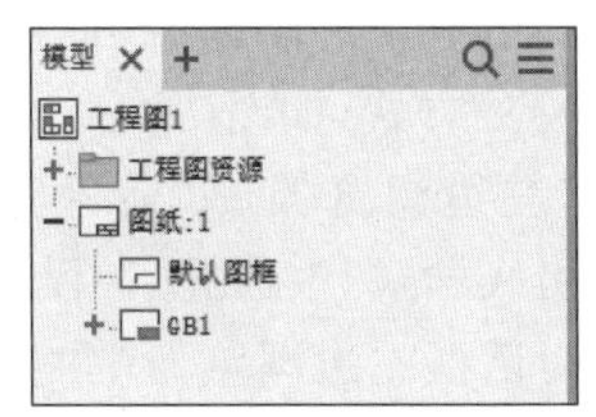

(b) “模型”浏览器

图 7-2　工程图视图面板和“模型”浏览器

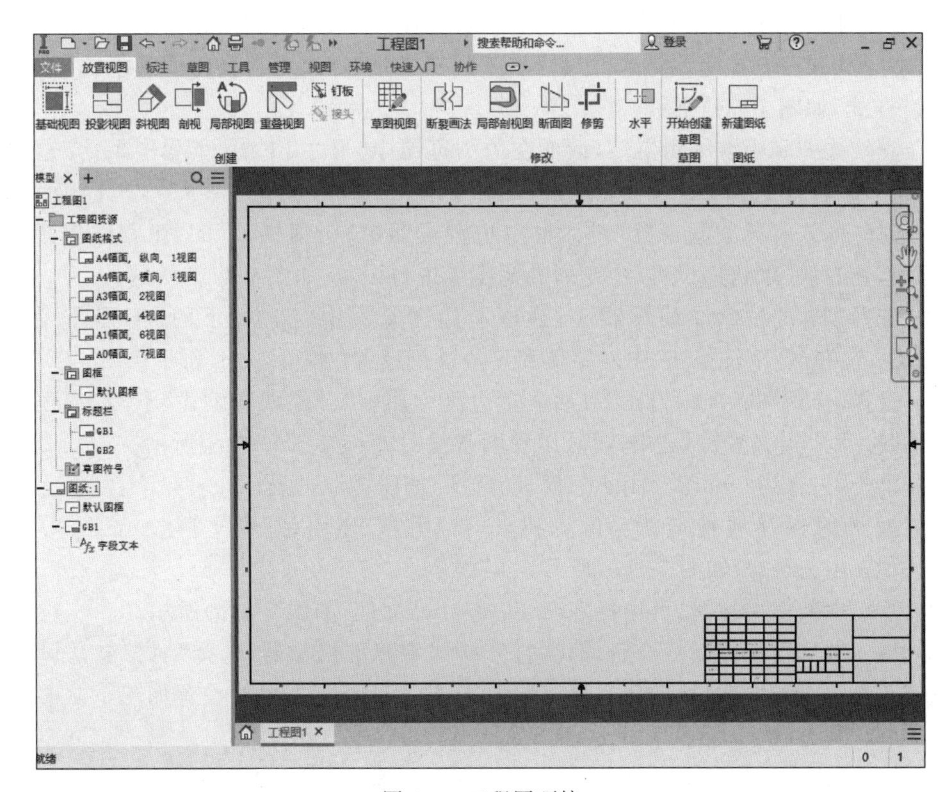

图 7-3　工程图环境

2. 选择绘图标准

在“管理”标签栏中的“样式和标准”面板上单击“样式编辑器”命令，打开“样式和标准编辑器”对话框，如图 7-4(a)所示。在对话框右上角的样式展开窗中选择“本地样式”，此时左边浏览器的“标准”项目中显示“默认标准设置(GB)”。

可依据常用习惯和标准对工程图样式进行设置和保存，以便以后使用时调用。具体步骤如下。

(1) 选择“样式和标准编辑器”对话框左边浏览器中的“对象默认设置”选项，单击“新建”按钮，在弹出的“新建本地样式”对话框中为新的样式命名为“工程图模板”，如图 7-4(b)所示。单击“确定”按钮，新建结果如图 7-4(c)所示。

(2) 选择“样式和标准编辑器”对话框左边浏览器中“指引线”下的“工程图常规”选项，在右侧“终止方式”的“箭头”中选择“小点”方式，如图 7-4(d)所示。

(3) 选择“样式和标准编辑器”对话框左边浏览器中“指引线”下的“工程图基准”选项，在右侧“终止方式”的“箭头”中选择“60 度、填充”方式，如图 7-4(e)所示。

(4) 选择“样式和标准编辑器”对话框左边浏览器中“指引线”下的“工程图替代”选项，在右侧“终止方式”的“箭头”中选择“小点”方式，如图 7-4(f)所示。

(5) 选择“样式和标准编辑器”左边浏览器中“标识符号”下的“工程图 基准标识符号(GB)”选项，在右侧“子样式”的“指引线样式”中选择“工程图基准”样式，如图 7-4(g)所示。

(6) 选择“样式和标准编辑器”对话框左边浏览器中“基准目标符号”下的“工程图基准目标符号(GB)”选项，在右侧“子样式”的“指引线样式”中选择“工程图基准”样式，如图 7-4(h)所示。

(7) 选择“样式和标准编辑器”对话框左边浏览器中“引出序号”下的“工程图引出序号”选项，在右侧“子样式”的“指引线样式”中选择“工程图常规”样式，“替换指引线样式”中选择“工程图替代”样式，如图 7-4(i)所示。

(8) 选择“样式和标准编辑器”对话框左边浏览器中“尺寸”下的“工程图默认”选项，在右侧“角度”的“精度”中选择 DD 选项，如图 7-4(j)所示。

(9) 选择“样式和标准编辑器”对话框左边浏览器中“明细栏”下的“工程图模板 明细栏(GB)”选项，在右侧“默认列设置”中对列的宽度等进行设置，如图 7-4(k)所示。

(10) 选择“样式和标准编辑器”对话框左边浏览器中“文本”下的“工程图 标签文本(ISO)”选项，在右侧“字符格式”中对字体和字号进行设置，如图 7-4(l)所示。

(11) 选择“样式和标准编辑器”对话框左边浏览器中“对象默认设置”下的“工程图模板”选项，在右侧“用户定义的符号”中选择“工程图常规”选项，如图 7-4(m)所示。

(12) 单击“另存为”→“保存副本为模板”选项，如图 7-4(n)所示。

(13) 模板的保存地址应为：计算机/C 盘/用户/公用/公用文档/Autodesk/Inventor 2020/Templates/zh-CN，如图 7-4(o)所示。

(14) 下一次新建文件时，可选择“Standard. idw”文件，如图 7-4(p)所示。

(15) 每一次从模板界面打开后，都需打开样式和标准编辑器，选择“对象默认设置”下的“对象默认设置(GB)”选项，然后从右键菜单中选择“替换样式”选项，设置如图 7-4(q)所示。

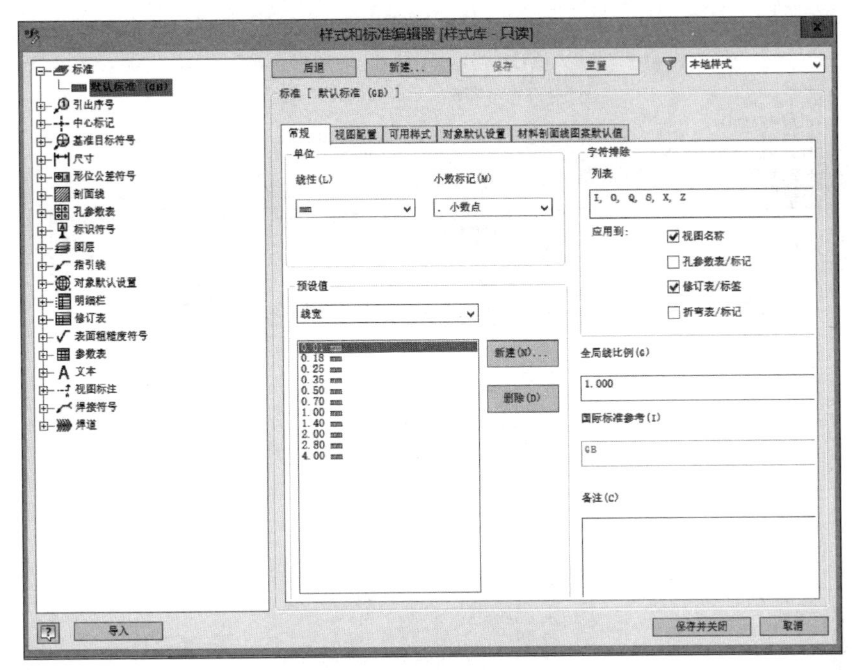

(a) “样式和标准编辑器”对话框

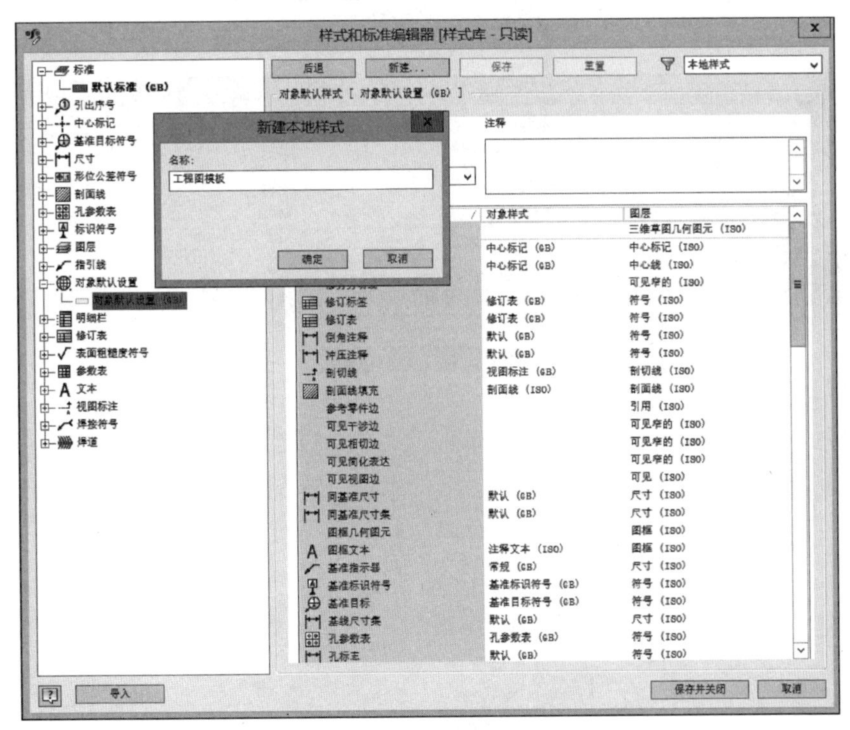

(b) 新建“工程图模板”

图 7-4　常用样式设置步骤

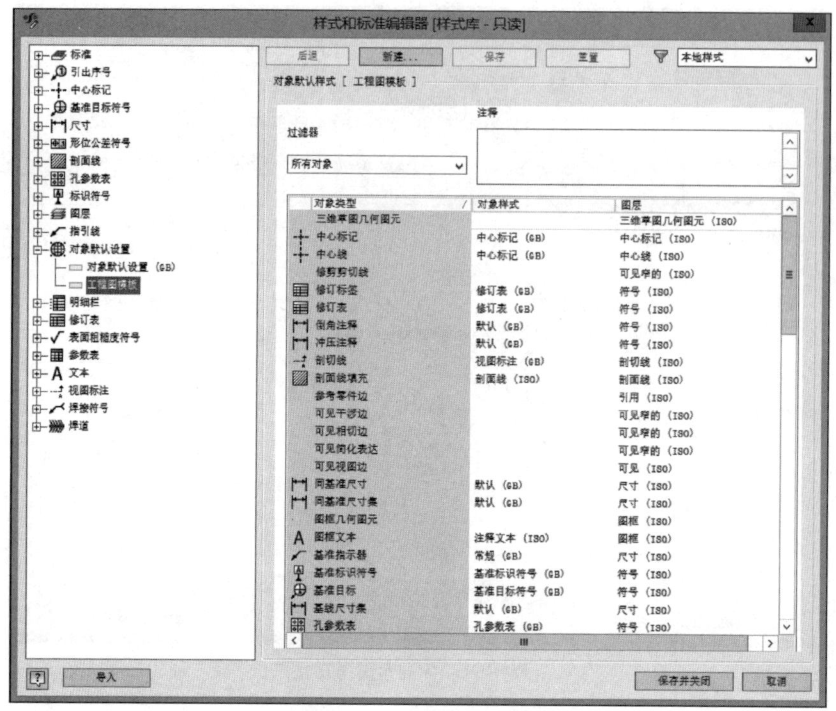

(c) 新建“工程图模板”结果

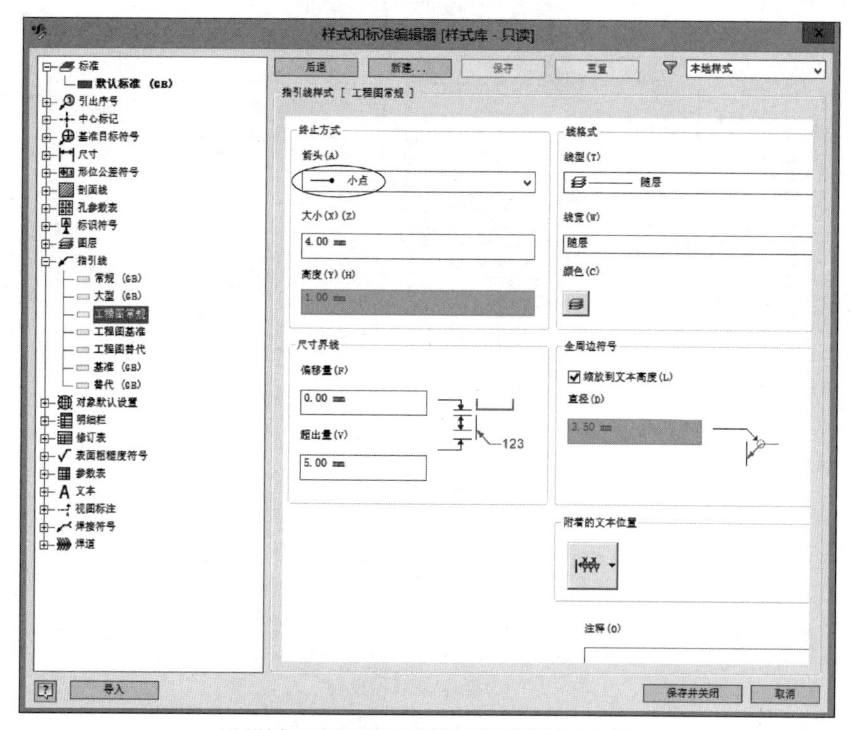

(d) 设置“工程图常规”中指引线的终端为“小点”

图 7-4 （续）

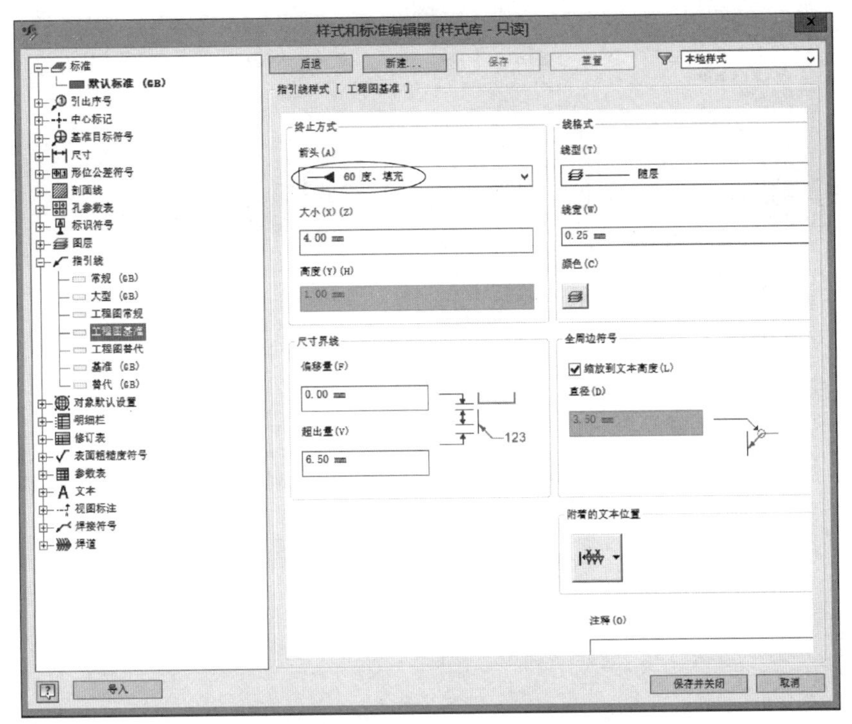

(e) 在“工程图基准”中设置几何公差的基准符合

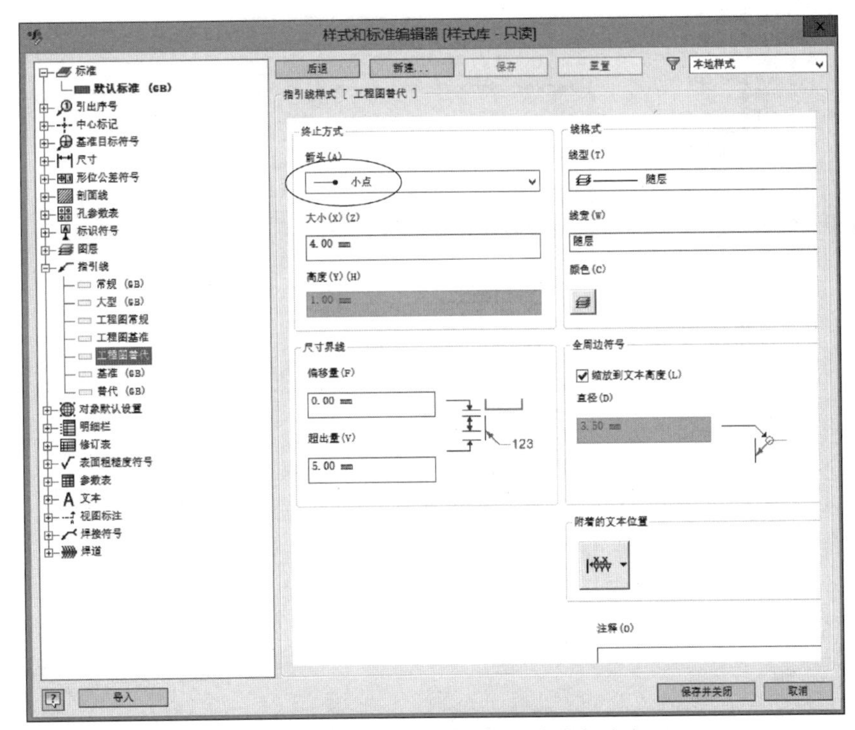

(f) 在“工程图替代”中设置指引线的终端为“小点”

图 7-4　（续）

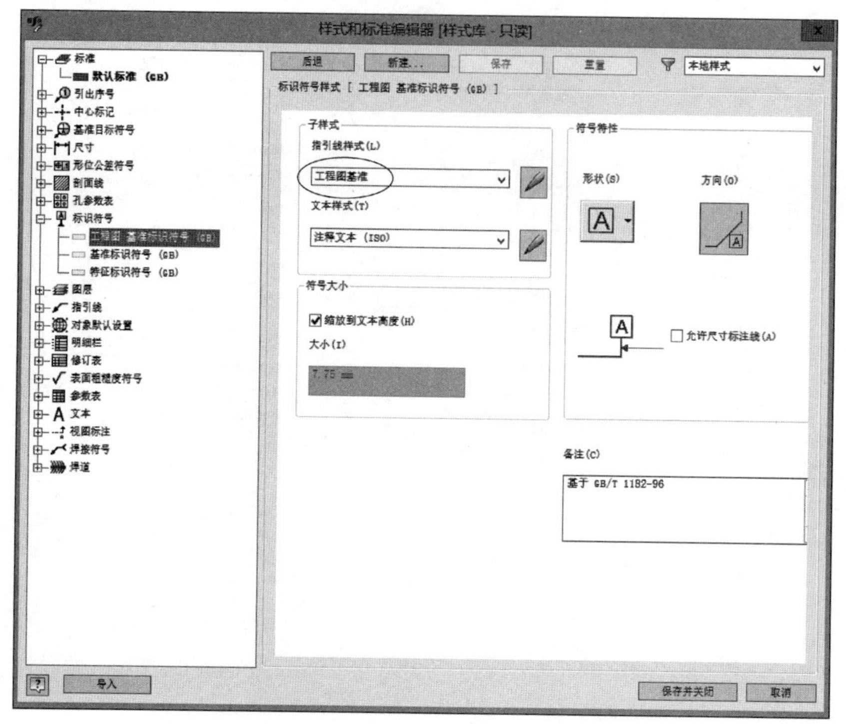

(g) 在“工程图基准标识符号(GB)”中选择“工程图基准”

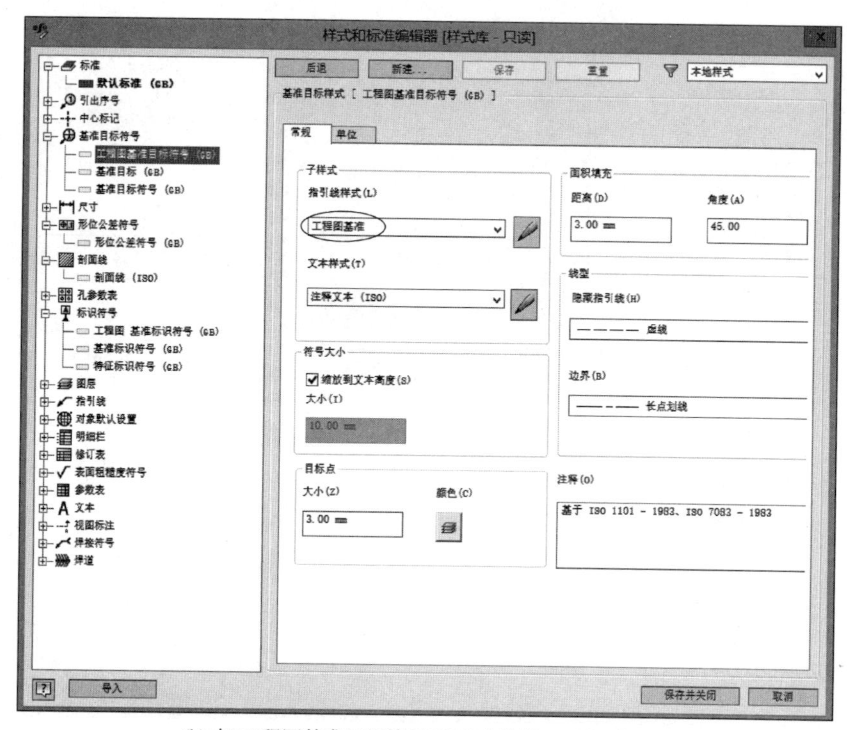

(h) 在“工程图基准目标符号(GB)”中选择“工程图基准”

图 7-4 （续）

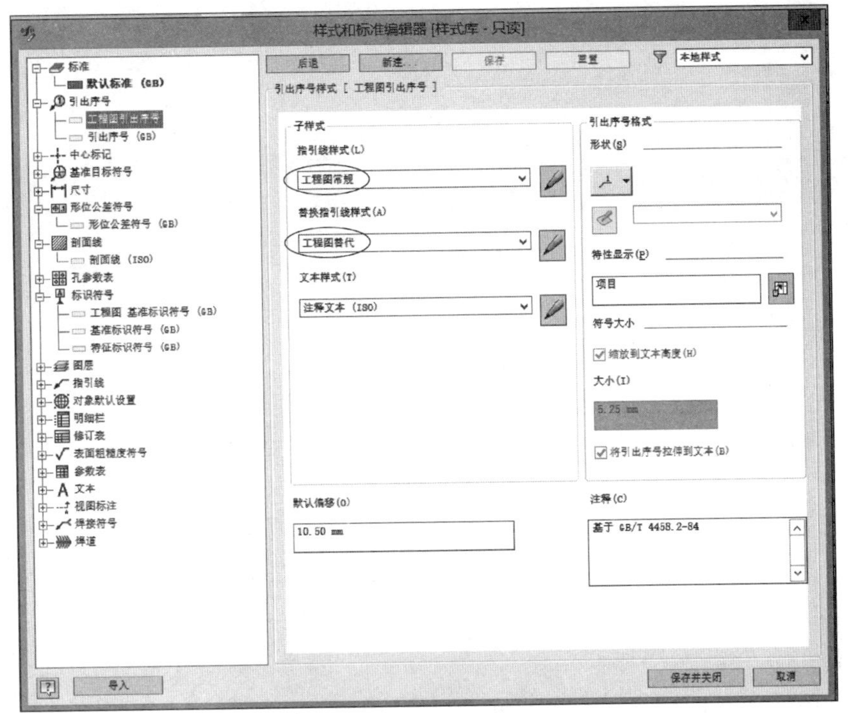

(i) 设置“工程图引出序号”中的选项

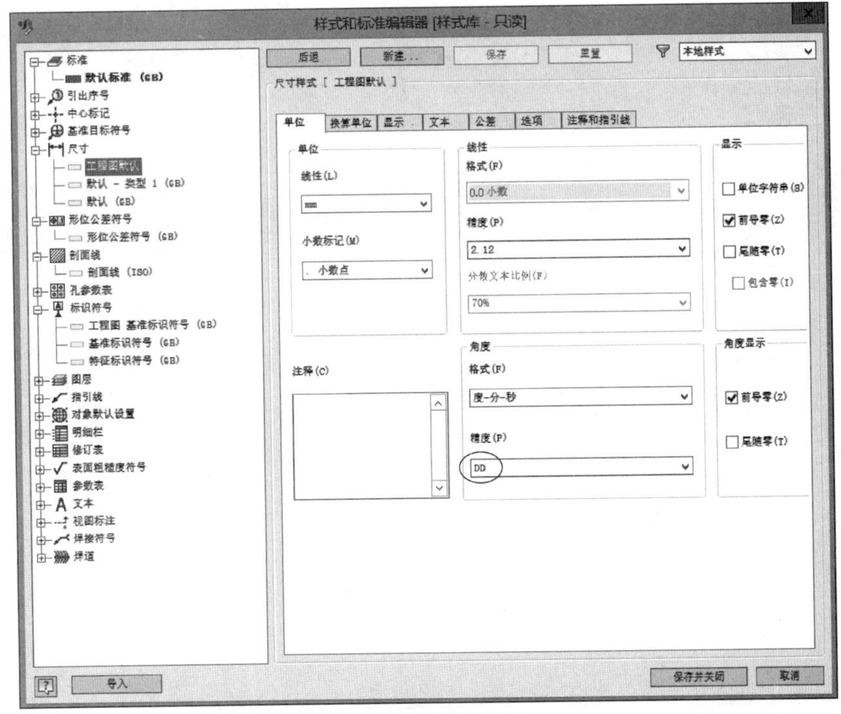

(j) 设置“角度”的“精度”

图 7-4 （续）

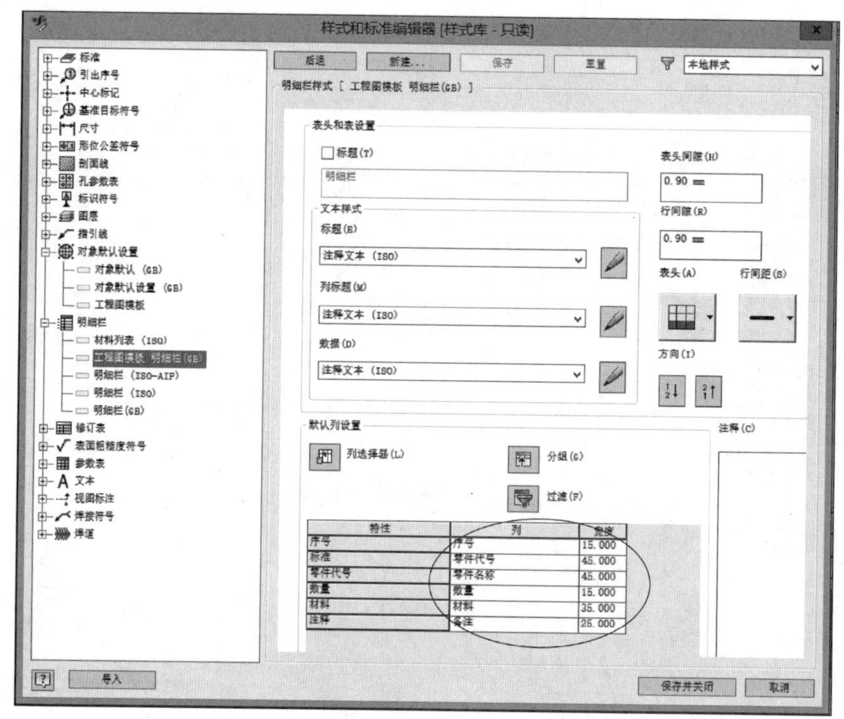

(k) 对明细栏中列的宽度等进行设置

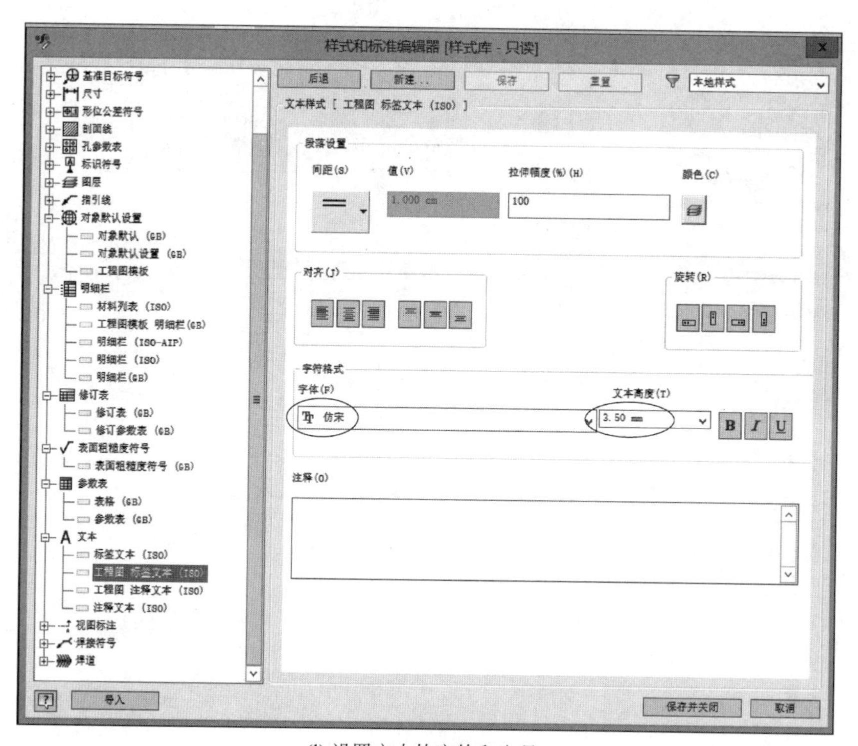

(l) 设置文本的字体和字号

图 7-4 （续）

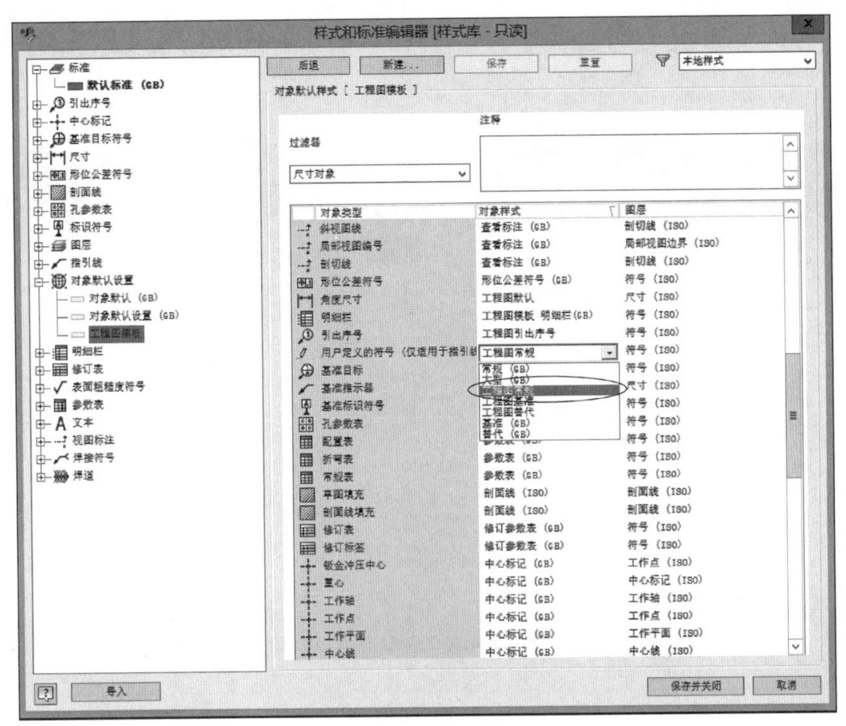

(m) 设置“工程图图纸”的对象样式

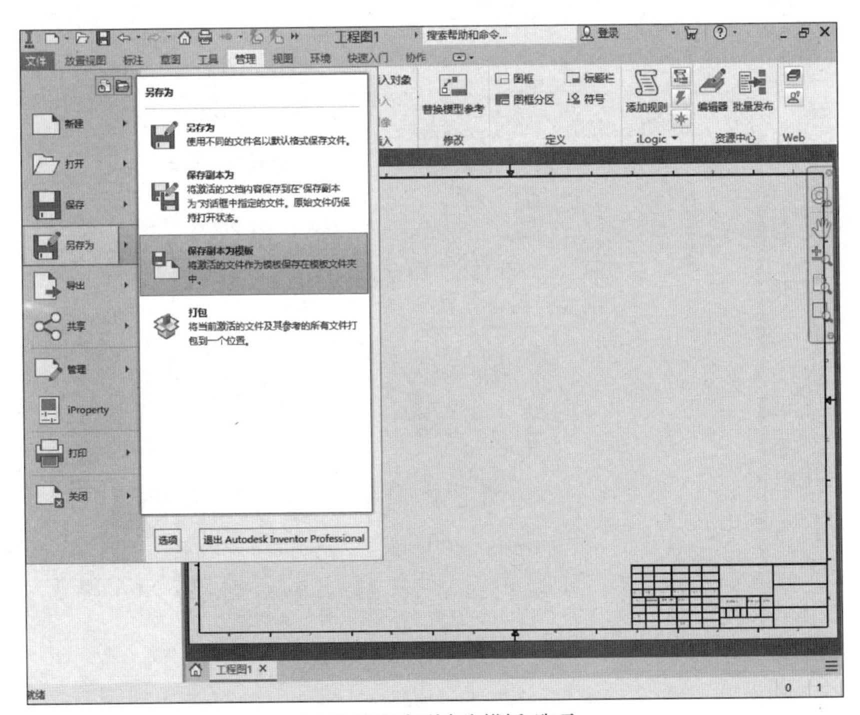

(n) 单击“保存副本为模板”选项

图 7-4　（续）

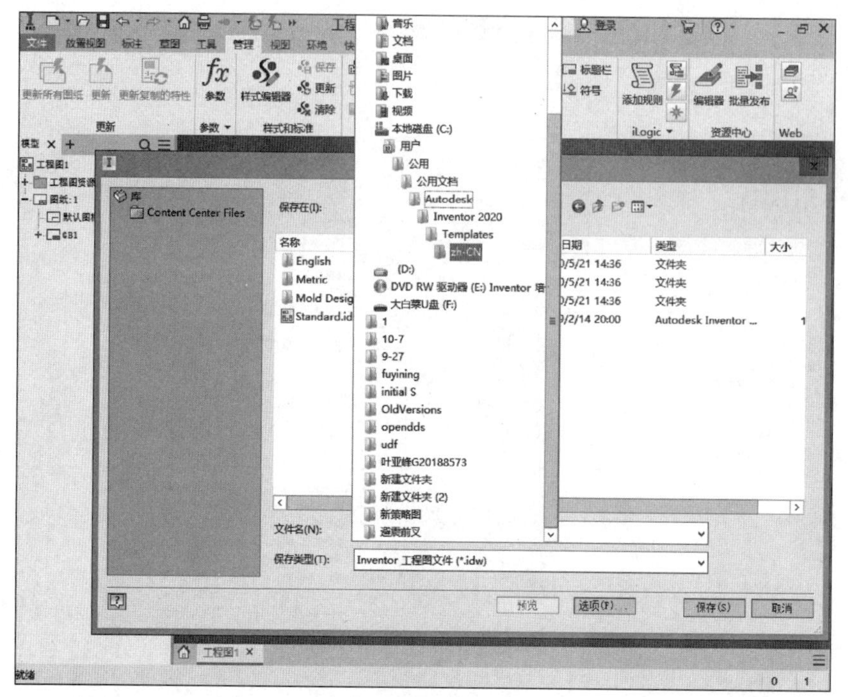

(o) 模板保存路径

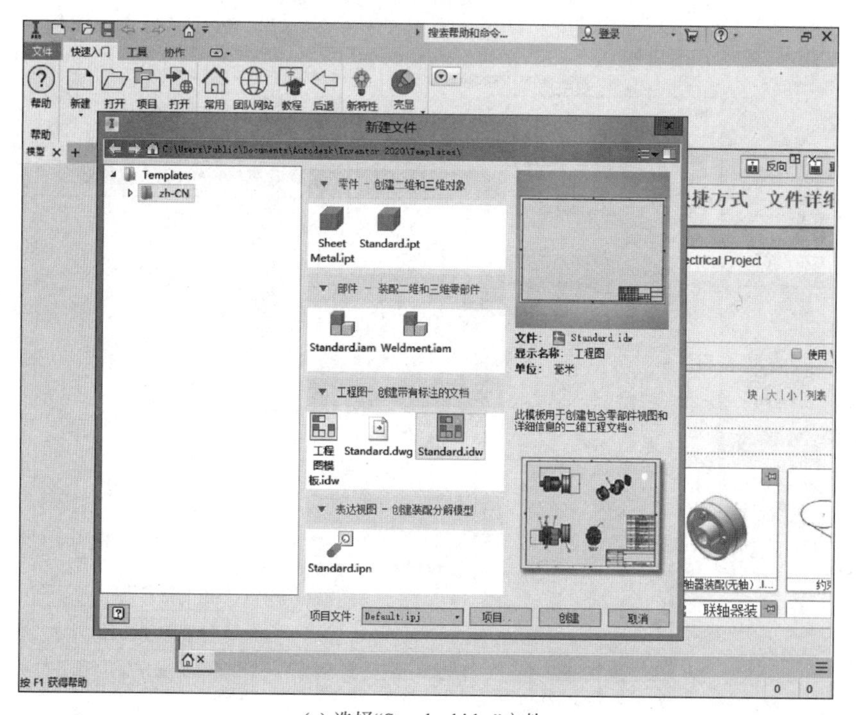

(p) 选择“Standard.idw”文件

图 7-4 （续）

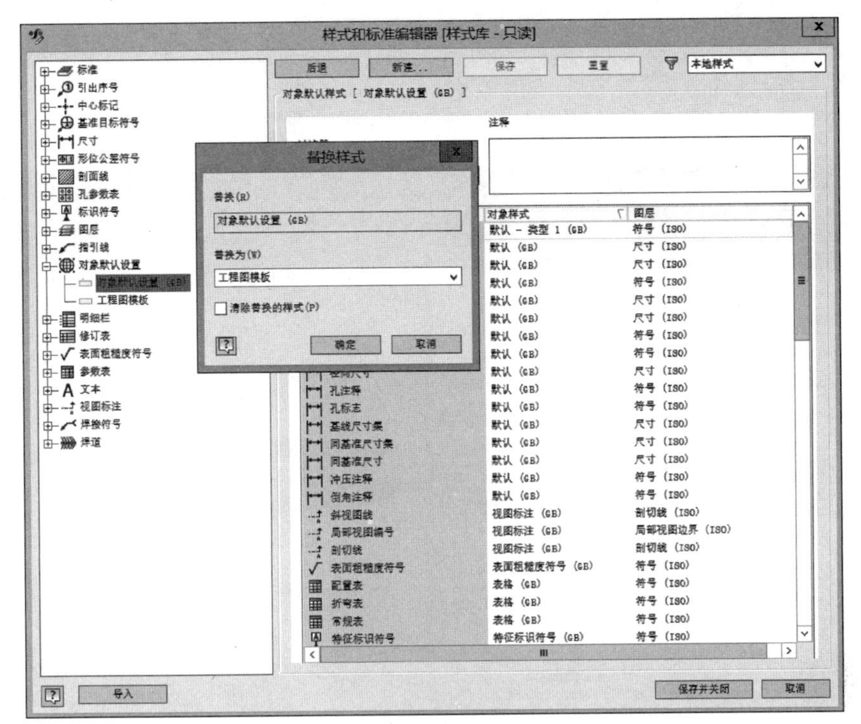

(q) 设置“替换样式”

图 7-4 （续）

7.3　创建工程视图

7.3.1　基础视图

例　生成“轴架”零件的基础视图，轴架如图 7-5 所示。

要求：按图 7-5 指定主视图的投射方向；不绘制剖视图，零件的内部结构用隐藏线（虚线）表示。

（1）单击“放置视图”标签栏中的“基础视图”命令。

（2）在“工程视图”对话框中单击文件路径按钮，查找零件的三维模型文件，选择文件：第 7 章\实例\轴架.ipt，如图 7-6 所示。选择比例为 2∶1，选择“显示隐藏线”显示方式。

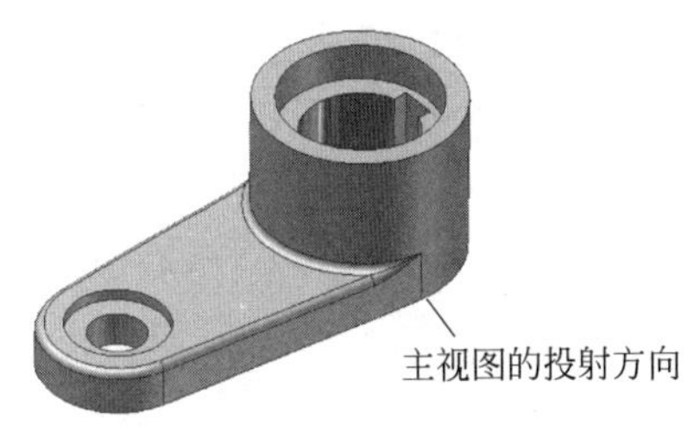

图 7-5　轴架

（3）生成第一个视图。

将“工程视图”对话框向旁边移动后，会看到在屏幕上光标处出现的第 1 个视图，可通过“ViewCube 栏”来调整选择好第 1 个视图的方向，在合适的位置单击，生成第 1 个视图，如图 7-7 所示。

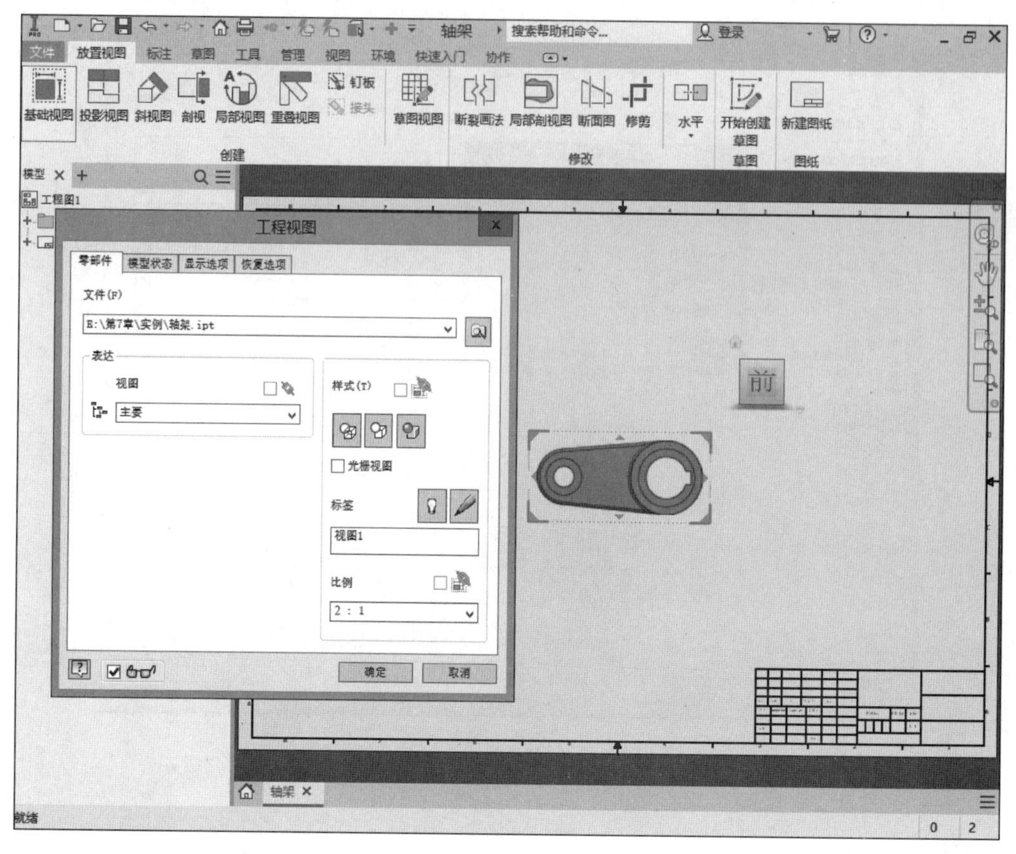

图 7-6 “工程视图”对话框

（4）向下移动第 1 个视图。

将鼠标指针移过视图，当出现一个虚框线时，如图 7-8 所示，按下鼠标左键，拖移到合适的位置松开。

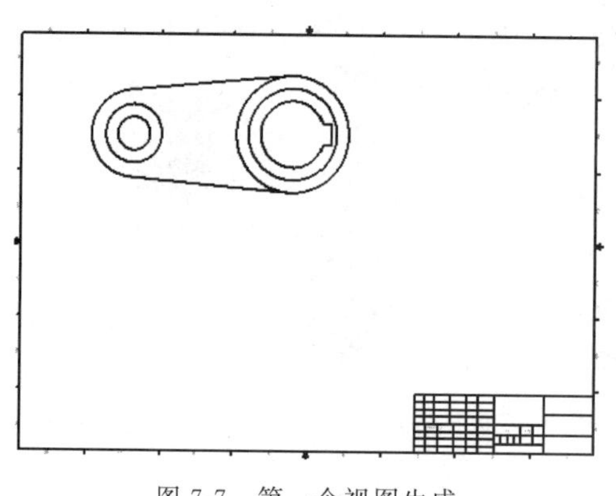

图 7-7 第一个视图生成

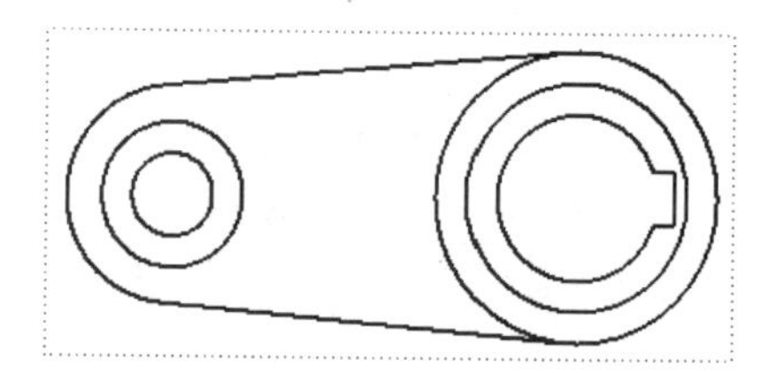

图 7-8 视图周围出现虚框线

7.3.2 投影视图

例 生成 7.3.1 节例中“轴架”零件的俯视图和左视图及轴测图。

上例中生成的视图是第一个视图，是生成其他视图的基础视图。基础视图也叫作“父视图”，其他视图为“子视图”。

1）生成本例的主视图

单击“放置视图”标签栏（见图 7-2(a)）中的“投影视图”命令 。屏幕的底部出现提示“选择视图”，即要求选择“父视图”。在俯视图上按下鼠标左键并向上拖动，在合适位置单击，然后右击，从弹出的快捷菜单中选择“创建”选项，如图 7-9 所示。生成的主视图如图 7-10 所示。

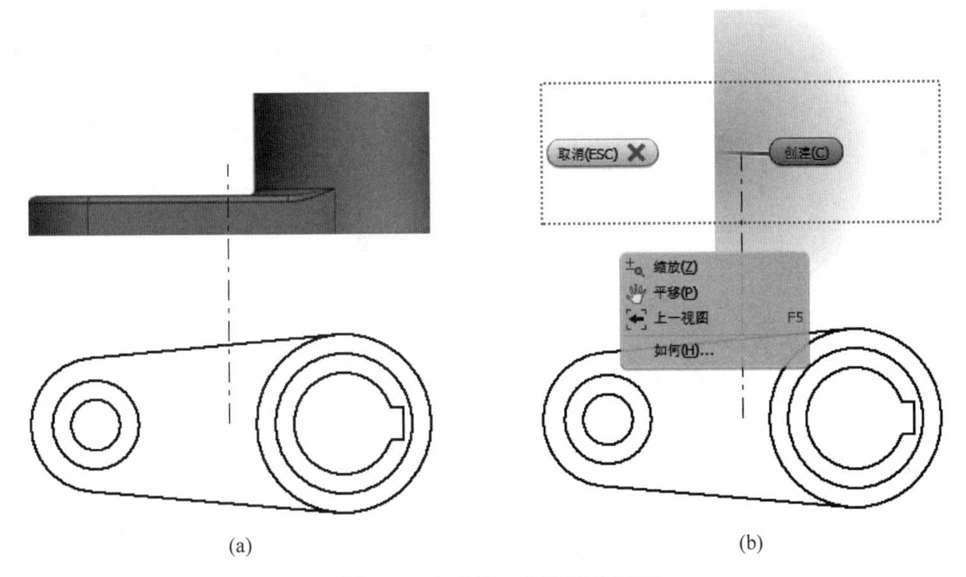

图 7-9　生成第 2 个视图的过程

注意“模型”浏览器中两个视图的“父子”从属关系，如图 7-11 所示。

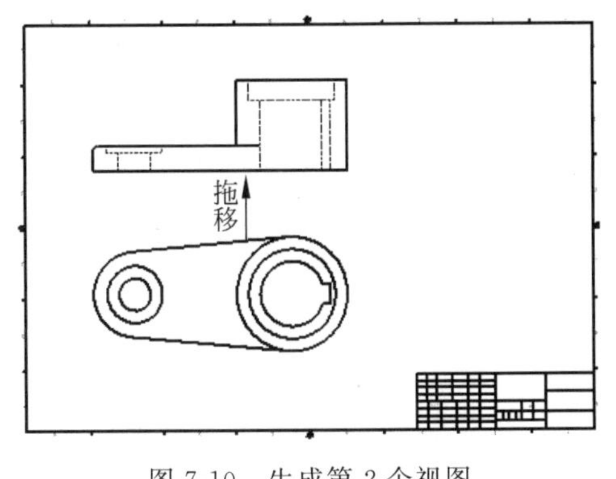

图 7-10　生成第 2 个视图

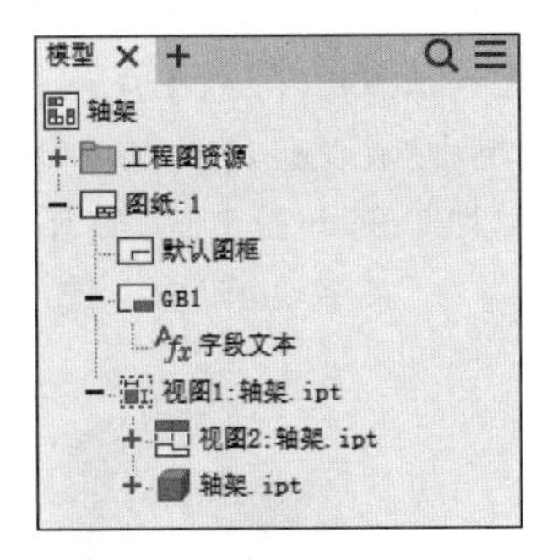

图 7-11　“模型”浏览器

2）移动俯视图和主视图

如认为两个视图的位置需要调整，可以移动视图。方法是：单击视图周边的虚框线，按下鼠标左键将其拖移到合适的位置松开。

3）生成左视图和轴测视图

操作步骤与生成主视图类似，所不同的是，左视图的“父视图”是主视图。轴测视图的“父视图”可以是任一个视图，拖拉方向可以是任一个倾斜的 45°方向。本例中轴测视图的“父视图”选择的是主视图，向右下角 45°方向拖移。生成的左视图和轴测视图如图 7-12 所示。

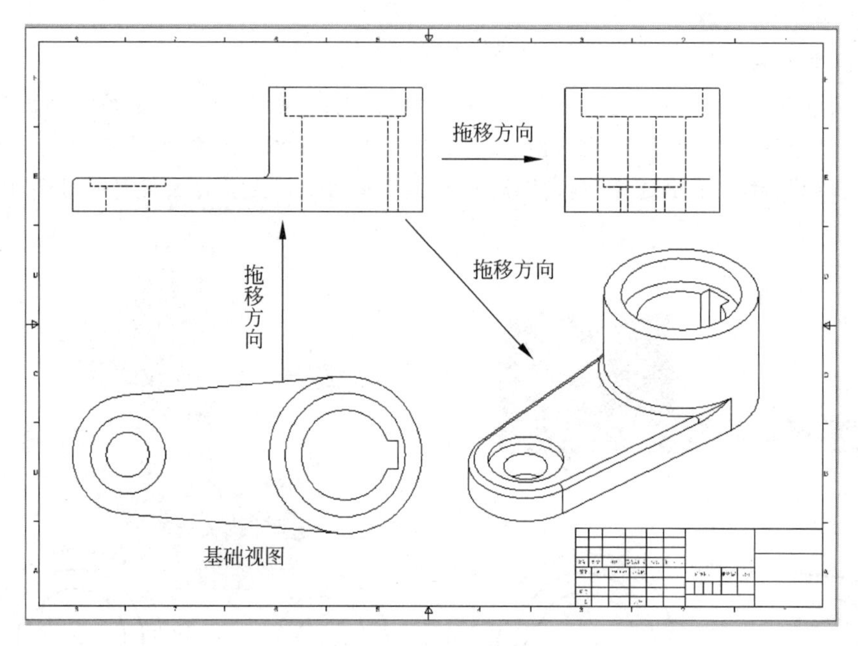

图 7-12　生成 4 个视图

7.3.3　斜视图

形体向不平行于基本投影面的平面进行投射所得的视图称为斜视图。为了表达零件上一个倾斜面的实际形状，需要用斜视图。斜视图是在与要表达的零件表面平行的投影平面上生成的，该投影平面和其中一个基本投影面垂直。

例　设计生成连杆零件的斜视图，以表达斜连杆的头部实形，连杆如图 7-13 所示。

1) 进入工程图环境，生成连杆的两个视图

(1) 单击"放置视图"标签栏中"基础视图"命令。装入零件文件：第 7 章\实例\连杆.ipt，生成主视图，如图 7-14(a)所示。

(2) 单击"投影视图"命令，生成连杆零件的左视图，如图 7-14(b)所示。

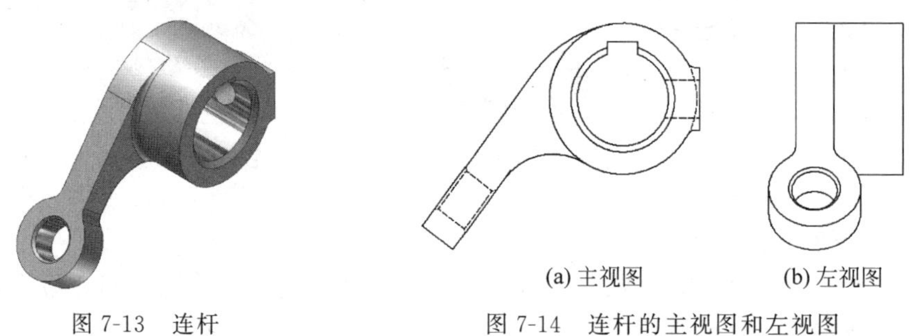

图 7-13　连杆　　图 7-14　连杆的主视图和左视图

2) 生成斜视图

斜视图的"父视图"是主视图。设定一个辅助平面，该辅助平面应和要表达的零件平面平行，本例中的辅助平面应平行于斜连杆的圆端面。

(1) 单击"斜视图"命令，再单击主视图的虚框线，出现"斜视图"对话框。"视图标识符"

和“缩放比例”的选择如图 7-15 所示。

(2) 单击连杆的斜面投影线,确定斜视图的投影方向(和斜面投影线垂直),如图 7-16 所示。

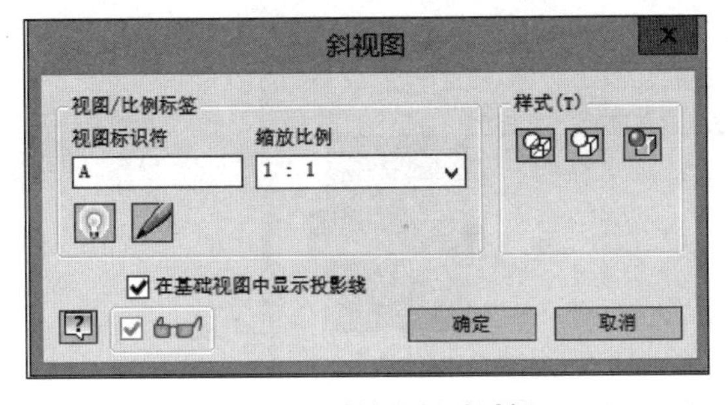

图 7-15 “斜视图”对话框

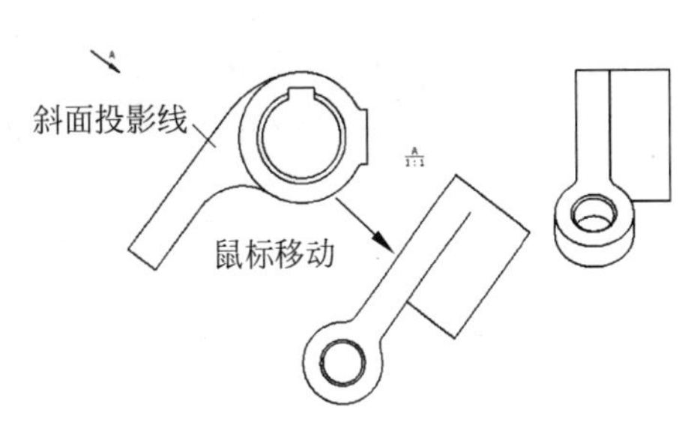

图 7-16 生成斜视图

(3) 移动鼠标在主视图的右下方适当位置单击,生成斜视图,如图 7-16 所示。

3) 修整斜视图,保留部分图形

(1) 将不需要的线隐藏。单击不需要的直线,选择右键菜单中的“可见性”选项,直线即被隐藏。

也可以用“交叉窗口”方式一次选择多条线,或在选择线的同时按下 Ctrl 键,选择多条线隐藏,隐藏多余线的结果如图 7-17 所示。

(2) 添加一条断裂线。单击斜视图的虚框线,单击工具栏中的“创建草图”命令。

在工程图草图面板中选择“投影几何图元”,右击两条水平线,选择右键菜单中的“取消”选项。

单击“样条曲线”命令 ,在斜视图上绘制断裂线,选择右键菜单中的“创建”选项,再选择右键菜单中的“取消”选项,然后完成草图绘制。添加断裂线如图 7-18 所示。

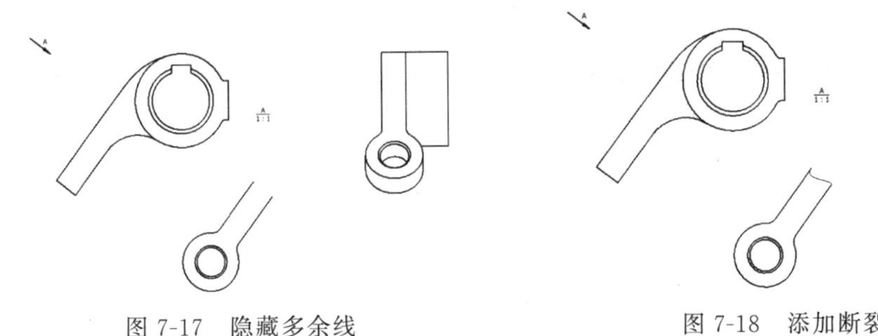

图 7-17 隐藏多余线　　图 7-18 添加断裂线

4) 修整视图,修改斜视图的标记

(1) 添加中心线。

(2) 移动视图,调整视图间距离。

(3) 将箭头和名称“A”移动到合适的位置。

(4) 双击名称“A”和比例“1 : 1”,弹出“文本格式”对话框,如图 7-19 所示。将其中的“<DELIM>”“<比例>”删掉,并可以适当修改字体的大小。单击“确定”按钮,然后将其移动到斜视图的上方。

完成后的连杆视图如图 7-20 所示。

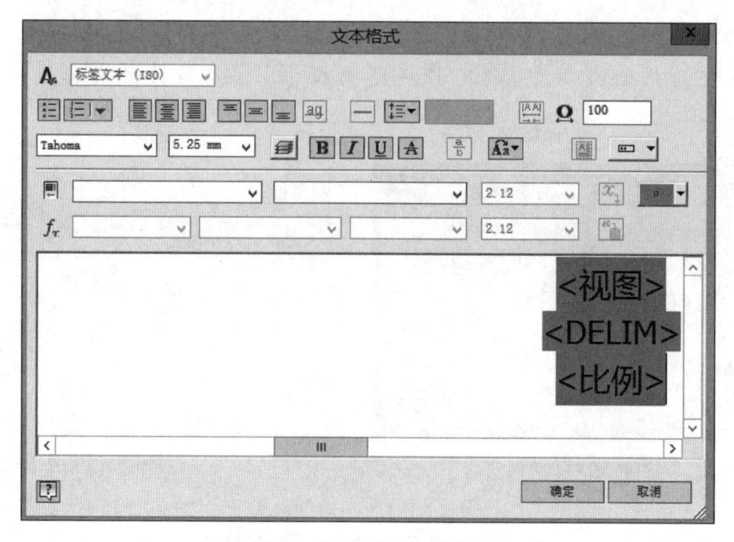

图 7-19 “文本格式”对话框

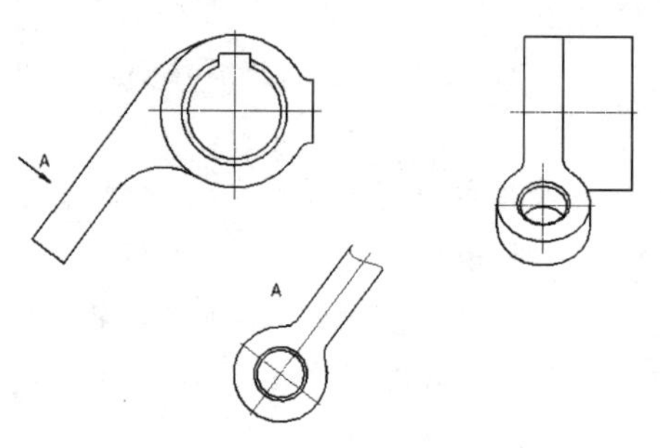

图 7-20 完善工程图

7.3.4 局部视图

将形体的某一部分向基本投影面投射所得的视图称为局部视图。局部视图可以用斜视图的方法处理。

例 在 7.3.3 节中例子的基础上生成一个局部视图，表达主视图右边的长圆凸台端面的实际形状。

(1) 打开支架工程图文件：第 7 章\实例\连杆.idw，连杆零件的工程图如图 7-20 所示。

(2) 生成局部视图：用上例中生成斜视图的方法生成右视图，如图 7-21 所示。

(3) 隐藏多余线，使其成为局部视图，如图 7-22 所示。

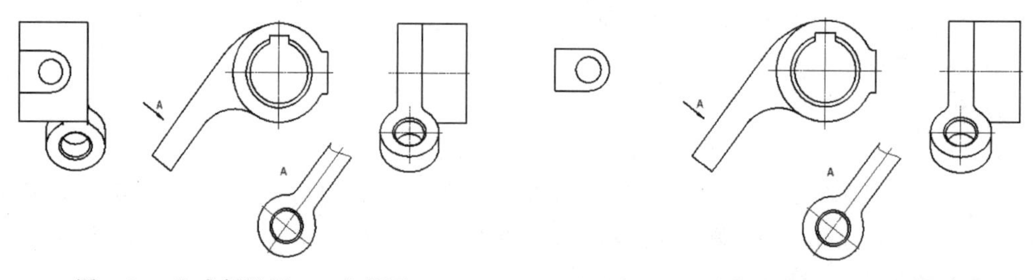

图 7-21 生成斜视图——右视图

图 7-22 隐藏多余线——局部视图

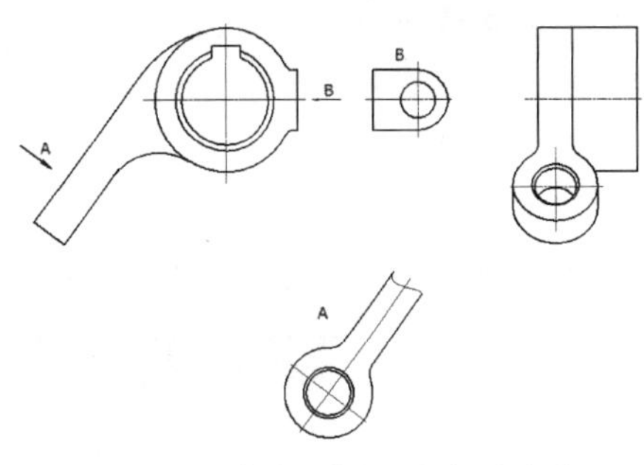

图 7-23 移动局部视图、标注名称

(4) 将局部视图拖移到主视图和左视图之间的位置，如图 7-23 所示。

(5) 添加局部视图的标记 B 字。

单击标注中的“文本”命令 **A**，在图中合适的位置按住鼠标左键从左上角到右下角拖拉，然后释放鼠标，弹出“文本格式”对话框，输入文本“B”，修改字体大小，单击“确定”按钮。然后将其移动到合适位置。

单击标注中的“指引线文本”命令，在合适位置沿水平线单击两次，右击，在弹出的快捷菜单中选择“继续”选项，弹出“文本格式”对话框，输入文本“B”，修改字体大小，单击“确定”按钮。将其移动到合适位置。局部视图如图 7-23 所示。

7.3.5 全剖视图

用单一的剖切平面完全剖开形体后所得到的剖视图称为全剖视图。

例 生成“轴架”零件的主视图和俯视图，轴架如图 7-5 所示。

要求：(1) 主视图要求全剖，俯视图不剖；

(2) 生成渲染效果的轴测图；

(3) 绘图比例为 1∶1，采用 A3 图框。

1) 进入工程图工作环境，选用 A3 图框

(1) 单击工具栏中的“新建”按钮，选择“工程图”命令。屏幕图形区显示了 A2 幅面的图框和标题栏。

(2) 单击“模型”浏览器中的“图纸:1”，或单击红色的图框外框线，然后右击，选择右键菜单中的“编辑图纸”选项，如图 7-24 所示。

(3) 在“编辑图纸”对话框中选择 A3 图框、“纵向”放置，输入图纸名称“轴架”，如图 7-25 所示。

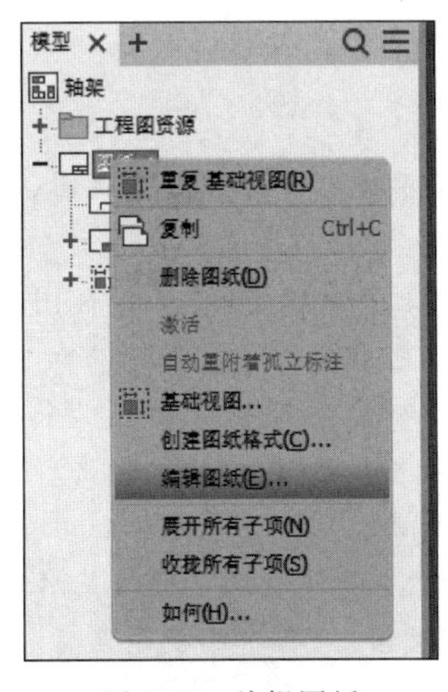

图 7-24 编辑图纸

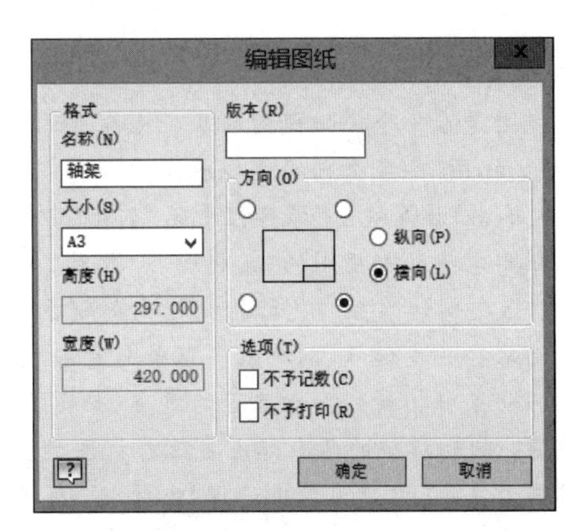

图 7-25 选择 A3 图框

2）生成第一个视图

（1）单击“基础视图”命令，弹出“工程视图”对话框。

（2）单击路径按钮，查找轴架零件文件，如图7-26所示。选择比例1∶1，选择“不显示隐藏线”显示方式。

（3）俯视图生成，隐藏模型尺寸，如图7-27所示。

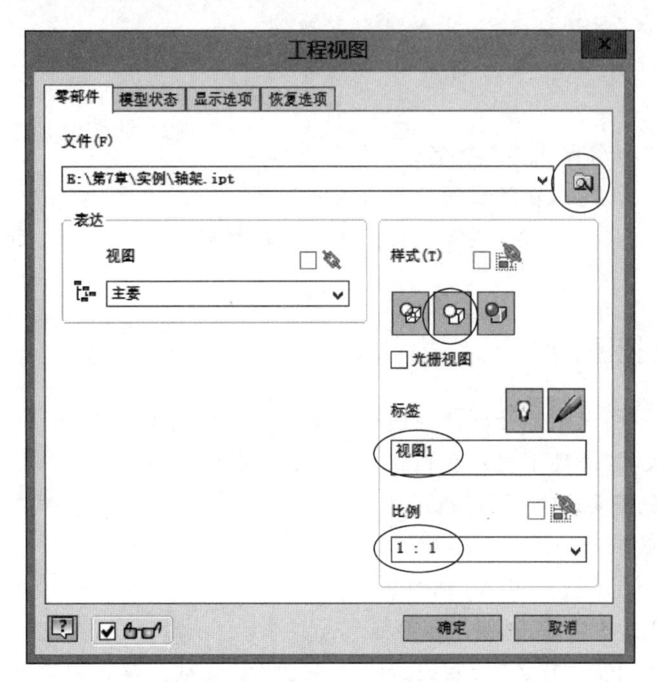

图7-26 “工程视图”对话框

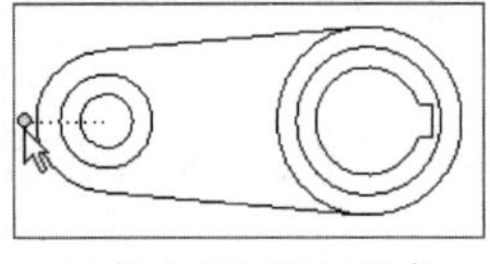

(a) 指定剖切路径起点

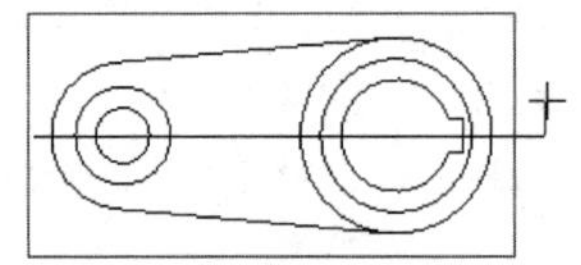

(b) 指定剖切路径终点

图7-27 指定剖切路径

3）生成全剖的主视图

剖视图是在一个已知视图的基础上生成的，对本例来说，可以是俯视图或左视图，现以俯视图为“父视图”生成全剖的主视图。

（1）单击“放置视图”标签栏中的“剖视”命令。屏幕的底部出现提示“选择视图或视图草图”，即要求选择剖视图的“父视图”。此时，单击俯视图的红色边框。

（2）指定剖切路径。鼠标指针指向俯视图左侧圆心，出现绿色的圆点时向左水平移动鼠标到剖切路径的左起点（剖切位置符号与箭头线的转折点），如图7-27(a)所示，单击。然后向右水平移动鼠标指针到剖切路径的终点，如图7-27(b)所示，单击。

注意：剖切路径的两个起点要落在视图的轮廓线的外侧。要确保剖切路径线是水平的。

接着右击，在右键菜单中选择“继续”选项，弹出“剖视图”对话框，其中的视图名称、比例及显示样式采用默认设置，如图7-28所示。

（3）向主视图的方向移动鼠标到合适位置单击，生成全剖的主视图，如图7-29所示。

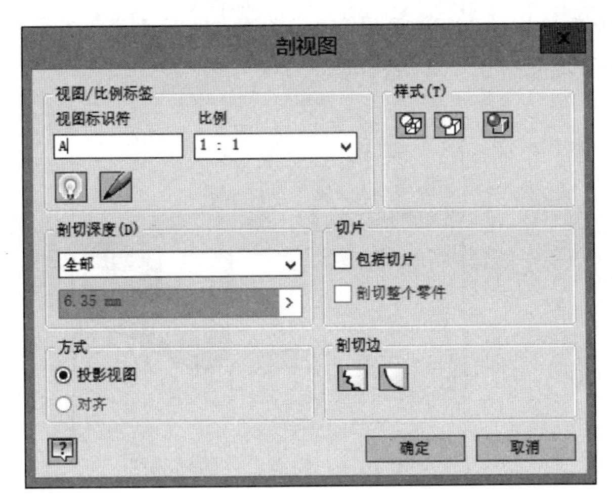

图 7-28 “剖视图”对话框

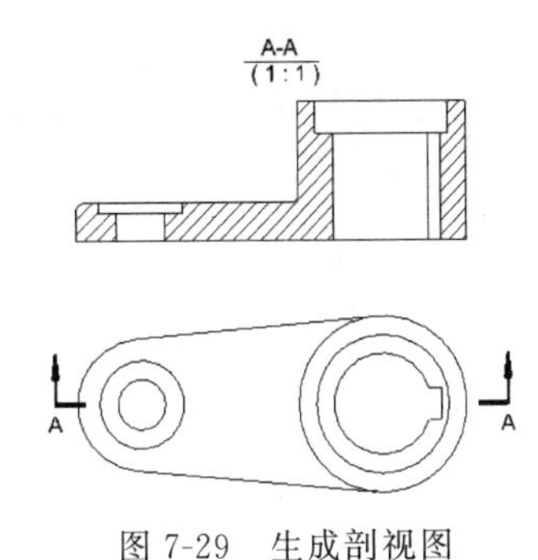

图 7-29 生成剖视图

4）修正剖切符号的位置

由图 7-29 可见，俯视图上的剖切位置符号和图形轮廓线相交了，主视图上的剖视图名称与视图的距离过近，需要修正。

将鼠标指针移到俯视图的左箭头附近，单击绿色圆点，向左拖动箭头一小段距离，松开鼠标，箭头符号移动到新的位置。同样可以移动其他剖切符号和剖视图名称，如图 7-30 所示。

5）生成轴测视图

以主视图为“父视图”生成的是半个实体的轴测图，如图 7-31 所示。

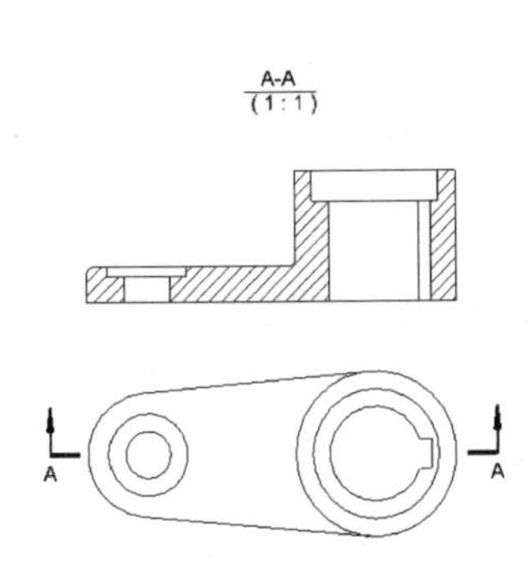

图 7-30 修正剖切符号的位置

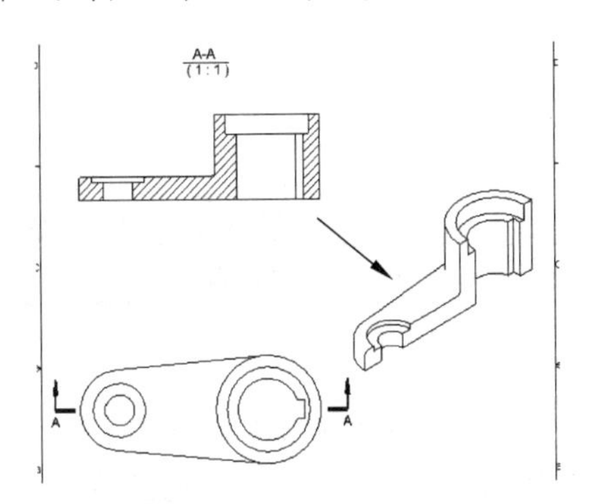

图 7-31 生成半个轴测图

以俯视图为“父视图”生成的轴测图，其结果也不能令人满意。现采用一个过渡方法解决。

(1) 以俯视图为“父视图”生成一个不剖切的、临时性的主视图，再以这个视图为“父视图”生成轴测图，如图 7-32 所示。

(2) 删除刚生成的主视图。右击主视图虚外边框，选择右键菜单中的“删除”选项。单击弹出对话框中的“确定”按钮。结果如图 7-33 所示。

(3) 将轴测图改为渲染着色效果。右击轴测图虚外边

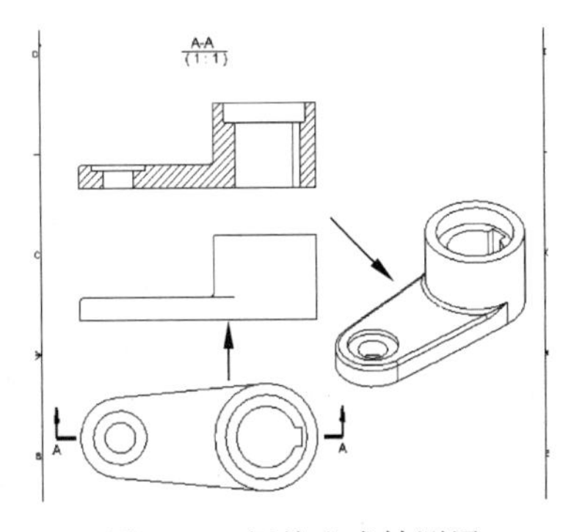

图 7-32 间接生成轴测图

框，选择右键菜单中的“编辑视图”选项，在弹出的“编辑视图”对话框的“显示方式”栏选择“着色”按钮(第 3 个)。着色渲染的轴测图效果如图 7-34 所示。

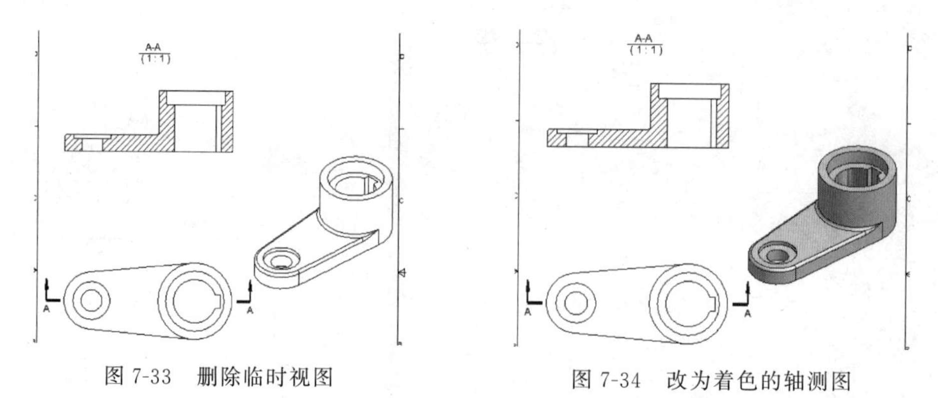

图 7-33 删除临时视图　　　　图 7-34 改为着色的轴测图

6）为视图添加中心线

(1) 单击工程图“标注”标签栏如图 7-35 所示。

(2) 选择“符号”面板中的“中心标记”命令，如图 7-36 所示。

(3) 分别单击俯视图上两端的圆图形，生成俯视图的两条中心线，用鼠标拖移中心线的上端点，修正中心线的长度，如图 7-37 所示。

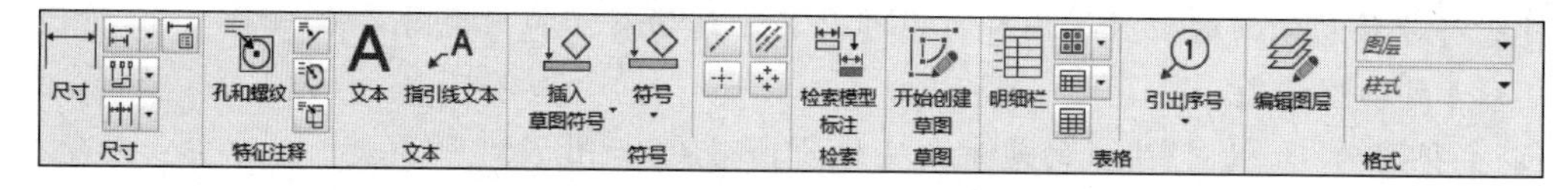

图 7-35 选择工程图“标注”面板

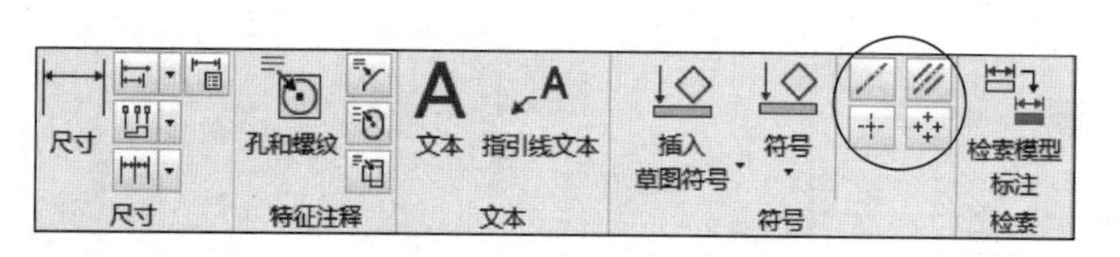

图 7-36 选择“中心标记”

(4) 选择“符号”面板中的“对分中心线”命令。分别单击选择主视图上左侧沉孔的轮廓线以及右侧圆柱的轮廓线，生成主视图的两条中心线，如图 7-37 所示。

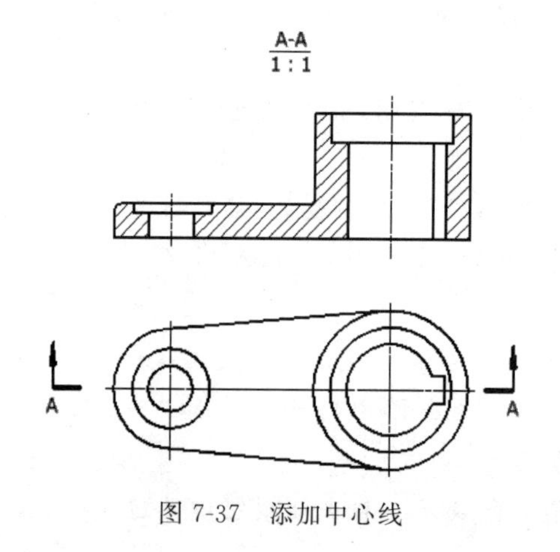

图 7-37 添加中心线

7.3.6　半剖视图

当机件具有对称平面时，向垂直于该对称平面的投影面上投射，并以对称平面的积聚投影为分界(用点画线表示)，一半画成剖视图，另一半画成视图的图形，称为半剖视图。

半剖视图是在一个已存在的视图上生成的。在 Inventor 中，半剖视图是由“局部剖视图”命令实现的。

例　设计生成支架零件的半剖视图。

要求：主视图的右侧剖开表达，俯视图不剖切。

1）打开支架工程图文件

单击工具栏中的“打开”按钮，打开工程图文件：第 7 章\实例\支架.idw，支架零件的工程图如图 7-38 所示。

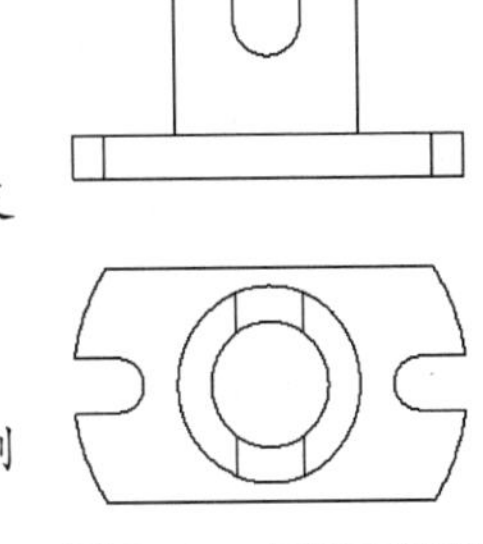

图 7-38　支架工程图

2）绘制剖切平面草图

(1) 单击主视图的虚边框线，单击“放置视图”标签栏中的“开始创建草图”命令。

(2) 进入工程图草图环境，如图 7-39 所示。

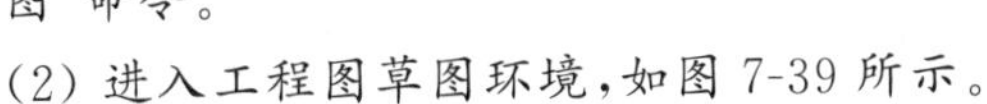

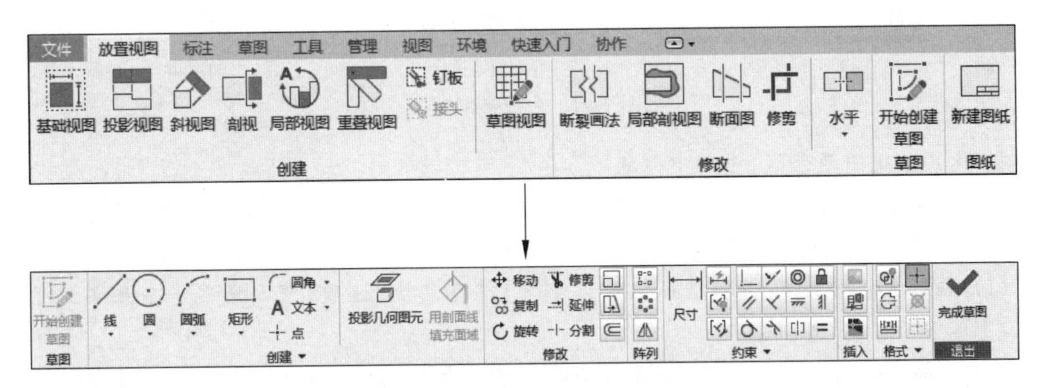

图 7-39　切换到工程图草图环境

(3) 使用“矩形”命令，在主视图右侧绘制矩形草图，如图 7-40(a)所示。

(4) 右击主视图最下面的边线，选择右键菜单中的“投影边”选项，将直线投影到当前草图，如图 7-40(b)所示。

(5) 使用“重合”约束命令，将矩形草图的左边线重合到底边投影线的中点上，见图 7-40(c)。

(6) 在绘图区域右击，选择右键菜单中的“完成草图”选项，返回工程图视图面板。

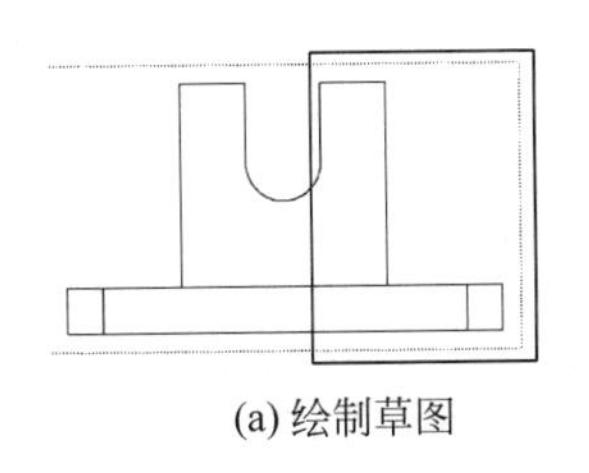

(a) 绘制草图

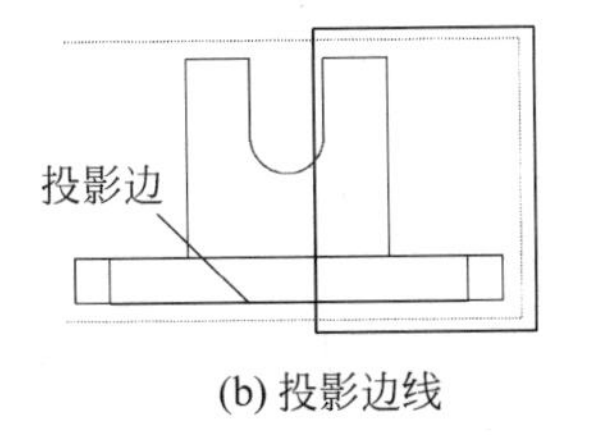

(b) 投影边线

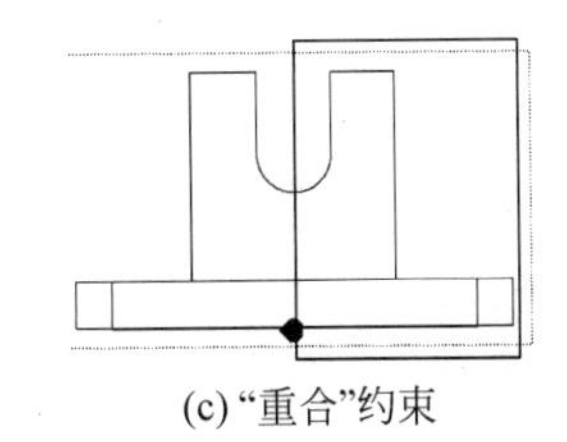

(c)“重合”约束

图 7-40　绘制剖切平面草图

3）将主视图改成半剖视图

（1）单击“局部剖视图”命令，单击主视图的虚边框线，出现“局部剖视图”对话框，如图7-41(a)所示。系统自动找到剖切平面(截面轮廓)。

（2）确定剖切的深度点。现采用“自点”方式，如图7-41(a)所示。此时需要在其他视图上确定剖切平面的位置。

（3）单击俯视图上圆轮廓线上的A点(象限点)，则A点作为“自点”中的“点”，如图7-41(b)所示。

（4）单击对话框中的“确定”按钮，生成半剖视图，如图7-41(c)所示。

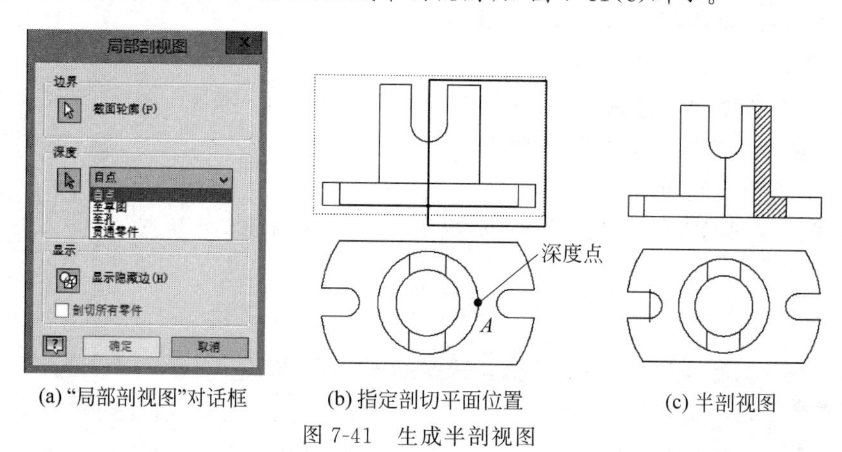

(a)“局部剖视图”对话框　(b) 指定剖切平面位置　(c) 半剖视图

图7-41　生成半剖视图

4）隐藏主视图两条线、添加中心线

由图7-42(a)可见，半剖视图生成后，在左、右图形对称处出现了两段分界线(上、下连在一起)，这不符合我国的制图标准，两段线是多余的线，应将其隐藏。

（1）右击主视图上多余线，选择右键菜单中的“可见性”选项，可以发现多余线不见了，如图7-42(b)所示。

（2）添加中心线。切换到“标注”面板，使用“中心标记”命令添加所有中心线，如图7-42(c)所示。

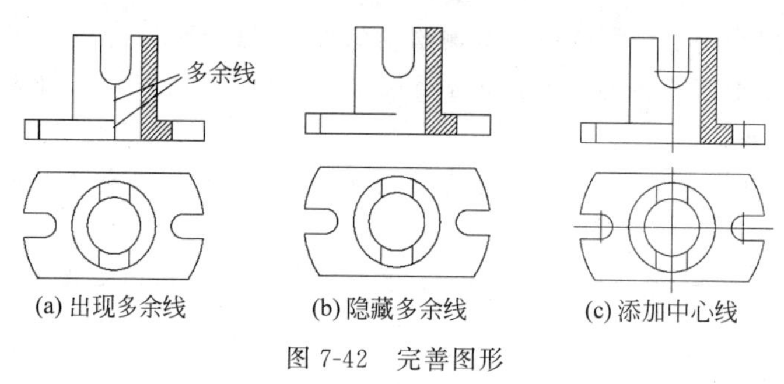

(a) 出现多余线　(b) 隐藏多余线　(c) 添加中心线

图7-42　完善图形

5）修改剖面线的间距

右击半剖视图中的剖面线，选择右键菜单中的“编辑”选项，在弹出的对话框中将图案比例改为3，如图7-43(a)所示。单击“确定”按钮，剖面线间隔改变，如图7-43(b)所示。

7.3.7　局部剖视图

用剖切面局部剖开形体所得到的剖视图称为局部剖视图，简称局部剖。局部剖视图使用

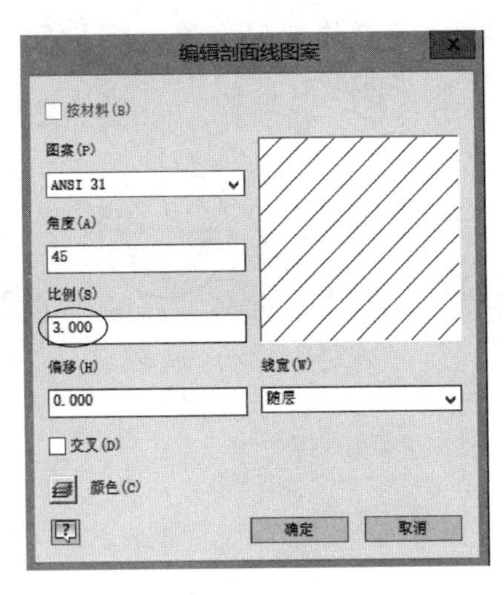

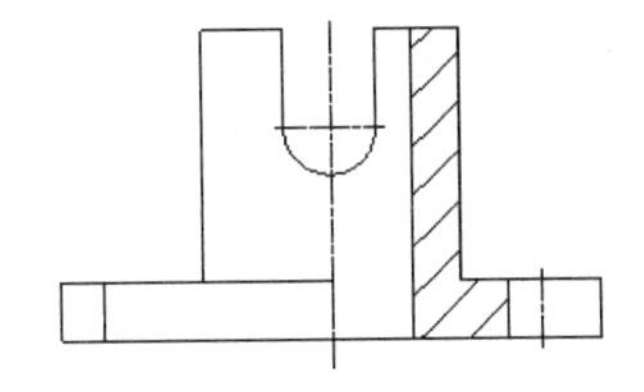

(a)"编辑剖面线图案"对话框　　(b)剖面线修改

图 7-43　修改剖面线

"局部剖视图"命令得到。

例　设计生成连杆零件的局部剖视图，用于表达主视图右边的长圆凸台的内部结构。连杆如图 7-13 所示。

1）打开支架工程图文件

单击工具栏中的"打开"命令，打开图形文件：第 7 章\实例\连杆 a.idw。

2）绘制剖切平面草图

(1) 单击主视图的虚边框线，单击工具栏中的"开始创建草图"命令。

(2) 单击"样条曲线"命令，在主视图右侧绘制一个如图 7-44 所示的封闭的截面轮廓草图。

(3) 在绘图区域右击选择右键菜单中的"完成草图"选项，返回工程视图面板。

3）生成局部剖视图

(1) 单击"局部剖视图"命令，单击主视图的虚边框线，出现"局部剖视图"对话框，如图 7-45 所示。系统自动找到剖切平面(截面轮廓)，如图 7-46(a)所示。

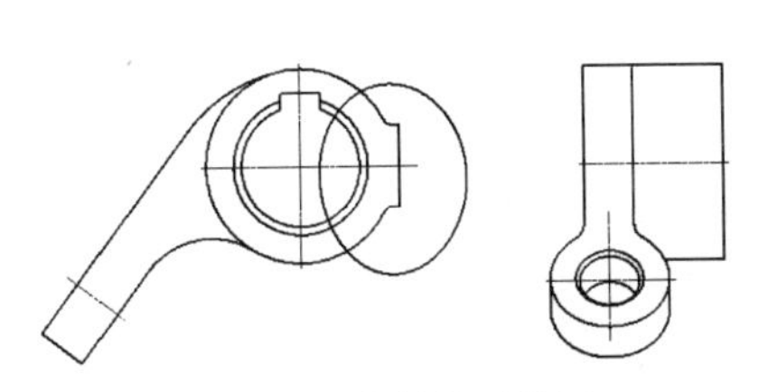

图 7-44　绘制截面草图

图 7-45　"局部剖视图"对话框

（2）确定剖切的深度点。单击左视图上的一直线的中点，如图7-46(b)所示。单击对话框中的"确定"按钮，生成局部剖视图，如图7-46(c)所示。

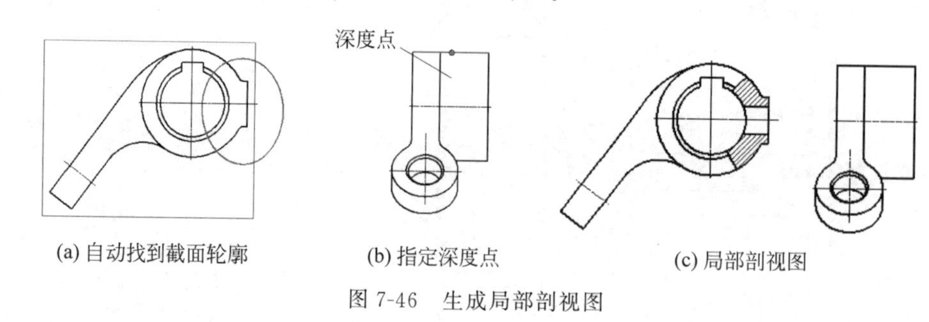

(a) 自动找到截面轮廓　(b) 指定深度点　(c) 局部剖视图

图7-46　生成局部剖视图

用类似的方法生成其他局部剖视图，如图7-47所示。

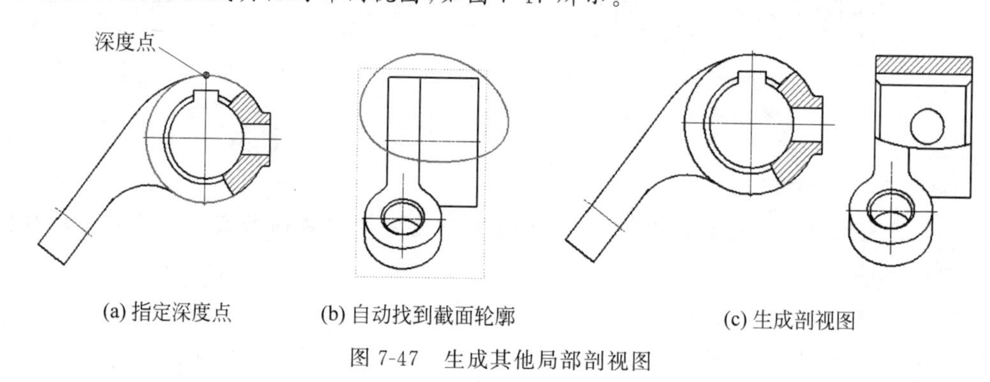

(a) 指定深度点　(b) 自动找到截面轮廓　(c) 生成剖视图

图7-47　生成其他局部剖视图

7.3.8 阶梯剖视图

当需要表达的孔、槽等的轴线或对称面位于相互平行的几个平面时，可用一组平行于某一基本投影面的平面切开形体，再投射到该基本投影面，这种剖视图常被称为阶梯剖视图，简称阶梯剖。

在Inventor中，生成阶梯剖视图也使用"剖视图"命令。阶梯剖是全剖中的一种，只是其采用多个相互平行的剖切平面剖切实体。

例　生成滑板零件的阶梯剖视图，滑板零件如图7-48所示。

1）进入工程图工作环境

装入零件文件：第7章\实例\滑板.ipt。

2）生成俯视图

隐藏模型尺寸、添加中心线后的俯视图如图7-49所示。

3）生成阶梯剖视图

（1）单击"放置视图"标签栏中的"剖视图"命令。

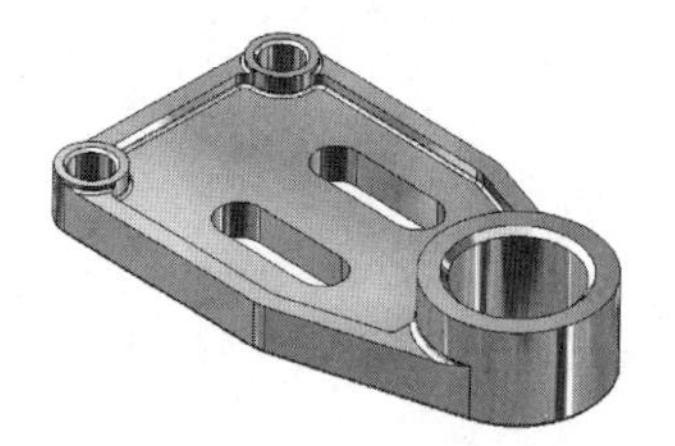

图7-48　滑板

（2）选择俯视图为"父视图"，指定剖切路径。分别在1、2、3、4、5、6点上单击，如图7-50所示，这6个点构成了3个平行的剖切平面。接着右击，在右键菜单中选择"继续"选项。向上移动鼠标，在合适的位置单击，生成阶梯剖视图如图7-51所示。

（3）隐藏剖视图上的多余线，添加中心线，如图7-52所示。

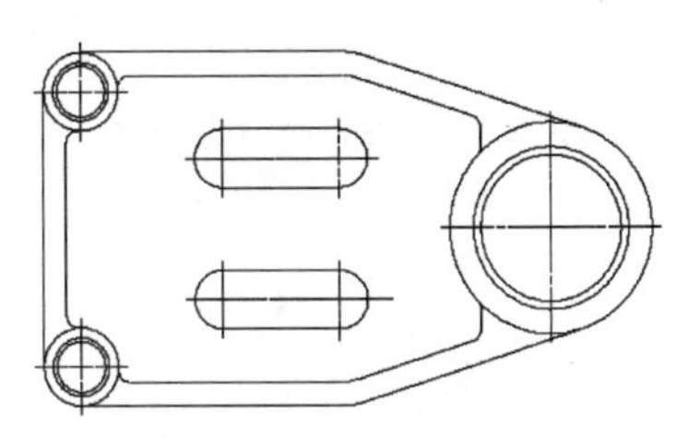

图 7-49　生成俯视图

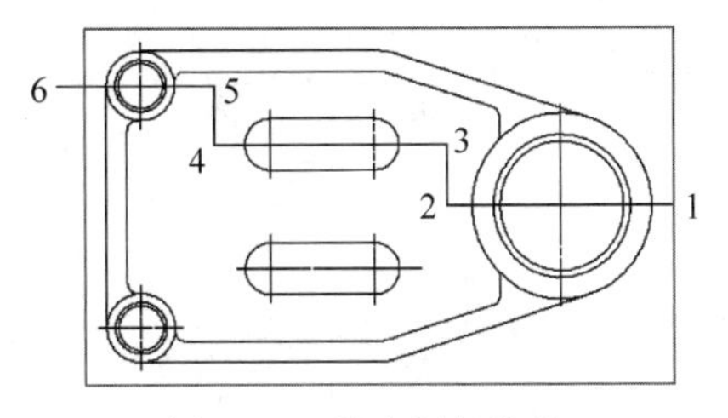

图 7-50　指定剖切路径

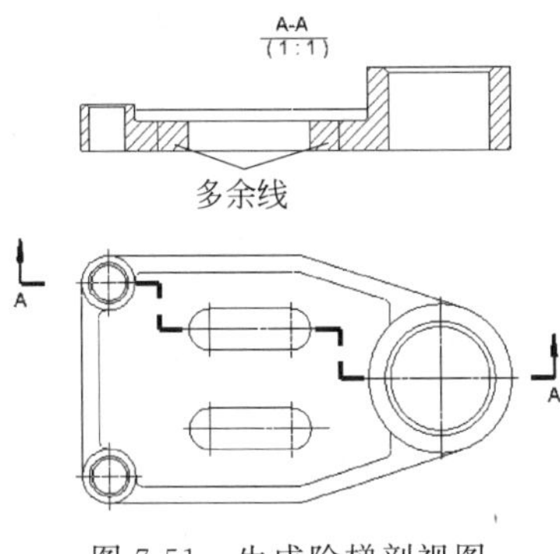

图 7-51　生成阶梯剖视图

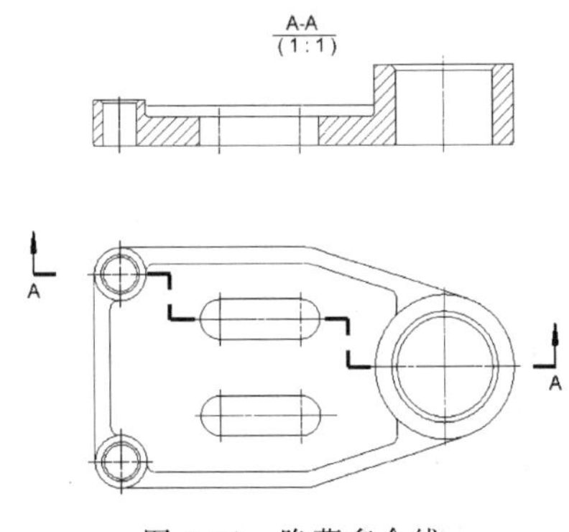

图 7-52　隐藏多余线

7.3.9　旋转剖视图

当需要表达的几何元素不在同一平面，而形体又具有回转轴时，可采用两相交平面剖切形体，这种剖切方法常被称为旋转剖视图，简称旋转剖。

旋转剖是全剖中的一种，是由两个(或更多)相交的剖切平面剖切实体后展开而成的。生成旋转剖视图也使用“剖视图”命令。

例　将零件端盖的主视图以旋转剖视图的方式表达，端盖如图 7-53 所示。

1) 打开端盖的工程图文件

打开工程图文件：第 7 章\实例\端盖.idw，端盖的俯视图如图 7-54 所示。

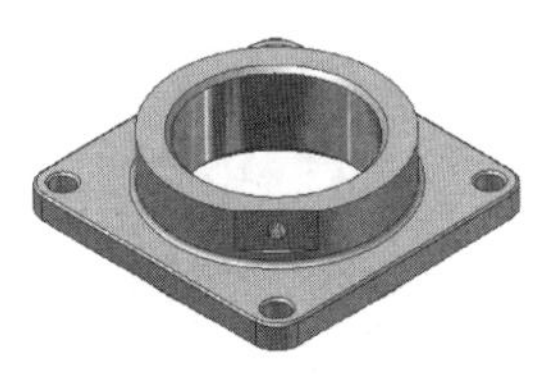

图 7-53　端盖

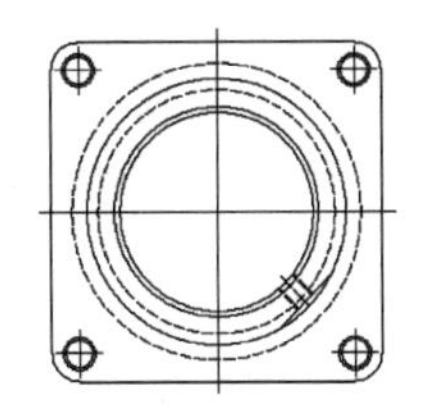

图 7-54　端盖的俯视图

2) 生成旋转剖视图

(1) 单击“剖视图”命令。

(2) 在俯视图上指定剖切平面位置的起点和终点 1、2、3。

(3) 其他操作参见上述各例题，得到旋转剖视图如图 7-55 所示。隐藏多余线，添加中心线后，如图 7-56 所示。

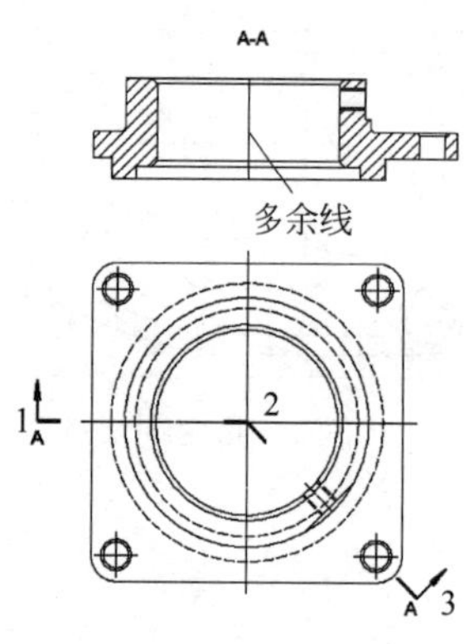

图 7-55　得到旋转剖视图

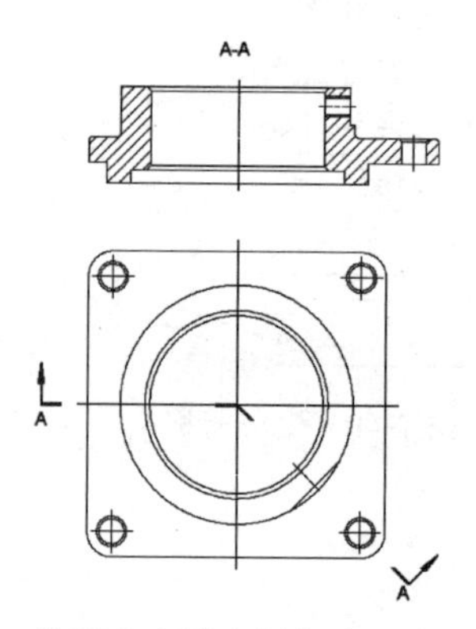

图 7-56　隐藏多余线和添加中心线后的视图

7.3.10　断面图

假想用剖切面将形体的某处切断，仅画出该剖切面与形体接触部分（剖切区域）的图形，该图形称为断面图，简称断面。

例　为了表达轴上键槽、孔的结构，画出轴的移出断面图，齿轮轴如图 7-57 所示。

1）打开轴的工程图文件

打开工程图文件：第 7 章\实例\轴.idw，轴的主视图如图 7-58 所示。

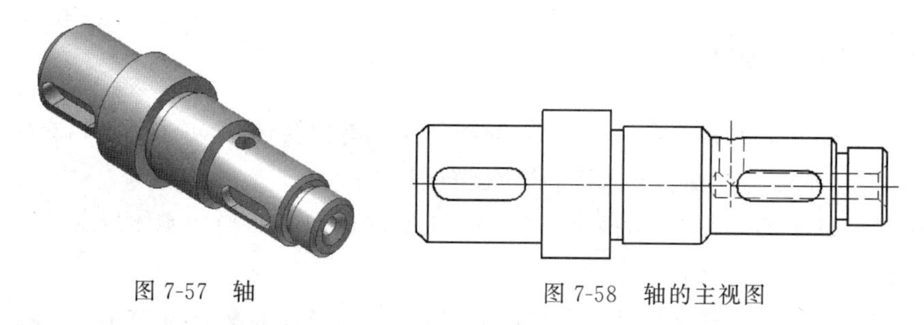

图 7-57　轴　　　　图 7-58　轴的主视图

2）生成轴的移出断面图

(1) 单击"剖视图"命令，分别作出 A—A、B—B 和 C—C 位置的全剖视图，如图 7-59 所示。

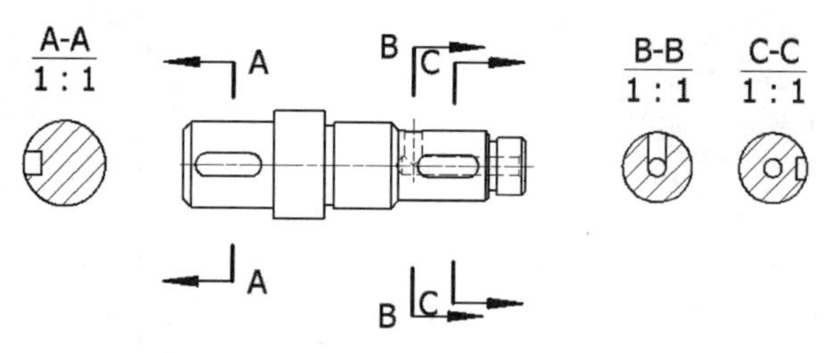

图 7-59　轴的不同位置的全剖视图

(2) 隐藏多余线、添加中心线，如图 7-60 所示。

(3) 选中 A—A 视图的虚线框，然后右击，在弹出的菜单中选择"对齐视图"→"打断"选项，如图 7-61 所示。然后将各个视图移动到合适的位置，如图 7-62 所示。

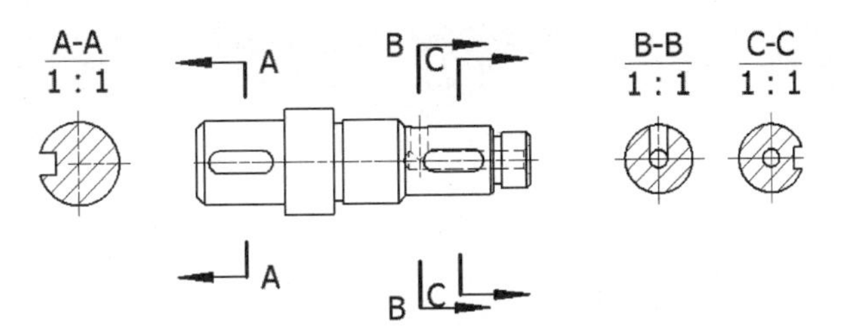

图 7-60　视图中隐藏多余图线以及添加中心线

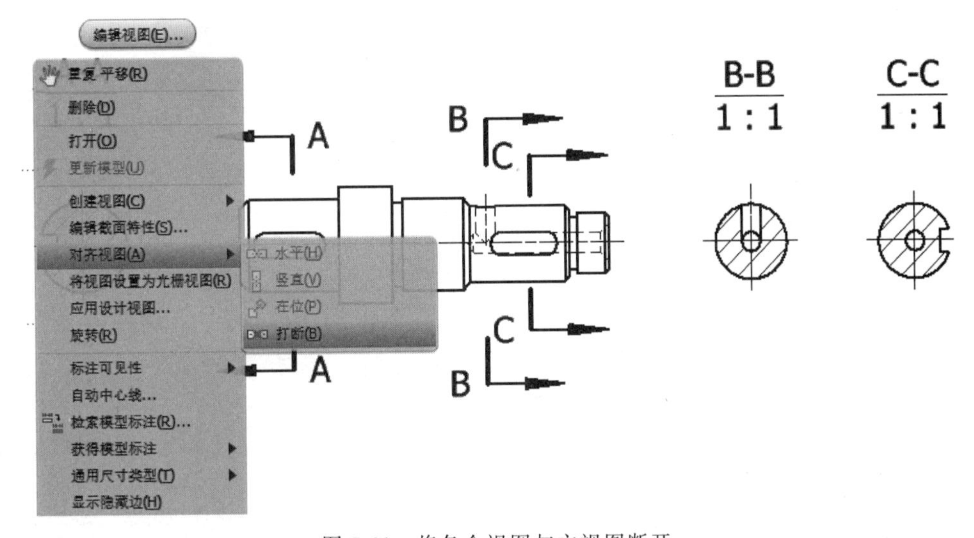

图 7-61　将各个视图与主视图断开

（4）修改标注。右击剖切符号，在弹出的菜单中选择"编辑视图标注样式"选项，如图 7-63 所示。在弹出的"样式和标准编辑器"对话框中可根据需要进行修改，如图 7-64 所示。还可以根据需要对字体进行编辑修改。最终的结果如图 7-65 所示。

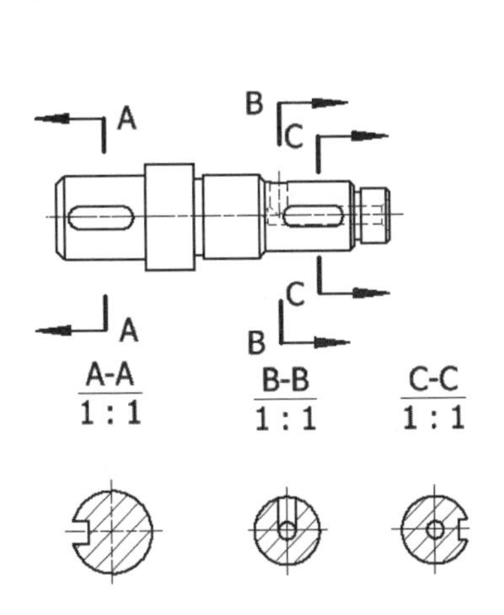

图 7-62　将各个视图移动到合适的位置

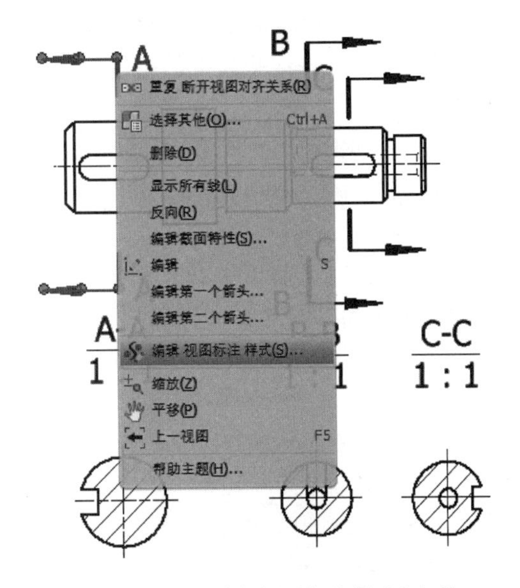

图 7-63　选择"编辑视图标注样式"选项

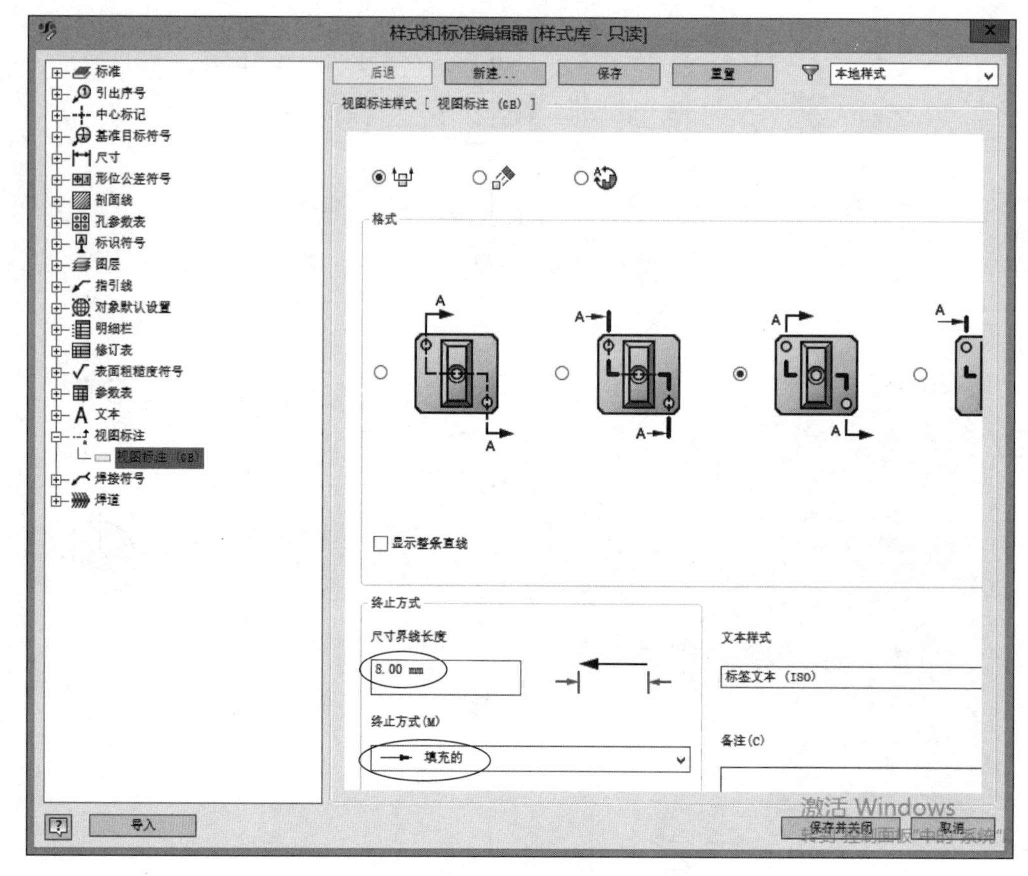

图 7-64 “样式和标准编辑器”对话框

7.3.11 局部放大图

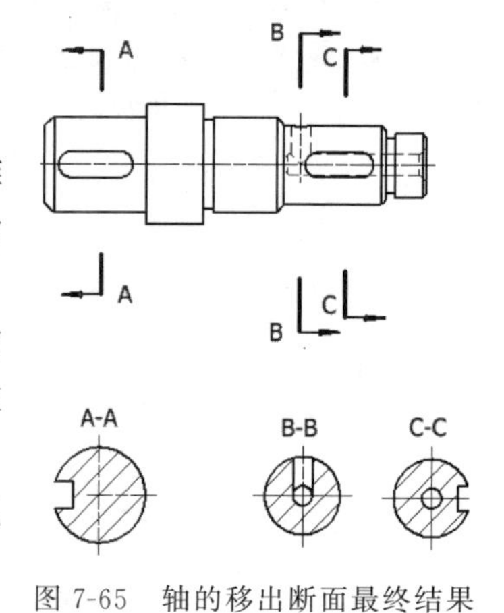

图 7-65 轴的移出断面最终结果

当形体上某些细小结构由于图形过小而表达不清，或难以标注尺寸时，可将这些细小的结构放大画出，这种图形称为局部放大图。

使用“局部视图”命令，可将视图上的某一个局部结构放大表达。局部视图可以在未剖开的视图上生成，也可以在剖视图上生成。

例 采用2∶1的比例在轴端盖板工程图的基础上生成两个局部放大图。轴端盖板模型如图7-66所示。

1）装入轴端盖板工程图文件

打开工程图文件：第7章\实例\轴端盖板.idw，轴端盖板工程图如图7-67所示。

2）生成局部放大图

（1）单击“局部视图”命令，单击主视图的虚线框，弹出的对话框如图7-68所示。

（2）单击主视图的虚边框线。根据屏幕左下角的提示“选择轮廓的中心点”，在退刀槽中点处单击，如图7-69所示。

（3）根据屏幕左下角的提示“选择轮廓终点”，在适当位置单击。

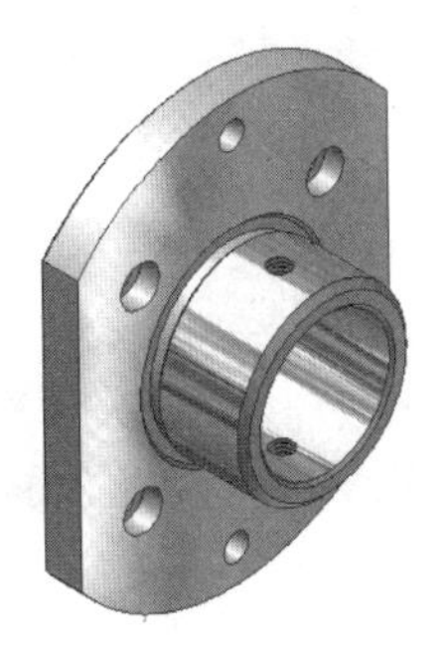

图 7-66 轴端盖板

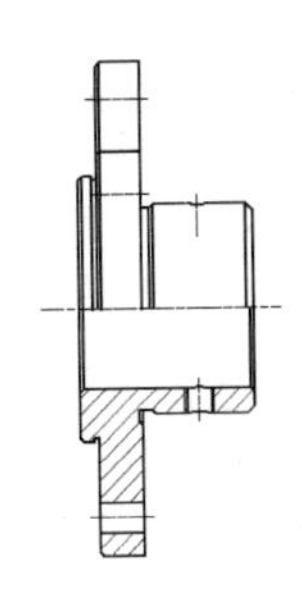

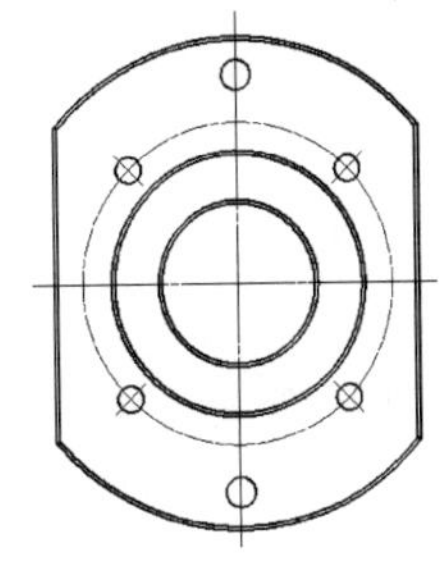

图 7-67 轴端盖板工程图

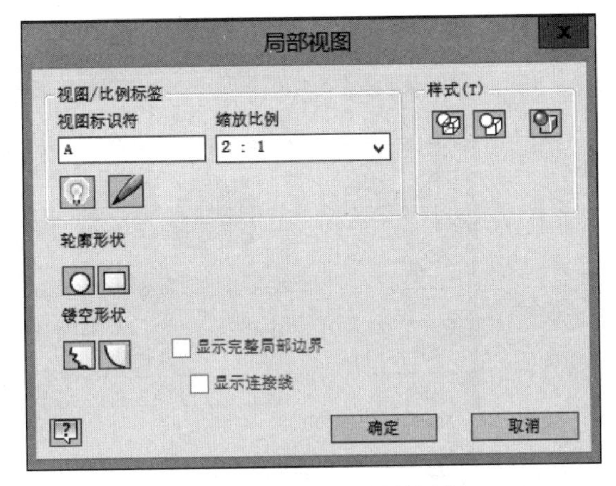

图 7-68 "局部视图"对话框

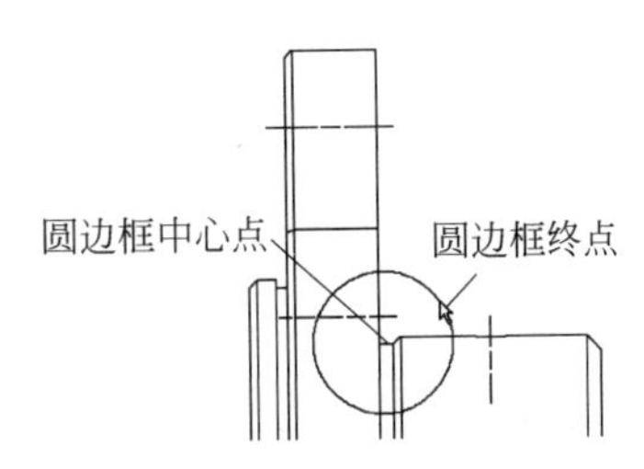

图 7-69 指定放大区域

(4) 根据屏幕左下角的提示"选择视图位置",在适当的位置单击,生成 A 处的局部放大图,如图 7-70 所示。采用同样的操作步骤生成 B 处的局部放大图,如图 7-70 所示。

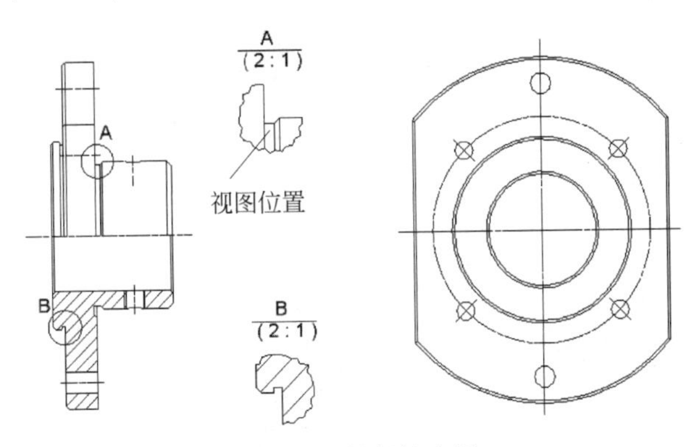

图 7-70 局部放大图

7.3.12 断开视图

较长的机件(轴、杆、连杆等)沿长度方向的形状一致或按一定的规律变化时,可将其视图断开后缩短绘制,但要标注实际尺寸,这种图形称为断开视图。

断开视图在已存在的视图上生成。断开其中一个视图后,与之关联的视图也以断裂方式表达。

例 将长连杆的两个视图以断开视图的方式表达，长连杆如图 7-71 所示。

1）打开长连杆工程图文件

打开工程图文件：第 7 章\实例\长连杆.idw，工程图如图 7-72 所示。

图 7-71 长连杆

2）生成断开视图

（1）单击“断裂画法”命令，弹出“断开”对话框如图 7-73 所示。

（2）选择要断开的视图，单击俯视图的虚边框线（也可以选择主视图作为要断开的视图）。

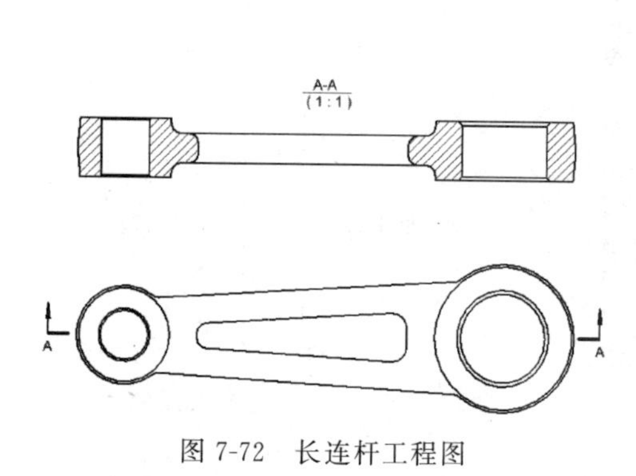

图 7-72 长连杆工程图

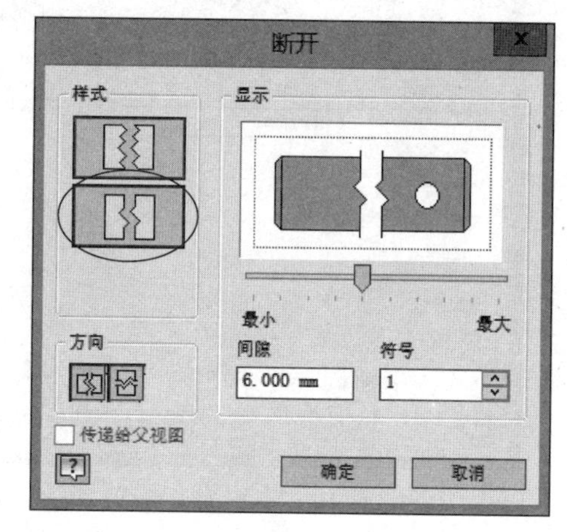

图 7-73 “断开”对话框

（3）根据屏幕左下角提示“选择要删除内容的起点”，在 1 点位置单击，根据屏幕左下角提示“选择要删除内容的终点”，在 2 点位置单击，如图 7-74 所示。

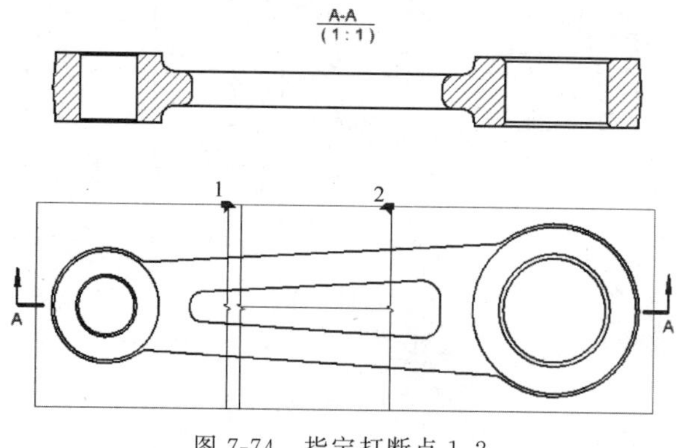

图 7-74 指定打断点 1、2

（4）调整剖切平面符号和名称 A，长连杆的断开视图如图 7-75 所示。

长连杆的 1、2 两点之间的图线被隐藏，保留的两段向中间靠拢。两个端面的距离由对话框中的“间隙”系数决定。

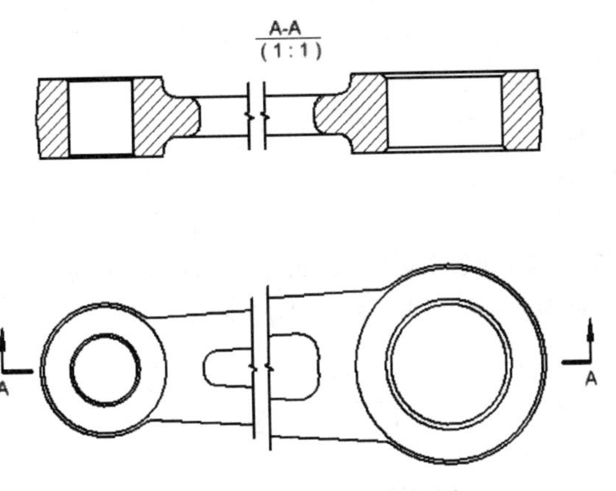

图 7-75 长连杆的断开视图

7.4 工程图的标注

在三维设计系统中，工程图的尺寸分为以下两种类型。

1. 模型尺寸

建立三维实体模型时的草图尺寸和特征尺寸称为模型尺寸。在生成工程图时，这些尺寸不能够自动显示，要由用户使用右键菜单中的"检索尺寸"命令检索，确认后才显示出来。

图 7-76 所示为 3 个模型分别生成第一个视图（基础视图）时，由右键菜单"检索尺寸"命令所显示的模型尺寸。编辑模型尺寸时，二维工程图和三维模型会立即更新。如果需要进行大的修改，或者修改影响了相关的特征，最好在零件三维模型中进行修改。模型尺寸也称为驱动尺寸。

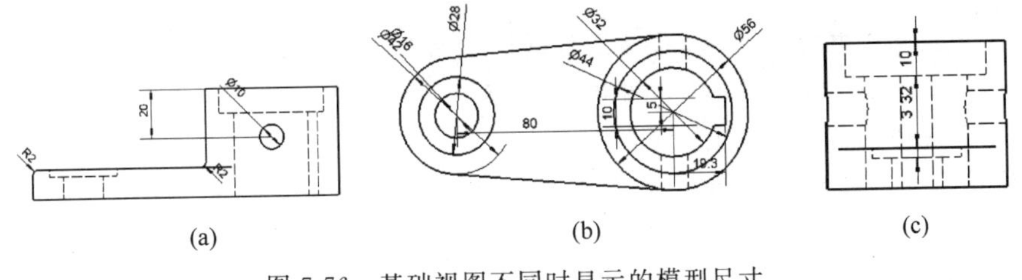

图 7-76 基础视图不同时显示的模型尺寸

2. 工程图尺寸

工程图尺寸指在工程图中添加的尺寸。

有些模型尺寸并不能完全满足工程图的要求，比如不合理、不需要的尺寸，或标注的位置、方式不合适的尺寸。可以删除、编辑这些模型尺寸，也可以使用工程图环境下工程图标注面板上的标注命令直接在工程图上标注，这样的尺寸都是工程图尺寸。工程图尺寸不能驱动二维工程图和三维模型的改变，但是它与几何图元相关联，并随着三维模型的改变而更新。下面的例子着重介绍工程图尺寸。

7.4.1 标注尺寸

在工程图上，对尺寸标注的基本要求是：完整、清晰、合理。

例 1 标注轴架的工程图尺寸。

1）打开工程图文件

打开工程图文件：第 7 章\实例\轴架(带孔).idw，带孔轴架的工程图如图 7-77 所示。将“放置视图”标签栏切换为“标注”标签栏，如图 7-78 所示。

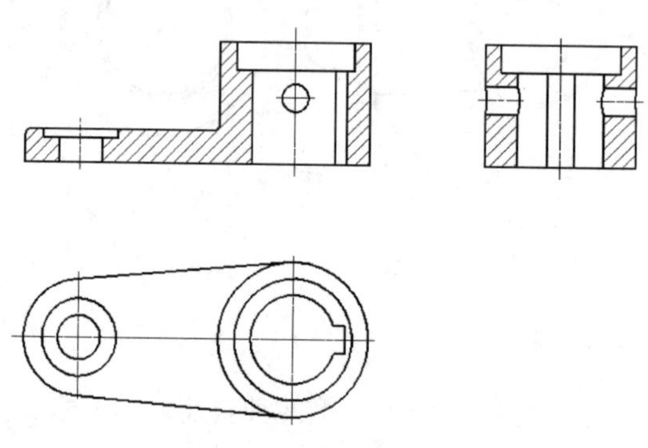

图 7-77 带孔轴架的工程图

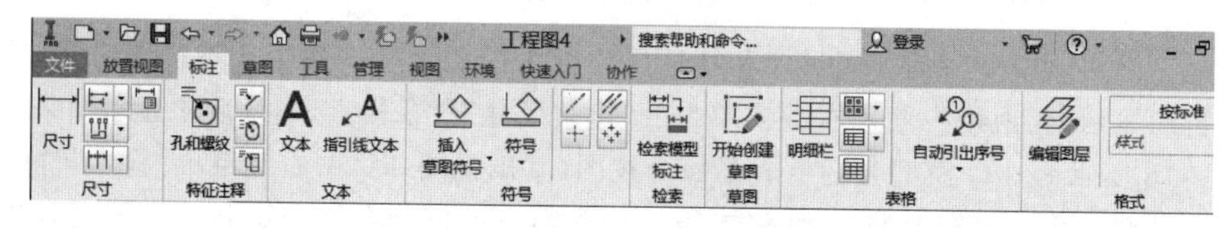

图 7-78 “标注”标签栏中的面板

2）标注主视图的直径尺寸ϕ44

（1）单击“尺寸”命令 。

（2）单击图 7-79 中的直线 *A*，移动鼠标到适当的位置单击，弹出“编辑尺寸”对话框，直接单击“确定”按钮，标注出尺寸ϕ44，如图 7-79 所示。

3）标注主视图的沉头孔尺寸

在设计该零件的三维实体模型时，沉头孔是用“打孔”命令生成的。在这里可以很方便地标注其尺寸。

（1）单击工程图标注面板中的“孔/螺纹孔标注”命令 。

（2）单击图 7-80 中的沉孔中心线和最上轮廓线的交点，移动鼠标到适当的位置单击，标注出沉头孔尺寸，如图 7-80 所示。可以看出，沉孔标注的样式不是经常采用的。

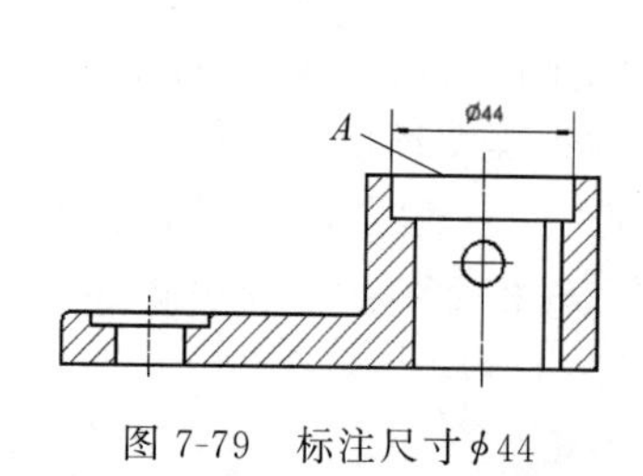

图 7-79 标注尺寸ϕ44

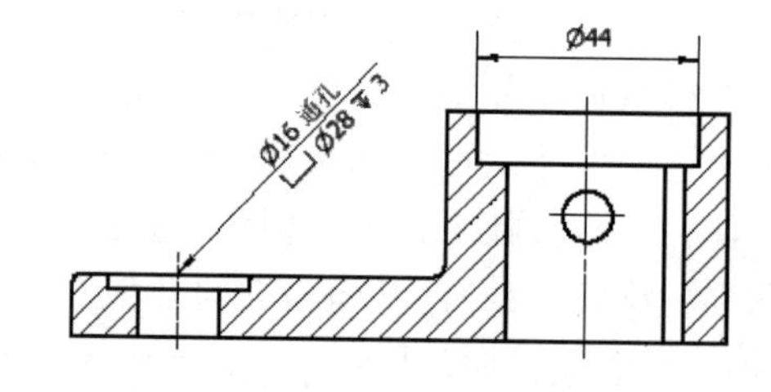

图 7-80 标注沉头孔尺寸

(3) 选中该尺寸标注，然后右击，在弹出的菜单中选择“编辑 尺寸 样式”选项，如图 7-81 所示。

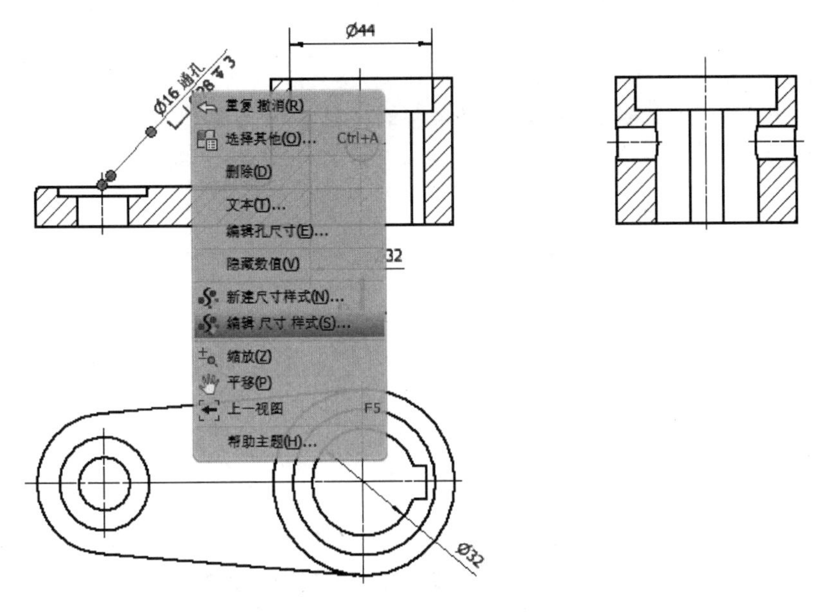

图 7-81 选择“编辑 尺寸 样式”

(4) 在弹出的“样式和标准编辑器”对话框中选择新的指引线标注方式，如图 7-82 所示。

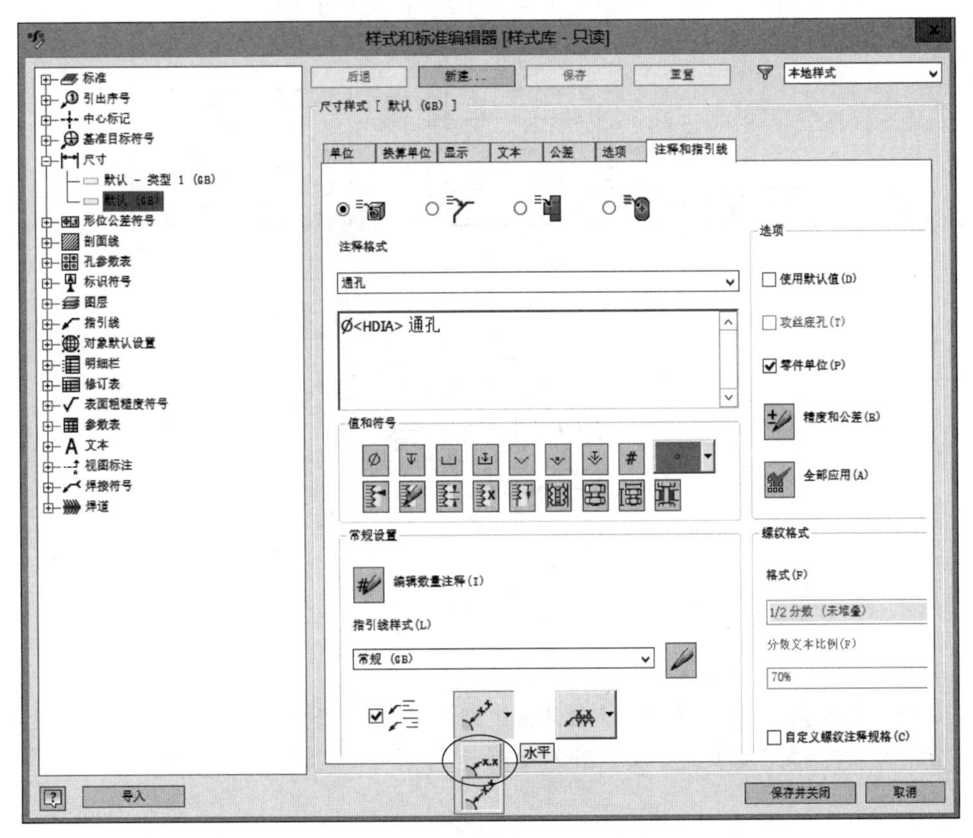

图 7-82 “样式和标准编辑器”对话框

(5) 单击"完成"按钮,得到新的标注样式,如图 7-83 所示。

4) 标注左视图的基线尺寸

左视图中 24 和 44 两个尺寸具有共同的尺寸基准线——轴架的底面线,这样的尺寸标注应使用"基线尺寸"命令。

(1) 单击"基线"尺寸命令。

(2) 单击图 7-84 中的点 C、D、E,移动鼠标到适当的位置右击。

(3) 选择右键菜单中的"继续"选项,标注出基线尺寸,如图 7-84 所示。

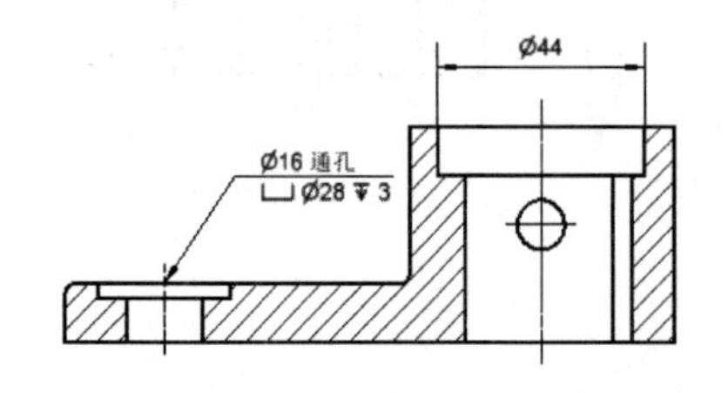

图 7-83 最合适的沉头孔尺寸的标注形式

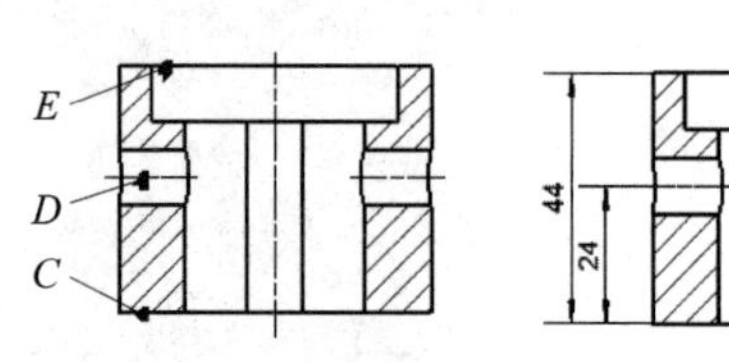

图 7-84 标注基线尺寸

5) 标注其余尺寸

使用通用"尺寸"命令,标注其他尺寸,如图 7-85 所示。可以看出,图中的尺寸如主视图中的ϕ10、俯视图中的 R21,它们的尺寸线没有全部显示出来。选中其中一个尺寸,然后右击,在弹出的菜单中选择"编辑尺寸样式"选项,弹出"样式和标准编辑器"对话框,选择"选项"选项卡,如图 7-86 所示,按图中选中相应按钮,单击"完成"按钮关闭此对话框。将刚才ϕ10、R21 尺寸重新标注,修改后的工程图尺寸如图 7-87 所示。

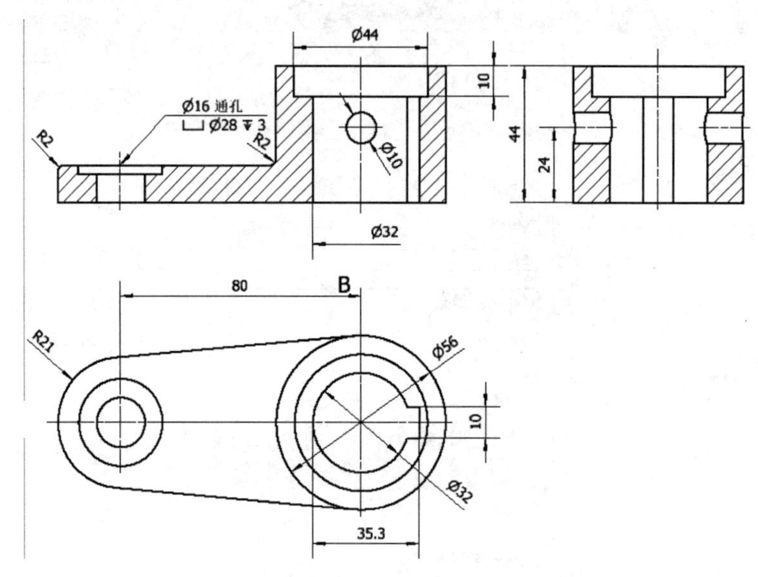

图 7-85 工程图尺寸

6) 标注尺寸的偏差

双击俯视图的ϕ32,在"编辑尺寸"对话框中选择"精度和公差"选项卡,如图 7-88 所示。按图中设置后单击"确定"按钮。标注如图 7-89 所示。

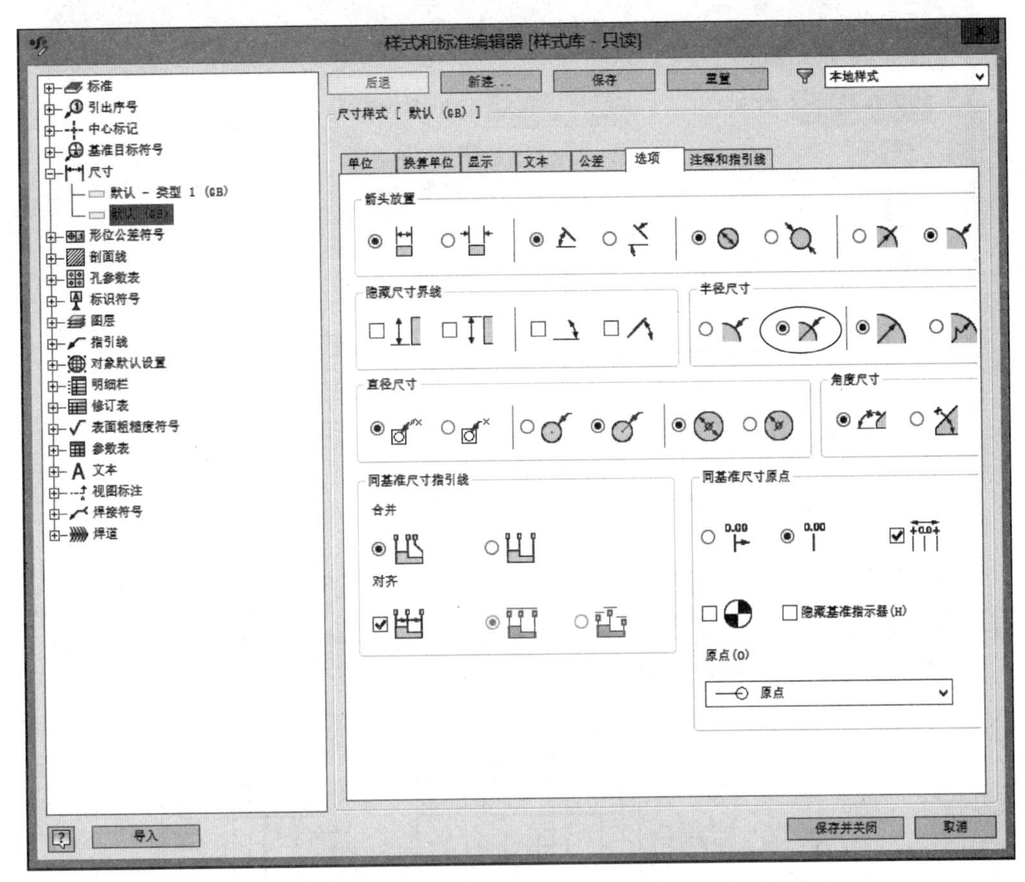

图 7-86 在“样式和标准编辑器”对话框选择“选项”选项卡

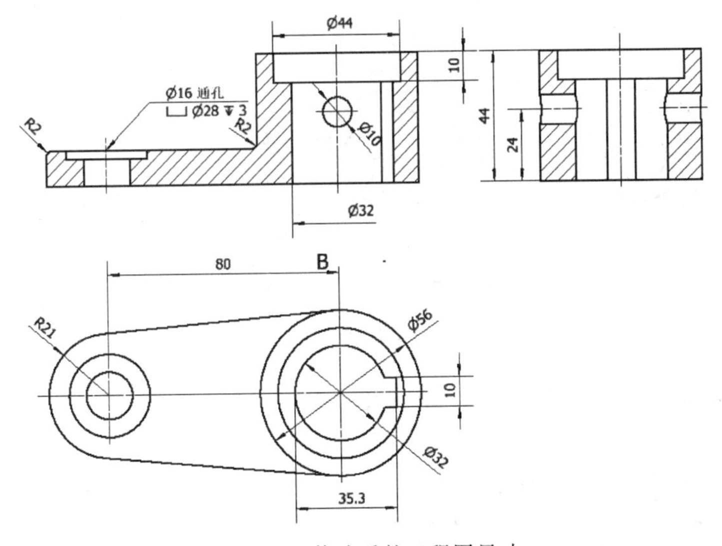

图 7-87 修改后的工程图尺寸

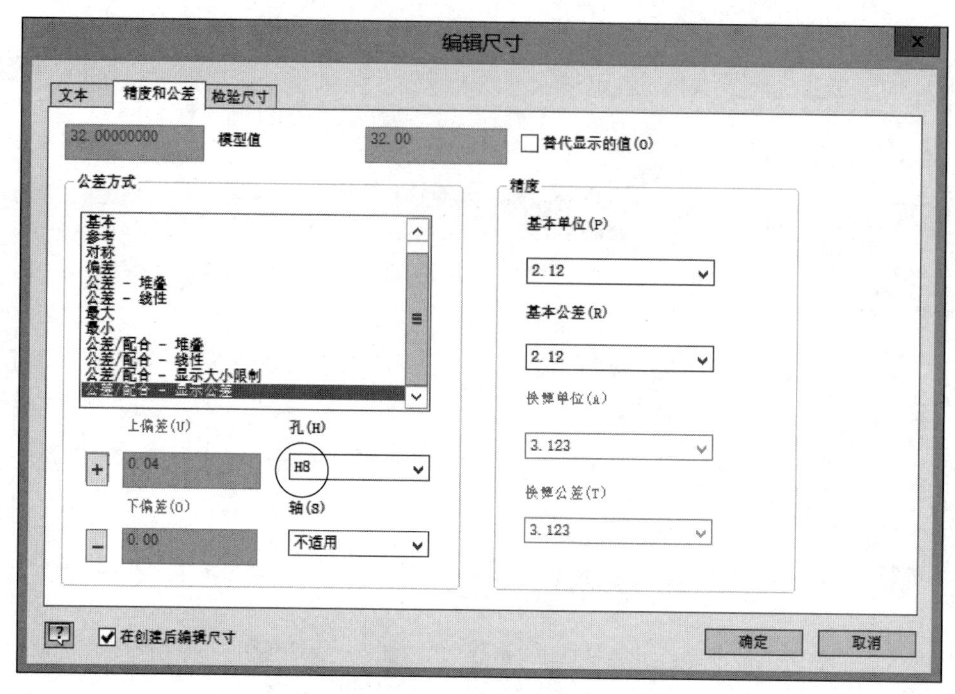

图 7-88 “编辑尺寸”对话框中的“精度和公差”选项卡

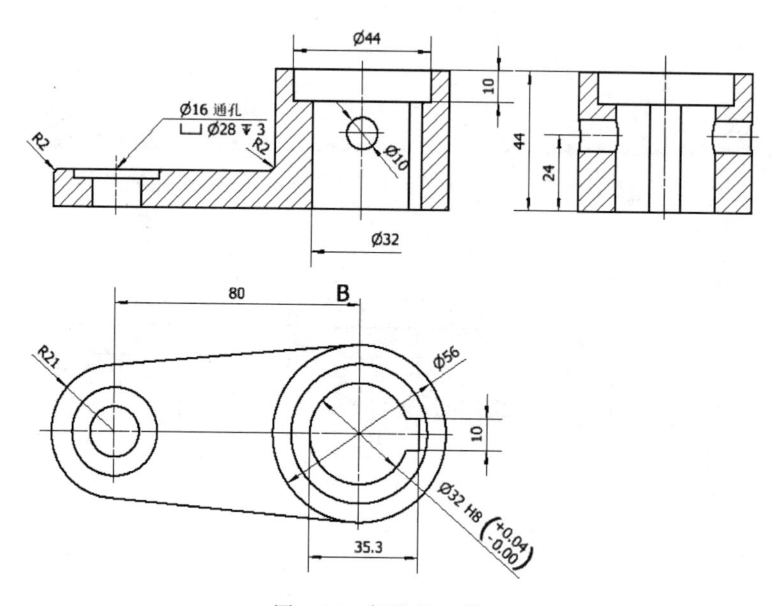

图 7-89 标注尺寸偏差

例 2 标注盖板工程图的内孔尺寸、螺纹尺寸和倒角尺寸。

1) 打开图形文件

打开图形文件：第 7 章\实例\盖板.idw，盖板工程图如图 7-90 所示。

2) 标注内孔尺寸

(1) 单击“尺寸”命令 。

(2) 单击主视图孔轴线 A，再单击内孔线 B，如图 7-91 所示。

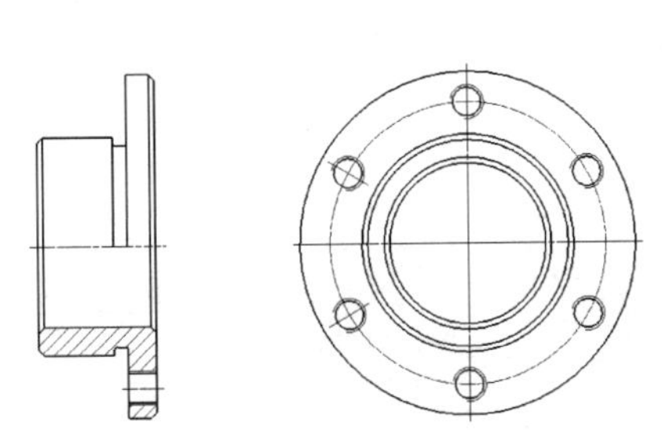
图 7-90 盖板工程图

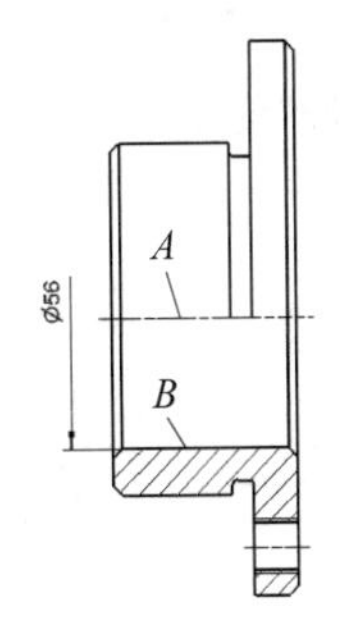

图 7-91 单尺寸界限的直径尺寸

(3) 接着右击，选择右键菜单中"尺寸类型"→"线性直径"选项，如图 7-92 所示。在适当的位置处单击，单一尺寸界线的直径尺寸标注如图 7-91 所示。

3) 标注倒角尺寸

(1) 单击"指引线文本"命令 ↙A 。单击倒角斜线的中点 1，再单击指引线的转折点 2，如图 7-93 所示。

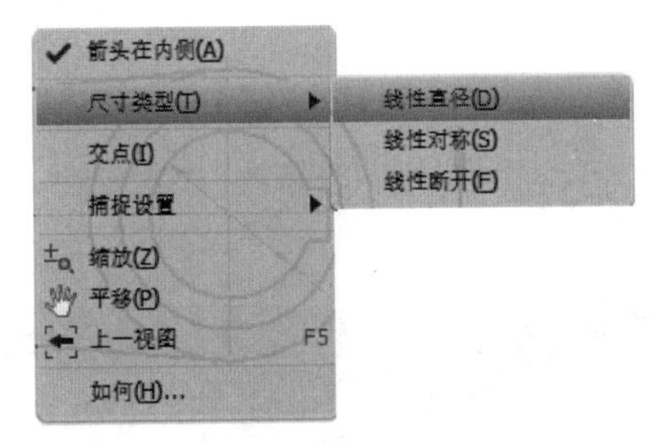

图 7-92 选择标注方式

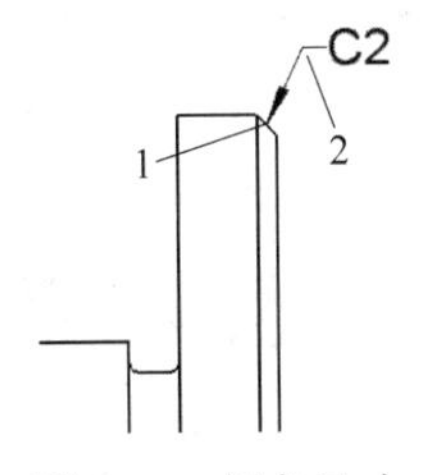

图 7-93 倒角尺寸

(2) 接着右击，选择右键菜单中的"继续"选项。在"文本格式"对话框中输入 C2，如图 7-94 所示。单击"确定"按钮，倒角尺寸标注如图 7-93 所示。

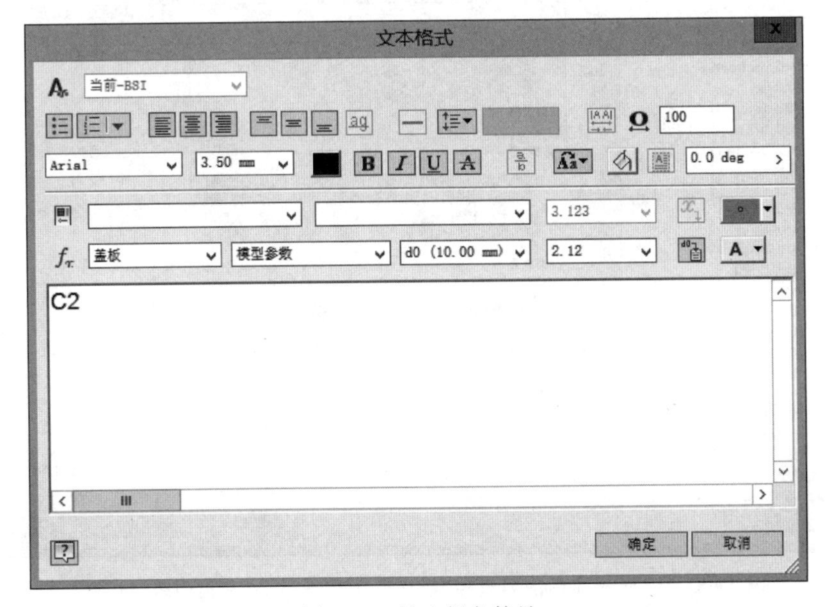

图 7-94 输入倒角符号

(3) 图 7-93 所示的 C2 标注样式不是经常采用的形式，选中该尺寸标注，接着右击，选择右键菜单中的“编辑 尺寸 样式”选项，如图 7-95 所示。

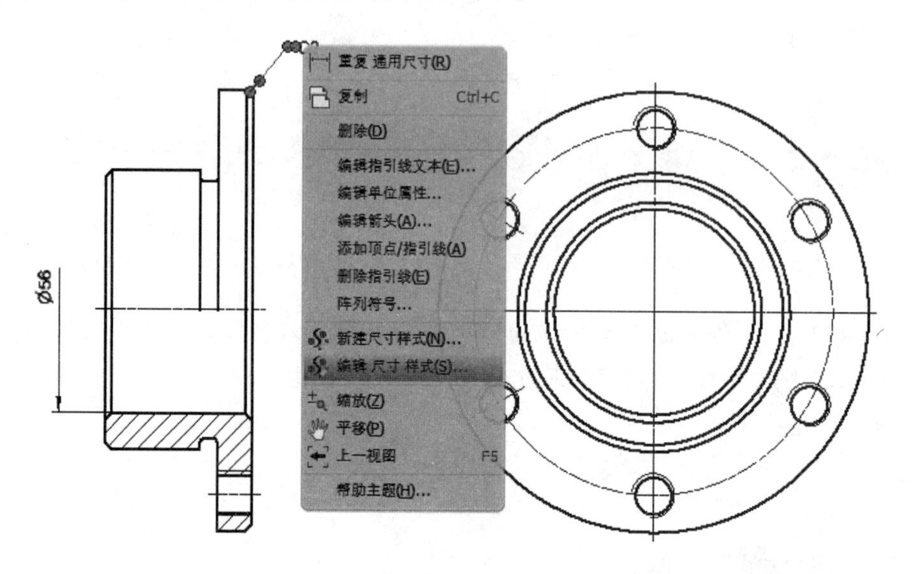

图 7-95 选择“编辑 尺寸 样式”选项

(4) 此时系统弹出“样式和标准编辑器”对话框，在“注释和指引线”选项卡中选择“全部在尺寸标注线上方”选项，如图 7-96 所示。

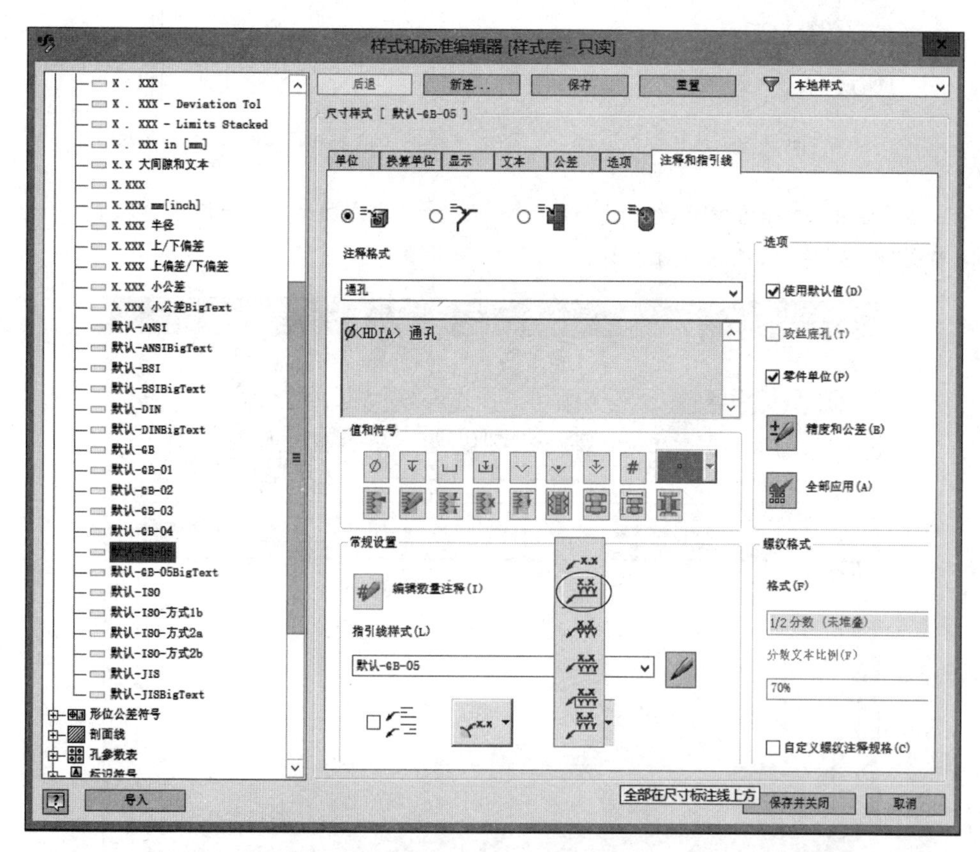

图 7-96 在“样式和标准编辑器”对话框中选择“注释和指引线”选项卡

(5) 单击“完成”按钮,修改后的倒角尺寸如图 7-97 所示。

4) 标注左视图的螺纹尺寸

(1) 单击“孔和螺纹标注”命令。单击左视图的螺纹孔线,移动鼠标到适当的位置后单击,标注出螺纹尺寸,如图 7-98 所示。

(2) 可以看出螺纹孔尺寸线上只有一个箭头,选中螺纹尺寸,然后右击,在弹出的菜单中去掉选择“单一尺寸线”选项,如图 7-99 所示。

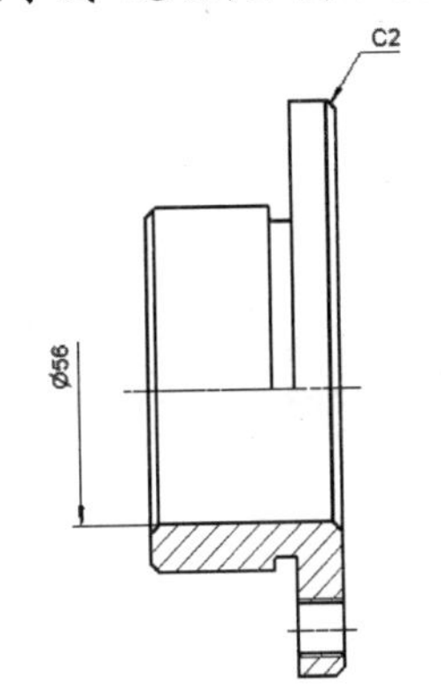

图 7-97 修改后的倒角尺寸

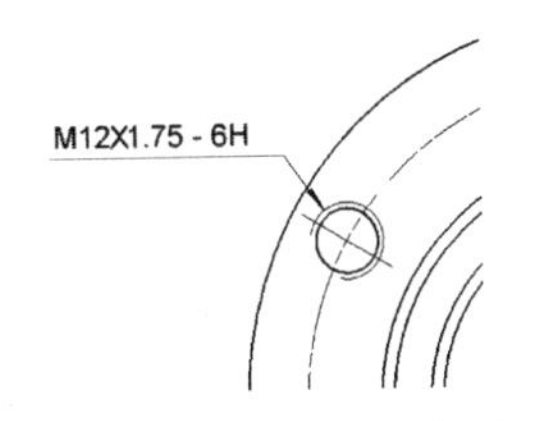

图 7-98 螺纹孔尺寸标注

(3) 然后右击该尺寸,在弹出的菜单中选择“编辑尺寸样式”选项,弹出“样式和标准编辑器”对话框,选择“选项”选项卡(见图 7-86),选择“箭头放置”选项,单击“完成”按钮。然后将所选的螺纹尺寸删除,然后重新标注,修改后的工程图尺寸如图 7-100 所示。

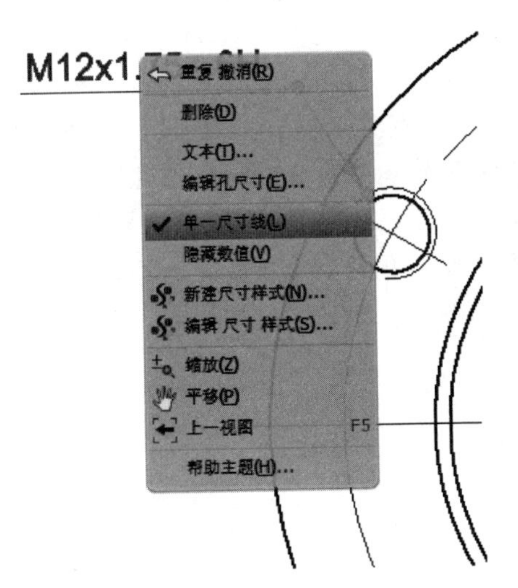

图 7-99 选择“单一尺寸线”选项

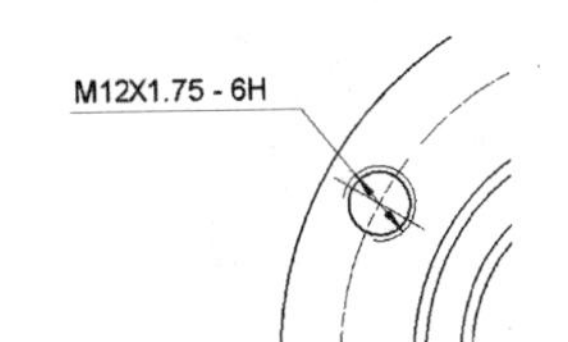

图 7-100 修改后的螺纹孔尺寸

(4) 在螺纹标注前添加螺纹孔数量符号。右击螺纹尺寸,选择右键菜单中的“文本”选项,在“文本格式”对话框中输入数量符号,如图 7-101 所示。

标注结果如图 7-102 所示。

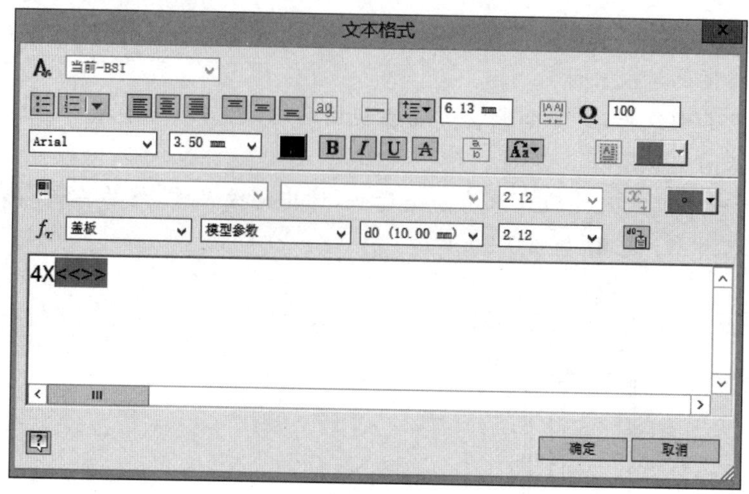

图 7-101　添加“4×”

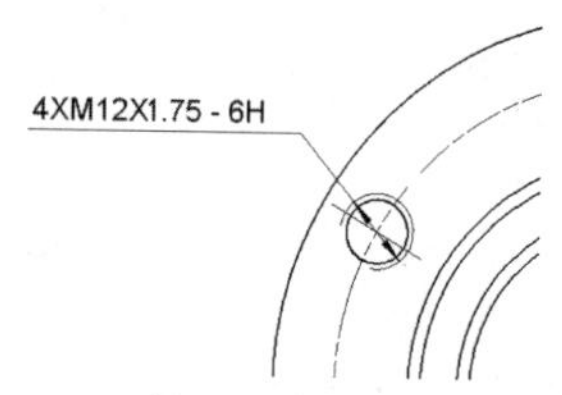

图 7-102　多个螺纹尺寸

7.4.2　表面粗糙度代号

工程图上的符号包括表面粗糙度代号、形状位置公差符号、焊接符号等。

例　标注带孔轴架工程图的表面粗糙度符号。

(1) 打开工程图文件：第 7 章\实例\轴架 b(带孔).idw。

(2) 使用“表面粗糙度符号”命令 √ ，单击要标注的表面线，拖移鼠标指针到符号所在的一侧右击，选择右键菜单中的“继续”选项，在对话框内选择符号类型和粗糙度值等，如图 7-103 所示。单击“确定”按钮。标注出的表面粗糙度符号如图 7-104 所示。如果需要修改表面粗糙度，可选择所标注的粗糙度符号，右击，在弹出的菜单中选择“编辑表面粗糙度符号”选项进行修改即可。

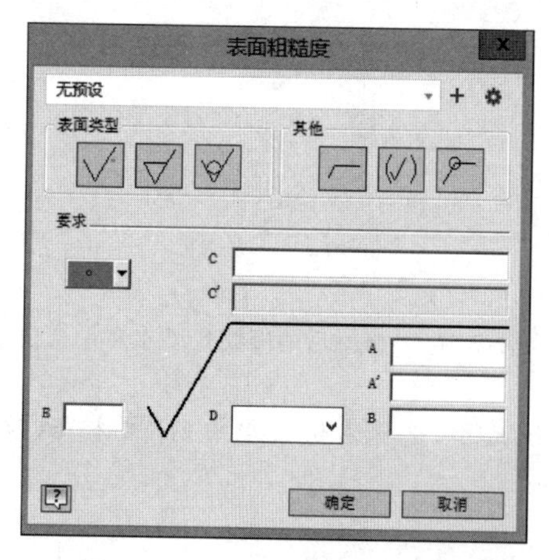

图 7-103　“表面粗糙度”对话框

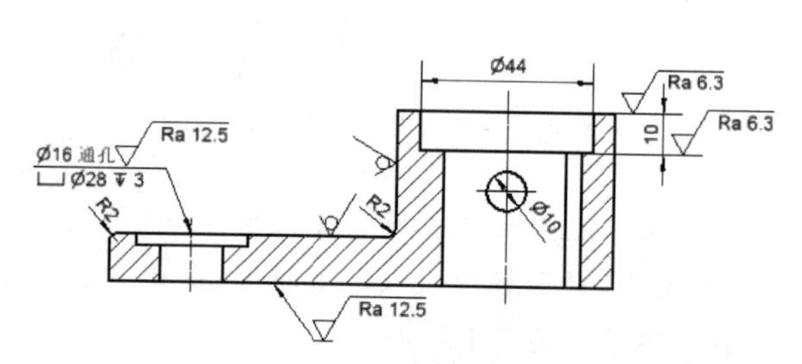

图 7-104　表面粗糙度符号

7.4.3 工程图的技术要求

例 在带孔轴架工程图中填写技术要求的内容。

使用"文本"命令 A，在文字行的起始点单击，在"文本格式"对话框中输入文字，"技术要求"的字高设置为7，其余文字高为5，如图7-105所示。单击"确定"按钮。技术要求文字如图7-106所示。

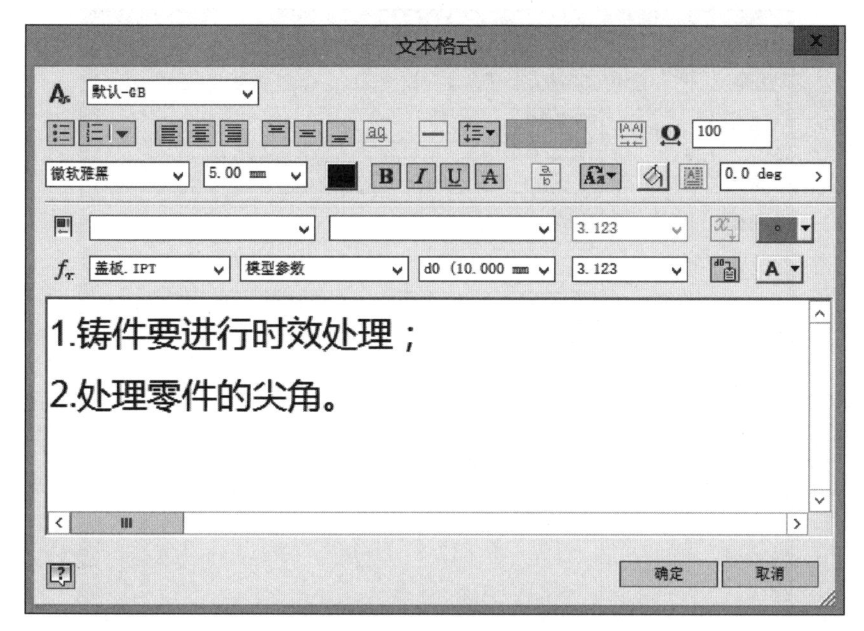

图7-105 "文本格式"对话框

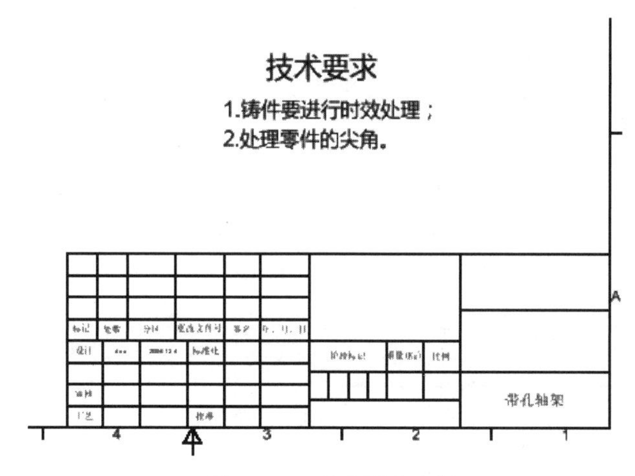

图7-106 技术要求文字

7.4.4 工程图的标题栏

标题栏的信息有一部分是从工程图特性中获取的。工程图特性对话框中标题、作者、单位、零件代号、创建日期5项内容能够在标题栏中自动显示出来，如图7-107、图7-108所示。

其他内容如零件名称、重量、比例等要使用“文本”命令输入。

例 填写上例中带孔轴架工程图的标题栏。

1）在工程图特性对话框中输入标题栏的内容

（1）单击“文件”标签栏，选择 iProperty 选项。

（2）在工程图特性对话框的“概要”选项卡中输入“标题”（部件名称）、“作者”（设计者）及“单位”三项内容，如图 7-107 所示。

图 7-107 “概要”选项卡

（3）在工程图特性对话框的“项目”选项卡中输入“零件代号”和“创建日期”（设计日期），如图 7-108 所示。单击“确定”按钮。标题栏如图 7-109 所示。

2）输入其他内容

使用“文本”命令 A，输入零件名称——“带孔轴架”，输入重量和比例。标题栏的输入结果如图 7-110 所示。

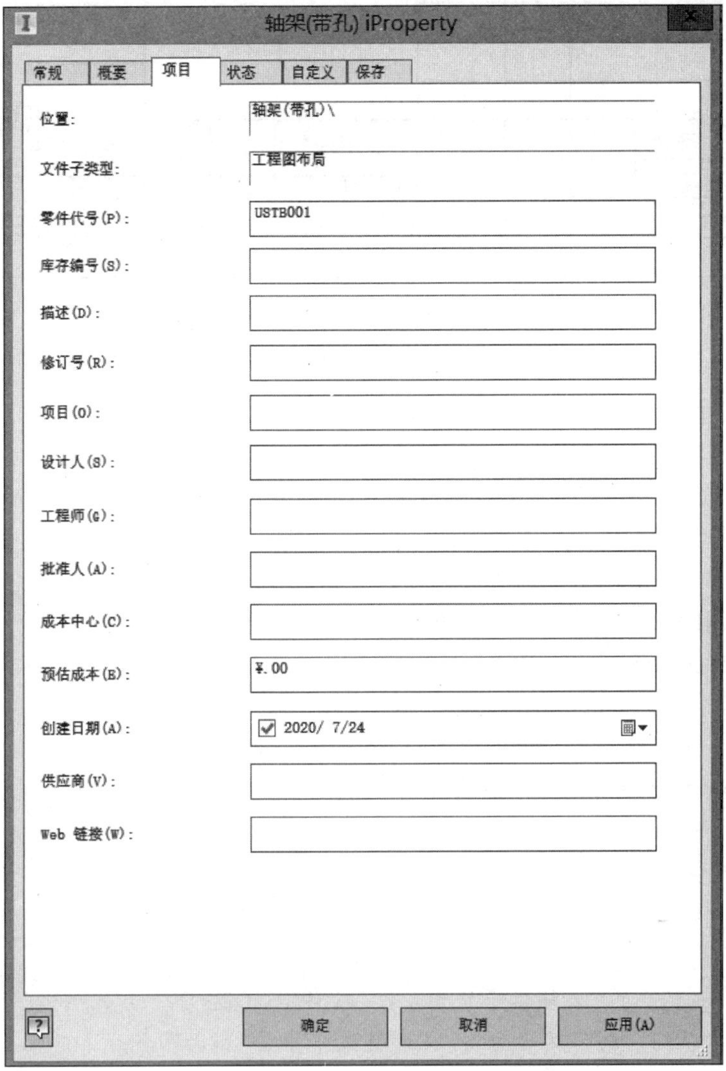

图 7-108　“项目”选项卡

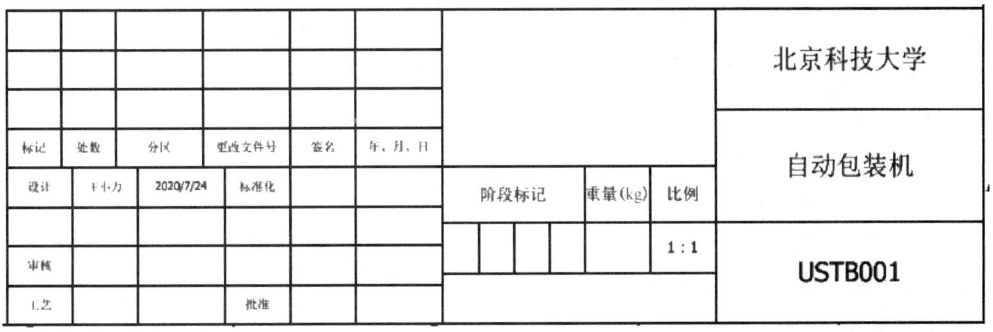

							北京科技大学
标记	处数	分区	更改文件号	签名	年、月、日		自动包装机
设计	王小力	2020/7/24	标准化			阶段标记 | 重量(kg) | 比例	
						1:1	USTB001
审核							
工艺			批准				

图 7-109　在工程图“特性”对话框中生成的内容

						带孔轴架		北京科技大学
标记	处数	分区	更改文件号	签名	年、月、日			自动包装机
设计	王小力	2020/7/24	标准化			阶段标记	重量(kg)	比例
							1.2	1:1
审核								USTB001
工艺			批准					

图 7-110　用"文本"命令输入的内容

7.5　部件装配工程图

部件装配工程图的主要内容有：一组视图、必要的尺寸、零件的序号、标题栏和明细表。装配视图的生成、尺寸标注的操作和零件工程图基本相同。本节通过一个实例介绍部件装配图的视图、序号和明细表的生成方法。

例　生成联轴器的装配工程图，包括视图、尺寸、序号及明细栏。

1）进入工程图工作环境

进入系统后，单击"新建"命令，选择图标。

2）生成第一个视图——左视图

单击"放置视图"标签栏中的"基础视图"命令，生成第 1 个视图，如图 7-111 所示。

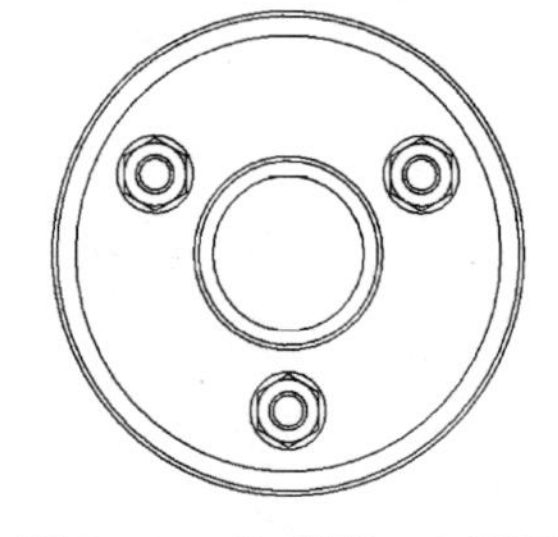

图 7-111　生成第一个视图

3）生成主视图

"模型"浏览器中显示联轴器的零件及子部件的特征结构如图 7-112 所示。

单击"模型"浏览器的"联轴器子装配：1"，按住 Ctrl 键，单击"联轴器键"和"联轴器轴"，然后右击，在右键菜单中将"截面"前的对勾去掉，如图 7-113 所示。对"模型"浏览器的"联轴器子装配：2"采取相同的操作。

主视图采用全剖视图表达。单击工程图"视图"标签栏上的"剖视"命令，生成全剖的主视图，如图 7-114 所示。主视图中的轴和键的剖面线被隐藏。

4）生成零件序号

（1）单击工程图标注面板上的"引出所有序号"命令，弹出"自动引出序号"对话框，如图 7-115 所示，对有关选项进行设置。

（2）单击主视图虚边框。

（3）在主视图中依次单击各个零件。

（4）零件选择完成后，接着右击，在弹出的右键菜单中选择"继续"选项，然后单击，将序号放在合适的位置。单击"确定"按钮，结果如图 7-116 所示。

5）整理序号

（1）调整序号的位置：用鼠标拖动指引线箭头上的圆点，将箭头拖到合适的位置。

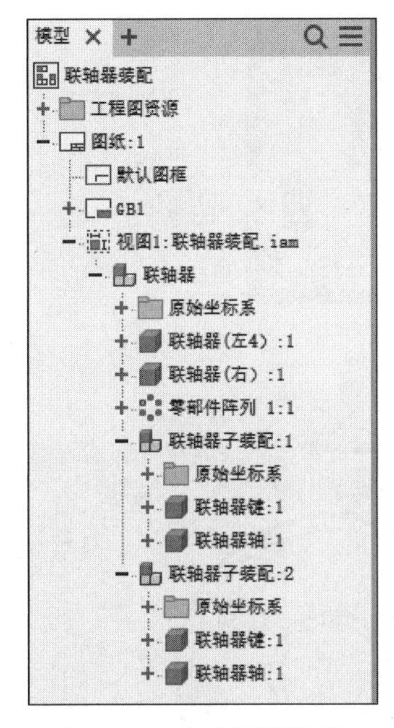

图 7-112 “模型”浏览器

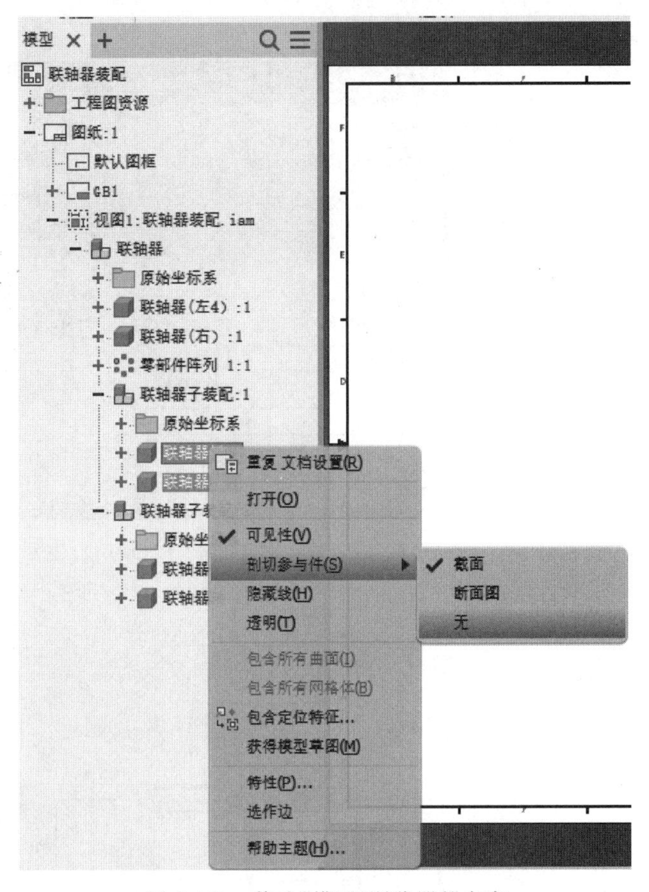

图 7-113 修改“模型”浏览器的内容

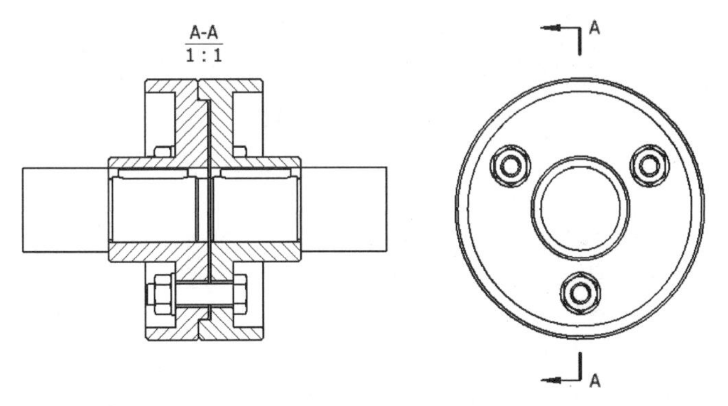

图 7-114 隐藏轴和键的剖面线

(2) 用鼠标拖动序号数字下横线的圆点线,将数字拖到合适位置。

(3) 用鼠标拖动序号数字时,与其他序号接触感应一下,可以引出虚导引线,导引当前序号和其他序号成水平或垂直排列。

(4) 删除多余序号、调整序号的位置后的序号显示如图 7-117 所示。

6) 标注装配图尺寸

单击工程图标注面板中的“通用尺寸”命令,标注如图 7-118 所示的装配图尺寸。

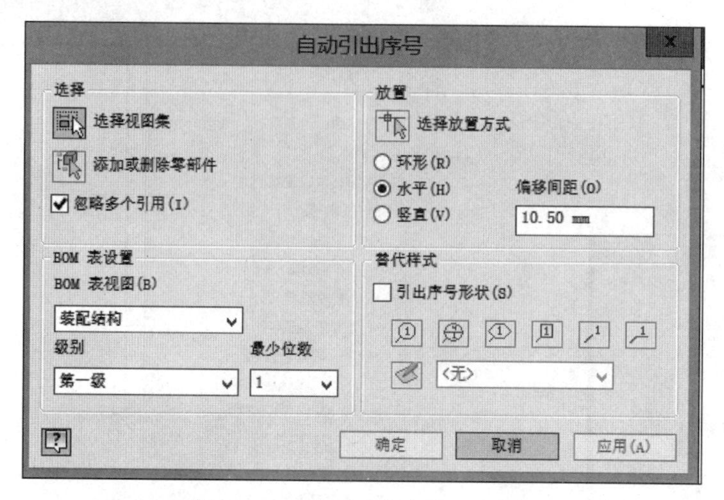

图 7-115 “自动引出序号”对话框

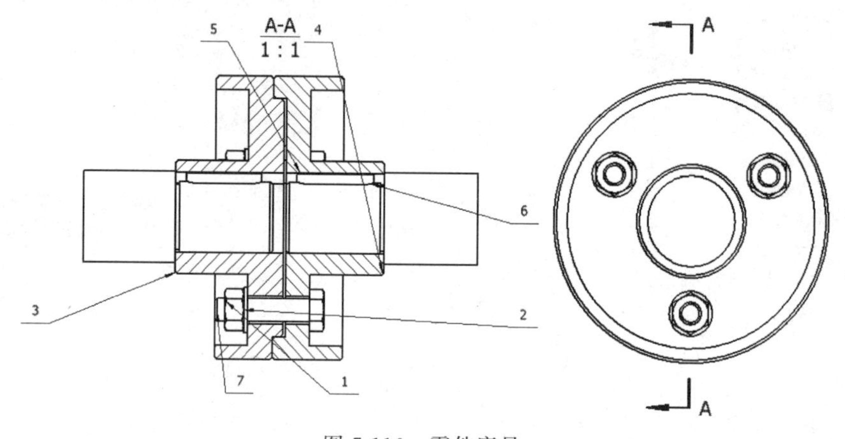

图 7-116 零件序号

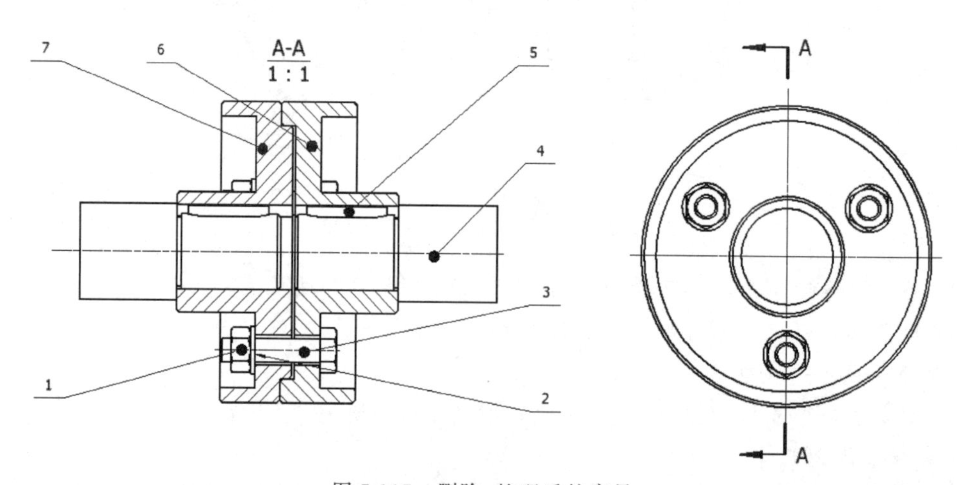

图 7-117 删除、整理后的序号

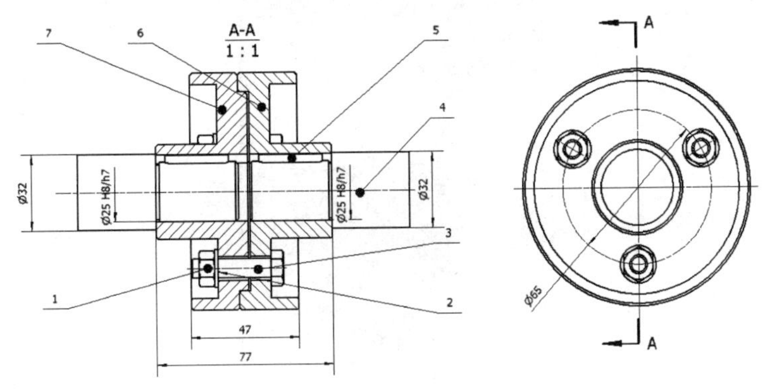

图 7-118 标注装配图尺寸

7) 填写标题栏

(1) 单击“文件”标签栏，选择 iProperty 选项。

(2) 在工程图特性对话框的“概要”选项卡中输入“标题”(部件名称)、“作者”(设计者)及“单位”三项内容。在工程图特性对话框的“项目”选项卡中输入“零件代号”和“创建日期”(设计日期)，如图 7-119 所示。单击“确定”按钮。

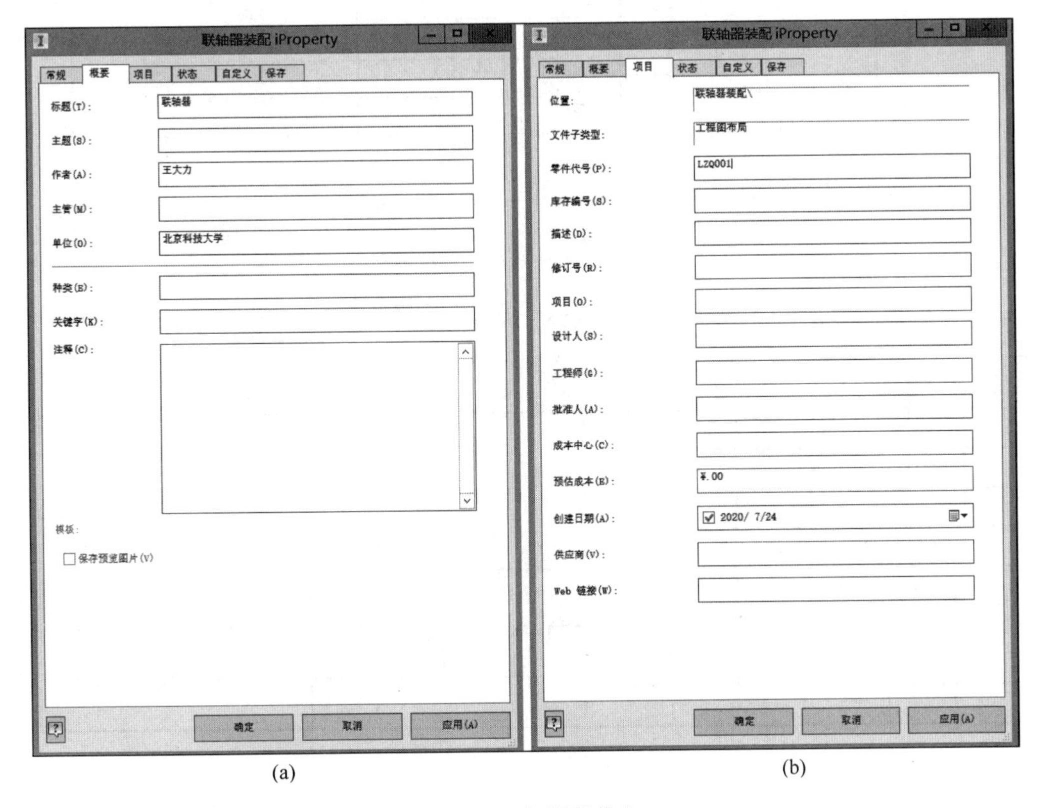

(a) (b)

图 7-119 标题栏信息

(3) 使用“文本”命令 A，输入零件名称——“带孔轴架”，输入重量和比例。

(4) 在“模型”浏览器中，选择“工程图资源”→GB1 选项，然后右击，在弹出的菜单中选择“编辑定义”选项，如图 7-120 所示。

(5) 标题栏进入可编辑的模式，如图 7-121 所示。将其中的“重量(kg)”删除。

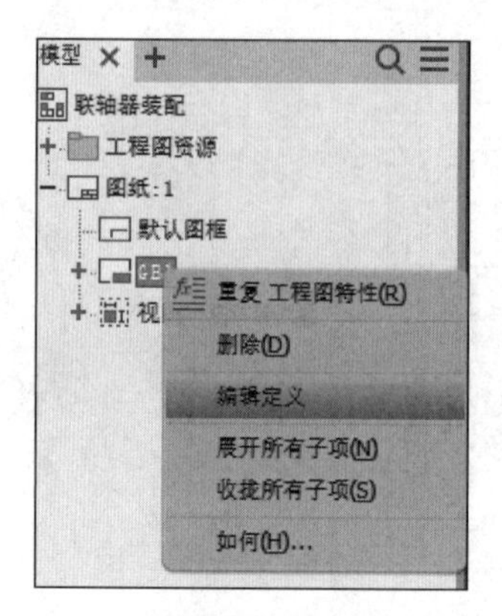

图 7-120 “模型”浏览器中选择“编辑定义”

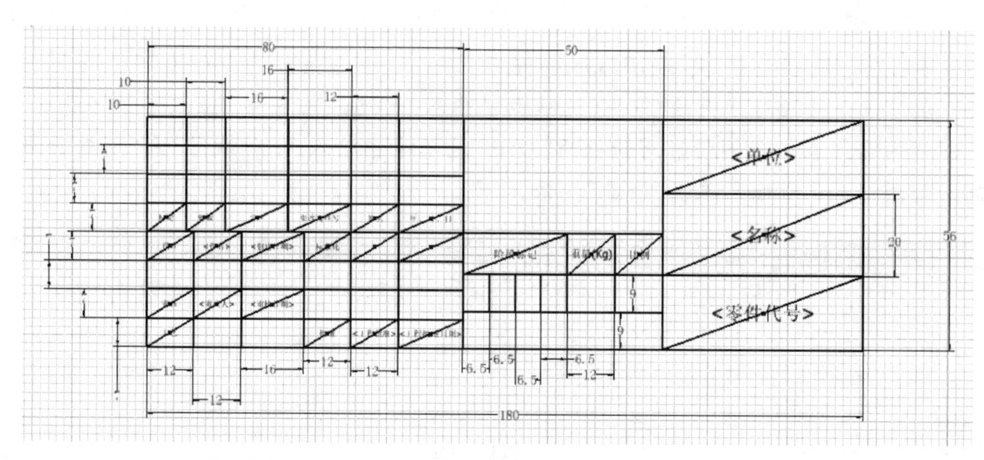

图 7-121 可编辑模式的标题栏

(6) 在标题栏上右击，在弹出的菜单中选择“保存标题栏”选项。修改后的标题栏如图 7-122 所示。

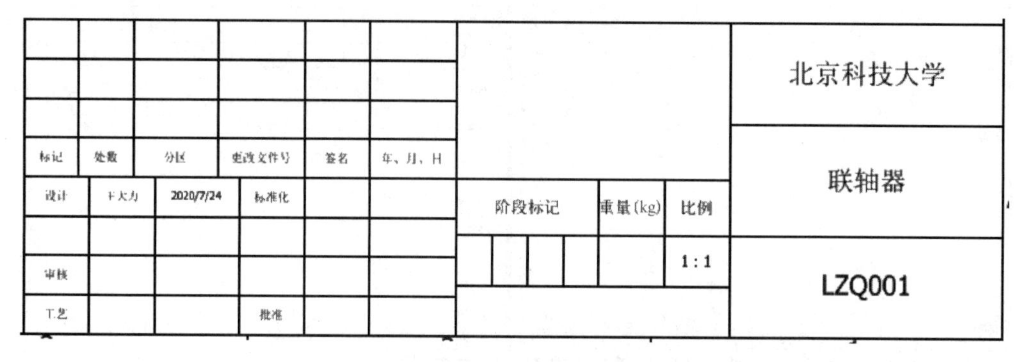

图 7-122 标题栏

8) 生成明细表

(1) 单击工程图标注面板中的“明细栏”命令，弹出“明细栏”对话框，如图 7-123 所示。设置完成后单击“确定”按钮。

(2) 用鼠标拖动明细表到标题栏上方和标题栏对齐的位置，单击。生成的明细表如图 7-124 所示。

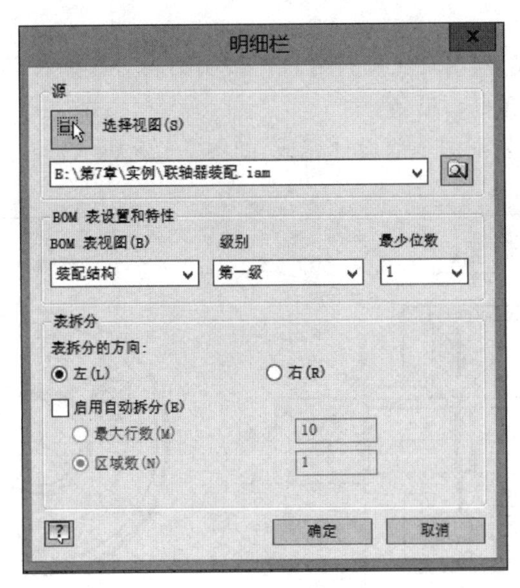

图 7-123 “明细栏”对话框

7	GB 6170-86	六角螺母 M8	3	低碳钢	0.006 kg
6	GB 97.1-85	垫圈 8	3	低碳钢	0.002 kg
5	GB.31.140.8	螺栓 M8	3	低碳钢	0.020 kg
4	LZQ-04	联轴器轴	2	低碳钢	0.346 kg
3	LZQ-03	联轴器键	2	低碳钢	0.012 kg
2	LZQ-02	联轴器（右）	1	低碳钢	0.886 kg
1	LZQ-01	联轴器（左）	1	低碳钢	0.946 kg
序号	代 号	名 称	数量	材 料	质 量

							北京科技大学
标记	处数	分区	更改文件号	签名	年、月、日		
设计	一六六	2005-1-8	标准化			阶段标记 重量(kg) 比例	联轴器装配
审核							
工艺			批准				LZQ-00

图 7-124 明细表

明细表中的代号、名称、材料及重量的内容是从各自的零件模型的特性信息中提取的。“数量”中的数值来自装配模型。

“代号”取自零件“特性”→“项目”中“零件代号”的内容。

“名称”取自零件“特性”→“项目”中“描述”的内容。

“材料”取自零件“特性”→“物理特性”中“材料”的内容。

“质量”取自零件“特性”→“物理特性” 中“常规特性”的内容。

在装配工程图中可以随时打开某个零件的模型文件，添加特性的有关信息，方法如下：

① 单击浏览器中某个零件的名称，然后右击，选择右键菜单的“打开”选项；

② 保存零件模型文件；

③ 回到工程图环境；

④ 浏览器中“明细表”前出现更新符号，右击“明细表”，选择右键菜单的“更新”选项；

⑤ 明细表的相关内容自动更新。

至此，联轴器的部件装配图全部设计完成，如图 7-125 所示。

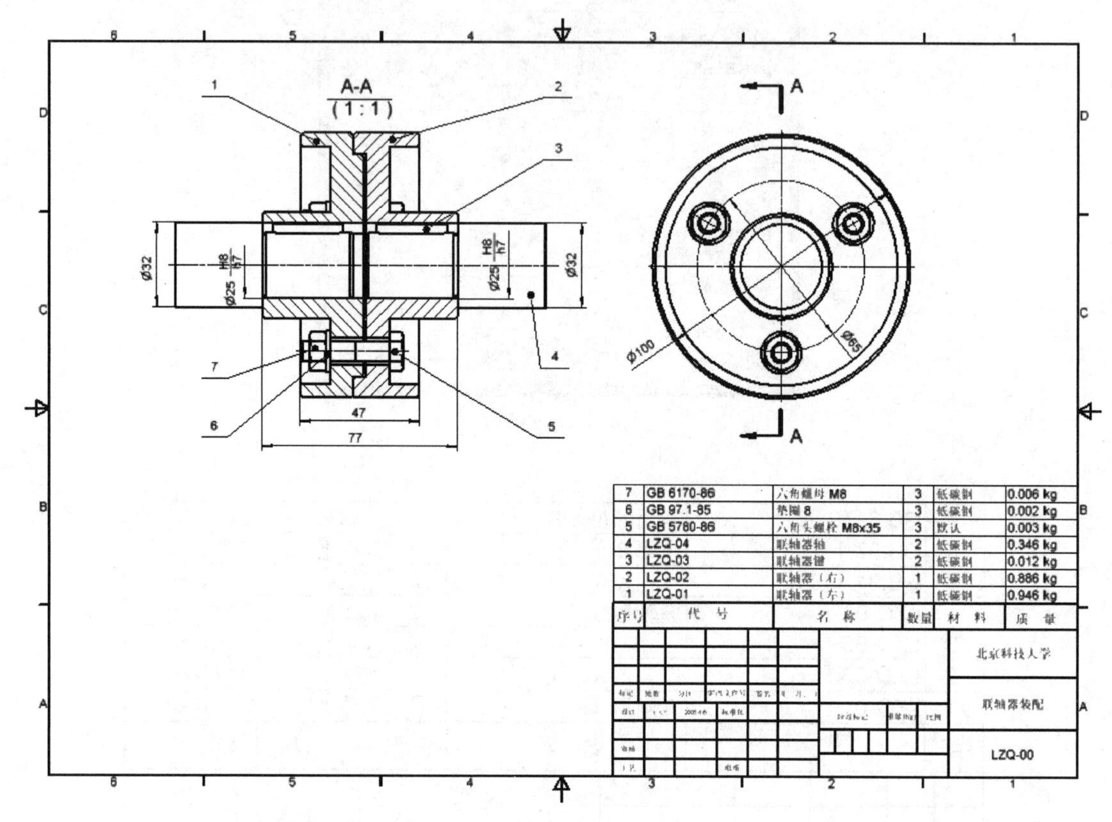

序号	代号	名称	数量	材料	质量
7	GB 6170-86	六角螺母 M8	3	低碳钢	0.006 kg
6	GB 97.1-85	垫圈 8	3	低碳钢	0.002 kg
5	GB 5780-86	六角头螺栓 M8x35	3	默认	0.003 kg
4	LZQ-04	联轴器轴	2	低碳钢	0.346 kg
3	LZQ-03	联轴器键	2	低碳钢	0.012 kg
2	LZQ-02	联轴器（右）	1	低碳钢	0.886 kg
1	LZQ-01	联轴器（左）	1	低碳钢	0.946 kg

图 7-125　联轴器的部件装配图

7.6　工程图综合举例

例　生成“虎钳”的装配工程图，包括视图、尺寸、序号及明细栏，如图 7-126 所示。

1）准备工作

为了使后续工程图的生成方便、合理，有必要在前期做一些准备工作。

(1) 在零件环境下，将丝杠和滑块上采用螺旋扫掠生成的螺纹删除，改为采用螺纹特征生成螺纹，如图 7-127 所示。

(2) 虎钳上采用双螺母进行锁紧，双螺母没有对齐(见图 7-128(a))，采用“配合”约束中的“表面平齐”命令对齐两个螺母(见图 7-128(b)、(c))。采用“角度”约束，使螺栓的侧面与底座的前表面夹角为 0°(见图 7-128(d)、(e))。

(3) 在圆螺钉的对称平面上添加“工作平面”(见图 7-129(a))，采用“角度”约束，使工作平面与底座的左侧表面夹角为 0°(见图 7-129(b)、(c))。

(4) 采用“角度”约束，使 4 个沉头螺钉一字槽的两个侧面与钳口前侧面的夹角为 0°(见图 7-130)。

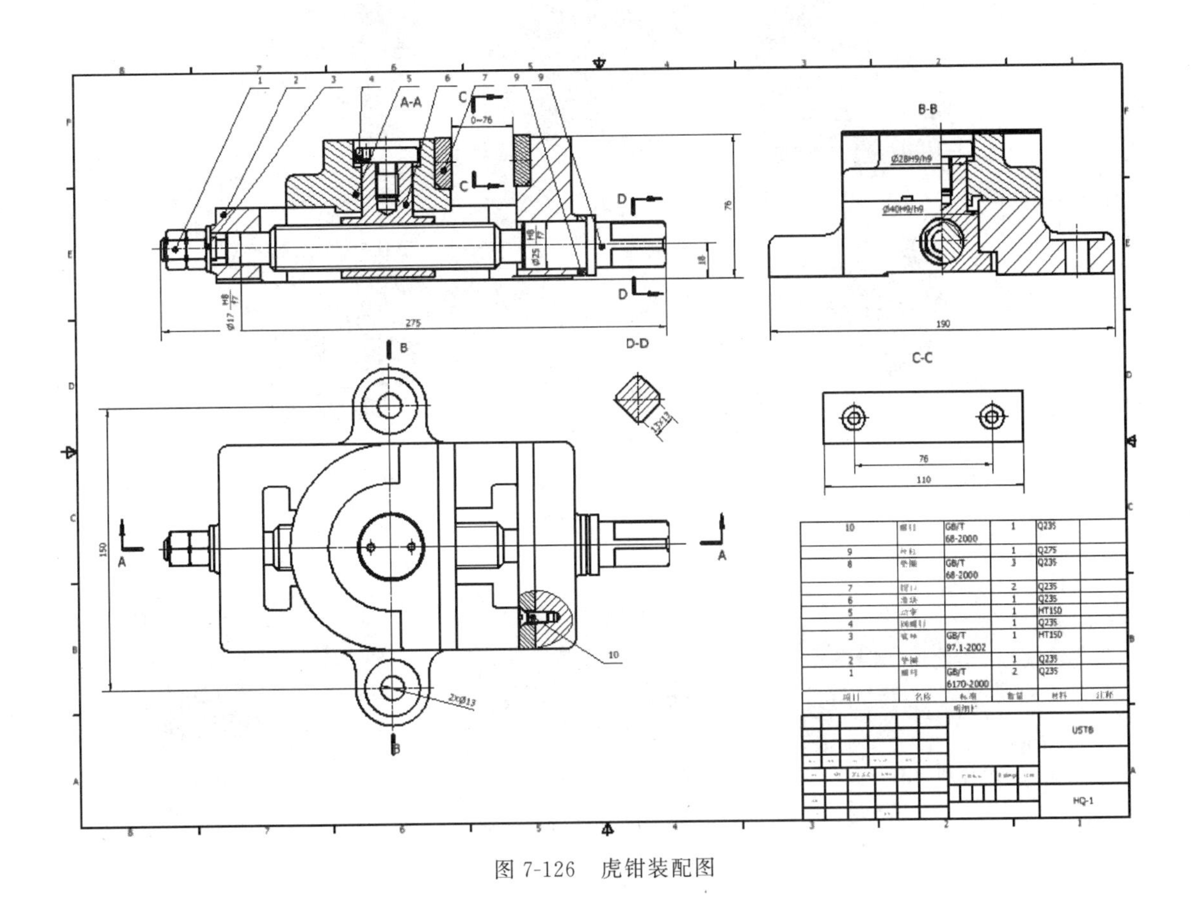

图 7-126　虎钳装配图

(a)　(b)　(c)

(d)　(e)　(f)

图 7-127　丝杠和滑块上螺纹的修改

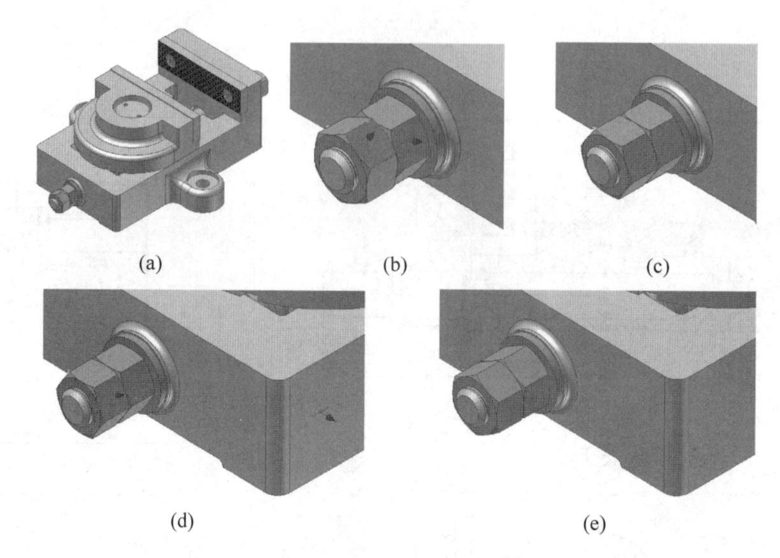
(a) (b) (c) (d) (e)

图 7-128 螺母的处理

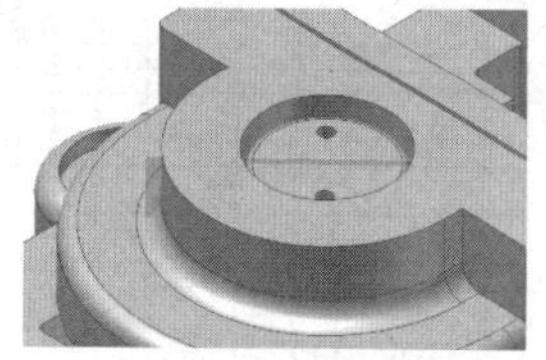
(a) 添加“工作平面”

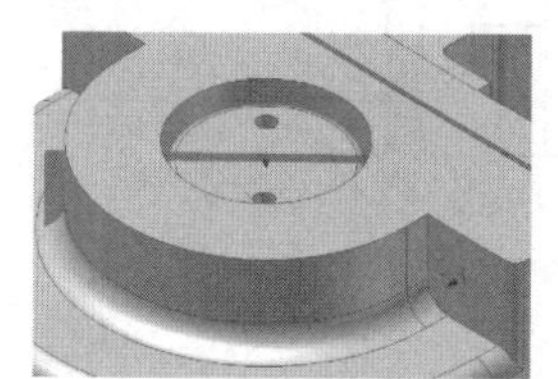
(b) 选取工作平面与底座的左侧表面

(c) “角度”约束后的结果

图 7-129 圆螺钉的处理

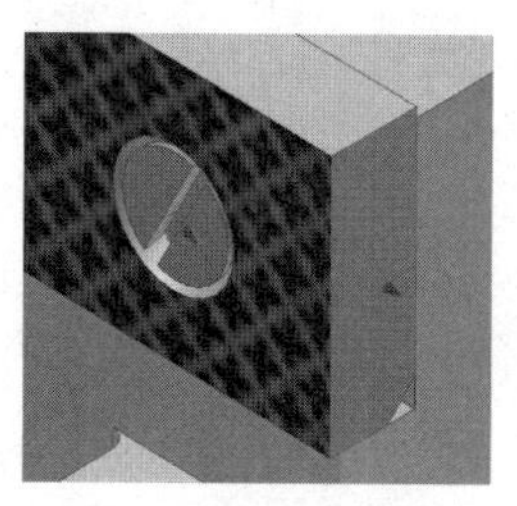
(a) 选取沉头螺钉一字槽的侧面与钳口前侧面

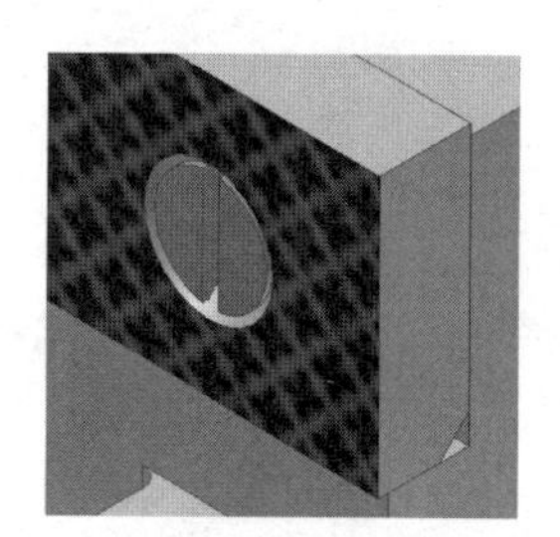
(b) “角度”约束后的结果

图 7-130 开槽沉头螺钉的处理

(5) 采用“角度”约束,使丝杠传动端的表面与底座的前侧面的夹角为45°(见图 7-131)。

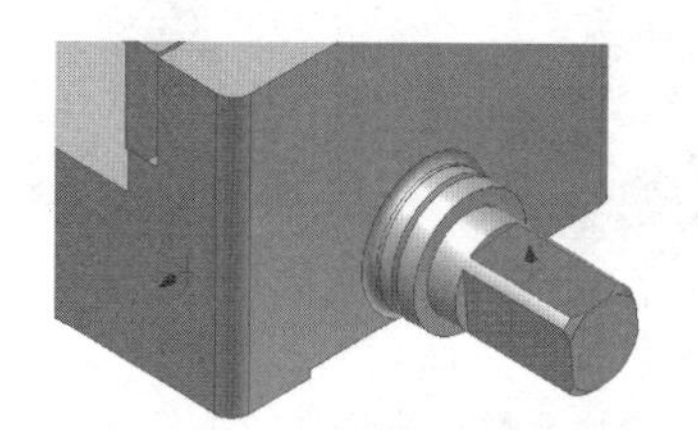
(a) 选取丝杠传动端表面与底座前侧面

(b) “角度”约束后的结果

图 7-131 丝杠的处理

2）生成工程图

(1) 进入工程图工作环境：单击“新建”按钮，选择图标，系统进入工程图工作环境。

(2) 生成第一个视图——俯视图，如图 7-132 所示。“模型”浏览器中显示出了虎钳的零件及子部件的特征结构。

单击“模型”浏览器的“丝杠：1”，按住 Ctrl 键，单击“圆螺钉：1”，然后右击，在右键菜单中将“截面”前的对勾去掉，如图 7-133 所示。

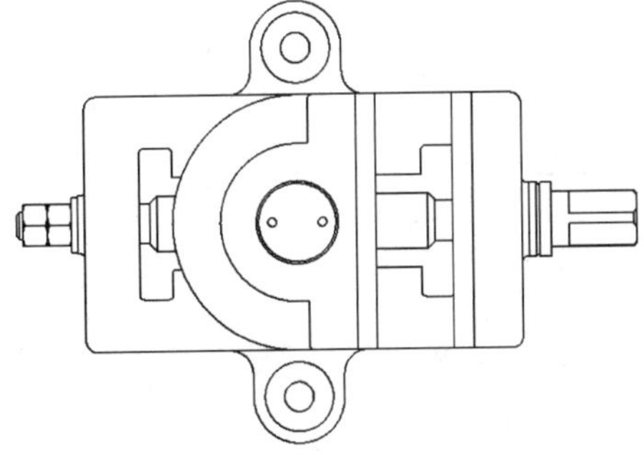

图 7-132 生成俯视图

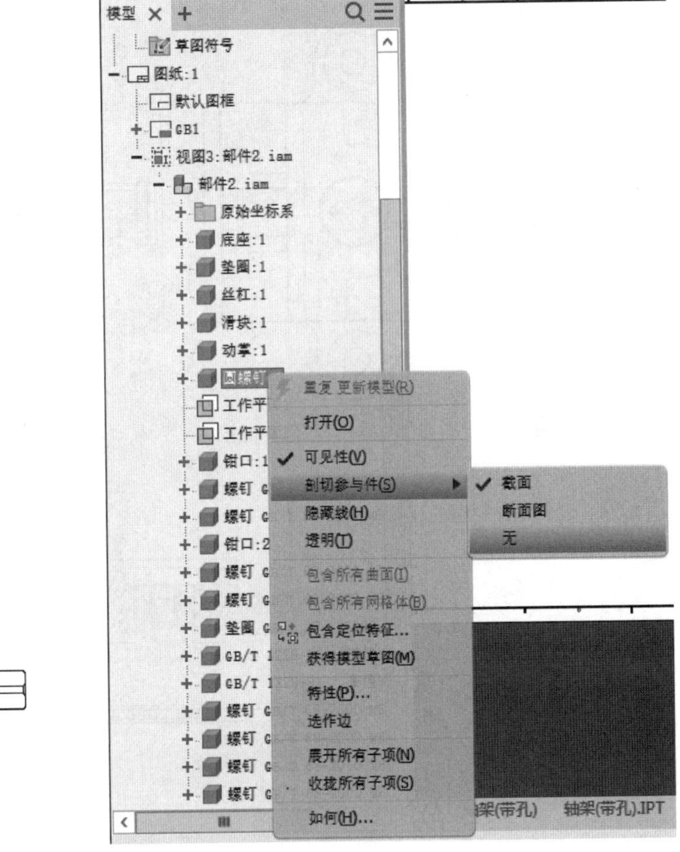

图 7-133 修改“模型”浏览器中的内容

(3) 生成主视图。主视图采用全剖视图表达。单击“放置视图”选项卡上的“剖视图”命令，生成全剖的主视图，如图 7-134 所示。主视图中的丝杠和圆螺钉的剖面线被隐藏。

可以看出，主视图和俯视图中的丝杠和圆螺钉的螺纹小径都没有画出，选择俯视图，右击，在弹出的菜单中选择“编辑视图”选项，在弹出的“工程视图”对话框中的“显示选项”选项卡中选择“螺纹特征”，如图 7-135 所示。对于主视图采用相同的方法，得到的结果如图 7-136 所示。

单击主视图，进入草图环境，使用“样条曲线”在主视图的圆螺钉上画出需要剖切的部位，如图 7-137(a)所示。右击，在弹出的菜单中选择“完成”选项进入工程图环境，使用“局部剖视图”按钮，单击主视图弹出“局部剖视图”对话框，选中对话框中的“剖切所有零件”复选框，如图 7-137(b)所示。在俯视图上选择了剖切的深度点后(见图 7-137(c))，得到的结果如图 7-137(d)所示。

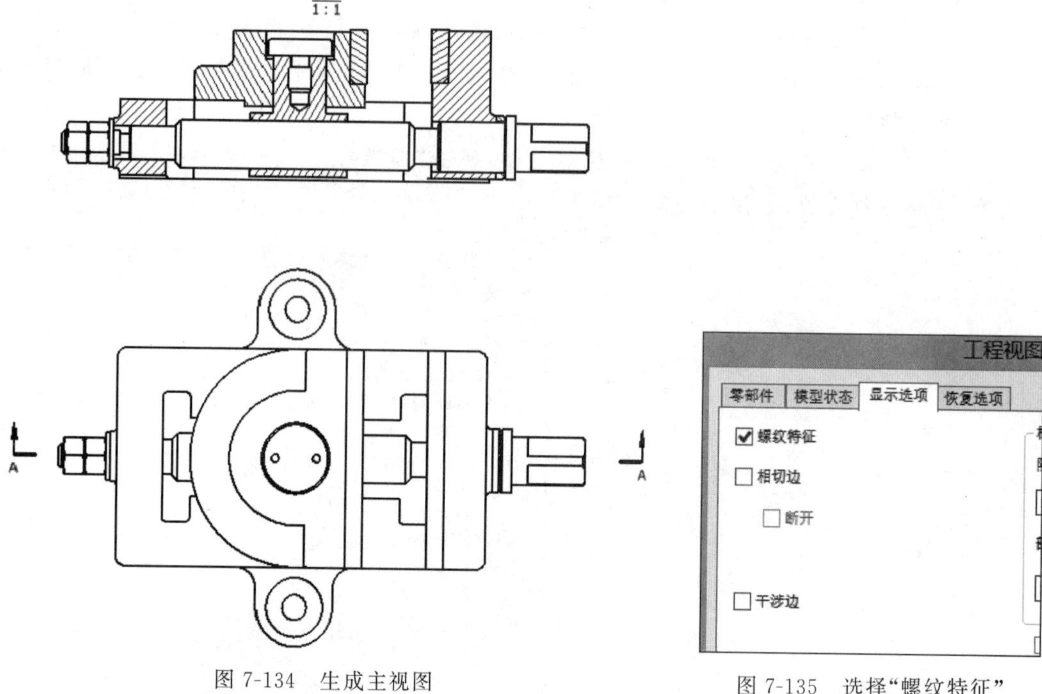

图 7-134　生成主视图

图 7-135　选择“螺纹特征”

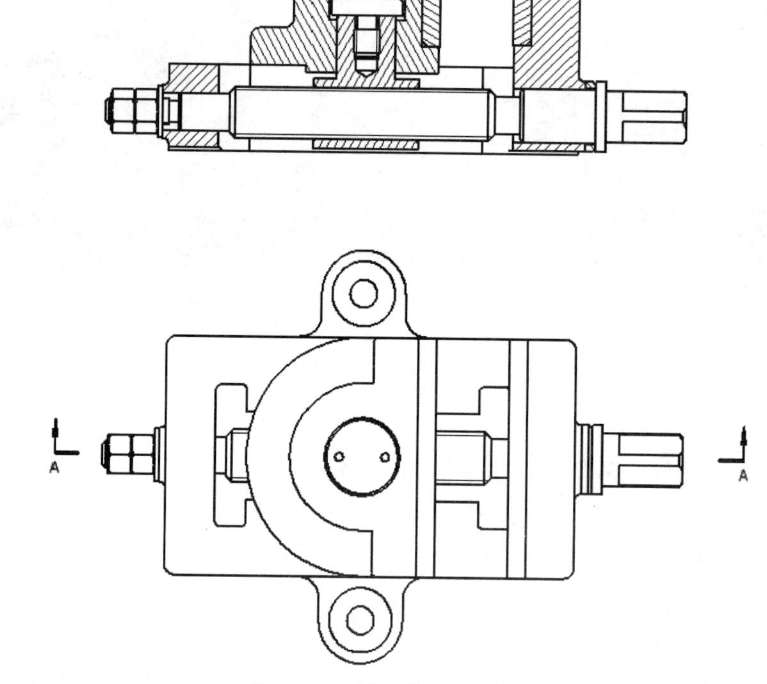

图 7-136　螺纹特征显示出来

选择局部视图的波浪线，右击，在弹出的菜单中选择“特性”选项，弹出“边特性”对话框，选择线型和线宽，如图 7-137(e)所示，得到的结果如图 7-137(f)所示。

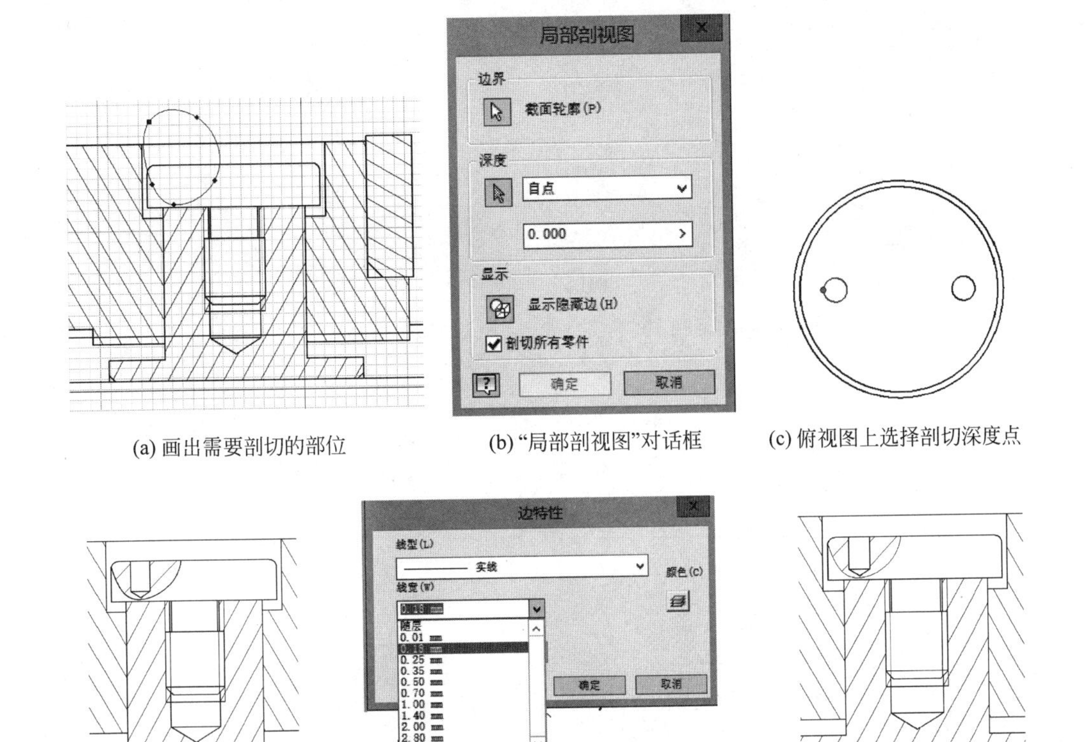

(a) 画出需要剖切的部位 (b) “局部剖视图”对话框 (c) 俯视图上选择剖切深度点

(d) 局部剖后的结果 (e) 改变波浪线型和线宽 (f) 改变后的结果

图 7-137 主视图作局部剖

单击“放置视图”对话框中的剖视图命令，选择主视图，单击丝杠传动端上、下两侧，右击，在弹出的菜单中选择“继续”选项，弹出“剖视图”对话框(见图 7-138)，在对话框中选中“包括切片”和“对所有零件切片”复选框，得到的视图如图 7-139 所示。选择传动端的剖视图，右击，在弹出的菜单中选择“对齐视图”→“断开”选项，将此视图移动到轴的下端，生成移出断面图，如图 7-140 所示。

图 7-138 “剖视图”对话框

(4) 生成左视外形图，如图 7-141(a)所示，选择丝杠的倒角圆(见图 7-141(b))，右击，在弹出的菜单中选择“隐藏倒角圆”选项，结果如图 7-141(c)所示。

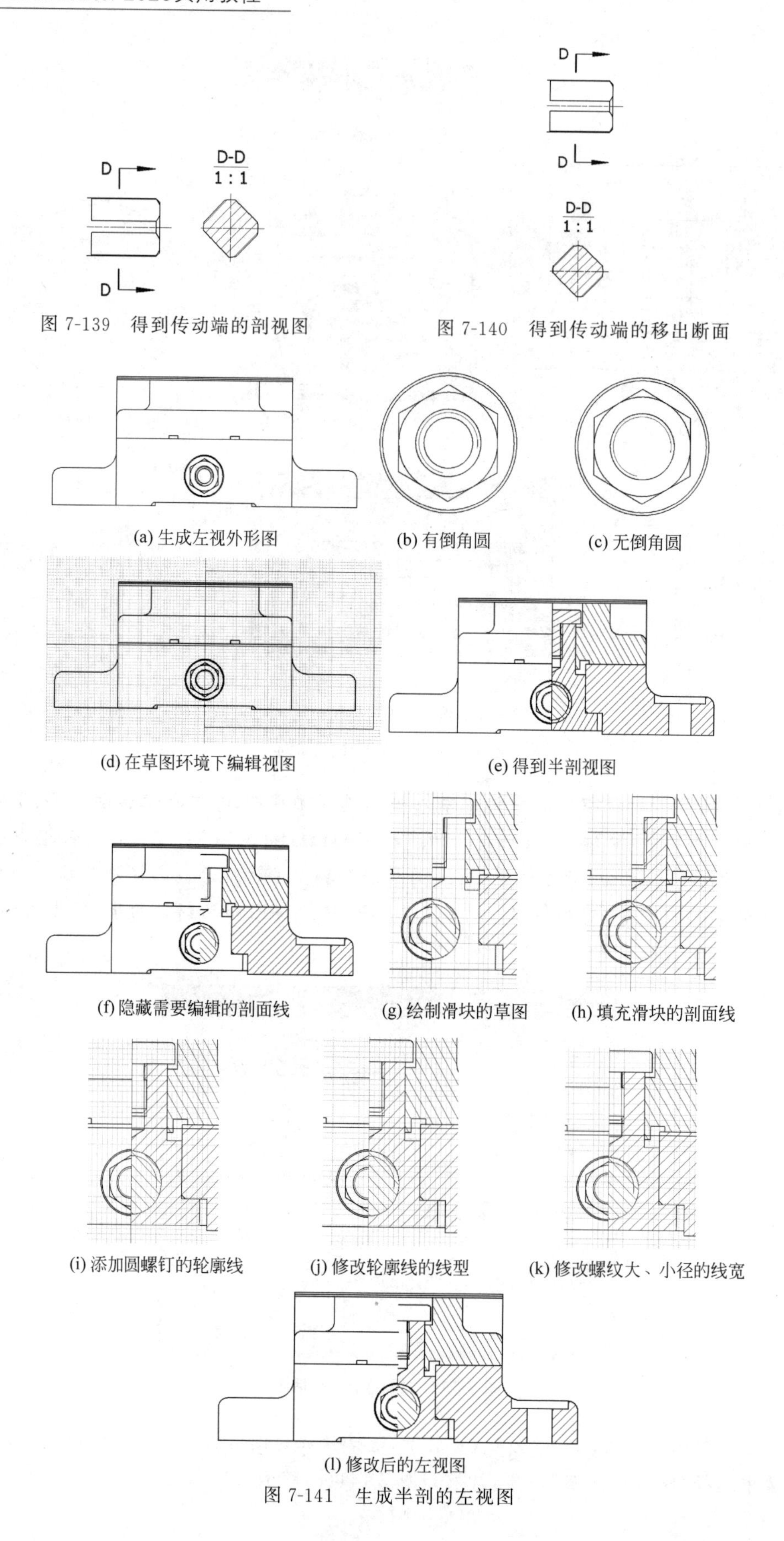

图 7-139 得到传动端的剖视图

图 7-140 得到传动端的移出断面

(a) 生成左视外形图

(b) 有倒角圆

(c) 无倒角圆

(d) 在草图环境下编辑视图

(e) 得到半剖视图

(f) 隐藏需要编辑的剖面线

(g) 绘制滑块的草图

(h) 填充滑块的剖面线

(i) 添加圆螺钉的轮廓线

(j) 修改轮廓线的线型

(k) 修改螺纹大、小径的线宽

(l) 修改后的左视图

图 7-141 生成半剖的左视图

为了生成半剖的左视图，单击左视图进入草图环境，并画草图，如图 7-141(d)所示。返回工程图环境，单击“局部剖视图”按钮，选择左视图，在弹出的“局部剖视图”对话框中，选择“剖切所有零件”，然后选择俯视图剖切的深度点，得到的视图如图 7-141(e)所示。

可见圆螺钉被剖切，并且由于内、外螺纹联接配合等因素，剖面线较乱。右击，在弹出的菜单中选择“隐藏剖面线”选项(结果见图 7-141(f))，然后作以下处理：

首先，单击左视图进入草图环境，利用相关命令画出滑块的草图，如图 7-141(g)所示。其次，单击“创建剖面线填充”按钮，添加滑块的剖面线，如图 7-141(h)所示。注意同一个零件剖面线的方向、间隔一致。单击左视图进入草图环境，添加圆螺钉的轮廓线，如图 7-141(i)所示。单击添加的轮廓线，选择“特性”，弹出“边特性”对话框，修改线型和线宽，如图 7-141(j)所示。同理，单击左视图进入草图环境，修改螺纹的大、小径的线宽，如图 7-141(k)所示。得到修改后的左视图如图 7-141(l)所示。

(5) 添加主要的中心线和轴线，修改 3 个视图中同一个零件的剖面线的方向与间隔。

(6) 添加其他视图。单击“剖视”按钮，生成钳口的局部视图，如图 7-142 所示。单击“局部剖视图”按钮，生成沉头螺钉的局部剖视图，如图 7-143 所示。选择钳口的局部视图，右击，在弹出的菜单中选择“对齐视图”→“断开”选项，将其中属于螺钉的轮廓线进行隐藏，然后进入草图环境，画出沉孔的投影，如图 7-144 所示。

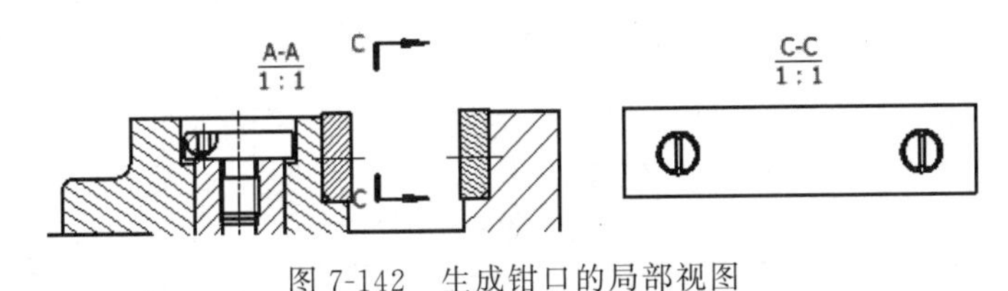

图 7-142 生成钳口的局部视图

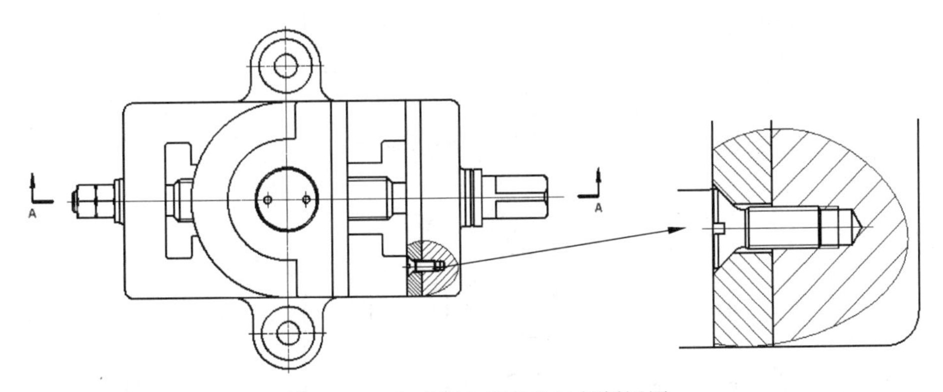

图 7-143 生成沉头螺钉的局部剖视图

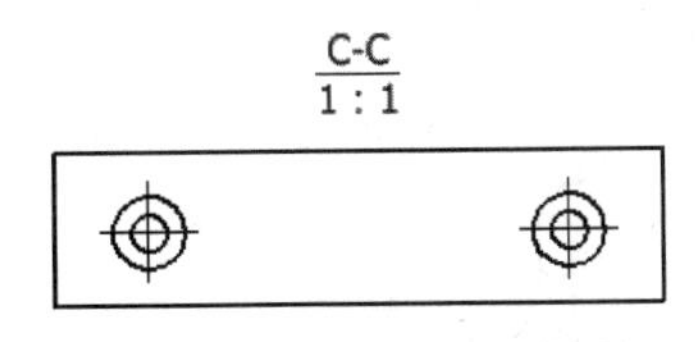

图 7-144 修改钳口的投影

3) 生成零件序号

(1) 单击工程图标注面板上的“自动引出序号”命令，弹出“自动引出序号”对话框，对有关选项进行设置。按照提示选择视图，单击主视图虚边框；按照提示选择要添加引出符号的零部件，在主视图中依次单击各个零件，然后右击，在弹出的菜单中选择“继续”选项，再单击将序号拖放在合适的位置。最后单击“确定”按钮，结果如图 7-145(a)所示。

(2) 编辑序号：选中序号后右击，在弹出的菜单中选择“编辑引出序号”选项，修改后的主视图如图 7-145(b)所示。

(3) 同理，生成并编辑俯视图的序号，如图 7-145(c)所示。

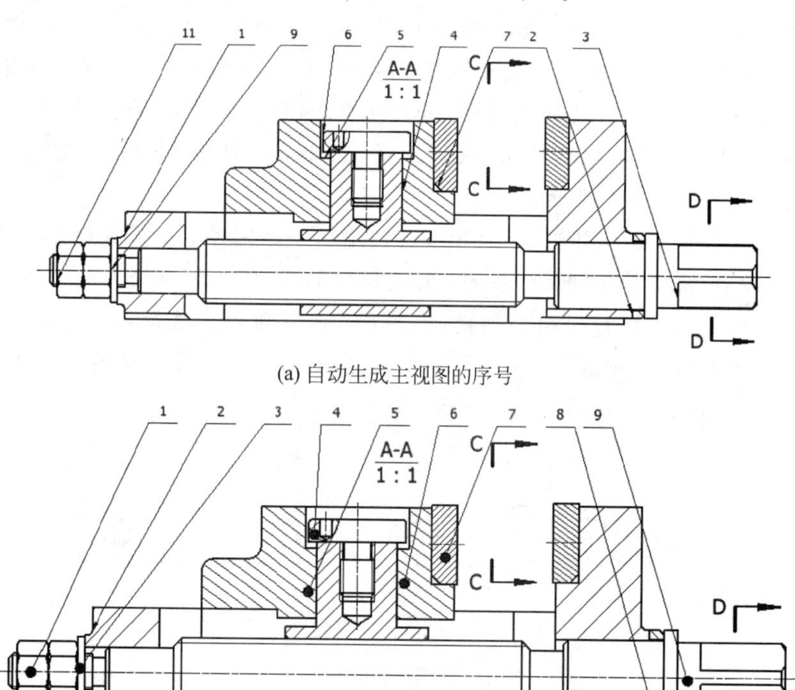

(a) 自动生成主视图的序号

(b) 编辑主视图的序号

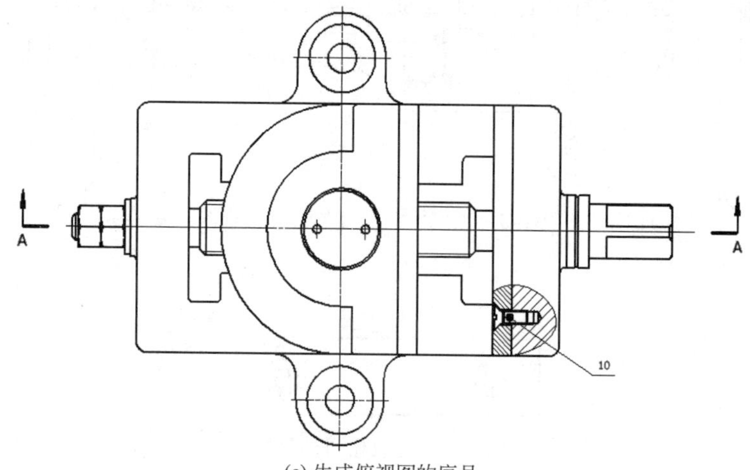

(c) 生成俯视图的序号

图 7-145 生成并编辑序号

4）标注装配图尺寸

单击工程图标注面板中的“通用尺寸”命令，标注装配图中的尺寸。在标注过程中，每标注一个尺寸，都会弹出“编辑尺寸”对话框，如图 7-146(a)所示。可选中“文本”选项卡中的“隐藏尺寸值”复选框，将原有的尺寸隐藏，输入新的尺寸数值，如图 7-146(b)所示。如果需要输入精度和公差，可单击“精度和公差”选项卡，在其中选择即可，如图 7-146(c)所示。

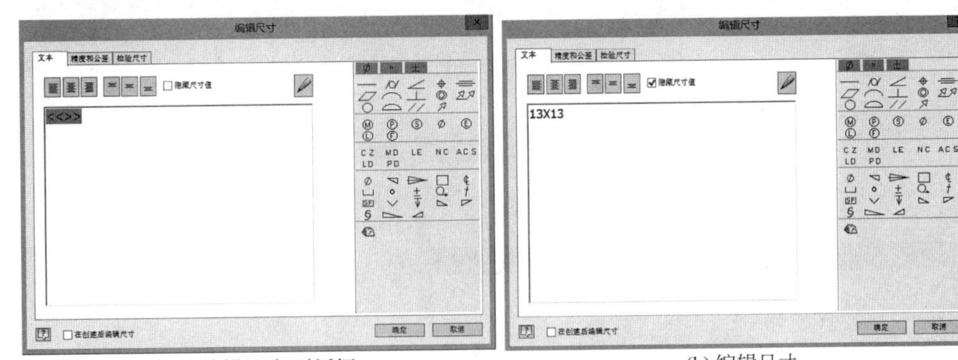

(a)“编辑尺寸”对话框　　(b) 编辑尺寸

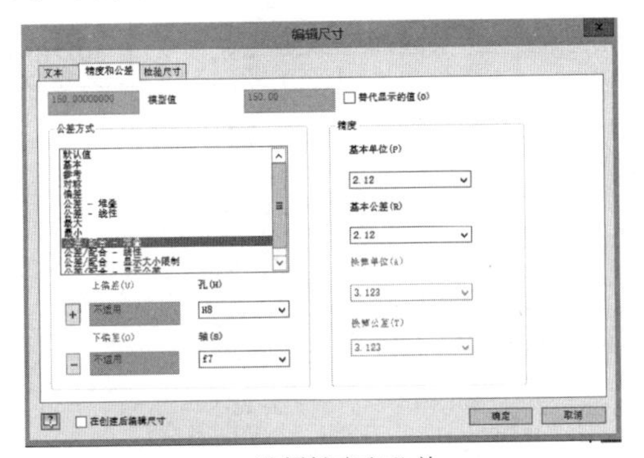

(c) 选择精度和公差

图 7-146　在“编辑尺寸”对话框中编辑尺寸

在标注尺寸的过程中，还会遇到标注单边尺寸的问题。可单击工程图标注面板中的“指引线文本”命令，在合适的位置双击，生成尺寸线(见图 7-147(a))；然后右击，在弹出的菜单中选择“继续”选项，弹出“文本格式”对话框，如图 7-147(b)所示。如果需要输入特殊符号，如 ϕ，可单击右侧的按钮进行选择，如图 7-147(b)和(c)所示。输入文本格式(见图 7-147(d))，得到的结果如图 7-147(e)所示。

5）填写标题栏

(1) 单击“文件”标签栏，选择“iProperty”选项。

(2) 在工程图特性对话框的“概要”选项卡中输入“标题”(零件所属的部件名称)、“作者”(设计者)及“单位”三项内容。在工程图特性对话框的“项目”选项卡中输入“零件代号”和“创建日期”(设计日期)，结果如图 7-148 所示。单击“确定”按钮。

6）生成明细表

(1) 单击“标注”标签栏中的“明细栏”命令，弹出“明细栏”对话框，选择虎钳部件，单击“确定”按钮。

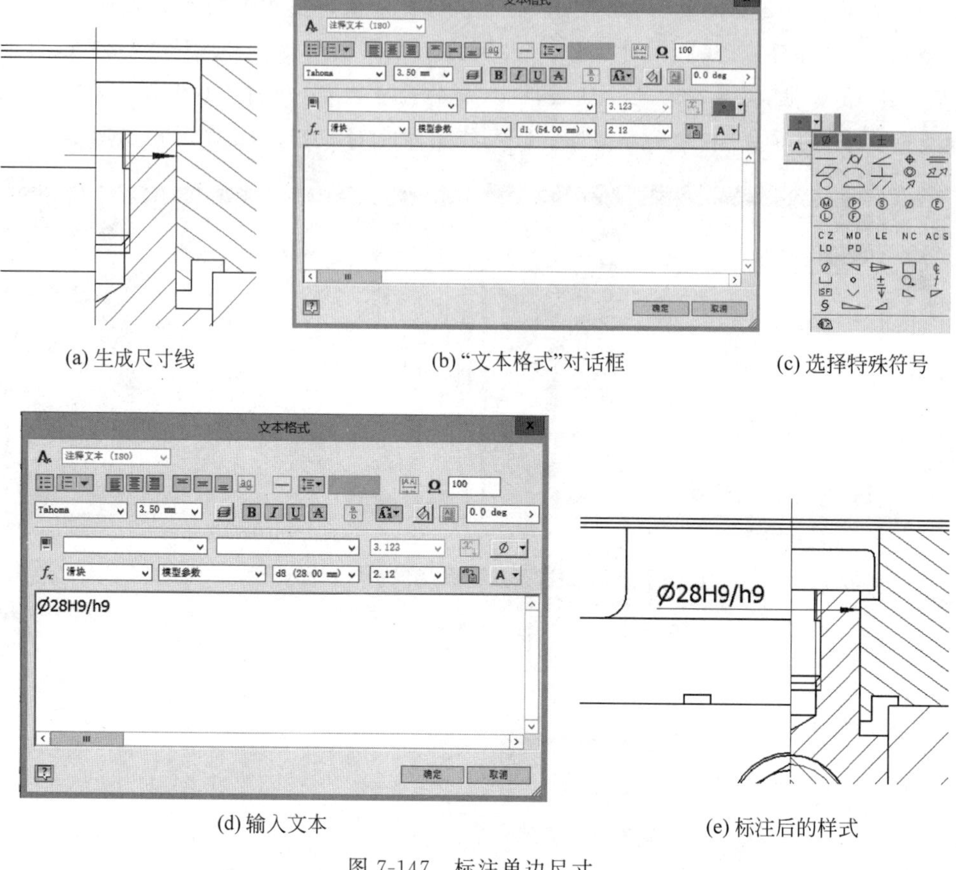

(a) 生成尺寸线　(b)“文本格式”对话框　(c) 选择特殊符号

(d) 输入文本　(e) 标注后的样式

图 7-147　标注单边尺寸

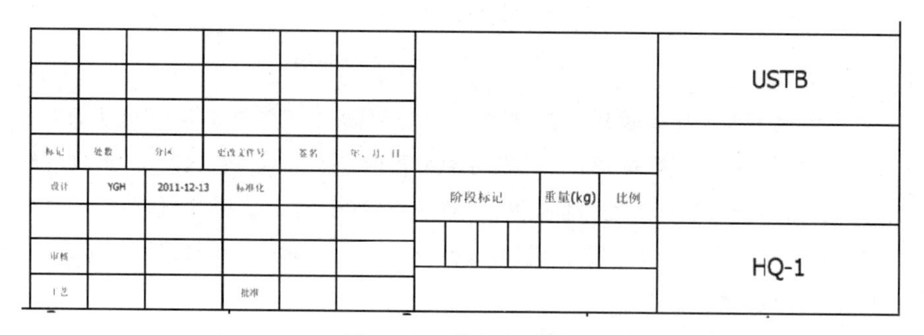

图 7-148　填写标题栏

（2）用鼠标拖动明细表到标题栏上方和标题栏对齐的位置，单击。生成的明细表如图 7-149 所示。

（3）右击明细表或双击明细表，在弹出的菜单中选择“编辑明细栏”选项，弹出“明细栏”对话框，如图 7-150(a)所示。

（4）首先单击排序按钮 ，弹出“对明细栏排序”对话框，选择按“序号”排序，如图 7-150(b)所示。然后对“明细栏”对话框进行编辑，如图 7-150(c)所示。

序号	标准	名称	数量	材料	注释
10	GB/T 68-2000		4	钢，软	
7			2	常规	
1	GB/T 6170-2000		2	钢，软	
2	GB/T 97.1-2002		1	钢，软	
4			1	常规	
5			1	常规	
8			1	常规	
9			1	常规	
6			1	常规	
3			1	常规	

图 7-149　生成明细表

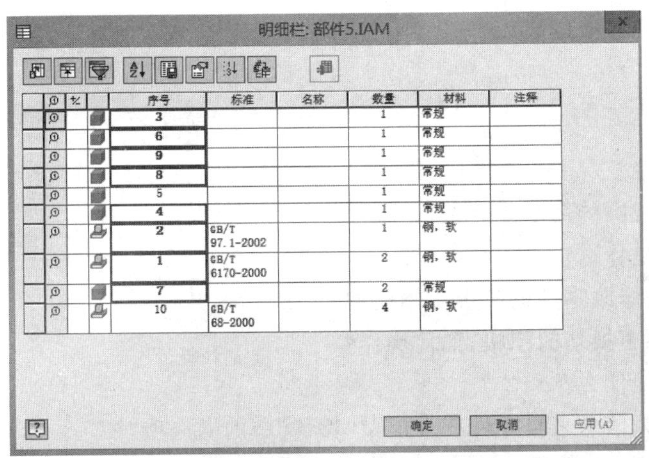

(a)“明细栏”对话框

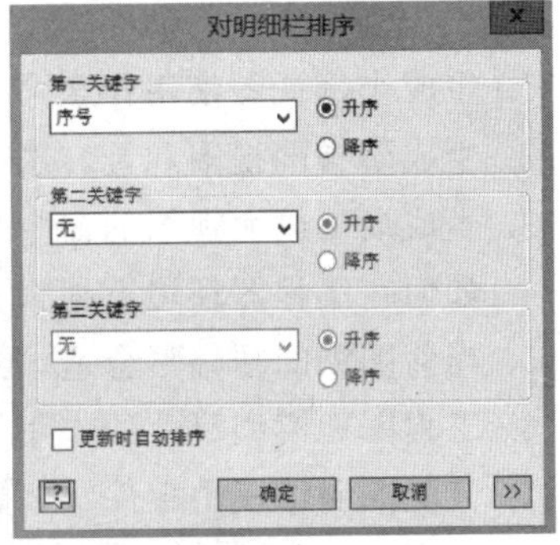

(b)“对明细栏排序”对话框

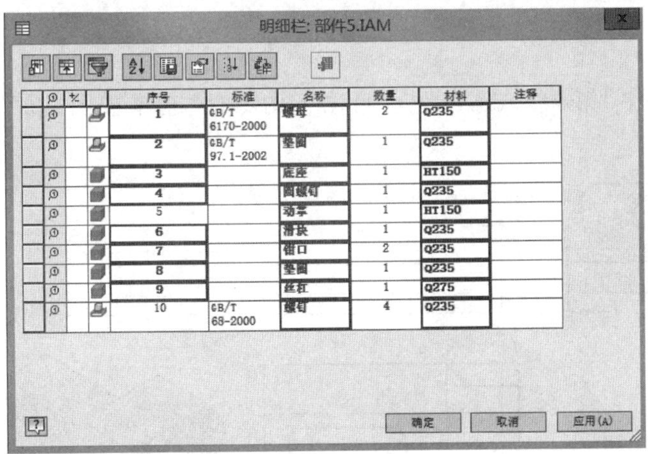

(c) 修改“明细栏”

图 7-150　对“明细栏”进行编辑

最后得到的明细表如图 7-151 所示。

序号	标准	名称	数量	材料	注释
10	GB/T 68-2000	螺钉	4	Q235	
9		丝杠	1	Q275	
8		垫圈	1	Q235	
7		钳口	2	Q235	
6		滑块	1	Q235	
5		动掌	1	HT150	
4		圆螺钉	1	Q235	
3		底座	1	HT150	
2	GB/T 97.1-2002	垫圈	1	Q235	
1	GB/T 6170-2000	螺母	2	Q235	
明细栏					

图 7-151　修改后的明细表

至此完成虎钳装配工程图，如图 7-126 所示。

思考题

1. 生成半剖视图使用什么命令？
2. 生成阶梯剖视图和旋转剖视图的命令是什么？
3. 生成局部放大视图的命令是什么？
4. 如何在工程图环境下编辑、修改零件的三维实体模型？
5. 当前图纸的图幅不合适，要更换新的图幅，如何操作？
6. 工程图中模型尺寸的作用是什么？
7. 装配图明细表中零件"名称"信息来自零件三维模型"特性"中的哪一项？

练习题

1. 利用二维码中"第 7 章\练习题\"目录下的零件"基本视图.ipt"生成基本视图，如图 7-152 所示。

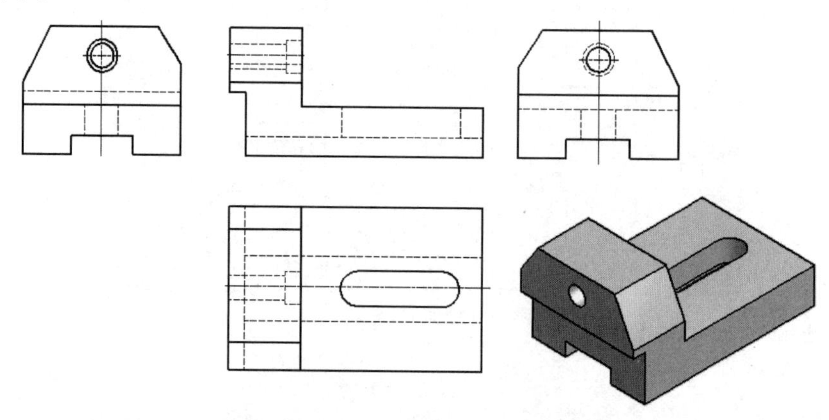

图 7-152　生成基本视图

2. 利用二维码中“第 7 章\练习题\”目录下的零件“局部视图.ipt”生成局部视图，如图 7-153 所示。

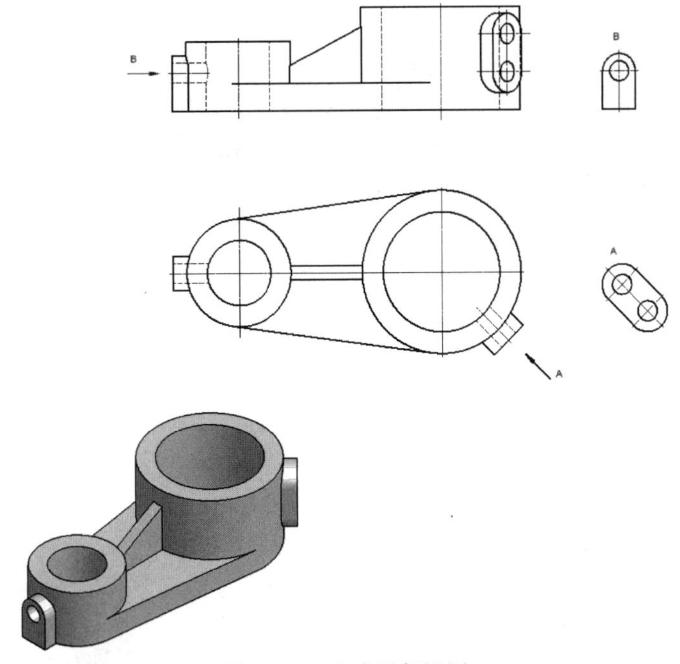

图 7-153 生成局部视图

3. 利用二维码中“第 7 章\练习题\”目录下的零件“局部斜视图.ipt”生成局部斜视图，如图 7-154 所示。

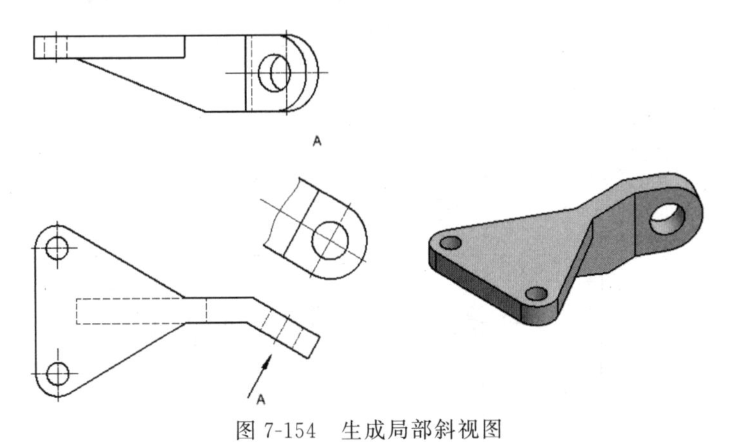

图 7-154 生成局部斜视图

4. 利用二维码中“第 7 章\练习题\”目录下的零件“全剖 1.ipt”生成全剖视图，如图 7-155 所示。

5. 利用二维码中“第 7 章\练习题\”目录下的零件“全剖 2.ipt”生成各个位置不同的全剖视图，如图 7-156 所示。

6. 利用二维码中“第 7 章\练习题\”目录下的零件“半剖.ipt”生成半剖视图，如图 7-157 所示。

7. 利用二维码中“第 7 章\练习题\”目录下的零件“局部剖.ipt”生成局部剖视图，如图 7-158 所示。

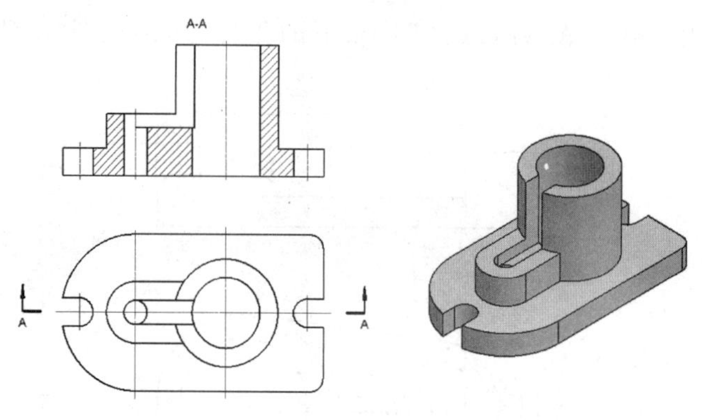

图 7-155 生成全剖视图

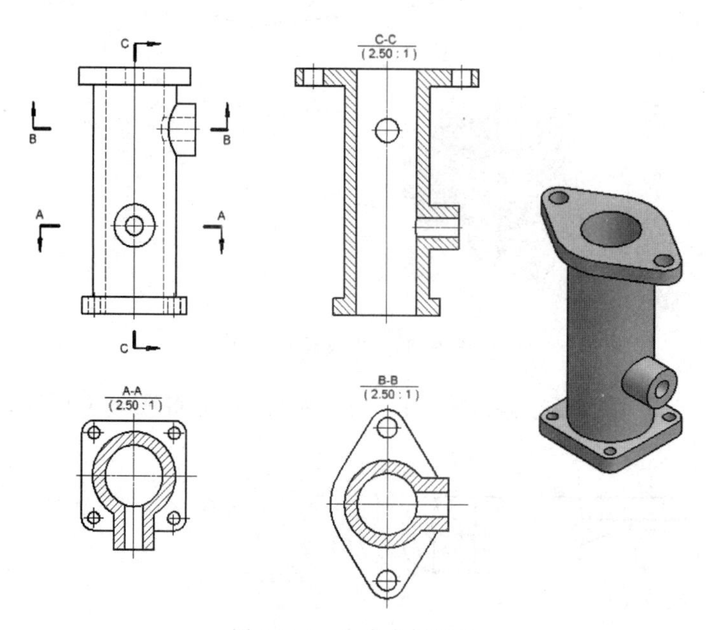

图 7-156 生成全剖视图

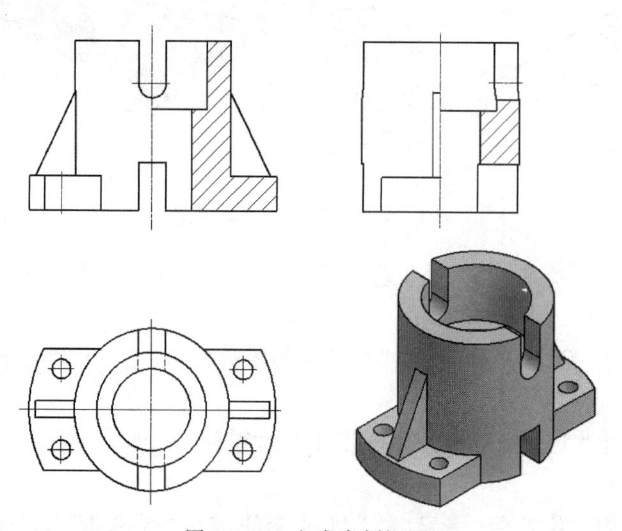

图 7-157 生成半剖视图

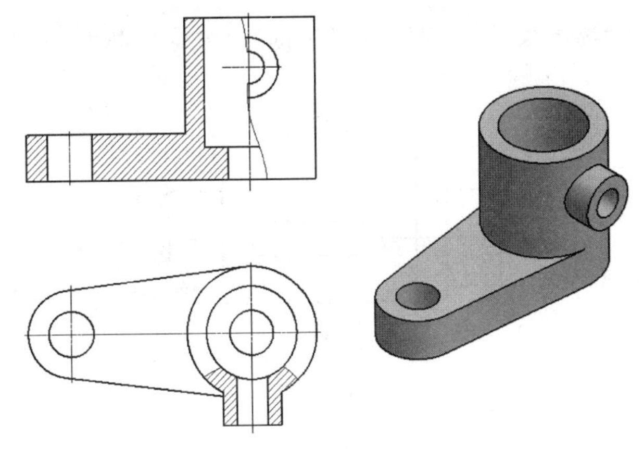

图 7-158　生成局部剖视图

8. 利用二维码中"第 7 章\练习题\"目录下的零件"阶梯剖.ipt"生成阶梯剖视图，如图 7-159 所示。

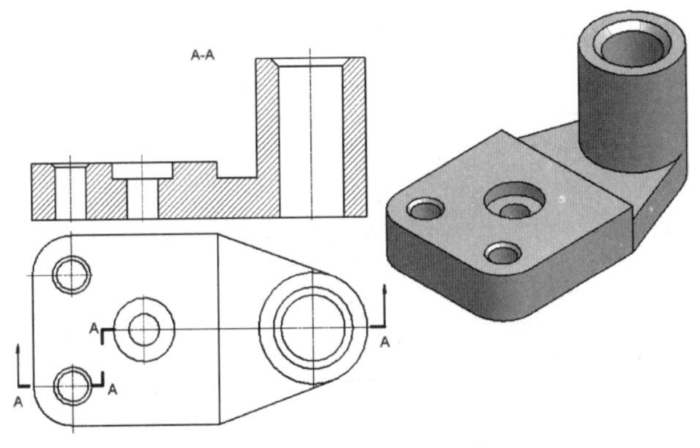

图 7-159　生成阶梯剖视图

9. 利用二维码中"第 7 章\练习题\"目录下的零件"旋转剖.ipt"生成旋转剖视图，如图 7-160 所示。

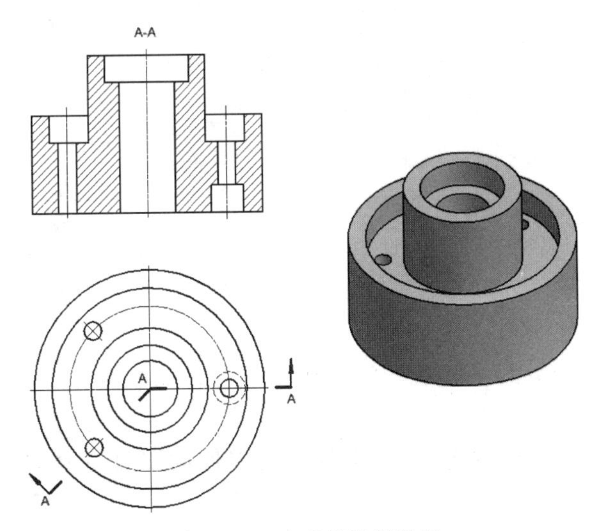

图 7-160　生成旋转剖视图

10. 利用二维码中“第7章\练习题\”目录下的零件“移出断面.ipt”生成移出断面图，如图7-161所示。

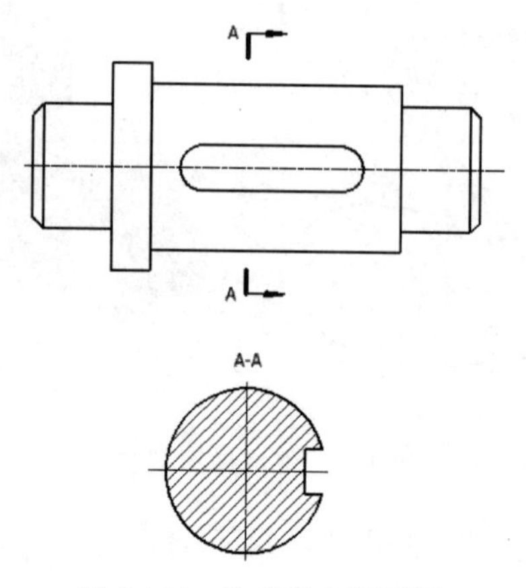

图7-161 生成移出断面图

11. 按照图7-162所示的轴零件图生成零件的三维立体图，然后转换成二维工程图。

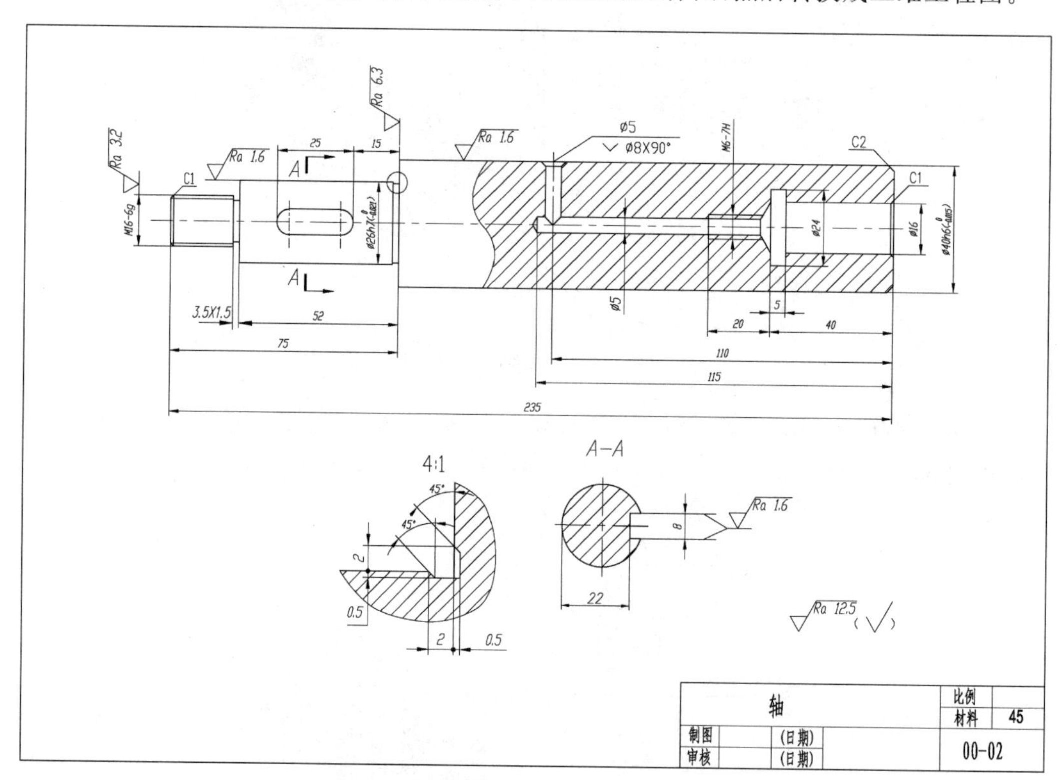

图7-162 轴的零件图

12. 按照图7-163所示的法兰盘的零件图生成零件的三维立体图，然后转换成二维工程图。

13. 按照图7-164所示的叉架的零件图生成零件的三维立体图，然后转换成二维工程图。

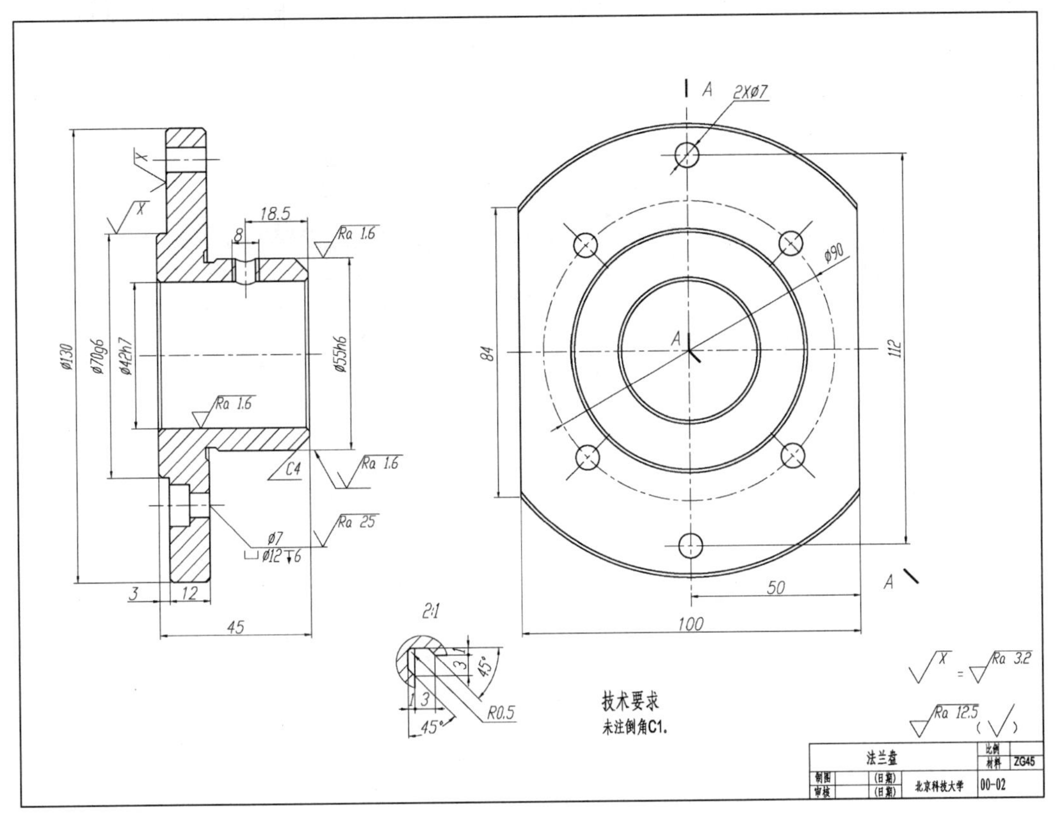

图 7-163 法兰盘的零件图

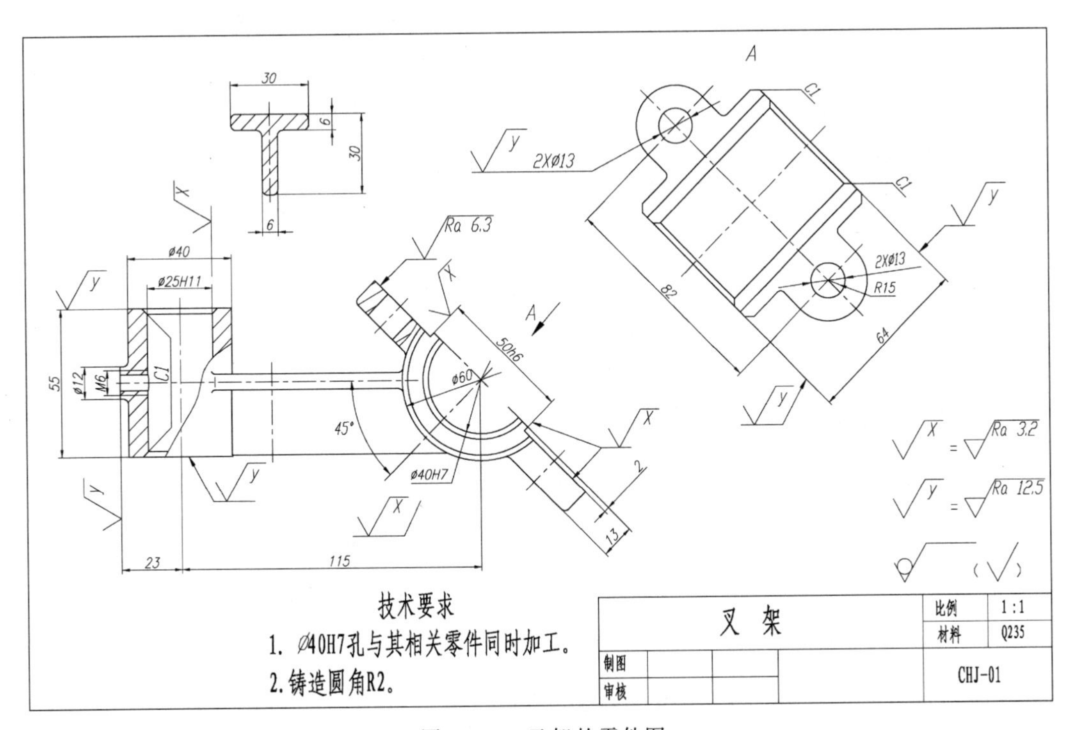

图 7-164 叉架的零件图

14. 按照图 7-165 所示的壳体的零件图生成零件的三维立体图，然后转换成二维工程图。

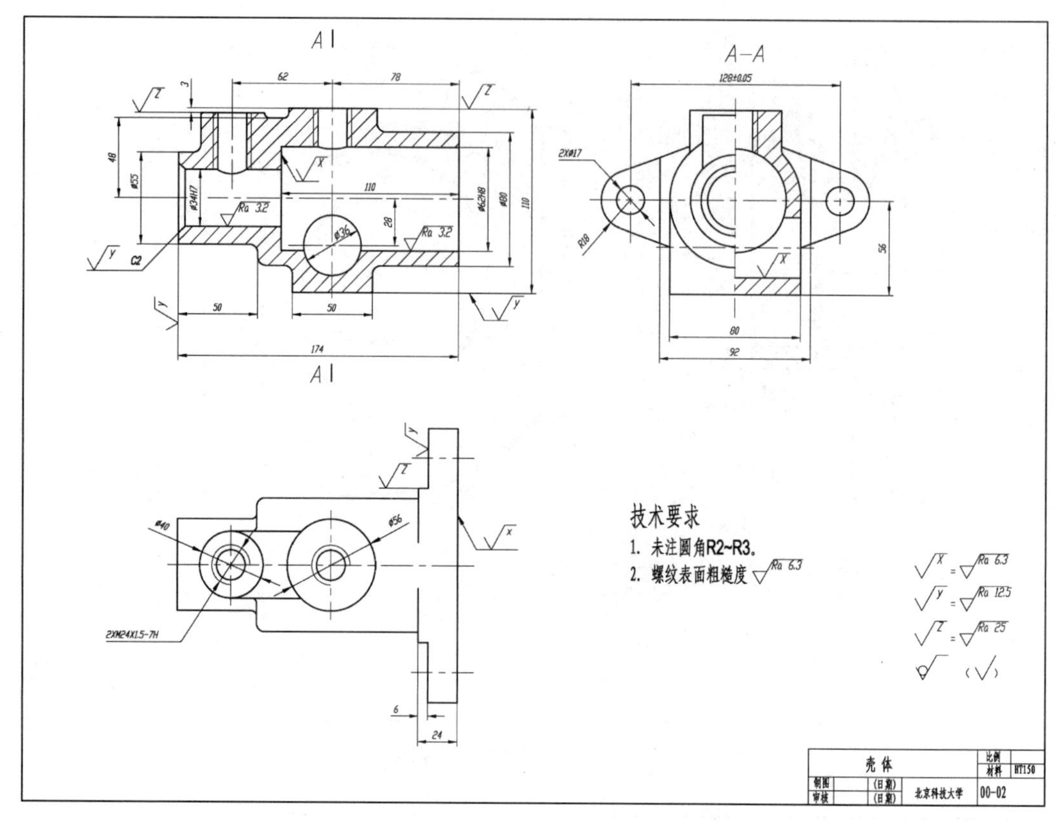

图 7-165　壳体的零件图

15. 利用二维码中“第 7 章\练习题\行程开关”目录下的零件和部件(见图 7-166)生成行程开关装配图，如图 7-167 所示。

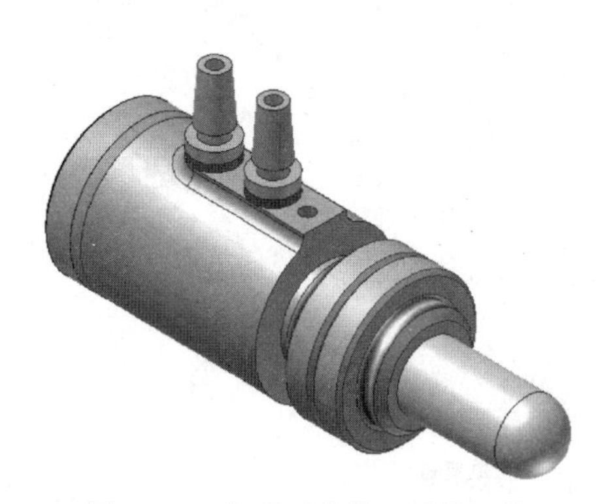

图 7-166　行程开关模型的装配体

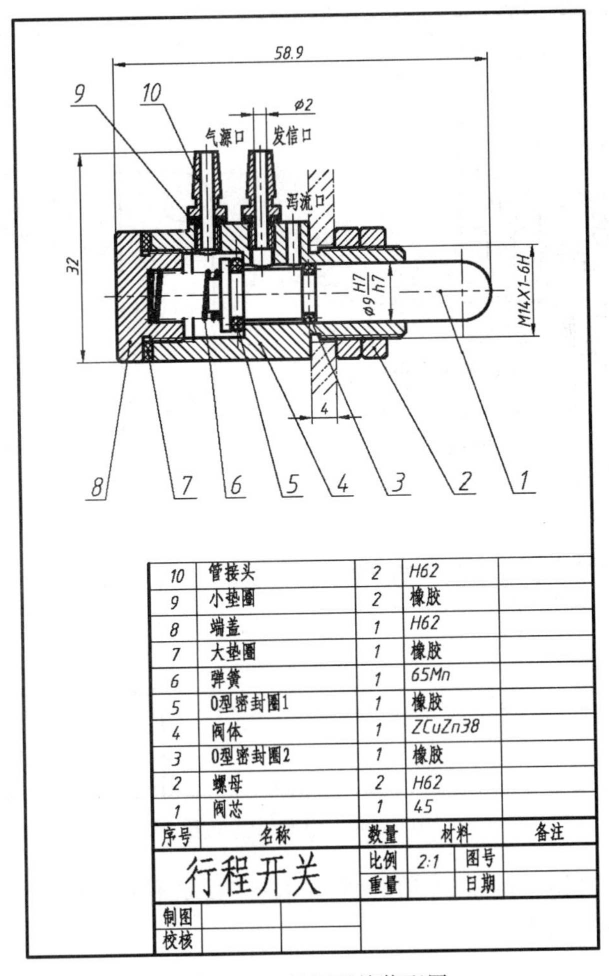

序号	名称	数量	材料	备注
10	管接头	2	H62	
9	小垫圈	2	橡胶	
8	端盖	1	H62	
7	大垫圈	1	橡胶	
6	弹簧	1	65Mn	
5	0型密封圈1	1	橡胶	
4	阀体	1	ZCuZn38	
3	0型密封圈2	1	橡胶	
2	螺母	2	H62	
1	阀芯	1	45	

行程开关	比例	2:1	图号	
	重量		日期	
制图				
校核				

图 7-167　行程开关装配图

16. 利用二维码中“第 7 章\练习题\定滑轮装置”目录下的零件和部件(见图 7-168)生成定滑轮装配图,如图 7-169 所示。

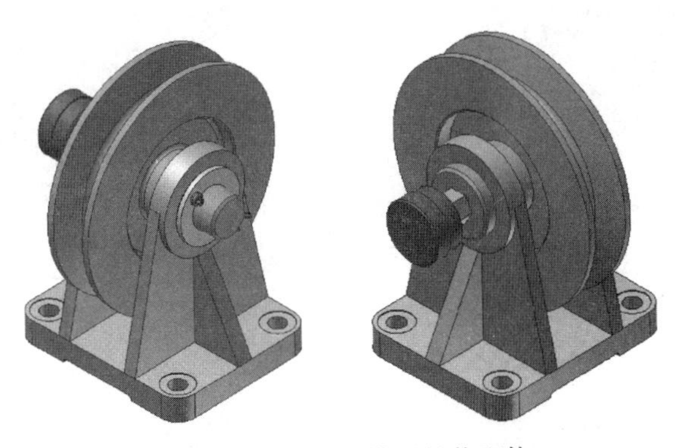

图 7-168　定滑轮模型的装配体

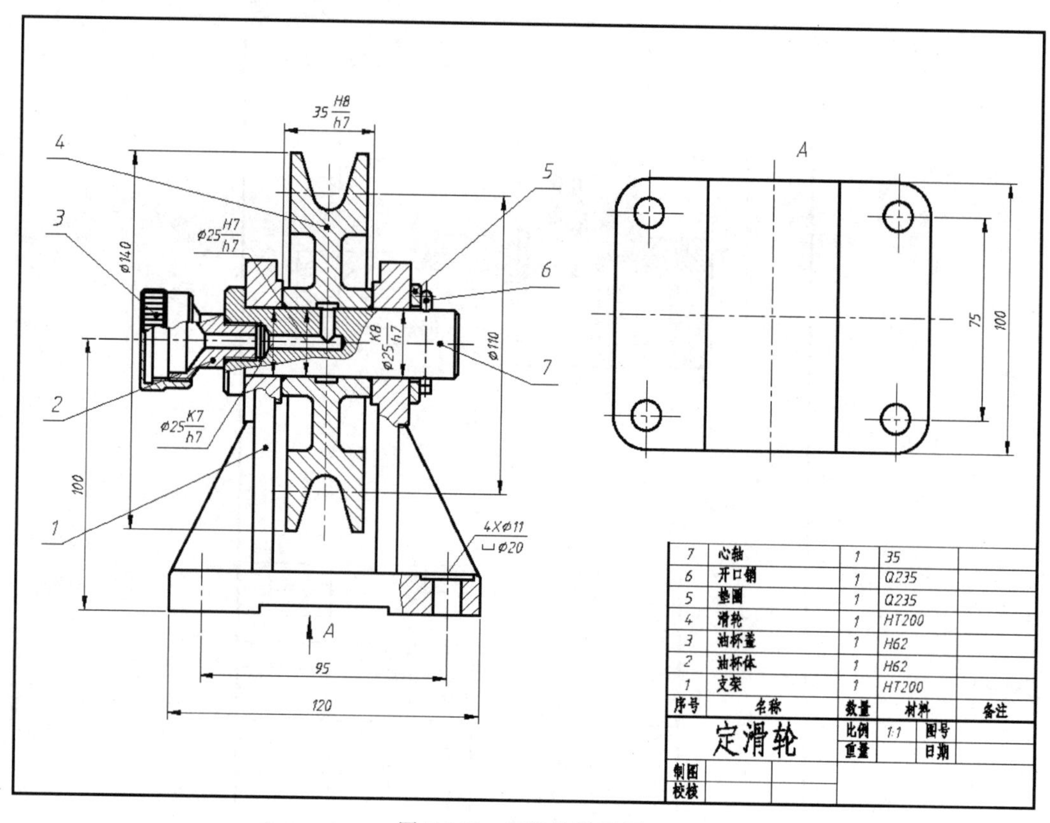

图 7-169 定滑轮装配图

17. 利用二维码中"第 7 章\练习题\齿轮泵装置"目录下的零件和部件(见图 7-170)生成齿轮泵装配图,如图 7-171 所示。

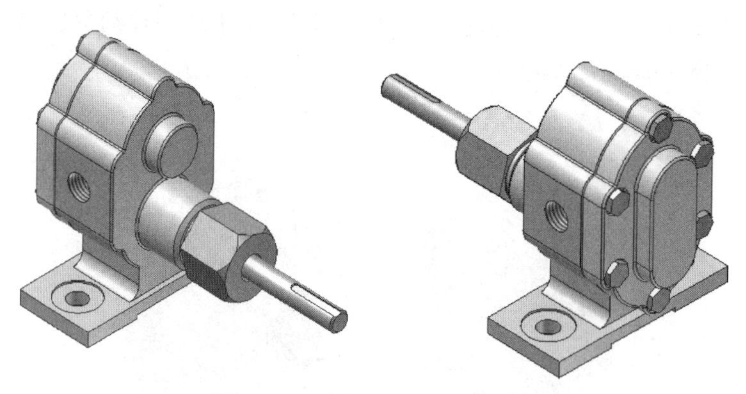

图 7-170 齿轮泵模型的装配体

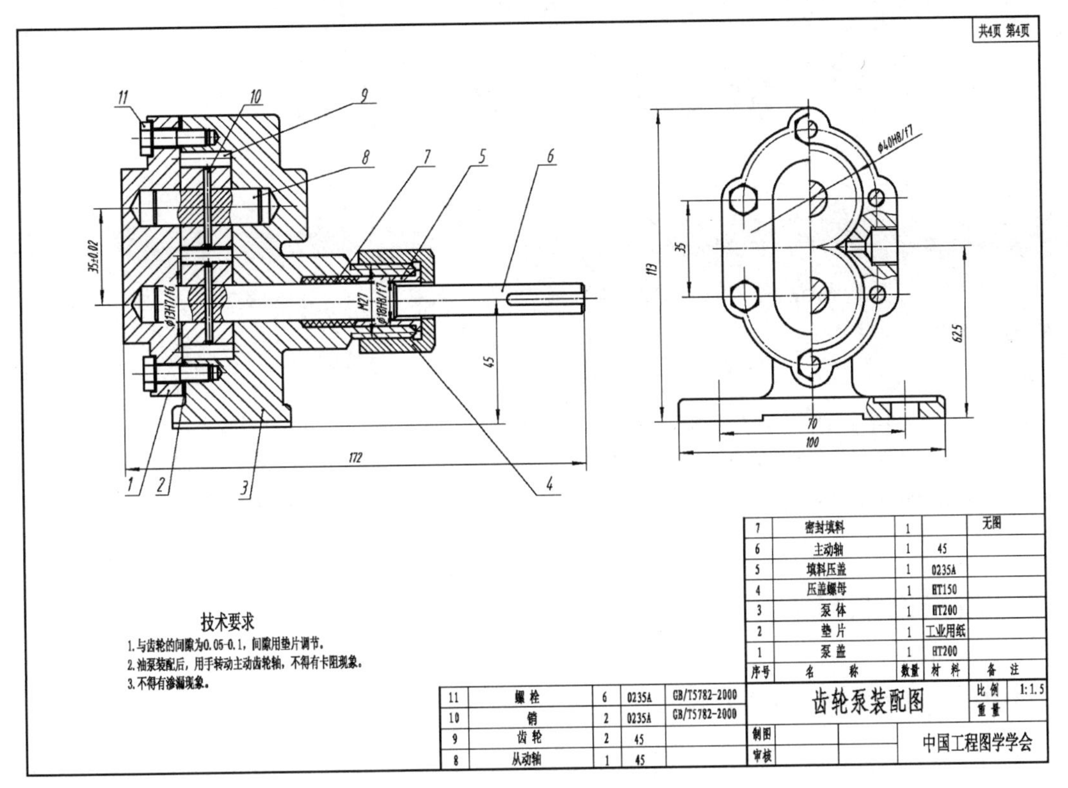

图 7-171 齿轮泵装配图

第8章　渲染与动画

本章学习目标

学习使用 Inventor Studio 创建渲染图像与进行渲染动画制作的方法。

本章学习内容

(1) Inventor Studio 的基本功能与作用；

(2) 使用 Inventor Studio 进行场景光源、阴影、材质、照相机等设置；

(3) 使用 Inventor Studio 制作产品渲染图像的方法；

(4) 使用 Inventor Studio 制作产品渲染动画的方法。

8.1　渲染图像与渲染动画

8.1.1　Inventor Studio 概述

Inventor Studio 是集成在 Autodesk Inventor 中的渲染模块，相较于专业渲染工具 Inventor 3DMax，其调用方便、设置简单，也可以制作出优秀的渲染图片与动画。在 Inventor Studio 中可以对产品所处的场景样式、产品的阴影和反射情况以及产品所处的光源进行调整和设置，在动画制作中可以对各零部件的运动顺序、速度、隐藏、显示等做出精确的控制，并输出渲染图像和渲染动画。

使用 Inventor Studio 渲染得到的图像如图 8-1 所示。

图 8-1　Inventor Studio 渲染图像

8.1.2　场景光源、阴影、地平面反射、材质、局部光源与照相机设置

打开一个零部件或者装配体文件，单击工具面板"环境"选项卡中的 Inventor Studio 按钮可启动 Inventor Studio 模块，进入渲染环境，如图 8-2 所示。在渲染前期准备中需要对光源与

材质等内容进行设置，以期得到好的渲染效果。

图 8-2　单击 Inventor Studio 按钮

1. 场景光源设置

如图 8-3 所示，单击工具面板“渲染”选项卡中场景区域的 Studio 光源样式可以调出光源样式对话框。

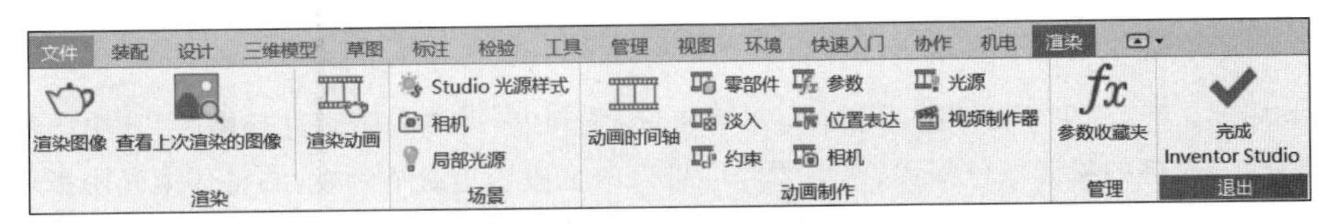

图 8-3　Studio 样式、相机、光源等设置工具

Studio 提供了 20 种不同的光源样式。如图 8-4 所示，右击“全局光源样式”中需要使用的样式，在弹出的菜单中选择“激活”选项便可创建“局部光源样式”并应用到渲染预览中，本例选择“边缘高光”样式作为演示。此时可直接选择保存后使用该样式，也可以单击“局部光源样式”→“边缘高光”选项对光源样式进行再调整。

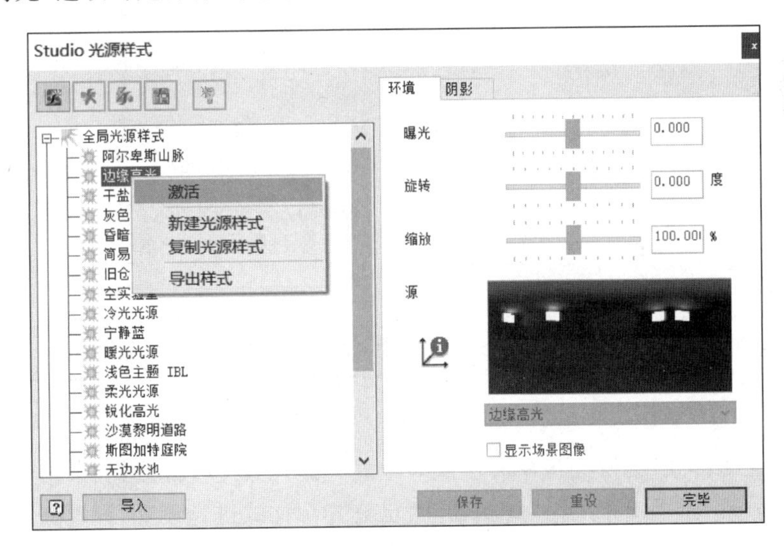

图 8-4　Studio 光源样式激活

如图 8-5 所示，在“环境”选项卡中可设置曝光、旋转、缩放值，其中“曝光”可以影响渲染图像的曝光量，“旋转”会使场景绕渲染对象进行旋转，“缩放”会改变渲染对象在光源场景中的比例大小，并且可以进一步选择不同的光源样式，通过 Studio 界面场景的实时变化来选择合适

的样式。选中“显示场景图像”复选框可调出场景背景。

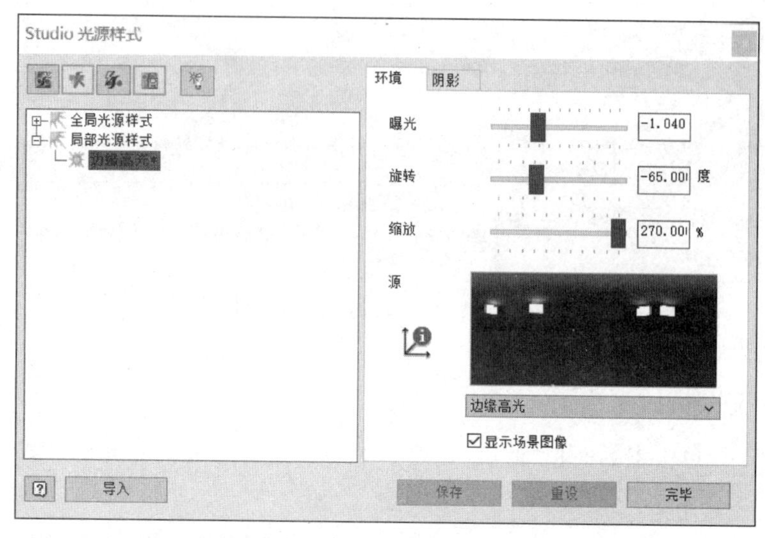

图 8-5 光源样式“环境”选项卡

如图 8-6 所示，在“阴影”选项卡中可以对密度、柔和度、环境光阴影进行修改，其中调整密度可以改变物体的投影颜色深浅，调整柔和度可以改变投影边缘清晰度，调整环境光阴影可以改变光源对渲染对象细节展示效果的影响。在设置完成后先单击“保存”按钮保存参数，再单击“完毕”按钮，退出“Studio 光源样式”对话框。

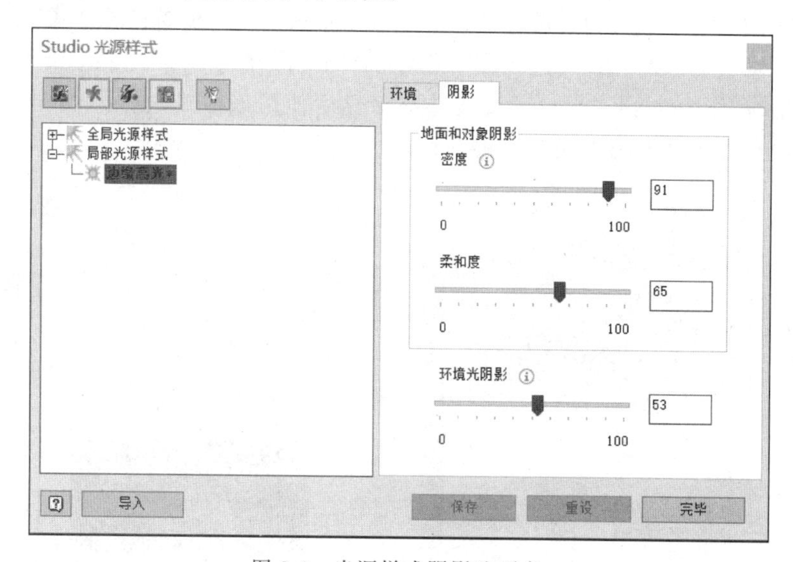

图 8-6 光源样式阴影选项卡

在“Studio 光源样式”设置面板中并不能对全局光源样式进行修改，如果想要调整，可通过单击工具面板“管理”选项卡中“样式编辑器”对已有光源样式进行设置，设置完成后单击“保存并关闭”按钮，如图 8-7 所示。

2. 阴影设置

如果要使渲染对象在地面上投下阴影，需要单击工具面板“视图”选项卡中外观区域的“阴

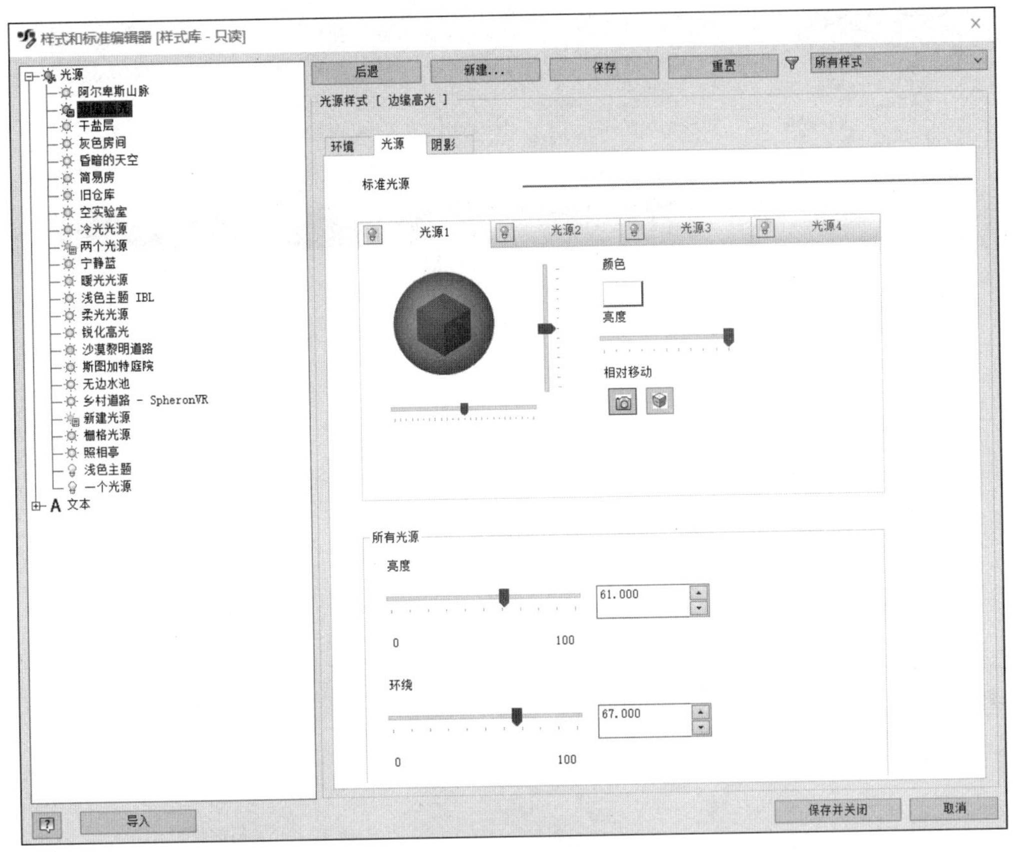

图 8-7 样式编辑器

影”右侧小三角调出更多选项，选中“所有阴影”复选框可以调出地面阴影、对象阴影和环境光阴影，如图 8-8 所示。选择“设置”命令也可以进入样式编辑器对已有光源样式进行设置。

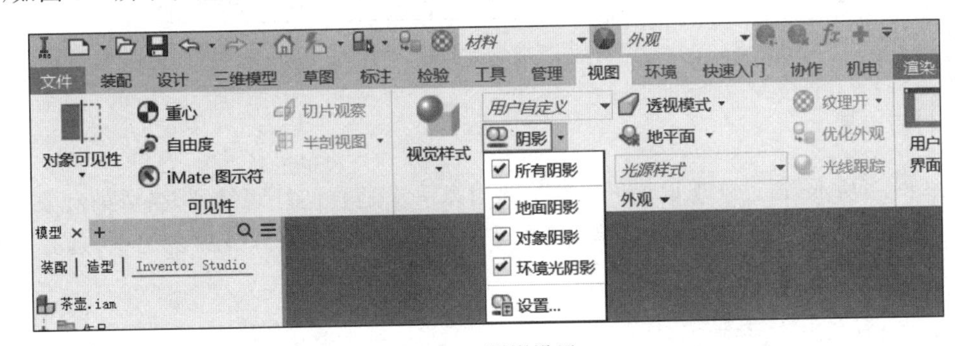

图 8-8 阴影设置

3. 地平面反射设置

如图 8-9 所示，如果要使渲染对象在地面上实现镜像反射效果，需要单击工具面板“视图”选项卡中外观区域的“反射”右侧小三角调出更多选项，选中“反射”复选框可以调出地面反射。

在更多选项中单击“设置”命令弹出“地平面设置”对话框，如图 8-10 所示，可对其高度偏移量、反射量、平面颜色、模糊度等进行设置，通过实时预览调整到最优效果。

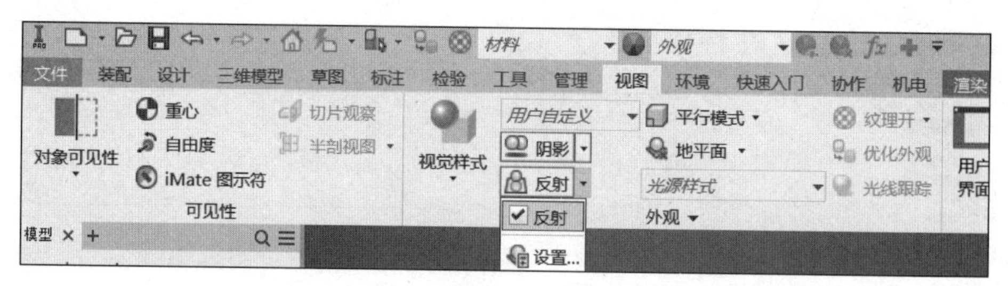

图 8-9 地面反射设置

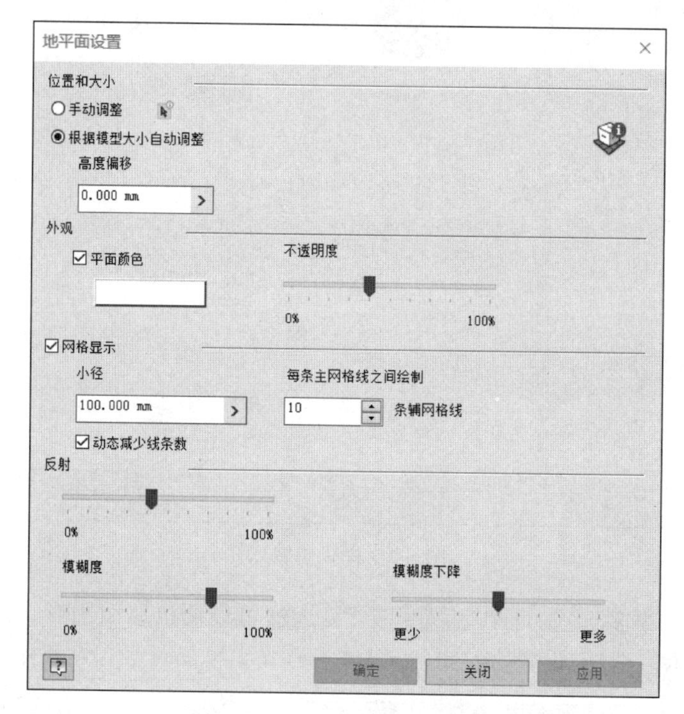

图 8-10 “地平面设置”对话框

4. 材质设置

如图 8-11 所示，通过外观设置可以给渲染对象一个适合的外观特征，当渲染对象为零件时，可以通过浏览器选中整个实体，单击“外观”按钮右侧倒三角打开更多选项，选择合适的材质。

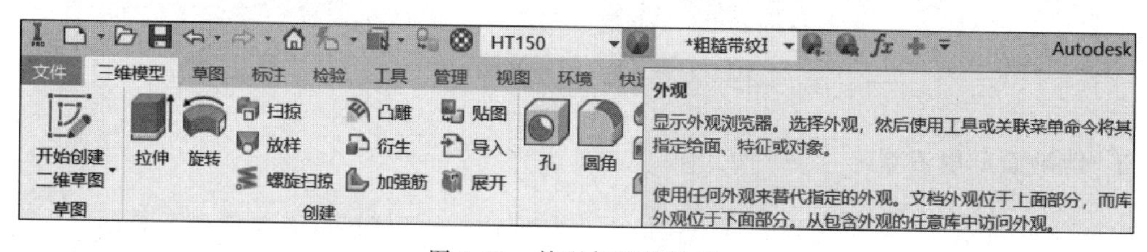

图 8-11 外观与调整设置

如图 8-12 所示，还可以单击打开“外观”按钮右侧的调整对话框，进行“取色”操作，之后可以对材质颜色进行微调或者重新定义。当点选某一表面后再单击设置材质，可以对选中表面进行单独设置。

图 8-12 材质颜色调整

如果渲染对象为装配体，要对需要修改材质的零件进行单独设置。

5. 局部光源设置

通过对局部光源进行设置，可以在 Studio 光源样式基础上添加需要的光源。单击工具面板“渲染”选项卡中场景区域的“局部光源”按钮打开对话框。如图 8-13 所示，首先对光源位置进行设置，当光标移动至渲染对象表面后，表面为选中状态，变为绿色，出现一条垂直于表面的提示线，单击确定光源“目标”。在提示线上移动光标，此时提示线被选中变为绿色，在合适位置单击确定光源“位置”。

(a) “目标”设置　　(b) “位置”设置

图 8-13 光源设置

如图 8-14 所示，在“常规”选项卡中可以设置光源类型为点光源或者聚光灯光源、设置灯光方向；在“照明”选项卡中设置光源的强度和颜色；如果知道光源在坐标系中的具体位置，可以在“点光源”选项卡中对位置进行精确设置。如将光源类型设置为聚光灯光源，在“聚光灯光源”选项卡中还可以对目标的具体位置、聚光角和衰减角进行设置。

当初步设置完成后，如对当前光源方位不满意，可以单击已设置光源的“目标”点或者“位置”点，分别移动鼠标获得理想光源。如图 8-15 所示，单击后在对应位置出现平移坐标系，其中用鼠标左键点住三根轴可以沿轴方向拖动，点住三个平面可以在平面上移动，拖动坐标原点可以任意方位移动。在之后的照相机设置界面也会用到此说明，不再赘述。

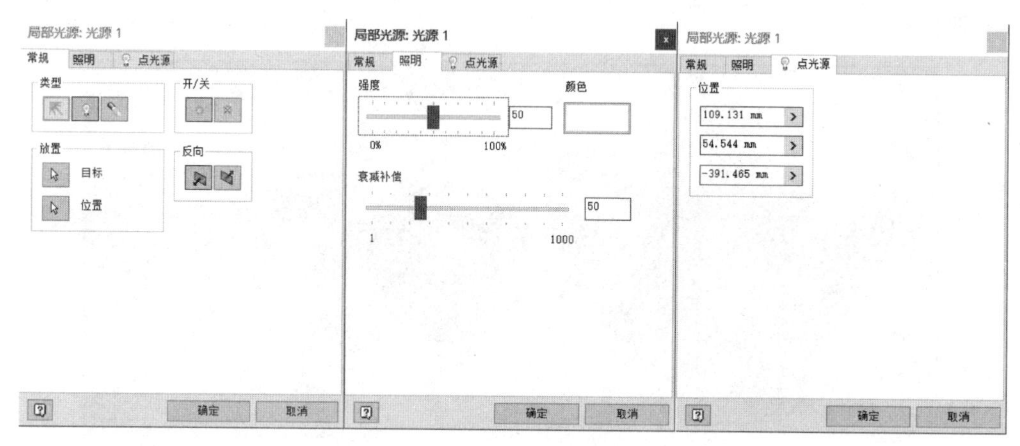

图 8-14 局部点光源选项卡

图 8-15 移动位置点

6. 照相机设置

通过设置照相机可以得到渲染对象的固定视角。单击工具面板"渲染"选项卡中场景区域的"相机"按钮打开对话框。对照相机位置的设置与局部光源方法一致,通过点选渲染对象表面和点选提示线合适位置,可以确定照相机的目标和位置,如对当前照相机方位不满意,可以单击已设置照相机的"目标"点或者"位置"点,分别移动鼠标后获得合适的视角。在"照相机"对话框中可以设置相机旋转角度、视角缩放和景深,旋转角度会改变取景框与坐标系的角度关系,得到倾斜视角;缩放可以调整取景框大小,达到"超广角"效果。如图 8-16 所示,缩放可以通过拖动角度值改变,也可以直接将光标移动至取景框矩形上,此时取景框变为绿色,按住鼠标左键拖动以达到想要的效果;如图 8-17 所示,选中"景深"复选框可以达到对焦和背景虚化的效果,启用景深可以设置"近距离"和"远距离"的具体数值,或者选中"将焦平面链接到照相机目标"复选框,使近距离、远距离在照相机目标位置点两侧对称分布。

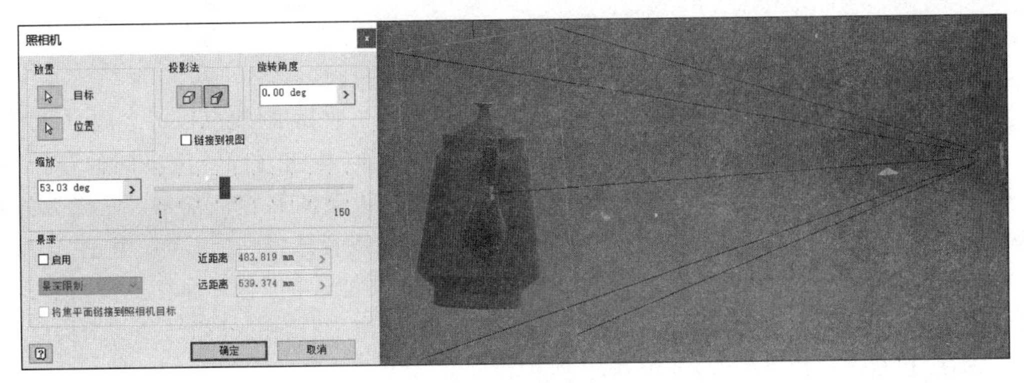

图 8-16　照相机缩放设置

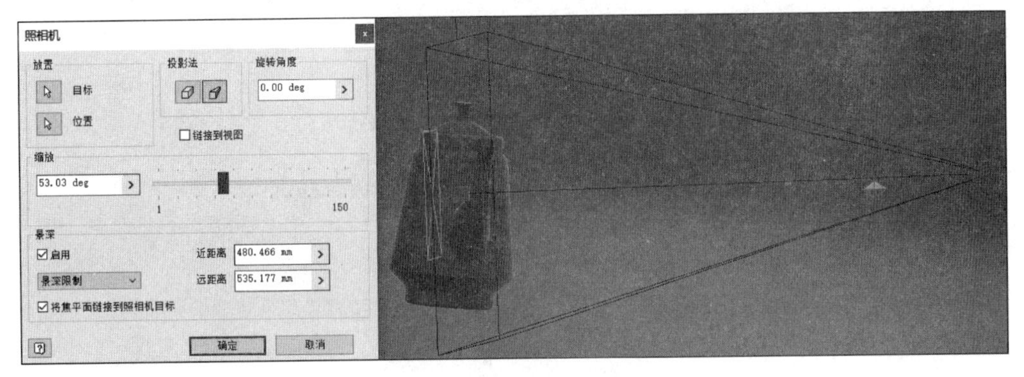

图 8-17　照相机景深设置

如图 8-18 所示，如果通过位置调整依然不能得到理想的相机视角，可以利用键盘上 Shift 键与鼠标滚轮将渲染对象旋转、缩放到合适状态，选中“链接到视图”复选框，可以将当前视图设置为照相机视角。通过该方法获得的“照相机”依然可以通过上述方式对位置、缩放、景深等进行修改。

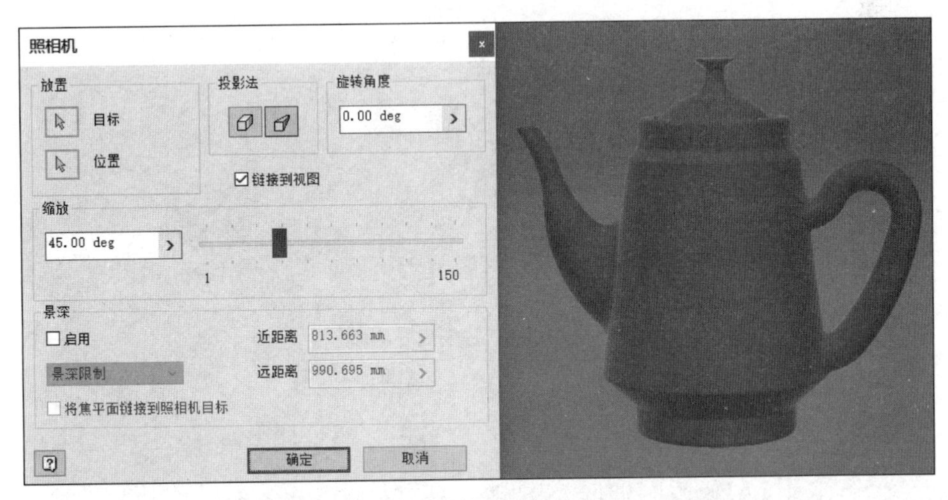

图 8-18　链接到照相机视图

8.1.3 渲染图像

完成上述场景光源、阴影、地平面反射、材质、局部光源与照相机设置后，可生成渲染图像。

如图 8-19 所示，单击“渲染”选项卡最左侧的“渲染图像”按钮，打开“渲染图像”对话框。首先在“常规”选项卡中指定渲染图像的像素，选取已完成设置的照相机视角以及光源样式；然后切换到“渲染器”选项卡，可以指定渲染时间、迭代次数或者选择“直到满意为止”选项，选择光源和材料精度，指定反走样等级；在“输出”选项卡中设置渲染图像的保存位置，也可以渲染结束后再进行保存。以上设置完成后，单击对话框中的“渲染”按钮，开始渲染。渲染结束后单击“保存”按钮保存渲染图像，如图 8-20 所示。

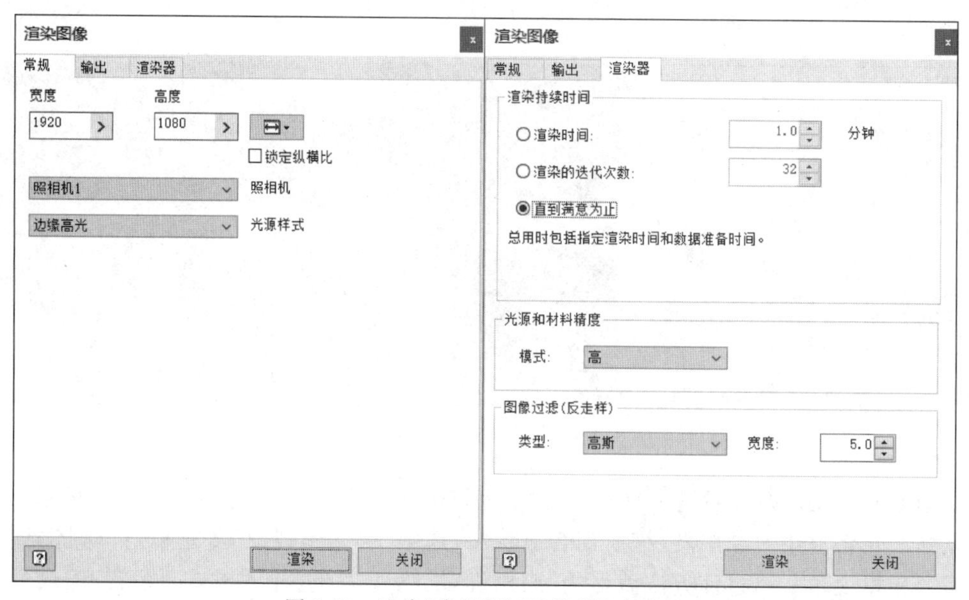

图 8-19　渲染“常规”及“渲染器”选项卡

图 8-20　渲染图片保存

8.1.4　渲染动画

在 Inventor Studio 模块中，通过驱动约束可以生成渲染动画。装配体模型在录制渲染动画前，首先应该添加相关驱动，然后设置场景光源、材质等内容，配置动画时间轴，最后生成动画。这里以图 8-21 所示的蜗轮减速器模型为例介绍动画时间轴的配置以及动画的生成有关内容。

图 8-21　蜗轮减速器

1. 动画时间轴的配置以及约束动画制作

动画时间轴用于控制整个动画的时长、速度，各步骤动作在动画中的起止时间，以及动画过程中照相机的位置等内容。

单击工具面板“渲染”选项卡中动画制作区域的“动画时间轴”按钮，打开动画时间轴，如图 8-22 所示。单击“动画选项”按钮对动画进行整体设置，可在打开的对话框中设置动画的时长、速度等，如图 8-23 所示，现在将动画时长设为 8.0s，速度使用默认设置。单击“展开操作编辑器”按钮可以展开时间轴，方便编辑。

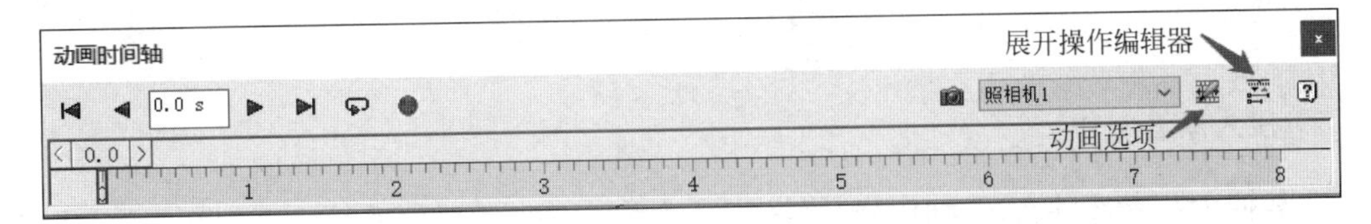

图 8-22　动画时间轴

接下来通过为约束添加驱动的方式进行约束动画的制作。如图 8-24 所示，展开浏览器，选中需要驱动的约束并右击，选择右键菜单中的“约束动画制作”选项。在打开的对话框中设置该约束的动作范围与动作持续时间，设置完成后单击“确定”按钮，可在动画时间轴生成一段 8s 的蓝色动作控制条，光标悬停在控制条上方可查看此动作的基本参数，通过拖动动作控制条端点可调整动作初始时间，选中控制条并右击可进行编辑、删除、镜像等操作。

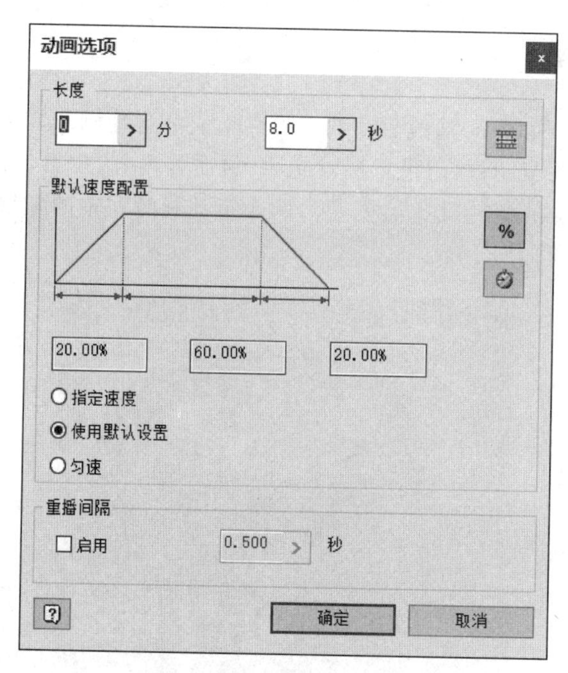

图 8-23 “动画选项”对话框

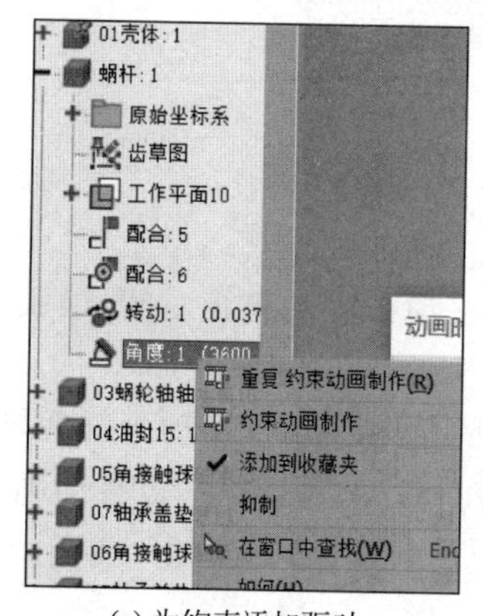

(a) 为约束添加驱动

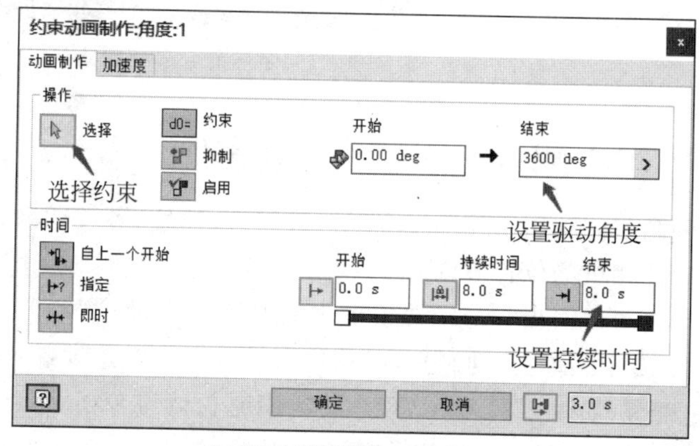

(b) “约束动画制作”对话框

图 8-24 约束动画设置

2. 淡入动画制作

想要使内部零部件在运动时得到更好的展示需要对遮挡部件进行淡入动画制作，将零件进行透明处理。单击动画制作区域的“淡入”按钮，打开对话框。如图 8-25 所示，选中零部件后设置结束时的淡化数值，其为 0 时零部件将彻底消失。设置好持续时间后单击“确定”按钮创建淡入动画。

3. 零部件动画制作

想要使渲染动画中出现零件拆解动作，需要对零部件动画进行设置，在移动零部件之前需要将已存在的限制移动的约束去除。单击动画制作区域的“零部件”按钮，打开对话框，如

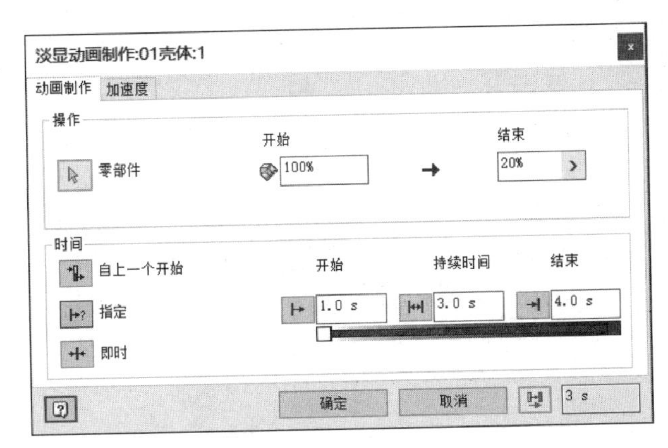

图 8-25　淡入动画制作

图 8-26 所示。按住 Shift 键单击多个需要同时移动的零部件，单击“位置”按钮，出现移动坐标系后可以进行位置移动操作，设置好路径与持续时间后单击“确定”按钮可以创建零部件动画。

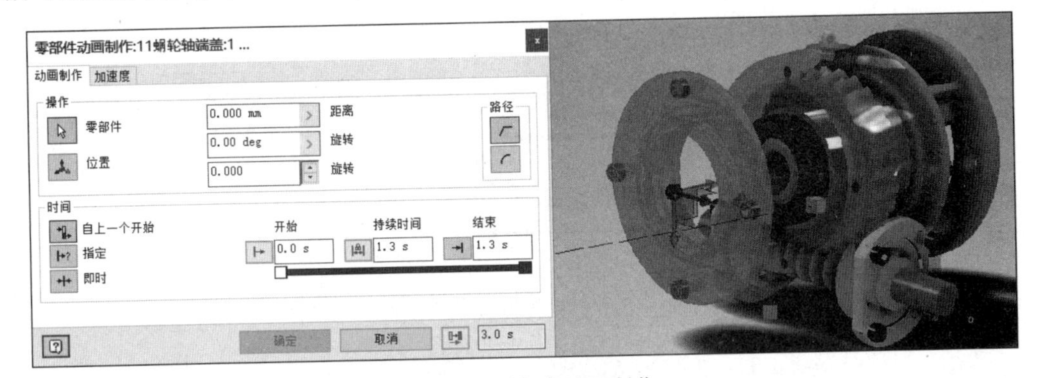

图 8-26　零部件动画制作

4. 相机动画制作

设置相机动画可以让渲染动画具有视角变化。首先添加一个初始状态照相机，然后单击动画制作区域的“相机”按钮，打开对话框，如图 8-27 所示。如图 8-27(a)所示，在“照相机动画制作”对话框中单击“定义”按钮可以设置照相机第二视角，在如图 8-27(c)所示的“照相机”对话框中设置照相机目标与位置，也可以调整好角度后选中“链接到视图”复选框；或者切换到“转盘”选项卡，选中“转盘”复选框，设置旋转轴与转数，如图 8-27(b)所示。

设置好持续时间后单击“确定”按钮创建相机动画，渲染动画视角会在设置时间内从照相机 1 视角逐渐变为已定义视角或者旋转已设置的转数。

5. 动画生成

场景光源、材质以及动画时间轴设置完成后，可进行渲染动画的生成。如图 8-28 所示，单击“渲染动画”按钮打开对话框，在“常规”选项卡中指定渲染图像的像素，选取照相机与光源样式。在“输出”选项卡中选择输出路径与输出动画时间范围，如果选中“预览：无渲染”复选框则会逐帧剪切画面拼接视频，如果未选中此复选框，可以在“渲染器”选项卡中设置总渲染时间或者每一帧迭代次数。相关设置配置完成后，单击对话框的“渲染”按钮进行动画的生成。

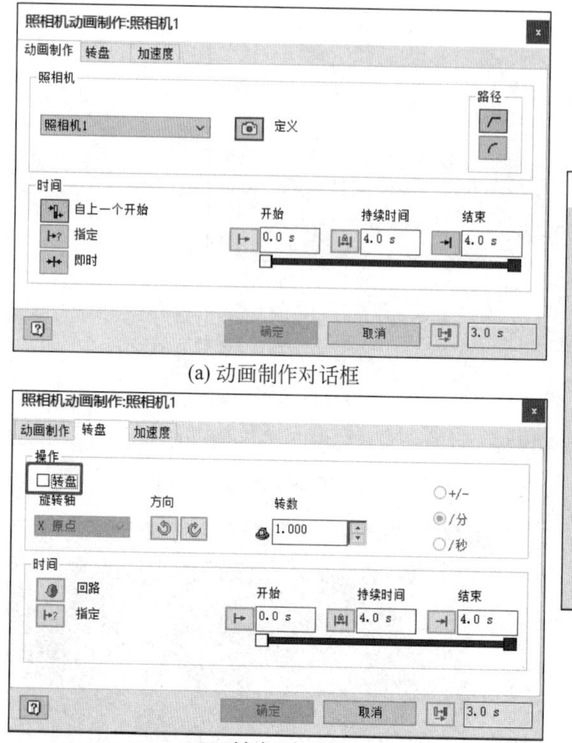

(a) 动画制作对话框

(b)“转盘”选项卡

(c) 定义照相机

图 8-27　相机动画制作

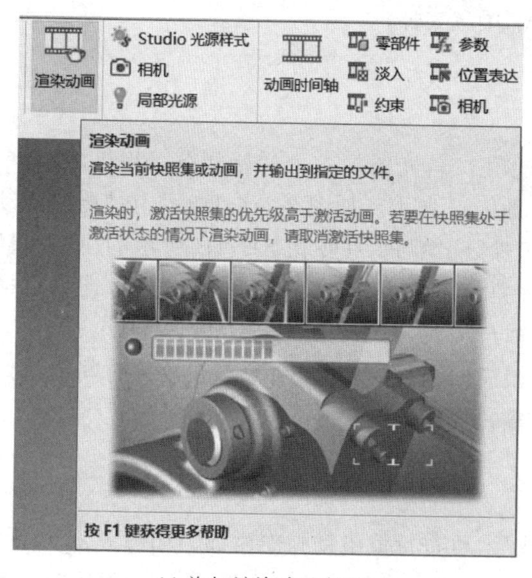

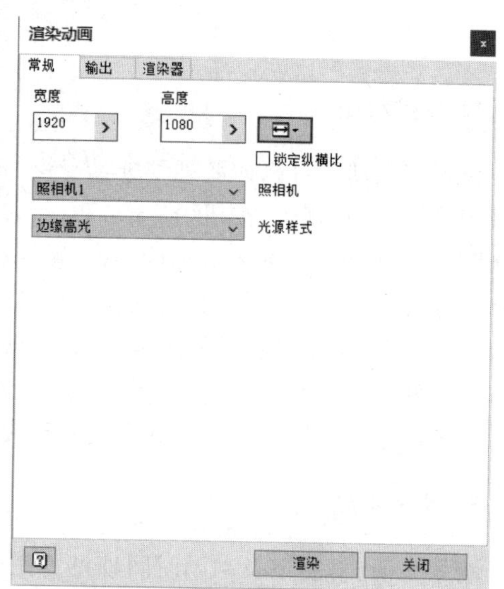

(a) 单击“渲染动画”按钮

(b)“渲染动画”对话框“常规”选项卡

图 8-28　渲染动画输出

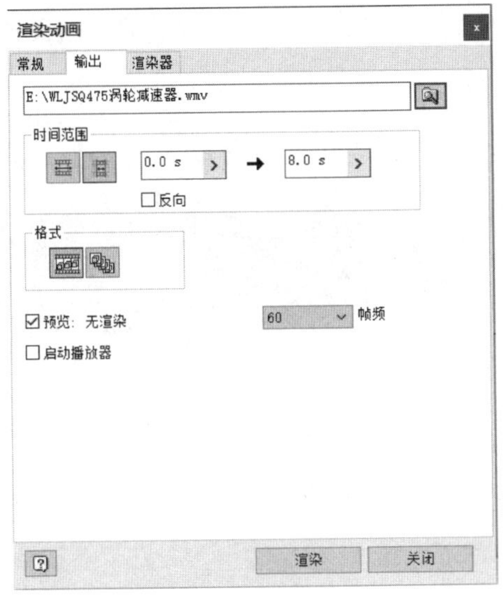

(c)“输出”选项卡

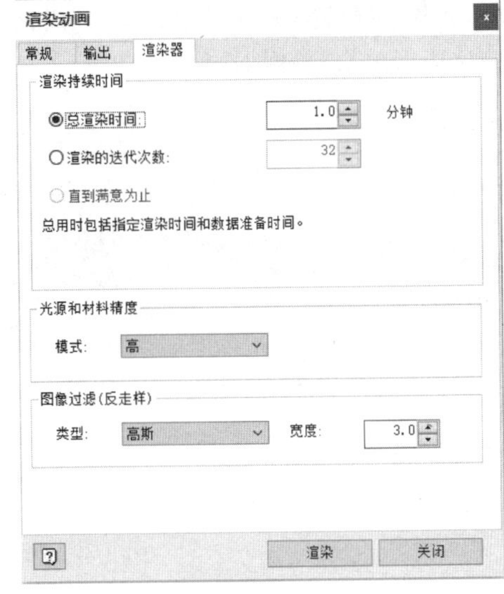

(b)“渲染器”选项卡

图 8-28 （续）

8.2 渲染与动画应用举例

8.2.1 蜗轮减速器渲染图像制作

1. 任务

蜗轮减速器如图 8-21 所示，完成该模型渲染图像的制作。

2. 操作步骤

(1) 打开二维码中的装配体文件“第 8 章\实例\蜗轮减速器\WLJSQ450 蜗轮减速器.iam”，在工具面板“视图”选项卡中选中“所有阴影”与“反射”复选框，在工具面板环境中打开 Inventor Studio 进入渲染环境。

(2) 单击“Studio 光源样式”按钮，打开对话框如图 8-29 所示，设置合适的环境、阴影等参数，设置完成后单击“保存”按钮，然后单击“完毕”按钮关闭对话框。

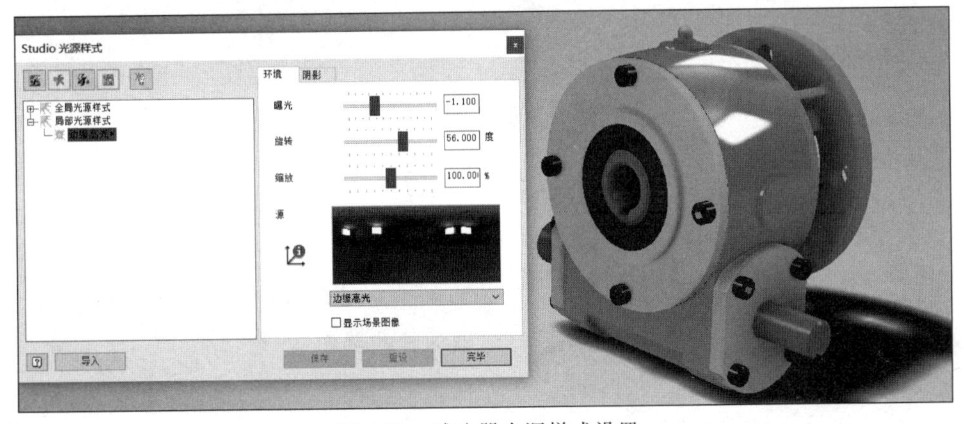

图 8-29 减速器光源样式设置

（3）单击“相机”按钮，打开“照相机”对话框，如图8-30所示，在需要渲染的视角设置照相机，调整完毕后单击“确定”按钮。

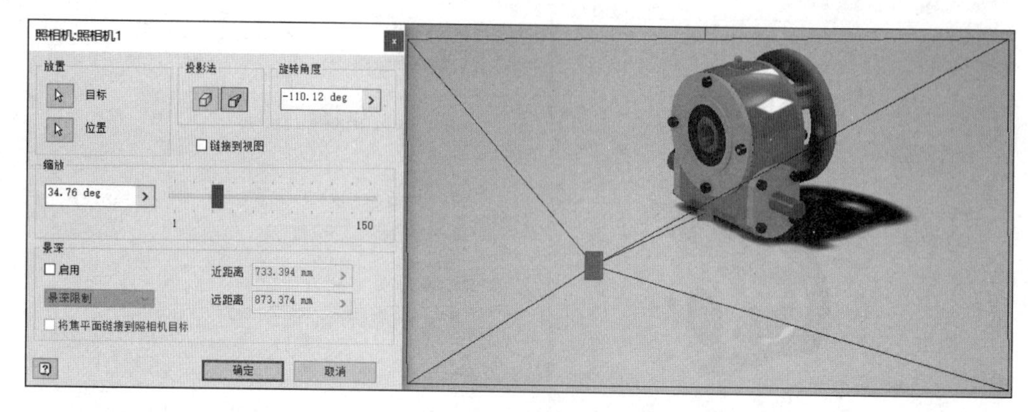

图8-30 减速器照相机设置

（4）单击“渲染图像”按钮，在打开的对话框中设置像素大小、照相机视角、迭代次数与精度，单击“渲染”按钮。结果如图8-31所示，迭代完成后保存图片。

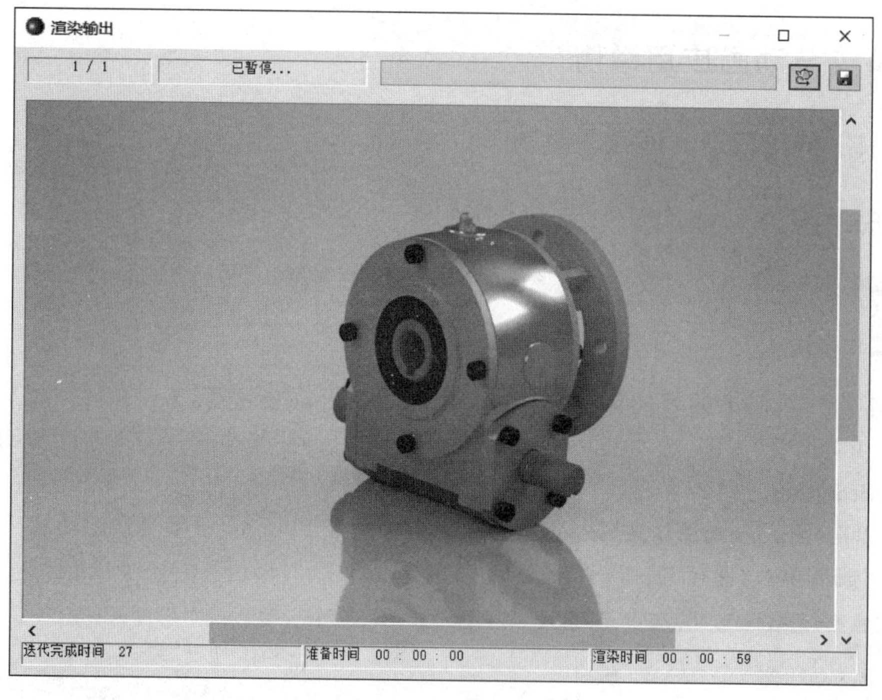

图8-31 减速器渲染输出界面

8.2.2 蜗轮减速器渲染动画制作

1. 任务

按照8.1.4节中的方法，完成蜗轮减速器渲染动画的制作。

2. 操作步骤

(1) 打开二维码中的装配体文件"第 8 章\实例\蜗轮减速器\WLJSQ450 蜗轮减速器.iam",在 8.2.1 节的基础上继续完成渲染动画制作。在工具面板"视图"选项卡中选中"所有阴影"与"反射"复选框,在工具面板环境中打开 Inventor Studio 进入渲染环境。

(2) 按照 8.1.4 节所示方法对约束动画、淡入动画、零部件动画、相机动画进行时间轴配置,对动画长度和速度进行设置,时间轴效果如图 8-32 所示。动画内容为以蜗杆轴为动力源的旋转驱动演示,中间穿插螺栓与端盖的拆除动画、箱体等部件的淡化动画、相机视角的旋转与平移动画效果,调整完毕后可以单击"播放动画"按钮查看效果。

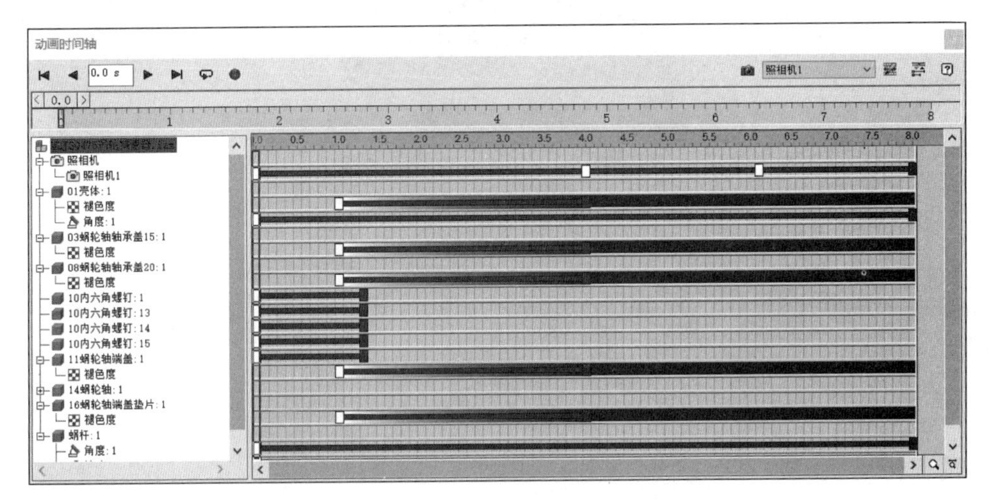

图 8-32　动画时间轴配置

(3) 单击"渲染动画"按钮,在打开的"渲染动画"对话框中设置视频像素、相机视角、光源样式以及输出动画时长与存储位置,建议选中"预览:无渲染"复选框,可以进行快速动画生成。设置完成后单击"渲染"按钮。如图 8-33 所示,为使导出视频更清晰,在弹出的"ASF 导出特性"对话框中设置网络宽带为"自定义"方式,指定其参数为 1500Kbps,图像大小根据需求设置,单击"确定"按钮开始动画渲染。渲染效果如图 8-34 所示。

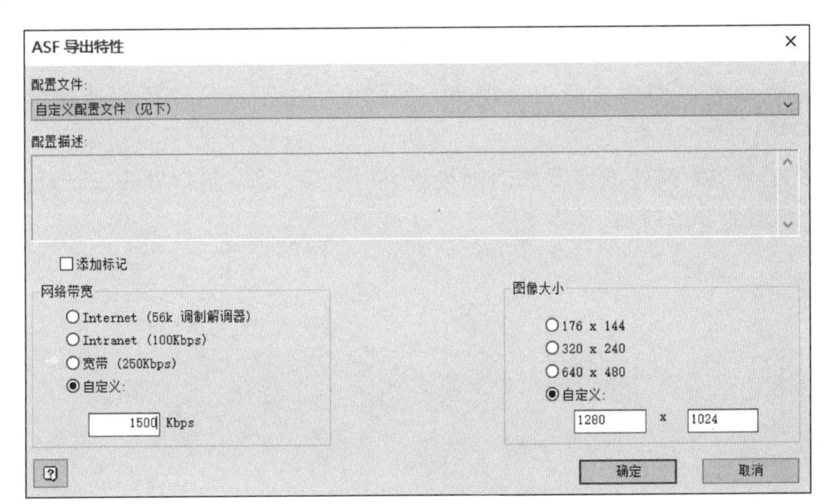

图 8-33　ASF 导出特性

图 8-34 减速器渲染动画

思考题

1. Inventor Studio 具有怎样的功能？在产品设计中发挥着怎样的作用？
2. 如何在 Inventor Studio 中进行场景、光源、材质、照相机等设置？
3. 如何使用 Inventor Studio 制作产品渲染图像？
4. 如何使用 Inventor Studio 制作产品渲染动画？

练习题

1. 使用不同的光源样式与照相机视角，输出图 8-21 所示的蜗轮减速器模型的渲染图 3 张。

2. 重置 8.2.2 节中蜗轮减速器的动画设置，利用多种动画制作方式设计动画时间轴，输出蜗轮减速器模型的渲染动画。